AF347252

PRÉCIS

D'AGRONOMIE PRATIQUE,

A L'USAGE

DES CULTIVATEURS, DES INSTITUTEURS

ET DES GENS DU MONDE,

PAR

BENJAMIN VÉRET,

Vétérinaire, ex-Chirurgien militaire, etc.,

Ouvrage publié sous les Auspices du Comice agricole de Doullens (Somme).

Le Conseil général du Pas-de-Calais, dans sa séance du 17 septembre 1846, a statué comme il suit :

» Boulogne demande l'introduction, dans les écoles primaires, d'un » manuel agricole. Le Conseil engage M. le Préfet à comprendre » un ouvrage de ce genre, publié par B. Véret, dans les achats de » livres faits chaque année pour le compte du département.»

(Extrait du compte-rendu des séances du Conseil général).

Nihil est agricultura melius, nihil dulcius, nihil homine libero dignius.
CICERO (DE OFFIC., 151).
Rien n'est plus utile, rien n'est plus agréable, rien n'est plus digne d'un homme libre que l'agriculture.

1846.

1847

Saint-Pol. — Imprimerie de H. WARMÉ.

MESURES AGRAIRES.

———

1 mètre   vaut 3 pieds 11 lignes.
1 pied — vaut 32 centimètres 484 millièmes.
1 pouce   vaut 2 centimètres 707
1 ligne   vaut 2 millimètres 256
1 toise   vaut 1 mètre   949.

———

L'unité nouvelle que l'on nomme ARE et que l'on pourrait considérer comme *perche* ou *verge métrique*, est un carré de 10 mètres de côté, qui comprend 100 mètres carrés.

L'Hectare ou l'arpent métrique se compose de 100 ares ou de 10,000 mètres carrés.

La Perche des eaux et forêts, de 22 pieds de côté, et de 484 pieds carrés, vaut 51 mètres 7 centimètres.

L'Arpent composé de 100 perches de 22 pieds, vaut 51 ares 7 centiares.

La Perche de Paris, de 18 pieds de côté, contenant 324 pieds carrés, vaut 34 mètres 19 centimètres.

L'Arpent de Paris de 100 perches de 18 pieds, vaut 34 ares 19.

La Verge de Picardie de 20 pieds de côté, vaut 42 mètres 21.

Le Journal de Picardie de 100 perches de 20 pieds carrés, vaut 42 ares 21.

La Mesure du Pas-de-Calais, vaut 42 ares 91.

L'Acre anglais représente en hectares 0,4046.

L'Acre de Normandie représente en hectares 0,5675.

DÉDICACE.

À Messieurs les Membres du Comice agricole
de l'arrondissement de Doullens.

Messieurs,

Fidèles à la mission que vous vous êtes donnée de vulgariser les connaissances agricoles parmi la grande famille des cultivateurs, vous avez daigné encourager la publication de mon précis d'agronomie pratique destiné à faciliter à tous l'étude de l'agriculture.

Il faut l'espérer, Messieurs, vos efforts seront appréciés et secondés par l'administration compétente ; pour moi, je ne puis que m'abriter sous votre bienveillant patronage et vous prier de me croire

Votre bien reconnaissant et dévoué serviteur,

B. VERET.

Doullens, le 5 avril 1846.

MONSIEUR,

J'ai la satisfaction de vous informer que le comice s'intéresse beaucoup à l'impression de l'ouvrage d'agriculture que
vous lui avez soumis et que, sur le rapport favorable de la
commission, il a voté, dans la séance de ce jour, une somme
de 600 francs à titre de souscription.

Recevez, Monsieur, l'assurance de ma parfaite considération,

Le président du Comice agricole de Doullens.

Signé BABEUR.

*Extrait du procès-verbal de l'assemblée générale du Comice
agricole de Doullens du 12 février 1846.*

« M. Saugeon, rapporteur de la commission (1) chargée d'ap-
» précier le *Précis d'agronomie pratique* manuscrit, de M. Ben-
» jamin Veret, vétérinaire à Doullens, lit un rapport favorable sur
» cet ouvrage et conclut à ce qu'il soit alloué à l'auteur une somme
» de 600 francs pour lui faciliter la publication de son *Précis
» d'agronomie*, sous la condition de mettre à la disposition du Co-
» mice un nombre de trois cents exemplaires. Ces conditions sont
» adoptées à l'unanimité par l'assemblée, qui arrête que ces
» exemplaires seront distribués gratuitement à tous les membres
» du Comice ainsi qu'à tous les instituteurs de la circonscription
» dudit Comice. »

Pour extrait conforme,

Le secrétaire du Comice agricole de Doullens,

Signé T. VERET.

___

(1) Commissaires désignés par l'assemblée générale du 14 décembre 1845 : MM. Babeur, président, Défosse, Porion, Roussel
et Saugeon, rapporteur.

AVANT-PROPOS.

Les Manuels, quels qu'ils soient, ne peuvent offrir d'utilité qu'autant qu'ils insistent sur tous les points importants d'une science, tout en se renfermant dans les bornes les plus étroites possibles, et n'omettant toutefois rien d'essentiel.

Le précis que je publie présente l'état actuel de la science agricole, avec autant de fidélité qu'a pu me le permettre ma position particulière. On n'y trouvera pas de longues discussions sur les points controversés, ni de minutieuses descriptions de procédés ou d'instruments, sur lesquels l'expérience n'a pas encore prononcé, parce que mon premier but a été d'intéresser tout en instruisant.

Avec des guides aussi sûrs que *la Maison rustique au XIXe siècle, le Journal d'Agriculture pratique*, les ouvrages de MM. Magne, Moll, Villeroy, etc., avec le soin que j'ai eu d'éviter tous les détails arides et inutiles, j'espère avoir réussi à mettre l'agronomie à la portée de tout le monde. Les jeunes gens pourront l'étudier sans fatigue pour leur intelligence, ainsi que les personnes qui, ne se livrant pas aux travaux de l'agriculture, veulent cependant en avoir une idée exacte.

Sans doute ce Précis, tel que je l'offre aux cultivateurs, ne peut entièrement suppléer aux traités complets d'agriculture; mais du moins y trouveront-ils un résumé exact des principes rationnels de la science agricole.

INTRODUCTION,

DE L'AGRICULTURE EN GÉNÉRAL.

L'*Agriculture* est l'art de cultiver la terre, c'est-à-dire de lui donner les façons nécessaires pour la rendre propre à la production des plantes utiles à l'homme et aux animaux.

L'Agriculture, ou mieux la Science Agricole, considérée dans son ensemble, a pour objet la connaissance du sol et des moyens de le fertiliser, celle des divers végétaux et des cultures qu'ils demandent ; l'éducation et la multiplication des animaux domestiques et l'*économie* qui apprend à régler, organiser et diriger un train de culture, de manière à en tirer le plus de bénéfice possible.

L'agriculture comprend l'art et la science, et ces deux parties ne sont pas moins dignes d'étude l'une que l'autre; car il importe de pratiquer souvent les opérations manuelles pour savoir de quelle manière elles doivent être faites; il n'est pas moins intéressant de pouvoir les raisonner et de savoir dans quelles circonstances il convient de les faire d'une façon plutôt que d'une autre.

De ce que l'agriculture est pratiquée depuis un temps immémorial sans le secours de la science, il est encore beaucoup de personnes qui pensent que l'étude de théories est inutile ou même nuisible, parce qu'on a souvent vu échouer l'entreprise des améliorations agricoles les plus recommandées par les auteurs. Mais il est peu d'exploitations agricoles, même des moins importantes, qui puissent être bien dirigées sans la théorie; rarement les terres doivent être cultivées deux années de suite de la même manière, et sans science il faudrait à un homme une grande perspicacité et une bien longue expérience pour apprendre toutes les modifications à faire subir aux assolements, aux labours, aux défoncements, etc., etc.

Du reste, on a toujours reconnu la nécessité de réunir l'art à la science. Celui qui, avec de simples connaissances théoriques se croirait suffisamment instruit, se tromperait grossièrement parce qu'il est un grand nombre de connaissances que la pratique seule peut donner, que l'œil et l'esprit saisissent aisément, que la force de l'habitude peut aussi communiquer, mais que la tradition transmet difficilement.

Celui qui n'a que la connaissance pratique est inévitablement exposé, par son manque absolu de théorie, à des écarts, à des erreurs et à des fautes qu'une éducation mieux dirigée lui eût épargnés; ses connaissances, circonscrites dans la sphère étroite de la routine, lui refusent d'amples moyens de comparaison, rendent sa marche lente et pénible; et pour arriver, il est forcé à des détours que des connaissances préliminaires lui eussent évités.

Selon les végétaux que l'on cultive et les produits que l'on veut obtenir, l'agriculture se divise en *viticulture* ou culture de la vigne, en *sylviculture* ou culture des bois, en *horticulture* ou culture des jardins, et en *agriculture* proprement dite ou culture des champs.

L'*Agriculteur* est celui qui se livre à la culture de la terre.

L'*Agronomie* est le développement des principes de la science agricole. L'*Agronome* est donc celui qui possède la théorie de l'agriculture et qui peut en enseigner les règles. L'agriculteur sait cultiver et l'agronome comment on doit cultiver. Le premier en vaudra mieux s'il est bon agronome, car il est peu de sciences où la théorie soit plus dangereuse quand elle n'est pas jointe à la pratique.

L'agriculture est la source la plus certaine des richesses d'un État, parce qu'elle fournit à presque toutes les industries les matières que celles-ci ont pour but de mettre en œuvre. Aussi le commerce y fleurit quand l'agriculture est prospère et souffre lorsqu'elle y est arriérée. Ne voyons-nous pas tous les jours l'agriculture accomplir des prodiges ; transformer d'abruptes rochers en vergers, des landes en plaines fertiles, des marais en gras pâturages ; transporter, multiplier, perfectionner les espèces ou les races, donner au commerce des productions plus nombreuses et plus belles, fournir au pays des moyens de subsistance plus abondants, plus salubres et plus agréables.

Si quelque chose doit étonner, c'est de voir que ceux qui se destinent à l'art si éminemment utile et pourtant si difficile de l'agriculture, ne s'y préparent par aucune étude préliminaire, tandis que d'autres professions dont la société retire des avantages moins directs, moins immédiats, exigent des préparations longues et dispendieuses.

Il existe en France plus de six millions de cultivateurs, qui non seulement ignorent les premiers éléments de l'agriculture, mais considèrent leur profession comme la pire de toutes. Il faut l'avouer, à côté de l'instruction que la classe élevée reçoit, celle que l'on donne au peuple, au lieu de le mener à l'agriculture, l'en détourne. Chacun a l'envie, quels que soient ses moyens, de sortir de sa condition, de se faire médecin, avocat, etc. Tous les cultivateurs dirigent leurs enfants vers l'industrie et les font maçons, serruriers, etc., et cependant le besoin de cultivateurs instruits et laborieux est devenu aujourd'hui une nécessité. Les colléges ont des cours de toutes les sciences, l'agriculture exceptée. La France a des écoles pour toutes les professions, elle n'en a aucune pour enseigner au peuple l'agriculture. Pourquoi?

A notre époque, les carrières des fonctions publiques, des arts libéraux et du commerce se resserrent de jour en jour, en raison de l'accroissement de la population. Le travail, une profession indépendante sont nécessaires pour ceux qui veulent se créer une position honorable et libre, échanger une existence gênée contre l'aisance ou même contre la richesse.

L'avenir de la masse la plus considérable de la nation réside donc dans le développement de l'industrie agricole qui peut, doit enrichir et honorer ceux qui y consacrent leur vie; mais sans instruction, il ne saurait y avoir de progrès réels pour l'agriculture, ni profit pour le cultivateur. D'un autre côté, l'étude pratique de l'agriculture serait un élément puissant de moralisation, car un travail continu arrache notre existence au trouble, à l'inquiétude, aux regrets, à l'ennui, nous donne pour jouissance une paix intérieure, un contentement intime, un bien-être inexprimable. L'observation des actes de la faculté créatrice (cette puissance qui préside à la germination, à l'accroissement, à la fructification des végétaux et au développement des animaux) élève notre intelligence. A quelle position sociale cette étude ne convient-elle pas ? Les scènes de la nature ne sont-elles pas mille fois plus intéressantes que celles que l'art prépare à grands frais, environnant sans cesse l'homme de ses productions, de ses phénomènes, de ses merveilles? C'est dans la contemplation de sa magnificence que l'homme puise le sentiment le plus vrai de l'existence du créateur; qu'il sent qu'il a une patrie, que son âme palpite sous les nobles instincts de la nationalité, de la liberté que Dieu a mis dans nos cœurs comme les purs sentiments de la famille.

Dans tous les temps et dans tous les pays dont l'histoire retrace le souvenir, l'agriculture a toujours attiré les faveurs des gouvernements éclairés. Les meilleurs esprits, les hommes les plus illustres de l'antiquité, bien loin de l'avoir dédaignée, en ont fait un objet d'études et le sujet de leurs plus sérieuses méditations. Les ouvrages des écrivains les plus célèbres de la Grèce et de Rome renferment de précieuses maximes, de sages préceptes sur les différentes parties de l'art agricole, si l'on en excepte, toutefois, la théorie des assolements et le système de comptabilité, principales causes des progrès modernes de cette industrie, qui leur avaient entièrement échappés.

L'agriculture, introduite dans les Gaules par les Romains, disparut avec leur empire envahi par les barbares du Nord, qui établirent sur ses débris le régime féodal. Pendant plusieurs siècles, la culture des terres fut abandonnée aux habitants des campagnes, serfs ignorants et misérables, opprimés par leurs seigneurs qui les surchargeaient de taxes et de corvées. Pour les paysans, le travail des champs n'était qu'une peine sans profit; et chez eux l'espoir d'améliorer leur sort, d'augmenter leur bien être, celui de leur famille, ne pouvait réchauffer leur cœur, ni développer les ressorts de leur intelligence.

L'agriculture n'existait plus en France, à l'état de science, depuis douze cents ans, lorsque parut Olivier de Serres, qui est regardé, à juste titre, comme le père de l'agriculture chez les Français, le vrai gentilhomme-laboureur, le plus ancien et, de nos jours encore, l'un des meilleurs auteurs de l'agronomie moderne. Cet homme éminemment utile qui seconda si bien ce patriotique projet du roi Henri IV d'introduire, au sein de notre pays, la production et la fabrication de la soie, naquit en 1539, à Villeneuve-de-Berg, dans le Vivarais (département de l'Ardèche). Jusqu'à lui l'étude en grand de l'agriculture avait toujours été négligée; ce fut pour se distraire du triste spectacle des guerres de religion, qu'il se mit à étudier ce qu'il put recueillir d'ouvrages sur l'agriculture. Il fit paraître en 1600, son *Théâtre d'agriculture et Mesnage des champs*. Cet ouvrage qu'admirent les agronomes instruits eut, du vivant de l'auteur, un grand succès auquel contribua puissamment l'estime de Henri IV. Le bon roi témoigna toujours le goût le plus vif pour ce livre, dont il accepta la dédicace. Olivier de Serres mourut en 1619, et après sa mort, ses travaux et son nom tombèrent presque dans l'oubli pendant plus de 150 ans. Ce ne fut que vers le milieu du siècle dernier que son grand ouvrage redevint tout-à-coup l'objet de l'étude des écrivains nationaux et étrangers. L'abbé Rozier, après Olivier de Serres, est l'homme du XVIIIe siècle qui a le plus utilement servi l'agriculture française; son encyclopédie rurale est un guide sûr pour ceux qui veulent marcher sur la voie de l'expérience. C'est à ses utiles travaux, auxquels coopéra son ami Parmentier, qu'est due la direction progressive que le premier des arts suit aujourd'hui dans notre pays avec tant de gloire et de profit. L'idolâtrie qui, chez les anciens, faisait au peuple une religion de la reconnaissance, éleva des temples à Triptolème qui passait pour avoir enseigné aux hommes, après Cérès, la culture et l'emploi du blé; et les Béotiens eux-mêmes, les plus grossiers d'entre les Grecs, érigèrent des autels à deux de leurs compatriotes qui avaient rapporté d'Orient l'art de faire le pain. Parmi nous, Olivier de Serres et Rozier ont seuls des statues, et Parmentier, à qui la France est redevable de la propagation de la culture de la pomme de terre, cet immense bienfait, qui doit assurer le culte de la mémoire de son auteur, attend encore la sienne.

La révolution de 1789, en rendant la liberté à nos campagnes, ne fit disparaître ni leurs misères, ni leur ignorance; nos vingt-trois années de guerre et la Restauration imprimèrent à la pensée publique une direction peu favorable au progrès de l'industrie en général, et firent perdre de vue l'art agricole. Mais aujourd'hui le temps est venu où les travaux d'Olivier de Serres, de Rozier, de Parmentier, de Tessier, de Bosc, de Dombasle, des Yvart, Huzard, de Gasparin, etc., etc., sont appréciés et médités par un grand nombre de lecteurs : l'élan que ces savants ont donné, les instituts que quelques-uns d'entre-eux ont fondés et dirigés avec cette habileté et cette persévérante énergie qui caractérisent les hommes de génie, ont jeté les bases inébranlables d'une nouvelle ère. C'est à leurs généreux efforts qu'appartient l'honneur d'avoir émancipé nos campagnes, en portant au milieu d'elles le fruit de leur expérience et de leurs laborieuses recherches.

Des Sociétés d'agriculture ou des Comices agricoles. — Les Comices agricoles sont des réunions de modestes praticiens, d'hommes éclairés, s'occupant, au profit des masses, d'interpréter les ouvrages des agronomes de tous les temps et de tous les pays, de recueillir et d'apprécier les véritables améliorations, les vrais bénéfices d'argent, la réelle diminution de peines et de fatigues, à l'aide de la théorie, et venant guider et encourager la pratique; enfin, traduire l'exposé de ces avantages en termes mis à la portée de tous.

L'agriculture n'étant pas une science seulement de faits,

l'homme qui ne compterait que sur sa pratique et sur son intelligence quelqu'élevée qu'elle fût, serait loin d'être un véritable agriculteur.

Le génie d'un seul homme n'a jamais suffi pour créer une science, ce n'est qu'en mettant à profit les idées des uns, l'expérience des autres, qu'on peut parvenir à posséder une branche quelconque des connaissances humaines. Combien de pratiques ignorées de nos agriculteurs les plus distingués, dont l'adoption serait avantageuse dans notre pays !

Plusieurs causes enrayent l'impulsion que les Comices sont susceptibles de donner à l'art agricole : ce sont d'abord le peu d'argent dont les comices disposent ; — le défaut d'instruction, qui perpétue la routine et les préjugés ; — ensuite l'extrême division des propriétés ; — l'élévation de l'impôt qui dévore le sixième de la production : en effet la classe la plus nombreuse des cultivateurs est formée de ceux qui ont besoin du produit de leurs terres, pour vivre et élever leurs enfants, payer leurs fermages et satisfaire aux exigences du fisc ; ils n'osent donc se livrer à des expériences pratiques dans la crainte qu'elles absorbent leur chétif revenu ; — Les baux à courts termes qui, en ne permettant pas au cultivateur de jouir des améliorations qu'il pourrait tenter, ne l'encourage pas, eu égard surtout au faux calcul des propriétaires qui se hâtent d'enchérir le loyer, dès qu'ils croient leur fermier en voie de prospérité ; — enfin le manque de capitaux et de bras dans l'industrie agricole.

L'esprit d'association a une grande puissance ; une force particulière appartient à toute réunion d'hommes formée au

nom d'une pensée sérieuse. Et les Comices ont cette importance qui leur est propre, qu'ils rassemblent et complètent les
uns par les autres les hommes de science et les hommes de
pratique, qu'ils rapprochent et fondent ensemble la théorie
des uns et l'expérience des autres.

La première Société d'agriculture fut fondée en 1757 dans
la Bretagne. En 1784 et 1785, des Comices furent créés dans
la généralité de Paris. Ils avaient des réunions périodiques,
soit à l'hôtel-de-ville, soit dans les habitations rurales de
quelques uns de leurs membres. Ces institutions étaient entièrement oubliées, lorsqu'en 1816 M. de Lorgeril en organisa
une aux environs de Rennes. En 1820, les Comices fixèrent de
nouveau l'attention. Enfin dans ces dernières années, des
discussions chaleureuses ont très bien démontré que cette
institution régénératrice et éminemment populaire devait
prêter un salutaire appui à l'instruction et au bien-être des
campagnes et les derniers ministres de l'agriculture et du
commerce, MM. Martin (du Nord), de Gasparin, et Cunin-
Gridaine, leur ont donné de grands encouragements : aussi
les Comices se sont-ils multipliés.

PREMIÈRE PARTIE.

LIVRE PREMIER.

NOTICES D'HISTOIRE NATURELLE.

CHAPITRE PREMIER.

De tous les arts, de toutes les sciences que les hommes ont acquis, il n'en est pas qui, mieux que l'agriculture, puisse s'enrichir des trésors de l'instruction; L'histoire naturelle surtout, fournissant au cultivateur des applications diverses et nombreuses, son étude se lie étroitement à celle de l'agriculture; la connaissance et la distinction des qualités propres aux terres, aux végétaux, aux animaux, doivent former la base d'une bonne éducation agricole.

Le Globe se divise naturellement, en trois masses distinctes; l'une Solide qui constitue la terre; l'autre Liquide, l'eau qui occupe plus des trois quarts de la surface de cette dernière; et la troisième Aériforme ou Gazeuse qui enveloppe les deux précédentes, c'est l'atmosphère. Tout ce qui dans la nature affecte directement nos sens, se nomme matière.

La matière revêt deux formes, ou bien elle est matière brute et inorganique, soumise à toutes les lois physiques qui

LIVRE PREMIER,

NOTICES D'HISTOIRE NATURELLE.

De tous les arts, de toutes les sciences que les hommes ont acquis, il n'en est pas qui, mieux que l'agriculture, puisse s'enrichir des trésors de l'instruction. L'histoire naturelle surtout, fournissant au cultivateur des applications directes et nombreuses, son étude se lie entièrement à celle de l'agriculture ; la connaissance et la distinction des qualités propres aux terres, aux végétaux, aux animaux, doivent former la base d'une bonne éducation agricole.

Le Globe se divise naturellement en trois masses distinctes ; l'une Solide qui constitue la *terre* ; l'autre Liquide, *l'eau* qui occupe plus des trois quarts de la surface de cette dernière ; et la troisième Aériforme ou Gazeuse qui recouvre les deux précédentes, c'est *l'atmosphère*. Tout ce qui dans la nature affecte directement nos sens, se nomme *matière*.

La matière revêt deux formes, ou bien elle est matière brute et inorganique, soumise à toutes les lois physiques qui régissent ce vaste univers; ou bien elle est matière vivante, organisée et sous l'empire de la vie. La différence qui sépare ces deux manières d'être des corps est immense : d'un côté, mort, immobilité, mais durée illimitée que le hasard produit et que le hasard détruit. De l'autre, vie, sensibilité, mouvement, accroissement, mais ici existence limitée de l'individu et reproduction qui éternise l'espèce. Structure et propriétés, tout diffère.

Tous les corps de la nature se présentent sous trois états divers, ils sont solides comme le marbre, le bois, ou liquides comme l'eau ou bien gazeux comme l'air.

CHAPITRE Ier.

DE LA TERRE.

La terre considérée à l'extérieur seulement, s'offre à nos yeux comme une sphère légèrement aplatie vers ses pôles, configuration remarquable en ce qu'elle prouve que la terre a été primitivement fluide; en effet on observe que tout globe liquide tournant rapidement autour d'un axe, perd en diamètre dans le sens de ce dernier et gagne au contraire dans le sens opposé, c'est-à-dire dans le sens perpendiculaire à cet axe.

La terre ne présente pas une surface unie et régulière; elle est au contraire couverte d'aspérités qui, à la vérité, comparées à son rayon, sont réellement insensibles. En effet, la plus haute montagne considérée par rapport au volume de la terre entière, est telle que serait un grain de sable fin placé sur un œuf d'oie. Les montagnes ne sont pas le résultat du hasard, mais bien des causes qu'on est quelquefois parvenu à connaître. Toutes les parties du globe accessibles à l'observateur, ne sont point composées des mêmes substances, et toutes n'ont pas été formées en même temps, ainsi que par le même mode. Les corps qui dominent dans cette écorce sont l'oxygène, le silicium, le fer, etc.; mais outre les substances minérales qu'on rencontre dans l'écorce terrestre, on y trouve aussi des matières qui proviennent de corps organisés.

On donne le nom de roche à toute substance plus ou moins solide qui existe dans la croûte du globe, en volumes assez considérables pour qu'elle soit regardée comme partie essentielle dans l'édifice de ce globe.

Les roches qu'on rencontre le plus fréquemment sont : le grès, l'ardoise, l'argile, la marne, le granit, la ponce, le calcaire, etc. Les rochers se trouvent principalement en couches, c'est-à-dire en parties plus étendues en longueur qu'en largeur et en épaisseur, et assises les unes sur les autres; les deux faces d'une couche sont sensiblement parallèles et de manière que la couche pourrait s'étendre indéfiniment en longueur si elle n'était interrompue par des escarpements ou par d'autres circonstances accidentelles.

On désigne les couches cohérentes par le mot banc, et les couches meubles par celui de lit : ainsi l'on dit qu'une montagne est composée de couches calcaires, renfermant des bancs de silex et des lits d'argile.

Les couches offrent beaucoup de variations dans leurs positions, tantôt elles paraissent à peu près horizontales, tantôt plus ou moins inclinées et tantôt enfin, contournées et repliées en zig-zag.

Lorsque de grandes masses minérales ne sont pas par couches régulières, on dit que ce sont des typhons.

Les filons sont des masses minérales intercalées de bas en

haut et de haut en bas, dans d'autres masses qu'elles coupent dans diverses directions.

On nomme *fossiles* tous les restes des corps organisés, animaux et végétaux, qui sont enfouis dans l'écorce du globe, soit qu'ils aient changé totalement de nature, soit qu'il n'aient éprouvé qu'une faible altération, soit enfin qu'ils n'offrent plus que leurs empreintes. Ces débris sont de véritables médailles qui dévoilent l'histoire de notre planète, dont les divers terrains que nous observons nous retracent, comme des monuments, les phases par lesquelles elle est passée. Deux circonstances nous frappent dans l'examen de ces corps, témoins des changements qu'a subis la surface du globe ; d'abord, la grande quantité de fossiles qu'on rencontre dans certains terrains qui en sont presque exclusivement formés ; en second lieu, on a reconnu que la majeure partie des fossiles appartient à des espèces qui n'existent plus maintenant. En outre, nous observons, en examinant les fossiles sous le rapport de leur position, que plus on s'enfonce dans l'écorce du globe, plus le changement de composition devient complet, et plus les espèces diffèrent de celles qui existent actuellement. Jusqu'à présent on n'a trouvé de débris de l'homme et de son industrie, que dans les terrains les plus superficiels ou les plus modernes, c'est-à-dire dont la création se trouve en rapport avec l'époque indiquée par la chronologie biblique ; en outre, dans les terrains les plus anciens les fossiles disparaissent totalement, ce qui démontre que la surface du globe n'a pas toujours nourri des plantes et des animaux.

On a cru reconnaître un développement successif dans l'organisation, depuis les temps les plus reculés jusqu'à l'époque actuelle. Les types de l'organisation animale la plus simple, se montrent d'abord presque exclusivement, ensuite l'organisation se complique graduellement jusqu'à l'homme qui termine l'œuvre de la création.

— Le développement que le règne végétal a pris successivement offre aussi un résultat très-curieux; il a parcouru les mêmes phases que le règne animal.

Les diverses masses minérales qui constituent l'écorce de notre planète ne sont point fortuitement mêlées ensemble; leur arrangement dépend, au contraire, de règles telles que si l'on voit une roche, on peut présumer qu'elle est précédée, accompagnée ou suivie d'autres roches offrant des caractères particuliers, d'où naissent des associations qu'on nomme terrains.

On entend par *sol* la partie superficielle de l'écorce du globe, celle sur laquelle nous marchons, sur laquelle les eaux circulent, et celle qu'exploite l'agriculteur.

Les premières couches, ordinairement horizontales, renfermant une multitude de fossiles, principalement des coquilles, alternant avec des argiles, des sables et des graviers plus ou moins agglutinés, contenant des cailloux roulés, des fragments et des blocs de natures diverses, annoncent une série de dépôts opérés dans le sein des mers, des lacs, des rivières, ou sur leurs bords, ou bien charriés sur les terres par les eaux. Au dessous de ces couches, nous en trouvons de pareilles; seulement elles sont plus inclinées, plus disloquées, et les fossiles qu'elles offrent s'éloignent davantage des êtres qui existent maintenant. Plus avant dans l'ordre des temps, les assises argileuses et calcaires perdent peu à peu leurs fossiles et s'entrelacent ou se mélangent avec d'autres terrains. Cette partie de l'histoire naturelle qui traite de la formation de la terre et de la disposition que présentent les grandes masses minérales qui la composent, s'appelle la *géologie*.

————

DE L'EAU.

—

Nous aurons souvent l'occasion de remarquer que plus les corps sont utiles, plus ils sont abondants dans la nature ; nous trouvons dans *l'eau* un nouvel exemple de cette loi providentielle ; — à l'état de *vapeur*, elle entre dans l'atmosphère ; sous la forme de *glace* ou de neige, elle recouvre les pôles de la terre et le sommet des hautes montagnes ; *liquide*, elle forme les mers et les lacs ou s'échappe du sein de la terre pour donner naissance aux différentes sources qui forment les rivières et les fleuves.

La masse des eaux marines est immense, d'après les observations de tous les navigateurs, car on a calculé que la profondeur de l'Océan est d'environ mille mètres, ou plus de trois mille pieds ; de sorte que si les inégalités des continents venaient à s'effacer, la surface de la terre se trouverait enveloppée de toutes parts d'une couche d'eau de plus de trois cent quarante mètres d'épaisseur, résultat important qui prouve d'une manière évidente la possibilité du déluge. La tradition de cet évènement, universelle parmi toutes les nations de l'ancien monde, a été récemment retrouvée chez les Io-Ways, peuplades de l'Amérique du Nord, qui errent des rives du Missouri aux montagnes rocheuses. Ces Indiens célèbrent annuellement la fête des Madans, pendant quatre jours et quatre nuits, en commémoration du décroissement des eaux du déluge.

Si l'eau qui tombe des nuages est en petite quantité, elle humecte seulement le sol qui la reçoit, et l'évaporation la reporte dans l'atmosphère; mais si la pluie, la neige, etc., sont abondantes et continues, l'eau filtre à travers les terrains meubles et perméables, et descend dans l'intérieur de la terre jusqu'à ce qu'elle rencontre une roche imperméable; alors elle glisse dessus, elle en suit les sinuosités qui, semblables à des gouttières, la ramènent à la surface du globe: telle est l'origine des sources. Parfois les couches qui retiennent les eaux, ayant une forme concave, présentent de grands enfoncements dans lesquels les filtrations se rassemblent : elles y restent et produisent comme des réservoirs souterrains, dans lesquels plonge encore la partie du terrain perméable qui est au-dessus. Le niveau de ces eaux stagnantes, s'élevant par l'effet des filtrations toujours affluentes, finit par trouver une issue qui conduit au jour le trop plein du réservoir, et il se forme ainsi une source ; c'est aussi dans ces réservoirs, ou lacs souterrains, ou sur le trajet des sources qu'ils produisent qu'aboutissent nos puits.

En général, les sources sont, toutes choses égales d'ailleurs, plus abondantes dans les montagnes que dans les plaines, et cette différence peut provenir des trois causes suivantes: 1° il pleut d'avantage sur les pays montagneux; car, lorsque l'atmosphère commence à se troubler, c'est ordinairement autour des cimes des montagnes que les premiers nuages se forment et s'accumulent. 2° Il y a vraisemblablement sur les sommets des montagnes, une plus grande précipitation invisible de vapeurs. Les arbres, les plantes, les mousses, qui y vivent, ne peuvent manquer de contribuer à y favoriser la formation des sources ; outre leur action sur la condensation des vapeurs suspendues dans l'air, la fraîcheur qu'ils répandent autour d'eux et l'obstacle qu'ils opposent aux rayons du soleil qui atteignent difficilement le sol ainsi recouvert, empêchent ou du moins diminuent considérablement l'évaporation des eaux tombées sur les lieux; et les contraignent, au contraire, à s'y enfoncer et à produire des sources. La diminution des eaux de sources, dans certaines contrées, paraît être due principalement au défrichement. 3° Les glaces et les neiges qui couronnent les hautes montagnes, fournissent un aliment continu a beaucoup de sources qui sortent de leurs pieds, même durant les plus grandes sécheresses; et c'est principalement à l'époque des plus grandes chaleurs, lorsque les autres sources diminuent, que celles-ci augmentent et contribuent ainsi à maintenir la force des grands courants d'eau, et ce sont là de véritables réservoirs que la Providence a placés pour que l'homme trouve, en tous temps, la boisson qui lui est nécessaire. On voit donc, d'après les considérations précédentes, que la forme, la végétation des montagnes, leur élévation au-dessus du sol environnant, en général leur plus grande imperméabilité que celle des terrains des plaines, leurs pentes rapides, leurs fendillements, leurs couches inclinées, contribuent à faire bientôt reparaître au jour les eaux qui sont tombées sur les contrées élevées et par conséquent, à y rendre les sources plus nombreuses que dans les régions basses. Il existe dans beaucoup de pays de véritables courants d'eau qui se meuvent, soit dans les couches sédimentaires perméables, soit dans des fissures imperméables. On sait que dans le nord de la France et en Belgique, l'extraction du charbon de terre est souvent rendue difficile par de puissantes nappes d'eau qui se rencontrent dans le terrain houillier; on connaît aussi, au milieu des terrains en couches régulières, des lacs : tel est celui de Zirkuitz en Carniole, dans lequel vivent des animaux comme dans les lacs de la surface du globe.

Les courants d'eau ont souvent la faculté de remonter et de prendre un niveau plus élevé que celui de leur gisement souterrain; quand on vient à les atteindre par un puits ou par un trou de sonde, quelquefois cette force d'ascension est assez considérable pour qu'ils viennent s'épancher à la surface du sol et qu'ils soient même susceptibles d'être élevés à des hauteurs encore plus grandes, au moyen de tuyaux. Un tel phénomène constitue les fontaines jaillissantes, connues sous les noms de fontaines artésiennes, de puits artésiens, etc. Cette propriété, dont on s'est servi depuis longtemps en Chine et en Afrique, fut mise à profit dans l'Artois sur une très-grande échelle. Des eaux abondantes se meuvent à des profondeur variables au milieu des fissures ou des couches du groupe cretacé, et elles remontent à la surface dès qu'elles sont en communication avec l'extérieur par des trous de sonde d'un à deux décimètres de diamètre.

Les eaux artésiennes ont généralement une grande supériorité, sous le rapport de la pureté, sur les eaux d'infiltration des puits ordinaires, parce que le plus souvent elle se meuvent dans des terrains d'une composition simple; néanmoins il arrive qu'elles ont été en contact avec des substances pyriteuses, et elles contractent, dès lors, une odeur hydro-sulfureuse et une saveur ferrugineuse. Il importe ordinairement d'isoler des eaux d'infiltration, les eaux artésiennes par des tubes qui les conduisent de leur gisement souterrain à la surface du sol. Cette précaution est quelquefois même indispensable pour que les eaux remontent : par exemple, dans le cas où elles auraient à traverser des fissures ou des roches pernéables, susceptibles de les absorber entièrement, ou de diminuer leur volume. Il importe que le sondeur artésien soit guidé, non seulement par la composition du sol, mais aussi par sa forme et par son niveau relatif à celui des eaux courantes à sa surface. Il faut donc choisir, pour une tentative de ce genre, un point peu élevé, dans une plaine ou une vallée; car il est évident que les plateaux isolés, les crêtes qui déterminent les limites des bassins hydrographiques, sont des lieux où il n'y a aucune chance favorable. Au contraire, on devra chercher les bassins géognostiques, c'est-à-dire des espaces plus ou moins encaissés par des saillies environnantes, vers lesquelles les couches de la plaine ou de la vallée se relèvent quelquefois de manière à présenter leurs tranches. Il résulte, en effet, de pareille disposition, que les eaux extérieures s'infiltrent dans les couches perméables qui affleurent, en venant s'appuyer sur les coteaux de bordure; et suivant avec ces couches les inflexions du fond, sont d'autant plus susceptibles d'être rencontrées par les trous de sonde et de donner naissance à des fontaines jaillissantes que les points d'infiltration sont plus élevés.

L'eau n'est point un corps simple, comme on l'a cru pendant longtemps; des expériences chimiques prouvent qu'elle est composée d'oxygène et d'hydrogène, lors même qu'elle est aussi pure que possible; elle contient ordinairement une plus ou moins grande quantité de sels.

L'eau fait la base de tous les corps vivants, elle est essentielle à la végétation; elle sert de boisson à tous les animaux; elle est un des moyens de transport les plus rapides : elle fait mouvoir la plupart de nos machines, soit à l'état liquide, soit à l'état de vapeur, etc., etc.

DE L'ATMOSPHÈRE.

On donne le nom d'Atmosphère à une couche de gaz, de vapeur, qui enveloppe le globe terrestre de toutes parts, et qui s'élève à une hauteur qu'on présume être de soixante-douze à quatre-vingts kilomètres (18 à 20 lieues). Cette partie du globe est indispensable à tous les êtres organisés qui peuplent la terre, en ce qu'elle leur fournit à tous l'élément nécessaire à la respiration. Quand la température est élevée, l'eau réduite en vapeur se répand dans l'atmosphère, et en vertu de son poids qui est inférieur à celui de l'air, elle en gagne les hautes régions. La chaleur atmosphérique changeant à chaque instant, la vapeur ne tarde pas à se condenser, et, devenue trop lourde par sa condensation pour être soutenue dans l'atmosphère, elle retombe en pluie, brouillard, neige, grêle, etc.

C'est aussi dans l'atmosphère que se passent tous les phénomènes connus sous le nom de *météores :* tels sont les vents, les éclairs, le tonnerre, les trombes et les aérolithes.

Les *brouillards* sont une suite du refroidissement nocturne de l'atmosphère.

La *trombe* est une colonne d'eau ou d'air, conique, qui tourne sur elle-même avec une rapidité prodigieuse, tantôt elle semble sortir du sein de la mer et s'élève jusqu'aux nuages, tantôt elle descend des nuages jusqu'à terre produisant des effets d'autant plus terribles que sa vitesse est plus grande.

La *rosée* n'est qu'un dépôt de la vapeur d'eau atmosphérique qui se forme pendant la nuit sur les corps très-refroidis.

Le givre ou gelée blanche est une rosée gelée sur place. La neige provient de gouttes d'eau gelées dans les hautes régions de l'atmosphère ou durant leur chute.

On nomme grêle la chute de globules de glaces plus ou moins gros, appelés grelons, qui tombent de l'atmosphère. La grêle cause souvent de grands désastres au cultivateur et dont il n'a d'autre moyen de se garantir qu'en assurant ses récoltes à des compagnies formées dans ce but.

La lumière est un fluide éthéré répandu dans tout l'univers, émanant des globes célestes ; celle du jour nous arrive du soleil, soit directement, soit indirectement, soit par des réflexions irrégulières sur les couches d'air atmosphérique, sur les nuages, sur la surface du globe et des corps qui s'y trouvent. Durant la nuit, nous ne recevons plus que la lumière des étoiles et celles que nous réfléchissent la lune et les planètes.

On nomme aurore la lumière qui précède le lever du soleil, et crépuscule celle qui suit le coucher de cet astre. Enfin, le bleu du ciel ne paraît être dû qu'à la grande masse de vapeur que forme l'atmosphère.

On appelle arc-en-ciel un ou plusieurs arcs qui se dessinent sur des nuages en présentant sept bandes diversement colorées en rouge, oranger, jaune, vert, bleu, indigo et violet, quand les nuages sont exposés aux rayons du soleil venant du côté où se trouve l'observateur.

Les phénomènes de l'arc-en-ciel sont dûs à la décomposition des rayons lumineux du soleil, qui traversent les gouttes d'eau disséminées dans l'atmosphère.

L'atmosphère est formé, dans toutes les circonstances, de vingt-et-une parties d'oxygène et soixante-dix-neuf d'azote, de quelques centièmes d'acide carbonique, de vapeur d'eau et de fluides impondérables.

L'oxygène et l'azote constituent l'air atmosphérique proprement dit. — On les trouve toujours dans les proportions que nous venons d'indiquer : une plus grande quantité de l'un ou de l'autre de ces gaz rendrait l'air impropre à l'entretien de la vie des animaux.

L'acide carbonique s'y rencontre aussi constamment, mais en quantités très diverses : l'atmosphère qui en serait complètement privée favoriserait la santé des animaux, mais nuirait à la végétation.

La vapeur d'eau est toujours en grande quantité dans la partie de l'air la plus rapprochée du sol. Il s'en trouve moins dans les couches élevées ds l'atmosphère. Elle est nécessaire à l'entretien de la vie ; les animaux et les plantes ne peuvent pas exister dans un air complètement sec.

Le fluide aériforme, qui enveloppe la terre, exerce sur les êtres organisés une action chimique subordonnée à sa composition. Dans les animaux il agit principalement par son oxygène, pendant l'acte de la respiration, pour la transformation du sang veineux en sang artériel. On ignore les phénomènes qui se passent alors dans l'appareil respiratoire; mais on sait qu'introduit dans la poitrine, l'air y perd trois ou quatre centièmes de son oxygène et qu'aucun autre gaz ne peut remplacer ce dernier, — que la quantité d'azote reste à peu près invariable et qu'il est destiné à modérer l'action de l'oxygène ; qu'à la place de l'oxygène qui disparaît, on trouve de l'acide carbonique et de la vapeur d'eau ; enfin, que l'air qui a servi à la respiration est impropre à remplir le même usage et que celui des bâtiments habités doit être sans cesse renouvelé, de manière que les altérations qu'il éprouve soient insensibles.

On sait aussi que la continuation des phénomènes respiratoires est indispensable à la vie; qu'un animal se passerait plutôt d'aliments que d'air; que la force, la santé, la vigueur, la chaleur des animaux, sont en rapport avec l'étendue, la perfection de ces phénomènes.

L'air légèrement altéré n'entraîne pas la mort instantanée, mais sous son influence la digestion se fait mal, les humeurs s'altèrent, la constitution se détériore et les plus graves maladies se déclarent. Ces effets s'observent lors même qu'il ne manquerait à l'air qu'un centième d'oxygène. Or, comme la respiration enlève trois ou quatre centièmes de ce gaz, un litre d'air respiré en altère, par son mélange, trois ou quatre autres litres; de sorte que les animaux, enfermés dans une étable, souffrent faute d'oxygène, si un quart de l'air qui les environne a été respiré, l'étable fût-elle assez bien tenue pour que la respiration fût la seule cause des altérations de l'air.

L'air atmosphérique est aussi nécessaire à la vie des plantes qu'à celle des animaux : elles en ont besoin pour respirer et même pour se nourrir, car l'humus et les engrais ne deviennent solubles et susceptibles d'être absorbés que lorsqu'ils sont mis en contact avec ce fluide, ce qui explique la nécessité de rendre les terres meubles et perméables par des façons.

La respiration des plantes est moins active à l'ombre que sous l'influence de la lumière. Lorsqu'elles sont exposées aux rayons du soleil, elles enlèvent à l'air l'acide carbonique, s'approprient le carbone et dégagent l'oxygène. Il résulte de là que l'air altéré par la respiration animale est purifié par les végétaux et que les deux règnes organiques sont nécessaires l'un à l'autre.

L'air peut être altéré par des gaz, par des corps pulvérulents, par des émanations marécageuses, par des matières provenant des êtres organisés; ces substances sont produites ou répandues dans l'atmosphère par la respiration des animaux, par la combustion, la fermentation alcoolique, la putréfaction, les marais, les émanations des corps vivants, certaines opérations chimiques, etc.

L'action de la pesanteur de l'air sur les liquides est générale : ceux-ci s'élèvent toujours dans le vide, en raison inverse de la densité, c'est-à-dire de leur poids sous un volume donné ; de sorte que le mercure étant à peu près quatorze fois aussi lourd que l'eau, une colonne de ce métal fera équilibre à l'atmosphère, comme une colonne d'eau quatorze fois plus élevée.

On donne le nom de baromètre aux instruments destinés à apprécier les variations de la pesanteur de l'atmosphère ; le liquide qu'on emploie est toujours du mercure. L'élévation du mercure dans le vide étant due à la pression atmosphérique, varie comme celle-ci, selon la position des lieux, la température et la composition chimique de l'air. — L'influence des vents et de la pluie sur le baromètre est connue de tout le monde : ainsi l'abaissement du liquide contenu dans le tube barométrique est un indice de mauvais temps ; son élévation annonce le contraire ; le baromètre indiquant les agitations de l'atmosphère est donc un instrument que le cultivateur doit savoir consulter.

Vents. — L'air en mouvement évident porte en général le nom de vent, qu'on spécifie en indiquant le point de l'horizon d'où il vient. On divise les vents d'après la direction de leur courants, en vents du sud, de l'est, du nord, de l'ouest, du sud-est, du sud-ouest, etc. — Les vents ont des propriétés différentes, selon les pays d'où ils viennent, selon qu'ils traversent ou non les mers. Celui du sud est chaud et humide ; celui d'est, de nord, est froid et sec ; celui d'ouest humide. Les vents enlèvent les couches d'air altérées par la respiration, la combustion et la putréfaction, les disséminent dans l'espace et mettent à la place l'air pur des régions élevées. — Sans les vents, l'air des étables, de nos habitations et des rues, corrompu par tant de causes d'altération, serait bientôt impropre à la respiration des animaux qui périraient asphyxiés par l'acide carbonique, ou empoisonnés par des corps meurtriers pour eux et bienfaisants pour les végétaux qui en demeureraient privés.

Les vents facilitent la fécondation, en transportant quelquefois à de grandes distances la poussière fécondante des fleurs mâles sur les fleurs femelles ; et, selon leur degré d'humidité, ils donnent de l'eau aux végétaux ou leur en retirent.

Calorique. — Le calorique est un fluide impondérable qui a la propriété de dilater, d'augmenter le volume des corps qu'il pénètre et de transformer les liquides en vapeurs. — On désigne par chaleur l'effet physique que le calorique produit sur nos organes et qui occasionne les sensations désignées par les noms de chaud et de froid. — Le calorique exerce son empire sur les êtres organisés, depuis le commencement de leur existence jusqu'à leur mort. On ne peut pas concevoir la vie sans une chaleur qui entretienne les fluides, les humeurs dont sont formés les corps vivants. C'est elle qui concourt avec l'électricité, l'air et l'humidité, pour réveiller la vie engourdie dans le germe des plantes et même des animaux ; c'est elle qui, au printemps, excite et hâte la végétation ; c'est sous son influence que les fruits croissent et mûrissent ; c'est dans le s sols bien exposés à l'action des rayons du soleil qu'on trouve les aliments les plus savoureux et les plus salubres. — Toutefois, les plantes que le calorique frappe trop vivement s'épuisent bientôt, les feuilles se flétrissent, se dessèchent.

Suivant sa température on dit que l'air est froid, doux ou

chaud. Ces états divers sont déterminés au moyen des thermomètres.

La température est très-variable à la surface de la terre, jusqu'à une profondeur de vingt ou trente mètres ; arrivée à ce point elle devient invariable, tandis qu'à mesure qu'on descend plus bas, on trouve un accroissement de chaleur qui paraît continuer et qui est de 1 degré par 25 ou 30 mètres.

Les effets instantanés de la chaleur sont subordonnés à l'habitude ; quoique la température des caves, des grottes profondes, des mines, soit constamment la même ou à peu près, l'air de ces lieux nous paraît chaud en hiver, habitués que nous sommes à la basse température de l'atmosphère, tandis qu'il nous semble frais en été, lorsque nos organes se sont accoutumés aux rayons du soleil. Voilà pourquoi l'eau de source paraît froide en été et chaude en hiver. A la température de 10 ou 12 degrés seulement, elle produit quelquefois sur les animaux, échauffés par le travail, les effets pernicieux des eaux glacées de janvier.

La gelée est souvent nuisible aux récoltes, elle augmente le volume d'eau qui humecte le sol et qui se trouve dans l'intérieur des plantes, soulève la terre, déracine les végétaux et éraille ou déchire leurs tissus. Aussi c'est surtout lorsque le sol est humide et les plantes en sève et mouillées, qu'elle exerce de grands ravages. La gelée est quelquefois utile à l'agriculture ; elle divise les terres fortes, détruit les mauvaises plantes, retarde la végétation des récoltes qui craignent les gelées blanches, et fait périr beaucoup d'animaux nuisibles.

Lumière. — L'action de la lumière sur les animaux et sur les plantes se confond en général avec celle de la chaleur : elle produit pourtant sur l'ensemble du corps animal des effets généraux et sur l'organe de la vue des effets particuliers qui lui sont propres. — La lumière est un stimulant pour tous les êtres vivants ; elle vivifie toutes leurs fonctions ; elle donne de la consistance aux tissus, de la vigueur aux fibres ; sous son impression se forment des races fortes, robustes, des animaux agiles ; tandis que loin de ses rayons, les races deviennent lymphatiques et faibles. — C'est sous l'équateur que vivent les plantes et les animaux qui présentent les couleurs les plus brillantes et les plus variées ; les plantes privées de lumière sont pâles, insipides, inodores, aqueuses, fades, peu nutritives, étiolées enfin. — L'herbe qui croît dans les bois est grêle et mauvaise ; les animaux qui y paissent recherchent celle des clairières, plus riche en principes amers et odorants, plus alimenteuse que celle des endroits ombragés.

Electricité. — Pour concevoir les phénomènes de la nature, on admet l'existence d'une cause générale et puissante : l'électricité, fluide immatériel, impondérable, répandu autour de la matière et qui lui communique ses propriétés actives d'attraction et de répulsion.

L'air atmosphérique contient toujours de l'électricité. Dans les temps orageux, l'air étant chargé de fluide électrique, les animaux sont inquiets, agités. — Cet état de l'atmosphère active la germination, la croissance des plantes et la maturation des fruits.

Les éclairs, la foudre, sont des phénomènes électriques ; il n'est personne qui ignore les terribles ravages produits par la foudre : elle tue les hommes et les animaux, consume les végétaux, incendie et renverse les habitations, et détruit en un mot tout ce qui se trouve sur son passage.

Pour prévenir ces accidents, il faut rentrer les troupeaux à l'approche des orages, ne point mettre de girouette sur les étables isolées, car le tonnerre tombe de préférence sur les lieux élevés; lorsqu'on est surpris dehors, il ne faut point abriter les troupeaux sous les arbres élevés ou isolés au milieu d'une plaine.

Du Climat. — On nomme climat la disposition, froide ou chaude, sèche ou humide, qu'a ordinairement l'atmosphère d'une contrée pendant les diverses saisons de l'année et qui rend une étendue de pays propre à certaines cultures et au-delà de laquelle les mêmes plantes ne peuvent croître ou croissent difficilement : ainsi, le sol de la France présente le climat des orangers, des oliviers, de la vigne, etc. — La connaissance en est très-importante, car le climat influe beaucoup sur les récoltes.

La nature du climat dépend de plusieurs circonstances. — Plus on avance dans le nord, plus le climat devient froid et plus les étés sont courts; le même effet a lieu par suite de l'élévation au-dessus du niveau de la mer, ce qui rend, en outre, le climat plus humide et plus variable.

Le voisinage de grandes étendues d'eau rend le climat plus humide, moins froid en hiver et moins chaud en été. — Les marais cependant le rendent, en général, froid, malsain, et occasionnent en été une grande fraîcheur pendant les nuits et des brouillards en toute saison. — La proximité des montagnes tend presque toujours à refroidir le climat, à le rendre plus variable à moins qu'elles ne soient au nord; elles occasionnent aussi de fréquents orages et de la grêle, enfin elles influent, de même que les cours d'eau, sur les vents dominants qui rendent le climat froid, s'ils viennent du nord ou du nord-est; humide, s'ils viennent de l'ouest; chaud, s'ils viennent du sud; et sec, s'ils viennent de l'est.

Les vastes forêts refroidissent un peu le climat et le rendent

surtout plus humide. Néanmoins, elles sont presque toujours
utiles en donnant naissance à des sources et en servant d'abris.
— Enfin, la nature du sol influe encore sur le climat, il est
plus chaud dans les contrées à terres calcaires, sablonneuses,
que dans les terres argileuses, humides.

Un climat tempéré, égal et régulier, où les extrêmes de
chaleur et de froid, de sécheresse et d'humidité sont également
rares, de même que les orages et la grêle, est celui qui convient
le mieux à l'agriculture, quoique pour certaines plantes, la
vigne, le maïs, une grande chaleur soit préférable.

La température d'un lieu pendant une année n'est pas nécessairement semblable à celle d'une autre année; mais ces
variations se font par oscillations, c'est-à-dire qu'en général,
une ou plusieurs années plus chaudes sont suivies par une ou
plusieurs années plus froides.

Le climat de la France est tempéré, et considéré dans son
ensemble, il n'est ni sec ni humide; il se prête merveilleusement à toutes les tentatives des cultivateurs, qui verront ré-
compenser leurs efforts s'ils savent choisir avec discernement
les cultures convenables à chaque localité.

Le climat est la cause physique universelle de la forme, du
naturel des animaux, son action est surtout marquée sur les
végétaux qui sont sans cesse exposés aux agents aériens, et les
effets qu'il exerce résultent de l'action combinée du sol, de
l'atmosphère, de la culture des terres, des aliments, des boissons, etc. Mais c'est principalement aux fluides impondérables
et surtout au calorique qu'il doit les caractères par lesquels
son influence se manifeste.

Dans les climats chauds la température ne varie que de 20
à 40 degrés au-dessus de zéro; les grandes chaleurs, presque

aussi fortes la nuit que le jour, y durent toute l'année ; l'influence des saisons y est à peine sensible. On y trouve des plantes à longues racines, par lesquelles elles se préservent de la sécheresse, et des plantes à feuilles larges qui tirent peu de nourriture du sol et vivent principalement aux dépens de la rosée et de l'humidité de l'air. — La végétation est très-rigoureuse dans les lieux humides des contrées chaudes ; aussi les irrigations y produisent-elles de très-grands effets. Le riz, l'orge et le froment y prospèrent ; la luzerne, si elle est arrosée, donne des coupes nombreuses et productives. Les animaux des climats chauds et secs sont peu volumineux.

Dans les climats tempérés, le temps est variable ; en été, à midi, il y fait aussi chaud que sous l'équateur ; mais les hivers y sont froids, la température varie de 15 degrés au-dessous de zéro, jusqu'à 35 degrés au-dessus. — Les plantes vigoureuses et variées s'y revêtent d'une écorce épaisse de bourgeons écailleux qui les préservent des froids et des pluies. — Les herbivores et les granivores y acquièrent un grand développement et ont une chair d'un goût exquis. — On peut obtenir dans ces climats des bêtes à cornes, des solipèdes et des bêtes à laine de toutes races, en modifiant par le régime l'action du sol et de l'air. — Les animaux de ces pays, habitués à des saisons courtes, à des variations de toute espèce, supportent facilement tous les autres climats.

Dans les climats froids, l'hiver dure de huit à neuf mois, et le thermomètre descend jusqu'à 50 degrés au-dessous de zéro. Le sol est humide, car l'évaporation est lente ; il est couvert de plantes herbacées à racines courtes, d'arbres verts, etc. — On y cultive généralement les plantes dont la végétation est rapide. Les animaux résistent peu à la faim et quoiqu'ils prennent beaucoup de nourriture, ils n'atteignent jamais de grandes proportions. Les bœufs, les solipèdes sont petits en Islande, en Laponie, comme dans les climats où la chaleur est intense.

Des Saisons. — Les astronomes divisent l'année en quatre parties, ou saisons astronomiques, nommées printemps, été, automne et hiver.

Les saisons ont une grande influence sur les animaux, par l'état de l'air et du sol, par la chaleur, la lumière et l'humidité, par les aliments végétaux et par les boissons.

Le *Printemps* est une saison favorable à la végétation ; la chaleur et l'humidité des premiers beaux jours réveillent les plantes de leur sommeil d'hiver ; la sève se met en mouvement et toutes les fonctions végétales reprennent leur activité. Les chaleurs de cette saison exercent une action directe sur tous les animaux, leur fourrure hérissée et terne de l'hiver se remplace par une autre à poils courts, lisses et brillants ; ils mangent avec moins d'avidité les aliments secs, et si on leur donne sans précaution l'herbe qu'ils recherchent alors, elle agit comme un relâchant ; ils deviennent plus gais, leur ardeur pour la propagation de l'espèce se réveille, le lait des femelles augmente et toutes les fonctions semblent mieux s'exécuter. — Les variations atmosphériques sont très-fréquentes et très-brusques dans cette saison.

L'*Été*, la terre est fortement chauffée par les rayons du soleil, et avant la fin de cette saison le plus grand nombre des plantes a parcouru sa carrière ; toutes sont moins aqueuses, plus fermes, plus nourrissantes et plus toniques qu'au printemps.

En *Automne* nos pays possèdent une température fort élevée ; la terre, échauffée par les grands jours du printemps et de l'été, conserve encore beaucoup de chaleur. Les premières pluies d'automne, peu fortes, rendent les rosées abondantes, les brouillards épais et malsains ; en humectant la surface de la terre, elles contribuent beaucoup à produire la fraîcheur de ces longues nuits qui suivent les journées, si chaudes encore, du commencement de l'automne.

En *Hiver* la terre qui, depuis la fin de l'été, perd plus de calorique qu'elle n'en absorbe, est toujours très-froide ; les rayons qu'elle reçoit du soleil dans les mois de décembre et de janvier, encore très-obliques et refroidis par la couche épaisse et souvent brumeuse d'air qu'ils traversent l'échauffent très-peu.

Succession des saisons. — Les saisons astronomiques, déterminées par des phénomènes qui tiennent aux lois générales de notre système solaire, sont invariables ; mais les alternatives de chaleur, de lumière, de végétation et tous les phénomènes qui caractérisent les saisons *médicales* ou *climatériques*, quoique subordonnés aux premiers, n'en ont pas la régularité. L'abondance ou la rareté des pluies, les météores, l'influence que les saisons exercent les unes sur les autres, intervertissent souvent l'ordre de leur apparition et les font devancer ou retarder. — Ainsi, par exemple, l'hiver des astronomes doit durer du 20 ou 21 décembre au 20 ou 21 mars ; il arrive souvent que cette saison commence dans les premiers jours de novembre, pour ne finir qu'en février ou en avril. — La succession des saisons, utile à l'économie animale, l'est encore à la durée des végétaux. Elles se tempèrent réciproquement et elles entretiennent, dans l'exercice des fonctions, un état d'équilibre nécessaire à la santé ; les maladies que l'une a fait naître sont souvent guéries par celle qui la suit. Les frimats sont nécessaires pour suspendre la végétation, pour modérer l'activité vitale des animaux, prévenir leur épuisement, arrêter la fermentation putride, et détruire les insectes nuisibles et les plantes parasites qui dévastent, épuisent les récoltes.

DE QUELQUES SUBSTANCES MINÉRALES.

La minéralogie ayant pour objet les propriétés particulières qui caractérisent les corps bruts ou inorganiques auxquels on donne le nom de minéraux, et la chimie qui traite de la composition de ces corps et des lois qui président à leurs combinaisons, donneraient au cultivateur les moyens d'étudier, de connaître les éléments constitutifs de chaque terre, de bien comprendre l'action et l'influence du sous-sol sur le sol, les effets que les engrais produisent dans la terre qui les a reçus, et les rapports qui existent entre la nature des sols et celle des végétaux qu'ils nourrissent.

Les corps dont s'occupent la minéralogie et la chimie comprennent non seulement les pierres et les métaux, mais aussi les liquides et les fluides qui se trouvent naturellement à la surface ou dans l'intérieur du globe.

L'écorce minérale du globe se compose d'un assez grand nombre de formations particulières qu'on a groupées en deux grandes séries : 1° les terrains de cristallisation ou plutoniques et volcaniques qui paraissent s'être cristallisés après avoir existé dans un état de fusion due à l'incandescence de l'intérieur de la terre, et dans lesquels on n'a jamais trouvé la moindre trace de corps organisés ; 2° les terrains d'alluvion sédimentaires ou neptuniens dont la formation est due à l'action des eaux et qui renferment un grand nombre de débris de corps organisés.

Les minéraux les plus essentiels des terrains de cristallisation, c'est-à-dire ceux qui constituent le plus souvent de grandes masses, soit seuls soit associés à d'autres minéraux élémentaires des roches, sont : le feld-spath, qui forme à peu près les 45 centièmes de l'écorce consolidée du globe; le quartz, uniquement composé de silice, la substance la plus abondamment répandue dans la nature après le feld-spath; elle forme environ les 35 centièmes de l'écorce terrestre; le mica, etc.

Les principales substances minérales qui composent les terrains sédimentaires, sont : le calcaire, le gypse, le sel gemme et quelques combustibles, notamment la houille et l'anthracite.

L'oxygène est un des corps simples les plus répandus ; il fait la base de l'air atmosphérique, de l'eau ; est associé dans le sein de la terre à presque tous les minéraux, tels que le fer, le plomb, etc., et à tous les corps organisés, sans exception; l'oxygène est le seul de tous les gaz qui soit propre à la respiration des animaux, ce qui lui avait fait donner, autrefois, le nom d'*air vital* ; sans lui nul être organisé ne saurait subsister, et l'homme ne pourrait avoir de feu, car l'oxygène seul peut l'entretenir. Il se combine avec presque tous les autres corps simples de la nature, et forme avec eux des corps composés que l'on appelle oxides ou acides, selon qu'ils rougissent l'infusion bleue de tournesol.

On donne le nom de sel au résultat de la combinaison des acides avec les oxides : ainsi, la soude, composée d'oxygène et de sodium uni à l'acide sulfurique forme un sel, le sulfate de soude. Un grand nombre de sels se trouve dans la nature, soit à l'état de pureté, soit à l'état de mélanges, soit en solution dans certaines sources qui leur doivent leurs qualités particulières, soit dans les tissus animaux ou végétaux. Par exemple, les sels de chaux font partie constituante des os et de quelques graines, les sels ammoniacaux se trouvent tout formés dans l'urine.

L'*hydrogène* n'est guère moins abondant, ni moins utile que l'oxygène, car il fait partie de tous les corps organisés, de l'eau et de plusieurs autres corps. Il paraît, à la facilité avec laquelle l'hydrogène s'enflamme, que ce gaz est un de ceux qui sont les plus propres à la combustion ; le bois, le charbon, la houille, l'huile, la graisse, etc., qui sont les corps que l'on emploie le plus souvent pour l'éclairage, contiennent tous une très-grande proportion de ce gaz. L'hydrogène enflammé, répandant une lumière vive et éclatante, est employé à l'éclairage des villes, de préférence même à l'huile.

L'*azote* est un gaz incolore comme l'oxygène et l'hydrogène ; mais il diffère de l'un et de l'autre en ce qu'il éteint les corps en combustion, de sorte qu'il suffit d'une bougie allumée pour distinguer les trois gaz simples et incolores qui existent dans la nature ; en la plongeant dans l'oxygène, elle brûle avec une rapidité extraordinaire ; en la mettant dans l'azote, elle s'éteint ; et si on la met en contact avec l'hydrogène, celui-ci s'enflamme ; il joue un rôle important dans la végétation.

L'*ammoniaque* est un gaz incolore d'une odeur piquante caractéristique ; c'est elle qui se dégage des lieux d'aisance. Composé d'azote et d'hydrogène, l'ammoniaque se forme journellement dans tous les endroits où se trouvent entassées des matières animales en putréfaction. On s'en sert pour faire revenir les personnes qui se trouvent mal. Quelques gouttes mêlées avec de l'eau suffisent pour dissiper l'ivresse.

Le *carbone* est très-répandu dans la nature, surtout à l'état de combinaison ; il fait partie de tous les êtres organiques, de l'acide carbonique, de la houille, du succin, etc. Lorsqu'il est pur et cristallisé, il constitue le diamant dont on connaît la dureté et le prix. Le charbon ordinaire, dégagé du gaz et des cendres qu'il contient, n'est autre chose que du carbone.

On trouve la houille en masses immenses qui sont d'une ressource inappréciable partout, et principalement dans les endroits où les forêts sont rares. Elle doit son origine à l'entassement de végétaux, qui ont été engloutis dans le sein de la terre, pendant les catastrophes qui ont bouleversé la surface de notre globe. — La houille change de nature selon qu'elle a séjourné plus ou moins longtemps au milieu des masses minérales. — On appelle graphite celle qui est la plus profondément située, elle n'est pas combustible et ne sert qu'à fabriquer des crayons à écrire; celle qui vient après est l'anthracite, qu'on ne peut employer comme combustible qu'autant qu'on la mêle avec de la bonne houille; — ensuite vient la houille proprement dite, qui brûle avec facilité et dont l'usage est presque général; — puis vient la *lignite* qui est du bois un peu moins altéré que dans la houille ; enfin la *tourbe* est tellement peu altérée qu'on y distingue encore facilement la nature des végétaux qui lui ont donné naissance.

Le carbone, en s'unissant à l'oxygène, forme le gaz acide carbonique qui fait partie de l'atmosphère. Cet acide se forme tous les jours par l'effet de la respiration animale, par la fermentation des substances végétales, et par la combustion des différentes espèces de charbon; ce gaz, respiré en trop grande quantité, produit l'asphyxie et par suite la mort.

Le *soufre* est un corps très répandu, que l'on trouve pur, principalement dans le voisinage des volcans, ou combiné avec l'hydrogène, l'oxygène et des métaux; il est aussi un des principes constituants des plantes de la famille des crucifères. Le soufre est d'un grand usage dans les arts et dans la médecine; il suffit de jeter deux ou trois poignées de soufre dans une cheminée où le feu s'est déclaré, pour l'éteindre subitement, pourvu qu'on ait la précaution d'empêcher l'air d'entrer dans la cheminée, en étendant un drap au devant.

La *potasse* n'existe pas à l'état de pureté dans la nature, mais combinée à des acides qui forment des sels existant dans la plupart des végétaux et qui font partie de leurs cendres ; la potasse, unie à l'acide nitrique, forme le salpêtre.

La *soude* n'existe qu'à l'état de combinaison avec des acides qu'on trouve en solution dans beaucoup d'eaux salées et minérales. Les végétaux qui croissent sur les bords de la mer en contiennent une assez grande quantité.

Le *chlore* est un gaz d'une odeur pénétrante, d'une couleur jaune, verdâtre, qu'on trouve rarement pur dans la nature. Le chlore, comme l'ammoniaque, se dissout aisément dans l'eau, et, dans cet état, il est d'un grand usage dans les arts. Comme il détruit toutes les couleurs, on s'en sert pour blanchir les toiles, les laines, les cotons, etc. On l'emploie pour désinfecter l'air; car il détruit toutes les odeurs, surtout celles des matières animales putréfiées, en s'emparant de leur hydrogène. Uni à une certaine quantité de potasse, il constitue l'eau de javelle, et, à l'acide nitrique, il forme l'eau végétale, qui dissout l'or.

La combinaison de l'acide hydrochlorique avec la soude, produit l'hydrochlorate de soude ou chlorure de sodium qu'on nomme communément sel marin, sel commun, sel de cuisine. C'est une substance abondamment répandue dans la nature, qu'on retire des eaux de la mer ou des sources salées, en la faisant évaporer. On en trouve dans le sein de la terre des masses énormes, qui ont plusieurs lieues de circonférence, et d'une épaisseur très-considérable, c'est le sel gemme. Les mines les plus célèbres sont celles de Wielirka en Pologne, et de Vic en France. — Le sel est presque aussi nécessaire à l'homme que l'eau; à peine cite-t-on quelques peuplades errantes et tout-à-fait sauvages qui n'en connaissent pas l'usage. Le sel formerait un précieux excitant de la végétation, entre les mains du cultivateur; mais c'est à peine si le déplorable impôt, qui le grève, lui permet d'en donner à ses bestiaux pour lesquels il est cependant de première nécessité, si ce n'est à toutes les époques de l'année, au moins pendant l'hiver et dans les cas de maladie.

La *silice* tire son nom de silex, caillou; elle forme en effet la base de ce corps et de tous ceux qui lui ressemblent pour la composition, tels que le sable, le cristal de roche, etc. Sa dureté et son infusibilité sont remarquables; pour la fondre, on la mêle à de la soude ou de la potasse, elle se transforme alors en verre. Cette substance forme, dans l'intérieur de la terre, des amas immenses et entre pour beaucoup dans la composition des terres sablonneuses et des caillouteuses.

Le *sable* est de la silice impure, mêlée d'argile, de fer, etc., et forme de grandes étendues stériles au bord de la mer, qu'on appelle dunes, ou des plaines dont la surface un peu abritée se couvre d'une végétation chétive.

L'*alumine* tire son nom de l'alum. Cette substance est très-commune partout, et constitue assez souvent des masses considérables; mais elle est rarement pure. Elle forme la base des argiles.

L'*argile* ou *terre glaise*, est un composé naturel de silice et d'alumine formé dans des proportions variables; l'argile est souvent mélangée avec de l'oxide de fer et de la craie : on nomme *bief* les terrains presque exclusivement composés d'argile.

La *chaux* existe en grande abondance dans la nature ; mais elle n'y est pas pure ; car pour peu que dans cet état elle reste exposée au contact de l'air, elle se combine avec l'acide carbonique qui s'y trouve mêlé, et forme un sel appelé carbonate de chaux, et connu sous une foule de noms suivant la forme qu'il affecte. Ainsi les marbres dont les couleurs sont si variées, l'albâtre, la pierre de liais, les différentes espèces de pierres blanches à bâtir, la craie blanche, la marne sont autant de variétés plus ou moins pures du calcaire ou carbonate de chaux, toutes propres à faire de la chaux par la calcination.

La chaux, la soude, la potasse, ont entre elles de grands rapports et sont désignées, à cause de leurs propriétés chimiques, par le nom *d'alcalis*. Les alcalis à l'état de sels sont tellement abondants qu'ils forment la majeure partie du globe terrestre.

Le *gypse* ou *pierre à plâtre* est un composé de chaux et d'acide sulfurique. Soumis à l'action du feu et pulvérisé, il sert dans les arts pour la moulure, par exemple, quand il est pur ; pour la bâtisse et pour l'agriculture, lorsqu'il est mélangé à la chaux. C'est ainsi que la poussière blanche que l'on répand sur les récoltes, sous le nom de plâtre, n'est qu'un mélange de sulfate et de chaux (plâtre) et de carbonate de chaux qu'on a soumis à l'action du feu pour enlever l'acide carbonique et n'avoir plus qu'un mélange de plâtre et de chaux ; pulvérisé, ce mélange demande des précautions pour être semé sur les plantes.

La force du plâtre ne dépend que du degré de calcination de la terre à plâtre impure ; car plus elle est calcinée, moins il reste d'acide carbonique, plus alors la chaux est pure et plus elle a nécessairement d'action sur les plantes, action assez forte quelquefois pour les détruire, les *brûler* comme on dit en agriculture.

Le plâtre forme des masses énormes dans l'intérieur de la terre, et l'on remarque que les eaux qui passent à travers ces masses, s'en chargent plus ou moins, et deviennent crues et de difficile digestion.

Les *marnes* ne sont autre chose que des pierres à chaux mélangées d'argile ou de sable en plus ou moins grande quantité; aussi les cultivateurs doivent-ils en distinguer trois principales espèces par rapport à leur composition, savoir: les marnes calcaires, les marnes argileuses et les marnes sableuses.

Les marnes calcaires sont ordinairement blanches ou jaunâtres, elles tachent les doigts et leur consistance est assez solide; mais elles ont la propriété de s'effleurir, de s'émietter à l'air, au soleil et à la pluie; elles sifflent assez longtemps lorsqu'on en jette un morceau dans un verre d'eau.

Les marnes argileuses sont presque toujours d'un gris verdâtre, leur aspect est terreux, la consistance en est assez solide; elles sont susceptibles de former une pâte assez tenace avec l'eau et de se mouler en briques et en carreaux; ces marnes absorbent l'humidité avec tant d'avidité qu'elles s'attachent à la langue, quand on vient à en porter un fragment sur le bout de cet organe; elles exhalent une forte odeur terreuse quand on souffle dessus, et sont douces et savonneuses au toucher.

Enfin, les marnes sableuses ne sont pour l'ordinaire que des marnes calcaires mélangées d'une forte dose de sable; elles sont blanches comme elles, mais seulement plus sèches et plus graveleuses au toucher; elles sont friables, s'imbibent d'eau avec facilité et s'émiettent aisément à l'air.

CHAPITRE II.

BOTANIQUE.

IDÉE GÉNÉRALE DE L'EMPIRE ORGANIQUE.

CARACTÈRES GÉNÉRAUX ET DIFFÉRENTIELS DES ÊTRES ORGANISÉS.

Le caractère fondamental des êtres naturels qui constituent l'empire organique, est d'avoir une durée nécessairement limitée, quelque favorable que soient les circonstances au milieu desquelles ils existent. Cette durée se divise en trois époques : leur origine ou naissance ; l'époque comprise entre leur origine ou leur fin, c'est-à-dire leur vie ; leur fin ou leur mort.

Tous les êtres organisés ont pour base une trame primitive et générale, tissu cellulaire, composé de cellules plus ou moins distinctes, qui toutes communiquent ensemble, de manière à permettre aux fluides organiques de se mouvoir librement dans toutes les parties du corps auxquelles ils appartiennent. Ces liquides qui circulent, sans cesse, dans l'intérieur de l'être vivant, sont le véhicule des matières nutritives indispensables à sa conservation, et de celles qui doivent être rejetées hors de lui. C'est de cette combinaison de solides et de liquides que résulte la composition intime ou organisation des végétaux et des animaux ; c'est à l'action réciproque que ces solides et ces liquides exercent les uns sur les autres qu'est due l'activité qu'on remarque en eux. Les corps organisés sont composés de molécules instables, venues du dehors par les voies de la nutrition qui s'usent à l'exercice de la vie et que remplacent incessamment de nouveaux afflux de molécules, ainsi que le prouve l'usage alimentaire de la garance imposé à de petites espèces animales. — Les corps vivants n'existent qu'à la seule condition que leurs molécules alimentaires soient incessamment renouvelées.

Le tissu cellulaire peut, à la rigueur, suffire à l'exercice de la vie ; mais on ne trouve une structure si élémentaire que dans un très-petit nombre de corps organisés ; l'immense majorité de ces êtres nous présente, outre ces deux éléments, des glandes, des vaisseaux et des nerfs. Ces premiers sont des espèces de filtres compliqués, dans lesquels les fluides organiques s'altèrent pour y acquérir des propriétés totalement différentes de celles qu'ils avaient d'abord, afin de devenir propres à certains usages particuliers. C'est par l'action de ces organes que la sève se change dans l'ortie en une liqueur âcre et brûlante ; dans l'orange, en huile essentielle ; dans toutes les fleurs, en un suc doux et mielleux. Il en est de même pour les animaux : c'est par les glandes que le sang se change en salive dans la bouche, en lait dans les mamelles, en bile dans le foie, en venin dans la vipère, etc. Les vaisseaux sont de simples conduits destinés à charrier les divers liquides dans les parties du corps où ils sont nécessaires, ou à les transporter au-dehors, quand ils sont inutiles. Les nerfs président aux actions vitales : on doit toujours supposer leur présence partout où la vie est produite. Ils se présentent sous la forme pulpeuse, de ganglions ou de cordons filamenteux : ils sont les agents de la sensibilité. Ainsi, le tissu cellulaire, les glandes, les vaisseaux et les nerfs, réunis à une certaine quantité de liquide, sont des éléments essentiels de tous les corps vivants, et comme les agents de tous les phénomènes qui se passent en eux. Combinés diversement, ils donnent naissance à des organes dont le nombre et la complication augmentent à mesure qu'on s'élève dans la série des êtres organisés.

La structure des minéraux est toujours confuse ou cristalline, et la ligne droite et les angles y prédominent, tandis que la structure des corps organisés est constamment régulière, puisque leurs éléments ne sont jamais rassemblés avec confusion, et s'enchaînent toujours avec harmonie. Bien plus, les corps organiques, les plus irréguliers en apparence dans leur forme totale, possèdent dans leur texture intime le caractère important d'une certaine régularité : la ligne courbe prédomine dans leur forme générale.

Un bloc de marbre, placé à l'abri des agents extérieurs, sera le même dans mille ans.

Les corps organisés éprouvent des changements perpétuels d'accroissement, de diminution ou de destruction. L'arbre que vous aviez laissé hier couvert de feuilles, est aujourd'hui paré de fleurs, demain il ne vous offrira plus que des rameaux tristes et nus.

Les corps organisés tirent toujours leur origine d'un corps organisé semblable à eux; et l'existence qu'ils ont reçue, ils la transmettent à d'autres êtres par génération ou par bouture.

Les corps organisés ne se forment jamais de toutes pièces, comme les minéraux ; d'abord très-petits, ils grandissent ; leur accroissement a lieu par suite d'une pénétration intime, par une combinaison élémentaire de matières capables d'être digérées, qu'ils s'approprient et qu'ils assimilent à leur propre substance par un travail intérieur de nutrition qu'on appelle *intus susception*.

Les corps bruts se décomposent lorsqu'ils se trouvent dans des circonstances opposées à celles de leur formation, tandis que la décomposition des corps organisés n'a lieu qu'après que la vie les a abandonnés. — Cet abandon les réduit à la condition des corps bruts et les place sous l'empire des influences purement physiques.—La mort est lente ou subite : lente, elle est annoncée, elle est préparée par des maladies ; subite, elle résulte d'accidents. La décomposition des corps bruts et des corps organisés se manifeste constamment par la disjonction et la dispersion de molécules élémentaires. Aussitôt que cette désagrégation commence, une série complexe de phénomènes remarquables se produit. Les parties intégrantes des corps bruts décomposés se précipitent vers de nouvelles combinaisons minéralogiques, ou bien pénètrent dans le tourbillon organique des corps vivants. Saisies et charriées par les voies encore mal connues de l'absorption, les molécules des corps organiques décomposés se combinent à des corps bruts qui se forment, se réunissent à des corps bruts déjà formés, ou retournent même immédiatement sous l'empire de la vie qui anime d'autres corps organisés de nature identique ou dissemblable, prouvant ainsi que la métempsychose de Pythagore, fausse sous le point de vue morale, est réelle sous le point de vue physique.

Les corps inorganiques n'ont point de température spéciale, ils se mettent constamment au niveau de celle du milieu dans lequel ils sont plongés. Les corps organisés ont une chaleur propre et indépendante qui les fait résister au froid comme à la chaleur, lorsque ces deux qualités physiques s'éloignent de celle qui leur est propre. L'empire organique se subdivise en deux groupes qu'on a nommés *règne végétal* et *règne animal*; les animaux et les végétaux confondus les uns avec les autres par cela seul qu'ils vivent et se nourrissent, qu'ils absorbent et qu'ils exhalent, diffèrent par la manière dont ils sentent et se meuvent.

Les plantes sont toujours fixées à des corps solides, et ne se transportent jamais volontairement d'un lieu vers un autre lieu; car la prétendue locomotion de quelques végétaux, des orchidées, par exemple, n'est que le résultat de la traction mécanique des bulbes successivement développées; elles n'exécutent que des mouvements partiels toujours déterminés par des influences physiques, et, de plus, ces mouvements partiels se montrent toujours circonscrits dans certains organes spéciaux aux mêmes points de la surface, et se reproduisent avec des phénomènes semblables, quels que soient du reste les agents qui les excitent.

Les animaux sont libres ou fixés à des corps solides; libres, ils se transportent volontairement d'un lieu vers un autre lieu, d'une manière plus ou moins rapide, sans doute, mais enfin ils changent de place volontairement; fixés à des corps solides, leurs mouvements partiels ou généraux, déterminés par des influences internes et vitales, sont plus également répartis entre les points divers qu'offre la surface, et varient toujours proportionnellement à la nature et à l'intensité des causes physiques ou physiologiques dont ils dépendent.

DU SYSTÈME NERVEUX.

La sensibilité appartient à tous les êtres vivants, mais se modifie suivant leur organisation spéciale. Chez les végétaux, elle a son siège dans l'appareil médullaire qui est un véritable système nerveux qui, comme dans les animaux, préside à l'exécution de toutes leurs fonctions vitales, absorption, nutrition, exhalation, etc. Tous les tissus vivants sont parcourus par d'innombrables vaisseaux capillaires qui reçoivent de leurs filets nerveux la faculté de sentir, et qui tiennent de leur structure la propriété de se contracter. C'est cette double faculté de sentir et de contracter qui, en dernière analyse, forme le caractère distinctif de la vitalité des végétaux et des animaux. — Les végétaux vivent à leur manière par les organes qu'ils possèdent ; les animaux ont, de plus, un ordre de fonctions étrangères aux végétaux, ce sont *la locomotion*, *la voie* et *l'intelligence*, qui s'exécute sous l'influence d'un système nerveux spécial, c'est le système nerveux cérébral. Par elles, l'animal libre et indépendant prend connaissance de ce qui l'entoure, et en fait tel usage qu'il veut.

C'est le système nerveux qui donne l'impulsion aux fonctions vitales, car en le détruisant elles cessent complètement. En effet, lorsque dans un végétal un ganglion a été détruit, on voit mourir les parties auxquelles vont se distribuer les prolongements médullaires qui en partent. Une branche de plantes noueuses mise en terre, ne reprendra qu'autant qu'elle conservera une nodosité ; de même, lorsqu'on plante des pommes de terre, on a soin de conserver un œil à chaque morceau, parce que ceux qui en sont privés ne produisent rien : ce nœud, cet œil sont des ganglions ou centres nerveux.

ENCHAINEMENT DES RÈGNES ORGANIQUES.

Les hommes et les animaux reçoivent leur sang et les principes de leur corps du règne végétal ; et une sagesse impénétrable a voulu que la vie et la végétation de la plante se rattachassent, par les liens les plus étroits de l'absorption, des mêmes substances minérales qui sont indispensables au développement de l'organisation animale.

Si on donne à un jeune pigeon des grains de froment dans lesquels le principe le plus important de ses os, le phosphate de chaux, fait défaut, on voit, si on l'empêche de se procurer ailleurs la chaux qui lui est nécessaire, que ses os deviennent de plus en plus minces et fragiles, et que la privation continuée de cette substance minérale produit la mort. Si on supprime le carbonate de chaux dans la nourriture des oiseaux, ils pondent des œufs privés de la coquille dure protectrice. Que l'on ajoute à la nourriture du pigeon des grains d'orge ou des pois, qui sont riches en sels de chaux, et la santé de l'animal se soutient.

Les plantes et les animaux offrent une composition chimique assez simple : ils ont pour éléments le carbone, l'hydrogène, l'azote et l'oxygène, que les végétaux accumulent sous un très-petit nombre de formes et sous lesquelles les animaux les consomment.

Les plantes reprennent sans cesse à l'air l'acide carbonique, l'eau et l'ammoniaque que les animaux lui fournissent sans cesse et dont ils empruntent les éléments aux plantes elles-mêmes.

3.

Les animaux ne créent pas de véritables matières organiques ; mais ils les détruisent : les plantes, au contraire, créent ces mêmes matières et elles n'en détruisent que peu et pour des conditions particulières et déterminées, la fructification, par exemple. C'est dans le règne végétal que la vie organique a sa source, et que toutes les matières organisées se forment aux dépens de l'air. Des végétaux, ces matières passent toutes formées dans les animaux, qui en détruisent ou en conservent selon leurs besoins ; et c'est sous l'influence de la lumière solaire, que les végétaux façonnent toutes les matières organiques ou organisables qu'ils cèdent aux animaux : de sorte que l'organisation, le sentiment, le mouvement, la vie, n'existent qu'à la surface de la terre et dans les lieux exposés à la lumière.

L'atmosphère est donc un immense réservoir où les deux règnes viennent échanger continuellement leurs produits, et de cet échange résulte l'harmonie de la physique du globe. Les végétaux absorbent donc de la chaleur et accumulent de la matière qu'ils savent organiser. Les animaux, par lesquels cette matière organisée ne fait que passer, la brûlent ou la consomment pour produire à son aide la chaleur et les diverses forces que leurs mouvements mettent à profit.

Les grands phénomènes de la nature ont entre eux des relations qui nous échappent souvent, mais que nous saisissons quelquefois ; c'est ainsi que de la bouche des volcans, dont les convulsions agitent si violemment la croûte du globe, s'échappe sans cesse l'acide carbonique, principale nourriture des plantes ; que de l'atmosphère enflammée par les éclairs et du sein même de la tempête, descend sur la terre cet autre aliment non moins indispensable pour les plantes, celui d'où vient presque tout leur azote, le nitrate d'ammoniaque que renferment les pluies d'orage.

Il y a donc entre les plantes et les animaux un service nécessaire et tellement prochain, que si, pendant une seule année, il nous faisait défaut, la terre en serait dépeuplée; c'est
celui que les mêmes végétaux nous rendent en préparant notre
nourriture et celle de tout le règne animal; c'est en cela surtout
que réside cet enchaînement des deux règnes. Supprimez les
plantes, et dès-lors les animaux périssent tous d'une affreuse
disette; la nature organique elle-même disparaît tout entière
avec eux en quelques saisons.

DE LA BOTANIQUE.

La science qui traite des végétaux et qui apprend à les connaître est indifféremment appelée *botanique* ou *phytologie*.

L'étude exacte ou rationnelle des végétaux ne conduit pas
seulement à des théories plus ou moins ingénieuses, plus ou
moins solides; elle instruit l'homme des services nombreux et
variés que certaines plantes sont susceptibles de lui rendre;
elle lui désigne celles qu'il doit fuir et redouter. Or, dès que
la science des végétaux est envisagée dans ses relations avec
l'espèce humaine, quelle que soit d'ailleurs la nature de ces
relations, elle prend le nom de *botanique appliquée*. Comme
toutes les autres sciences appliquées, elle a pour but et pour
effet d'augmenter notre bien-être, soit qu'elle nous procure
des jouissances de convention et de luxe, soit qu'elle satisfasse
à de véritables besoins.

Un grand nombre de végétaux est consacré à la nourriture
des animaux et de l'homme. Ces végétaux peuvent être sauvages
ou cultivés; en d'autres termes jouissant de toutes leurs qualités naturelles, ou modifiés par une influence étrangère.

Les plantes émettent par toutes leurs surfaces des corps li-

quides et des substances gazeuses qui, humectant et rafraîchissant l'atmosphère, exercent une influence salutaire sur les
animaux. En été, quand les arbres sont couverts de verdure,
et que l'exhalation en est abondante, l'air des forêts dont le
sol est sain est frais et humide. Les plantes ne rendent insalubres que les lieux naturellement chargés d'un excès d'humidité : elles agissent alors par les vapeurs qu'elles répandent
dans l'air et en conservant, par leur ombre, la fraîcheur de la
terre. Pendant le jour, les plantes vertes absorbent les gaz insalubres qui résultent de la respiration des animaux, de la putréfaction et des émanations dangereuses répandues pendant la
nuit par les végétaux sur pied, comme par ceux qui sont coupés, mais encore verts.

Si l'économie domestique, les arts utiles et les arts de luxe
empruntent à la botanique des moyens de contenter leurs exigences, la médecine ne lui est pas moins redevable.

PHÉNOMÈNES DE LA VIE DES PLANTES. — STRUCTURE ÉLÉMENTAIRE DES VÉGÉTAUX.

Avant d'étudier les organes, puis les fonctions des végétaux,
nous allons énumérer les parties élémentaires qui constituent
les organes, c'est-à-dire les tissus.

Les botanistes admettent deux sortes de tissu végétal : 1° le
tissu *cellulaire* ou *utriculaire*, 2° le tissu *vasculaire* ou *tubulaire*.

Le tissu cellulaire existe dans toutes les parties des végétaux; mais on le trouve en plus grande quantité dans certaines
parties, dans la moëlle et dans les fruits charnus, par exemple.

Le tissu vasculaire est encore nommé tubulaire, pour exprimer le fait important que les vaisseaux des plantes ne sont pas organiquement comparables aux vaisseaux que possèdent les animaux; il pénètre dans les divers organes et institue une sorte de réseau que forment les anastomoses, c'est-à-dire les communications réciproques des tubes. Ces vaisseaux ont leur calibre ordinairement cylindroïde, quelquefois ovale ou même anguleux; leurs parois sont épaisses, fermes et peu translucides; ils sont toujours dirigés dans le sens longitudinal des végétaux; ils adhèrent au tissu cellulaire proprement dit qui les environne, et n'en sont guère qu'une simple modification.

La forme et la structure des tubes varient dans les différentes espèces botaniques et dans les différentes parties des végétaux; on les distingue en conséquence par des noms spéciaux : les *vaisseaux en chapelet*, les *vaisseaux poreux*, les *vaisseaux fendus* ou *fausses trachées*, les *trachées*, etc., etc.

Les tissus cellulaire et vasculaire restant seuls ou combinés l'un avec l'autre, sous les diverses formes que nous avons énumérées, constituent les parties des végétaux auxquelles on donne le nom d'organes, pour exprimer que ces parties sont les instruments des fonctions par lesquelles se manifeste la vie des plantes.

Il y a deux sortes d'organes : les organes simples et les organes composés.

Les organes simples les plus importants à connaître sont : *l'épiderme*, membrane mince qui recouvre la superficie des plantes; les uns pensent qu'il est criblé de petites ouvertures nommées pores corticaux, les autres qu'il en est dépourvu; son extensibilité bornée fait qu'il se rompt et se détache quand il cesse de pouvoir se prêter aux développements successifs des plantes; aussi est-il constamment fendillé sur les vieilles tiges, et n'est-il jamais continu que sur les organes jeunes.

La *fibre végétale* est formée de vaisseaux et de cellules allongées qui se pressent et se réunissent en plus ou moins grand nombre, et constituent la trame organique solide, particulière à certaines plantes.

Le *parenchyme* est cette matière pulpeuse, gorgée de sucs, éminemment cellulaire, qui entre comme élément principal dans certaines parties des végétaux ; les fruits charnus lui doivent leur consistance ; la substance verte des feuilles n'est pas autre chose qu'un parenchyme retenu par des fibres végétales anastomosées.

Les *pores*, orifices infiniment petits, intérieurs ou extérieurs, sont répandus soit à la surface de certains vaisseaux, soit à la surface de l'épiderme.

Les *glandes*, organes sécréteurs diversiformes, élaborent et rejettent des produits variés.

Les *poils*, organes filamenteux plus ou moins déliés, servent probablement à l'absorption et à l'exhalation des plantes, et même à l'excrétion des liquides fournis par certaines glandes.

Les *spongioles* sont des petits corps aisément perméables à l'humidité et sur lesquels il est impossible d'apercevoir aucun pore. Suivant que les spongioles existent à l'extrémité des racines, au sommet de l'ovaire ou sur les graines, on les dit *radicales*, *pistillaires* ou *séminales*. Leur fonction est d'absorber les matières liquides indispensables à la nutrition du végétal, à la fécondation des ovules, à la germination des graines.

Les organes composés ont une structure généralement compliquée, et reconnaissent pour éléments divers les tissus et les organes simples. Les uns concourent essentiellement à l'entretien de la vie purement individuelle, ce sont les organes de la nutrition ; les autres maintiennent la durée de l'espèce, ce sont les organes de la reproduction; plusieurs n'exercent pas de fonctions nettement caractérisées, et s'unissent soit aux organes de la nutrition, soit aux organes de la reproduction : ce sont les organes accessoires.

ORGANES DES FONCTIONS DE NUTRITION.

La nutrition est chez les végétaux une fonction d'une simplicité telle, qu'elle peut s'exécuter presque par toutes leurs parties; mais c'est principalement par les racines, la tige, les bourgeons et les feuilles qu'elle a lieu.

La racine sert à sceller le végétal dans le sol, et se dirige vers le centre de la terre malgré tous les obstacles; elle ne devient jamais verte, même lorsqu'elle est exposée au contact prolongé de la lumière.

Destinée à servir de soutien à la plante et à pomper les matériaux indispensables à son développement, elle se compose de trois parties distinctes : le *collet,* le *corps* et le *chevelu.*

Le collet ou nœud vital est intermédiaire à la racine et à la tige, et se distingue par un léger rétrécissement.

Le corps est la partie moyenne de la racine, très-variable dans sa consistance et dans sa forme : c'est le support de la racine.

Le chevelu est l'ensemble des filaments déliés ou radicelles qui terminent la racine; l'extrémité des radicules présente de petits renflements nommés spongioles et particulièrement destinés à l'absorption.

Mais la racine ne se borne pas à fixer la plante à la terre et à lui fournir les sucs nourriciers; elle sert encore à la débarrasser de ses matériaux inutiles et à la multiplier. Ce sont les pores dont elle est munie qui produisent l'exhalation par laquelle le végétal rejette hors de lui les débris usés de ses organes ou le résidu de la nutrition. Les spongioles des racines exsudent un liquide onctueux et brunâtre qui tache le sol. L'action de la matière excrétée sur les végétaux de remplacement n'est pas encore bien connue; quelques agriculteurs la croient nuisible à certaines plantes, et c'est ainsi qu'ils expliquent comment telle espèce végétale ne prospère pas dans le lieu même où d'autres espèces ont réussi. D'autres personnes, également habiles en agriculture, pensent que la matière excrétée n'est pour rien dans la souffrance des nouvelles espèces substituées aux espèces anciennes, et croient plus volontiers à l'épuisement des sucs nutritifs de la terre.

Le sol n'est pas l'unique milieu dans lequel plongent et se développent les racines. Certaines plantes qui vivent à la surface des eaux, comme les nénuphars, les confient à ce liquide; d'autres ont à la fois des racines aquatiques et flottantes, et des racines terrestres et fixées. Quelques-unes, auxquelles on donne le nom de parasites, insinuent les leurs dans l'écorce ou dans les racines des autres plantes, et s'accroissent même aux dépens des animaux. Le gui, plusieurs orobranches, vivent parasites des végétaux; plusieurs espèces de champignons s'établissent sur des animaux et les épuisent : telle est la muscardine des vers à soie, etc. Plusieurs végétaux manquent de racines : telles sont les algues. Quelques plantes ont des racines tellement rudimentaires, si petites comparativement au volume de leur tige, qu'elles ne sont pas nourries, mais seulement fixées par elles à la terre : tels sont les palmiers, les pins, etc.

Les racines n'émergent pas toujours du point où commencent

les tiges. Presque toutes les parties des végétaux peuvent s'enraciner, ainsi que le démontre la réussite journalière des propagations végétales artificielles, la réussite des boutures et des marcottes, par exemple.

Quant à la manière dont la racine sert à la multiplication, elle s'explique aisément par les boutons ou bourgeons dont elle est parsemée, et dont le développement produit un nouvel individu.

La racine peut donc être regardée comme un des organes les plus essentiels du végétal, puisqu'elle le soutient, le nourrit, le reproduit et le débarrasse de ses débris. Cependant sa grosseur n'est pas toujours en rapport avec la grandeur de la plante ; l'*arrête-bœuf*, par exemple, qui est une herbe chétive, a une racine énorme, tandis que le pin et les palmiers qui sont de grands arbres, n'en ont qu'une petite ; dans le premier cas, la nutrition s'opère principalement par la racine ; dans le second, c'est plutôt par les organes entourés d'air, et surtout par les feuilles.

Si les racines sont utiles au végétal, elles ne rendent pas moins de services à l'homme ; les unes sont alimentaires (la carotte, la pomme de terre, le topinambour), les autres s'emploient en médecine (la rhubarbe, la guimauve, l'ipécacuanha, etc.) ; quelques unes servent dans les arts, comme la garance.

La racine est charnue quand elle est grosse et tendre (la betterave, la carotte), ligneuse lorsqu'elle est dure comme le bois (le chêne, le peuplier, etc.); elle est pivotante si elle est conique et s'enfonce perpendiculairement dans la terre (la carotte, le frêne) ; fibreuse, si elle se compose d'un grand nombre de filaments déliés (le froment); tubéreuse, si elle est grosse, charnue et non fibreuse (la pomme de terre, la patate); bulbeuse, si elle est formée d'écailles charnues, placées en recouvrant les unes sur les autres (l'ognon, le lis, le safran, etc.).

La racine est simple quand elle n'a qu'un seul corps (la rave, le panais); composée ou rameuse, quand elle en a plusieurs (le chêne, l'orme).

La racine est annuelle, lorsqu'elle périt tous les ans (le coquelicot, etc.); bisannuelle, quand elle en dure deux (la carote, etc.); et vivace, quand elle dure plus longtemps (les arbres).

La forme des racines est extrêmement variée; elle est fusiforme, conique, arrondie, noueuse, fasciculée ou en faisceau, etc.

Tige. — Au contraire de la racine, qui reste constamment cachée sous la terre, la tige cherche la lumière et tend toujours à s'élever dans l'atmosphère; ce serait en vain qu'on voudrait la forcer à prendre une autre direction; elle surmonte tous les obstacles qui l'empêchent d'obéir à sa tendance naturelle, à moins que trop faible pour se soutenir par elle-même, elle ne soit obligée de ramper à la surface du sol; encore n'est-il pas rare, en ce cas, qu'elle s'attache aux plantes voisines pour pouvoir s'élever par leurs secours. — La tige supporte les bourgeons, les feuilles, les organes reproducteurs et les organes accessoires. Plus ou moins étendue suivant les espèces, elle existe dans toutes les plantes. Ordinairement très-distincte, quelquefois si peu développée que certaines espèces végétales en ont été deshéritées et nommées pour cette raison *acaules* ou *sessiles*.

La tige est simple et divisée: on appelle branches, les divisions immédiatement sorties de la tige; les rameaux ou divisions secondaires, émanent des branches et produisent les ramilles. Enfin, les divisions qui ont pris naissance durant l'année et qui ont porté une fois seulement des feuilles, sont les jeunes pousses. — Les divisions qui continuent la tige affectent une direction régulière et semblable dans chaque espèce. On a donné à leurs dispositions générales le nom de *port* ou de *facies*.

La forme, la direction et la surface de la tige offrent un grand nombre de modifications qui ont permis d'en distinguer de plusieurs sortes.

Sous le rapport de la structure, on distingue le tronc qui est ligneux, allongé et conique (le chêne, le peuplier), le stipe, qui est une espèce de colonne cylindrique aussi grosse au sommet qu'à la base (le palmier); le chaume qui est fistuleux ou creux intérieurement et marqué de distance en distance de nœuds et de cloisons (l'avoine, le blé); la souche qui est souterraine et horizontale (l'iris, le sceau de Salomon); et la tige proprement dite, qui n'est ni tronc, ni stipe, ni chaume, ni souche.

D'après la consistance de la tige, on dit que le végétal est une herbe quand sa tige est verte, tendre et périt chaque année (le blé, l'avoine); un sous-arbrisseau, quand elle est ligneuse et persistante, tandis que ses rameaux meurent et se renouvellent tous les ans (le thym, la sauge); un arbrisseau, quand elle est ligneuse et se ramifie dès sa base (le noisetier, le lilas); un arbre, lorsqu'elle est ligneuse, simple à sa base et divisée seulement à une certaine hauteur (le chêne, l'orme).

Les arbres fournissent le bois de charpente, les herbes font la base de la nourriture de nos bestiaux; le santal, le campêche, etc., s'emploient journellement dans la teinture; nous tirons de la canne à sucre la plus grande partie du sucre du commerce ; enfin, la médecine fait un usage continuel du quinquina, la tannerie de l'écorce du chêne.

La tige des végétaux cellulaires offre l'organisation celluleuse commune à toutes les parties de ces végétaux. L'organisation de la tige des végétaux monocotylédonés, c'est-à-dire qui lèvent avec une seule feuille séminale, est très-simple. Si l'on coupe transversalement la tige d'un palmier, par exemple, on trouve que le bois est divisé en filaments nombreux, qui se prolongent suivant la direction longitudinale de l'organe. Les parties centrales de la tige de ces végétaux sont molles et flexibles comparativement à leurs parties externes, leur accroissement en diamètre est très borné, ils ne grossissent pas, ils croissent en longueur, ils s'élèvent pendant toute leur vie ; car leur développement s'effectue chaque année à l'aide d'un bourgeon moyen qui se dessèche et dont les débris écartés par le bourgeon de l'année suivante sont tous les ans refoulés en dehors et comprimés de manière à former un cercle inextensible, un obstacle désormais infranchissable aux bourgeons successifs, de sorte qu'on peut connaître l'âge de ces plantes en comptant les anneaux qui demeurent encore après la chute des feuilles.

La structure des végétaux dicotylédonés, c'est-à-dire pourvus de deux feuilles séminales est très-compliquée. Quand on examine la coupe transversale d'un arbre, on reconnaît que le tronc est formé de couches diverses emboîtées les unes dans les autres et d'autant moins étendues qu'on les observe plus près du centre. Ces parties diverses, étudiées en marchant de l'extérieur vers l'intérieur, son: l'*épiderme*, l'*enveloppe herbacée*, les *couches corticales*, le *liber*, l'*aubier*, le *bois*, le *canal médullaire*, la *moëlle* et ses prolongements. Plus ou moins disinctes suivant les espèces, elles peuvent être rapportées à trois zones principales dont la première comprend l'épiderme, l'enveloppe herbacée, les couches corticales et le liber, qui constituent l'écorce, qu'on peut regarder comme la peau du végétal. On dit que les Indiens ayant observé que l'écorce des arbres était toujours plus lisse, plus unie du côté du midi que les autres points de l'horizon, se servent de cette remarque pour s'orienter dans les ombreuses forêts de l'Amérique. La seconde comprend l'aubier et le bois, et la troisième la moëlle, les prolongements et le canal médullaire. L'aubier, qu'on appelle aussi faux bois, est formé par les couches les plus extérieures du corps ligneux; son tissu est à la fois moins dur et moins coloré que le tissu du bois proprement dit. L'ébène, par exemple, est d'un beau noir, et son aubier d'un gris blanchâtre pâle.

L'ensemble des couches les plus internes du corps ligneux constitue le bois proprement dit; ses limites sont en dedans l'étui médullaire, en dehors la première couche de l'aubier dont il est une simple modification, et comme chaque année voit former une nouvelle couche d'aubier, l'âge d'un arbre peut être mesuré avec la plus rigoureuse exactitude d'après le nombre des couches d'aubier et des couches de bois proprement dit.

L'étui médullaire est un canal plus ou moins développé qui occupe le centre de la tige et que la moëlle remplit; sa forme est invariable dans chaque espèce.

La moëlle est renfermée dans l'étui médullaire; elle est le siége organique de la vitalité des plantes et son intervention domine tous les phénomènes de la végétation.

Certains *prolongements* uniformes partent de la moëlle et s'étendent jusqu'à l'enveloppe herbacée, on les appelle *rayons médullaires*; ils ont absolument la même structure que la partie dont ils émanent et semblent avoir pour but de coordonner les fonctions de la moëlle et de l'enveloppe herbacée, couche de l'écorce située sous l'épiderme ordinairement verte dans les jeunes tiges et blanchâtre dans les anciennes : c'est l'enveloppe herbacée qui contient les sucs particuliers des végétaux comme dans les pins et les euphorbes ; elle contribue à former la tige, accompagne les branches et les rameaux et constitue le parenchyme des feuilles. Le *liège* est l'enveloppe herbacée du *quercus suber*.

Des *bourgeons*. — Les bourgeons sont toutes les parties des végétaux qui renferment les jeunes pousses ou les rudiments d'une production nouvelle quelconque.

On a distingué quatre sortes de bourgeons : le *bourgeon* proprement dit, qui émane de la tige des végétaux ligneux, le *turion*, qui naît d'une racine ou d'une souche souterraine, comme l'asperge; le *bulbe*, qui provient d'une racine bulbeuse et qui est formé d'écailles charnues (ognon); les *bulbilles* sont des tubercules bulbiformes qui se développent en divers points de la surface des végétaux ou même dans l'intérieur des organes, et qui, parvenus à maturité, se détachent pour s'enraciner dans la terre. On appelle *vivipares* les espèces qui donnent naissance à ces petits corps reproducteurs.

Les bourgeons des arbres des pays chauds sont nus. C'est pour cette raison qu'ils succombent à l'influence de nos hivers. Dans les climats septentrionaux, ils sont protégés par un duvet fin et cotonneux et par une couche d'enduit gluant et résineux qui les rend imperméables à l'humidité. Les bourgeons paraissent dans le mois de juillet; on les nomme alors *œilletons* ou yeux; ils sont appelés *boutons* vers la fin de l'automne, et constituent des bourgeons quand le printemps est arrivé. Ils peuvent contenir ou seulement des feuilles, ou seulement des fleurs, ou des feuilles et des fleurs à la fois. Les bourgeons servent à reproduire les végétaux par greffes ou par boutures.

Feuilles. — Les feuilles sont des expansions membraniformes généralement verdâtres qui naissent ou de la tige et de ses divisions, ou qui émanent du collet même de la racine.

D'abord incluses entre les lamelles écailleuses des bourgeons, elles s'en débarrassent à des époques variables pour chaque espèce, sous l'influence de la température extérieure.

Toute feuille se compose de deux parties : le *disque* ou *limbe*, qui est la feuille proprement dite, et le *pétiole* ou *queue*.

Le pétiole, qui manque dans certaines feuilles appelées sessiles (le pavot), est une petite tige qui, sous le nom de *côte*, traverse le disque dans toute sa longueur en envoyant généralement de chaque côté des prolongements nommés *nervures*. Ces dernières se divisent et donnent naissance aux *veines*, et les veines, en se ramifiant à leur tour, forment un réseau fin et délicat qu'on peut regarder comme la charpente de la feuille, et dont les mailles sont remplies de tissu cellulaire.

La feuille a deux faces, l'une *supérieure*, plus verte et moins poreuse, et l'autre *inférieure*, de couleur moins foncée, plus velue et plus poreuse.

Les feuilles sont des organes absorbants, assimilateurs et exhalants, et forment généralement la nourriture des bestiaux; telles sont celles de la plupart des herbes et d'un grand nombre d'arbres; elles offrent à l'homme des aliments et des médicaments.

FONCTION DE NUTRITION.

La nutrition est cette importante fonction par laquelle le

végétal puise autour de lui, soit dans l'eau ou dans l'air, les substances dont il a besoin pour croître et se développer, en même temps qu'il se débarrasse des débris usés de ses organes et des matériaux qui ne peuvent rester en lui sans danger. La sève est le principal agent de cette fonction, en servant de véhicule aux matières nutritives venues du dehors et aux débris organiques qui doivent être rejetés; elle est par conséquent pour le végétal ce que le sang est pour les animaux.

On voit par là que la nutrition végétale, de même que celle des animaux, n'est pas une fonction simple; c'est une réunion de plusieurs fonctions secondaires dont les principales sont : l'*absorption*, l'*élaboration*, l'*assimilation*, la *respiration* et la *transpiration*.

De l'*absorption*. — Les racines, les feuilles et toute la surface extérieure de la plante sont criblées d'une multitude innombrable de pores ou petits orifices continuellement ouverts et doués de la faculté d'attirer à eux et de faire entrer dans le corps du végétal les fluides aériens ou liquides qui les environnent. Mais ces pores n'absorbent pas au hasard tout ce qui se présente à eux : doués d'une espèce de sensibilité délicate, ils distinguent au milieu des substances dans lesquelles ils sont plongés celles qui peuvent leur être utiles ou nuisibles pour admettre les unes et repousser les autres. Bien plus, les parties du végétal où ces organes sont en plus grand nombre ont une sorte d'instinct qui les porte à se diriger du côté où les sucs bienfaisants se trouvent en abondance. C'est ainsi qu'on voit les racines traverser des rochers et des terrains arides pour gagner une terre riche en sucs nourriciers. De même les feuilles placées dans un endroit obscur se tournent toujours du côté d'où vient la lumière, parce que l'action de ses rayons

est indispensable pourqu'elles puissent absorber les gaz nécessaires à la vie de la plante.

La force absorbante est plus énergique tantôt dans les racines, tantôt dans les feuilles.

DE L'ÉLABORATION DE LA SÈVE.

A mesure que les pores absorbent les sucs nutritifs, ceux-ci
sont mêlés avec la sève et sont transportés avec elle dans toutes
les parties de la plante; dans ce mouvement qu'on peut regarder comme analogue à la circulation animale, la sève acquiert
les propriétés nécessaires au but qu'elle doit remplir. On remarque, en effet, que ce liquide est différent selon qu'il est
nouvellement absorbé ou élaboré par la circulation : dans le
premier cas, il est presque entièrement semblable à de l'eau,
qui contiendrait une petite quantité de matières sucrées ou salines; dans le second, la proportion du liquide est considérablement diminuée et se trouve remplacée par des parties solides
de nature variable, mais toujours éminemment propres à la
nutrition. Aussi distingue-t-on deux sortes de *sèves*, de même
que deux espèces de sang : la sève *ascendante* encore imparfaite,
qui est analogue au sang veineux des animaux, et la sève
descendante ou *cambium*, qui est plus élaborée et qui correspond au sang artériel par ses propriétés nutritives.

Le mouvement de la *sève* est presque entièrement subordonné à l'influence des saisons; à peu près nul en hiver, il
devient très-rapide au printemps, se ralentit pendant l'été,
pour reprendre un peu d'énergie en automne. Deux causes paraissent surtout déterminer ce mouvement : ce sont la chaleur
et l'électricité; il est en effet constant que la végétation n'est
jamais plus active que par les temps qu'on appelle lourds et

ces temps sont tous caractérisés par une forte élévation de température et par des orages dont l'électricité est la principale, sinon l'unique cause.

De l'assimilation. — Lorsque la sève a été suffisamment élaborée et qu'elle a pris les caractères de la *sève descendante*, elle se trouve propre à réparer les pertes du végétal, et à produire des sucs particuliers qui varient selon l'espèce de plante et dont la destination, quelquefois incertaine, est cependant ordinairement assez bien déterminée : tels sont la *résine* des pins, le *lait* du figuier, de l'euphorbe, la *manne* du frêne, la *gomme* des pêchers, des abricotiers, etc. Alors, par un mouvement rétrograde qui lui a fait donner le nom de *sève descendante*, ce liquide va aux divers organes, leur fournit les matériaux nécessaires à leur développement et détermine ainsi l'augmentation en volume des différentes parties du végétal ; ou bien, il se rend aux glandes dans lesquelles il change complètement de nature et se transforme en gomme, manne et autres produits dont nous avons parlé.

De l'expiration. — L'expiration est surtout manifeste dans les feuilles ; elle a pour but de restituer au monde extérieur, sous forme gazeuse, les substances inutiles à la nutrition telles que l'oxygène et l'acide carbonique à certaines heures et dans quelques circonstances, et même l'azote et l'hydrogène ainsi qu'on l'a remarqué pour certaines espèces et sur les plantes vieilles ou malades.

Les *odeurs* variées que répandent les fleurs et que l'on désigne sous le nom général d'*arôme*, doivent être regardées aussi comme les résultats de l'expiration.

La *transpiration*, comme la respiration, est commune à tous les être organisés ; elle a pour caractère le rejet d'une vapeur qu'on a pu constater matériellement ; des substances liquides de natures diverses en constituent les *déjections* ou *excrétions*, telles sont la résine des pins, la manne des frênes et les matières exsudées par les spongioles des racines : c'est par ces exhalations des racines qu'on a expliqué la sympathie ou l'antipathie que certaines plantes ont les unes pour les autres. On sait combien la scabieuse nuit au lin, le chardon hémorrhoïdal à l'avoine, etc.

PHÉNOMÈNES CHIMIQUES DE LA NUTRITION.

Tous les phénomènes de la vie végétale, s'exerçant sur des matières qui ont pour base le carbone, l'hydrogène, l'azote, l'oxygène, ces matières passant du règne animal au règne végétal par des formes intermédiaires, l'acide carbonique, l'eau et l'ammoniaque, jetons un coup d'œil rapide sur la composition et le rôle de ces divers corps.

On a remarqué depuis longtemps que les animaux empruntent à l'air son oxygène et lui rendent de l'acide carbonique ; les plantes, sous l'influence de la lumière solaire, à leur tour décomposent cet acide carbonique pour en fixer le carbone et restituent l'oxygène à l'air. Le carbone que l'on trouve dans le tissu des végétaux provient soit de l'acide carbonique de l'air, soit de l'acide carbonique que la décomposition spontanée des engrais développe sans cesse au contact des racines ; mais, si les racines puisent dans le sol cet acide carbonique, si celui-ci passe dans la tige et de là dans les feuilles, il finit par s'exhaler dans l'atmosphère : ainsi les plantes qui végètent à l'ombre ou dans la nuit laissent filtrer dans leur tissu, sans le décomposer, l'acide carbonique qui se répand dans l'air, tandis qu'à la lumière elles dégagent l'oxygène. Les parties colorées des végétaux, les fleurs, par exemple, dégagent même au soleil une quantité notable d'acide carbonique, de là le danger de conserver des fleurs dans un appartement bien fermé. Les parties vertes des plantes sont les seules qui puissent décomposer l'acide carbonique, de plus ces mêmes parties absorbent les rayons lumineux; car jusqu'à présent on n'a pu reproduire l'image des parties vertes dans l'instrument de M. Daguerre. De même que sous l'influence solaire les plantes décomposent l'acide carbonique pour s'approprier son carbone, et pour former avec celui-ci tous les corps neutres qui composent leur masse presque entière; de même et pour certains produits qu'elles forment en moindre abondance, les plantes décomposent l'eau et en fixent l'hydrogène. Les corps hydrogènes, auxquels donne naissance la fixation de l'hydrogène emprunté à l'eau, sont employés par les plantes à des usages accessoires. Ils constituent, en effet, les huiles volatiles qui servent de défense contre les ravages des insectes, des huiles grasses ou des graisses, dont la graine s'entoure, et qui servent à développer de la chaleur en se brûlant au moment de la germination, des cires dont les feuilles ou les fruits se revêtent pour devenir imperméables à l'eau.

Pendant sa vie, toute plante s'assimile de l'azote, soit qu'elle l'emprunte à l'atmosphère, soit qu'elle le prenne aux engrais, et cet azote paraît s'y utiliser sous forme d'ammoniaque. Certaines plantes, comme les topinambours, empruntent leur azote à l'air, d'autres comme le froment ont, au contraire, besoin de tirer tout leur azote des engrais, distinction précieuse pour l'agriculture; car il faut, évidemment, dans toute culture, commencer par produire les végétaux qui s'assimilent l'azote de l'air, élever à leur aide les bestiaux qui fourniront des engrais, et tirer parti de ces derniers pour la culture de cer-

taines plantes qui ne savent prendre l'azote que des engrais
eux-mêmes. D'où il résulte que l'un des plus beaux problèmes
de l'agriculture réside dans l'art de se procurer de l'azote à
bon marché.

L'azote de l'air, celui que l'eau dissout et entraîne, les sels
ammoniacaux que l'eau pluviale recèle elle-même, ne sont
pas toujours suffisants pour la plus grande partie des plantes
de culture importante, il faut encore entourer leurs racines
d'un engrais azoté, source permanente d'ammoniac dont la
plante s'empare à mesure qu'il est produit.

La présence de l'eau est, comme le prouve l'observation
journalière, indispensable à la vie des plantes; les feuilles
puisent ce fluide dans l'atmosphère, les racines le trouvent dans
le sol et ne s'y enfoncent que pour l'y rencontrer: aussi la proportion d'eau est-elle généralement plus considérable à mesure
que la terre est plus profondément creuse; tandis qu'à la surface elle existe en moindre quantité. Les espèces à racines développées absorbent donc moins par leurs feuilles, toutes
choses étant égales d'ailleurs, que les espèces à racines grêles
et courtes. L'eau cède aux plantes les deux principes élémentaires qui la constituent, et leur transmet certaines matières
qu'elle a dissoutes.

Cette eau s'évapore à la surface des feuilles et laisse nécessairement pour résidu, dans la plante, les sels qu'elle contenait en dissolution. Ces sels constituent les *cendres*, produits
évidemment empruntés au sol et qu'après leur mort les végétaux lui restituent.

L'humidité modérée ne favorise pas seulement la végétation,
elle lui est indispensable. Sans engrais et sans humidité, la
terre serait donc impropre à nourrir les végétaux les plus vi-

vaces, elle serait aride et nue comme les *steppes* sablonneux et brûlés de l'Afrique ou de l'Asie.

C'est donc en charriant dans le tissu végétal les aliments que l'eau est indispensable à la végétation.

L'eau pure, par exemple l'eau distillée, est impropre à fournir seul à un végétal les matériaux de sa nutrition. Mais un certain degré variable de chaleur est nécessaire à l'eau pour dissoudre les sels minéraux. Ce n'est donc que lorsque la terre est échauffée que les irrigations sont utiles. L'eau à un ou deux degrés centigrades de chaleur est plus nuisible que favorable à la végétation.

Il en résulte que lorsque les nuits sont froides, il faut arroser le matin, et que lorsque les nuits sont chaudes, il faut arroser le soir.

De la reproduction. — Cette fonction a pour but le maintien de l'intégrité des espèces végétales. Elle a lieu sans fécondation; au premier mode se rapporte le *marcottage* qui consiste à incliner légèrement une jeune branche sans la détacher du tronc, à l'entourer de terre humide à sa base; les *boutures* sont des rameaux que l'on plante après les avoir isolés du tronc.

La greffe consiste à implanter sur un sujet une branche ou les rudiments d'une branche fournie par un autre individu; c'est par des *marcottes* que se propage la *vigne*, c'est par des *boutures* que se reproduisent le peuplier, le saule et le tilleul; on réserve la greffe à la propagation des végétaux ligneux.

La reproduction par *fécondation* est le moyen ordinaire que la nature consacre à la perpétuité des espèces végétales, elle a pour agents la fleur et le fruit.

La fleur, cette partie de la plante si brillante et si richement colorée n'est pourtant que l'enveloppe des agents reproducteurs, car au centre de cette parure se trouvent des parties moins éclatantes qui en réalité sont les organes sexuels; on a donc distingué deux sortes d'organes dans la fleur, les organes de la fructification qui sont les seuls indispensables, et les organes protecteurs qui manquent dans quelques espèces.

Les *organes sexuels* sont généralement placés à l'extrémité d'une petite tige ou *pédoncule*, qui se termine à cet effet par un renflement ou évasement auquel on donne le nom de *réceptacle*. Ces organes sont de deux sortes; l'un appelé pistil ou organe femelle dans lequel se forment et se développent les germes ou les graines; et l'autre auquel on donne le nom d'étamine ou organe mâle; celui-ci renferme une poussière fine (le *pollen*), dont l'influence est indispensable au développement des germes contenus dans le *pistil*.

Ces deux organes sont ordinairement réunis dans la même fleur, qui est alors *hermaphrodite*; mais il arrive assez souvent que le pistil se trouve placé dans une autre. Ces fleurs sont alors dites unisexuées. Mais, outre cette dénomination commune, on appelle encore celle qui contient le pistil fleur *femelle*, et celle où se trouve l'étamine, fleur *mâle*.

Il n'est pas rare que la fleur mâle et la fleur femelle d'un végétal soient placées sur deux pieds différents comme dans le chanvre; d'autres fois, au contraire les deux fleurs sont placées sur le même pied, comme dans le melon. Quand on examine une fleur, on aperçoit ordinairement à son centre une ou quelquefois plusieurs petites éminences, presque toujours surmontées d'une aigrette effilée, avec un évasement à son extrémité, c'est le pistil.

Cet organe se compose le plus souvent de trois parties: *l'ovaire, le style* et *le stigmate*. La première est généralement ovale, et présente une cavité intérieure, qui renferme le germe du fruit, et qui, par son développement, produit la graine : c'est la partie vraiment essentielle du pistil.

De *l'étamine*. — Dans l'immense majorité des fleurs on voit s'élever à côté ou autour du pistil un ou plusieurs filaments déliés, qui forment comme une espèce de couronne autour de lui, ce sont les *étamines*. Toute étamine se compose de deux parties, d'un *filet* ou rapport, qui est plus ou moint long, et d'une *anthère*, espèce de poche membraneuse qui renferme le *pollen* ou poussière fécondante. Dans presque toutes les plantes, les organes sexuels sont protégés par une enveloppe générale, *périanthe* ou *périgone*, qui, lorsqu'elle est unique, porte le nom de *calice*; quand le *périanthe* est double, l'enveloppe la plus externe s'appelle calice et la plus interne *corolle*. Cette dernière est souvent embellie par les plus vives couleurs et exhale les plus suaves parfums; le périanthe peut être d'une seule pièce ou divisé. Dans ce dernier cas, les divisions portent le nom de *sépales* quand elles appartiennent au calice, et celui de *pétales*, quand elles appartiennent à la corolle.

On donne le nom de *nectaires* à des amas de glandes chargées de distiller le suc particulier à certaines plantes.

La reproduction se compose de quatre actes principaux : la *déhiscence*, la *fécondation*, la *fructification* et la *germination*.

La *déhiscence*. — Tant que l'hiver dure encore, le bouton floral reste engourdi ; mais dès que les premières chaleurs du printemps lui ont fait sentir leur action vivifiante, le suc séveux entre en mouvement et va ranimer la vie dans tous les organes de la plante. Le bouton, partie éminemment tendre et délicate, est le premier à sentir son influence ; il grossit, se développe et découvre à l'œil enchanté ses riches pétales auparavant cachées sous l'enveloppe calicinale. La *déhiscence* ou épanouissement de la fleur n'a pas lieu à la même époque pour toutes les plantes. Quoiqu'on puisse dire en général qu'elle se fait dans le cours du printemps ou au commencement de l'été, elle offre néanmoins assez d'exceptions pour qu'on ait pu, d'après l'époque de la floraison, composer le *calendrier de Flore*, c'est-à-dire la distinction des mois de l'année marquée par l'épanouissement des fleurs. Quant à l'heure du jour où la déhiscence a lieu, on peut la placer, pour l'immense majorité des végétaux, vers le lever du soleil; cependant il existe assez d'exceptions, pour qu'on ait pu faire aussi l'*horloge de Flore* ou la distinction des heures du jour marquée par l'épanouissement de certaines fleurs. — Il ne faudrait pourtant pas ajouter trop de foi à ce calendrier ni à cette horloge; tant de circonstances peuvent hâter ou retarder l'épanouissement des fleurs, qu'on serait trop souvent induit en erreur.

Fécondation. — Dès que, par la floraison, le pistil et les étamines ont acquis le développement nécessaire, l'anthère s'ouvre et laisse échapper le pollen qui va féconder l'ovaire, cette fécondation n'a pas besoin, pour avoir lieu, que l'étamine soit placée à côté du pistil; le pollen peut se transmettre par les courants d'air ou d'eau, à des distances de deux cents lieues et même d'avantage; on peut même l'opérer artificiellement, comme cela se pratique en Arabie pour les dattiers dont on féconde les ovaires en suspendant, au sommet des plus hauts, un bouquet de fleurs chargées de pollens, que l'on disperse sur toutes les fleurs femelles. C'est de cette manière que les amateurs de melons assurent la réussite de leurs plans.

Un autre phénomène non moins curieux de la fécondation, c'est la manière dont elle a lieu pour les plantes qui vivent sous l'eau. Comme le pollen, substance huileuse, ne peut se mêler à ce liquide ni, par conséquent, se porter de l'anthère à l'ovaire, les végétaux aquatiques s'élèvent à l'époque de la fécondation à la surface de l'eau, où ils restent jusqu'à l'accomplissement de cette fonction, et se replongent ensuite dans leur élément pour y mûrir le fruit.

Fructification. — Après la fécondation de la fleur, les pétales se fanent et tombent ; l'ovaire, au contraire, prend plus de vigueur, se gonfle, se remplit d'une matière liquide d'abord, mais qui acquiert ensuite plus de consistance, jusqu'à ce qu'enfin elle se trouve changée en fruit.

Tout fruit se compose essentiellement de deux parties : le *péricarpe*, qui n'est autre chose que la paroi de l'ovaire, ou, si l'on aime mieux, l'enveloppe de la graine, et la *graine* elle-même, qui contient le germe de la nouvelle plante. — Mais il faut remarquer, à l'égard du *péricarpe*, qu'il est quelquefois si mince, qu'on ne peut pas le distinguer de la graine : c'est ce qui a lieu dans le *blé*, la *carotte* ; d'autre fois, au contraire, il est extrêmement épais, comme dans la *pêche*, la *prune*.

La cavité du *péricarpe* peut être simple ou multiple ; le fruit peut donc être comme l'ovaire.

Quant à la graine elle-même, elle tient toujours au péricarpe par le moyen d'un appendice plus ou moins long, appelé *placenta* ou mieux *trophosperme*, mot grec qui veut dire *nourricier de la graine*. On distingue notamment deux parties dans la *graine*, une enveloppe extérieure et l'*amande* qui comprend en même-temps l'*embryon* ou germe et le *périsperme* ou nourriture de l'*embryon*. — L'amande est tantôt simple comme dans le *blé*, et tantôt divisée en deux parties appelées *cotylédons* comme dans le *haricot*. — Dans le premier cas, la graine et l'embryon sont *monocotylédonés*, et, dans le second, ils sont *dicotylédonés* ; l'embryon lui-même est composé de deux parties :

la *tigelle, plumule* ou germe de la tige et la *radicule* ou germe de la racine.

On distingue deux sortes de fruits : les *fruits secs*, tels que le blé, le gland, la gousse, et les *fruits charnus*, comme la prune, la pomme, le melon. — Parmi les fruits secs, il y en a de *déhiscents* qui s'ouvrent naturellement sans déchirure du péricarpe: tels sont les fruits du haricot, du pavot; d'autres sont, au contraire, *indéhiscents*, et ne peuvent s'ouvrir qu'en déchirant leur péricarpe.

La fécondité de certains végétaux est tellement prodigieuse qu'on aurait peine à croire, si le fait n'était pas prouvé, qu'un seul pied de pavot puisse porter jusqu'à trente deux mille graines, et un pied de tabac trois cent soixante mille. On conçoit que si la plupart de ces graines n'étaient détruites, soit par les animaux, soit par le défaut de terre végétale, une seule de ces plantes aurait bientôt envahi toute la surface de la terre.

Germination. — La germination est l'acte vital en vertu duquel l'embryon animé de forces vitales particulières, c'est-à-dire animé de forces absolues inexplicables, s'accroît, se débarrasse de ses enveloppes et se montre enfin capable de puiser lui-même, sans intermédiaire accessoire dans le monde extérieur, la nourriture qui lui convient.

Plusieurs circonstances doivent être réunies pour que la germination ait lieu; et, d'abord, il ne suffit pas que la graine soit féconde, il est nécessaire qu'elle soit mûre ; il faut de plus, que, mise à l'abri de la lumière, elle reçoive en même temps l'influence de l'eau, de l'air et de la chaleur.

L'observation et le raisonnement démontrent que les graines ont besoin, pour germer, d'avoir été fécondées et d'être parvenues à maturité complète. Elles ne germent pas lorsqu'elles présentent des conditions opposées ; encore ne gardent-elles pas indéfiniment la propriété qu'elles ont acquise, et la perdent-elles toujours dans un laps de temps plus ou moins long, variable suivant les espèces. Les graines farineuses, les *haricots* et le *blé*, par exemple, conservent longtemps la propriété de germer; les semences de l'*angélique* et du caféier, ne germent au contraire que si des circonstances favorables les accueillent immédiatement après l'époque de la maturation entière. L'action de la lumière s'oppose à la germination et si elle ne l'arrête pas tout-à-fait, on ne peut contester qu'elle la retarde et qu'elle la gêne d'une manière sensible. La germination, favorisée par le développement de l'acide carbonique, doit se trouver mal de la présence de la lumière qui décompose l'acide carbonique et sépare ses deux éléments. C'est pour combattre l'effet nuisible de la lumière sur la germination que l'agriculteur recouvre ses semis d'une couche de terre mince et convenablement répartie. Tout le monde sait que la germination ne se produit pas sans humidité et que les graines mises à l'abri, dans un lieu sec, peuvent être en quelque sorte indéfiniment conservées. Il est toutefois certain qu'un excès d'humidité, bien loin d'être favorable au développement de la graine, empêche au contraire la graine de se développer, ainsi que le prouve la disette et la mauvaise qualité des céréales, quand les années sont trop humides. Les *silos*, ces réservoirs si utiles, si sûrs, où peuvent être mises en réserve toutes les graines alimentaires, n'agissent qu'à la double condition de garantir les graines contre l'humidité et l'action de l'air atmosphérique; car l'humidité seule ne déterminerait pas la germination; l'air atmosphérique doit nécessairement intervenir pour qu'elle s'effectue.

L'air n'a d'influence sur la germination qu'au seul titre de ne pas être une combinaison d'oxygène et d'azote, mais bien un simple mélange de ces deux gaz, car la germination n'a pas lieu si la graine est plongée dans un gaz où *l'oxygène* est retenu par une combinaison intime et puissante.

L'azote n'agit dans la germination qu'en affaiblissant l'énergie de l'oxygène, trop vital peut-être, s'il était seul. Le *chlore* excite la germination en produisant la décomposition de l'eau, et, par suite, en rendant libre son oxygène.

Chaque espèce de graine ne peut germer hors de certains degrés de chaleur et se développe mieux à telle température qu'à telle autre. De 10 à 30 degrés centigrades, la germination réussit en général; au delà de 35 degrés, la vie de l'embryon est détruite; à dater de zéro elle ne se manifeste pas; mais, loin d'être anéantie, elle persiste et se conserve intacte, on peut tirer de ces observations deux conséquences utiles : la première est la nécessité de borner l'élévation de la température des étuves sèches dans lesquelles on expose les graines et surtout les céréales rongées par les insectes destructeurs, tels que le *charançon* et la *teucite* des blés; car la négligence de cette précaution indispensable entraînerait certainement la mort de l'embryon. La seconde conséquence regarde la géographie botanique; car l'expérience établit que tous les degrés de température ne sont pas également favorables à la germination de toutes les graines. La cause principale en vertu de laquelle les graines sont réparties à la surface du globe est presque entièrement connue.

Les graines mises dans les circonstances nécessaires que nous avons énumérées plus haut, ne tardent pas à germer, quelque soit la substance qui les mette à l'abri de la lumière, pourvu que cette substance ne leur soit pas nuisible en elle-même; c'est ainsi que *l'orge*, *le blé*, *l'avoine*, éprouvent quelquefois en gerbes tous les phénomènes de la germination, et

que des éponges imbibées d'eau suffisent aux premiers déve
loppements des graines; mais il est incontestable et même
presque inutile à dire, que la *terre* est de toutes, la meilleure
base pour la germination, si elle enveloppe la graine d'une
couche modérément épaisse, et si elle n'offre pas trop de mol-
lesse, ni trop de ténacité.

Les phénomènes suivants accompagnent toujours la germination. La graine commence par se ramollir, elle se gonfle en
même temps et bientôt ses tuniques s'ouvrent, avec plus ou moins
de régularité suivant les espèces, pour donner passage à la
radicule; la radicule et la tige prenant de l'accroissement
laissent voir à la surface du sol deux petites feuilles appelées
séminales ou cotylédons, ordinairement différentes de celles
qui se montrent plus tard; le terme moyen de cette apparition
est de sept à huit jours. Le périsperme doit être regardé comme
le premier aliment de la plantule; car s'il est détruit, l'embryon ne subit aucun accroissement. A l'époque où se produit
la germination, on le voit se ramollir et se transformer en
liqueur émulsive et nourrissante, convenable à la délicatesse
du sujet. Si le végétal manque de périsperme, les cotylédons
remplacent cet organe et paraissent exercer les mêmes fonctions. Aussitôt que la jeune plante cesse de trouver sa nourriture dans le périsperme ou dans les cotylédons épaissis, la
germination s'arrête, et la nutrition proprement dite et la végétation commencent. Tant que le végétal conserve son caractère
le plus habituel, il emprunte au soleil de la chaleur, de la
lumière. Il reçoit de l'air du carbone, il prend de l'hydrogène à l'eau, de l'azote à l'ammoniac, au sol divers sels.
Avec ces matières minérales ou élémentaires, il façonne des
matières organisées qui s'accumulent dans ses tissus; mais à
certaines époques et pour certains besoins, la plante s'appro-

prie le caractère de l'animalité, elle brûle du carbone et de l'hydrogène; elle produit de la chaleur. Ainsi, si l'on fait germer de l'orge, du blé, il se produit beaucoup de chaleur, d'acide carbonique et d'eau. L'amidon de ces graines se change d'abord en gomme, puis en sucre, puis il disparaît en produisant l'acide carbonique observé. Une pomme de terre germe-t-elle, c'est encore son amidon qui se change en dextrine, puis en sucre, et qui produit enfin de l'acide carbonique et de la chaleur. Le sucre semble donc l'agent au moyen duquel les plantes développent de la chaleur au besoin.

La fécondation est toujours accompagnée de chaleur; les fleurs respirent en produisant de l'acide carbonique. Elles consomment donc du charbon, et si l'on se demande d'où vient ce charbon, on voit que dans la canne à sucre, par exemple, le sucre accumulé dans la tige a disparu en entier, quand la floraison et la fructification sont accomplies. Dans la betterave, le sucre va de même en augmentant dans la racine jusqu'à la floraison, mais la betterave porte-graine ne contient plus trace de sucre, dans sa racine. Dans le panais, le navet, la carotte, les mêmes pénomènes se reproduisent. Le sucre ou l'amidon, converti en sucre sont donc les matières premières au moyen desquelles les plantes développent au besoin de la chaleur nécessaire à l'accomplissement de quelques fonctions; et c'est précisément les parties sucrées et amylacées des végétaux que les hommes et les animaux choisissent pour leur nourriture, car, le sucre et l'amidon se brûlent dans l'économie animale pour développer la chaleur qui accompagne l'acte de la respiration.

L'étude des fonctions végétales fournit aux cultivateurs les principes suivants.

Les plantes comme les animaux ont deux conditions d'existence : 1° la nutrition, 2° la génération ou fructification. Si l'une ou l'autre de ces conditions manque, l'espèce ou l'individu cesse d'exister.

La nutrition est la loi de la conservation de l'individu.

La génération ou fructification est l'unique loi de la conservation de l'espèce.

Dans quelques végétaux employés pour toute autre partie que leurs fruits ou graines (le chanvre, les épinards, les choux), l'attention du cultivateur doit se porter sur la nutrition, et sur l'abondance des engrais.

Dans les végétaux dont le produit consiste en grains (les céréales) ou en fruits (les arbres fruitiers), la nutrition doit être modérée, pour que la plante ne s'emporte pas en herbe au détriment des graines (les céréales), ou en bois au détriment des fruits (les arbres fruitiers).

Toutes les fois qu'un être vivant souffre dans son organisation générale, la nature abandonne la conservation de l'individu pour concentrer ses forces sur la conservation de l'espèce; de là, abondance de grains quand les blés ne sont pas trop forts en feuilles, et abondance de fruits quand les arbres ne poussent pas trop de bois. De là encore la théorie de la taille, de la greffe, etc.

Les racines étant organisées de manière à n'absorber les sucs nourriciers que par l'extrémité de leurs fibrilles ou chevelu, qui sont munis de spongioles (petites bouches aspirantes), si l'on coupe le spongiole, il n'y a plus d'absorption possible, et si toutes les spongioles sont retranchées, il faut que la plante périsse ou que, par une opération très-difficile de la nature, elle en reforme de nouvelles à la manière des boutures.

De là on condamne l'habitude que les cultivateurs ont de couper l'extrémité des racines sous le prétexte de les rafraîchir quand ils transplantent un végétal.

Les spongioles ne peuvent absorber leur nourriture que lorsqu'elle est à l'état de liquide. De là la nécessité des pluies ou des arrosements quand la terre est sèche.

Les plantes tirant de l'air atmosphérique une partie de leur nourriture, il est donc indispensable que l'air puisse circuler librement autour de chaque plante; sans cela elle s'étiole et meurt.

La lumière contribue à la nutrition des plantes en fixant et solidifiant dans leurs tissus le carbone qu'elles ont puisé dans l'atmosphère ou dans la terre sous forme d'acide carbonique. Il faut donc également que la plante soit exposée à la lumière solaire, sous peine d'étiolement et de mort.

Des quatre axiomes précédents, on déduit les conséquences suivantes : ne pas semer trop épais pour que chaque plante puisse jouir de l'air et de la lumière ; planter les arbres à une distance assez grande pour qu'ils ne puissent se nuire, etc.

Dans un semis trop épais, les plantes, au lieu de se développer en largeur, selon les lois de leur organisation, tendent à s'élever outre mesure pour chercher avec leur cime de l'air et de la lumière; mais ce que leur cime gagne en hauteur, elle le perd en grosseur.

L'agriculteur instruit sait mettre ce fait à profit quand il veut obtenir des tiges minces et élancées de chanvre, de lin ou de sapins, de pins, etc.

La somme totale de chaleur qu'il faut aux plantes varie en raison de leur espèce. De là est résultée la théorie des expositions des serres chaudes, des couches, etc.

Pour la plus grande partie de nos plantes indigènes, l'exposition de l'est est la plus favorable; celle de l'ouest l'est moins; celle du nord ne convient qu'à nos plantes alpines; celle du midi est nécessaire aux plantes exotiques naturalisées, telles que pêchers, abricotiers, melons, haricots, etc., etc.

Les plantes comme les animaux acquièrent un tempérament d'autant plus robuste que la nutrition a été plus abondante dans leur jeunesse. Mais si, par la transplantation, vous les placez dans un sol moins riche, ce changement altère leur constitution, et elles dégénèrent.

Il est donc rationnel, quand on veut semer ou planter, de prendre des graines ou des plançons dans un terrain plus maigre que celui où l'on doit les placer.

Il en est de même pour les influences du climat. Les plançons et graines pris dans le nord pour être transportés dans le midi, pourvu que la différence ne dépasse pas cinq ou six degrés de latitude, réussissent beaucoup mieux que les graines ou plançons transportés du midi au nord.

Les végétaux tirent de la terre des substances minérales et des *humus*, c'est-à-dire des détritus de matières organiques décomposées. Les matières minérales seules ne peuvent alimenter la végétation, d'où la stérilité des terres qui ne contiennent point d'humus.

Les humus seuls ne peuvent alimenter la végétation, parce qu'ils ne peuvent fournir aux plantes les matériaux qui composent leurs sucs propres. De là résulte d'abord une végétation très-développée, mais qui se termine par une sorte d'é-

tiolement et la mort, ou au moins par des produits sans valeur.

Les meilleures terres sont donc celles qui se composent
d'une certaine quantité de matières minérales et d'humus.
C'est sur cet axiome que repose la théorie des engrais.

Pour agir rationnellement dans le choix des plantes à cultiver dans un terrain déterminé, il faudrait d'abord avoir analysé la plante pour connaître ses éléments chimiques, puis
avoir analysé le terrain pour savoir s'il contient et peut lui
fournir les mêmes éléments.

La chimie végétale n'étant pas assez avancée pour cela, le
cultivateur doit, sur ce point, faire de l'empirisme et ne semer dans un terrain que les plantes que l'expérience lui a
appris à y bien végéter. Cependant, si le cultivateur est assez
instruit pour faire l'analyse de ses terres, il pourra en tirer
quelques inductions utiles.

Les sels minéraux ne pouvant fournir de la nourriture aux
végétaux qu'en état de solution dans un liquide, l'agriculteur
doit faciliter leur solution. Pour cela, il existe deux moyens :
les irrigations et les labours.

Beaucoup de sels minéraux sont très-peu ou pas du tout solubles dans l'eau, à moins qu'ils ne se trouvent en contact
avec d'autres sels; dans ce cas il y a combinaison chimique, et
le composé devient soluble. De là la nécessité des labours, qui,
en déplaçant les sels, mettent leurs molécules en contact et aident puissamment à de nouvelles combinaisons chimiques
qui fournissent des sels solubles. De là encore, plus une terre
sera labourée, souvent retournée, mélangée, ameublie, comme
disent les cultivateurs, plus elle fournira de composés solubles
à la nutrition des végétaux.

Quand les fleurs mâles et les fleurs femelles sont réunies sur le même pied, comme dans le melon, il faut bien se donner de garde d'enlever les fleurs mâles avant que la fécondation soit opérée.

Dans les végétaux dont les fleurs femelles sont portées par un individu, et les fleurs mâles par un autre, il ne faut pas arracher le pied mâle avant la floraison et la fécondation du pied femelle, si l'on veut obtenir des graines fertiles, comme on le fait trop souvent pour le chanvre et l'épinard.

Dans la petite culture, il faut abriter les plantes de la pluie et du brouillard pendant la floraison, afin que les vésicules du pollen n'éclatent pas avant d'être portées sur le stigmate.

On conçoit comment les temps pluvieux, les brouillards, qui surviennent pendant la floraison, font avorter les récoltes.

Soit pour l'emploi du semis, soit pour la consommation économique, le fruit ou la graine ne doivent être récoltés, dans les cas ordinaires, qu'à l'époque de la maturité.

Un fruit ou une graine ne sont en maturité que lorsqu'à la moindre secousse ils se détachent naturellement de la plante qui les a produits.

Quelque temps avant la maturité complète, le fruit ou la graine ne reçoivent plus de nourriture de leur mère, et c'est seulement l'air, la lumière et la chaleur qui, par leur action chimique, doivent compléter la maturation. C'est ce moment précis que le cultivateur doit saisir pour en faire la récolte; si ce sont des graines, il en perd moins en les moissonnant; si ce sont des fruits, ils se conservent mieux dans la fruiterie.

Une graine, privée du contact de l'air et exposée à une température uniforme au-dessus de cinq degrés centigrades et au-dessous de quinze degrés, peut conserver ses propriétés germinatives pendant un nombre considérable d'années, si elle n'est pas exposée à l'humidité et à des variations de température. C'est sur ce principe qu'est fondée la théorie des silos.

Les semis doivent donc être faits dans une terre bien ameublie par les labours, afin que les influences de l'air puissent pénétrer jusque sur les graines.

Toute terre battue et formant à sa surface une croûte imperméable à l'air nuira beaucoup à la germination. De là naît la nécessité, surtout dans les terres fortes, de pailler les semis, de les couvrir de mousse, de terreau, etc.

De tous ces axiomes sur la germination il résulte pour la réussite des semis : 1° que la terre doit être assez ameublie pour rester poreuse et laisser pénétrer dans son sein, jusque sur les graines au moins, l'air et la chaleur atmosphériques; 2° que le semis ne devra être fait que lorsque la température de l'air et de la terre sera assez élevée pour favoriser la germination; 3° que si la saison est sèche, on sera obligé d'arroser ou d'irriguer; 4° que les graines ne seront pas trop peu enterrées en raison de leur grosseur, et ne le seront pas assez pour trouver à la surface du sol une résistance capable d'empêcher la plumule de percer.

En général, plus une graine est fine, plus elle doit être semée près de la surface du sol. Mais l'expérience a appris que cette règle n'est pas sans exception; par exemple, la plus grosse des graines, la noix de coco, ne germe pas si elle est recouverte de plus d'une ou deux lignes de sable; et, dans de certains sols très-légers et très-poreux, il faut enterrer un grain de blé à deux ou trois pouces pour que la germination ait lieu rapidement.

CLASSIFICATION DES VÉGÉTAUX.

Lorsqu'on jette les yeux sur des plantes nombreuses réunies dans une même localité, et par conséquent susceptibles d'être comparées entre elles, on s'aperçoit bientôt que plusieurs se ressemblent à tous égards, et que d'autres s'éloignent en vertu de dissemblances plus ou moins prononcées; ce sont les rapports intimes et les connexions nombreuses qui enchaînent les espèces les unes aux autres, qui ont permis de les réunir en groupes exactement circonscrits et de former les classes, familles, ou genres. C'est ainsi qu'on a donné le nom de famille des *légumineuses* à la réunion de tous les végétaux qui ont une corolle généralement papilionacée, dix étamines réunies par le filet, une gousse ou cosse pour fruit : tels sont les fèves, les haricots, etc.

M. Decandolle a cherché à préciser les rapports qui existent entre les propriétés économiques ou médicales des végétaux et leurs formes extérieures, et conséquemment leurs classifications naturelles; il résulte de ce travail que les espèces d'une même famille naturelle sont en général douées des mêmes propriétés conformément aux nombreuses analogies de leur organisation. Ainsi la famille des graminées fournit à l'homme et aux animaux leur principale nourriture; il suffira de citer le blé, l'orge, le seigle, l'avoine, le maïs. La famille des légumineuses, dont le nom seul indique les immenses et nombreuses applications à l'économie domestique, renferme les espèces qui se rapprochent le plus des graminées par l'abondance de la matière nutritive qu'elles renferment. Toutes les parties des graminées et des légumineuses sont utiles, depuis les fruits jusqu'aux tiges, dont on fait usage soit comme fourrage, soit comme litière.

La famille des *rosacées* est la famille qui fournit le plus de fruits à nos tables. Tout le monde connait la pêche, la pomme, la cerise, le coing, la poire, et tant d'autres fruits, les délices de nos desserts; tout le monde sait que les espèces qui les produisent sont des rosacées.

La famille des *renonculacées* renferme un grand nombre d'espèces vénéneuses; les *malvacées* sont adoucissantes et mucilagineuses : les mauves, etc.; les *papavéracées* contiennent presque toutes un principe opiacé : les pavots, le coquelicot; les *labiées* sont aromatiques : la sauge, les menthes, etc.; les *solanées* enfin, qui, grâce à Parmentier, ont diminué la misère du pauvre par l'introduction et l'acclimatation du *solanum tuberosum*, donnent à la médecine la jusquiame, la mandragore et la belladone.

Nous trouvons encore dans la botanique la preuve de cette vérité que le Créateur a d'autant plus prodigué les objets sur la terre qu'ils étaient plus nécessaires à l'homme, tandis qu'il a borné à certains pays ceux qui lui sont inutiles ou d'une utilité secondaire. La famille des graminées nous en fournit un exemple frappant ; comme il n'est point de lieux où elle ne soit indispensable, il n'en est point aussi où elle n'ait pénétré. Les régions glacées du pôle, comme les brûlantes contrées de la zone torride, le sommet aride des montagnes comme la terre féconde des vallées, tout est embelli et enrichi par leur présence.

LIVRE SECOND.

AGRICULTURE GÉNÉRALE. — DES AGENTS QUI MODIFIENT LES PLANTES.

CHAPITRE Ier.

DU SOL ET DU SOUS-SOL.

DU SOL.

DÉFINITIONS.

Le mot *terrain* ou *sol* désigne des parties du globe terrestre limitées et caractérisées par la nature des éléments qui les constituent et par la direction de leur surface. Ainsi l'on dit un sol argileux pour désigner une terre où l'argile prédomine, un sol en pente pour exprimer un lieu dont la surface est inclinée à l'horizon.

Le sol arable, cultivable, c'est-à-dire la couche terreuse propre à la végétation qui se rencontre à la surface de notre globe, dans tous les lieux que n'occupent pas les eaux et les rochers, est composé d'une multitude d'éléments divers. C'est cette même couche de terre végétale qui, travaillée et labourée en tous sens, modifiée et stimulée par les engrais et les amendements, produit ces brillantes récoltes qui influent d'une manière si puissante sur la civilisation et sur le bonheur de l'espèce humaine.

La nature de la terre végétale d'une contrée dépend en général de la nature des roches qu'elle recouvre ; car, assez ordinairement, elle n'est autre chose que le produit immédiat de la décomposition de ces mêmes roches, mélangé à des matières organiques. Il faut donc distinguer deux choses dans toute terre labourable : la partie minérale et la partie organique. La première appartient au sol ; elle est argileuse, sablonneuse, crayeuse ou granitique, suivant que les couches géologiques qu'elle recouvre sont argileuses, sablonneuses, crayeuses ou granitiques. La seconde provient de la décompositon des végétaux et des animaux qui croissent ou qui vivent à la surface du sol.

Les substances minérales servent principalement de gît aux racines, d'appui aux plantes et de réservoir où se prépare et se conserve la nourriture des végétaux ; plusieurs de ces substances sont dissoutes par l'eau et absorbées par les plantes auxquelles elles servent d'aliments ; c'est la nature particulière du sol, essentielle à certains pays et plus favorable à certaines exploitations agricoles, que l'on désigne sous le nom de terroir.

DES DIVERSES ESPÈCES DE TERRE.

Une des connaissances les plus importantes en agriculture est celle qui apprend à distinguer la valeur et les produits, la nature et les propriétés de chaque sol en particulier. La terre, considérée dans ses rapports avec la végétation, est donc un objet du plus haut intérêt pour le cultivateur, car la composition des sols, proprement dits, est très compliquée; presque toujours ils sont formés de plusieurs substances minérales mêlées en diverses proportions et ordinairement unies à de la terre végétale provenant de la putréfaction d'êtres vivants. On donne aux terres des dénominations qui en indiquent l'état, les propriétés, les qualités; on les appelle sablonneuses, graveleuses, fortes, légères, terres à froment, terres à seigle; mais le plus souvent on les divise, d'après leur nature, en calcaires, argileuses, argilo-calcaires.

COMPOSITION DES SOLS.

Parmi les nombreux éléments qui constituent le sol arable, quatre principaux doivent fixer l'attention du cultivateur, eu égard à leurs propriétés particulières, ce sont : le sable, l'argile, la chaux et l'humus ou terreau, et le degré de fertilité des différentes espèces de terre dépend des proportions du mélange de ces substances, mélange opéré soit par la nature, soit par la main de l'homme.

Sols sablonneux et siliceux. — Le sable pur est entièrement stérile, il n'a aucune consistance, retient très peu l'humidité et les engrais, mais fortement la chaleur ; aussi forme-t-il les sols légers, arides et brûlants; plus il est grossier, plus il a ces défauts. Les terrains qui en contiennent beaucoup se laissent travailler avec grande facilité et par tous les temps; mais les plantes y souffrent du manque de nourriture et d'humidité.

Le gravier, les galets, forment les terres à cailloux ou siliceuses;

les pierres, lorsqu'elles sont d'un petit volume, agissent à peu près de même que le sable; le sol en est rendu moins compacte et plus chaud, mais ils entravent les cultures et usent les instruments ; les blés grainent cependant bien dans les terrains qui contiennent des pierres calcaires ; les pierres, le gravier et le sable de nature calcaire sont en général préférables à ceux de nature siliceuse, caillouteuse.

Les récoltes languissent souvent par la sécheresse dans les terrains légers ; elles n'y réussissent bien que dans les années pluvieuses et sous les climats humides. Le seigle, l'orge, le sarrasin, la lupuline, le mélilot, les pois, les carottes, le sainfoin, les fourrages graminés peuvent être cultivés dans les lieux siliceux ; les pommes de terre y donnent des produits de bonne qualité. Les animaux s'y font remarquer par la bonne santé, l'énergie, la sobriété, plutôt que par leur taille. On a recommandé trois règles pour la culture des sols siliceux : ne pas épierrer, établir souvent des herbages et les faire pâturer, employer des fumiers réduits à l'état de compost.

Sols argileux, terres glaises. — Ce sont des terrains où l'argile prédomine, ils sont encore appelés compactes, forts, humides, froids. Diversement colorés par de l'humus ou par des oxides métalliques, tenaces, humides, ils semblent onctueux, retiennent l'eau, sont difficile à travailler; et, si on les remue lorsqu'ils sont mouillés, ils forment une pâte qui adhère aux instruments aratoires; quand ils sont secs, ils sont durs et présentent à la surface une croûte imperméable aux agents fertilisants de l'air et même à l'eau; la pluie qui tombe rapidement et qui dure peu de temps les traverse à peine. En été, il arrive souvent que cette surface se crévasse, déchire les racines des plantes et les expose au contact de l'air.

Les terres glaises sont plus ou moins siliceuses : les unes sont tenaces, grasses; et les autres sont maigres, sans consistance. Les glaises doivent être travaillées avant l'hiver, car elles sont rendues meubles par les gelées; en général, elles exigent en tous temps des façons multipliées pour les diviser. De tels sols, lorsqu'ils sont mal exposés, donnent des récoltes tardives et les semences y pourrissent souvent.

L'argile pure est infertile, mais elle est très-utile par ses propriétés physiques. Mêlée aux autres terres, elle leur donne de la consistance et les rend propres à entretenir une végétation vigoureuse.

Dans les terres fortement argileuses, les végétaux sont aqueux, peu nutritifs, les animaux qui y vivent sont faibles, mous et prennent difficilement de la graisse.

Sols calcaires. — C'est le nom des sols où les substances à base de chaux sont en plus grande quantité que l'argile, le sable.

La chaux ne se trouve pas comme le sable et l'argile dans toutes les terres arables, cependant beaucoup en contiennent. On appelle crayeux, craie, les sols riches en carbonate de chaux; gypseux, gypse, ceux qui contiennent du sulfate de la même base.

Les sols calcaires absorbent rapidement l'eau et en retiennent une grande quantité; cependant ils sont légers, peu tenaces, aisés à travailler et même facilement soulevés par la gelée; sous l'influence des pluies, ils se ramollissent extraordinairement, et par la chaleur ils se dessèchent; dans les deux cas ils laissent beaucoup souffrir les récoltes. Lorsque dans ces sols il se rencontre du sable en petite quantité, celui-ci les rend plus consistants et en augmente la fécondité.

Les terrains gypseux sont assez rares; ils sont peu tenace, se dessèchent facilement et sont généralement peu féconds, surtout dans le midi, s'ils ne peuvent être arrosés.

La chaux seul est infertile, mais elle améliore tous les terrains dans lesquels elle se trouve en proportion convenable, principalement ceux qui sont froids et arides, parce qu'elle détruit leurs défauts. On trouve la chaux dans la plupart des plantes cultivées pour lesquelles elle est par conséquent un aliment; cependant elle nuit lorsqu'elle est en trop grande quantité dans le sol, en le rendant trop sec et même en décomposant trop vite les engrais, témoins les terres de la Champagne.

On appelle humus, terreau ou terre végétale, la substance terreuse qui provient de la décomposition des êtres organisés. C'est une substance noirâtre, grasse, répandant l'odeur de moisi; poreuse, légère, attirant l'humidité et se desséchant difficilement. En se desséchant, le terreau diminue beaucoup de volume, et se boursoufle ensuite quand il pleut. L'humus est insoluble mais très-pénétrable aux agents extérieurs; il se transforme sous l'influence de l'air, de l'humidité, des alcalis, en acide carbonique susceptible d'être absorbé par les racines des plantes dont il forme la principale nourriture; il est par cette raison le principe le plus important du sol arable, qui lui doit sa fertilité. Peu de terrains en contiennent beaucoup, même les plus riches n'en ont guère que 2 ou 3 pour 100 de leur poids (1 ou 1 kilo 1|2 par 50 kilos de terre). Ceux qui en contiennent 10 pour 100 peuvent être classés parmi les bonnes terres de jardin.

L'humus varie par ses propriétés ; nous en trouvons dans les sols en quantités très-diverses. Uni à la chaux et principalement à la silice, il constitue la terre de bruyère en générale très-bonne pour l'horticulture, la poterie, mais peu propre à la culture en grand, aux récoltes qu'on ne peut arroser.

Mais si, au lieu d'être uni à la silice seule, l'humus est mélangé en grande quantité avec la chaux et l'alumine, il constitue des sols excessivement féconds ; les alluvions qu'on trouve dans les vallées de la Seine, de la Loire, du Rhin et qui sont si productives, qui fournissent ces riches pâturages appelés *embouches*, *herbages*, nous en présentent des exemples. Là, on peut élever les chevaux les plus lourds, entretenir et engraisser les plus fortes bêtes à cornes.

La couche de terre noire que recouvrent les vieux gazons contient aussi beaucoup d'humus ; elle est très-propre à produire des plantes ; mais il faut la cultiver, en user avec modération, surtout dans les sols maigres, où elle a mis quelquefois plusieurs siècles à se former. Il suffirait souvent de lui faire produire consécutivement trois ou quatre récoltes épuisantes pour rendre complétement stériles des sols qui rapportent annuellement un beau revenu en prés et en pâturages.

On rapporte aux sols où le terreau prédomine, les chènevières, les terrains que les anglais appellent *loams* : ce sont des terres artificielles qui ont été formées par une fumure abondante et par une bonne culture longtemps continuée et qu'on réserve aux céréales, aux herbes fourragères et aux racines ordinairement cultivées en grand.

Les meilleures terres, qui sont les terres franches, se composent d'environ 45 à 50 pour 100 de sable, un peu moins d'argile, 1 à 10 de chaux et 3 à 5 d'humus ; toutes les proportions qui s'en éloignent beaucoup sont plus ou moins vicieuses.

Sols tourbeux et marais. — Il arrive presque toujours, lorsque les marais sont anciens, que les herbes qu'ils produisent se carbonisent en partie, se recouvrent de terre et forment de la tourbe. La tourbe contient presque tous les principes de l'humus ; mais elle en diffère beaucoup par ses propriétés physiques ; elle est moins propre à produire les plantes. Les sols tourbeux sont fortement acidés, se dissolvent difficilement dans l'eau, se dessèchent rapidemment à la surface et se crévassent par l'action du soleil et du froid ; ils absorbent peu d'eau, et une petite quantité de ce liquide les rend très-aqueux. Les marais sont des terrains dont la surface est recouverte d'une mince couche d'eau ; la nature de leur sol est fort variée ; mais en général, de même que la vase des étangs, le limon gras des égoûts, il renferme beaucoup d'humidité. Il est fort difficile d'écarter les mauvaises plantes des lieux marécageux et d'y propager les bonnes. Les marais exercent, par leur humidité, leur sol, comme par les fourrages qu'ils produisent, une action nuisible sur la santé des animaux. Une foule d'êtres organisés naissent, vivent, meurent et se décomposent à leur surface d'où se dégagent, surtout dans les temps secs, des émanations morbifiques.

On doit travailler les lieux humides à peu près comme les terres argileuses. On rend les couches tourbeuses, solubles en les exposant au contact de l'air par de fréquents labours, en les mêlant à la chaux, aux cendres.

SOLS MIXTES. — On appelle ainsi ceux qui, étant formés de deux ou de plusieurs substances presque en égale quantité, ne peuvent être rapportés à aucune des espèces précédentes ; ils sont même les plus communs et les meilleurs.

1° *Sols argilo-calcaires*. — Les sels de chaux, unis en certaines proportions à l'argile qu'ils rendent moins compacte, plus facile à travailler, composent les meilleures terres arables ;

ces deux substances s'amendent réciproquement, et, convenablement mélangées, se travaillent bien et conviennent à toutes les plantes. Les grains et les fourrages y sont de bonne qualité.

2° *Sols argilo-siliceux.* — L'argile y prédomine souvent et ils présentent alors les avantages et les inconvénients des terres glaises. Les récoltes y craignent les pluies abondantes et y souffrent de la sécheresse. Une petite quantité de chaux rend ces sols propres à produire le froment, les crucifères et toutes les légumineuses.

3° *Sols argilo ferrugineux.* — Ces terres contiennent des oxides ou des sels de fer en proportions très-diverses; ces composés colorent le sol de diverses nuances, le rendent compacte, tenace, disposé à absorber les rayons du soleil et à s'échauffer.

Si les composés ferrugineux entrent en grande proportion dans les terrains, ils les rendent impropres aux cultures dans les pays méridionaux; tandis que dans le nord leur présence favorise l'échauffement du sol qui, sans eux, serait stérile.

QUALITÉS GÉNÉRALES QUE DOIVENT OFFRIR LES SOLS.

Nous avons vu que les différents terrains propres à la culture offrent des variations très-nombreuses dans leur nature, leur composition et leurs qualités; mais tous doivent réunir les conditions générales suivantes :

1° Être assez divisés pour que les racines les pénètrent facilement et que les plumules ou germes les soulèvent; assez pesants pour que les tiges ébranlées par les vents résistent à l'aide de l'espèce de scellement des racines; ainsi par exemple, si l'on considère une plante à tige haute et feuilles très-déve·

loppées, comme le soleil, l'œillette, on conçoit que le poids de toute cette partie volumineuse hors de terre, augmenté par les mouvements que l'air agité lui imprime, sera difficilement contre-balancé par le poids du volume de terre que comprennent les racines. Cette condition de stabilité ne sera donc pas remplie par les sols trop allégés, soit par l'abondance du terreau, soit par des proportions trop fortes de calcaire magnésien, et un seul coup de vent pourra renverser une plantation de ces végétaux à haute tige. L'arrachage à la main de ces plantes et de diverses autres, donne des indices sur la nature d'un sol, notamment sa ténacité, sa perméabilité aux racines, sa légèreté qui favorise le développement de celles-ci, etc.;

2° Etre assez perméables aux eaux pluviales, les retenir, au point de se conserver humides à quelques centimètres de profondeur, sans former après les pluies et d'une manière durable une sorte de pâte ou bouillie qui chasse la presque totalité de l'air libre, et sans présenter pendant les temps secs de ces larges crevasses qui déchirent les racines et les mettent en partie à l'air;

3° Etre assez légers, pour absorber, contenir et exhaler sous certaines influences l'air atmosphérique et les gaz ou vapeurs des engrais;

4° Avoir au moins près de leur superficie une couleur jaunâtre, jaune, ou brune, assez foncée pour s'échauffer aux rayons solaires et présenter aux plantes une chaleur humide, air et gaz chargés, à une température douce, de vapeur d'eau, circonstances qui excitent si puissamment la végétation;

5° Contenir de l'humus susceptible, par une décomposition spontanée, de fournir aux plantes des aliments solubles ou volatils;

6° Renfermer de l'argile, du sable et de la chaux carbonatée en proportions telles que les caractères précédents soient ou puissent être réunis, et surtout assez de la dernière substance (carbonate de chaux) pour qu'il ne puisse s'y produire ou s'y perpétuer un excès d'acide;

7° Avoir les propriétés précédentes dans une profondeur égale au moins à celles que les racines des plantes en culture doivent habituellement atteindre. Ainsi, par exemple, les betteraves jaunes, dites de Castelnaudari, exigeraient une profondeur d'environ 45 centimètres de terre meuble, puisque leur racine charnue fusiforme peut atteindre facilement cette longueur et que si le sous-sol trop graveleux ou formé de tuf ou d'argile peu perméable était plus rapproché, la racine pivotante se bifurquerait en radicelles sans valeur ou difficiles à utiliser.

DU SOUS-SOL.

—

On entend par sous-sol la couche de terre, de pierre ou de roche placée immédiatement au-dessous du sol cultivé, et sur laquelle repose celui-ci. Préservé en tout ou en partie par la terre arable des influences de l'air, le sous-sol présente ses couches géologiques presque dans leur état de pureté ou dans un très-faible commencement de désagrégation. Son influence sur les qualités des terres et l'avantage ou le désavantage que présente son mélange en raison de sa nature, rendent son étude et sa connaissance très-importantes pour le cultivateur.

La couche inférieure du sol est tantôt composée des mêmes

éléments que la couche supérieure, à l'exception de l'humus et des principes que celle-ci tire de l'atmosphère avec laquelle elle est en contact; tantôt elle est composée de substances d'une nature différente.

Lorsque la couche arable repose sur des roches dures et non désagrégées ou dans un commencement de décomposition, elle est ordinairement peu fertile, on ne pourrait lui donner plus de profondeur que par des transports de terre toujours trop dispendieux en agriculture sur une surface un peu étendue; elle offre en outre l'inconvénient de causer fréquemment la rupture des instruments aratoires dans les lieux ou le sous-sol est composé de couches compactes soit argileuses, soit calcaires, soit argilo-calcaires, soit enfin argilo-sableuses. La manière dont le cultivateur doit se comporter dépend de la nature de la terre ou des qualités ou défauts qui y dominent. Lorsque le sous-sol est de nature à améliorer la terre labourable ou à augmenter son épaisseur sans la détériorer, on doit par le défoncement ou des labours profonds, en ramener une partie à la surface; au premier abord ce mélange amoindrit quelquefois le sol, mais ensuite le terrain en est sensiblement amélioré: telle est la conduite qu'on doit tenir par exemple quand un sol léger repose sur une couche compacte ou sous une marne argileuse, ou qu'un terrain trop tenace est superposé à un composé de petites pierres calcaires, de gravier siliceux ou de cailloux; au contraire, quand le sous-sol est doué des propriétés qui sont déjà en excès dans la terre qu'on cultive, il faut s'en tenir aux labours superficiels, ou du moins n'attaquer la couche inférieure qu'avec de grands ménagements et après de nombreux essais sur les effets que ce mélange doit produire dans les terres qui ont peu de profondeur; la couche inférieure agit donc d'une manière très-importante à apprécier, en arrêtant les racines ou les laissant passer avec plus ou moins de facilité; dans le premier cas on doit se borner à la culture des plantes et racines traçantes, les seules qui puissent prospérer dans ces sols; dans le deuxième c'est-à-dire si le sous-sol est composé de cailloux, de galets, de pierres, mêlés de substances à l'état friable, il pourra permettre aux racines longues et fortes de s'y insinuer avec avantage pour la végétation ou bien il se laissera pénétrer par toutes les racines fibreuses et l'on devra choisir les cultures en conséquence. Lorsqu'un cultivateur veut augmenter l'épaisseur du sol labourable, et c'est toujours de son intérêt, il doit être convaincu à l'avance qu'il n'obtiendra pas immédiatement une bonne récolte parce que le sous-sol non imprégné d'engrais et privé des influences atmosphériques, fût-il même de bonne qualité, nuira à la végétation, et diminuera certainement la récolte s'il est de mauvaise qualité; mais si le cultivateur veut améliorer progressivement et lentement le fond de sa terre; si, au lieu de regarder à la récolte d'une seule année, il fait attention aux récoltes suivantes, alors les labours profonds deviennent les plus avantageux, parce qu'après quelques cultures, ils ont augmenté l'épaisseur de la couche cultivable, ont ainsi donné aux racines la possibilité de s'enfoncer plus avant, et les ont mis en contact avec une plus grande étendue de matière qui les alimente. Par cette raison, la plante est mieux nourrie, les tiges sont plus grosses, les végétaux tiennent plus au sol, et les pluies et les vents ne peuvent les coucher que difficilement. Un autre avantage, c'est qu'un temps sec longtemps continué les fait moins languir parce que la couche inférieure conserve plus longtemps de l'humidité à la surface; enfin les labours profonds enfouissent à une grande profondeur et font périr une foule de graines qui enterrées moins profondément, auraient végété; ils nuisent à la récolte. Pour arriver à l'amélioration progressive de cette couche inférieure du sol il faut une meilleure culture. Il faut que les plantes soient sarclées et fumées. La pomme de terre, surtout, convient pour commencer la rotation, et tous les deux ans, dans les commencements, une nouvelle culture sarclée doit remplacer une culture non-sarclée; il ne faut pas qu'une jachère non labourée vienne permettre au sol de se tasser de nouveau et aux plantes inutiles de se multiplier en produisant leurs semences; c'est au moyen d'une pareille culture qu'on approfondit sans inconvénient le sol à plusieurs centimètres et qu'on rend, avec le temps et sans frais, très-productifs des terrains compensant d'abord à peine leurs frais de culture.

MOYENS DE RECONNAITRE LA NATURE DES TERRES.

Les caractères qui servent à déterminer la nature des terres sont tirés ou de leur aspect physique, ou des effets qui se produisent lorsqu'on met ces terres en contact avec certains agents chimiques.

Aspects et propriétés physiques. — Une terre brune ou de couleur jaune et divisée offrira les premiers indices de fertilité à quelques centimètres; elle devra être assez humide et tenace pour s'agglomérer sous la pression des mains, et redevenir pulvérulente ou facilement divisible entre les doigts.

Au premier aspect, on peut souvent reconnaître un sol de mauvaise nature, lorsque par exemple les parties sableuses ne tiennent pas ensemble, ou qu'au contraire fortement collantes, elles présentent de très-larges crevasses durant les sécheresses, ou se couvrent d'eau pendant les pluies et adhèrent

très-fortement aux pieds comme à tous les ustensiles aratoires.

L'aspect particulier aux sols trop argileux, ou trop sableux,
ou meubles, et offrant les conditions physiques utiles, se dé-
note en général très-bien après le labour et le premier hersage. Ainsi la terre argileuse humide reste en mottes ou
tranches consistantes; le sol sableux est alors, au contraire,
pulvérulent, en grains sans adhérence, offrant à peine des
traces de sillons.

Le sol meuble et la terre bien amendée contenant des débris
organiques offrent, dans les mêmes circonstances, une forme
moins pulvérulente; ses parties adhèrent légèrement entre elles,
en sorte que les sillons y restent largement tracés.

Les sols ou terres dans lesquels les végétaux se développent
et croissent varient considérablement dans leur composition
ou dans les proportions des différentes substances qu'ils constituent. Ces substances sont de certains mélanges ou combinaisons de quelques-unes des terres primitives, de matières
animales ou végétales en état de décomposition, et de certains
composés salins. Parmi les premières l'on trouve la silice, l'a-
lumine, la magnésie, la chaux, le péroxide de fer, et quelquefois le péroxide manganèse; et au nombre des derniers l'on
compte le carbonate de chaux (craie), le sulfate de chaux
(gypse), du salpêtre, etc.

Les substances que nous venons de signaler comme se ren-
contrant le plus ordinairement dans la composition des terres
propres à la culture des végétaux, retiennent l'eau avec plus
ou moins de force; elles existent en proportions très-diverses
dans les différents terrains à l'état de sable siliceux, d'argile
et de terre calcaire, et c'est pour en déterminer les quantités

et découvrir leur mode d'union qu'on soumet les terres aux expériences de l'analyse chimique.

En général, lorsqu'on examine un sol stérile en vue de l'améliorer, il faut, si cela est possible, le comparer avec un sol extrêmement fertile, voisin du sien et dans une situation semblable. La différence que présentera l'analyse de ces sols indiquera les procédés d'amélioration à apporter. En effet, si le sol fertile contenait une grande quantité de sable et de silice, en proportion de ce qui existe dans le sol stérile, le procédé consisterait simplement à en fournir à ce dernier une certaine quantité, ou bien à ajouter de l'argile ou de la terre calcaire si ces dernières terres étaient en quantité insuffisante. Il importe de prendre des échantillons de la terre du champ qu'on veut examiner en différents endroits, à seize ou dix-huit centimètres de profondeur, et de les bien mêler ensemble; car il arrive quelquefois que dans les plaines tout le sol supérieur est de la même espèce, mais dans les vallées et le voisinage des rivières il y a de grandes différences. La proportion d'humidité peut être évaluée en desséchant un poids connu de la terre à analyser, et en ayant soin de ne pas décomposer les substances organiques qui s'y trouvent. Après cette détermination, on séparera les graviers et pierres, on les pèsera, et on s'assurera de quelle nature ils sont au moyen de l'acide hydrochlorique ou nitrique (eau-forte); ils seront dissous avec effervescence (bouillonnement) s'ils sont formés de craie ou carbonate de chaux, et ils resteront insolubles si c'est la silice qui en fait la base.

Les sols, outre les pierres et les graviers qui y sont mélangés en quantité variable, contiennent une plus ou moins grande proportion de sable fin dont on peut opérer la séparation en agitant la terre quelque temps dans l'eau. Le sable, plus lourd, se précipite en moins d'une minute; on le recueille dans un vase en soutirant l'eau, et après l'avoir séché on le pèse. Sa nature est aussi facile à reconnaître par un acide que celle des graviers. Les parties terreuses les plus tenues et la matière animale et végétale, moins pesantes que le sable, restent plus longtemps en suspension dans l'eau; on filtre la liqueur à travers un papier pour les séparer et les examiner ; mais cet examen est du ressort de la chimie et ne doit pas nous occuper ici.

CHAPITRE II.

OPÉRATIONS PROPRES A RENDRE LE SOL CULTIVABLE.

DÉFRICHEMENTS.

La France a encore une immense partie de son territoire
voué à la stérilité; combien de landes, de bruyères, de marais,
même au milieu des départements les plus riches et les plus
peuplés, seraient facilement rendus à la culture par des travaux bien entendus? Notre sol, soumis à des opérations régulières combinées avec l'emploi raisonné des amendements,
deviendrait plus productif, plus salubre, et pourrait nourrir à
l'aise un tiers en sus de la population actuelle.

Le sol, abandonné à lui-même, est couvert de gazons,
d'arbres, de pierres ou d'eau stagnante, et la surface en est
souvent inégale. Pour devenir propre à la culture, il doit être

débarrassé des obstacles, égalisé et ameubli. C'est ce qu'on appelle *défricher*. Avant de commencer un défrichement, qui est souvent coûteux, il faut bien calculer si l'augmentation de valeur payera les frais qu'une pareille opération entraîne.

DESSÈCHEMENTS.

L'assainissement des terres est la première opération à faire dans tout terrain qui souffre de l'humidité, qu'il soit cultivé ou non; car aucune culture profitable ne peut avoir lieu là où de l'eau séjourne. Il faut avant tout s'assurer de l'origine de cette eau; si elle provient de lieux plus élevés, on l'intercepte en creusant un fossé en travers, un peu au-dessus de l'endroit où elle commence à se montrer. Si elle vient au contraire du manque d'inclinaison du champ, de l'imperméabilité du sol et du sous-sol, on pratique un ou plusieurs grands fossés dans les endroits les plus bas du terrain, dans la direction de la pente générale; on y fait aboutir un plus ou moins grand nombre de petits fossés ou rigoles d'écoulement; la terre qu'on en tire sert en même temps à rehausser le reste du champ. On dirige dans le même but les planches, les billons dans le sens de la pente. Lorsque cela ne peut avoir lieu pourtant, on tire des rigoles en travers suivant l'inclinaison du sol. De la bonne direction et disposition des fossés et rigoles dépend le succès de ces travaux. On les tire au cordeau, et dans les cas douteux on se sert du niveau pous connaître la pente. Pour faire les rigoles, on emploie la charrue et le buttoir; on approfondit ensuite à la bêche là où c'est nécessaire. On commence aussi par faire passer la charrue à plusieurs reprises pour creuser les fossés; on épargne ainsi beaucoup de travail. Les *talus* (les côtés) ont une inclinaison d'environ 45 degrés.

La quantité d'eau indique la dimension des fossés, la pente du terrain leur profondeur; ils ont assez d'un pour cent de pente, un centimètre sur un mètre de longueur.

Il y a des fossés *ouverts* et des fossés *couverts*. Ces derniers s'emploient lorsque les premiers gêneraient, qu'on serait obligé de leur donner une grande profondeur et que la quantité d'eau n'est pas forte. Les fossés couverts se remplissent, jusqu'à 25 ou 50 centimètres de la surface, de pierres ou de fascines (menu-bois), par dessus lesquelles on remet la terre du champ, de manière à pouvoir cultiver la place. Quant aux terrains qui souffrent de l'humidité par suite d'inondations provenant des fleuves, rivières ou ruisseaux, ils ne peuvent en être garantis que par des *digues* et des levées que l'on rend durables en les plantant d'oseraie, en y mettant des gazons et en donnant beaucoup de talus (de pente) aux bords qui regardent l'eau. On s'épargne ainsi la dépense de garnir ces bords de pieux, qu'on peut également remplacer par une *claie-vive* faite avec des plançons de saules entrelacés de boutures.

Après avoir mis à sec un terrain marécageux, on hâte son amélioration en l'*écobuant*, c'est-à-dire en faisant brûler les gazons et les plantes qui s'y trouvent, ce qui détruit l'acidité et rend le sol tout de suite propre à porter des récoltes. Dans ce but, on enlève le gazon avec un peu de terre, on le fait sécher, puis on le dispose en petits tas auxquels on met le feu; on répand ensuite la cendre et on laboure. On peut souvent remplacer cette opération par la chaux, qui n'occasionne pas, comme l'écobuage, une perte de principes fertilisants; mais elle est moins énergique et convient dans les sols tourbeux.

DÉFRICHEMENT DES BOIS.

On commence par enlever les arbres, les buissons, les genets, en coupant ces deux derniers rez-de-terre. Pour les arbres, il vaut mieux enlever la souche en même temps, ce qui est plus facile lorsque l'arbre est encore debout; à cet effet on creuse autour de l'arbre et on coupe les fortes racines après les avoir suivies aussi loin que possible; en tirant l'arbre avec une corde attachée à son sommet, on l'arrache alors facilement; puis on fait cultiver le sol à la pioche ou à la houe et enlever les racines; on peut aussi donner cette façon d'une manière plus économique, avec une charrue solide à soc tranchant. Les landes couvertes de genets et de bruyères sont traitées de même, après qu'on a enlevé les plus gros pieds de ces plantes. On écobue ordinairement les landes de bruyères, quelquefois aussi les landes de gazons et de genets, de même que les bois défrichés ayant un fort gazon. Les prés et paturages sont simplement retournés soit en automne, soit au printemps, et on sème sur un seul labour de l'avoine, du lin, du millet ou du sarrasin si le sol est pauvre. Quant aux pierres et roches qui se trouvent à la surface, celles qui sont trop grosses doivent être enterrées sous la couche arable, ou bien on les fait sauter au moyen de la poudre; pour ce qui est du sable mouvant, on peut le rendre productif en le couvrant d'une légère couche de marne ou d'argile sur laquelle on sème de la fleur de foin, lorsqu'on veut l'employer comme paturage, ou des pins si on veut le mettre en bois.

ÉCOBUAGE.

On entend par écobuage l'opération qui a pour but l'extraction des fragments de végétaux qui se trouvent à la surface et dans l'épaisseur des friches qu'on veut mettre en culture, l'incinération de ces fragments, tiges et racines encore adhérentes à une partie de la terre qui les portait, et aussi aux brûlis de la terre dépouillée de toute végétation.

L'objet de l'écobuage est de débarrasser la couche labourable des plantes qui en sont en possession, de détruire autant que possible jusqu'à leurs germes par l'action du feu; de diminuer directement, en détruisant leurs larves, ou indirectement en les éloignant par une odeur particulière, la multiplication ou les ravages des insectes nuisibles; de modifier favorablement la disposition moléculaire et les propriétés physiques du sol; d'ajouter enfin à la puissance fécondante des engrais, de les suppléer même parfois presque entièrement en pratique.

On opère l'écobuage de deux manières : quelquefois on arrache d'abord les genêts, les bruyères; et après les avoir disposés en meules, on ameublit le sol par des labours; puis, lorsque la terre a été desséchée par le soleil du mois d'août, on la recouvre des arbustes arrachés, et on les brûle dans un moment où le bois et la terre pulvérisée sont fortement échauffés par le soleil. On fait ces brûlis principalement sur les genestières.

Par l'autre procédé, en arrachant les racines qui sont sur le sol, on enlève le gazon en couches minces; cette opération se fait avec un outil à mains ou avec une charrue particulière, et on dispose les plaques gazonnées de manière à les faire sécher.

Lorsqu'on veut faire le brûlis, on arrange de petits fagots de bois bien sec, on les recouvre de mottes de gazon, en ayant soin de tourner l'herbe du côté du bois; on fait ainsi de petits fourneaux auxquels on ménage des ouvertures pour faciliter la combustion. Le feu mis au bois se communique bientôt au gazon et aux racines qui sont dans la terre. Pendant que les fourneaux se consument, on doit avoir soin de boucher les trous à mesure qu'ils se produisent, afin de faire brûler la terre régulièrement de tous les côtés. Ce procédé est pratiqué sur les friches, les landes, les prés, les gazons. On traite aussi les chaumes d'une manière à peu près semblable : après les avoir labourés, on fait sécher les éteules, on les réunit par tas, et on y met le feu; cet écobuage est moins efficace que le précédent. Dans quelques contrées, aussitôt que les cendres sont refroidies, on les étend et on les couvre par un léger labour; en d'autres localités, on ne les dissémine qu'au moment des semailles, pour les couvrir en même temps que la semence. On doit répandre les cendres le plus tard possible, afin que la pluie n'entraîne pas hors de la portée des racines les sels solubles mis à nu par la combustion; mais d'un autre côté il ne convient pas que les fourneaux reçoivent de fortes pluies et que les cendres soient délavées sur la place où elles ont été formées; on ne pratiquera donc l'écobuage qu'à l'époque où l'on voudra établir la récolte.

A l'exception des rochers, des crêtes de montagnes dépourvues de terre végétale et des pentes trop escarpées, il n'est, à vrai dire, aucun sol dont on ne puisse tirer partie; toutefois les dépenses diverses qu'entraînerait dans bien des cas sa mise en culture sont tant d'obstacles qu'il serait imprudent de les faire avant d'avoir bien calculé préalablement toute la portée de l'opération et les résultats probables qu'on est raisonnablement en droit d'en attendre, eu égard non-seulement à la nature de chaque terrain, mais à la position topographique de chaque localité et aux moyens d'exécution dont on peut disposer.

Dans les terres de médiocre qualité, les opérations qui auraient pour but d'ajouter à la quantité des terres assolées d'une ferme ou à plus forte raison d'en créer une nouvelle, seraient généralement de fort mauvaises opérations si elles n'étaient exécutées partiellement ou par des personnes en état de faire grandement les avances nécessaires.

Pour les sols de meilleure qualité les chances de succès augmentent en raison inverse de la difficulté de maintenir leur fécondité; mais là encore, loin de sacrifier l'avenir au présent, il faut au contraire savoir ne demander à la terre que ce qu'elle peut produire sans épuisement, et songer avant tout à augmenter la masse des fourrages pour obtenir des engrais. Tel est en résumé le grand secret de la réussite, car il est bien reconnu qu'avec moins de frais, la somme des fumiers restant la même, on peut tirer davantage de produits sur un champ de moyenne que de grande étendue, et qu'il vaut infiniment mieux cultiver l'un que cultiver l'autre en entier.

CHAPITRE III.

MOYENS POUR MODIFIER LES PROPRIÉTÉS PHYSIQUES ET LA COMPOSITION DES TERRAINS.

Pour augmenter la fécondité des terres, pour les amender, il faut, tantôt les rendre plus perméables à l'humidité ou plus faciles à dessécher, quelquefois plus compactes ou plus légères, d'autres fois modifier leur composition et leur fournir des principes qui leur manquent.

On peut neutraliser les mauvais effets des climats, par la formation de clôtures et d'abris qui conservent près du sol, et malgré les vents, des couches d'air immobiles, préservent les récoltes des froids excessifs, et préviennent les fortes sécheresses en retenant l'humidité de la terre et en interceptant les rayons du soleil; par les desséchements et les irrigations.

On modifie les propriétés physiques du sol en usant des moyens que nous venons d'indiquer ou en employant des corps qui en changent en même temps la composition.

En agriculture on appelle ordinairement amendements, stimulants, engrais, les substances que l'on emploie pour améliorer, fumer les terres. Les premiers sont des corps qui, comme le sable, l'argile, modifient la terre sans concourir pour une forte proportion à la nutrition des plantes. Les seconds favorisent la végétation, sans qu'on puisse expliquer leur effet, et ce n'est point par les changements qu'ils impriment au sol ; enfin, les engrais fournissent, par leur décomposition, la nourriture nécessaire à l'accroissement des plantes.

Cette distinction était généralement admise quand on croyait que les substances organiques pouvaient seules contribuer à la nutrition des êtres organisés; mais tous les corps qui entrent dans la composition d'un être vivant doivent être considérés comme nécessaires à la nutrition de cet être, et par conséquent, l'eau, le chlorure de sodium, le phosphate de chaux, le carbonate de potasse, contribuent à la nutrition des animaux et des plantes comme les principes qui résultent de la décomposition du foin, du fumier, etc. Nous savons que le plâtre, par exemple, ne se trouve dans les légumineuses que dans une proportion infiniment petite comparativement au grand développement qu'il fait prendre à ces plantes. Mais il ne faut pas conclure de là qu'il agit simplement comme un stimulant, car un corps alimentaire ne contribue pas seulement à l'accroissement d'un être organisé en proportion de la matière qu'il fournit lui-même, mais en proportion de toute la matière avec laquelle il est mélangé ou combiné dans l'être organisé qu'il concourt à former. Ainsi, si la luzerne ne contient que 1 centième de gramme de sulfate de chaux, 1 gramme de ce sel devra être considéré comme ayant produit 100 grammes de fourrage, puisque la plante ne se serait pas formée sans l'aliment minéral qui était nécessaire à la composition des tiges, des feuilles, etc.

Les quantités de ces divers agents qu'il convient d'employer, prouvent encore que la distinction qu'on admettait n'est pas fondée, et que le plâtre, la marne, les cendres, sont des engrais comme le fumier de cheval, le sang, l'urine.

Les substances minérales qui agissent physiquement doivent être employées à hautes doses pour changer les propriétés physiques des terres, et si des raisons économiques s'opposent à ce qu'on en mette des quantités assez fortes pour atteindre ce but, il faut, selon les circonstances dans lesquelles on se trouve, chercher à en approcher le plus possible. La crainte de faire de trop fortes dépenses empêche seule de mettre dans les sables la quantité de terre glaise et dans les argiles la quantité de sable qui serait nécessaire pour rendre franches les terres sablonneuses et celles qui sont fortement argileuses.

Les doses de substances qui comme le sel, le plâtre etc., contribuent presque exclusivement à nourrir les plantes, doivent être calculées d'après d'autres bases; on doit en mettre seulement la quantité nécessaire à la composition des végétaux; car si l'on dépasse cette quantité, l'excès est perdu et peut même être nuisible aux récoltes.

C'est en cela que les composés salins diffèrent des engrais proprement dits, dont les effets sont généralement en rapport avec les quantités employées; mais les différences que l'on observe à cet égard ne proviennent pas de ce que les divers agents que nous venons de nommer agissent, les uns d'une manière, les autres d'une autre, de ce que le plâtre stimule les plantes et de ce que les fumiers les nourrissent; la raison de ces différences, c'est que les fumiers ayant, par leur nature compliquée, à peu près tous les principes minéraux et organiques, selon les proportions que les tissus végétaux réclament, peuvent seuls nourrir les plantes, tandis que les stimulants, ne contenant qu'une ou deux substances, lesquelles ne sont mêmes absorbées par les racines qu'en très-petite quantité, n'exercent plus aucune action par eux-mêmes et cessent d'agir proportionnellement à leur quantité aussitôt qu'ils dépassent la proportion minime nécessaire à la nutrition des végétaux.

Il est bien reconnu que les stimulants produisent moins d'effet sur une terre qui en a déjà reçu, qui en contient, que sur celle qui en manque complètement et qui renferme beaucoup d'autres principes propres à la végétation. Quoique toutes les substances que nous allons indiquer contribuent à la nutrition des plantes, nous les diviserons en *amendements* et en *engrais*.

AMENDEMENTS.

Ce sont des corps qui modifient les propriétés physiques des sols tout en contribuant, dans certains cas, à la nutrition des plantes; on les emploie presque exclusivement dans le but de corriger les défauts d'un terrain qu'il s'agit d'améliorer.

Avant d'appliquer des amendements sur les champs, la première chose est donc de déterminer exactement la nature, les propriétés et les parties constituantes du sol; la deuxième est de connaître également d'une manière positive la nature, les propriétés et la composition des substances qu'on veut employer.

AGENTS QUI AUGMENTENT LA CONSISTANCE DES TERRAINS.

Argile. — Les terres alumineuses grasses, les marnes argileuses conviennent pour amender les sols siliceux, ceux qui ont un excès de sable calcaire et en général, tous les terrains légers qui manquent de consistance et qui, ne retenant pas convenablement l'eau, laissent périr les plantes, faute d'humidité.

Mais l'argile, employée en grosses masses, se mêle difficilement au sable; il faudrait, avant de la répandre, la faire sécher et la pulvériser.

La craie, réduite en poudre impalpable, le terreau, la tourbe, les vases et les marnes argileuses, produisent les mêmes effets que l'argile, et leur emploi est même plus avantageux en raison de l'influence qu'ils exercent sur la nutrition des plantes.

AGENTS QUI RENDENT LES TERRES PERMÉABLES ET QUI FACILITENT LA DÉCOMPOSITION DE L'HUMUS.

Plusieurs moyens physiques, les labours et les sarclages, faits à propos, produisent ces résultats; mais pour amender les sols lourds, acidés, on emploie le plus souvent le sable, la chaux et la marne. L'argile cuite et pulvérisée convient, comme le sable, pour rendre perméables les terres grasses.

Le sable est très-propre à l'amendement des terres grasses,

froides, lourdes, humides, mais l'emploi en est souvent dispendieux. On doit en faire usage toutes les fois que formant le sous-sol d'une terre argileuse, il suffit, pour la ramener à la surface, de faire un léger défoncement, un labour profond. On doit aussi utiliser les vieux platras, les débris de anciens bâtiments; car la chaux qui se trouve mêlée au s. dans le vieux mortier paie amplement le transport du mélange.

Chaux. — On appelle chaudage, chaulage, une pratique qui consiste à mettre de la chaux dans les terres. La chaux peut être pure ou mélangée de silice, d'argile ou de magnésie. La chaux pure est la plus économique, la plus active, celle qui peut produire plus d'effets, sous le moindre volume. Comme le sable, qu'elle remplace avantageusement, elle diminue la tenacité des sols gras, compactes, les rend perméables, faciles à travailler; mais, plus que lui, il les échauffe, favorise la décomposition des fumiers, et entre pour une plus forte proportion dans la composition des plantes. La chaux est trè-bonne pour amender les marais desséchés, la vase des étangs et des pêcheries; elle agit sur la tourbe, sur l'humus, sature leur acidité et les rend solubles, susceptibles d'être absorbés par les plantes.

La chaux convient aux sols qui ne contiennent pas déjà en excès les combinaisons calcaires. Tels sont : le sol composé de débris granitiques, de schistes; presque tous les sols sablo-argileux, ceux humides et froids de ces immenses plateaux argilo-siliceux qui lient entre eux les bassins des grandes rivières; le terrain sur lequel la fougère, le petit ajonc, la bruyère, les petits carex blancs, le lichen blanchâtre viennent spontanément; presque tous les sols infestés d'avoine à chapelet, de chiendent, d'agrostis, d'oseille rouge, de petite matricaire, celui où on ne recueille que du seigle, des pommes de terre et du blé noir ; ceux où l'esparcette et la plupart des végétaux de commerce ne peuvent réussir.

On emploie la chaux de diverses manières ; tantôt on la répand seule, tantôt après l'avoir mêlée à d'autres substances, à de la terre, à des mottes, à du terreau, etc. Le plus souvent, on fait des petits tas qu'on répand ensuite lorsqu'ils ont été divisés par l'humidité de l'air ; il est convenable de décharger la chaux par tombereau et de la tenir couverte de terre jusqu'à ce qu'elle soit réduite en poudre ; on étend ensuite le tout. On doit disséminer la chaux lorsque le temps est sec et calme et qu'elle est pulvérulente : car, quand elle est en pâte, il est difficile de l'étendre uniformément, et si le vent est fort, il en enlève beaucoup pendant l'opération. La chaux agit peu dans l'eau, on doit la mettre sur un sol sec et la couvrir avant qu'elle ait reçu la pluie. Si la terre est naturellement forte, humide, il faut, pour la rendre perméable, faire procéder le chaudage d'un labour profond.

La chaux, en contact avec l'air humide, avec la pluie, avec la terre mouillée, se dissout insensiblement, et, se précipitant ensuite sous forme de carbonate de chaux, elle fait adhérer ensemble les corps qu'elle mouille : c'est ainsi qu'elle rend les constructions solides. Le même effet se produit quelquefois dans la terre : après le chaudage, la chaux, entrainée par la pluie, forme au-dessus de la couche labourée une plaque qui s'oppose à l'écoulement des eaux. La chaux est alors plus nuisible qu'utile dans les sols argileux ; pour prévenir cet inconvénient, il faut la mettre à petites doses, l'enterrer peu profondément, et, quelques années après qu'on l'a employée, donner à la terre un labour profond pour rompre les adhérences qu'elle a produites.

La quantité de chaux qu'on doit répandre sur les terres

varie selon sa nature et la composition du terrain. Si la chaux est pure, il en faut moins que si elle contient de l'argile, de la magnésie, etc. On doit en mettre de fortes doses, 3, 4, 5 cents hectolitres par hectare, à l'exemple des Anglais, dans les terres froides, alumineuses, siliceuses, dans les tourbières, où elle doit agir comme amendement et comme aliment des récoltes ; mais il faut beaucoup moins, 5 à 10 hectolitres par hectare, sur les terres légères, où elle doit seulement contribuer à la nutrition des plantes, et où elle nuit par ses propriétés physiques.

Dans la Sarthe, on l'emploie tous les dix ans, à raison de 10 hectolitres par hectare ; on la met sous forme de compost, fait avec une partie de chaux et sept à huit parties de terreau.

Dans la Flandre, on pratique le chaulage et le chaudage d'assolement : par le premier, on veut modifier le terrain et l'on emploie beaucoup de chaux ; par le second, on ne veut que fournir aux plantes la chaux nécessaire à leur composition, et on la leur donne sous forme de bons engrais, qu'on répand sur les prés, sur les pâturages, sur les céréales de mars.

On a évalué à 3 hectolitres par hectare, la quantité de chaux nécessaire chaque année, pour que la fécondité du sol se soutienne ; mais l'expérience apprendra à l'apprécier et à connaître l'époque du renouvellement du chaulage.

C'est ordinairement sur la jachère et bien avant la semaille que se met la chaux, afin que la terre en soit imprégnée quand elle devra nourrir les jeunes plantes. Les composts ou mélanges anciens dont les engrais sont saturés par cet amendement, agissent avec plus d'efficacité que ceux qu'on emploie immédiatement après leur préparation ; on les mélange au sol par des labours et un hersage superficiels et afin que la chaux ou le compost, répandus secs sur le sol sec, restent toujours placés au milieu de la couche végétale.

L'emploi superficiel de la chaux se pratique en saupoudrant au printemps le seigle avec un compost contenant 8 à 10 hectolitres de chaux par hectare, quinze jours après avoir semé des trèfles. On l'emploie aussi immédiatement sur le trèfle de l'année précédente en poussière et éteinte dans l'eau de fumier, à une dose moitié moindre; son effet sur le trèfle et le froment qui le suit est très-avantageux.

La chaux a donc deux manières d'agir, l'une sur la terre et l'autre sur les plantes; mise à propos, elle produit les meilleurs effets; mais elle exercera une action plus puissante sur les mauvaises terres à seigle, que sur celles à froment.

L'usage de cet amendement modifie favorablement la nature des fourrages : il les rend nutritifs et surtout salubres.

Le chaulage détruit les mauvaises herbes, les insectes, fait fuir les animaux nuisibles, rend les grains fins, gros et riches en farine.

Employée dans les sols qui en réclament, la chaux les améliore et les rend propres à produire, pour une quantité donnée de fumier, de plus fortes récoltes; mais, en même temps, en fournissant à la nutrition des plantes des principes que celles-ci ne trouvaient pas dans la terre, elle fait absorber des matières fertilisantes qui restaient improductives. Elle produit donc deux effets : elle perfectionne le sol, le rend capable d'élaborer une plus grande quantité de fumier et elle fait transformer en produits utiles l'humus, mêlé à la terre. Or, il est évident que si l'on néglige de mettre convenablement du fumier, la terre s'épuisera; mais elle sera propre à produire, et souvent même elle produira moins peut-être que les premières années de l'emploi de la chaux, mais plus qu'elle ne produisai tavant le chaudage. Dans tous les cas, on prévient l'épuisement du sol, en lui rendant en fumier l'humus que les récoltes lui ont enlevé.

Marne. — La marne est un composé d'argile et de sable, avec une quantité variable de chaux de 10 à 80 pour 100. La *marne coquillière* est un produit différent ; on nomme ainsi les *faluns* ou couches de coquilles fossiles, qu'on emploie pour amender les terres.

La marne agit principalement par la chaux qu'elle contient, et son usage produit les mêmes effets que le chaudage, mais à un moindre degré. Il peut cependant lui être préférable, si le carbonate calcaire est uni à l'argile dans des terres sablonneuses, sèches, où la chaux pure ne devrait être mise qu'à bien faibles doses.

Selon la composition de la marne et la nature du sol à marner, on en répand 20, 30, 60 voitures à quatre chevaux par hectare, de manière à recouvrir la terre d'une couche dont l'épaisseur varie de 34 à 40 ou 42 millimètres, et quelquefois plus ; si l'on veut amender un sol, il faut en mettre suffisamment pour changer les propriétés physiques et la composition du terrain ; mais si elle doit agir seulement, en contribuant à la nutrition des plantes, les doses doivent être minimes. Le marnage se renouvelle tous les 10, 15 ou 20 ans, mais les seconds marnages doivent être moins abondants que les premiers. Il faut toujours employer la marne avec discernement et d'après les principes que nous avons indiqués en parlant du chaudage, en ayant égard à la composition et à la consistance de l'amendement que nous étudions.

La marne est souvent répandue seule, mais il serait presque toujours avantageux de l'unir au fumier. On la conduit en

estommé ou en hiver sur les champs, on la répand au printemps et on l'enfuit par un labour superficiel ; on peut encore
la mettre sur les semailles dans la même saison, mais il faut
alors la répandre de suite.

Le marnage diminue la valeur de la terre lorsqu'on emploie
en excès une marne argileuse sur un sol gras, sur une marne
graveleuse, siliceuse, sur du sable. Cela peut arriver aussi sur
tous les terrains, si, comme nous l'avons dit pour la chaux,
on ne fait produire aux sols marnés que des récoltes épuisantes,
sans jamais leur rendre en fumier les matières fertilisantes
que ces récoltes ont absorbées.

La marne assainit les terres grasses, les rend légères, perméables, prévient le dégagement des vapeurs malfaisantes,
rend les fourrages sapides, augmente les récoltes de céréales,
et produit un grain bon, quoique gris et à écorce un peu
épaisse.

L'agriculteur qui ne serait pas bien fixé sur la nature du
sol qu'il exploite et sur la composition de la marne dont il peut
disposer, pourrait, comme pour la chaux, faire des essais en
petit pour s'assurer des effets qu'il aurait à attendre de l'emploi de ces amendements.

ENGRAIS.

On nomme engrais les corps qu'on emploie pour fournir
à la terre les principes qui contribuent à la nutrition des plantes

dont ils sont les véritables aliments. On les divise en engrais minéraux et en engrais organiques.

ENGRAIS MINÉRAUX.

On désigne ainsi les corps que les agronomes considéraient comme excitant la vitalité des plantes et qu'ils appelaient stimulants. Ils sont en général plus actifs que les amendements, et on les emploie à doses beaucoup plus petites. Ils ne modifient pas sensiblement les propriétés physiques des terres, ils en changent légèrement la composition chimique.

Les stimulants agissent peut-être bien, en excitant les plantes, mais il contribuent principalement à les nourrir, ainsi que le prouve leur présence dans les racines, les tiges, les feuilles, etc. Toutefois ces agents, quelle que soit leur manière d'agir, ont une grande influence sur la production des plantes, et peuvent rendre fertiles des terrains d'une composition trop simple pour être féconds ; mais les stimulants ne pourraient pas remplacer les engrais organiques ; ils n'en forment que le complément, en fournissant au sol les substances minérales qui ne se trouvent pas dans les fumiers en assez forte proportion pour nourrir les végétaux. Loin de pouvoir remplacer les matières fertilisantes azotées, ils en font absorber une plus grande quantité, et il faut augmenter la proportion des fumiers, lorsqu'on en fait usage.

Plâtre. — Le plâtre produit des effets remarquables sur les terres qui n'en contiennent pas, et sur les plantes qui en ont besoin pour se former, notamment sur celles de la famille des légumineuses, mais il rend les graines de ces plantes dures, difficiles à cuire.

Le plâtre double le produit des prairies légumineuses. On l'a employé aussi avec quelque succès dans les terres dépourvues de substances calcaires pour le chanvre, pour les graminées, le maïs, le mûrier, la vigne.

On emploie ordinairement le plâtre à la dose de 2 à 300 kilog.: environ 2 hectolitres par hectare, ou à peu près un volume égal à celui de la semence en blé qui serait nécessaire. On le répand après uns pluie, lorsque le temps est humide et calme, la terre et les feuilles couvertes de rosée.

Le plâtre se met le plus souvent sur les récoltes hautes de 10 à 15 centimètres, lorsque les feuilles sont bien développées. On le dissémine aussi quelquefois avec les graines, ou lorsque les récoltes lèvent, et même sur la terre avant les semailles: il est souvent avantageux de le répandre en deux fois sur les prés, une partie au moment des semailles, en automne, et l'autre partie après l'hiver.

Après avoir produit beaucoup d'effets sur un champ, le plâtre cesse quelquefois d'agir, et de nouvelles doses restent sans action. Il ne faut remettre du sulfate de chaux sur un sol qui en a déjà reçu avec succès qu'après s'être assuré que ce sel manque à la terre, et, si elle en contient, c'est par l'emploi du fumier, de la chaux, des cendres, qu'il faut chercher à lui rendre sa fécondité. Le sol, dit-on, aime à changer d'engrais comme de récolte; il serait plus exact de dire que le sol a besoin d'engrais variés contenant tous les principes qu'il doit fournir aux plantes.

Le plâtre n'agit pas toujours également; et ses effets dépendent de sa nature et de la manière dont il a été préparé; en France on en fait usage après qu'il a été calciné et pillé, en Amérique on l'emploi cru.

Sel marin. — On a dans tous les temps recommandé le

chlorure de sodium, comme favorisant le développement des plantes, mais l'expérience a démontré que le sel marin ne doit être mis que dans les terres qui n'en contiennent pas naturellement, et il ne faut pas oublier qu'il s'en trouve souvent dans les fumiers autant que les récoltes en exigent. On doit donc n'employer le sel marin qu'à petites doses, et le répandre par un temps sec; car, se dissolvant facilement dans l'eau, les pluies l'entraînent hors de la portée des racines.

Sous l'influence du sel de cuisine les plantes sont plus sapides, plus salubres; il produit de bons effets sur les végétaux fades, aqueux des prés bas et humides. Les bestiaux recherchent les fourrages imprégnés de sel de cuisine et les digèrent bien. Sur les pâturages salés, les moutons prennent une viande excellente, et les poulains acquièrent une santé robuste.

Cendres. — Nous trouvons dans les cendres qui proviennent de la combustion des êtres organisés la plupart des composés minéraux qui entrent dans la composition des végétaux; elles renferment surtout des substances alcalines, et, tout en contribuant à la nutrition des plantes, elles facilitent la décomposition des substances organiques contenues dans le sol, et partant l'action des engrais; elles produisent beaucoup d'effet dans les terres qui ne renferment ni soude ni potasse et dans celles qui sont riches en humus.

On emploie en agriculture les cendres du bois et des herbes marines, celles de la houille et de la tourbe, celles qu'on appelle cendres rouges, cendres pyriteuses, et qui proviennent de végétaux fossiles.

Les cendres qui ont été lessivées conviennent mieux, à ce qu'on rapporte, que les cendres neuves; celles-ci, très-riches en potasse, doivent être employées à petites doses. Celles du charbon de terre, de la houille, sont peu actives, mais on ne doit pas les laisser perdre.

On emploie les cendres sur les légumineuses, sur le blé noir, sur les céréales, sur les crucifères, sur les prés et même sur les pâturages.

On a remarqué que les cendres favorisent la production des grains et rendent les fourrages de bonne qualité; elles font fuir les insectes, et, sous ce rapport, sont précieuses pour les jeunes plantes du genre chou.

Il faut répandre les cendres sèches et pendant un beau temps, car elles produisent peu d'effet s'il y a beaucoup d'humidité dans le sol; on les laisse souvent sur la terre, mais il est avantageux de les enterrer légèrement.

C'est presque toujours au printemps qu'on emploie les cendres sur les prés, sur les céréales d'automne et de mars; on les met aussi, en été, sur les navettes, sur le maïs, sur le sarrasin, et en automne sur l'orge, l'avoine et le blé.

Ordinairement on répand par hectare dix à vingt hectolitres de cendres lavées, de cendres de houille, et de six à douze de cendres vitrioliques.

En général, tous ces amendements produisent proportionnellement plus d'effet, quand on les met en petite quantité.

Suie. — La suie est employée dans les mêmes circonstances que les cendres; elle produit les mêmes effets sur l'accroissement des végétaux et sur la destruction des insectes nuisibles. Un hectolitre de suie, provenant de la combustion de la houille, agit plus efficacement que la même quantité fournie par le bois; la première est plus riche en azote.

Vase, sable de mer, cendres de varecq. — On trouve sur les bords de la mer des sables, des débris de plantes et d'animaux qui contiennent des carbonates, des phosphates, des sulfates et du sel marin ordinairement en très-grande quantité. Les cendres des plantes marines sont riches en alcalis.

Ces substances agissent comme amendements par le sable et la vase qu'elles renferment, comme stimulants par leurs composés salins, et comme engrais par les parties animales et par les débris de végétaux qu'elles contiennent. Les matières fertilisantes que nous retirons de la mer n'exercent tous leurs effets que si l'on a soin de les placer dans les terres où elles conviennent, si l'on met le sable sur l'argile et la vase sur les fonds sablonneux.

Le limon de la mer exerce, sous le rapport de l'agriculture, les mêmes effets que le plâtre et le sel marin.

Le *sulfate de fer* qu'on ajoute au fumier pour en retarder la fermentation produit, d'après ce qu'on rapporte, les mêmes effets que le plâtre, tout en occasionnant moins de dépenses. Il paraît même que le vitriol vert a la faculté de ranimer la vie des plantes qui languissent, et qu'on peut l'employer à la guérison de leurs maladies. Ce sel, mis dans la terre, se décompose et fournit des oxides qui colorent le sol et le rendent propre à absorber la chaleur.

Ecobuage.—L'écobuage est favorable aux graminées, aux légumineuses, aux pommes de terre, aux crucifères, aux arbres forestiers, etc. Les terres écobuées donnent des produits bons, sapides, salubres et très-nutritifs.

L'écobuage améliore beaucoup les terres fortes, les marais desséchés, la tourbe; il rend l'argile et la vase grenues, sèches, très-divisées. La partie du sol qui a été brûlée améliore le fonds, le rend léger, perméable. Il n'est presque pas possible d'améliorer les marais et les terrains tourbeux sans l'aide du feu, et cette opération est d'autant plus rationnelle que l'écobuage des sols tourbeux est facile.

La combustion détruit beaucoup d'animaux nuisibles, les larves, les œufs des insectes; elle brûle les graines de genêt, de bruyère, d'ajonc, les mousses des vieux gazons et de toutes les mauvaises plantes et donne même un bon moyen de défricher les landes; cette opération doit être renouvelée à de courts intervalles si, après qu'elle a eu lieu, l'ajonc, la bruyère y sont encore en grande quantité.

L'écobuage modifie beaucoup le terrain; il change les propriétés physiques et la composition chimique des terres, les rend noires ou rougeâtres, pulvérulentes, friables, incapables de former pâte, poreuses, perméables, absorbantes. En résumé, il améliore les terres grasses, riches, profondes, tourbeuses; mais il doit être pratiqué avec ménagement sur les sols légers, maigres. Dans tous les cas, il ne faut pas manquer, si l'on veut continuer de faire produire les sols écobués, de leur rendre, par de bons engrais, l'humus que les récoltes ont absorbé sous l'influence des sels fournis par les cendres.

ENGRAIS ORGANIQUES.

On appelle ainsi les substances qui sont susceptibles de se décomposer et de fournir les principes nécessaires à la nourriture des plantes. Nous avons démontré que les amendements, les stimulants, sont de véritables engrais, qu'ils contribuent à nourrir les végétaux; pour prouver encore qu'il ne faut pas ajouter beaucoup d'importance à la distinction admise à cet égard, nous dirons que les fumiers agissent et que tous les engrais organiques peuvent agir comme des amendements et augmenter la puissance du sol. Le fumier pailleux mis dans les terres argileuses les divise, les rend légères et par son volume et par les gaz qu'il produit en fermentant; tandis que le fumier humide, décomposé et réduit à l'état de beurre noir, augmente la puissance des terres légères.

Si les engrais organiques contribuent à la nutrition des récoltes beaucoup plus que les stimulants, c'est parce qu'ils contiennent ces derniers, et même d'autres principes minéraux selon les proportions qu'exigent les plantes, et qu'en outre ils renferment de l'oxygène, de l'hydrogène, du carbone, de l'azote et divers composés qui résultent de l'union de ces éléments.

La valeur des engrais ne peut pas être évaluée d'après un seul de leur principe : ils doivent contenir tous les corps qui se trouvent dans les végétaux, et les meilleurs sont ceux dont la composition, réunie à celle de l'air, à celle du sol, a le plus d'analogie avec celle des récoltes que l'on veut obtenir; d'où il suit que les effets des engrais dépendent, en partie du moins, des plantes qu'ils doivent nourrir. Les substances azotées ont une supériorité incontestable sur les produits simplement formés d'oxygène, d'hydrogène et de carbone, surtout pour la production des denrées qui, comme les graines, les légumes, renferment beaucoup d'azote. L'observation de tous les jours prouve aussi que les corps qui renferment certains sels sont nécessaires pour former les plantes qui contiennent ces sels, que même le principe carboné de l'humus est indispensable à tous les végétaux.

Les effets des matières fertilisantes sont aussi subordonnés aux influences auxquelles elles sont exposées, aux propriétés physiques et à la nature des terres sur lesquelles on les place.

Pour agir avec efficacité, les engrais doivent être au contact de l'air; si on les place dans une terre forte, il faut donc les

eaterrer peu profondément; il est même quelquefois nécessaire, surtout si les principes acides prédominent, si l'engrais
est froid, d'employer, pour hâter la fermentation, de la chaux,
des cendres alcalines, etc.

Une température et une humidité moyennes, favorables à la
fermentation, sont des conditions sans lesquelles les fumiers
n'agissent pas; car ils n'éprouvent aucun changement et ne
produisent aucun effet sous un froid trop intense, si la température est à zéro, ou s'ils sont exposés à une chaleur assez
forte pour les dessécher. D'un autre côté, si l'eau est en excès,
elle délaye les engrais, entraîne les matières fertilisantes et
aucun effet utile n'est produit.

Toutefois la décomposition des engrais ne doit pas être trop
rapide, il faut que les produits gazeux qui se dégagent puissent
être absorbés par les plantes ou retenus par le sol; à cet effet,
s'ils sont prêts à se décomposer, on doit les mettre sur une
récolte déjà levée ou sur une terre poreuse, antérieurement
bien ameublie et en état d'absorber tous les produits qui se
dégagent dans son sein.

Les matières qu'on emploie à titre d'engrais sont extrêmement variées et très-nombreuses; tous les jours on en préco-
nise de nouvelles, mais les cultivateurs ne doivent leur accorder leur confiance qu'après avoir fait des essais en petit sur
la puissance fertilisante de ces engrais comparée à celle d'un
engrais bien connu, et surtout tenir compte de la durée relative des deux engrais, car il est nécessaire avant tout en
économie rurale d'établir le rapport du produit avec les frais.
Il faut donc déterminer les quantités qui doivent être employées dans les diverses cultures et le prix d'achat et de
transport de ces quantités, des lieux de dépôt à ceux d'exploitation.

Les engrais organiques que nous employons sont *végétaux*, *animaux* ou *mixtes*.

ENGRAIS VÉGÉTAUX.

On emploie comme engrais tous les végétaux qui ne peuvent pas servir utilement à la nourriture du bétail , des plantes marines, des feuilles sèches, des fruits, des arbustes, des branches d'arbres, et les résidus des fabrications d'huile, de cidre, etc. Mais on cultive ordinairement dans ce but des plantes herbacées dont la croissance rapide fournit en peu de temps de grandes quantités de matières fertilisantes. Le lupin ou fève de loup, le sarrasin, les vesces, le trèfle, le maïs, sont des végétaux précieux pour être enterrés comme engrais. Quand ils sont cultivés dans ce but, ils doivent être enfouis au moment de la floraison, parce qu'alors les plantes sont gonflées de sucs, sans avoir presque rien enlevé à la terre; car l'épuisement du sol ne commence que depuis le moment où les grains se forment jusqu'à celui de la maturation. Les fougères, les joncs, qui viennent spontanément en tant de localités, peuvent avec avantage être utilisés pour la fumure des terres; les débris de certaines récoltes s'emploient aux mêmes usages. On a aussi recommandé les feuilles de betteraves, de pommes de terre et de navets comme des engrais excellents.

Les engrais verts conviennent surtout aux sols légers et brûlants et dans les champs éloignés ou d'un accès difficile. Les herbes fertilisantes cultivées sur place sont très-commodes et en général fort économiques; leur action est plus durable, mais moins énergique que celle des engrais animaux, toujours plus ou moins aqueux; elles sont précieuses pour tous les pays et favorables à toutes les récoltes, principalement aux racines pivotantes qu'on cultive en ligne. Placés au fond des raies, ces engrais fournissent, par leur décomposition lente et graduelle, une humidité et des sucs nutritifs qui font pousser les betteraves, les choux, pendant les plus fortes chaleurs de l'été.

ENGRAIS ANIMAUX.

Les matières animales ont une composition chimique fort compliquée : elles offrent tous les corps simples qu'on trouve dans les êtres organisés; à des substances azotées qui agissent comme le fumier, elles réunissent en assez fortes proportions des corps qui produisent une action analogue à celle des stimulants, du sel marin, des sels calcaires. Les débris animaux ne se distinguent pas seulement des engrais végétaux par la quantité et la variété de leurs éléments, ils en diffèrent encore en ce que, avec plus d'azote et moins de carbone, ils sont moins consistants, se décomposent plus rapidement et produisent sur les végétaux des effets beaucoup plus prompts.

Les engrais animaux agissent d'autant plus utilement que leur décomposition est plus lente et mieux proportionnée aux développements graduels des plantes : c'est-à-dire qu'il faut la ralentir lorsque les engrais sont trop actifs et l'accélérer quand elle est trop tardive. On obtient le premier effet par le mélange des détritus organiques avec la chaux, la marne, le charbon, et, le second, par leur union avec les stimulants, les cendres, le plâtre.

Les substances animales ont même l'inconvénient de se décomposer avec un peu trop de promptitude, et de produire avec abondance des gaz, des vapeurs qui, ne pouvant pas être absorbés par les plantes, se perdent dans l'espace et répandent des odeurs infectes et des matières insalubres. On remédie à ces inconvénients en enterrant profondément les matières très-putrescibles, ou en les répandant seulement après les avoir desséchées par leur mélange avec des poudres absorbantes ou des terres sèches plus ou moins calcinées.

Tous les produits animaux sont les plus riches agents de la fertilisation des terres. La chair, le sang, les débris des triperies, les rognures des peaux, des cuirs, des ongles, des cornes et des os, les poils, les crins et les plumes sont depuis longtemps utilisés avec avantage.

Les cadavres des animaux qui périssent dans les fermes, doivent être divisés en plusieurs pièces et enterrés dans les terres arables peu fertiles.

Sang et tissus. — On tire partie du sang de tous les animaux en faisant sécher au four, immédiatement après la cuisson du pain, 4 ou 5 fois plus de terres bien divisées qu'on a de sang à sa disposition; puis, quand cette terre est chaude, on l'arrose avec ce dernier, en remuant le tout, et on renfourne ce mélange jusqu'à ce que la dessication soit complète ; ensuite, on met le mélange à l'abri de la pluie, jusqu'au moment d'en faire usage. Cet engrais équivaut à 7 fois son poids de fumier. Les tissus doivent être divisés le plus possible, mélangés avec 6 fois leur volume de terre bien sèche, en répandant mille kilogrammes de ce mélange par hectare. Cet engrais est très-favorable aux blés; lorsqu'on ne peut le répandre de suite après la préparation de la terre, on le conserve dans une fosse recouverte de terre.

Os. — Les os, par les matières animales et par les sels qu'ils contiennent, agissent comme stimulants et comme engrais. On les emploie après les avoir réduits en poudre grossière ; ils sont faciles à porter, à répandre, coûtent beaucoup moins que le fumier et leurs effets durent plusieurs années. Les os se sèment avec les grains et on les enterre ensemble ; la dose, pour un hectare, est de 15 hectolitres ou, en poids, de 800 à 1,500 kilogrammes. — Les cendres et le salpêtre, unis à la poudre d'os, en rendent l'action plus efficace.

On a observé que les os, broyés dans leur état naturel et après plusieurs essais, n'ont produit aucun effet, tandis qu'on obtient des résultats remarquables d'os achetés dans une fabrique d'ammoniaque, de colle forte, etc., et desquels on a extrait la graisse et la gélatine qu'ils contenaient. On a dit que c'était précisément cette graisse et cette gélatine qui s'opposaient à la décomposition des os et neutralisaient leur action ; en conséquence, on a conseillé de saturer les os broyés d'acide muriatique avant de les mettre en terre.

Désinfection des engrais et fabrication du noir animalisé. — Les débris organiques, les matières fécales ou excréments solides ou liquides non desséchés, facilement putréfiables, répandant une odeur infecte susceptible de se communiquer aux végétaux et à leurs produits, insalubres pour l'homme et les animaux, sont néanmoins d'un usage si profitable à l'agriculture qu'on a dû chercher à conserver leur emploi, sans compromettre la santé publique, résultat qu'on obtient par le mélange de ces débris avec le charbon pulvérisé, celui d'os surtout. A cet effet on mêle les parties molles, divisées ou fluides des animaux, fraîches ou même déjà putréfiées, avec environ la moitié de leur poids d'une substance poreuse, charbonnée, réduite en poudre fine absorbante et présentant à peu près sous ce rapport les propriétés du charbon d'os fin. Dans ce but on prend les résidus charbonneux sortis des raffineries de sucre, et à leur défaut, on calcine de la terre dans des vases clos, et on la rend ainsi éminemment poreuse, absorbante et charbonneuse. Alors on la mélange avec les divers détritus organiques azotés, avec les matières fécales ou toutes parties molles et fluides des animaux, soit fraîches, soit putréfiées, dans la proportion d'environ la moitié du poids de ces substances; et aussitôt que ce mélange est opéré d'une manière intime, la désinfection a lieu, la décomposition est ralentie, et l'on a un engrais excellent qui, sans retard, peut être mis en usage. C'est le *noir animalisé* ou *noir animal*.

Cet engrais réunit ainsi toutes les conditions utiles et fournit graduellement sans être complètement épuisé, à tous les développements des plantes; 15 hectolitres de noir animalisé suffisent pour un hectare, il peut remplacer partout le fumier et dans toutes ces applications on n'a jamais éprouvé les accidents que déterminent tous les engrais trop actifs et on n'a pas d'ailleurs à craindre les ravages des insectes importés par le fumier, les engrais végétaux et le terreau.

La décomposition lente et progressive du noir animalisé est accélérée par l'accroissement de la température et de l'humidité; l'influence de cet engrais se fait remarquer sur les céréales par leur développement plus soutenu au moment de la floraison et par une production de grains plus abondants que si l'on eût employé une quantité double de matière organique, mais qui trop rapidement décomposée, exhale en pure perte des gaz dont l'excès, nuisible d'ailleurs, est décélé par une odeur plus ou moins forte et repoussante.

Le noir animalisé employé même en grand excès, n'altère en rien la saveur des fruits, des racines, ou des tiges des végétaux. Toutes ses propriétés sont dues au charbon qui conserve aux détritus organiques toutes leurs parties altérables au lieu d'en laisser préalablement dissiper la plus grande proportion dans l'atmosphère, et qui en outre absorbe les gaz et la chaleur pour les transmettre aux plantes; le noir animalisé représente un effet au moins décuple de celui que l'on retire d'une masse égale de matière fécale par exemple, lentement desséché par les procédés usuels.

Pour faire usage du noir animalisé, il faut l'émotter à la pelle ou même, pour faciliter sa division, le mêler avec un volume égal au sien de la terre des champs. On le répand avec le hersage, après les graines fines et celles des céréales, on le dépose par petites poignées dans les fossettes ou les sillons, avec les pommes de terre, les haricots, les pois, les fèves ou enfin dans les trous qui doivent recevoir les plantes repiquées.

Poudrette. — Les excréments humains desséchés et réduits à l'état pulvérulent constituent la poudrette, engrais énergique dont il se fait un commerce considérable dans les environs des grandes villes. Comme tous les engrais pulvérulents, la poudrette est facile à transporter, mais ses effets sont peu durables et quoiqu'ayant perdu par une dessication lente et l'évaporation une grande partie de son odeur infecte, on lui reproche encore de communiquer aux produits végétaux une saveur qui soulève un profond dégoût. On la répand en la semant à la main et à la volée, sur le labour, avant d'y mettre la semence; 15 à 25 hectolitres suffisent pour un hectare. Après avoir répandu la poudrette et la semence, on enterre l'une et l'autre par le hersage.

La *désinfection* à l'aide de résidus charbonneux, ou autrement la fabrication du *noir animalisé*, a fourni un moyen plus efficace encore pour faire usage de matières fécales.

Urate. — L'urate est un mélange d'urine avec du plâtre en poudre, ou avec de la marne ou de la craie desséchée: on en forme ainsi un engrais pulvérulent; mais il a peu de puissance et ne paie pas des frais qu'il occasionne.

ENGRAIS LIQUIDES.

Il n'est aucun cultivateur qui ne comprenne toute l'importance des engrais, ces véritables aliments du sol, sans lesquels il est aussi absurde d'espérer une végétation abondante qu'il le serait d'exiger un bon service des animaux de travail en les laissant jeûner. Les bons agronomes s'accordent à reconnaître, d'après une longue expérience, que de tous les engrais dont il font usage, aucun n'égale en puissance fertilisante, les engrais liquides, et entre ceux-ci l'urine et le sang provenant des boucheries.

Les engrais liquides qu'on emploie sont: les écoulements des écuries, les urines des habitations, l'eau chargée de sang et de matières animales provenant des abattoirs, l'eau des égoûts des grandes villes, les eaux grasses des lavoirs et des fabriques qui utilisent des matières animales ou végétales.

Lisier (engrais flamand). — On obtient un excellent engrais liquide en mêlant, 5 ou 6 fois leur poids d'eau, les excréments du bétail recueillis dans des citernes placées derrière les étables, ou préparés dans des réservoirs maçonnés, placés à portée des chemins. Les grandes exploitations ont ordinairement cinq de ces réservoirs de grandeur uniforme, construits pour recevoir l'engrais qui peut être produit dans une semaine; afin que chaque portion, vidée successivement, ait au moins un mois pour fermenter.

Les doses et la méthode pour répandre l'engrais liquide dépendent entièrement et de la qualité de cet engrais et des circonstances où se trouve placé le cultivateur. Pour les jardins et les champs de peu d'étendue, une pompe portative ou un simple arrosoir servent à le distribuer fort également et aussi promptement que possible aux plantes cultivées. Pour les champs plus vastes on se sert d'un tonneau d'arrosage, placé sur un train spécial, ayant une seule ouverture d'où le liquide coule sur une planche pour arriver à terre sous forme d'une nappe parfaitement uniforme; quelquefois aussi l'engrais est transporté dans des baquets munis d'un couvercle mobile, et distribué sur le sol à l'aide de l'écope ou pelle de batelier.

La dépense qu'entraîne cet engrais pour un hectare, en le supposant préparé avec des excréments de bêtes à cornes, peut être représenté par les chiffres suivants :

Engrais récent de bêtes à cornes, 800 kilog.	30 fr.	»» c.
Main-d'œuvre pour le mêler avec 100 ou 120 hectolitres d'eau.	7	»»
Transport et répandage.	23	50
Total.	60	50

Lorsque cet engrais est appliqué sur un trèfle rompu pour recevoir une semaille de froment, il doit être enfoui très rapidement par un labour et, autant que possible, par un temps humide ou au moins couvert; l'engrais liquide étant formé de particules très divisées de substances animales et végétales, l'influence de la chaleur et des rayons solaires ne peut que lui être fort préjudiciable.

La principale puissance fertilisante de l'engrais liquide, doit être attribuée à la présence dans cet engrais d'une grande quantité d'urine; car cette liqueur animale contient, à l'état de solution, les principes essentiels des végétaux. Sous ce rapport, l'urine humaine est la meilleure; aussi doit-on la recueillir avec soin dans des réservoirs spéciaux, surtout lorsqu'on est à portée des villes; quand on ne peut pas l'employer de suite, on retarde sa fermentation putride en jetant dans le réservoir un kilog. de goudron de houille, par cent litres d'urine.

L'emploi des eaux des égouts des grandes villes sur les prairies offre de grands avantages comme substance fertilisante. Ces eaux contiennent une grande proportion de parties solides, consistant principalement en excréments humains, suie et boue des rues. En admettant que dix hectolitres de cet engrais puissent fumer un hectare, et certes c'est une dose bien suffisante en observant qu'on néglige généralement d'utiliser le contenu des égouts de grandes villes, on voit quel tort immense résulte pour l'agriculture de la perte annuelle de cet engrais susceptible de fumer et fertiliser les terres les plus stériles. La plupart de nos villages sont très-malpropres et très-insalubres, en raison des eaux de fumier qui en rendent souvent les rues impraticables; il suffirait pour remédier à un tel état de choses de creuser une fosse en dehors des étables, des écuries et d'y conduire l'urine des animaux au moyen d'une rigole; on confectionnerait ensuite l'engrais liquide comme nous l'avons indiqué plus haut.

ENGRAIS MIXTES.

On appelle engrais mixtes ceux qui sont formés par le mélange de substances végétales avec des produits animaux : tels sont les fumiers d'étable, les excréments des oiseaux et des volailles, les curages et vases des étangs et rivières, les coquillages et poissons morts jetés sur le rivage de la mer, les boues des villes, les excréments et les larves des vers à soie, les composts.

Fumier. — On appelle fumier la paille, ou débris végétaux, ayant servi de litière aux animaux domestiques, et imprégnés de leur fiente et de leur urine. Parmi les engrais divers, le fumier est le plus important. Un bon cultivateur doit chercher sans cesse à augmenter la masse de ses fumiers; car, par le fumier il a les récoltes, et par les récoltes, l'argent. « Bien labourer et bien fumer, disait Olivier de Serres, est tout le secret de l'agriculture.» Le fumier agit sur les plantes de diverses manières: lorsqu'il est nouveau et en masse, par sa chaleur; lorsqu'il est nouveau et divisé, par les sels et l'espèce de suc qu'il contient; lorsqu'il est décomposé, changé entièrement en terreau, en fournissant les principes azotés qui font la principale nourriture des plantes. Il agit encore mécaniquement, lorsqu'il est nouveau, en soulevant la terre, en la rendant plus perméable aux racines, et lorsqu'il est pourri, en conservant plus longtemps l'humidité nécessaire à toute végétation; il contient, en outre, des gaz, ou des éléments de gaz qui agissent sur les plantes de diverses manières. Dans une masse de fumier frais, il s'établit bientôt une fermentation qui se manifeste par de la chaleur; il s'en dégage en même temps de l'eau mêlée de gaz; puis il s'affaise, noircit, se refroidit. Les substances végétales et animales qui entraient dans sa composition se dénaturent, et enfin il se change en une masse noire, grasse et homogène qui n'est que du terreau mêlé à des sels de différentes espèces de terres, de l'huile et de l'eau.

La fermentation qu'éprouve le fumier avant d'être étendu diminue la cohésion, l'agrégation des matières organiques, commence la putréfaction et rend l'action fertilisante plus prompte, tandis que le fumier disséminé frais sur les terres se dessèche souvent et se conserve ensuite très-longtemps. La fermentation en tas détruit les mauvaises graines, prévient la naissance, dans les récoltes, de beaucoup d'insectes nuisibles, et permet de conserver le fumier jusqu'au moment où l'on peut, sans nuire aux autres travaux de la ferme, le transporter dans les sols.

On croit généralement que le fumier le plus consommé est le meilleur; mais cette opinion n'est pas toujours juste. Le fumier fait, c'est-à-dire qui a fermenté, agit plus promptement, et se fait surtout sentir sur la première récolte; mais les effets du fumier récent sont plus durables. Le fumier fait vaut mieux dans les terres sèches et chaudes, à cause de la propriété qu'il a de conserver longtemps l'eau des pluies; mais le fumier long est préférable dans les terres argileuses, qu'il soulève et dont il diminue la ténacité.

Le fumier frais a d'ailleurs cet avantage qu'il retient d'avantage les urines des bestiaux, stimulant si actif pour la végétation, tandis qu'elles sont décomposées, évaporées ou entraînées par les eaux dans le vieux fumier. De nombreux essais paraissent avoir établi qu'en général, dans la grande culture, l'usage du fumier récent est préférable.

Dans certains pays, on laisse le fumier s'accumuler dans les étables, sous les animaux, pendant un temps plus ou moins long. Le fumier qu'on obtient ainsi est excellent sans doute, mais au préjudice de la santé des bestiaux, obligés de vivre au milieu de ces émanations nuisibles, et la pratique de laisser séjourner le fumier sous les bestiaux ne doit-être suivie que lorsque les herbivores sont nourris avec des fourrages secs, peu succulents, lorsque les étables sont grandes, bien aérées, et qu'on emploie assez de litière pour absorber tous les liquides qui ne peuvent s'écouler au dehors, et pour procurer au bétail un lit toujours sec.

Quelques agriculteurs, nettoient leurs étables tous les deux jours; après avoir enlevé le fumier, ils lavent le pavé et obtiennent ainsi, dans une fosse convenablement préparée, un engrais liquide qui compense ce qu'on peut perdre en faisant fermenter le fumier en plein air.

Beaucoup de propriétaires, dans le pays où les troupeaux mal nourris parquent une partie de l'année, ne nettoient les bergeries qu'une fois l'an; mais, quand ils enlèvent le fumier, il est tassé, sec, souvent moisi; on reconnaît que l'humidité n'a pas été assez abondante et que la fermentation a été incomplète. Il y a des agriculteurs qui, pour empêcher le fumier de moisir et pour en faciliter la fermentation, l'arrosent de temps en temps. Cette pratique n'a pas, dit-on, d'inconvénients pour la santé des bêtes à laine.

S'il peut convenir de laisser le fumier sous les animaux, il ne faut jamais le mettre en tas dans les étables; car la fermentation, quand il a été exposé au contact de l'atmosphère, est nuisible aux bâtiments et aux animaux; on ne doit même faire les fosses ni devant les portes, ni sous les fenêtres des étables, ni dans les cours que traverse le bétail, car les eaux toujours désagréables qui s'en écoulent, attirent les insectes et produisent des vapeurs et des gaz malfaisants dont il faut préserver les bestiaux.

Dans beaucoup de fermes on répand le fumier sur toute la surface de la cour, un peu creusée à cet effet; mais ses couches supérieures se trouvent ainsi trop exposées à être lavées par les eaux des pluies sur une surface étendue. Dans d'autres endroits, après que le fumier a été tiré des étables, on en fait des tas dans un coin de la cour; mais ou ces tas accumulés dans un trou trop profond, y sont noyés par les eaux des pluies, ou, placés sur une élévation qui facilite l'écoulement de ces eaux, ils perdent par leur effet même toutes leurs parties solubles.

La méthode la plus avantageuse paraît être d'extraire le fumier des étables une, deux ou trois fois par semaine, suivant l'époque de la saison, et de l'amonceler régulièrement dans un lieu creusé à peu de profondeur, à trente ou quarante centimètres environ, ayant soin que le fond de cette fosse soit soigneusement préparé, et même pavé de manière à ce qu'il ne se fasse aucune infiltration. Dans un coin de cette fosse on pratique un fossé vers lequel les parties liquides se dirigent par la pente naturelle du sol, et où l'on peut au besoin les pousser. Dans les temps de sécheresse, on arrose fréquemment les tas de fumier soit avec de l'eau, soit de préférence avec le liquide puisé dans ce fossé. Le fond de l'emplacement du fumier doit avoir une pente douce, qui permette aux voitures d'entrer et de sortir librement.

Quelques agriculteurs conseillent de placer les fosses sous une toiture. Si l'on suit cette pratique, on doit y laisser la quantité d'urine et d'eau nécessaire à la fermentation. Mais l'exposition à l'air libre n'a aucun inconvénient, si l'on ramasse les eaux qui s'en écoulent pendant les pluies et quand les animaux prennent de fortes quantités d'aliments aqueux; car si dans quelques cas l'engrais est un peu délayé, on obtient toujours un liquide qu'on peut employer avec profit et qui sert à arroser le tas dans les temps secs. Mais les fosses seront toujours disposées de manière que les eaux des toitures et des pompes ne les traversent pas pour se perdre ensuite.

Au sortir des étables, des écuries, le fumier doit être bien mélangé et étendu dans la fosse par couches aussi régulières que possible, ayant au total 1 mètre 60 centimètres à 2 mètres d'épaisseur. Il faut l'arroser convenablement et surtout le presser fortement et d'une manière uniforme pour le priver du contact de l'air et prévenir la fermentation.

On peut employer divers moyens soit pour augmenter la masse des fumiers, soit pour les améliorer.

Ainsi on les améliore en y jetant des engrais animaux qui ajoutent à leur activité, comme les cadavres des animaux morts ou leurs diverses parties, les poils, les cornes, les ongles, le sang, les os, la fiente les coquilles, les excréments humains, etc.

On en augmente la masse en y portant toutes les grandes plantes que les bestiaux refusent de manger, et qui sont si abondantes dans certaines contrées, les herbages, les feuilles, les bruyères. La décomposition de quelques-unes de ces plantes peut être longue, mais si elles n'agissent pas dès la première année, elles restent dans la terre et servent toujours à l'améliorer.

Enfin on accélère la décomposition du fumier et on lui donne de la chaleur en y mêlant, en petite quantité, soit de la chaux vive en poudre, soit de la chaux éteinte à l'eau. Le plâtre, les cendres de bois, de tourbe, de charbon de terre et autres, la pierre calcaire réduite en poudre, la marne, peuvent aussi avec avantage être mêlés au fumier, soit pour en activer la dissolution, soit pour lui communiquer les vertus qui leur sont propres.

La terre franche elle-même peut utilement être mêlée par couches avec les fumiers; elle se charge de leurs principes solubles et volatils et en empêche la déperdition; il en est de même de la tourbe qu'on peut introduire dans leur masse en petite proportion.

En faisant fermenter le fumier dans la fosse, on ne l'emploie qu'au moment où les récoltes le réclament, et comme il a beaucoup diminué de poids, le transport en est moins dispendieux. Le fumier humide qui a fermenté est particulièrement approprié aux sols légers. Mais ces avantages sont compensés par des pertes considérables : pendant la fermentation, le fumier diminue en poids et en qualité par les vapeurs et par les gaz qui se répandent dans l'atmosphère; il faut trois voitures de fumier frais pour en faire une de fumier décomposé, et celui qui s'est réduit à l'état de terreau par la fermentation, a perdu les neuf dixièmes de son poids.

Pour prévenir les pertes causées par la décomposition préalable du fumier, il serait donc avantageux, si on avait toujours du terrain libre, de le porter dans les champs au moment où on le retire des étables; mais alors il faut le mettre sur des terres disposées, l'enterrer par l'avant dernier labour qui précède les semailles, afin de faire germer les graines des plantes parasites. Cette méthode a l'avantage d'imprégner la terre des vapeurs fertilisantes propres à nourrir les jeunes plantes quand elles commencent à lever. C'est surtout dans les récoltes sarclées qu'il faut mettre le fumier; car les feuilles larges de la betterave, de la pomme de terre absorbent des gaz qui se perdraient sur une jachère, et les sarclages détruisent les herbes, les larves d'insectes, et mêlent intimement le fumier au sol.

Dans le choix des assolements, on doit autant que possible conserver la facilité d'étendre les engrais toute l'année; si l'on n'a pas une récolte sarclée à établir, si l'on est hors de la saison des semailles, on les placera sur une jachère ou bien l'on fumera dans ce moment les vignes, les oliviers, les prés et les jardins.

Le fumier conduit au champ doit être étendu de suite et enterré avec la charrue; il est même convenable de donner un coup de rouleau aussitôt qu'il a été enfoui, afin de prévenir la perte des gaz fertilisants. Il importe, dans tous les cas, de ne pas laisser le fumier en petits tas sur les terres; car dans cette situation le sol, sous les tas, s'engraisse outre mesure par suite des pluies qui lavent le fumier; le grain verse à ces places, tandis qu'il est chétif dans le reste du champ.

Le fumier qui a fermenté en tas peut être employé comme le fumier frais; mais il peut aussi être mis en couvertures, c'est-à-dire qu'on répand le fumier sur le sol sans l'enfouir; il s'emploie alors après les semailles, si la terre est sèche, bien divisée pour absorber les sucs aux premières pluies. Cette méthode conserve toujours plus ou moins la fraîcheur du sol, ce qui est quelquefois avantageux, mais elle présente l'inconvénient de fouler les terres et de nuire souvent aux jeunes récoltes. Dans l'emploi du fumier, il faut distinguer le fumier chaud et le froid, le long, le court et le liquide, avoir égard aux animaux qui l'ont fourni, à la nature du sol où on veut le placer, aux plantes qu'on veut cultiver et aux produits qu'on désire obtenir. Le fumier du cheval est sec et chaud; il convient surtout, s'il est pailleux, pour les terrains forts, argileux; il fermente rapidement, produit un effet prompt, mais de courte durée; il contient en général beaucoup de graines de mauvaises plantes, et il ne faut l'étendre que lorsqu'il est décomposé. Celui des bêtes à cornes, en général gros, humide, froid, doit être réservé pour les terres légères; s'il agit moins promptement que le précédent, son action dure plus longtemps. Les moutons donnent un fumier très-actif dont les effets se font sentir longtemps; il fermente rapidement, échauffe le sol, convient à toutes les terres, mais plutôt aux froides et fortes qu'aux sèches et légères; il en est de même du fumier de chèvre et de lapin. Le fumier de cochon est excellent ou médiocre, suivant la manière dont cet animal est nourri. Celui des cochons tenus à l'engrais, à couvert, et nourris généralement de grains, de glands, de chataignes, est regardé par les cultivateurs anglais comme le meilleur; mais il n'en est pas de même s'ils sont nourris de petit-lait, de choux, de laitues, etc. Le fumier de porc fait fuir, dit-on, les rats et les taupes, ce qui le rend précieux pour fumer les carottes et en général les terres ravagées par ces animaux.

Si l'on a des terres qui réclament l'un ou l'autre de ces fumiers, on les emploie séparément; dans le cas contraire, on les mêle en les retirant des étables; ceux qui sont humides humectent ceux qui sont secs, et l'on obtient un produit moyen approprié à la plus grande partie de nos besoins.

La masse de fumier que produisent les animaux varie beaucoup selon les saisons, la nature et la quantité des aliments et des boissons consommés. On compte généralement que la nourriture sèche et la litière doublent de poids en se transformant en fumier. Les vaches laitières, les femelles pleines, les jeunes bêtes donnent moins de fumier que les animaux de travail, adultes et à l'engrais. Le fumier des bestiaux bien nourris qui reçoivent du bon foin, des grains, est meilleur que celui des animaux mal nourris qui ne font usage que des aliments aqueux; celui des animaux en santé vaut mieux que celui des bêtes malades.

Quel que soit le fumier dont on dispose, si le terrain est gras, fort, on le portera sur les terres au sortir des étables; les pailles et les gaz qui se développent pendant la putréfaction divisent le sol et en augmentent le puissance, mais si le terrain est léger, siliceux, le fumier frais, humide, compacte est le plus convenable.

Pour faire lever les petites graines, pour faire pousser les parties herbacées des plantes et par conséquent les fourrages, il faut employer des engrais dont la décomposition soit bien avancée, et surtout ceux qui sont liquides et qui agissent promptement; tandis que si les récoltes doivent occuper le sol longtemps, si l'on tient principalement aux graines, aux fruits mûrs, on fumera avec des substances dures qui agissent lentement et restent longtemps dans le sol avant d'être entièrement décomposées; le fumier pailleux, long, convient pour cela; il est très-bon aussi pour les plantes à tubercules, à grosses racines, pour les parmentières, les choux, le maïs, etc.

Il faut combiner le fumier avec les amendements et les labours, de manière que les récoltes ne versent pas; il convient surtout de le mettre sur les récoltes qui, comme celles des choux, du trèfle, des vesces, sont destinées à être fauchées en vert et ne craignent pas de verser.

En général, les récoltes souffrent plutôt du manque que de la surabondance d'engrais; la quantité la plus convenable de fumier varie suivant la nature des sols et celle des végétaux qu'ils doivent nourrir. Dans les terres légères on peut regarder sur un hectare 15 voitures à 4 ou 6 chevaux, pesant chacune de 1,200 à 1,600 kilog., comme une faible fumure; 25 à 30 comme une fumure moyenne, et 40 à 50 comme une forte fumure lorsqu'on fume tous les six ans.

Colombine. — On donne le nom de colombine à la fiente des pigeons et des volailles. C'est un engrais des plus actifs que dans le plus grand nombre des fermes on laisse à peu près perdre par négligence ou par le mauvais emploi qu'on en fait. Mise sur les terres en sortant du colombier ou du poulailler, la colombine détruit toute végétation par sa chaleur excessive; il faut donc ou attendre que le temps lui ait fait perdre, par l'évaporation, une partie de ses principes énergiques, ou les modifier par des combinaisons et des mélanges.

Dans le premier cas, on l'entasse dans un lieu abrité à mesure qu'elle est ramassée; puis, six mois à un an après, au moment des semences, on la réduit en poudre en la battant à coups de masse, et on la répand sur les terres après le dernier labour; la herse l'enterre avec le grain. Quand elle est seule, il suffit de vingt hectolitres environ par hectare. Pour tempérer l'activité de la colombine, on jette dans le colombier ou sous le perchoir des volailles des menues pailles et des débris qui, s'amalgamant avec la fiente, forment bientôt une seule et même substance. Ainsi l'on augmente la masse de cet engrais, mais la quantité de matière étrangère que l'on y mêle n'est pas toujours assez considérable pour que l'emploi en soit sans danger s'il a lieu immédiatement. Il faut encore laisser évaporer et dessécher.

Le mélange le meilleur parait être celui qui a lieu avec de la terre, en mettant dix parties de terre pour une de colombine, et en en formant des couches successives dans une fosse sous un hangar. Ainsi la colombine communique à la terre une partie de sa puissance fécondante, et le tout est répandu à la fois sur le sol peu de temps après que ce mélange a été fait.

Guano. — Il existe dans plusieurs îles de la mer du Sud des masses puissantes de fiente d'oiseaux aquatiques, accumulées depuis des siècles, avant le déluge peut-être, et qu'on utilise en Europe comme engrais, sous le nom de guano. Cette matière contient une grande proportion de sels ammoniacaux, de potasse, de soude; et si, comme on n'en saurait douter, la valeur des engrais dépend en très-grande partie de leur richesse en azote, et si la rapidité de leur action sur la végétation est en raison directe de la rapidité et de la facilité avec laquelle ils cèdent aux plantes leurs principes azotés, solubles, ou gazéifiables, il est aisé de comprendre la supériorité du guano sur la plupart des engrais et la promptitude avec laquelle il opère. Il est absolument dans les mêmes conditions que la colombine, ou fiente de pigeons, dont la nature chimique est identique, sauf une moins forte proportion de composés ammoniacaux; 200 kilogrammes de guano et 25 à 30 kilogrammes de charbon suffiraient pour fumer un hectare de terre à blé.

On a vanté outre mesure peut-être la puissance fertilisante du guano. Ces éloges exagérés ont excité la cupidité de quelques traficants qui l'ont falsifié, et aujourd'hui il paraît difficile de se procurer du guano non fraudé. Pour éviter d'être trompé, il faut acheter cet engrais de préférence sur les cargaisons venant directement des lieux d'extraction et de personnes notoirement respectables.

Le bon guano est la fiente accumulée d'oiseaux de mer dans les pays où il y a peu ou pas de pluie; il se présente sous forme de poudre grossière, brune, exhalant une odeur forte, et fétide due aux sels ammoniacaux. On peut en séparer mécaniquement, par le tamisage, deux parties bien distinctes : une poussière brune et humide, et de petits graviers blanchâtres, demi-durs, constituées par du phosphate de chaux ou poudre d'os provenant tant des poissons que des oiseaux. Les plumes qui s'y trouvent mêlées augmentent la richesse de ce engrais.

Pour s'assurer de la qualité du guano, on prend un peu de la poudre brune qu'on broie avec une égale quantité de chaux vive pulvérisée. Si le guano est pur, le mélange répandra une odeur ammoniacale très-vive, très-pénétrante, qui fera pleurer les yeux; sur plusieurs échantillons, on reconnaîtra leur qualité par la force comparative d'odeur d'ammoniac qui s'en dégagera. Pour éprouver le phosphate de chaux, mettez par exemple 100 grains dans une cuillère creuse en fer ou dans tout autre vase de terre qui rougira en vingt minutes sur un feu clair. Si le guano est pur, il sera réduit à 35 grains de cendre blanche; si les 100 grains, après combustion, pèsent plus que 35 grains, le guano n'est pas pur et contient une proportion indue de sable ou de matière similaire. Les cendres de guano pur se trouveront être du phosphate de chaux presque pur; et pour s'en assurer, une petite fiole d'acide acétique ou vinaigre blanc dissoudra le phosphate et le tiendra à l'état liquide, laissant non dissous environ quatre grains de silex et alumine.

Les cendres devront être laissées dans l'acide acétique pendant deux jours et la fiole secouée de temps en temps. Pour essayer le guano, il faut qu'il soit sec.

Le guano, employé seul comme engrais, doit être tamisé de sorte que les parties agglomérées soient réduites à l'état de poussière.

Il faut éviter que le guano soit en contact avec toute espèce de semences; ainsi, qu'il soit employé pour engrais avant l'ensemencement ou après, une couche quelconque de terre doit l'isoler de la semence; on le répand par un temps humide ou un peu avant la pluie.

Pour les champs ensemencés on mélange un quart de guano avec trois quarts de terre ou cendres de bois, de plantes ou tourbes, poussière de charbon, sciure de bois, etc. La chaux doit être exclue de ces préparations. Ces composts se font en plaçant une couche alternative de guano et la matière qu'on y mêle; on tourne et retourne le tout avec soin, on le crible et on met ensuite ce mélange à l'abri de l'air libre et de l'humidité jusqu'au moment où on en fait usage.

On utilise aussi le guano à l'état liquide en en faisant dissoudre pendant vingt-quatre heures dans la proportion de 1 kilogramme et demie de guano dans 30 litres d'eau de pluie, d'étang ou de rivière, et on en arrose les plans de légumes ou les prairies; on étend sur le sol la portion d'engrais non dissoute.

L'odeur forte du guano chasse, dit-on, du champ les insectes et les animaux nuisibles.

Le guano, jeté à la volée sur des terres ensemencées, aurait donné des résultats satisfaisants; mais, comme tout engrais placé à la superficie du sol, son effet n'aurait duré qu'une année; car, pour juger du temps pendant lequel un engrais conservera son action sur les récoltes ultérieures, il faut l'enfouir.

Nous répétons que la durée des engrais est une considération fort importante dont on doit toujours tenir compte dans les essais comparatifs qu'on en peut faire.

La quantité de guano à employer est d'environ 300 kilog. par hectare lorsqu'il est seul, et de 200 kilog. de guano mélangé à 600 ou à 800 kilog. de cendre, fumier, noir animal, etc.

En résumé, si on était sûr de se procurer du guano non fraudé, cet engrais pourrait, malgré son prix élevé, être d'une grande utilité en agriculture et en horticulture, et des expériences consciencieuses portent à penser que tout agriculteur cultivant un peu en grand les betteraves, par exemple, trouverait un avantage immense à répandre sur ses pépinières quelques cents kilogrammes de guano, afin d'en activer la croissance, parce que c'est un fait non contesté que plus le plant est avancé à l'époque du repiquage, plus la réussite en est assurée. Celui qui cultiverait beaucoup de plantes de la famille des crucifères, telles que choux, ratabagas, colzas, navets, etc., trouverait aussi son avantage à se procurer quelques quintaux de guano, parce que, outre que c'est un engrais très-puissant, il est vraisemblable que ce serait un préservatif, à cause de sa forme pulvérulente et de sa composition chimique, contre l'atise ou puce de terre qui ravage si souvent les récoltes de ce genre.

En horticulture, l'emploi du guano doit être fait sur les plantes lorsqu'elles ont assez de force pour supporter son contact; il doit aussi être employé modérément et le plus souvent étendu d'eau.

Du parc ou du parcage. — Les cultivateurs ont toujours considéré l'avantage que l'on retire des moutons, en les mettant au parc pendant une partie de la belle saison pour fumer les terres, comme un des produits les plus importants de ces animaux. En effet, cette méthode épargne la litière et les frais de transport du fumier, elle est surtout avantageuse pour les champs éloignés ou peu accessibles aux voitures. L'expérience constate que la terre est engraissée non seulement par la fiente des moutons, mais encore par leurs urines, et même par leur suint, lorsqu'ils se couchent, et qu'avec un même nombre de bêtes, on fume une plus grande quantité de terre que si elles étaient restées renfermées dans la bergerie.

Le parc est l'enceinte dans laquelle on renferme les troupeaux pendant le temps du parcage, soit pour les resserrer ainsi dans l'espace étroit où ils doivent déposer leur fiente, soit pour les mettre à l'abri de l'attaque des autres animaux.

L'enceinte du parc est formée tantôt par un filet à larges mailles, soutenu de distance en distance par des piquets enfoncés en terre, tantôt avec des claies qui sont fabriquées, soit avec des baguettes de coudrier ou de tout autre bois léger et pliant, enlacées comme un ouvrage de vannerie sur des montants de même bois, soit avec des barreaux de bois arrondis et fixés entre des barres plates bien assujéties. Ce dernier système est certainement le meilleur; parceque les claies en barreaux de bois ne donnent pas, comme celles en ozier, prise au vent qui les culbute souvent; les barreaux sont tellement espacés qu'ils ne présentent aucun abri contre les pluies et le soleil, et les animaux se dispersent également dans toute l'étendue du parc. Leur hauteur est de 1 mètre 50 centimètres à 1 mètre 70 centimètres, leur longueur d'environ 3 mètres, et vers le milieu de la hauteur les barres s'écartent de manière à présenter plus d'espace entre elles dans la partie supérieure, ce qui permet au berger d'y passer le bras facilement et de les porter ainsi sur son épaule. Elles sont tenues droites sur le sol au moyen de petits bâtons appelés crosses, qui retiennent la claie au moyen de deux chevilles transversales, et s'attachent en terre au moyen d'une grosse cheville ou clef en bois ou en fer.

L'étendue du parc doit être réglée sur la quantité de moutons que l'on veut y renfermer, et aussi sur la force de ces animaux et la manière dont ils sont nourris. En général, il doit offrir par chaque mouton une superficie de deux mètres carrés, c'est-à-dire un are pour cinquante moutons. Pour un troupeau de brebis on peut agrandir un peu l'enceinte du parc.

On commence dans le climat de Paris à envoyer les moutons au parc dans le mois de juin, parcequ'alors ils peuvent sans danger supporter la fraîcheur des nuits. Dès avant cette époque on peut établir un parc de jour, et ramener les moutons à la bergerie le soir; par ce moyen, on pourrait dans le cours de la saison parquer une plus grande quantité de terres, en outre la puissance fertilisante du parcage ne se développant qu'avec lenteur, on obtiendrait ainsi un résultat plus prompt.

On laisse séjourner le troupeau sur les terres plus ou moins longtemps, suivant qu'on veut donner une fumure forte ou légère. Le parc se lève donc au bout de quatre heures, ou au bout de cinq et même de six, une fois ou deux pendant la nuit. Dans les longs jours, le berger, sorti du parc le matin, lorsque la rosée est dissipée, mène son troupeau au pâturage, puis il le met au parc dans le milieu du jour; il retourne au pâturage l'après-midi et le soir, avant le serein; il le fait de nouveau rentrer dans le parc. Au mois d'octobre, quand les nuits sont longues et les jours courts, le berger ne revient pas au parc dans le milieu du jour; il y rentre de bonne heure, en sort tard le matin, et reste toute la journée au pâturage.

Avant de mettre le troupeau au parc, il faut donner deux labours à la terre, afin qu'elle soit plus facilement pénétrée par l'urine et les sucs humides qu'y dépose le troupeau; il faut même la herser, surtout si elle est restée en mottes dures et compactes, afin que les bêtes puissent s'y coucher sur un lit plus doux. Après le parcage, et le plus promptement possible, afin que la chaleur ne fasse pas évaporer une partie des sucs fécondants, ou qu'ils ne soient pas lavés par les pluies, on donne encore un labour pour enterrer l'engrais; puis enfin on donne le dernier labour de semence, qui ramène l'engrais plus près de la surface et le met ainsi plus directement en rapport avec les jeunes racines de la plante qu'il doit nourrir.

On peut parquer sur un champ de froment ensemencé et levé dans les terres légères, sujettes à être soulevées par les gelées; les bêtes à laine mangent les jeunes feuilles de la plante, et, en foulant le terrain, elles en consolident les racines. On parque aussi avec succès sur les prairies naturelles et artificielles, mais il faut qu'elles soient sèches, si l'on ne veut pas exposer les bêtes à laine à la pourriture.

Le parcage est d'autant plus avantageux que le troupeau est plus nombreux; en effet, sans plus de frais pour la garde du berger, on fume une plus grande quantité de terre. Il deviendrait par trop dispendieux si l'on n'avait qu'un petit nombre de bêtes; il est donc de l'intérêt des cultivateurs qui n'ont qu'un troupeau trop peu nombreux pour être conduit séparément au parc, de s'entendre avec d'autres pour confier leurs moutons à un berger commun; le troupeau ainsi formé de la réunion de plusieurs, est mis à parquer sur les terres de chacun pendant un temps proportionné au nombre de bêtes qu'il possède.

Si l'on met au parc des animaux d'espèces faibles et délicates ou des agneaux qui n'ont pas encore atteint toute leur force, il pourra leur devenir mortel; mais les bêtes à laine de races robustes et celles de la race espagnole peuvent très-bien supporter les rigueurs du parcage. Néanmoins, il faut éviter de faire parquer les bêtes à laine pendant les temps froids et humides, surtout s'ils sont continus; autrement on s'exposerait à voir la majeure partie du troupeau périr de la pourriture.

Vers à soie. — L'effet utile des excréments et des larves des vers à soie pourrait être augmenté par le mélange avec de la terre réduite en poudre charbonneuse, comme pour la fabrication du noir animalisé.

Compost. — On appelle ainsi le mélange de substances différentes qu'on laisse en tas subir quelque fermentation, et qu'ensuite on répand sur la terre comme engrais. Les composts sont en général un excellent moyen d'augmenter la masse des engrais, et tout bon cultivateur doit en composer avec les matériaux divers qui peuvent être à sa disposition : curage des fossés, des étangs, marne, fumier, etc.

Purin. — Le purin, eau de fumier, jus de fumier roussi, est l'engrais liquide qui se rassemble au fond des fosses à fumier. Cet engrais, l'un des plus précieux et l'un de ceux dont l'action sur la végétation est la plus active et la plus salutaire, reste presque toujours perdu et abandonné par la négligence ou l'ignorance des cultivateurs. On laisse les eaux des fumiers ou s'évaporer à l'action de l'air, ou s'écouler sur la voie publique, et l'on ne calcule pas qu'on serait dix fois payé de ce qu'ils coûteraient de soins et de frais pour les empêcher de se perdre et pour les transporter dans les champs.

On emploie le purin dans l'état où il se trouve ou mélangé avec une égale quantité d'eau. On le répand par un temps humide ou légèrement pluvieux et dans les mêmes circonstances que l'engrais flamand.

IRRIGATION ET ARROSEMENT.

—

L'irrigation est l'arrosement en grand, avec une eau de bonne qualité, fait sur un terrain convenablement disposé.

L'eau, selon les circonstances, roule avec ses flots la richesse ou la misère, soit que dirigée par le génie de l'homme, elle devienne le plus actif et le plus économique des engrais, soit qu'abandonnée à elle-même par une inconcevable incurie, elle apparaisse au cultivateur comme un fléau toujours prêt à envahir le champ qu'il cultive, à lui disputer sa récolte, à le réduire lui et sa famille au plus cruel dénûment.

Par l'irrigation on rendrait fertiles les sols du midi qui, par leurs propriétés physiques et leur nature sont propres à la végétation, mais qui manquent d'humidité; nous chargerions de limon les vastes parages graveleux, les sables arides, les coteaux crayeux, plus ou moins étendus que nous rencontrons dans presque tous nos départements méridionaux; nous pourrions même augmenter la puissance de nos meilleures terres, et les rendre compactes, tenaces, fermes, capables de produire le chanvre, le lin, et toutes les récoltes que nous considérons comme les plus riches; car l'eau, même la plus limpide, transporte des molécules calcaires, argileuses, très-tenues, qui, à la longue, modifient la composition et les propriétés du sol.

Il est aussi important de considérer que les irrigations diminueraient les ravages des inondations. Nos coteaux bien arrosés et garnis de verdure, seraient recouverts d'une couche spongieuse qui retiendrait, pendant un certain temps, une partie de l'eau des pluies; ensuite, les canaux d'irrigation alimentés par les fleuves et par les rivières en aval des localités qui auraient reçu les orages, retiendraient ou du moins retarderaient une partie d'autant plus considérable des eaux tombées, que chacun voudrait profiter, pour les arrosages, du moment où elles seraient limoneuses.

Indépendamment des effets que nous venons d'indiquer, l'eau convenablement distribuée, dissémine uniformément les engrais répandus sur la terre, dissout les matières nutritives, et les charrie dans les organes des plantes; elle remplace l'humidité que les feuilles perdent par la transpiration, et contribue elle-même à la formation des tissus végétaux, car les herbes en contiennent de 70 à 80 pour 100 de leur poids. Ce liquide chasse et détruit les taupes, les insectes, les vers etc., il nuit aux bruyères, à l'ajonc nain, à l'ajonc épineux aux plantes de la famille des labiées, etc.

Les irrigations sont favorables à toutes les cultures à la production des céréales, à celles des fourrages.

La pratique générale des irrigations produirait en France d'immenses résultats, mais outre qu'elle nécessiterait de grands travaux, il faudrait pour le faire convenablement une loi qui réglât plusieurs points relatifs à la jouissance et à l'emploi des cours d'eau.

La chaleur et l'eau sont avec l'air le même principe de végétation, et l'agriculteur qui sait diriger l'action réciproque des agents peut singulièrement augmenter la valeur de ces propriétés et de leurs produits. L'eau est surtout favorable au développement des tiges et des feuilles, de là, les effets si remarquable des irrigations sur les prairies : par elles on maintient ces dernières, pendant les ardeurs de la canicule, toujours fraiches et verdoyantes, et les dommages résultant des gelées blanches du printemps sont considérablement atténuées. L'eau des sources par sa température plus élevée réchauffe le sol et fait qu'il se couvre plutôt de verdure et présente des prairies nourrissantes, alors que les terrains non arrosés n'offrent pas encore un brin d'herbe.

La qualité des eaux varie comme la nature des matières qu'elles charrient. C'est assez dire que leur choix exige de la sagacité : on rejettera, par exemple, celles provenant des bois parce qu'elles sont susceptibles d'entraîner des graines forestières qui détériorent les prairies et refroidissent le sol par leur crudité. On bonifie les eaux par leur exposition au soleil, ou en les faisant arriver dans un réservoir, soit encore en y jetant des terres, des fumiers, des tiges de genêt, de fougère, de bouleau de sapin. Les meilleures eaux sont celles qui cuisent le mieux les légumes et dissolvent facilement le savon. Dans les environs des villes on peut obtenir d'immenses résultats des arrosements faits avec les engrais liquides retirés des égoûts.

La dispersion des eaux se règle d'après les pentes, la forme, la nature du terrain et l'espèce de ces produits et le grand art consiste à se rendre maître absolu de leur cours par des travaux convenables qui permettent d'arroser à volonté et uniformément, soit avec des eaux claires, soit avec des eaux troubles, tous les points d'une prairie en saison et en temps opportun, tandis que par d'autres dispositions on en fait écouler la surabondance et qu'on se préserve des dégâts lorsquelles viennent à déborder.

Les effets des irrigations sont d'autant plus sensibles que le climat est plus chaud. Par conséquent, c'est en été que cette pratique est le plus généralement favorable; l'eau se répand à la chute du jour ou à la première heure du matin. L'herbe d'une prairie, une fois soumise à l'irrigation doit constamment conserver sa fraîcheur au moyen de l'eau, car si on la laissait flétrir, les plantes accoutumées à l'humidité en souffriraient plus que d'autres.

Pendant la végétation, il faut bien se garder d'arroser les prairies avec des eaux troubles, parceque les produits se rouilleraient, ce qui n'arrive que trop souvent dans les inondations naturelles.

L'hiver, il faut mettre à sec les prairies où l'inondation s'élève beaucoup, et recouvrir d'eau celles où elles n'atteignent qu'une faible hauteur.

L'abondance et la fréquence des arrosements sont subordonnées à la nature du sol, du sous-sol surtout et à celle des produits.

L'irrigation convient principalement aux terrains très-perméables et brûlants, (sablonneux, graveleux, rocailleux, crayeux), les grèves pures s'améliorent aussi par le limon que les eaux finissent par déposer entre les pierres.

Les sols argileux, tosseux, francs, compacts, demandent un arrosement moins répété et moins prolongé que les autres.

Le terrain doit avoir, autant que possible, une pente douce et une surface plane, de sorte qu'il ne se trouve ni de bas fonds, ni de trop grandes inégalités. Les prairies dans une position élevée tirent plus de profit de l'irrigation que celles qui sont dans une situation basse. — L'arrosement est plus avantageux pour les prés exposés au sud et à l'est que pour ceux situés au nord et à l'ouest.

Une condition indispensable en irrigation est la jouissance non contestée d'un cours d'eau situé plus haut que la prairie, à l'endroit où on le fait dériver sur cette dernière, et où l'on puisse exécuter les travaux de nivellement, les canaux secondaires, des rigoles d'arrosement et d'écoulement et établir au-dessus de la prise d'eau les barrages nécessaires pour forcer l'eau à parcourir le canal de conduit qui doit la verser en totalité ou en partie sur la prairie, sans nuire aux propriétés voisines.

Lorsque l'élévation de l'eau, au moyen de barrages ou de digues, est impraticable en raison des difficultés du terrain et des sacrifices pécuniaires qu'elle exigerait, il faut recourir aux machines hydrauliques.

Quand on n'a à sa disposition qu'un filet d'eau insuffisant, on construit un réservoir où se rassemble l'eau de source et les eaux pluviales des terrains supérieurs; quand il est plein, on le lache pour arroser une partie du pré; les dimensions de ces réservoirs doivent être en rapport avec la force du cours d'eau, l'étendue et la pente de la prairie.

A l'exception des eaux provenant des forêts ou des marais tourbeux, toutes peuvent être employées à l'irrigation; néanmoins on doit placer en première ligne celles qui entraînent de la terre végétale et des fumiers, puis l'eau douce qui se mêle à l'eau de mer à l'embouchure des fleuves et qui produit un fourrage si délicat et si recherché des animaux ; ensuite viennent les eaux limoneuses, calcaires, ferrugineuses ; enfin les eaux de pluie et celles qui ne contiennent que peu ou point de substances en dissolution.

L'irrigation se fait par inondation ou submersion, lorsqu'on veut ajouter au sol de nouveaux éléments de fertilisation. A cet effet, on emploiera des eaux vaseuses charriant des bonnes terres entraînées des parties supérieures. La première inondation durera huit, douze ou quatorze jours, suivant la perméabilité du sol et la température; la seconde, après que le terrain aura été ressuyé, sera de deux à trois jours, puis une troisième d'un jour à deux et enfin une dernière d'un jour.

Après la première coupe, si le temps est sec, on peut donner une inondation qui ne doit pas se prolonger au-delà de deux jours.

L'irrigation par inondation se pratique le plus ordinairement à la fin de l'automne et en hiver, et on laisse séjourner l'eau le temps nécessaire pour l'imprégnation du sol et la déposition de son limon. Dans les pays méridionaux on fertilise les terres en culture au moyen de l'inondation. — Quand le printemps est sec et chaud, on donne une forte inondation d'eau limpide. L'irrigation par infiltration ou imbibition est d'un excellent usage pendant les sécheresses de l'été dans les terrains légers, brûlants et dans les marais nouvellement desséchés; elle exige de grands volumes d'eau qu'il faut maintenir dans les canaux qui entourent la prairie à 17 centimètres au-dessous du niveau du sol qu'on désire arroser.

L'irrigation par refoulement s'obtient en faisant refluer l'eau dans les tranchées, sans qu'elle se répande à la surface du sol, elle a lieu pour les terrains spongieux et marécageux après leur desséchement.

L'établissement d'un système d'irrigation ne doit être formé qu'après un sérieux examen des travaux d'art et des dépenses qu'il pourrait nécessiter, comparés aux résultats probables de l'opération.

LIVRE TROISIÈME.

TRAVAUX ET INSTRUMENTS DE CULTURE.

CHAPITRE Ier.

DES FAÇONS GÉNÉRALES A DONNER AU SOL.

DES LABOURS.

Le sol le mieux amendé, le plus richement fumé, répondrait fort mal aux espérances du cultivateur, s'il n'était convenablement façonné pour recevoir les semences qui lui sont confiées.

De tous les travaux de culture, les plus importants et les plus fréquents sont les labours; aussi les agronomes anciens et modernes ont-ils établi cette maxime : le premier principe de la bonne culture, c'est de bien labourer; le deuxième, c'est de labourer encore; le troisième, de fumer.

Les labours ont pour but de détruire les mauvaises herbes, de donner au sol une surface convenable, de faciliter l'extension des racines et le développement de leurs minces chevelus, de mélanger les engrais superficiels dans toute la masse de la couche végétale, d'aider à l'égale répartition de la chaleur, de l'air et de l'humidité; de mettre les matières salubres ou fermentiscibles dans les circonstances les plus favorables à leur dissolution dans l'eau ou à leur décomposition; de retourner, de diviser la terre, de la rendre plus légère; d'exposer un plus grand nombre de points de la surface au contact de l'atmosphère; d'augmenter mécaniquement la capacité du sol pour les fluides fécondants sans lesquels il n'est point de végétation; de recouvrir certaines semences; enfin d'ajouter à la masse et aux effets des engrais sans que pour cela ils puissent les remplacer entièrement.

Les terres les plus fertiles sont celles qui sont le mieux labourées, et les principales conditions d'un bon labour, c'est que la terre soit suffisamment ameublie, et que les parties soulevées par le soc au fond de la raie soient non seulement déplacées, mais ramenées à la surface, tandis que celles de la surface sont au contraire entraînées au fond du sillon, et que la profondeur de celui-ci soit proportionnée à la végétation particulière des plantes qui doivent s'y développer.

Lorsque les labours ne ramènent à la surface que la terre qui a été précédemment remuée, on les dit *ordinaires*; quand ils atteignent le sous-sol, ils prennent le nom de *foncements*.

DES LABOURS ORDINAIRES.

Les labours ordinaires se font à la main ou à la charrue; ils ont pour objet la préparation de la terre avant les semailles, ou son entretien après chaque récolte. Les labours à bras d'hommes ne peuvent être pratiqués que par exception dans la grande culture, en raison des dépenses de temps et d'argent qu'ils occasionneraient; ils font partie des travaux du jardinage, et le travail du laboureur est d'autant plus parfait qu'il en approche davantage.

La profondeur des labours proprement dits est déterminée par l'épaisseur de la couche arable; quand on ne peut pas augmenter cette dernière aux dépens du terrain inférieur, on l'élève sur certains points en la diminuant encore sur d'autres par un travail en ados ou billons. On doit toujours commencer par le labour le plus profond, quand cela est possible, afin que la terre ait le temps de se mûrir. Après que la terre a été retournée et ameublie à une profondeur convenable, les labours suivants peuvent, et dans la plupart des cas doivent même devenir moins profonds, soit lorsqu'on vient de répandre les amendements et engrais divers qu'ils pourraient entraîner au-dessous de la portée des racines, soit pour éviter les effets d'une trop prompte évaporation produite par les vents secs ou les vifs rayons du soleil. Ces labours doivent varier en raison de la longueur des racines cultivées; certaines plantes (pomme de terre, betterave, etc.) paraissent réussir mieux après que la charrue a ramené à la surface une certaine quantité de terre neuve. Il est utile sinon de faire alterner régulièrement les labours profonds et les labours superficiels, au moins de recourir de temps en temps aux premiers.

8.

Le nombre des labours varie suivant leur destination, la nature et la disposition des terres qui les reçoivent, et les circonstances atmosphériques qui les précèdent, les accompagnent ou les suivent. Les labours de jachère doivent être assez multipliés non seulement pour ouvrir le sol aux influences bienfaisantes de l'atmosphère, mais aussi pour détruire complètement les racines et les germes des mauvaises herbes. Quelquefois cinq à six labours sont nécessaires; dans certains cas une jachère d'été est le meilleur moyen de nettoyer un terrain, et alors les labours ne peuvent être trop multipliés. Les terrains légers, sablonneux et chauds exigent moins de labours que les sols argileux; la trop grande sécheresse ou la trop grande humidité du sol influent sur la facilité et le nombre des labours à donner; d'ailleurs le nombre n'équivaut pas toujours à leur opportunité.

ÉPOQUE DES LABOURS.

Les terrains facilement perméables à l'eau peuvent, à vrai dire, être labourés à peu près en tout temps, mais il n'en est pas de même des autres; lorsque la pluie est tombée en trop grande abondance, ils adhèrent au soc et au versoir de la charrue, ou bien ils se compriment en bandes boueuses que la sécheresse transforme en mottes que la herse ne peut briser; il est donc nécessaire de saisir le moment où la pluie les a humectés favorablement.

Il est avantageux de labourer les fortes terres peu de temps après la récolte; les labours d'automne contribuent plus que tous autres à leur ameublissement. Pour les semailles qui ont lieu au printemps, les labours de l'arrière saison peuvent avoir l'inconvénient, à moins que la terre soit parfaitement nette, de provoquer la végétation des plantes nuisibles, sans se ménager les moyens de les détruire autrement que par des labours coup sur coup. Les labours d'été ne sont en usage que dans deux cas : pour la préparation des terres qui viennent de porter des récoltes et qu'on veut ensemencer de suite, ou pour détruire les mauvaises herbes pendant une jachère complète.

Le laboureur doit porter son attention sur trois points principaux : 1° l'épaisseur de la bande à soulever, 2° sa largeur, 3° la position dans laquelle doit la placer le versoir. La largeur de la raie ne doit jamais excéder celle du soc; elle se règle sur la profondeur du labour; avec de larges bandes on fait plus de besogne, mais on ameublit moins le sol et le labour est imparfait, surtout lorsque le soc est étroit. Dans les sols tenaces, la raie doit être étroite et profonde pour faciliter l'action de la herse. La largeur moyenne du sillon est en général de 24 centimètres sur 18 à 20 de profondeur. La position de la bande de terre retournée par le versoir dépend à la fois de l'épaisseur proportionnelle de cette même bande et de la disposition particulière des charrues; le labour qui incline les tranches de terre les unes sur les autres est préférable à celui qui les retourne à plat, parce qu'il les expose mieux à l'influence de l'air, des pluies et des gelées.

Habituellement on dirige les labours dans le sens de la pente générale du terrain, pour donner aux eaux un écoulement plus facile; cependant sur les champs d'une inclinaison considérable, on trace les sillons perpendiculaires ou obliques (en commençant par la partie supérieure et à droite), pour diminuer le tirage de l'attelage et afin que la terre et les engrais soient moins facilement entraînés par la pluie, qui pénétrerait alors mieux la couche arable.

Selon les circonstances on laboure à plat, en planches ou en billons. Dans le labour à plat, la terre est jetée toujours du même côté de l'horizon et remplit ainsi successivement chaque raie, en en traçant une autre à côté. La pièce se trouve enfin former une surface unie, sans autre subdivision que celles qui résultent de la disposition plus ou moins régulière des rigoles d'écoulement des eaux. Les billons sont usités dans l'est de la France, surtout pour les terres fortes; on fait ces billons plats et larges de 9 à 12 mètres dans les terrains secs, bombés en ados et étroits de 3 à 5 mètres dans les terrains humides. Ces ados doivent être en forme de voûte, avec une raie évidée de chaque côté, et jamais ils ne doivent être tellement élevés au milieu qu'on ne puisse tirer des rigoles au travers avec la charrue et que, en refendant, les nouveaux billons ne soient également bombés au milieu. On ne doit donc pas donner aux billons bombés plus de 5 mètres de longueur et 33 centimètres environ de hauteur au milieu, mesurés du fond de la rigole; pour cela il faut toujours refendre autant de fois qu'on endosse ou divise les billons dans le sens de la pente quand elle est douce; on les dirige horizontalement, ou mieux obliquement de droite à gauche, quand la pente est forte de manière à ce qu'on jette en bas en montant et en haut en descendant; enfin on donne aussi les labours en travers.

DES DÉFONCEMENTS.

Par le défoncement on augmente la couche de terre végétale, ce qui permet aux racines de prendre plus de développement et plus de nourriture, et ils ajoutent nécessairement aux excellents effets des labours superficiels en les étendant à une plus grande masse du sol. Ils peuvent, en mélangeant deux couches de nature différente, procurer accidentellement un amendement propre à changer parfois complètement la qualité du sol, transformer un sable aride en une terre substantielle et féconde, dessécher comme par enchantement une localité fangeuse en ouvrant aux eaux, qui la couvraient, une issue vers un sous-sol plus perméable, ou simplement, en leur permettant de s'infiltrer au delà de la portée des racines; ils concourent encore, dans la saison de la sécheresse, à retarder les effets d'une évaporation complète, offrent le moyen le plus infaillible de détruire les plantes nuisibles.

Mais d'une autre part, déjà dispendieux par eux-mêmes, ils le deviennent encore indirectement, en exigeant, surtout pendant les premières années, une plus grande quantité d'engrais, et, assez fréquemment en diminuant momentanément, au lieu de l'augmenter, la fécondité du sol pour exécuter un défoncement sans nuire au terrain dans les premières années; ou peut faire passer derrière la charrue et dans la même raie, une charrue dépourvue d'oreille et qui se borne à ameublir le fond sans le ramener au-dessus, ce que l'on fait alors l'année suivante.

DE LA CHARRUE.

La charrue est la plus importante des machines agricoles, il en existe d'un grand nombre de modèles, mais la plus parfaite sera celle qui, avec la solidité réunira la modicité du prix à la facilité du travail et approchera le plus l'action de la bêche entre les mains d'un bon ouvrier. Les charrues les plus simples se composent des parties suivantes.

Le soc, destiné à détacher la bande de terre et à la soulever en avant du versoir, est en fer ou en acier, ou même en fonte; il se compose de deux parties fort distinctes, *l'aile* ou les *ailes* dont la destination est de trancher la terre et la *souche* qui n'a d'autre but que d'unir cette partie essentielle à la charrue. La bande qui forme et qui avoisine sa pointe et le tranchant, s'use à peu près seule durant le travail; le soc est d'autant meilleur sous le rapport de la dépense de renouvellement, que la souche est en poids dans une moindre proportion avec la matière à user. La plupart des socs, construits en fer, sont chaussés d'une lame d'acier soudée sous le tranchant; on les rebat à chaud, sur une enclume, à mesure qu'ils s'usent et plus tard on les rechausse d'une nouvelle lame. Les socs les plus durables sont de fonte d'acier dans laquelle il entre un quinzième d'étain; le soc ordinaire forme un triangle plus ou moins allongé et dont les deux côtés sont égaux et tranchants; le soc doit dépasser de beaucoup le versoir auquel il est fixé; on lui donne une légère inclinaison vers la terre, afin qu'il pique mieux, et une largeur de 22 à 38 centimètres.

Le coutre, espèce de couteau en fer destiné à trancher la terre à peu près verticalement, se place en avant du soc pour régulariser et faciliter son action; la forme des coutres varie : tantôt ils sont droits, tantôt recourbés en arrière, le plus souvent ils se recourbent légèrement en avant. Les coutres doivent avoir une force proportionnée à la résistance que présente chaque espace de terrain, mais il est bon d'acérer leur tranchant.

Le sep est cette portion de la charrue qui reçoit le soc à sa partie antérieure, et, assez communément l'origine du manche à sa partie postérieure; il glisse au fond du sillon de manière à s'appuyer sur la terre non labourée, du côté opposé au versoir, tantôt il ne fait qu'un avec la gorge qui le prolonge et l'unit à l'âge, tantôt il est fixé à cette dernière pièce par un plateau ou par deux étançons, ou montants. Dans tous les cas la résistance occasionnée par la cohésion de la terre se faisant particulièrement sentir à la surface inférieure et latéral du sep, il faut avoir soin de lui donner un poli aussi complet que possible, de le travailler en bois dur, tel que le hêtre, le chêne, etc., de le garnir en bandes de fer en dessous, ou même de le construire en entier en fer forgé ou en fonte nerveuse. Dans certains seps, le talon en fonte forme une pièce détachée, que l'on fixe avec des boulons à vis. Le sep n'a besoin d'être ni long, ni large, ce qui augmente le frottement et par conséquent le tirage.

Le versoir ou oreille en bois ou en fonte, soulève la bande de terre détachée du fond du sillon, la déplace et la retourne de côté dans la raie précédemment ouverte. Les versoirs affectent deux formes principales qui se modifient à l'infini dans leurs proportions et leurs détails, ils sont planes ou diversement contournés, fixes ou mobiles. Le versoir doit être combiné de manière à retourner la bande de terre obliquement plutôt qu'à plat.

Le grand avantage des versoirs légèrement concaves sur les versoirs plats, c'est qu'au moyen de leur courbure, la terre en s'élevant sur le soc et le versoir est tournée sur son axe, de sorte qu'à mesure que le mouvement s'opère, la bande entraînée par son propre poids se détache d'elle même après un court frottement. Les versoirs en fonte se polissent à l'usage, de manière à présenter une surface parfaitement lisse qui retient beaucoup moins la terre que le bois, ils sont d'ailleurs plus durables, le versoir ne doit pas être trop écarté; un écartement de 22 à 25 centimètres, mesuré à son extrémité inférieure suffit; car, lorsque la charrue ouvre une raie plus large que la bande, cela augmente le tirage et diminue le bon effet du labour. Les versoirs se fixent à la charrue de plusieurs manières : antérieurement, tantôt par des boulons adhérents au montant du devant, qui unit le corps du sep à la haye, tantôt par une agraffe qui embrasse en entier ce même montant, tantôt enfin par un boulon horizontal qui traverse le sep et autour duquel le versoir peut être élevé verticalement ou abaissé pour le serrer; postérieurement, soit contre le corps du sep et le montant de derrière, soit par une disposition particulière qui permet de lui donner plus ou moins d'écartement à l'aide d'une vis et de deux écrous fixés de chaque côté d'une tige en forme d'anse boulonnée, d'une part sur le sep, de l'autre, sur la haye et le mancheron.

Le versoir doit être diversement disposé selon la profondeur des labours et selon le volume des substances que l'on veut enfouir; il faut qu'il soit toujours bien adapté sur le soc, mais sans former avec le dessus de ce dernier un angle trop prononcé; que la partie antérieure de sa face frottante ne soit pas bombée; qu'il soit fixé et contourné de manière que la gorge de la charrue présente une ligne presque tranchante, et que le corps en augmente insensiblement d'épaisseur, de telle sorte que l'oreille frotte uniformément sur toute sa longueur, et offre une surface propre à renverser la bande de terre sans la pousser en avant.

L'age ou la haye, en bois fort, quelquefois garni de fer en dessus, est destiné à recevoir et à transmettre le mouvement de progression à la machine entière; il est évident que l'union de ces parties doit se faire de manière que, quand les traits sont convenablement fixés, la charrue marche parallèlement à la surface du sol et pour cela il faut que l'age ne soit ni trop relevé, ni trop abaissé sur le devant; car, dans le premier cas, le soc serait entraîné trop profondément en terre et dans la deuxième il tendrait à en sortir.

Le régulateur sert à régler l'entrave de la charrue, il sert à perfectionner et à modifier la largeur de la raie ouverte par le soc. Parfois c'est une simple broche qui maintient l'anneau ou s'attache la chaîne, et qui peut la fixer plus ou moins haut sur l'age, au moyen de trous pratiqués de proche en proche pour la recevoir; d'autres fois ce sont des rondelles qui s'interposent, en plus ou moins grand nombre, entre ladite broche et le point de tirage, en certains cas ce régulateur est convenablement fixé sur ce timon, ou bien encore ce sont deux montants percés de trous nombreux le long desquels on fait glisser la sellette, qui se peut ensuite arrêter et consolider à la hauteur voulue, par deux simples broches et des boulons à écrous; on peut faire varier l'entrave d'une manière encore plus prompte, à l'aide d'une vis mobile dans un pas fixe, et qui abaisse ou élève l'avant-train tout entier avec l'age dont il détermine la plus ou moins grande obliquité.

Le manche ou *les mancherons* servent à tenir la charrue. Fort communément le manche, simple ou composé de deux mancherons, est placé à l'extrémité postérieure de la charrue; il arrive cependant qu'on le fixe plus en avant au-dessous du point même où la résistance se fait davantage sentir dans le sol.

L'avant-train sert à donner de la fixité à la charrue et à régler sa marche, de même qu'à y atteler des animaux. Il y a deux roues, quelquefois une seule; on a aussi des charrues qui n'en ont point, on les nomme *araires*, et ce sont les moins fatigantes pour les hommes et les animaux, quand elles sont bien confectionnées; mais elles demandent plus d'attention de la part du laboureur. Les mouvements sont différents : pour faire sortir l'araire de terre, on presse sur les mancherons; on les lève, au contraire, pour les faire piquer.

Chaque pièce de la charrue peut présenter des différences presque sans nombre : les indiquer ici serait trop long et peu utile. C'est bien rarement sur une description ou sur une figure qu'on peut faire confectionner un instrument. Si l'on veut se servir d'une charrue qu'on n'a pas conçue soi-même, il en faut acheter au moins un modèle d'un fabricant expérimenté, et s'estimer heureux si l'on trouve dans sa localité des hommes assez adroits pour faire marcher le nouvel outil tout d'abord et pour savoir le réparer au besoin.

Une bonne charrue doit faire un bon labour, c'est-à-dire couper nettement la terre et la bien verser sans la presser; elle doit être peu tirante, et pour cela n'être pas trop lourde ni trop massive; avoir un soc assez large et qui montre beaucoup de couteau, un bon versoir, et avoir le point d'attache de la chaîne par-dessus la haie, devant le coutre, de manière à ce que la haie ne presse pas sur l'avant-train et celui-ci sur la terre; car c'est la pression de l'avant-train sur le sol qui est la principale cause du plus de tirage qu'exigent les charrues à avant-train comparativement aux araires; de là aussi l'avantage des petits avant-train sous ce rapport, surtout lorsqu'on a de petits chevaux. Une charrue bien faite, bien assemblée et bien réglée doit pouvoir, dans un terrain exempt de pierres, marcher un grand bout de chemin sans qu'on la tienne et sans pour cela qu'elle dévie à droite ou à gauche, qu'elle sorte de terre ou s'enfonce; elle ne doit pas non plus lever la partie postérieure du sep. Enfin, on exige d'une bonne charrue qu'elle puisse à volonté prendre une raie superficielle ou profonde, étroite ou large.

La ligne de tirage devrait être tout-à-fait droite et s'appliquer directement, selon l'axe de la bande de terre qui doit être soulevée, à la résistance qu'ont à vaincre le soc, le coutre et le versoir; mais malheureusement il ne saurait en être ainsi, et nous sommes réduits à approcher le plus possible de cette condition en disposant l'âge et les traits ou le timon de manière que la ligne de tirage soit, autant que cela est praticable, parallèle au sol. On doit prendre garde néanmoins de ne pas allonger les traits au-delà de ce qui est indispensable pour le tirage; car, lorsqu'il y a une grande distance entre le collier ou le joug et le corps de la charrue, celle-ci éprouve des variations, et le labour devient irrégulier. Ce qui précède nous explique pourquoi les animaux de petite taille sont plus faciles à bien atteler, et produisent beaucoup d'effet pour une force donnée.

DES LABOURS A L'AIDE DE MACHINES ARATOIRES
AUTRES QUE LES CHARRUES.

LABOUR A L'EXTIRPATEUR.

Ces labours diffèrent essentiellement des labours à la charrue, parce qu'au moyen des socs de l'instrument ils soulèvent, mêlent et divisent la terre sans la retourner, parce qu'en général, ils ne la pénètrent qu'à de faibles profondeurs, et parce qu'ils ne sont pas propres, comme les autres, à donner à la surface par le sillonnage telle ou telle disposition particulière.

Leurs principaux avantages sont de pulvériser énergiquement le sol et de le mélanger complètement à 7 ou 12 centimètres de profondeur, de diminuer le nombre des mauvaises herbes annuelles en ramenant une partie de leurs graines près de la surface pour les faire germer, et en les déracinant bientôt après par les façons suivantes; de faire le même effet pour les plantes adventices vivaces, en les arrachant ou en mutilant fréquemment leurs racines; d'offrir un des moyens les plus simples de redresser ou relever progressivement le sol, lorsque les inégalités qui le couvrent ne sont pas considérables; d'enfouir convenablement les semences et les engrais, et enfin de présenter sur le travail à la charrue une économie très-grande.

L'extirpateur consiste en un cadre en bois ayant 5, 6 ou 7 petits socs en fer tenus par des tiges du même métal ; on y ajoute quelquefois des coutres dirigés obliquement du point de jonction à la tige de support jusqu'à l'extrémité antérieure de chaque soc.

Ainsi que les charrues et les araires, les extirpateurs marchent avec ou sans avant-train; tantôt ils portent sur trois roues fixées à chacun de leurs angles, tantôt sur une seule roue adaptée sous l'age.

DU BINOT OU BINOIR.

C'est une charrue légère, sans coutre, dont les versoirs convexes forment un entonnoir ou corne tronquée dont la petite extrémité se termine au soc, et qui, en Flandre, en Picardie, en Artois, joue le rôle d'extirpateur.

DE LA RITE.

La rite est une charrue sans versoir, au soc de laquelle on a adapté une barre de fer formant un arc qui a pour corde le sep de la charrue. C'est un bon instrument qui sert dans les mêmes cas que l'extirpateur, mais fait moins d'ouvrage.

DU SCARIFICATEUR.

Le scarificateur, au lieu de socs, porte des coutres qui agissent à la manière des dents de la herse; parfois on le fait précéder de la charrue, dans les défrichements, pour faciliter son action. Au printemps, on l'emploie, comme l'extirpateur, sur les terres qui ont perdu leur guéret et qui commencent à se couvrir de mauvaises herbes. La même chose a lieu avant les semailles d'automne sur des terrains profondément ameublis par d'anciens labours, tels, par exemple, ceux qui ont donné l'année précédente une récolte de racines, et qui n'ont pas été travaillés depuis.

DES RATISSOIRES.

On emploie quelquefois des ratissoires à cheval pour déchaumer les champs de blé et pour donner des labours de jachère; pour donner, après la récolte des fèves, une culture destinée à empêcher les mauvaises herbes d'envahir le sol jusqu'au moment où il peut être labouré et ensemencé en froment; ou pour aplanir et régulariser les terrains qui ont porté des récoltes butées.

La lame des ratissoires est ajustée plus ou moins obliquement sur une monture; deux manches servent conjointement avec un age à maintenir la direction et à régler la profondeur du labour. L'age pose sur une roue emmanchée comme la poulie d'un puits, et qui porte une tige mobile dans l'age au moyen de laquelle on peut modifier l'entrave de la lame; celle-ci est maintenue fixement par deux montants en mortaise, dans une traverse qui sert de point d'appui aux mancherons; à l'extrémité antérieure de l'age ou de la flèche se trouve un anneau destiné à recevoir les traits d'un cheval ou d'un âne.

DU HERSAGE.

—

Le hersage est le complément obligé des labours; on herse pour briser les mottes et défaire les bandes de terre, pour ameublir et égaliser la surface du sol, pour arracher les mauvaises herbes et recouvrir la semence; on herse immédiatement après le labour ou après un intervalle plus ou moins long. Pour ameublir le sol, on herse lorsqu'il est déjà ressuyé, mais avant qu'il ne soit desséché; on attend au contraire ce moment lorsqu'on veut détruire les mauvaises herbes vivaces, comme le chiendent. Pour que la herse agisse énergiquement, elle doit aller vite; aussi les chevaux conviennent-ils mieux que les bœufs pour ce travail. Lorsqu'on donne plusieurs hersages de suite, le second doit être exécuté en travers.

Les dimensions et la forme des herses varient nécessairement selon leur destination; on les construit en triangle, en carré ou en losange; les dents sont en bois ou en fer; elles doivent être placées de manière à tracer chacune un sillon à part, être assez longues, bien espacées et inclinées en avant vers le point du tirage, pour mieux entrer en terre. On peut donner aux dents de herse la forme de coutre; cette disposition permet de faire des hersages profonds ou superficiels, selon qu'on attache les traits de manière que les dents aient la pointe la première, ou dans le sens contraire. Pour les terres fortes et argileuses, les herses doivent être très-lourdes et avoir des dents en fer.

ÉMOTTAGE AU ROULEAU.

Le rouleau vient à l'aide de la herse pour briser les mottes qui ont résisté à l'action de cette dernière, ou du moins pour les enfoncer dans le sol et les soumettre ainsi à l'effet d'un second hersage. Dans les terrains argileux d'une difficile culture, ils servent à diviser la terre; dans les terrains légers, ils ont pour effet d'affermir le sol, de le plomber et d'unir la surface, afin de s'opposer à une évaporation trop rapide de l'humidité, et de faire en sorte que les semences puissent être réparties plus également. Après la semaille, le rouleau presse la terre contre les semences et facilite ainsi leur germination; on roule aussi au printemps les récoltes qui ont été déchaussées, soulevées par les gelées d'hiver. On ne roule en général qu'après que le sol est ressuyé.

Les rouleaux destinés à effectuer les plombages ont une surface unie; on les construit en bois, en pierre ou en fonte. Les rouleaux destinés à briser les mottes sont tantôt profondément cannelés, tantôt armés de pointes nombreuses ou de disques coupants. A poids égal, le rouleau a une action d'autant plus énergique qu'il est plus lourd et plus gros. S'il est en bois, sa longueur doit être de 1 mètre 33 centimètres, et son diamètre de 66 centimètres; s'il est en pierre, il ne doit avoir que moitié de hauteur sur la même longueur. Des rouleaux sont à demi-châssis ou à châssis complet. On pourrait construire des rouleaux brisés, c'est-à-dire dont le cadre contiendrait deux cylindres unis par une articulation mobile dans tous les sens, lesquels rouleaux se trouveraient sur le même plan quand l'instrument marcherait en ligne droite, ou formeraient un angle plus ou moins ouvert en retournant.

PLOUTRAGE.

Le ploutrage est une opération analogue au roulage et qui s'exécute au moyen d'une herse retournée les dents en l'air, et sur laquelle monte l'homme qui conduit les chevaux, ou, ce qui est plus prudent, qu'on charge à volonté avec divers objets.

DES VOITURES.

Dans les voitures qui servent au transport des productions agricoles, des engrais, etc., il faut considérer, par rapport aux animaux qui les traînent, l'élévation des roues, la largeur des jantes, la manière dont elles sont construites et entretenues.

L'élévation des roues exerce une grande influence sur l'effet produit par la force de tirage : elle doit être telle que le brancard présente une ligne horizontale afin que la force des animaux s'applique perpendiculairement à l'essieu, et produise tout l'effet qu'on peut en attendre, si les roues sont trop basses ou trop élevées, la puissance (c'est-à-dire les animaux), agit obliquement et s'emploie en partie, dans un cas, à soulever la résistance; dans l'autre, à la presser contre le sol et à augmenter les frottements. L'élévation agit encore en modifiant la résistance que les inégalités de la terre opposent aux mouvements de la voiture. Si la circonférence des roues est grande, elles portent sur une grande surface, s'enfoncent peu dans les routes, les dégradent moins, et surmontent plus facilement les obstacles qu'elles rencontrent; car, un cylindre éprouve, à rouler sur un chemin, une résistance qui est en raison inverse de son diamètre.

Toutefois, si les rayons des rames sont trop longs, la stabilité des voitures est moindre, les chances de verser se multiplient, et les animaux sont écrasés aux descentes par le poids des chargements.

Sur les routes fermes, pavées ou ferrées et bien foulées, la force employée à tirer une voiture paraît être indépendante de la largeur des jantes, tandis que sur les chemins nouvellement empierrés les gazons mous et les terres labourées, cette force diminue à mesure qu'augmente la dimension latérale des bandes. De larges jantes dégradent en général moins les routes; mais cependant, après 12 centimètres d'un bord à l'autre, le frottement et le tirage s'accroissent de beaucoup, même sur les terrains mous, et la conservation des chemins n'y gagne presque rien.

Les voitures sont suspendues par des ressorts ou supportées par les essieux; les premières sont sur nos routes très-allégeantes pour nos animaux; car elles épargnent près d'un quart de la force de traction : trois chevaux attelés à un fourgon suspendu tirent plus de poids que quatre à un fourgon supporté par les essieux.

Les voitures sont à quatre ou à deux roues; les premières, *chars*, *charriots*, incommodes et difficiles à tourner dans les chemins étroits et mal entretenus des pays de montagnes, sont avantageuses dans les plaines, sont moins dommageables pour les routes qu'une charrette de poids égal, fatiguent moins les animaux, et n'amènent jamais de ces fortes secousses qui ébranlent et éreintent les plus vigoureux limonniers. Les voitures à deux roues, *maringotes*, *tombereaux*, *charrettes*, doivent être construites et chargées de manière que le centre de gravité, c'est-à-dire le point où les choses tendent naturellement, corresponde à l'essieu. Le cheval, placé entre les brancards, ne doit être pressé ni sur le dos ni sous la poitrine, afin qu'il puisse appliquer toutes ses forces à tirer; mais quelque précaution que l'on prenne d'ailleurs, il ne manquera pas, si le chargement est considérable, d'essuyer de rudes secousses. Il devra toujours seul, à la descente, retenir la voiture, et seul, dans les tournants quelquefois très-rapides, la traîner et la diriger. Pour obvier à ces inconvénients, il faut multiplier les attelages, car trois chevaux attelés à trois charriots comtois transportent une plus grande charge que cinq à une lourde guimbarde; ensuite on diminue les balancements en plaçant les choses lourdes sur des voitures peu allongées, et en disposant les chargements de manière qu'ils ne soient jamais trop élevés. Pour remédier au manque d'équilibre, on aura soin que les voitures soient courtes, sauf à y adapter en avant, en arrière ou sur les côtés, des cadres, des échelles ou guirlandes pour les agrandir.

Les voitures doivent être appropriées au transport des terres, fumier, foin, etc. Il faut tenir en bon état tous leurs ajustages pour éviter les accidents, graisser souvent les parties qui frottent les unes contre les autres, pour en prévenir l'usure et pour diminuer la résistance.

[illegible]

CHAPITRE II.

DE L'ENSEMENCEMENT ET DU REPIQUAGE.

DE LA SEMAILLE.

Le succès des récoltes dépend beaucoup sans doute de la préparation que l'on a donnée au terrain; mais l'homme qui a bien labouré n'a encore accompli qu'une partie de sa tâche. La semaille exige, plus que toute autre opération agricole, de la patience, de la constance, de l'activité et surtout un grand talent d'observation. En effet, c'est devant cette opération que viennent échouer l'ignorance et l'inexpérience de ceux qui, pour réussir, comptent sur un concours de circonstances que le hasard n'amène que bien rarement. Les conditions d'un bon ensemencement sont subordonnées au choix des semences, époque, profondeur et procédés de semination, et aux moyens employés pour recouvrir la semence.

CHAPITRE II.

CHOIX DE LA SEMENCE.

La première condition pour obtenir une bonne récolte est une bonne semence, bien propre, venue dans un terrain convenable, récoltée en pleine maturité, bien rentrée et bien conservée. Ce n'est pas à l'époque de la semaille que l'on doit chercher à se procurer celle dont on a besoin, c'est à l'époque même de la récolte précédente, quelque soit d'ailleurs le temps pendant lequel la graine conserve sa faculté germinative, parce que c'est alors qu'on peut déterminer quelles sont les variétés les plus productives, les mieux appropriées à la nature du sol. Afin de l'avoir ainsi, on choisira, déjà avant la rentrée, les parties les plus belles; on les récoltera et les battra à part; on nettoyera et conservera la graine avec soin. La meilleure semence est celle qui a mûri sur des plantes ni trop faibles, ni trop fortes. Les semences, en général, ne doivent pas être vieilles; on peut en essayer la bonté en mettant quelques graines entre un morceau de drap tenu constamment humide; on voit alors combien il en lève.

On change de semence soit pour faire disparaître des plantes parasites, soit pour introduire de nouvelles variétés. En effet, on sait que les végétaux parasites se contournent chacun sur un sol d'une nature particulière; il est évident que les semences de ces plantes qui se trouveraient dans le grain destiné à la reproduction viendront mal ou ne viendront pas du tout si on les répand sur un terrain d'une nature différente de celle où ils croissent spontanément; partout où le sol ne convient pas bien à la récolte, il est avantageux de faire venir la semence d'un autre lieu. On essaiera les variétés nouvelles et préconisées, mais sur une petite étendue, car un cultivateur prudent ne doit se prononcer qu'en face de faits positifs et concluants; mais si l'on excepte les deux cas précédents, croire qu'un changement de semence est indispensable, c'est s'abuser, c'est dépenser un temps et un argent inutiles, et s'exposer même à remplacer une variété excellente par une autre qui n'offre en compensation aucun genre de mérite.

ÉPOQUE DES SEMAILLES.

L'époque des semailles ne saurait être fixée d'une manière invariable; cette époque est subordonnée au climat, à la rusticité de la plante, au temps où l'on se propose d'en récolter les produits; l'opportunité est la seule règle à suivre : *il vaut mieux être hors du temps que de la température.* En effet, au moment ordinaire des semailles, l'inconstance de la saison ne laisse souvent aucun espoir de succès; alors malheur au cultivateur qui, ne sachant pas se plier aux circonstances, s'obstine à exécuter cette opération dans un temps peu favorable. Le moment des semailles d'automne est indiqué par des signes naturels : la chute des premières feuilles des arbres, les toiles dont les araignées couvrent les guérets, nous avertissent que le sol est disposé à faire germer les grains. Les plantes qui sont semées en une autre saison courent beaucoup plus de chances, et le cultivateur habile saisira sans retard l'occasion qui se présentera favorable. Il n'y a souvent au printemps qu'une semaine, qu'un jour propice, et il faut être préparé d'avance à en profiter. Il est même des circonstances où il vaut mieux semer en temps convenable, au risque de ne pas donner à la terre les préparations d'usage.

Les terres argileuses doivent être ensemencées avant celles dont la nature est calcaire ou siliceuse; les terrains de ce dernier genre peuvent encore se travailler à l'arrière-saison, même lorsque les pluies ne laissent entre elles que de courts intervalles, parce qu'ils perdent facilement l'humidité dont ils se sont emparés. On doit semer les premières dans les terres les plus éloignées des bâtiments d'exploitation, afin de pouvoir saisir pour les autres les rares moments de beau temps que l'arrière-automne permet d'utiliser. Le contraire arrive précisément pour les terres semées au printemps.

PROFONDEUR DES SEMENCES.

Cette profondeur n'est pas absolue; elle varie avec la nature du sol, l'époque de la semaille et la grosseur de la semence. Plus la graine est grosse, plus elle veut être enterrée profondément; plus le sol est argileux, plus il faut enterrer superficiellement. Dans les terres sujettes aux déchaussements, on enterre à une profondeur plus grande qu'à l'ordinaire, pour que les racines, fortement implantées dans le sol, ne puissent être soulevées par le gonflement du terrain. En général, les graines doivent être recouvertes d'une couche de terre suffisante pour les dérober à la lumière, mais facilement perméable à l'air, à la chaleur et à l'humidité. Aucune graine ne germe, enfouie à plus de 12 à 15 centimètres dans un sol de consistance moyenne; les fèves lèvent très-bien à 8 ou 10 centimètres; le froment, le seigle, les betteraves, les lentilles, les vesces, les pois, de 3 à 5 centimètres; le lin, le colza, les navets, les carrottes, à 1 centimètre 1|2; la gaude, le pavot et la chicorée demandent à peine à être recouvertes; il en est de même des semences des prairies artificielles.

QUANTITÉ DE SEMENCE A EMPLOYER.

La quantité de semence varie pour une même récolte; on en met moins lorsque le sol et la température sont de nature à favoriser la levée et la naissance des plantes, comme par exemple lorsqu'on sème de bonne heure dans une terre bien préparée ou dans une terre forte; au contraire, la quantité de semence doit être augmentée dans les sols pauvres, dans les semailles tardives. Généralement parlant, les variétés de printemps veulent être semées plus drues que les variétés d'automne.

On sème assez clair quand on renouvelle un semi qui a manqué une première fois.

DES PROCÉDÉS DE SEMINATION.

Il y en a trois : 1° à la volée, 2° au semoir, et 3° au plantoir.

A la volée est le procédé le plus généralement employé et celui qui, dans la réalité, présente le moins d'inconvénients pour les céréales et pour les prairies artificielles. On sème à la volée sur raies et sans raies; on sème à la main de diverses manières : on ne passe qu'une fois à la même place, ou l'on y passe en allant et en revenant, de façon à jeter toujours du même côté; cette méthode est la meilleure, parce qu'on peut semer par tous les temps. Une précaution bonne pour la plupart des terrains et des plantes est de ne semer que sur vieux labour et lorsque le sol est rassis.

La grande difficulté de cette opération consiste à distribuer uniformément et à volonté une quantité de grains déterminée sur une surface donnée; c'est un talent qui ne s'acquiert que par la pratique, et les hommes qui le possèdent sont rares à rencontrer.

Lorsqu'on sème sur raies, on doit toujours donner un coup de herse avant le passage du semeur; la semaille sans raies est une méthode qui consiste à répandre la semence sur la superficie qu'on peut retourner en un jour; quand la charrue ouvre le sol, le grain qui était à la surface se trouve au fond de la raie et recouvert de toute l'épaisseur de la bande retournée; d'autres fois le semeur suit la raie pour couvrir de semence la raie qui vient d'être ouverte; le sillon suivant tombe sur le grain et l'enterre. La semaille sur raies est préférable, sous tous les rapports, à celle sans raies que rejette la saine pratique pour les graines fines.

Les récoltes destinées à être sarclées doivent être semées en ligne de 50 à 70 centimètres de distance, selon que les plantes prennent plus ou moins de place; cela peut se faire à la main en suivant les raies de charrue ou les lignes tracées par un rayonneur, espèce de herse dont les pieds sont espacés à des distances égales.

Semoir. — Quand on a beaucoup à semer, on se sert d'un semoir; le plus simple serait un arrosoir dont la tête, percée de trous, ne laisserait tomber que deux ou trois graines à la fois; mais il y a des semoirs de plusieurs espèces, plus ou moins compliqués. Ces instruments distribuent le grain aussi également que possible et aussi dru qu'on le désire; ils introduisent le grain en terre à une profondeur réglée qui dépend également du vouloir de celui qui dirige l'instrument; ils permettent, dans la plupart des cas, d'économiser un quart ou un tiers de la semence, ce qui tient à la disposition des plantes par rangées parallèles.

Les semoirs ont pour inconvénient d'être coûteux et difficilement réparables dans les campagnes, faute d'ouvriers capables, et ils exigent une certaine habileté de la part de ceux qui les dirigent et plus de temps pour accomplir la semaille.

Le semoir Hugues est celui qui, jusqu'à présent, paraît le plus généralement applicable. Ce semoir fait en même temps fonctions de herse et de semoir; sa largeur totale est de 1 mètre 55 centimètres; il peut répandre la graine sur quatre hectares par jour.

La semence répandue à la main ou au semoir doit être recouverte à la herse à dents de fer lorsque la terre est meuble et le labour récent; avec un extirpateur lorsque le terrain est en mottes et le labour ancien; avec une herse à dents de bois tournée en arrière lorsque le sol est tassé; et avec un rouleau lorsque la graine est fine et veut à peine être recouverte. Lorsqu'on a semé à la volée, il convient que l'instrument qui enfouit la semence marche en travers de la direction qu'a prise la marche du hersage ou du labourage précedent ; lorsqu'on a semé en ligne, il faut, au contraire, que l'instrument qui recouvre marche dans le sens des rangées, afin qu'il n'en dérange pas le parallélisme.

REPIQUAGE.

—

Lorsqu'on a semé en pépinière une plante qui, dans la suite, sera transportée ailleurs, on a prévu que les racines ne s'étendront pas profondément, puisqu'on se propose de la déplacer au commencement de sa croissance; lorsqu'au contraire on destine un terrain à recevoir le produit de la première, on doit prévoir que leurs racines pénétreront à une grande profondeur, et on ne négligera rien pour faciliter leur extension et leur développement dans toutes les directions. Pour les plantes annuelles, des labours profonds et multipliés, qui brassent le sol dans toutes les directions, sont d'une nécessité absolue; et presque toujours, pour les plantes qui occupent la terre plusieurs années consécutives, comme le houblon, la garance, un défonçage à bras sera payé largement par l'augmentation des produits obtenus, sans compter l'accroissement indéfini de la fécondité du sol.

CHOIX DU PLANT.

Il ne faut sortir le plant de la pépinière qu'à l'époque où les racines ont acquis une certaine grosseur; plus les racines ont de volume et mieux elles sont développées et garnies de chevelu, plus elles ont de facilité pour reprendre.

On est dans l'habitude d'*habiller* le plant. Cette opération consiste à retrancher la partie supérieure des feuilles et un petit bout de racines. C'est par les feuilles que l'évaporation s'exécute; si on diminue la surface évaporative, la plante éprouvera une déperdition moindre et résistera plus longtemps à l'influence d'une sécheresse continue.

Il est essentiel de repiquer le jour même où l'on a donné le dernier labour.

Lorsqu'on établit une pépinière, il ne faut pas semer trop dru, parce que les plantes serrées à l'excès s'étiolent, montent en tiges grêles qui, transportées en plein champ, souffrent d'un changement brusque.

On choisit, pour établir la pépinière, un terrain riche, fortement fumé, souvent même une portion de jardin, et dont l'étendue est dix ou quinze fois plus petite que celle du champ à repiquer.

Il y a deux méthodes générales de plantation ou repiquage : à la charrue et au plantoir. La première convient aux plantes tuberculeuses, comme la pomme de terre, et aux plantes qui ne sont pas cultivées pour leurs racines, comme le colza. On obtiendra pour cette opération une grande économie en adoptant la division du travail. Une partie des ouvriers sera occupée à arracher le plant, une autre à l'habiller; quelques-uns le transporteront de distance en distance sur la pièce destinée à le recevoir, les autres suivront la charrue, prendront la plante avec précaution et la coucheront contre la bande de terre qui vient d'être retournée. C'est à la sagacité du cultivateur à déterminer s'il faut planter chaque deux ou trois raies; c'est à l'ouvrier à placer le plant ni trop haut ni trop bas, de façon que le colet se trouve de niveau avec la superficie du champ.

Lorsqu'on ne se sert point de la charrue, on dispose le sol en rayons ou en buttes saillantes par le labour. Le plant est transporté sur toute la superficie. Des ouvriers, armés de plantoirs, forment des trous où ils déposent une plante en suivant la ligne tracée par le rayonneur. On peut se servir d'un plantoir qui ressemble à une petite houe qui se terminerait en pointe très-anguleuse allongée. L'ouvrier le plonge dans la terre, et, sans le sortir, il l'attire vers lui et forme l'ouverture dans laquelle il dépose le plant; repoussant ensuite la terre avec son pied, il le rechausse à la hauteur convenable.

Pour se servir d'un plantoir double, on plonge l'instrument en terre en appuyant avec le pied sur la traverse horizontale; puis, faisant un pas à reculons, on ouvre deux trous en ligne droite avec les premiers; des femmes viennent pour disposer le plant et fermer les ouvertures.

Enfin on peut aussi faire usage d'une pioche ou d'un hoyau léger; on fait pénétrer l'instrument dans le sol à l'endroit où doit se trouver un pied de plant à repiquer; en appuyant légèrement sur le manche, on opère un vide destiné à recevoir une des jeunes plantes qu'on tient dans un tablier; puis, avant de s'en dessaisir de la main gauche, de la droite on retire la pioche et affermit le sol à l'aide de la douille de l'instrument. Ce moyen exige quelque habitude, mais il est expéditif, et les ouvriers marchent de front en laissant derrière eux un travail achevé.

CHAPITRE III.

FAÇON D'ENTRETIEN DES TERRES SEMÉES.

Ces opérations ont pour objet les soins à donner aux plantes pendant leur croissance, et d'assurer la durée des diverses cultures.

ÉCOUTEMENT DU SOL.

Il est important de soustraire les récoltes aux effets désastreux du séjour prolongé de l'eau; on doit donc apporter une sérieuse attention dans le tracé et l'entretien des bases d'écoulement. Pour tracer des rigoles d'écoulement on se sert d'une charrue ordinaire et on ouvre un sillon qui serpente du point le plus élevé de la pièce à la partie inférieure en passant par les endroits où l'eau paraît devoir rester stationnaire. On trace un nombre de raies suffisant pour procurer un assainissement complet; toutes ces rigoles particulières viennent se rendre dans une autre plus large et plus profonde, placée au bas de la pièce et destinée à l'évacuation définitive de l'eau; on donne au sillon une direction oblique qui permet à l'eau de s'écouler lentement et sans dégât. Le fossé qui reçoit les sillons secondaires sera barré par intervalles, afin que la terre et les engrais que l'eau tient en suspension puissent s'y déposer pour être pris et épars plus tard.

HERSAGE DES RÉCOLTES.

L'efficacité du hersage comme moyen d'entretien des récoltes est hors de doute pour tous les bons cultivateurs, mais le succès de cette opération dépend surtout du choix du moment convenable pour l'exécuter.

Le grand avantage du hersage des céréales tient à ce qu'il favorise surtout la production des *talles*; le tallement est une sorte de marcottage qui n'a lieu qu'autant que les plantes sont buttées avec une terre nouvelle. Tous les moyens qui peuvent rechausser les végétaux procurent ce résultat, et aucun n'est plus économique ni plus expéditif que le hersage; mais pour obtenir un plein succès, il faut choisir le moment où la terre se réduit en poussière sous une faible pression et par le moindre choc, bien plutôt que par le déchirement de sa surface. Si la sécheresse a déjà durci la terre, on fait d'abord passer le rouleau qui brise la terre en petits fragments, et la herse pénètre sans peine et ameublit le sol.

On se sert avec avantage pour le hersage ou rhabillage des récoltes céréales, d'une herse dont les dents en fer ont la forme et la courbure des dents d'un rateau de jardinier.

Le hersage des plantes sarclées, navets, betteraves, doit se faire avec une herse dont les dents soient presque perpendiculaires au sol, et pendant la première jeunesse des plantes.

Le hersage de prairies naturelles a pour objet de rechausser le gazon, de l'ouvrir aux influences de l'air, et par conséquent de le renouveler. Ce travail est utile surtout pour enlever la mousse et donner passage aux engrais qui pénètrent alors plus facilement dans la terre, et ne courent point le risque d'être entraînés par les eaux pluviales loin des lieux qu'ils devraient féconder. Le hersage produit sur les graines artificielles un résultat absolument semblable, mais plus énergique; de plus il détache du sol les pierres qui s'y trouvaient enchassées, et qui se fussent opposées à l'action de la faulx; on les amasse ainsi avec la plus grande facilité et une écopomie notable. Le hersage des récoltes et surtout des prairies est en général une opération fort profitable, elle augmente quelquefois le produit dans une proportion vraiment surprenante.

BINAGE DES RÉCOLTES.

Cette façon a pour résultat le nettoyage, l'aération du sol, ainsi que de pulvériser la terre et de l'ouvrir aux effets bienfaisants de la rosée. On bine les céréales à l'époque où les tiges sont prêtes à monter, de sorte que le travail terminé, les feuilles couvrent le sol et étouffent ainsi les mauvaises herbes en leur ôtant toute communication avec l'air. Les binages s'exécutent à la *binète* ou *houe* à main dans les récoltes semées à la volée, et à la houe à cheval dans les récoltes semées en lignes, ce qui est plus expéditif et moins coûteux. Le binage à la main est le seul praticable dans beaucoup de circonstances; par exemple, lorsque les plantes commencent à sortir de terre.

La meilleure binète paraît être celle de M. Lecouteux, qui est formée d'un prisme de fer; une quenouille tranchante sur ses deux faces fait corps avec la partie supérieure du prisme; une cavitée pratiquée dans ce prisme permet d'y insérer à la fois les branches coudées des deux lames qui, par cette disposition, peuvent à volonté s'éloigner ou se rapprocher. L'assemblage est maintenu solide par un coin en fer; on peut adapter des lames latérales plus ou moins larges selon la distance qui existe entre les rangées. On donne à la partie inférieure des lames la forme de croissant. Cet instrument détruit énergiquement les mauvaises herbes sans donner de secousses violentes aux plantes délicates qui doivent rester; il est surtout utile pour les plantes sarclées; l'ouvrier marche à reculons pour ne pas tasser la terre que son travail a ameubli. Le premier binage n'est, à vrai dire, qu'un ratissage. Au second binage, la terre qui se trouve autour des plantes peut-être remuée, mais avec précaution; si celles-ci sont encore faibles, on se sert d'une houe triangulaire.

La houe à cheval est de diverses formes; la plus usitée est une espèce de herse triangulaire dont les deux montants se rapprochent à volonté, et qui a devant un pied d'extirpateur, et derrière des coutres pliés en dedans pour couper les mauvaises herbes; deux mancherons servent à la tenir, et un régulateur est devant, pour y atteler le cheval et la régler. On passe avec la houe à cheval entre les lignes et aussi près que possible des plantes; un homme la tient comme l'araire et on fait conduire le cheval. Une simple houe triangulaire munie de mancherons et de dents de fer aigues, dirigée en avant, remplace la houe à cheval, on peut faire de 1 hectare et demie à 2 par jour. En général, les binages font remarquer leurs effets par la netteté du grain et la quantité du produit, il débarrasse le sol des mauvaises herbes qui l'infectent pendant la rotation et il opère un petit buttage très-favorable.

Les premiers binages doivent être exécutés de bonne heure parce qu'ainsi les plantes inutiles n'ont pas le temps d'envahir le sol, d'étouffer les plantes qui les avoisinent et de vivre aux dépens de la substance destinée à la véritable récolte. D'ailleurs la terre n'étant pas encore endurcie, les instruments ne rencontrent que de faibles obstacles, la terre s'ameublira sans difficulté, comme sans grande fatigue pour l'ouvrier; en outre, on facilitera les façons ultérieures.

BUTAGE.

Le butage amasse la bonne terre au pied des plantes et leur fait pousser plus de racines, il leur procure ainsi une plus grande vigueur et empêche qu'elles ne souffrent de la sécheresse, de l'humidité et des vents. Le butage ameublit aussi le sol et détruit les herbes nuisibles; on ne butte que lorsque les plantes sont assez grandes pour ne pas être recouvertes par la terre.

Le butage convient aux plantes dont la tige pousse des racines latérales, là où viendraient des bourgeons, si cette partie était exposée à l'air au lieu d'être couverte de terre. La perfection dans le butage consiste à amonceler autour de la tige une butte de terre qui, sans recouvrir le feuillage soit cependant aussi élevée que possible. Lorsque la plante a plusieurs tiges, l'opération est meilleure, lorsqu'on les écarte les unes les autres par la terre et qu'on en fait une sorte de marcottage. Le butage s'exécute avec la grande houe à la main, mais dans les récoltes semées ou plantées en ligne, on les fait bien plus promptement, mieux et à moindres frais au moyen du binot et

du buttoir. Le buttage à la main se fait de deux manières :
lorsque les végétaux sont alignés, on élève une butte continue
en exhaussant la terre, non seulement près de chaque plante,
mais encore entre tous les vides qui se trouvent d'une plante à
l'autre; pour cela il n'y a qu'à creuser l'intervalle qui existe
entre chaque rangée.

Le buttoir est une charrue à deux versoirs mobiles, ayant
un soc en fer de lance, et pour avant-train, un pied avec une
rouelle ou un simple régulateur comme l'araire. Pour le premier butage on écarte beaucoup les versoirs et on prend peu
de profondeur; pour les buttages suivants, on fait le contraire.

ESSEIGLAGE.

L'esseiglage consiste à retrancher soit à la main, soit au
baton, les épis de seigle qui se trouvent dans un champ de
blé que l'on veut avoir pur, c'est quelque temps après la floraison, lorsqu'on peut bien distinguer les deux espèces de
céréales, qu'on pratique l'esseiglage.

SARCLAGE.

Le *sarclage* s'emploie pour des récoltes subitement envahies
par les mauvaises herbes, avant que les bonnes plantes soient
en état de supporter les binages. Les sarcleurs devront éviter
de fouler aux pieds les jeunes plantes ou d'en mettre à nu les
racines et de jeter les herbes sarclées sur la véritable récolte
qui en serait étouffée. — Dans les récoltes des céréales il est
souvent indispensable de recourir à l'échardonnage qu'on
pratique après une pluie douce en arrachant les chardons, soit
à la main, soit avec un sarcloir approprié.

Emploi des produits des binages et des sarclages. — Il est beaucoup d'herbes inutiles, le chien-dent par exemple, qui forment une bonne nourriture pour les animaux auxquels on les distribue après avoir secoué la terre qui adhère à leurs racines; ou bien on fait sécher ces herbes sur place, si elles ne portent pas graine; si elles sont à graines, on les porte hors du champ, ensuite on les brûle. — Si les herbes détruites sont en grande quantité, on les dispose par lits alternatifs avec de la chaux, le compost fermente bientôt et forme un bon engrais. — On peut encore jeter ces plantes dans un trou rempli d'eau : la décomposition des substances végétales réagit sur le liquide et le rend très-propre à l'arrosement des prairies.

L'éclaircissage des récoltes fournit encore d'utiles produits pour la nourriture du bétail.

Le retranchement des sommités des fleurs et des tiges de quelques végétaux fournit à la vérité quelque nourriture aux animaux; mais la soustraction de ces parties ne peut que nuire au produit principal, parce qu'elle diminue les surfaces destinées à puiser dans l'atmosphère les éléments de fertilité qui s'y trouvent.

TERRAGE.

Il est certaines récoltes qui demandent à être rechaussées pendant le cours de leur végétation pour dérober leurs racines latérales à l'action des instruments. A cet effet le terrain a été divisé en planches d'inégale largeur; on ensemence ou on ne plante que celles qui ont le plus de superficie, les autres restent libres. Lorsqu'arrive l'époque du terrassement, on fait passer une charrue ou l'extirpateur dans les plates-bandes afin d'ameublir le sol. On prend à la pelle cette terre ainsi pulvérisée et on la jette aussi également que possible et par un temps sec sur les plantes à chausser.

PLOMBAGE DES RÉCOLTES.

Après les semailles et sur les terres légères, le plombage au rouleau est avantageux; il en retarde l'assèchement, hâte la germination des semences et préserve les plantes de la sécheresse et de la gelée. — On roule aussi les céréales levées, l'avoine surtout, au printemps quand il a beaucoup plu et que le temps devient sec tout-à-coup, afin que la terre reste fraîche et que l'évaporation ne soit pas trop rapide. — La pression du rouleau sera également fort avantageuse aux prés soulevés par les vers, les gelées et les insectes.

DESTRUCTION DES MAUVAISES HERBES.

La destruction des mauvaises herbes se pratique sur toutes les récoltes qui ne comportent pas de binage ou pour lesquelles cette opération n'est plus nécessaire; c'est avant l'ensemencement et non après, qu'on doit chercher les moyens de débarrasser le sol des plantes qui l'infestent dans bien des circonstances. Pour obtenir ce résultat, il faut avoir recours à des cultures multipliées en combinant l'emploi des divers instruments aratoires, tels que charrue, extirpateur, scarificateur, lierse, rouleau, etc. On a aussi recours à des récoltes en lignes tenues dans un grand état de netteté ou souvent à une jachère d'été. Le grand art consiste à mettre les végétaux parasites dans des conditions directement opposées à leur végétation et à leur reproduction.

On appelle mauvaises herbes les plantes qui doivent être détruites dans les champs ou dans les herbages, soit parce qu'elles épuisent inutilement le sol en nuisant à la végétation de la récolte principale, soit parce qu'elles communiquent aux fourrages des propriétés délétères, ou parce qu'elles sont sans valeur nutritive.

Pour détruire les mauvaises herbes annuelles, il faut avoir soin d'amener à plusieurs reprises leurs semences près de la surface du sol, afin de favoriser leur germination, d'extirper toutes celles qui végètent. Les cultures sarclées et la jachère d'été sont surtout efficaces.

Chiendent. — La destruction complète du chiendent dans le sol le plus infesté, est fondée sur ce seul principe que le chiendent ne peut subsister et périt infailliblement dans un sol bien ameubli et que l'on tient constamment meuble pendant deux ou trois mois dans la saison sèche de l'année. Le chiendent, plus qu'aucune autre plante, a besoin d'air et d'humidité, parce que sa végétation presque souterraine ne lui permet pas de puiser ces deux éléments dans l'atmosphère, et il est reconnu que la fréquente interruption du sol par bandes ou sillons lui est très-nuisible. Il s'agit donc de le priver d'air ou d'humidité, ou de ces deux agents à la fois. Pour atteindre ce but, il faut donc chercher à obtenir l'ameublement du sol le plus tôt qu'on le peut au printemps. En donnant alors un labour à une profondeur plus grande que celle qu'ont atteinte les racines du chiendent, on conçoit que les stalones qui étaient à la surface s'en trouveront tellement éloignés qu'ils manqueront d'air et ne pourront végéter, et que la végétation de ceux qui sont dans des conditions favorables sera très-limitée dans les bandes qui partagent le sol. Aussitôt que les tiges de chiendent qui ont résisté à ce premier labour se hasarderont à pousser leurs premières feuilles, on profitera d'un moment de sécheresse pour donner un hersage énergique, et, immédiatement après, un labour. Le hersage a pour but de confondre les tranches du labour précédent, afin que ces tranches soient coupées par le second coup de charrue; c'est une des conditions de succès, et pour être assuré de ne pas manquer ce but, on aura l'attention de ne prendre que des raies d'une très-petite largeur. On laisse ainsi le sol sans le herser. Il est rare que ces deux labours suffisent pour détruire le chiendent; quelquefois il en faut cinq, six, ou même davantage. La perfection consiste à mettre une partie des racines à l'air pour les priver d'humidité, et d'enfouir l'autre à une profondeur telle qu'elle ne puisse végéter. Quel que soit le nombre des cultures, il est indispensable de se rappeler qu'il faut herser avant chaque labour, et que celui-ci doit être fait par un temps sec, en coupant les tranches précédentes dans leur milieu et dans le sens de leur longueur. Cette jachère est coûteuse, mais la décomposition du chiendent, l'amélioration du sol compenseront bien largement les frais d'une pareille culture.

L'*avoine à chapelets* est au sol argileux et schisteux ce que le chiendent est aux terrains siliceux. On la détruit en donnant un labour assez profond pour que toutes les souches soient remuées et retournées; puis on ramène, avec une herse à dents de fer ou mieux un extirpateur, tous les nids à la surface. Si l'on en restait là, les tubercules reprendraient bientôt une nouvelle vie, parce que la terre qui adhère à leur surface leur permettrait de végéter. C'est à enlever cette terre qu'il faut mettre toute son attention. Aussitôt que la sécheresse a rendu le sol meuble et friable, on fait passer plusieurs fois de suite le rouleau suivi d'une herse à dents rapprochées; la terre qui adhérait aux tubercules tombe à la suite des secousses que reçoivent ceux-ci, et on peut être assuré de leur destruction si la sécheresse dure encore quelques jours après l'opération.

On emploie encore la charrue ou la jachère pour détruire quelques autres herbes telles que la *moutarde des champs* ou *sauge*, le *raifort sauvage* : mais ces plantes peuvent être détruites par les menues cultures et par les cultures ordinaires.

Il y a, dans les céréales venues en terres marneuses et argileuses, des plantes qu'il n'est guère possible de détruire par les sarclages. Ce sont celles qui se propagent au moyen de tubercules non pas agglomérés, comme dans l'avoine à chapelets, mais isolés; c'est surtout la *terre-noix*, l'*orobe tubéreux*, et pour tous les sols, dans certaines rotations, les souches de *topinambours*. Lorsqu'on a une pièce infestée de ces différentes plantes, on se trouvera bien d'y faire passer un troupeau de porcs à plusieurs reprises.

VÉGÉTAUX PARASITES.

On appelle ainsi les végétaux qui implantent leurs racines dans les plantes utiles et vivent à leurs dépens. Les uns nuisent seulement en affaiblissant la plante qui les porte; les autres en l'affaiblissant et en lui communiquant des propriétés vénéneuses.

Cuscute. — Plante grêle, grimpante, sans feuilles, très-nuisible dans les prairies très-légumineuses sur lesquelles elle implante ses suçoirs, les épuise et les fait mourir en peu de temps. La cuscute est très-difficile à détruire dans les herbages où elle a une fois apparue. Pour en prévenir les funestes effets, il faut travailler pendant plusieurs années les terrains où elle s'est montrée, et, quand on veut ensuite renouveler l'herbage, choisir de la graine de trèfle et de luzerne qui n'en renferme pas les germes. Pour nettoyer les semences qui contiennent de la graine de cuscute, il faut les plonger dans une dissolution de potasse ou de soude, et les frotter avec soin entre les deux mains. Cette opération détache la graine parasite qui, visqueuse, adhérente, mais petite et légère, s'élève à la surface et peut être rejetée par décantation.

Orobanches. — Les orobanches se montrent fréquemment dans les gazons, dans les trèflières et les luzernières, nuisent beaucoup à ces herbages, et sont refusées par les animaux.

Rouille. — La rouille est produite par des champignons du genre *urédo* qui se présentent sous forme de taches rougeâtres semblables à celles que l'on remarque quelquefois sur les feuilles de betteraves à l'époque de leur maturité. Ces végétaux parasites s'observent souvent sur la face supérieure des feuilles des céréales qui semblent couvertes d'oxyde de fer ou rouille. Les brouillards, les années pluvieuses, un terrain bas et humide, une fumure fraîche, favorisent le développement de la rouille, qui communique à la paille des propriétés nuisibles. Lorsque la rouille s'est montrée sur une terre, il ne faut pas, de quelques années, y remettre les récoltes qui en ont été affectées.

Carie. — La carie est due à la présence d'un champignon qui naît dans les fruits du froment. Elle constitue une poussière grasse, noirâtre, qui répand une odeur de poisson pourri lorsqu'elle est fraîche. Elle rend les grains qu'elle affecte maigres, légers, grisâtres, et les épis bleuâtres, gris et souvent ébouriffés. Les plantes atteintes de carie sont d'abord plus vertes que les autres, mais elles ne tardent pas à devenir jaunâtres. La carie est très-contagieuse. On peut détruire ses germes au moyen du chaulage. La farine du blé carié a une odeur désagréable, fait un pain malsain et pouvant occasionner des démangeaisons.

Charbon. — Champignon, du genre urédo, qui s'observe sur les enveloppes florales et la surface extérieure des grains. Il se présente sous forme de poudre fine, inodore, noirâtre, globuleuse, vésiculaire, recouvrant les épis. Il attaque la plupart des graminées. Le charbon désorganise les fleurs et les fruits; il diminue la quantité des semences et même celle des pailles, mais il est moins actif que la carie.

En général, il sort fort peu de tiges d'un pied frappé de charbon, et ces tiges sont grêles. On les distingue dans le froment, non seulement à ce signe et à la couleur noirâtre des épis, mais, encore, avant même que l'épi ait paru, à leur feuille supérieure qui est tachée de jaune et sèche à son extrémité.

Ergot. — L'ergot est un champignon qui attaque diverses graminées et particulièrement le seigle; on le nomme ainsi à cause de la ressemblance que présentent avec l'ergot du coq les grains qui en sont affectés. Rayés, recourbés, ayant cinq, six fois leur volume ordinaire, ils sont grisâtres à l'intérieur et d'un bleu violacé à l'extérieur; d'abord mous, ils sont ensuite friables, d'une odeur particulière et d'une saveur désagréable, surtout quand ils ont été réduits en poudre.

Le seigle ergoté est surtout commun les années pluvieuses, sous l'influence des brouillards et dans les lieux humides; il est très-actif; il produit la gangrène de la peau, des doigts, des oreilles et du bec sur les animaux qui en mangent, et occasionne l'avortement des femelles pleines.

Diverses espèces de champignons communiquent aux plantes des propriétés vénéneuses; nous citerons : la *moisissure* du fourrage, les *bissus*, l'*érysiphe*, etc.

PLANTES PIQUANTES, TRANCHANTES.

Ces plantes nuisent dans les herbages, parce qu'en cherchant à les éviter, les animaux rejettent de bons fourrages; et s'ils les mangent, ils les mâchent imparfaitement. Tels sont les *houx*, l'*ajonc nain*, l'*arête-bœuf épineux*, les *rubus*, les *chardons*, la *sarrète*, etc.

On doit, pour détruire ces diverses plantes, les arracher avant la maturité.

PLANTES INUTILES INDIFFÉRENTES.

Ces plantes doivent être exclues des herbages, parce que les animaux ne les mangent jamais avec plaisir, ou qu'elles les nourrissent très peu; telles sont : les *mousses*, les *fougères*, les *joncs*, les *carex*, les *typha*, les *séneçons*, les *tussilages*, les *camomilles*, la *tanaisie*, l'*armoise*, l'*eupatoire*, la *matricaire*, l'*aunée*, l'*achillée*, l'*érigeron*, le *bident*, les *plantains*, les *presles*, etc.

CHAPITRE IV.

DES ASSOLEMENTS.

On appelle assolement la succession, la rotation, le roulement, la distribution des diverses cultures auxquelles sont soumises les différentes *soles* d'une ferme. Les *soles* sont des parties destinées successivement à des récoltes différentes. Le but de l'assolement est d'obtenir aux moindres frais possibles les récoltes les plus avantageuses, tout en conservant la propreté, la puissance et la fertilité du sol.

Propreté, c'est l'état d'une terre qui ne contient pas de mauvaises herbes; puissance, c'est l'aptitude de cette terre à favoriser la végétation, à loger, couvrir et soutenir les racines et à mettre les principes alimenteux en communication avec les radicules; fertilité, richesse, c'est l'abondance des substances nutritives qu'elle renferme. On a appelé fertilité naturelle, richesse essentielle, la portion de ces substances qui existe naturellement; et par opposition on désigne par le nom de fertilité artificielle celle qu'ont amenée les engrais et les travaux de l'homme. La puissance résulte des propriétés physiques, et la fertilité de la composition chimique. Une terre convenablement hygrométrique, d'une densité moyenne, composée de sable menu et de parties très-fines, perméable à l'air et au calorique, assez meublie pour ouvrir à une grande profondeur un accès facile aux racines, possède une grande puissance; et celle qui renferme de nombreuses substances, des sulfates, des phosphates, des chlorures, des carbonates de soude, de chaux et de potasse, des sels ammoniacaux, des matières organiques putréfiables, mérite d'être classée parmi les plus fertiles. On désigne par fécondité l'effet produit sur la végétation par la puissance et la fertilité combinées.

NÉCESSITÉ D'ALTERNER LES RÉCOLTES.

Dans l'état sauvage, les plantes se succèdent les unes aux autres, et même presque toujours la terre nourrit à la fois des espèces différentes. Dans les bois, chaque espèce a une durée limitée, et toutes les fois que le temps ou la main de l'homme détruit une espèce, nous la voyons remplacée par une espèce différente, qui, de son côté, cède la place à l'une de celles qui l'avaient précédée.

Ce qui a lieu dans les terres incultes se présente dans celles soumises à nos travaux : toutes nos plantes cessent de prospérer et sont remplacées par de mauvaises herbes quand elles occupent trop longtemps le même champ, et quand elles y sont resemées trop souvent. Ainsi, une trèflière, une luzernière, sont-elles ou trop vieilles ou trop souvent ramenées sur le même sol, aussitôt la cuscute, les biomes s'en emparent et se substituent aux bonnes plantes; dans les prairies permanentes, on peut voir les graminées succéder aux légumineuses, les fétuques aux avoines. Qui n'a pas remarqué, d'ailleurs, que les vieux gazons, après avoir longtemps produit de bonnes plantes, ont une grande tendance à se couvrir de mousses, de primevères, etc. ?

Tant que l'homme put trouver, à la surface du globe, pour lui et ses troupeaux, une nourriture suffisante, il n'eut besoin de cultiver qu'une faible partie de ces vastes domaines; aussi fit-il peu d'attention à la disposition qu'a le sol de changer de plantes; et lorsqu'il observa cette tendance de la nature à diversifier ses produits, il en conclut que la terre fatiguée avait besoin de se reposer; en conséquence, il choisissait des terres neuves, fécondes, dont il tirait quelques récoltes pour les abandonner ensuite à un long repos, sans prendre garde que, livrée à elle-même, la terre ne reste jamais oisive, qu'après avoir nourri les plantes dont nous lui confions les semences, elle se sème seule plutôt que de ne rien produire, et qu'enfin ce qu'elle exige c'est un changement d'activité et non une suspension.

La nécessité d'alterner les récoltes est donc une loi de la nature, l'homme doit l'imiter et y subordonner ses travaux. L'art de régler les assolements est la science principale d'un bon cultivateur; c'est vers ce but que doivent tendre toutes ses pensées. Cependant, en général, c'est chose dont il s'occupe peu; il trouve un ordre de culture tout établi par les habitudes du pays, il en suit aveuglément la routine, et laisse s'appauvrir un sol qui se serait enrichi par une culture plus éclairée. D'un autre côté, le choix des assolements est la pierre d'achoppement des novateurs dont l'instruction n'est pas assez solide pour préjuger sainement de l'opportunité de l'application de leurs projets de perfectionnement, parce qu'ils ne se rendent pas toujours raison des obstacles qui peuvent s'opposer à leurs idées d'améliorations. Souvent c'est parce que ces obstacles n'ont pu être vaincus qu'une pratique contraire a prévalu, et il arrive qu'après avoir mis la main à la charrue pour tout bouleverser, ils sont ramenés peu à peu, par la force des choses, aux méthodes qu'ils ont blâmées.

Le cultivateur doit chercher à occuper la terre sans cesse, à mettre à profit la loi qu'elle porte, à varier ses produits pour en retirer d'abord notre nourriture, puis pour multiplier les denrées si dissemblables que réclament tant de manufactures diverses; car, faire produire à la terre le plus possible sans l'épuiser, voilà ce que doit se proposer tout bon cultivateur; c'est aussi ce qui est le but de tout assolement.

THÉORIE DES ASSOLEMENTS.

La couche de terre végétale étant généralement formée par un mélange de silice, d'alumine, d'une petite quantité de carbonate de chaux, d'oxyde de fer, de manganèse et de quelques autres sels, sa valeur et ses qualités spéciales sont déterminées par les proportions et la solubilité variable des éléments qui la constituent; il est même démontré que la prédominance de certaines matières salines est indispensable au développement de certaines espèces, en sorte que la réussite de tel ou tel végétal dans telle ou telle nature de sol, peut s'expliquer avec rigueur si l'on tient compte de l'accumulation et même quelquefois de la seule présence de tel ou tel principe. Ainsi le chlorure de sodium est nécessaire à la végétation des plantes marines, les terrains gypseux conviennent plus que tout autre aux légumineuses, la bourrache vient mieux dans les terres imprégnées de nitrate de potasse.

D'après ces données, on a partagé les plantes de culture en plantes à potasse, plantes à chaux et plantes à silice.

Aux plantes à potasse appartiennent les arroches, l'absinthe, etc., et parmi les plantes de culture, la betterave, le navet, le maïs; aux plantes à chaux, les lichens, le trèfle, les fèves, les pois et le tabac; aux plantes à silice, le froment, l'avoine, le seigle, l'orge.

Les avantages des assolements sont basés sur ce fait, que les plantes de culture enlèvent au sol des quantités inégales de certains aliments.

Dans un sol fertile, les plantes doivent trouver tous les principes inorganiques indispensables au développement en quantité suffisante et dans un état qui permette à la plante de l'absorber.

Un champ préparé par l'art contient une certaine somme de ces principes, ainsi que des substances végétales, en voie de putréfaction et des sels ammoniacaux. Nous faisons succéder à une plante à potasse (navet, pomme de terre) une plante à silice, et à celle-ci une plante à chaux.

Toutes ces plantes ont besoin des alcalis et des phosphates; il faut à la plante à potasse la plus grande quantité des premiers et la moindre des autres. La plante à silice exige, avec l'acide silicique soluble que laisse la plante à potasse, une quantité considérable de phosphate; la plante à chaux (pois, trèfle) qui vient ensuite, peut tellement épuiser le sol de ce principe important qu'il n'en reste plus que pour permettre la formation de la semence à une moisson d'avoine ou de seigle.

C'est de la quantité des silicates et des phosphates à l'alun ou des sels calcaires et magnésiens qui s'y trouvent, que dépend le nombre des moissons à obtenir.

10.

La provision de ces sels peut suffire pour deux récoltes, d'une plante à potasse, d'une plante à chaux, pour trois récoltes et plus, d'une plante à silice et en somme pour cinq, pour sept récoltes; mais après ce temps toutes les substances minérales que nous avons prises au sol sous la forme de fruit, de tiges, de feuilles et de paille, doivent être renouvelées; l'équilibre doit être rétabli pour que la terre recouvre sa fertilité primitive.

C'est ce qui s'opère par l'engrais.

On peut admettre que dans les racines et les chaumes des plantes céréales, dans les feuilles tombées des plantes ligneuses, le sol retrouve autant de carbone qu'il en a reçu au commencement de la végétation, sous la forme d'acide carbonique produit par la destruction de l'humus; les tiges et les feuilles des pommes de terre, les racines du trèfle, restent également dans le sol : ces débris se putréfient et se détruisent pendant l'hiver, et la jeune plante, la semence y retrouvent une nouvelle source de la formation d'acide carbonique. C'est par ces plantes que le sol ne s'épuise pas d'humus.

On peut enfin conclure, de raisons théoriques, que le sol reçoit des plantes pendant leur vie tout autant ou plus encore de matières riches en carbone qu'il ne leur en fournit, qu'un acte d'excrétion, qui s'opère à la surface des fibres des racines l'enrichit de substances, que la putréfaction transforme de nouveau durant l'hiver en humus.

L'enrichissement du sol en substances organiques par la culture des plantes vivaces, telle que l'éparcette et la luzerne, qui se distinguent par l'abondante ramification de leurs racines ainsi que par le grand développement de leurs feuilles, est considéré comme un fait positif par la plupart des agronomes et qui trouve peut-être son explication dans ce qui précède.

On ne peut pas opérer la formatoin de l'ammoniac sur les terres de culture, mais bien une production artificielle d'humus. C'est celle-ci que l'on doit considérer comme l'un des buts des assolements et comme une seconde cause de leurs avantages.

C'est en ensemençant avec une plante jachère, du trèfle, du seigle, du lupin, du sarrazin, etc., et en incorporant par des labours dans le sol les plantes prêtes à fleurir que nous créons par suite de l'acte de destruction du nouveau semis de la jeune plante qui se développe, un maximum de nourriture, une atmosphère d'acide carbonique. Tout l'azote que la première plante a pris à l'air, tous les alcalis et les phosphates qu'elle a reçus du sol servent à rendre plus belle et plus luxurieuse la végétation de la plante qui la suit.

D'après la théorie que nous venons d'exposer, on pourrait donc donner au sol le plus stérile, la plus grande fertilité pour chaque genre de plantes, en lui fournissant les principes qui leur sont nécessaires pour leur développement. A la vérité, chercher à rendre fertile, d'après ces principes, un sable complètement stérile ne vaudrait ni le travail, ni les frais; mais en les appliquant à nos terres de cultures ordinaires qui renferment déjà en elles-mêmes un grand nombre de ces substances, il suffit de fournir celles qui manquent, d'augmenter celles qui s'y trouvent en trop petite quantité et de donner au sol par l'art de l'agriculture les propriétés physiques qui le rendent perméable à l'humidité et à l'air et permettent aux plantes de s'approprier ces principes du sol.

THÉORIE PHYSIQUE.

La théorie physique repose sur l'expérience et la pratique

ordinaire, elle consiste à s'efforcer d'entretenir la terre, par la combinaison de cultures variées, dans un état convenable d'ameublissement et de propreté.

RÈGLES DE L'ALTERNANCE.

Pour expliquer les faits si nombreux qui prouvent la nécessité d'un changement à terme fixe dans les plantes que nourrit un terrain, on suppose qu'elles l'appauvrissent; qu'elles y épuisent les substances indispensables à leur croissance, et y favorisent, en se renouvelant plusieurs fois de suite, la multiplication des végétaux et des animaux qui vivent à leurs dépens; que chaque espèce végétale rejette des matières nuisibles à elle-même. Du reste, quelle que soit la justesse de ces explications, elles doivent être prises en considération dans la pratique des assolements, mais il faut de plus tenir compte de la facilité qu'on trouve à écouler les divers produits des fermes et du prix de la main-d'œuvre, aux différentes saisons de l'année.

1° *Nécessité de conserver la fécondité du sol.* — Un des points les plus importants dans le choix des plantes et dans la distribution qu'on en fait dans la culture d'une ferme, c'est, avant tout, de ne pas diminuer la fécondité des terres; les efforts du fermier doivent, tout d'abord, tendre à élever celles-ci au point où elles donnent le plus grand bénéfice, puis à les maintenir dans cet état; il en augmentera la puissance en cultivant, selon que le sol est argileux, siliceux ou calcaire, des plantes qui réclament tels ou tels amendements, qui ont besoin de binages ou de plombages. Le choix et la distribution des récoltes peuvent avoir à cet égard la plus grande influence. Les plantes qui laissent en hiver les terres exposées aux rigueurs du climat, qui en été l'ombragent, celles qui exigent de nombreux sarclages, ou qui divisent la terre par leurs racines, et celles qui reçoivent des amendements calcaires, améliorent les terres alumineuses; mais celles qui occupent le même champ pendant long-temps, qui le préservent des gelées, et le laissent en été exposé aux rayons du soleil, nuisent à tous les terrains.

Les agriculteurs ont fait des expériences sur les qualités épuisantes des plantes; ils ont classé les grains dans l'ordre suivant : l'hectolitre de froment consomme 600 kilog. de bon fumier; celui de seigle, 500; de maïs, 500; d'orge, 300; d'avoine, 250; de colza 1000. Les racines, les tubercules et les tiges absorbent moins que les semences; et le trèfle, beaucoup moins que la luzerne. Ces données ne doivent être considérées que comme indication de valeurs relatives, et même fort variables, dont l'exactitude est subordonnée au mode de culture, à la nature du sol, aux influences du climat, aux mille circonstances enfin qui peuvent modifier la puissance absorbante des plantes.

Tous les végétaux vivent à la fois aux dépens de l'air et aux dépens de la terre; tous épuisent celle-ci quand, après avoir atteint leur croissance, ils sont cueillis en totalité, car alors ils emportent les corps qu'ils en ont aspirés; tous, au contraire, l'améliorent si on les y laisse pourrir, car elle s'enrichit de ce que ces végétaux avaient puisé dans l'atmosphère tout en retrouvant ce qu'elle même leur avait fourni.

Ce principe n'offre pas d'exception, mais il produit des résultats différents, selon l'organisation des plantes, leur manière de vivre, l'époque à laquelle on les cueille et les parties qu'on récolte. Les végétaux vigoureux qui ont des feuilles larges, épaisses et poreuses, qui, bien fumés, bien cultivés, vivent en grande partie aux dépens de l'atmosphère sont peu épuisants, tandis que ceux dont les parties aériennes sont maigres, sèches, coriaces et imperméables aux corps gazeux le sont beaucoup; ceux qui, séchés sur place, sont récoltés en maturité long-temps après que les feuilles fanées et les pores obstrués ont cessé d'absorber les substances aériennes, effritent beaucoup plus le sol que ceux qu'on a recueillis dans toute la vigueur qui précède la floraison; enfin ceux qui, comme le lin, le chanvre s'enlèvent en entier sans avoir rien rendu au sol, ou qui, comme les céréales, lui laissent seulement quelques racines grêles et quelques bouts de tiges creuses, sont infiniment plus épuisants que le trèfle, la luzerne et l'orge, qu'on coupe verts et qui laissent à la place où ils ont vécu leurs racines, leurs feuilles radicales et une partie de leurs tiges. Les récoltes qu'on considère comme améliorantes sont celles qu'on enfouit en totalité comme engrais, ou qui tout au moins abandonnent toujours au champ qui les nourrit, avec leurs organes souterrains, une grande partie de leurs tiges et de leurs feuilles; doivent aussi être considérées comme fertilisantes, si peu qu'elles perdent de leurs parties aériennes, celles à racines profondes qui vivent aux dépens des corps que l'eau entraîne hors de la portée des racines de la plupart de nos plantes.

Pour apprécier l'influence des récoltes sur la fécondité des terres, il faut tenir compte encore de la destination qu'on leur assigne. Si, comme l'expérience le prouve, toute plante est améliorante lorsqu'on la laisse se décomposer sur le sol, toutes celles même qui l'appauvrissent le plus par leur développement, améliorent les fermes quand on les fait consommer par les bestiaux, et qu'on emploie dans l'exploitation les engrais qu'elles ont produits. Ainsi, les pommes de terre, les betteraves, remarquables par la vigueur de leur végétation et par la quantité de matières qu'absorbent leurs racines, doivent être classées parmi les plus épuisantes, si on les vend ou si on les réserve à la nourriture de l'homme, et parmi les plus fertilisantes si elles servent à nourrir les animaux dont le fumier va féconder la ferme.

Ainsi, quoiqu'il n'existe aucune plante absolument améliorante, il serait possible de prévenir, par un assolement bien entendu, l'effritement et l'épuisement du sol.

Mais les récoltes qui bonifient, engraissent les terres, ne servant communément qu'à nourrir les animaux, sont peu productives en argent; tandis que celles qui l'amaigrissent, consacrées le plus souvent à la nourriture de l'homme ou aux manipulations de l'industrie, sont d'un très-bon rapport pécuniaire. Il faut donc chercher à tirer de celles qu'on utilise comme fourrage toute leur vertu fécondante en les faisant autant que possible consommer par les animaux.

L'avantage de l'alternation, sous le rapport de la fécondité de la terre, résulte donc de ce que toutes les plantes ne s'en approprient pas les mêmes substances et ne vivent pas aux dépens de la même couche; telle espèce va s'assimiler les sels calcaires, et telle autre la soude; l'une pompe les engrais que l'eau entraîne tout au fond de la couche cultivée, et l'autre ceux qui s'arrêtent à la surface. Il est facile par là d'expliquer comment, en choisissant pour succéder l'une à l'autre, des espèces douées de propriétés toutes différentes, on peut maintenir la terre en bon état de fécondité sans en suspendre la production.

En alternant convenablement les récoltes, nous produisons

les mêmes effets qu'en laissant reposer la terre. Ainsi, en cultivant le trèfle après le froment, nous permettons aux causes fertilisantes naturelles de la ramener aux conditions de fertilité que réclame la céréale et qu'elle avait avant que cette récolte l'eût épuisée ou affaiblie. Sous ce rapport, une succession bien ménagée de cultures diverses ressemble à la jachère et exerce une influence que les engrais ne sauraient produire; car ces derniers ne rendent jamais au juste les principes fertilisants dans la proportion qui accommode les végétaux. Il est même probable que l'air, la lumière, l'électricité, la chaleur, la pluie, la neige, les insectes, les vers, les oiseaux et les animalcules qui naissent, vivent et meurent sans discontinuer et en si grand nombre, impriment au sol des propriétés qu'il n'est pas donné à l'homme de savoir lui communiquer directement.

Pour produire tout son effet, le changement successif de récoltes doit être dirigé de manière à conserver à la fois à la terre qu'on y soumet, l'élément organique et l'élément minéral. Ainsi, après le seigle ou le froment qui enlèvent beaucoup de substances azotées, il faut placer le trèfle, la luzerne ou une autre plante qu'on fauche avant la maturité, et qui abandonne après elle des racines grosses et longues, beaucoup de tiges et de nombreuses feuilles riches en alumine; de même, après la betterave et le trèfle qui ravissent annuellement au sol 84 et 80 kilogrammes de potasse ou de soude par hectare, il faudra cultiver le froment et l'avoine, qui n'en absorbent que 24 et 26 kilogrammes. Il faut aussi chercher à conserver la fécondité dans toute l'épaisseur de la couche labourable, et à ramener à la surface les matières que les pluies entraînent profondément. Dans ce dessein, on fera suivre les céréales par les carottes, les betteraves, le sainfoin et autres plantes dont les racines longues vont chercher la vie jusqu'au fond du sol.

2° *Tenir le sol propre.* — Il faut se rappeler aussi, et cela est fort important pour expliquer la nécessité de l'alternat et pour trouver les moyens de l'effectuer convenablement, que la culture d'une plante quelconque non seulement diminue la quantité des aliments qui lui conviennent, mais favorise encore la multiplication des êtres qui lui nuisent; que, par exemple, l'orobanche du trèfle, l'altice du chou, la pyrale de la vigne, l'eumolpe de la luzerne, et tous les parasites, se propagent en proportion de l'extension des récoltes qui les nourrissent, et, sous ce rapport, il est peut-être plus intéressant de différencier convenablement nos cultures que de les faire en vue de la conservation des engrais; car, remédier à l'appauvrissement d'une terre est plus facile que d'en chasser certaines plantes et certains animaux nuisibles. Toutefois, il ne faut pas seulement chercher à détruire les parasites que nourrissent les plantes utiles, il faut aussi, par des cultures sarclées, nettoyer les sols où l'on a cultivé la luzerne et les céréales, des brômes, du chiendent, des coquelicots, de la shérarde, des liserons et des vesces, qui, sans se nourrir de la substance propre de ces récoltes, n'en sont pas moins trèsnuisibles.

Ainsi, c'est encore en alternant les moissons, c'est en écartant certaines cultures et en multipliant certaines autres que nous devons chercher à tenir la terre propre. Nous possédons aujourd'hui assez de plantes à grains et à graines diverses, assez à racines fourragères et à tubercules, assez enfin à foin et à pâturage pour varier les cultures autant qu'il est nécessaire, pour prévenir ou détruire les herbes adventices, et presque pour supprimer la jachère. Du reste, il suffit souvent de changer la semence du blé et de l'orge, même en conservant les mêmes variétés de ces plantes, pour prévenir la carie et le charbon; à plus forte raison détourne-t-on les parasites en semant des récoltes de familles et de genres divers ou seulement d'espèces différentes.

3° *Rapports entre les récoltes qui peuvent être vendues et celles qui doivent former des engrais.* — Après les précautions nécessaires pour maintenir la fécondité des terres, il faut, dans l'étude des rotations agricoles, avoir égard aux débouchés, aux besoins du pays. Il est quelquefois plus avantageux de cultiver les denrées qui se vendent bien que celles qui produisent beaucoup, mais qui sont moins chères parce qu'elles sont plus communes. Toutefois avec les premières, on est exposé à voir baisser les prix et à faire de mauvaises spéculations.

Près des grandes villes, dans les localités où les communications sont faciles, les frais de transport peu élevés, les engrais communs et à bas prix, on doit rechercher les denrées qui, soit céréales, soit fourragères, soit industrielles, peuvent avantageusement être vendues en nature. Dans de pareilles conditions, on n'a pas besoin de tenir des bestiaux pour le fumier, et un assolement régulier devient inutile; l'art du cultivateur s'y réduit à balancer la valeur des récoltes avec les dépenses en fumier et en main-d'œuvre.

Tout au contraire, dans les campagnes isolées, il est d'ordinaire très-important d'étendre la culture des plantes fourragères, d'abord pour se procurer les engrais nécessaires, et ensuite pour produire des substances animales presque toujours plus faciles à faire voyager et à vendre au loin que les denrées végétales. La viande, les laines, et même les produits du lait, si avantageux à cause de la facilité avec laquelle ils se transportent d'un pays à un autre, sont d'autant plus lucratifs qu'on ne peut les produire sans créer en même temps le fumier, qui seul peut rendre l'agriculture fructueuse.

Enfin, si l'on est entre les deux positions extrêmes que nous venons de supposer, et c'est ce qui a lieu presque généralement en France, on aura le plus souvent avantage à obtenir du sol le plus de denrées commerciales possibles, et à cultiver seulement les fourrages nécessaires pour entretenir les animaux et pour réparer la perte de substance fertilisante que les récoltes ont occasionnée aux terres. Ainsi, en supposant que le sol possède toute la fertilité qu'il doit avoir, on pourra vendre une partie de la récolte équivalente, en faculté fertilisante, aux matières que les plantes ont reçues de l'atmosphère, de la pluie et des irrigations. Quant aux produits à vendre, ce sera de la graine de colza, du chanvre, du froment, des pommes de terre, ou toute autre plante économique ou industrielle, selon les circonstances commerciales et agricoles dans lesquelles on se trouvera. Mais on devra considérer comme commerciales et vendues les substances employées dans la ferme à la nourriture de l'homme ou à quelque industrie particulière, si les résidus ne doivent pas en être rendus au sol sous forme d'engrais.

Dans les assolements, on ne doit pas laisser la fertilité des terres inactive, car elle représente un capital qui, non seulement y resterait improductif, mais qui se détruirait lui-même. D'un autre côté, le sol n'est presque par lui-même qu'une machine propre à transformer en denrées utiles les substances fertilisantes; celles-ci lui servant de matière première, il ne donne des produits qu'en raison des engrais qu'on lui fournit; il a besoin, pour produire des récoltes, d'une certaine fertilité naturelle; une quantité de fumier suffisante pour faire pousser une plante quelconque dans un terrain un peu fécond,

ne donnerait que des chétifs résultats sur un sol complètement infertile. C'est seulement lorsque la matière minérale insoluble est bien imprégnée d'engrais qu'elle laisse
libre pour les plantes celui qu'on lui livre encore. Ainsi donc
il ne faut pas s'attendre à des produits proportionnés à la
quantité de fumier répandue sur les terrains pauvres. Enfin
on doit constamment tenir les sols d'une ferme en état de bon
rapport.

D'après la fécondité, on a divisé les terrains en trois classes :
en riches, en moyens et en pauvres, distingués par la quantité
de céréales qu'ils donnent.

On croit que pour obtenir le produit net le plus considérable d'un sol, il faut prendre trois récoltes de céréales sur
une fumure; on a reconnu qu'on ne peut obtenir en graminées qu'une récolte égale au poids de matières organiques
sèches dont se compose l'engrais déposé dans la terre; que
pour tenir celle-ci en état de bonne fertilité, il faut lui rendre
en fumier toute la paille, plus une quantité de foin égale en
poids au grain. Pour connaître à quelle classe appartient une
terre, on en pèse d'abord le fumier et, ensuite, la paille et le
grain recueillis dans le cours de trois ans. Si le poids de paille
produit, ajouté à un poids de foin équivalent à celui du grain,
suffit pour produire, après sa consommation par le bétail un
poids de fumier égal à celui consommé par les trois récoltes,
ce terrain appartiendra à la classe moyenne. Si le poids de
paille obtenu est tel qu'ajouté à une quantité de foin égale en
poids au grain produit, le tout transformé en fumier, soit plus
que suffisant pour reproduire le fumier consommé, ce terrain appartiendra à la classe riche. Le sol pauvre sera celui dans lequel
les pailles récoltées, et l'équivalent pondérable en foin de grains
produits, ne suffiront pas pour reproduire le fumier consommé.

Un terrain qui, dans une année moyenne et avec une culture passable, ne donne pas au moins huit hectolitres de froment par hectare en sus de la semence, est décidément au-dessous du dernier degré de fertilité nécessaire pour que la culture ne soit pas perdue.

Mais il faut savoir aussi que, même dans les pays où la culture des fourrages est la moins lucrative, si elle doit pouvoir fournir les fumiers nécessaires pour donner aux terres arables la plus grande fertilité ou leur rendre au moins tous les sucs que les plantes absorbent, il n'y a aucun avantage, dans les circonstances les plus ordinaires, à faire plus de fourrages que n'en réclame la production des engrais; que toutes les fois que l'on a plus de fumier que n'en demande la terre, au lieu de plantes fourragères, il faut cultiver les produits qui, comme le colza, le houblon, le lin, les céréales, la graine de trèfle, peuvent être vendus en nature.

On a résumé d'une manière aussi complète que concise les principes d'après lesquels les cultivateurs doivent établir leurs hersages, régler leurs assolements et diriger leur exploitation, en indiquant le but qu'il faut se proposer dans la culture des fourrages. Admettant que les engrais sont indispensables en agriculture, que les cultivateurs ne peuvent pas s'en procurer d'une manière plus avantageuse que par leur propre bétail, on a indiqué de quelle manière on doit combiner l'entretien des animaux avec la production des plantes qui peuvent se vendre directement. On a fait voir que la multiplication du bétail élève le produit des cultures en accroissant les engrais, et que le perfectionnement des cultures augmente la vente du bétail par une grande abondance dans les produits destinés à la nourriture des animaux.

L'influence est toujours réciproque, mais dans la plupart

des cas, le rôle des animaux est secondaire. Il est de l'intérêt des cultivateurs de n'en tenir que le nombre nécessaire à la plus grande fertilité des terres, faisant en sorte d'avoir les engrais au plus bas prix, et de ne sacrifier que le moins possible des denrées qui peuvent directement se transformer en argent. Le cultivateur parviendra à ce but, 1° s'il sait obtenir, de la plus petite partie de son terrain, la plus grande quantité d'aliments destinés à la nourriture; 2° s'il y parvient avec le moins possible de travail et de frais; 3° s'il se procure ses fourrages de la partie de son terrain qui apporte le moins d'interruption à la culture d'autres produits; 4° s'il dispose la culture des récoltes-fourrages de manière que les travaux qui y sont employés tournent à l'avantage des récoltes suivantes; 5° s'il fait consommer ses fourrages par le bétail qui peut donner le plus de bénéfices; 6° s'il entretient son bétail de manière à ce qu'il lui donne les engrais les plus propres à ses récoltes; 7° s'il emploie ces engrais de la manière la plus avantageuse, soit en leur faisant produire des denrées susceptibles d'être transformées en argent, quand il en aura en excès, soit pour produire d'autres aliments et de nouveaux engrais; 8° enfin s'il accélère le plus possible cette rotation.

4° *Prix de la main-d'œuvre.* — Les frais relatifs des récoltes forment un point d'un grand intérêt dans la pratique des assolements. Quoique certaines plantes exigent des façons fort dispendieuses et reviennent à un prix fort élevé, elles n'en doivent pas moins être cultivées; car les labours qu'elles demandent nettoient le sol et le préparent à recevoir les récoltes suivantes. Il importe beaucoup de distribuer les cultures de manière que les travaux des premières, dans le roulement, profitent aux suivantes, et qu'on puisse épargner une grande partie des labours préparatoires que nous sommes forcés de pratiquer dans la culture triennale. Sous ce rapport, les plantes intercalaires, les cultures dérobées sont de la plus grande importance; presque tout le revenu qu'elles donnent est bénéfice, puisqu'elles n'augmentent ni les travaux des terres, ni le loyer des fermes, ni les impositions.

En adoptant un assolement, il faut avoir égard au prix de la main-d'œuvre dans les diverses saisons de l'année; il est désirable que les récoltes viennent toujours à point pour occuper continuellement les ouvriers et n'occasionner, en aucune circonstance, des embarras dans l'exploitation. L'impossibilité de faire, avec les valets de la ferme seuls, les sarclages d'été et les récoltes d'automne, la difficulté d'avoir dans ces saisons des journaliers à un prix raisonnable, font souvent préférer la jachère complète aux racines sarclées, quel que soit d'ailleurs l'avantage que présentent ces dernières. C'est ce qui arrive principalement pour les terres herbeuses, où les buttoirs, les houes à cheval ne peuvent pas remplacer la binette.

5° *Succession des cultures.* — Dans l'étude des assolements, il ne suffit pas d'avoir égard aux propriétés fertilisantes des végétaux, il faut encore prendre en considération les procédés de culture. A ce sujet, nous devons distinguer les cultures sarclées, les céréales, les prairies et les pâturages.

Parmi les plantes sarclées, il faut distinguer celles qu'on destine à l'entretien des animaux et qu'on récolte avant la maturité, de celles qu'on laisse mûrir sur place et qui servent soit à la nourriture de l'homme, soit à alimenter une industrie. Les premières, nous les avons principalement en vue, se placent d'ordinaire au commencement des rotations de culture, et au milieu, si celles-ci sont longues. On leur donne le

plus souvent tous les engrais qu'on réserve aux cultures suivantes, et cette pratique offre de grands avantages : les sarclages disséminent régulièrement les matières fertilisantes, détruisent les mauvaises herbes que le fumier fait pousser, nettoient le sol et le préparent à recevoir les récoltes suivantes;
la terre engraissée, amendée, donne pendant toute la durée de
la rotation des plantes vigoureuses et se conserve en bon état,
si l'on sait faire succéder en ordre convenable les plantes, qui
améliorent, à celles qui effritent.

Les céréales forment en général la base des assolements;
elles alternent avec les cultures précédentes et avec les prairies; on cultive le froment, l'avoine, le seigle et l'orge, mais
le plus souvent les deux premiers, dans les assolements réguliers; on les répartit d'ordinaire en tel ordre que le froment,
comme plus exigeant et plus précieux, occupe la terre au moment de sa plus grande fécondité. C'est l'avoine qui, presque
toujours, termine le roulement. Si, après l'avoir récoltée, on
laisse la terre libre, on a la faculté de sortir pendant l'hiver,
l'année d'après, les fumiers réservés à la culture sarclée qui
doit recommencer la série.

On sursème presque constamment les herbes fourragères à
la céréale qui suit la récolte sarclée. Cette distribution est surtout convenable pour les prairies ; elle leur donne un sol
propre, engraissé et bien ameubli, où elles peuvent s'établir
vigoureusement, devenir fortes, absorber abondamment les
principes de l'air, étouffer les mauvaises plantes, neutraliser
l'influence desséchante du soleil, donner d'abondants produits, et après avoir duré longtemps, laisser la terre en pleine
fécondité.

En général, les pâturages n'ont pas, en France, un rang as-
signé dans les assolements réguliers; mais on les place, quand

on veut en établir, dans des rotations de longue durée après la
cinquième, la sixième récolte, et on les laisse quatre, cinq,
six ans. Tout en fournissant des produits alimentaires d'une
grande valeur, ils donnent au terrain le temps de reprendre
sa fécondité par l'influence naturelle des agents fertilisants,
par le piétinement et les excréments des animaux.

C'est entre les diverses cultures que nous venons d'examiner qu'on place le colza, le lin et les autres plantes épuisantes
en leur donnant le plus souvent une fumure. Les prairies annuelles sont communément placées en cultures dérobées, pour
couper le sol, soit l'hiver, soit l'été, entre deux récoltes principales.

CHOIX D'UN ASSOLEMENT.

Il importe de faire choix des végétaux qui réussissent le
mieux sur chaque sol, mais selon sa nature trop légère ou
trop forte. Pour remédier, dans le premier cas, à son défaut de
cohésion et à son aridité dans le second, à sa tenacité et à son
humidité excessive, on doit préférer la culture la plus propre
à lier les molécules et à ombrager la surface, ou celles qui absorbent beaucoup d'eau et qui nécessitent des opérations aratoires destinées à diviser la masse et à faciliter en même temps
l'évaporation de ce liquide et l'introduction de la chaleur solaire.

Dans le choix d'un assolement, il faut aussi considérer la
position du terrain et le plus ou moins de facilité qu'il offre
au travail. En général, l'étendue des pâturages doit être d'autant plus grande que le sol est moins fertile, et qu'il serait
plus difficile de subvenir par la culture des prairies artificielles

à l'entretien des bestiaux. Il est encore d'un haut intérêt pour le cultivateur, de tenir compte, dans le choix d'un assolement, de l'état de fertilité dans lequel se trouve le sol à son arrivée dans une exploitation et au prix de la main-d'œuvre en toute saison.

La répartition de la chaleur et de l'humidité entre les saisons constitue le climat agricole auquel doit être nécessairement subordonné le choix d'un assolement; il faut donc cultiver les plantes qui s'accommodent le mieux du climat de la localité qu'on habite. Il est encore essentiel de choisir les productions dont la vente est certaine et entraîne moins de frais. Les cultures industrielles et fourragères exigent des frais nombreux; l'acquisition des bestiaux et des instruments perfectionnés demande des avances plus ou moins considérables; les améliorations étant toujours lentes à se faire ressentir, la courte durée des baux expose le fermier à n'en pas profiter. Toutes ces prévisions doivent entrer dans les calculs de l'agriculteur qui veut faire choix d'un assolement profitable.

Lorsqu'on est fixé sur le choix d'un assolement, il faut en coordonner les travaux de manière à ce qu'on puisse les suivre régulièrement pendant toute l'année et ne pas être surchargé dans certains moments et inoccupé dans d'autres; il faut aussi que l'étendue relative de chaque sole soit calculée de manière à établir une balance favorable entre les produits de la terre et ceux des animaux qu'elle nourrit et qui doivent la fertiliser.

Chaque exploitation est ordinairement divisée en deux portions inégales : l'une formée par les prairies naturelles, l'autre destinée à un assolement plus ou moins régulier et se subdivisant en autant de soles que l'assolement compte d'années; ainsi, dans la rotation quadriennale, le terrain se trouve par-

tagé par le quart et porte annuellement quatre récoltes diverses. Il arrive quelquefois qu'on partage chaque sole en plusieurs autres portant des récoltes de même nature; ainsi la sole
des céréales peut se composer d'orge et d'avoine; celle des
plantes sarclées, partie de pommes de terre, partie de navets
ou de betteraves. On peut encore laisser à certaines soles toutes
leur étendue relative et en diviser certaines autres, en variant
leurs produits d'après la consommation et le commerce local,
et surtout selon la quantité de fourrages artificiels dont on a
besoin.

En général, l'étendue des fourrages doit être à peu près
égale à celle des cultures fumées. Voici, par exemple, quelle
en serait la répartition sur 20 hectares soumis à un assolement quadriennal : betteraves, pommes de terre, navets,
choux, ou autres cultures binées et sarclées, 5 hectares formant la première sole de la première année; avoine, 5 hectares
formant la deuxième sole de la première année; trèfle, 5 hectares formant la troisième sole de la première année; blé froment, 5 hectares formant la quatrième sole de la première année.
En tout, 10 hectares céréales et 10 hectares racines ou plantes
fourragères dont quelques-unes sont également propres à la
nourriture de l'homme ou à divers usages économiques ou in-
dustriels. La seconde année, les cultures sarclées succéderont
au blé, de sorte que la dernière sole de la première année deviendra la première de la seconde; le blé prendra la place du
trèfle, le trèfle celle de l'avoine, et ainsi de suite, de manière
à donner tous les ans les mêmes résultats.

Toute bête bovine ou chevaline, ou 12 moutons leur équivalent, bien nourris et rempaillés, donnent un tombereau de
fumier par mois; et pour être fumé convenablement, chaque
hectare demande six tombereaux de fumier par an; d'où il ré-

suite qu'il faut, pour chaque double hectare : 1° une bête bovine ou chevaline, ou son équivalent en bêtes à laine; 2° pour chacune de ces bêtes, bovine ou son remplacement, les pailles d'un hectare, dont moitié en paille de blé, l'autre en paille d'avoine, et de plus le fourrage tant vert que sec d'un demi-hectare en prairie artificielle.

Mais il n'y a rien d'absolu en agriculture, et l'application de ces principes sera modifiée d'après les vues et la position personnelle des cultivateurs, soit qu'ils subordonnent leurs cultures à l'élève des animaux, soit qu'ils ne nourrissent que le nombre de bestiaux nécessaire à l'exploitation des terres.

PRATIQUE DES ASSOLEMENTS.

La science agricole ne permet pas de formuler en préceptes positifs l'art des assolements. C'est d'après les considérations qui précèdent qu'il faut, dans chaque ferme, régler le roulement des récoltes. Les exemples que nous allons rapporter et discuter ne peuvent donc être considérés que comme des indications générales qu'il ne faudrait pas imiter sans avoir auparavant bien reconnu l'appropriation de chacune des cultures qu'ils comprennent à la terre où elle devrait être appliquée.

Assolement triennal, jachère morte. — Cet assolement est composé de deux années de céréales et d'une année de jachère. Très-ancien, il est généralement suivi encore aujourd'hui dans plusieurs localités; inutile de faire observer que dans ce système la jachère revient tous les deux ans nettoyer le sol sali par deux céréales de suite. S'il offre l'avantage de ménager une partie des terres pour pâturage, il nécessite en retour beaucoup de prairies naturelles, et tous les ans condamne à un stérile repos le tiers des terres arables; c'est surtout à cause de ce dernier inconvénient qu'on le critique et souvent avec raison.

Cependant, lorsque les capitaux manquent pour une culture active, que les ouvriers rares ne peuvent suffire aux travaux ni à la consommation des produits, que l'engrais est peu abondant et cher, la terre en mauvais état et pleine d'herbes adventices, le système triennal est souvent le plus avantageux; c'était même le seul praticable, alors qu'on ne connaissait, à cultiver en grand, que quelques variétés de céréales; alors qu'on n'avait même pour l'homme que la patate, la pastanade et quelques légumes. Et dans l'assolement même à récoltes alternées, la jachère est encore parfois indispensable, car les demi-jachères, les récoltes jachères, c'est-à-dire les cultures qu'on sarcle sont, dans bien des cas, insuffisantes pour nettoyer convenablement le sol.

On distingue d'ordinaire la jachère d'été et celle d'hiver. La première, qui dure depuis les récoltes du printemps jusqu'aux semailles d'automne, est profitable dans les climats ardents, où les récoltes qu'on établit en juin et en juillet ne résistent qu'à grand'peine à l'aridité du sol, et parfois encore, quand les mauvaises herbes ne peuvent être détruites que par des labours fréquents et profonds exécutés dans les fortes chaleurs. Toutefois, dans les lieux maigres, les travaux d'été doivent être faits avec précaution; car les labours de cette saison facilitent l'absorption de l'oxygène, la pénétration de la chaleur dans la terre, et favorisent ainsi la naissance de corps volatils qui se perdent dans l'espace, à moins que les plantes n'étalent une couche de verdure rafraîchissante et poreuse qui les condense et les absorbe.

La jachère d'hiver se pratique quand on a lieu de craindre

que les récoltes ne périssent par le froid, les pluies, les neiges ou les inondations; quand on veut se ménager des travaux pour les saisons où les attelages sont d'ordinaire sans occupation; quand il faut détruire certaines racines vivaces ou ameublir les mottes d'un sol argileux en les exposant aux rigueurs de l'hiver; car aucune façon ne divise aussi bien les terres fortes qu'une succession de gelées et de dégels.

La jachère complète et d'une année est maintes fois le moyen le plus sûr, le plus économique de détruire les mauvaises herbes, les parasites et les animaux nuisibles; il ne serait même pas possible de nettoyer certains sols alumineux sans y avoir recours. Quand on veut améliorer un domaine, il faut étendre la jachère plutôt que de la restreindre pendant les premières années.

Les assolements à courts termes amènent trop souvent les mêmes récoltes aux mêmes lieux et ne sauraient convenir qu'aux terres d'une extrême fertilité; tel est celui de deux ans, encore faut-il que la récolte intercalaire soit de nature à exiger de nombreuses façons d'entretien.

L'assolement triennal et la jachère qu'il nécessite doivent être supprimés dans les terres fécondes ou susceptibles de le devenir facilement, dans les contrées où les denrées végétales ont des débouchés avantageux et payent amplement le travail consacré à les faire venir; mais, dans les circonstances opposées, un système de culture qui rend de modiques récoltes, mais qui les donne par les seules forces productives de la nature, est le plus avantageux. Combien d'échecs en agriculture sont dus à la suppression de l'assolement triennal et à l'introduction subite d'une culture active qui, malgré ses fruits plus abondants, ne paye pas ses frais.

En général, il ne faut substituer à un ancien système de

culture un système nouveau et plus actif que graduellement et à mesure qu'un changement accompli permet d'en entreprendre un autre. On devra d'abord mettre le fumier sur un espace de terrain assez limité, consacrer à l'établissement d'une prairie artificielle un des meilleurs coins de terre de la ferme, diminuer l'étendue des soles en cultures épuisantes, et laisser, par conséquent, une plus grande surface en jachères mortes. On cherchera ensuite à établir à mesure que la fécondité, la propreté des terres le permettront, des pâturages artificiels, des cultures dérobées et des récoltes sarclées; l'on établira ainsi un assolement triennal avec racines et légumineuses sur une partie de la jachère, comme cela se pratique déjà presque généralement, et on étendra les cultures à mesure qu'on verra s'accroître le bon état des terres, l'abondance des fourrages, la quantité des engrais, la facilité des transports et la consommation des denrées; enfin, à mesure que les animaux améliorés donneront des produits plus abondants et moins chers, qui permettront d'avoir un cheptel plus nombreux.

La rotation quadriennale offre un assolement à court terme qui joint au mérite de pouvoir être adopté dans un très-grand nombre de cas, celui de donner des bénéfices satisfaisants dès qu'il est bien établi, et de tenir la terre constamment en bon état, sans augmenter bien sensiblement les frais de culture.

L'évaluation des frais dans les circonstances les plus favorables de l'assolement triennal doit reposer sur les bases suivantes : prix de location d'un hectare pendant trois ans, trois labours au moins de jachères, un labour au moins pour la seconde céréale, une fumure. Celle des bénéfices ne peut portier que sur deux récoltes ordinairement assez chétives de céréales.

Dans l'assolement quadriennal on aura : prix de location

pendant quatre ans, quatre labours, deux pour la culture sarclée, un pour la céréale qui lui succède, et un pour le blé qui
remplace la prairie artificielle; façon d'entretien et d'arrachage
des racines fourragères, fauchage de la récolte verte, une fumure, et pour les bénéfices quatre récoltes.

De quelque manière qu'on envisage les résultats comparatifs, il résulte incontestablement de ce qui précède que, tandis
qu'avec le premier assolement on donne deux fumures en six
ans, on n'en donne pas plus en huit ans avec le second et
que, toutes choses égales d'ailleurs, grâce à la propriété re-
posante et fécondante d'un trèfle rompu et en partie enfoui au
renouvellement de la rotation, on peut être certain que la
terre sera cependant moins épuisée qu'après les deux céréales
de l'assolement avec jachère; que le nombre des labours doit
être considéré comme à peu près le même dans les deux
exemples, puisqu'en suivant l'assolement triennal on en
compte au moins quatre pour trois ans (ce nombre est même
souvent insuffisant) tandis qu'avec l'assolement quadriennal
on peut également n'en donner que quatre, de sorte que les façons indispensables aux racines ou autres plantes sarclées et
binées de la première année comptent pour la différence de la
quatrième; qu'en suivant la première méthode on paie trois
ans de fermage pour ne récolter que deux fois, au lieu qu'en
suivant la seconde chaque année amène sa récolte; que dans
le premier cas il faut être particulièrement favorisé par la localité pour posséder en dehors de l'assolement les herbages
naturels nécessaires à l'entretien, à l'éducation, à l'engraissement des animaux et à une suffisante production des fumiers,
tandis que dans le second les cultures destinées à procurer des
fourrages alternant avec celles qui ont pour but de pourvoir à
la nourriture de l'homme, on ne doit, sauf les obstacles que

puvent présenter les saisons, éprouver à cet égard aucun embarras. Si l'on objectait qu'en douze ans, avec l'assolement quadriennal, on n'obtiendrait que six récoltes céréales, tandis qu'avec l'autre on en obtient huit, on répondrait, avec la conviction de l'expérience, qu'en portant un tiers seulement de grains en sus par chaque rotation de quatre ans, on doit se tenir presque partout au-dessous de la vérité, et qu'ainsi, dans ce seul rapport, la balance serait au moins égale au bout de douze ans, tandis qu'on devrait compter en faveur de l'assolement sans jachère tous les autres produits.

Assolement de cinq ans. — Sur un sol fatigué et sali par le retour trop fréquent ou trop prolongé des blés, et que l'on veut ramener sans jachère à sa fécondité première, un ou deux assolements quinquennaux remplissent parfaitement le but, soit qu'on puisse couvrir deux soles de plantes fumées, pineés ou butées, et une troisième de fourrages à faucher en vert; soit qu'à une sole de plantes sarclées on joigne deux soles de prairies artificielles; soit enfin qu'après avoir fauché une première année la prairie artificielle, on la laisse une seconde année en pâture.

L'*assolement de six ans* permet aux plus pauvres cultivateurs, et sur les terres les plus rouillées, d'arriver peu à peu à l'une des cultures les plus riches et les mieux entendues, en leur fournissant les moyens de nourrir un plus grand nombre de bestiaux, par conséquent d'augmenter la masse de leurs engrais et de parvenir graduellement à diminuer la quantité de terres laissées en jachère en les couvrant successivement de nouveaux fourrages.

Les *assolements de sept et huit ans* ne peuvent être mis en pratique que par exception et afin d'éloigner plutôt que de rapprocher le retour des blés, et d'augmenter le nombre des cultures améliorantes. Ces rotations ne sont assez souvent que deux assolements, soit de trois et quatre ans, soit de quatre ans, mis à la suite l'un de l'autre, dans le but principal de remplacer en l'un d'eux le trèfle par un fourrage différent, afin d'éviter son retour trop fréquent.

Dans les lieux où la nature du sol ne s'oppose pas à l'excellente pratique des défoncements, une première rotation de huit ans avec jachère, qui permet à la couche labourée de se mûrir convenablement, peut être d'autant plus profitable que les terres neuves, pour devenir fécondes, ont besoin d'abondants engrais, de façons fréquentes, et qu'elles se prêtent surtout à la culture des racines sarclées. L'une des meilleures combinaisons possibles, en pareil cas, me paraît être celle-ci : première année, jachère avec défoncement; seconde année, racines binées et sarclées; troisième année, autres racines binées et sarclées; quatrième année, céréales; cinquième année, cultures sarclées; sixième année, céréales et trèfle; septième année, trèfle; huitième année, céréales.

Les assolements analogues sont excellents sur des friches et sur tous les terrains salis de mauvaises herbes. A la vérité, les façons qu'ils exigent sont nombreuses, mais leurs résultats, fort bons en eux-mêmes, concourent encore efficacement à l'amélioration progressive du sol. Dans la plupart des cas, il est toutefois possible d'éviter une jachère complète. L'assolement sera alors celui-ci, ou quelqu'autre basé sur les mêmes principes :

Première année, sur trois ou quatre labours d'automne et de printemps, culture sarclée; seconde année, culture sarclée;

roisième année, céréales; quatrième année, céréales; cinquième année, culture sarclée; sixième année, céréales et trèfle;
septième année, trèfle; huitième année, céréales.

LIVRE QUATRIÈME.

CULTURE SPÉCIALE DES PLANTES ALIMEN-TAIRES POUR L'HOMME ET LES ANIMAUX.

CHAPITRE Ier.

DES CÉRÉALES.

La reconnaissance du climat et du sol qui conviennent particulièrement à chaque plante, la place qu'elle doit occuper dans la rotation avant ou après les autres récoltes, la préparaion du sol, le mode de semaille, de culture et de récolte qu'elle demande, enfin son produit et son prix net font l'objet de la culture spéciale.

Le mot de *céréale*, dérivé de Cérès, déesse des moissons, désigne les plantes panaires ou farineuses qui, à l'exception du sarrasin, appartiennent toutes à la famille des graminées. Ce sont : le blé, le seigle, l'orge, le riz, l'avoine, le millet, le maïs, le sorgho, l'alpiste. Les céréales sont les récoltes les plus importantes, car non seulement elles fournissent l'aliment le plus important pour l'homme, le pain, mais encore la paille, qui, servant comme nourriture du bétail, et surtout comme litière, à la production du fumier, est indispensable en culture. Les céréales qui font aujourd'hui notre richesse ont été apportées de l'Asie, ainsi que la plupart des légumes, des arbres fruitiers et la vigne.

Les céréales sont toutes des produits annuels, c'est-à-dire se semant et se récoltant entre deux hivers; mais plusieurs d'entre elles pouvant supporter de grands froids dans leur jeunesse, on en fait des récoltes bisannuelles, c'est-à-dire se semant une année et se récoltant la suivante. On appelle ces dernières *céréales d'automne*, parce qu'elles se sèment à cette époque; par un motif semblable, on nomme les autres *céréales de printemps*.

Ce changement a non-seulement l'avantage de permettre une meilleure disposition dans les travaux de culture, mais encore celui de rendre plus productives et moins chanceuses les récoltes ainsi modifiées. Les plantes s'habituent à ce changement; semé au printemps, le blé d'hiver vient difficilement à maturité; et d'un autre côté, l'orge de printemps semée en automne gèle pendant l'hiver.

DU FROMENT OU BLÉ.

Il existe un grand nombre de variétés de blé qu'on range en deux divisions principales : 1° celle des froments proprement dits, à grain libre ou nu, se séparant de la balle par le battage; 2° celle des *épeautres* ou froment à balle adhérente. A la première série appartiennent le *froment ordinaire*, le *froment renflé, gros blé, poulard* ou *petanielle; froment dur ou corné, froment de Pologne*. La seconde série comprendra deux espèces, savoir : le *froment amidonnier*, l'engrain ou *froment loculaire*.

A chacun de ces groupes se rapporte une foule de variétés avec ou sans barbes. Les blés sans barbes ont l'épi long et étroit, ou court et ramassé, suivant les variétés; à quatre côtés inégaux, grain oblong, ovale ou tronqué, rougeâtre, jaune ou blanc, selon la variété; ordinairement tendre ou demi-tendre, paille creuse; mais ces blés, de même que leurs pailles, sont les plus estimés; ils sont d'automne ou de mars. Le blé commun d'hiver, à épi jaunâtre, blé de saison, est très-répandu dans les plaines du nord et du centre de la France; il est également propre aux deux saisons. Le froment de mars, blanc, sans barbes, n'est qu'une modification printanière du précédent. Le froment blanc de Flandre est un blé d'hiver recherché dans le nord; parmi les blés blancs d'automne, ceux de Talavéra et de Hongrie sont cultivés avec avantages. Comme bons blés de printemps, on cite ceux de Fellemberg et Pictet. Pour le midi, la richelle blanche de Naples mériterait d'être très-répandue, ainsi que le blé d'Odessa connu en Auvergne. On regarde encore comme blé de bonne qualité le froment rouge ordinaire sans barbes; le blé lammas, le blé rouge anglais; le blé de mars, rouge, sans barbes; le blé du Caucase, rouge, sans barbes; le blé de mars, carré, de Sicile; le blé rouge, velu, de Crète.

Les blés barbus sont moins prisés que les précédents; ils sont presque tous des froments de mars. Les plus cultivés sont: le blé de mars, barbu ordinaire; le froment renflé ou poulard, qui a la paille pleine, une grande force de végétation, et par cette raison verse difficilement, de même que les autres poulards à épi lisse, ou velu, blanc ou rouge; le blé géant de Ste-Hélène est un poulard qui paraît originaire de Dantzick. Le blé miracle, à épis multiples, est plus curieux qu'utile, car il lui faut une terre riche et très-saine; sans cela il dégénère promptement et reprend un épi simple.

Les épeautres sont moins cultivés que les froments à grain nu; moins difficiles pour le terrain que ceux-ci, ils conviennent aux pays froids et montueux. Le épeautres sont tous d'automne, et présentent aussi un grand nombre de variétés dont la plus estimée est à épi blanc et rougeâtre.

Les froments blancs donnent une pâte moins lisse que les froments rouges; cela est dû à la grande proportion de fécule et d'amidon qu'ils renferment. On rendrait la pâte parfaite en ajoutant à la mouture une petite quantité de blé dur ou glacé. Les froments durs, cornés ou glacés, c'est-à-dire ceux dont la cassure est nette et a l'apparence de la corne ne donnent que soixante-dix parties de pain sur cent parties de farine brute, tandis que les froments tendres, les blancs surtout, dont la cassure est farineuse, en donnent quatre-vingt-dix. Ce serait une grande raison pour préférer les derniers. Toutefois, les

blés durs ont aussi leurs avantages; le pain fait avec leur farine, quoique moins blanc, est plus savoureux, sèche et durcit moins promptement, et paraît être plus nourrissant. Ils se
conservent mieux et sont propres à la confection du vermi-
cel, de la semoule et autres pâtes analogues. En général, les
blés du nord sont tendres, et ceux des climats chauds sont
cornés.

CHOIX DU TERRAIN.

Un sol riche, de consistance moyenne, argilo-sableux et un
peu calcaire, est celui qui convient le mieux au froment. Les
terres franches, puis les terres fortes bien préparées, donnent
aussi de beaux produits. C'est au moyen de l'emploi raisonné
des amendements et des engrais qu'on peut étendre la culture
du froment sur des terres qui n'en ont point encore porté.

Le sol, les engrais et les amendements apportent une grande
différence, non seulement dans la quantité des produits du
froment, mais dans les proportions relatives de ces produits,
pailles et grains, et même dans celles des parties constituantes
du grain considéré dans sa nature intime.

Il n'y a guère que le froment en grain dont l'épi ressemble
à une petite orge qui réussisse bien dans les terres sablonneuses et calcaires.

Un champ humide produit des grains à écorce épaisse. Un
champ plus accessible à la chaleur donne une paille sensiblement moins longue, mais des grains mieux nourris en farine.

La meilleure place pour le blé, dans les terres fortes, est la
jachère; il réussit très-bien encore après un beau trèfle, après

du colza, des fèves, des pois et des vesces coupées en vert et retournées tout de suite. Après ces récoltes, surtout après le trèfle, un seul labour profond lui suffit ordinairement. Il vient moins bien après des racines (pommes de terre, betteraves), à moins qu'elles n'aient été récoltées de bonne heure; il vient mal après une autre céréale, surtout sur lui-même.

PRÉPARATION DU SOL.

Une condition indispensable à la réussite du froment, c'est que le sol soit net de mauvaises herbes et suffisamment ameubli, au moins à quelques centimètres de sa surface; car, après un labour profond, il n'est pas nécessaire de donner au sol une grande entrure avant d'exécuter les semailles; mais si les derniers labours ne doivent pas être trop profonds, il ne faut pas non plus qu'à la surface la pulvérisation soit trop complète, parce que les petites mottes qui restent après la semaille retiennent la neige, et en se fendant à la suite des gelées elles procurent aux jeunes plantes un utile rechaussement.

On ne peut fixer d'une manière absolue le nombre de labours nécessaires à un champ pour le préparer convenablement à recevoir du blé, puisque ce nombre doit varier en raison de la nature et de l'état du sol. Sur une jachère, trois ou quatre façons sont parfois insuffisantes.

Les amendements calcaires sont ceux qu'on doit généralement préférer pour la culture du froment. On fume plutôt pour la récolte qui précède que pour le blé, à moins qu'on ne fasse jachère, et dans ce cas on conduit le fumier au printemps ou en été, et on donne plusieurs labours après; le blé est plus

...opre, de cette manière, et ne risque pas de verser. Dans les ...rres sujettes au déchaussement, le parcage a d'excellents ef-...ts, comme engrais et comme plombage.

CHOIX DE LA SEMENCE.

Il faut que les grains de semis soient de bonne qualité, bien ...ûrs et sans mélange de semences étrangères. On fera préféra-...lement usage de graines provenant de la récolte précédente, ...moins qu'elles ne soient par trop entachées de carie, ou ...u'elles aient été détruites par la grêle. Si le moment de la ...écolte est trop rapproché de celui des semailles, comme ...ans les pays montagneux, ou bien si les graines de la ...ouvelle récolte jouissent d'une qualité commerciale supé-...ieure à celles de la précédente, on emploiera alors de ...a semence de deux ou trois ans, qu'on sèmera quelques jours ...vant l'époque ordinaire, parce qu'elle lève un peu plus diffi-...ilement, après s'être préalablement assuré dans quelle pro-...portion les vieux grains ont conservé la faculté germinative.

PRÉPARATION DE LA SEMENCE.

Après le criblage, douze ou vingt-quatre heures avant le semis, on soumet le blé au *chaulage*, opération qui a pour but de détruire les poussières globuliformes qui favorisent la re-production de la carie et peut-être du charbon.

Le chaulage s'opère en répandant de la chaux concassée sur le grain, puis on verse dessus, en ayant la précaution de remuer sans cesse le mélange, autant d'eau qu'il est nécessaire pour étendre et transformer cette chaux en bouillie; on peut aussi faire fuser la chaux à l'eau chaude, et on la répand ensuite sur le grain pour l'en imprégner entièrement à l'aide d'une spatule. On chaule aussi par immersion en faisant fuser la chaux jusqu'à ce qu'elle se délaie et forme une bouillie fort claire; on y fait tremper le blé, on l'y remue à plusieurs reprises, de manière que chaque grain soit enveloppé et soumis sur tous ses points à l'action caustique, et on ne le retire que plusieurs heures après. Enfin, on a préconisé diverses formules dont la valeur est plus ou moins contestable, et si j'en donne une ici, c'est que mise en usage depuis plus de trente ans par mon père, il n'a jamais remarqué un seul épi de blé noir dans ses récoltes, tandis que des champs contigus aux siens, ensemencés avec le même grain, mais non soumis à la même préparation, en ont offert en quantité plus ou moins considérable.

Pour la semence nécessaire à un hectare, prenez : arsenic, 20 grammes; vert-de-gris, 20 grammes; fleur de soufre, 20 grammes; alun, 40 grammes; sel de cuisine, 625 grammes; chaux vive, 5 litres; purin, 35 à 40 litres.

On éteint d'abord la chaux avec du purin, et lorsqu'elle est transformée en bouillie, on la met dans une cuve en y ajoutant les substances ci-dessus indiquées; puis, le grain étant placé dans une manne d'osier, on le plonge ainsi pendant quelques instants dans le mélange qu'on a soin de bien remuer. Les faux grains, les poussières viennent au-dessus de la manne; on les enlève et on laisse égoutter le grain au-dessus de la cuve; ensuite on le place dans un endroit à part, et on recommence jusqu'à ce que tout le grain à employer ait subi la même préparation.

Cette opération facilite la sortie des germes et empêche la destruction du grain par la vermine.

Les analyses chimiques ont démontré qu'il n'existait aucune

race d'acide arsénieux dans le blé dont la semence avait été ainsi préparée, tandis qu'on y constatait la présence des sels de cuivre.

On sème les blés d'automne du 15 septembre au 15 novembre; pour ceux-ci comme pour les blés de mars, la semaille doit être faite de bonne heure.

La quantité de semence qu'on doit répandre sur un hectare est, terme moyen, de deux hectolitres.

BLÉ DE PRINTEMPS.

Le blé de mars convient mieux que celui d'automne dans les montagnes, dans les terrains sujets aux inondations ou au déchaussement pendant l'hiver, et pour mettre après des plantes qu'on a récoltées tard. Il sert aussi à remplacer les blés détruits pendant l'hiver, et pour cette raison on devrait en avoir quelques ares de semés tous les ans dans chaque grande ferme, afin d'en conserver la semence. — Il lui faut, pour réussir, une année humide et un sol riche. — On sème, en mars ou en février, un peu plus dru, plus épais que pour le froment d'automne, 225 litres par hectare. — Il rend moins que ce dernier; même dans les bonnes années il ne produit que les deux tiers au plus en grain et en paille. Il est très-sujet à la rouille et au charbon.

Les soins d'entretien des froments pendant leur végétation sont, suivant les cas, des roulages, des hersages, des sarclages, des binages.

La quantité des produits du blé en graines et en paille est excessivement variable. On estime généralement, en terme moyen, qu'un hectare rapporte de 8 à 16 hectolitres qui peuvent peser jusqu'à 80 kilog. chaque, et 720 bottes de paille pesant 5 kilog. chacune; ces chiffres peuvent varier beaucoup du plus au moins.

PRODUCTION DU BLÉ EN FRANCE.

La production du blé en France s'élève annuellement à 70 millions d'hectolitres, qui, à 20 francs, prix moyen des marchés, représentent une valeur de 1 milliard 400 millions. Et cependant, malgré cette importance, ce n'est pas l'industrie qui fait le plus de bruit.

Les cultures du froment, sans les jachères, occupent aujourd'hui 5 millions et demie d'hectares (2,830 lieues environ), plus d'un dixième de la France, et les deux cinquièmes de l'étendue des terres cultivées du royaume. La masse du produit est énorme, mais si on la divise en 34 millions de personnes, le quotient est fort petit, la part de chacun est insuffisante. Aussi, une partie de la population est forcée de renoncer au blé et de se nourrir de grains moins chers et moins savoureux. Jamais pourtant, il faut le dire, le froment n'avait été produit en si grande quantité, et n'était entré en si grande proportion dans la subsistance du peuple. La consommation en est diminuée dans beaucoup d'endroits par d'anciennes habitudes nationales, telles que celles qui font vivre de sarrasin ou de maïs les habitants de l'ouest et du midi; elle l'est encore par le haut prix auquel il est fixé dans l'ancienne Provence, qui subsiste en grande partie de froments étrangers. Enfin une autre cause, qui a les mêmes effets, mérite une attention particulière; c'est l'inégale distribution de la production des blés qui se concentrent dans une douzaine de départements, tandis que les autres n'ont que des cultures proportionnées à leurs besoins.

Voici, par hectare, la production des dix départements les plus féconds et celle des dix départements les moins féconds : Nord, 21 hectolitres; Seine-et-Oise, 19; Oise, 19; Somme, 18; Seine-et-Marne, 18; Bas-Rhin, 18; Aisne, 17; Finistère, 16; Côtes-du-Nord, 17; Pas-de-Calais, 16; Gard, 9; Landes, 8; Vaucluse, 8; Creuse, 8; Basses-Alpes, 8; Lozère, 8; Cantal, 7; Loire, 7; Dordogne, 7; Lot, 6.

En 1760, la France produisait 30 millions d'hectolitres; en 1764, 34 millions; et en 1839, 70. D'où il résulte que la production du froment y a doublé, en l'espace de 80 ans; tandis que la population ne s'est guère augmentée que de moitié en sus.

La quantité des semences, pour la France, s'élève actuellement à 11,441,780 hectolitres à 15 fr. 25 c. l'hectolitre, prix de revient de la production. Comme on le voit, la fécondité du froment, déterminée par la comparaison de la quantité des semences et de celle de la production, est d'un peu plus de six pour un.

Le maximum de la consommation du froment a lieu dans les départements qui produisent abondamment cette céréale, dans ceux qui sont féconds, industrieux et riches, et dans ceux qui possèdent de grandes villes, peuplées de personnes opulentes, ou ayant une population considérable d'étrangers, comme les ports de mer, les grandes garnisons. Le minimum a lieu dans les lieux montagneux, dont le sol est à demi-aride et rocailleux. On le retrouve également dans les départements où les habitudes celtiques se sont conservées jusqu'à nos jours. La consommation de froment est si inégale, qu'il y a des parties de la France, comme le Gers et le Tarn-et-Garonne, qui absorbent dix-sept fois autant de blé que d'autres, tels que le Cantal. Il y a cependant quelques départements où l'on ne consomme que peu de froment, quoique le pays soit riche et fertile; ce sont ceux où, comme dans la Bretagne, on continue à vivre en partie de sarrasin, et ceux du midi, où on se nourrit de châtaignes et de maïs.

En 1839, la consommation du blé était de 57 millions d'hectolitres répartis en 19 millions d'habitants; les 14 autres millions d'habitants se nourrissaient de graines inférieures.

RÉCOLTE.

Chaque genre de récolte agricole a son époque indiquée par la nature, et cette époque, attendue par le cultivateur, vient combler ou détruire ses espérances. Quelque diligents qu'aient été ses travaux de l'année, toute cette richesse dont la terre s'est couverte peut lui échapper encore, s'il n'apporte à la récolte les mêmes soins vigilants. Pendant une partie de son cours, l'année est un temps de labeur que l'espérance adoucit; pendant l'autre, c'est un temps de joie, de moissons et de vendanges offrant des travaux plus doux, que rend plus faciles le spectacle des richesses agricoles. Et comme le temps le plus convenable pour la récolte est toujours de courte durée, on doit prendre ses mesures afin de pouvoir profiter du moment favorable et aller vite en besogne.

Plusieurs opinions existent sur l'époque à laquelle il convient de faire la récolte du blé. En général, on attend une complète maturité, et c'est lorsque la paille n'a plus de sève et que le grain tout-à-fait sec commence à se détacher de lui-même, que l'on songe à commencer la moisson. Il paraît cependant, par l'opinion des meilleurs agronomes, que cette époque est trop tardive. On laisse ainsi les blés trop longtemps exposés aux intempéries des saisons, aux vents qui les égrènent, aux pluies qui les renversent; la moisson en est plus lente et plus difficile, il y a plus d'égrenage au moment de la récolte par la secousse de la faulx ou le mouvement de la faucille. On a reconnu, au contraire, qu'il y a plus d'avantage à scier les blés au moment où le grain n'étant plus en lait est déjà transformé en une plante farineuse susceptible de s'écraser sous le doigt; alors il n'y a pas d'égrenage par l'effet des travaux de la moisson, le grain est moins susceptible de contracter et de transmettre la carie, et s'il paraît moins pesant au moment de la moisson, il reprend bientôt de l'avantage, même sous ce rapport, quand il durcit lentement, en meule ou dans la grange.

Trois instruments sont employés pour le sciage du blé : la faucille, la faulx et la sape, espèce de faucille fixée au bout d'un manche assez long.

La faucille égrène moins que la faulx; mais elle agit plus lentement; elle demande un grand nombre de bras, les faucilleurs ayant d'ailleurs d'autant moins de peine qu'ils fauchent plus haut, laissant en pure perte sur le champ une partie de la récolte en paille, si précieuse pour la ferme. La faucille cependant convien mieux dans les blés roulés et versés où la faulx se rait embarrassée. Et d'ailleurs elle permet d'employer à ce travail des femmes et des enfants.

C'est à tort qu'on prétend que la faulx cause beaucoup d'égrenage ; entre les mains d'un ouvrier habile elle est peu dangereuse. Un faucheur, aidé d'une femme ou d'un enfant, fait autant d'ouvrage que deux faucilleurs.

Les blés et les seigles se fauchent en dedans, c'est-à-dire

12

que le faucheur a le champ à sa gauche et couche le grain qu'il coupe contre celui qui est debout; des femmes ou des enfants le mettent en javelles. Les marsages se fauchent en dehors, c'est-à-dire comme l'herbe, et sont mis par la faulx en andains ou en javelles. Pour le fauchage en dedans, la faulx est armée d'une baguette ou plagon, consistant en un ou plusieurs cercles recourbés au bout du manche, et destinés à empêcher le grain de tomber par-dessus la faulx. Pour faucher des grains en dehors, on met à la faulx un crochet ou rateau qui consiste en plusieurs baguettes parallèles à la lame et qui retiennent les épis. Quelquefois on emploie aussi le plagon pour faucher en dehors; alors le grain est mis en andains.

La sape, enfin, est supérieure aux deux instruments précédents; elle agit plus vite que la faulx, elle est moins embarrassée dans les blés roulés et versés. Un sapeur fait seul plus d'ouvrage qu'un faucheur avec son aile.

Lorsque les blés sont abattus et que le temps est beau, on laisse les javelles sur le champ pendant un ou deux jours, quelquefois davantage, pour laisser parer le grain et sécher les herbes qui ont poussé au milieu des tiges; puis on les lie en gerbes et l'on rentre aussitôt la récolte, que l'on met en meules ou dans la grange jusqu'au moment du battage.

Le javelage pendant le mauvais temps nuit à la plupart des récoltes, surtout au blé. On doit donc se hâter de lier dès que la paille n'est plus verte ni humide. En faisant de petites gerbes, on peut lier plus tôt. Si donc le temps est pluvieux, on dresse le blé en moyettes en le fauchant, c'est-à-dire on rassemble plusieurs bottes que l'on recouvre de suite avec une botte liée et disposée en capuchon; car si on laissait les épis dressés à découvert, exposés aux alternatives de pluie et de soleil, ils germeraient promptement.

Quand le temps est menaçant, ou que les nombreuses occupations de la ferme ne permettent pas de rentrer aussitôt la moisson, il faut prendre des précautions différentes pour que les gerbes ne soient pas exposées à l'intempérie des saisons. Dans quelques pays on se contente de les mettre en dizeaux, ou tas de dix, disposés en forme de cône, de manière qu'une gerbe soit abritée par l'autre, et que celle du dessus soit seule exposée à la pluie. On a soin, en outre, de tourner le bas des gerbes du côté d'où souffle le vent qui amène la pluie. Parmi les diverses autres pratiques, celle qu'on doit préférer est certainement l'usage de mettre en moyes ou meules. Les récoltes peuvent ainsi se conserver pendant longtemps. Le sol sur lequel elles reposent doit être un peu plus élevé que le sol voisin, afin que l'humidité n'y séjourne pas. Alors on commence par mettre sur le sol, soit un lit de paille de fleurs, d'œillettes, ou de colzas, de branchages secs ou de fagots, soit un plancher grossièrement fait avec des planches sur des pièces de bois, lesquelles reposent elles-mêmes sur des pierres plates ; ainsi éloignée de la terre, la meule est préservée de toute humidité.

Ce sont ordinairement les faiseurs de profession qui construisent et couvrent les meules. Une meule, si elle est bien faite, doit, lorsqu'elle est ronde, présenter la forme d'une espèce de fuseau pointu dans le haut, renflé vers le haut, et, à sa base, plus étroit d'un quart environ que dans le milieu. On lui donne aussi la forme d'un carré plus ou moins allongé ; dans ce cas, elle doit être de même terminée en pointe, renflée dans son milieu, et plus étroite à sa base. Les meules terminées, on creuse tout autour un fossé pour l'écoulement de l'eau.

CONSERVATION DES RÉCOLTES.

On conserve les récoltes dans des bâtiments (granges, fenils) et en meules. Les granges doivent être d'un abord facile, avoir une disposition intérieure qui permette le déchargement prompt des charriots, enfin être exemptes d'humidité, soit par le fond, soit par la toiture.

Avec les bâtiments, on rentre plus vite, la récolte est plus à l'abri, et il ne se perd pas autant de grains. Avec les meules, on n'a point de dépenses de bâtisse et de réparation; le grain y est bien garanti des souris, et lorsque les récoltes sont rentrées humides elles sont moins sujettes à se gâter en meules que dans les granges; mais lorsqu'une meule est entamée par le haut, il faut l'enlever en entier. Les grains et les fourrages, en quelque lieu qu'on les conserve, doivent être bien tassés.

BATTAGE DES GRAINS.

On bat avec le fléau, avec des chevaux, et avec des machines. Le battage au fléau est le plus généralement usité. Cette méthode brise moins la paille et la sépare bien du grain, lorsque les ouvriers sont habiles. On a plusieurs manières de battre, mais la préférable est de ne battre qu'une gerbe à la fois; chaque batteur est alors seul. Le battage avec des chevaux ne s'emploie que pour le colza, la navette, le millet et autres plantes qui s'égrènent facilement; il se fait alors aux champs et sur une bâche tendue.

Les machines à battre sont de diverses formes et de diverses grandeurs. Bien construites, elles font un travail plus parfait,

lus expéditif et moins cher que celui fait au fléau; mais elles
ne conviennent que dans les trains assez considérables.

VANNAGE DU GRAIN.

Après que le grain est battu, on le sépare des semences de
mauvaises herbes et de la menue paille, soit en le jetant contre
le vent, soit en le faisant passer par des cribles ou par le *tarare*
(grand van), qui réunit l'action du van à celle des cribles. On
obtient le grain le plus propre en le faisant passer d'abord au
tarare, ensuite au *grand rige*, qui est un crible pendu à une
corde et auquel on imprime un mouvement de rotation et de
balancement qui amasse toutes les mauvaises graines en
dessous.

CONSERVATION DU BLÉ.

Tant qu'il est dans l'épi, enveloppé et protégé par sa balle,
le blé se conserve fort bien et n'éprouve aucun dommage; ce
n'est qu'après le battage et lorsque le grain est déposé dans le
grenier, attendant l'époque où il sera conduit au marché, qu'il
est exposé à une foule d'ennemis. La fermentation s'y établit
et le détériore, des insectes le dévorent; une partie de ce fruit
précieux des travaux du laboureur peut encore lui être arra-
chée.

En général, on se contente de répandre le grain sur le plancher, à la hauteur d'un demi-mètre environ, et de le remuer
souvent à la pelle pour lui donner de l'air et empêcher qu'il
ne s'échauffe. Bien soigné de la sorte et dans un grenier bien
établi, il peut se conserver facilement pendant deux ans et

plus. Pour se dispenser des soins continuels qu'il exige dans cet état, on peut, après qu'il a été battu et vanné, le mettre dans de la menue paille, et on l'étend ainsi dans le grenier. De cette manière il se conserve pendant un temps infini sans avoir besoin d'être remué; la balle, se plaçant dans les intervalles des grains, empêche ainsi le frottement et la fermentation.

A défaut de ce moyen, on met le blé dans de grands paniers ou mannes de paille; on le met aussi dans des sacs propres et fermés qu'on distribue par rangées dans le grenier, en les isolant les uns des autres à l'aide de petits morceaux de bois; enfin on le conserve dans des silos, fosses de forme circulaire, ou en cône renversé, ou simplement coniques, qui doivent être creusés dans une terre bien sèche, forte, compacte, et mise à l'abri des filtrations de l'humidité par un revêtement intérieur en maçonnerie, en planches, en nattes ou paillassons. Le grain dont on les remplit doit être fortement foulé sous le pied des hommes, et de manière à ne laisser aucun vide; puis on les ferme hermétiquement. Le grain peut ainsi se conserver une année et plus.

DU SEIGLE.

Après le froment, le seigle est la céréale la plus précieuse, tant par ses nombreux usages que par la propriété qu'il possède de prospérer dans les terres où la culture du blé serait impossible, ou du moins peu productive. Avec son grain, on confectionne du pain qui est moins blanc et moins bon que celui du froment, mais aussi sain, se conserve plus long-temps, et qui sert à la nourriture de l'homme dans une grande partie de l'Europe. On l'utilise encore pour la fabrication de la bierre, des eaux-de-vie de grain, etc. La paille du seigle est employée pour faire des liens et garnir des chaises, etc. Son utilité est telle que parfois on en préfère la récolte à celle du grain même.

On ne cultive qu'une espèce de seigle. Ses tiges, articulées et garnies de feuilles étroites, s'élèvent parfois au-delà de deux mètres; l'épi qu'elles portent à leur sommet est plus grêle que celui du froment, et entouré de barbes assez longues. Cette espèce, sous l'influence de la culture et du climat, a donné naissance aux variétés suivantes :

Le *seigle d'automne*, qui est au seigle du printemps ce que les froments d'hiver sont aux froments marsais. Sur pied, on le reconnaît à sa végétation plus forte, à ses produits en tout plus abondants; après la récolte, à la grosseur et au poids plus considérable de ses grains.

Le *seigle de mars* ou *trémois*, qui a la paille moins longue et plus fine que le précédent, et dont le grain est plus menu, quoique pesant et de bonne qualité.

Le *seigle de la Saint-Jean*, avantageusement connu en Alle-magne, qui se distingue des deux autres par la longueur de sa paille et de ses épis, par son grain un peu plus court que celui du seigle d'automne et la propriété qu'il possède bien sen-siblement de taller davantage et de mûrir plus tard; comme l'indique son nom, ce seigle se sème vers la Saint-Jean. Il pousse assez pour qu'on puisse le faucher avant l'hiver pour le bétail; l'année suivante, il donne une récolte tout aussi abondante que le seigle ordinaire.

CHOIX DU TERRAIN.

Le seigle réussit dans toutes les terres où l'humidité n'est pas en excès ; ainsi les sols argilo-sableux, sablo-argileux, sableux, sans beaucoup de fonds, crayeux, marneux, en un mot les sols pauvres peuvent porter le seigle. Il exige donc un terrain beaucoup moins fécond que le blé, résiste mieux que lui à l'intempérie des saisons, parvient à maturité dans les pays montagneux où les étés sont courts; tandis que, dans les plaines, on le moissonne parfois assez tôt pour obtenir après lui une seconde récolte fourragère ou une culture propre à être enfouie. On le met dans les mêmes places que le blé; quelquefois aussi après du froment ou après lui-même, au lieu de marsage. Le trèfle ne réussissant pas dans toutes les terres à seigle, la lupuline ou le sain-foin le remplacent avantageusement comme culture préparatoire de cette céréale.

Le seigle veut une terre meuble et légère, une préparation soignée du sol est nécessaire, surtout dans les terres compactes, car cette céréale veut être semée dans la poussière.

Il vient très-bien dans les prés, pâturages rompus, et sur des défrichements de bois; moins bien après des racines, où, contrairement au blé, il donne moins de paille. Une fumure fraîche, surtout d'engrais verts, lui est très-convenable.

On sème, sur vieux labours de trois semaines à un mois, la même quantité de semence que pour le blé. L'époque de la semaille est du commencement de septembre à la mi-octobre. Les semailles tardives rendent peu, surtout en paille. Le seigle se recouvre un peu moins que le blé. On ne récolte que lors-

que le grain est dur, car le seigle ne mûrit pas comme le blé
en javelles ou en gerbes; d'ailleurs il ne s'égrène pas. Il donne
à peu près les mêmes produits en grains que le blé, et un peu
plus en paille. Il épuise et salit peu la terre. On ne chaule pas
la semence du seigle; ce serait peut être un préservatif de l'ergot. Le seigle est souvent semé soit seul, soit avec des vesces
pour fourrage, à cause de sa précocité. On commence à le couper dès qu'il monte, et on cesse lors de l'épiage quand les épis
sont sortis, parce qu'il devient alors trop dur. On le sème aussi
souvent avec le blé; ce mélange, que l'on nomme *méteil*, réussit mieux que le blé seul dans les terres légères, et, comme
tous les mélanges, il donne plus que si chaque espèce avait été
semée à part.

Le seigle de printemps se sème en février ou en mars. Il
exige le même sol, les mêmes cultures et le même traitement
que celui d'automne. Il vient encore dans des climats trop
froids pour le seigle d'hiver, et préfère, en général, une année
humide et froide. Sa place ordinaire est après une céréale d'hiver ou après des racines récoltées trop tard. Pour ne pas le
mettre sur labour frais, on donne une façon avant l'hiver, et
au printemps on binote, on rite ou on extirpe. Il donne presque
autant en paille que le seigle d'hiver, et à peu près un quart
de moins en grain; mais il a une farine meilleure.

Pour faire réussir des pois ou des vesces dans les terres sablonneuses, on les sème avec du seigle de printemps, qui les
rame; le tout mûrit ensemble, et la graine peut être facilement séparée dans les vanages.

Les produits du seigle sont très-variables; à volume égal, le
seigle pèse beaucoup moins que le froment, car il ne passe jamais 70 à 75 kilogrammes par hectolitre, tandis que le blé
peut aller jusqu'à 90 kilogrammes.

DE L'ORGE.

—

Cette importante graminée est celle qui croît le plus vite dans presque tous les climats, et dont les usages économiques sont les plus variés. Elle donne un produit considérable en grain, très-propre à la fabrication de la bière, mais qui, seul, ne convient pas à la panification; aussi mélange-t-on sa farine avec celle du froment ou du seigle; elle donne alors un pain rude, sec et nourrissant.

On cultive plusieurs espèces d'orges, dont les principales sont : l'orge *commune à deux rangs*, la *pamelle*, l'orge *nue à deux rangs*, hâtive, à grain lourd et donnant une farine supérieure à celle des autres orges, à paille cassante, difficile à battre et souvent à récolter; l'*orge éventail*, robuste, productive, grain pesant, se sème de bonne heure au printemps; l'*orge carrée ordinaire*, l'*orge carrée nue*, ou *orge céleste*; l'orge à six rangs, d'hiver et d'été; l'*orge noire*, qu'on peut rendre bisannuelle en l'utilisant comme fourrage, la première année, et comme récolte à grain la seconde; l'*orge d'hiver* ou *escourgeon*, fort estimée dans le nord pour la bière et regardée comme la plus productive de toutes les orges. Semée avant l'hiver, elle mûrit la première de tous nos grains. Elle vient dans un terrain plus sec que l'orge d'été, parce qu'elle se couvre de bonne heure. On met l'orge d'hiver sur une jachère, après du colza, des féverolles, des pois, quelquefois aussi, quoiqu'à tort, après du seigle, de l'avoine. Dans tous les cas, il lui faut plusieurs labours. Elle se sème un peu avant le seigle, et aussi épaisse que celui-ci. Les hersages au printemps lui sont très-favorables, et elle fournit autant de paille que le blé.

Orge de printemps. — On cultive principalement l'orge à deux rangs ou grande orge, qui a le grain le plus gros, et l'orge carrée à petits grains et à tiges basses.

L'orge d'été réussit presque partout. La petite orge est néanmoins très-sensible au froid pendant sa jeunesse, et ne se sème qu'en mai par cette raison. L'orge à deux rangs se sème en avril. L'orge d'été rend de 14 à 35 hectolitres par hectare, et environ les deux tiers du produit du blé en paille. Cette dernière passe dans plusieurs contrées pour la meilleure de toutes les pailles de céréales pour la nourriture du bétail. L'orge vaut en volume environ moitié moins que le froment.

L'orge éventail a un grain meilleur encore que la grande orge. Elle donne un produit un peu plus élevé, est très-rustique, mais exige un terrain plus fort que les autres espèces. Elle se sème de bonne heure.

Orge nue à deux rangs et orge céleste. — Ces deux espèces se distinguent des autres par leur grain, qui est dépouillé de sa balle comme celui du blé. Il donne, par cette raison, une farine très-blanche et fort bonne pour la panification. Ces espèces craignent peu le froid, rendent beaucoup en grain et en paille excellente, mais demandent une terre fertile et bien préparée, et elles s'égrènent promptement à la moisson; elles seraient pourtant plus avantageuses dans la petite culture. Cette récolte, surtout la variété d'hiver, est quelquefois cultivée pour la nourriture du bétail, et donne, seule ou mélangée, un excellent fourrage avant l'épiage.

CHOIX ET PRÉPARATION DU SOL.

Quoique peu difficile sur le choix du terrain, l'orge se plaît de préférence dans les terres sablo-argileuses, franches, meubles et riches. Les terres sablonneuses ne lui conviennent que dans les années humides. Elle n'aime pas une fumure fraîche, et réussit mieux quand on a fumé pour la plante qui précède; mais elle veut un ameublissement et un nettoyement complet du sol. Dès qu'elle est mûre, on doit moissonner, parce que les épis se brisent facilement.

L'orge doit être rarement semée sur une jachère morte; elle succède généralement à une récolte sarclée, quelquefois à des pois ou des fèves, jamais après un autre grain.

Selon l'état du sol, on le prépare à recevoir la semence d'orge, soit par un seul labour d'automne et quelques façons à l'extirpateur au printemps, soit par deux labours, l'un qui suit immédiatement la récolte préparatoire, l'autre qui précède le semis; soit enfin par trois labours, si la malpropreté du sol l'exige, ce qui n'arrive que trop souvent lorsque, contrairement au principe, on entreprend de cultiver cette céréale après une autre. Quel que soit le nombre des labours, leur profondeur est presque toujours un élément de succès.

On sème l'escourgeon en septembre; les orges du printemp du 15 mars au 15 avril, et la quantité moyenne de semence est de trois hectolitres par hectare. On la recouvre d'une couche de terre épaisse de huit à dix centimètres. Le chaulage du grain serait une bonne pratique. L'orge, en général, n'est sujette qu'au charbon et quelquefois à la rouille. On ne laisse javeler l'orge que peu de temps, sans quoi le grain devient rouge ou brun et perd de sa valeur. La récolte de l'orge se fait de la même manière que celle des céréales précédentes.

DE L'AVOINE.

—

L'avoine, dont l'habitant des contrées pauvres et montagneuses fabrique un pain grossier et de mauvaise qualité, forme dans toutes les autres contrées la base de l'alimentation tonique des animaux domestiques.

L'*avoine commune* a les grains allongés, lisses et de couleur variable. Cette espèce, comme son nom l'indique, est la plus généralement cultivée. Elle a donné naissance à diverses races d'un mérite reconnu, mais dont il est difficile de déterminer la valeur relative, attendu que l'abondance et la qualité de leurs produits sont étroitement dépendantes des circonstances de climat et de terrain, peu appréciables autrement que par des essais locaux.

L'*avoine d'hiver* ne réussit que dans le midi, le sud-ouest, et l'ouest de la France. Sa maturité est précoce. On la sème en septembre, et elle donne un produit plus considérable et meilleur en grain et en paille que les espèces de printemps. Résistant mieux au froid que ces dernières, on pourrait l'employer pour les premiers semis de février, ou même de la fin de janvier, dans le nord, l'est et le centre.

L'*avoine noire* est une des variétés les plus productives dans les bons terrains. Son grain, noir, comme son nom l'indique, court, mais renflé, est de très-bonne qualité.

L'avoine blanche de Béthune, fort estimée des cultivateurs du nord de la France, a le grain blanc, allongé; les tiges atteignent souvent la hauteur de 1 mètre 70 centimètres à 2 mètres; elle produit beaucoup.

L'avoine de Géorgie, encore peu connue, a le grain d'un blanc jaunâtre, très-gras et lourd, et si bon qu'on ne doit le donner qu'en petite quantité. Sa paille, grosse, élevée et douce, est un bon fourrage. Les feuilles sont très-larges. Cette avoine est très-précoce et féconde au moins sur les bonnes terres.

L'avoine d'Orient ou *de Hongrie,* blanche ou noire, se distingue en ce que tous les grains pendent du même côté. Elle rend davantage, mais elle exige un sol meilleur et se récolte plus tard que l'avoine commune; elle se bat difficilement.

L'avoine nue a le grain dépourvu de sa balle, est semblable au seigle; elle convient moins à la nourriture des chevaux, mais peut servir, en mélange, à faire du pain et surtout une excellente semoule. Elle rend peu, quoique tallant beaucoup.

L'avoine courte a les feuilles courtes, couleur d'un vert blond, le grain aussi plus court que dans les autres espèces. Élevée, très-hâtive, cette avoine est préférable dans les pays de montagne pour l'emploi des mauvais terrains.

L'avoine aime un climat humide, et ne craint ni la sécheresse, ni le froid. Elle réussit dans les terres les plus sableuses comme dans les plus fortes, mais elle ne donne un produit élevé que dans une terre franche ou argileuse et riche, surtout contenant beaucoup de restes de végétaux, comme sont les défrichements de prairies artificielles ou naturelles, de pâturages et de bois, comme dans les marais et les étangs desséchés. La place ordinaire de l'avoine est la même que celle de l'orge. Elle n'exige pas une préparation aussi soignée du terrain; cependant elle paie bien les cultures qu'on lui donne. Une très-bonne préparation dans les terres fortes consiste à donner un labour profond avant l'hiver, au printemps un coup de herse, puis, lorsque les graines de mauvaises herbes ramenées en dessus ont commencé à germer, on sème et on détruit les herbes en recouvrant la semence à l'extirpateur. Le grain trouve ainsi une terre meuble, qui garde sa fraîcheur; il lève promptement, et ne souffre pas des hâles. Cette méthode peut s'appliquer aussi aux autres récoltes de printemps.

L'avoine se sème en février ou mars, à raison de 250 à 550 litres par hectare. On recouvre à la herse, et on roule après la semaille. Lorsque les mauvaises herbes, et surtout la folle avoine infestent la récolte, on la herse fortement. On récolte, quand la plus grande partie est mûre, et on laisse en javelles pendant six à huit jours, ce qui rend le grain meilleur. Le produit par hectare varie de 20 à 60 hectolitres de grain, et de 1,500 à 4,000 kilogrammes de paille qui est fort bonne pour la nourriture du bétail, lorsqu'elle n'a pas javelé longtemps.

L'avoine, comme tous les grains en général, est d'autant meilleure qu'elle a plus de poids. Nul grain ne varie davantage sous ce rapport; il y en a qui pèse 35 kilog. l'hectolitre; le prix se règle là-dessus. L'avoine est semée quelquefois pour fourrage, soit seule, soit en mélange, et donne en sec et en vert une nourriture abondante et d'une excellente qualité, surtout pour les vaches. Elle est aussi semée, dans quelques contrées, en mélange avec de l'orge; c'est ce qu'on nomme orgis. Ce mélange donne un bon produit dans certaines années. L'avoine se récolte de même que les blés.

DU MAÏS.

—

Le maïs, blé de Turquie, paraît originaire de l'Amérique. Le maïs est la plus belle de nos graminées; il sert, sous un grand nombre de formes différentes, à la nourriture des hommes, à celle des animaux domestiques, aux besoins de l'économie industrielle; avec sa farine, seule ou mélangée, on fait du pain, du gâteau, on prépare la polenta, la gaude; les chevaux, les porcs, les oiseaux de basse-cour, s'accommodent fort bien de son grain; avec les feuilles on fabrique du papier, des chapeaux, on emplit des paillasses ou des matelas.

On connaît trois espèces de maïs : à grains roux, à grains blancs, et à grains rouges, qui, chacune, ont donné naissance à plusieurs variétés.

Le maïs ne peut être introduit que partiellement dans la culture française, car il lui faut, avant tout, un climat chaud et sec; néanmoins, sa végétation étant très-rapide, on pourrait l'essayer presque partout quand l'année se présente favorablement.

Le maïs réussit parfaitement dans les terrains légers. Il vient après toute espèce de récolte, pourvu que le sol ait reçu un labour profond et d'autres cultures superficielles. On le met quelquefois après du trèfle incarnat dont on a fait une coupe en vert. Comme plante sarclée que l'on cultive pendant sa croissance, le maïs remplace la jachère; il vaut une forte fumure. La semaille se fait dès qu'il n'y a plus de gelées à craindre, depuis la mi-avril jusqu'en juin; semé tard, il vient plus fort, mais il mûrit difficilement. On le sème en lignes distantes de deux ou trois raies de charrue, de 60 à 80 centimètres, et on met par pied de longueur deux à trois grains qu'on recouvre un peu. On donne au maïs plusieurs binages, et lorsqu'il a 46 à 66 centimètres de hauteur, on le butte fortement. On laisse les plantes dans les lignes de 33 à 50 centimètres de distance, et on supprime toutes celles qui sont de trop, de même que les rejets du pied, et plus tard les épis surabondants; on n'en laisse que deux ou trois sur chaque pied. On supprime aussi le sommet de la tige, la fleur mâle au-dessus du dernier épis, lorsque la fécondation a eu lieu, ce qui se reconnaît au dessèchement des barbes qui pendent de l'épi. Toutes ces parties forment une excellente nourriture pour le bétail. Le produit en grain varie entre 20 et 70 hecto-litres; celui en paille, axe de l'épi, entre 2 et 6,000 kilog. par hectare. Le maïs quarantain est plus petit, donne moins, mais vient plus vite et réussit plutôt chez nous que la grande espèce.

On récolte le maïs lorsque l'enveloppe de l'épi est desséchée et que le grain est dur. On détache alors les épis et on les étend sur un grenier après en avoir ôté les enveloppes, ou l'on retrousse celles-ci et on pend les épis dans un lieu sec et aéré.

Lorsqu'on en a beaucoup, on les entasse, après les avoir défeuillés, dans une espèce de cage élevée sur des piliers, faite en clair-voie et recouverte d'un toit de chaume; enfin on les sèche aussi au four, ce qui donne un excellent goût à la farine.

Après avoir enlevé les épis, on coupe les tiges; elles servent à la nourriture du bétail, qui en est très-friand. Il en est de même de l'enveloppe de l'épi.

L'égrenage se fait au fléau, ou à la main en frottant l'épi contre un bord tranchant et dur. Le grain de la semence ne s'égrène qu'au moment de la semaille. L'autre grain s'étend, en couche mince, sur un grenier aéré.

Le maïs est souvent cultivé pour fourrage, et il permet ainsi de tirer le plus de nourriture possible d'un sol aride, pourvu qu'on l'ait fumé. On le sème à la volée, ou en lignes, mais plus dru qu'à l'ordinaire, et on le coupe lorsqu'il est en pleine floraison. C'est le meilleur fourrage qui existe pour les vaches. Le maïs est sujet au charbon et souffre des grands vents, des oiseaux et des souris.

DU MILLET.

Le millet, panis, fournit à l'homme un aliment qu'il prépare à la façon du riz, et aux bestiaux la meilleure paille parmi celles des céréales. On en cultive deux espèces : le millet commun et le millet à épis. La première est la plus répandue; il y en a plusieurs variétés qui se distinguent par la couleur de la graine. Le millet demande un été chaud, supporte les plus grandes sécheresses; mais périt par la moindre gelée. Cependant, comme il pousse très-vite, il vient encore dans les contrées froides. Il veut un sol léger, et réussit dans les terrains les plus secs, pourvu qu'ils soient riches naturellement ou par la fumure. On le met après une céréale d'hiver, après des récoltes sarclées, et surtout sur prairies naturelles ou artificielles rompues, et dans des marais et étangs desséchés. Le sol doit être parfaitement meuble et nettoyé par plusieurs cultures. Le fumier se conduit avant l'hiver ou avant le premier labour de printemps. On sème dans le courant de mai, 30 à 35 litres par hectare. Les premières semailles sont les plus belles. Pour bien réussir, le millet demande des binages ou de forts hersages lorsque le terrain se salit ou se durcit. La maturité est très-inégale; on laisse la récolte un peu javeler, après quoi on peut la mettre en meulons, ou la rentrer dans des voitures garnies de bâches. On bat de suite au fléau ou avec des chevaux, et on fait ensuite sécher la paille. La graine s'étend mince sur un grenier et se remue souvent. L'hectare en produit 20 à 32 hectolitres, dont chacun pèse 70 kilogrammes et donne 45 kilogrammes de grains émondés. Le rendement en paille est presque égal à celui du seigle.

Le millet à épis, ou panis, donne un produit plus élevé que le précédent, et sa paille est meilleure; mais son grain est de moindre qualité. Il veut un terrain plus fort, et a besoin pour mûrir de cinq mois au lieu de trois; aussi le sème-t-on plus tôt. Il mûrit plus également, mais s'égrène de même. Le millet, surtout le moka ou millet de Hongrie, est souvent cultivé pour la nourriture du bétail. Il donne aussi une masse considérable d'un fourrage excellent en vert et en sec.

DU SORGHO.

Le sorgho, que l'on confond souvent avec le millet, s'en distingue par sa tige forte et droite, analogue à celle du maïs, par ses feuilles plus larges et plus longues, par ses fleurs et ses graines disposées en balai; du reste, ses usages, sa culture et ses produits sont les mêmes que ceux du millet.

DU RIZ.

—

Le riz est une graminée dont on connaît l'usage presque général, mais qu'on ne peut cultiver en France qu'exceptionnellement, en raison de la température élevée qu'elle exige pour bien fructifier.

Le riz est pour les Indiens et les Chinois ce que le froment est pour les Européens; il fait la nourriture ordinaire des habitants de ces vastes contrées, où il est cultivé de temps immémorial, et c'est peut-être à lui seul que la Chine doit la civilisation à laquelle elle est parvenue depuis si longtemps. Cette plante, de 1 mètre à 1 mètre 33 centimètres de haut, recherche les lieux bas et inondés; aussi le voisinage des rizières est-il, en général, dangereux par les exhalaisons malfaisantes qui en émanent, ce qui les a fait prohiber dans la plupart des contrées de l'Europe. Le Piémont et l'Espagne sont les seuls pays de cette partie du monde où on les ait conservées; mais elles y sont la cause de fréquentes fièvres intermittentes et d'autres maladies sérieuses. Il faut observer qu'à la Chine et aux Indes, patrie des rizières, ces inconvénients n'existent pas, ce qu'il faut probablement attribuer à l'écoulement facile des eaux qui les entretiennent. Outre ses usages domestiques, qui sont généralement connus, le riz peut, ainsi que toutes les céréales, fournir par la distillation une espèce d'eau-de-vie aussi forte que celle du raisin.

On distingue dans le commerce trois espèces de riz : 1° le *riz Caroline*, dont le grain est gros, ramassé et d'un blanc nacré, 2° le *riz de Batavia*, a grains également gros et courts, et blanc mate; 3° le *riz de l'Inde*, dont le grain est plus allongé, moins gros et coupé par une ligne rouge.

DU SARRASIN.

Le sarrasin, de la famille des polygonées, nous vient de l'Asie, et sa culture est répandue dans le centre et le midi de l'Europe. Le sarrasin, ou blé noir, peut servir à la nourriture de l'homme, à celle des bestiaux, à celle des abeilles, et à l'engraissement du sol. On retire de son grain une farine avec laquelle les Bretons font du pain, de la bouillie, des gâteaux et des crêpes légères. On fauche cette plante pendant la floraison; ses tiges et ses feuilles, données encore vertes, forment un bon fourrage.

Le sarrasin se contente de terrains trop maigres pour toutes les autres espèces de grains d'été ou de printemps; il y produit davantage. C'est l'unique récolte qui réussisse entre celles de seigle, dans les contrées sablonneuses, sur les terres qui n'ont pu être suffisamment préparées. Il est plus profitable que l'orge. On le place indifféremment, avant ou après toute espèce d'autre récolte. Il est très-propre à combler une lacune dans l'assolement, à remplacer d'autres plantes, ou même des céréales à fourrage qui n'auraient pas réussi, ou qu'on n'aurait pu semer à l'époque convenable, et à atténuer ainsi les effets de la disette. On peut facilement le semer en seconde récolte après du seigle, du colza, des vesces, etc., et même après du blé, lorsqu'on veut le faucher en vert ou l'enfouir pour engrais. Le trèfle, la luzerne, le sain-foin, et probablement aussi, les autres espèces de plantes de prairies artificielles, réussissent parfaitement dans sa société, peut-être mieux que dans celle de toute autre espèce de récolte. Il laisse le sol dans un aussi bon état d'ameublissement et de propreté qu'une récolte sarclée et est moins épuisant qu'aucune autre céréale, parce qu'il ombrage davantage la terre, et tire beaucoup de nourriture de l'atmosphère. Enfin, sa culture exige peu de travail.

A côté de ces avantages, la culture du sarrasin offre des inconvénients : ainsi, le blé noir est très-sensible au froid et aux variations du temps; ses produits incertains, ses graines mûrissent fort inégalement dans le même champ. Il s'égrène facilement et il se dessèche avec difficulté.

C'est principalement sur les sols légers, sablonneux et arides que se cultive le sarrasin. Il réussit sur des défrichements de bruyères, de landes, et même de marais. En résumé, le sarrasin n'est pas difficile sur la nature du sol; néanmoins, comme toute autre plante, sa croissance est fort vigoureuse sur les sols riches, bien fumés, aux dépens peut-être de sa fructification; il constitue un assolement précieux pour les terres sèches, siliceuses, caillouteuses et crétacées.

Le blé noir se sème à toute époque de la belle saison, et de façon à éviter les gelées de l'automne et du printemps. Pour plus de sûreté, ou pour avoir un produit continu en fourrage, le semis se fait à trois ou quatre époques différentes. Si le champ doit être fumé, il convient de répartir le fumier de manière à en répandre la moitié seulement avant l'ensemencement du sarrasin, et le reste après la récolte. Les débris de bruyères lui conviennent particulièrement.

Le nombre des façons préparatoires varie suivant l'usage auquel on destine le sarrasin. On emploie un demi-hectolitre de semence par hectare, quand on le cultive pour sa graine, et e double quand on veut le faire servir d'engrais. La graine s'enterre peu profondément par un simple coup de herse. Dans les bonnes années, il produit 20 à 25 hectolitres de grain par hectare; comme fourrage, sa production est très-variable.

On récolte le sarrasin dès que la plupart des graines sont brunes, parceque la floraison s'effectuant successivement, on trouve sur la même tige des fleurs et des graines à toutes les périodes de leur développement. Il serait impossible d'attendre que toutes soient mûres, car celles qui ont mûri les premières tombent bientôt d'elles-mêmes et seraient perdues. On ne coupe ou on n'arrache les tiges que le matin, lorsqu'elles sont encore humectées par la rosée, afin d'éviter l'égrenage. On les met sur les champs, en bottes de moyenne grosseur, que l'on réunit par douzaine, les pieds sur le sol, et couvertes ou de paille, ou de bottes de sarrasin renversées, soit pour rendre l'action du soleil moins active, soit pour préserver la récolte de la voracité des oiseaux. On les laisse ainsi sur le champ jusqu'à ce que les tiges soient entièrement desséchées; puis on les enlève doucement et on les transporte à la grange dans une charrette garnie de toile.

Le battage doit se faire le plus promptement possible; il a lieu au fléau. Le grain qu'on en obtient se vanne deux fois; la première pour en expulser les débris de feuilles et de tiges, et la seconde pour séparer les graines saines et mûres de celles, en grande quantité, qui, n'étant pas arrivées à leur maturité complète, seraient mauvaises pour la nourriture de l'homme et pour la reproduction de la plante, et qui ne sont propres qu'à la nourriture des bestiaux. La bonne graine, portée au grenier, est étendue sur le plancher et remuée jusqu'à ce qu'elle soit complètement sèche et puisse être mise en sac.

DU PATURIN, DE L'ALPISTE ET DE LA ZIZANIE AQUATIQUE.

On a indiqué ces trois graminées comme pouvant être introduites dans la grande culture, parce que dans certains pays on les emploie à la nourriture de l'homme. On utiliserait le paturin, comme fourrage et comme nourriture dans les années de pénurie, dans les pays marécageux, tels que la Sologne. L'alpiste et la zizanie aquatique réussiraient dans les contrées méridionales de la France; avec leur graine on préparerait une bouillie nourrissante.

CHAPITRE II.

DES LÉGUMINEUSES.

La famille des légumineuses est, après celle des graminées, une des plus importantes et des plus utiles. Elle renferme
une immense quantité de plantes que leurs produits mettent
au 1ᵉʳ rang, parmi les espèces végétales nécessaires à l'homme
et aux animaux.

Pour le cultivateur, cette famille se divise en deux tribus
dont la première comprend les légumineuses à semences farineuses, et la seconde les légumineuses fourragères.

DES FÈVES.

Le grain des farineux, quoique n'étant pas utilisé pour la confection du pain, sert néanmoins à la nourriture de l'homme sous diverses formes ; réduits en farines, ils constituent, pour les animaux domestiques, l'alimentation la plus riche en parties nutritives.

Les ouvriers dans les mines de l'Amérique méridionale, dont le travail journalier (peut-être le plus pénible du monde) consiste à monter sur leurs épaules, d'une profondeur de 146 mètres à 170, une charge de mine du poids de 90 à 100 kilogrammes, ne vivent que de pain et de fèves ; ils préféreraient le pain seul pour leur nourriture ; mais leurs maîtres, qui ont trouvé qu'ils ne peuvent pas avec le pain seul travailler aussi fort, les traitent comme des chevaux et les forcent à manger des fèves.

Les fèves tirent leur origine des environs de la mer Caspienne ; il en existe plusieurs espèces dont les deux principales sont : *la grosse fève de marais*, et *la féverolle fève de cheval*, qui se distingue particulièrement de la précédente par ses moindres dimensions, l'abondance plus grande de ses produits, et qui paraît se rapprocher davantage du type primitif. On cultive deux variétés de féverolles, l'une, féverolle proprement dite, est la plus répandue ; elle est petite, assez tardive, n'est guère propre qu'à la consommation des animaux, et se sème après l'époque des grands froids. L'autre, la féverolle d'hiver, plus rustique, est préférée dans le midi pour les semis d'automne. La féverolle d'Héligoland, peu connue, paraît produire beaucoup.

Les grosses fèves de *marais*, *juliennes*, de *Windsor*, ne sont recherchées que dans les jardins.

Les fèves viennent fort bien sous notre climat, aux latitudes les plus méridionales et les plus septentrionales, et on peut dire qu'elles s'accommodent de presque tous les terrains pour peu qu'ils ne soient pas trop légers, par conséquent trop arides, dans le midi, trop humides, dans le nord.

Elles épuisent beaucoup moins le sol que toute autre récolte à graines, et favorisent l'introduction d'un bon assolement dans les terres fortes.

Néanmoins elles aiment une terre bien meuble, fraîche et substantielle, mais donnent aussi des produits abondants sur les terres compactes, humides et argileuses.

Les fèves se sèment ordinairement dans l'année qui précède le blé; elles sont une excellente préparation à cette culture.

On sème à l'automne dans les contrées méridionales; de bonne heure, au printemps et dès que les gelées ordinaires ne sont plus à craindre, dans les départements du nord. On répand à la volée 3 hectolitres de semence par hectare; 1 hectolitre et demie à 2 suffisent lorsqu'on sème en lignes qu'on trace, soit au rayonneur, à 32 centimètres d'écartement, soit que le semeur marche derrière la charrue, en laissant tomber dans le sillon 4 ou 5 grains par 33 centimètres de longueur, et de 2 raies en 2 raies; seulement, la charrue les recouvre en traçant un autre sillon.

Quand on a semé à la volée, on enterre à la herse, ou à l'extirpateur.

Quelque moyen que l'on ait employé, on doit après l'ensemencement, herser convenablement, et donner le nombre de hersages nécessaire pour égaliser le sol et empêcher qu'il ne perde sa fraîcheur. Plus tard, quand les premières pousses de la plante sont environ de 2 à 3 centimètres hors de terre, on donne un hersage vigoureux, sans craindre d'endommager les jeunes tiges; il n'y a plus, ensuite, qu'à abandonner la plante à elle-même.

Dans le semis en lignes, dès que les fèves ont levé, on herse une première fois, et lorsqu'elles ont 16 centimètres, une seconde fois en travers et par un temps chaux; puis on sarcle à la houe à cheval et on butte légèrement. A la floraison, on cesse les cultures.

Avant le semis, on donne un labour profond d'hiver, auquel succède un labour de printemps, qu'on fait suivre d'un ou plusieurs hersages suivant l'état de la terre. On fume les fèves, avant le dernier labour, ou bien encore, on répand le fumier immédiatement avant la semaille et on enfouit le tout ensemble par le labour. On ne saurait les semer de trop bonne heure; c'est de la fin de janvier à la fin de mars, qu'on en répand de 2 hectolitres à 3 par hectare. Le semis en ligne est préféré à tous les autres pour les fèves; quand cette opération doit avoir lieu en automne, on fume sur chaume et on enfouie par un seul labour.

Les cultures d'entretien, les binages surtout, seront d'autant mieux soignés que le sol contient davantage de mauvaises herbes.

Il n'est pas de plante qui puisse être plus utilement enfouie comme engrais vert, et de tous les temps sa puissance fécondante, sous ce rapport, a été reconnue.

On cultive avec avantage les fèves dans l'avoine. On les sème dans les premiers jours de mars, on les enfouit sous raie; quinze jours après, on sème l'avoine qu'on recouvre à la herse. Le tout mûrit et se récolte ensemble, et donne plus que si chaque récolte eut été cultivée à part. Après le battage, on sépare les fèves de l'avoine, ou on les fait consommer ensemble.

Le produit moyen des fèves, par hectare, est de 18 à 20 hectolitres de grains; sur les terres de bonne qualité ce produit peut atteindre 32 hectolitres.

On récolte lorsque la cosse commence à noircir. On coupe la tige à la faulx, à la faucille, ou bien on l'arrache à la main, procédé plus dispendieux, mais préférable aux deux autres, en ce qu'il donne à la terre une première façon; on les dresse en petites bottes non liées où elles achèvent de mûrir; et comme les autres graines, on les rentre dans des voitures garnies de bâches, ou on les met en meules.

DES HARICOTS.

Les haricots, exclusivement réservés à l'homme, font l'objet de cultures importantes, surtout aux abords des grandes villes.

Les cultivateurs divisent les haricots en *haricots à rames* et *haricots nains*; les premiers ne pouvant soutenir leurs longues tiges sans appui, ou sans ramper à la surface du sol; les autres, qui supportent plus ou moins bien leurs tiges par eux-mêmes.

Toutes les variétés qui composent ces deux groupes semblent appartenir à l'espèce commune, dont les grains sont blancs ou colorés.

Le haricot de Lima est remarquable par son énorme produit et la qualité farineuse de son grain tardif; il serait précieux pour le midi de la France.

Le haricot d'Espagne ou à bouquets, donne un grand nombre de gousses très-abondantes, qui se prolongent jusqu'aux gelées, et dont les grains sont très-gros.

DU CLIMAT ET DU TERRAIN.

Les haricots, en général, ont besoin à la fois de chaleur pour fructifier abondamment et pour amener leurs graines à bien, de fraîcheur dans le sol, pour entretenir leur luxueuse et rapide végétation. Ce sont des plantes plutôt du midi et du centre que du nord de la France, où, cependant on les cultive encore; mais beaucoup moins en plein champ que dans les jardins, ou à des expositions choisies.

Un sol léger, et pourtant substantiel et frais leur convient particulièrement. Dans les terres argileuses, leur culture est plus difficile et presque toujours moins productive, ils y grènent peu, parce qu'ils fleurissent moins abondamment, et parceque leurs fleurs sont plus sujettes à la coulure.

Dans les terres sablo-calcaires, les haricots donnent des produits très-abondants, si l'on peut seconder la chaleur naturelle à ces sortes de sols, par des arrosements ou des irrigations. On sait que les terrains gypseux ont l'inconvénient de produire des graines d'une cuisson d'autant plus difficile qu'ils abondent en sulfate de chaux.

Tous les sols peuvent être propres à la culture des haricots, en leur donnant des engrais et de l'humidité ; car l'eau et la chaleur sont les agents les plus puissants de leur belle végétation ; c'est ainsi que des graviers inféconds deviennent d'une fertilité prodigieuse pour les légumineuses dont nous parlons, lorsque des infiltrations naturelles humectent le sous-sol, pendant les chaleurs estivales, jusqu'à portée des racines.

Sur les terres on donne deux labours de préparation ; le premier en automne ou en hiver, doit être profond ; par le second, plus superficiel, on enfouit les engrais et on dispose la terre à recevoir le semis.

Tous les engrais conviennent aux haricots ; pour les terres légères on préférera le fumier de vache ; pour les sols compacts et argileux, le fumier de cheval, de mouton, le noir animalisé, la poudrette, la chaux, produiront de très-bons effets.

Les haricots enlevant beaucoup de parties nutritives à la terre, il faut les fumer abondamment quand on veut les faire entrer dans un assolement, comme culture préparatoire ; alors ils succèdent à l'orge et à l'avoine, ou bien ils précèdent un froment ou un seigle.

On choisira les plus belles graines, qu'on semera en lignes distantes, selon les espèces, de 35 à 50 centimètres, et on les enterrera peu profondément, par un coup de herse. Les semis ne doivent avoir lieu que lorsque les gelées ne sont plus à craindre, c'est-à-dire, en mai ; alors les haricots peuvent succéder à une culture fourragère ou même à une moisson précoce.

La quantité de semences est très-variable, on l'a évalué à 175 kilogrammes pour un hectare.

On bine les haricots lorsqu'ils ont atteint la hauteur de 5 centimètres à 7 centimètres. On les butte vers le moment de la floraison, et un mois plus tard, on leur donne un troisième binage. Pour la grande culture on préfère les variétés naines.

Les haricots redoutent une extrême sécheresse; dans le midi, quand cela est possible, il faut recourir aux irrigations; quand ce moyen est impraticable et que le voisinage de grandes étendues de genêts, de bruyères, le permet, on pourrait retenir la fraîcheur au pied des haricots en les couvrant après le second binage ou buttage d'un paillis de ces plantes.

On récolte lorsque les dernières gousses sont sèches. La culture des haricots est généralement productive; mais très-variable dans ses produits, en raison du climat, du sol et du mode de culture, et des fluctuations extrêmes, ou du cours du commerce.

Dolies. — On cultive en Provence les dolies, espèces de haricots employés à la nourriture de l'homme. Ces plantes aiment une terre légère et chaude, et craignent les pluies continuelles. La culture est la même que celle des haricots.

DES POIS.

Les pois se cultivent en grand pour la nourriture de l'homme ou des animaux. Il en existe un grand nombre de variétés spécialement cultivées dans les jardins; mais leur culture en plein champ se borne à un petit nombre d'espèces.

Les pois des champs, *pois gris* ou *bisailles*, *pois brebis*, constituent une espèce distincte dont on connaît deux variétés :

Le *pois gris hâtif*, que l'on sème en mars, mais que l'on peut différer de confier à la terre jusqu'en mai ;

Le *pois gris d'hiver*, que l'on sème en automne et qui convient particulièrement aux climats sans pluies printannières, et aux terrains secs.

Le sol qui leur convient le mieux est une terre franche-calcaire ; comme les fèves, les pois gris sont particulièrement propres aux assolements de terrain argileux peu favorable à la culture du trèfle. Ils remplacent jusqu'à un certain point cette légumineuse, lorsqu'on veut en faucher en vert ; mais comme les fèves, ils peuvent aussi prospérer dans des sols de nature fort différente.

Les pois gris aiment la fraîcheur, ils ne réussissent dans les sols sableux que par des années humides.

L'emploi du marnage et du chaulage favorise la végétation des pois et rend la terre plus grainante ; on fume bien les sols peu riches, le fumier se répand avant la semaille ou après, en couverture ; un labour profond est nécessaire et il convient que le sol soit motteux. On peut mettre les pois après ou avant toute espèce de récoltes, excepté après eux-mêmes ; le même terrain n'en peut porter que tous les 8 ou 10 ans. Ils viennent bien après des cultures sarclées ou des défrichements. On doit les mettre dans la saison des marsages ou des céréales d'automne.

On sème depuis le 15 mars jusqu'en mai, 2 à 3 hectolitres par hectare ; les semailles hâtives sont les meilleures. On ré-couvre à la charrue ou à l'extirpateur. Lorsque les pois sont levés on herse, et plus tard on sarcle, si le terrain est salé ou dur. On augmente le produit, surtout celui en paille, en ramant au moyen de baguettes, de même qu'en plâtrant ; mais cette dernière opération rend les grains plus durs à cuire.

On récolte lorsque la plupart des gousses inférieures sont mûres, quand même il y aurait encore des fleurs. On laisse les pois en andains qu'on retourne avec précaution, jusqu'à ce qu'ils soient secs. On les charge sans les secouer, dans des voitures garnies de bâches. Il n'est pas bon de lier au champ parcequ'on égrène.

Pour avoir de beaux blés après, on se hâte de déchaumer. Le produit varie considérablement selon les terrains et les années : on peut regarder cependant comme moyenne 15 hectolitres de grains et 1,000 à 1,500 kilogrammes de paille par hectare.

Les pois se vendent souvent aussi cher que blé ; la paille bien rentrée vaut presque le foin, surtout pour les moutons. Les pois peuvent être mis dans le pain ; on remarque que dans les pays où les habitants de la campagne en mangent beaucoup, ils sont plus robustes que là où ils se nourrissent principalement de pommes de terre. C'est sans doute par suite d'une observation semblable, qu'on force les esclaves qui travaillent dans les mines d'Amérique à manger des fèves avec leur pain.

Les *pois d'hiver* se sèment en septembre ou octobre, se récoltent 15 jours à 3 semaines plutôt que les autres, et donnent un produit plus élevé. Ils supportent les hivers ordinaires dans le centre et l'est de la France.

Les pois sont fréquemment cultivés comme fourrage ; mais plus souvent mélangés que seuls, à cause de la chèreté de la graine. Semés avec des fèves, celles-ci leur servent, en outre, d'appui. Le bétail en est très-avide. On récolte en fleurs pour les vaches; un peu plus tard pour les chevaux et les moutons.

DES LENTILLES.

La culture de la lentille en plein champ a deux destinations principales: la production de ses graines, dont on fait en France une consommation assez considérable; et celle de ses tiges, qui, fauchées en vert lorsque les gousses sont déjà formées, procurent un fourrage dont le peu d'abondance est compensé par l'excellente qualité, qu'on ne doit donner que modérément, même en sec, aux animaux.

On en cultive en grand deux espèces, et trois variétés: la *grande lentille*, de couleur blonde, forme comprimée et large d'environ 7 centimètres; la *petite lentille*, *lentillon* est plus petite que la précédente, a ses grains plus bombés, plus colorés, elle est plus fréquemment cultivée dans les champs comme fourrage.

La *lentille uniflore jarrosse* du Loiret et petite lentille du Roussillon à grains irréguliers, offre une précieuse ressource pour les terrains sableux.

Toutes les lentilles sont des plantes propres aux assolements de terres légères; elles redoutent la trop grande humidité, plus qu'elles ne craignent la chaleur. Aussi croissent-elles beaucoup mieux que les fèves, les pois même et les haricots, sur les sols sablonneux d'assez médiocre qualité, sur les terrains sablo-calcaires ou calcaro-sableux, peu susceptibles de donner d'autres produits aussi avantageux.

On les sème ordinairement en lignes écartées de 35 à 50 centimètres, ou à la volée sur un ou 2 labours; on emploie 150 à 200 litres de semence par hectare; assez souvent on mélange les lentilles avec du seigle pour les soutenir.

Les semis ont lieu en avril. La lentille à une fleur se confie seule à la terre en automne ; elle résiste très-bien au froid. Les lentilles, surtout celles cultivées pour leurs graines, se trouvent fort bien de sarclages et de binages répétés.

Le moment favorable pour récolter les lentilles est celui où les feuilles inférieures se détachent d'elles mêmes de la tige, et où les gousses prennent une teinte roussâtre; on les arrache alors, on les laisse sécher par petites bottes, et on les bat au fléau, au fur et à mesure de la consommation qu'on en fait dans le commerce. Le produit moyen est de 15 hectolitres par hectare. Le fourrage vaut autant que le meilleur foin; aussi la culture des lentilles est-elle une des plus productives sur les sols médiocres.

DES VESCES.

Les vesces d'hiver se cultivent dans le centre de la France. Elles résistent aux hivers ordinaires dans le nord-est, et se contentent plutôt que les vesces d'été, d'un sol léger et pauvre. Pour ramer leurs tiges très-grêles, on les sème avec deux tiers de seigle en août ou septembre. En mai elles sont bonnes à couper en vert, et en juin pour graine. Montant aussi haut que le seigle, elles donnent un produit considérable et de bonne qualité.

Les vesces, en général, se cultivent plus souvent pour fourrage que pour la graine. Coupées pendant la floraison, ou après, elles forment en vert ou en sec, un excellent fourrage, important surtout dans la nourriture à l'étable. Il est bon de les plâtrer.

Cette plante est attaquée par la miellée, par divers insectes, et par la cuscutte ; dès qu'on l'aperçoit on doit se hâter de récolter, car elle détruit les vesces.

Le *pois chiche* est cultivé en grand dans le midi de la France. Ses grains servent à préparer la purée aux croûtons ; ses fanes sont un excellent fourrage.

Dans les contrées où la température des hivers ne s'oppose pas à la nature, on le sème en automne, le plus souvent à la volée et sur un seul labour. Plus au nord, on ne peut le confier à la terre qu'au printemps ; aussi son produit y est-il de beaucoup inférieur.

On le récolte à la manière des lentilles.

Les *gesses* sont cultivées pour leur fourrage et leur graine, dans le midi de la France ; on les mange grillées, on en fait des infusions analogues à celles de la chicorée.

La culture des gesses est la même que celle des vesces ; mais comme elles sont, plutôt que ces dernières, des plantes du midi, on les sème en automne partout où l'on n'a pas à redouter les effets de l'hiver ; et au printemps, lorsqu'on peut craindre les gelées.

CHAPITRE III.

DES PRAIRIES.

La culture des fourrages est la plus importante de toutes, car elle seule permet la reproduction des autres denrées; sans les herbages, il n'est pas d'agriculture possible; avec eux, il en est rarement d'impossible, puisqu'avec eux il est facile d'entretenir et de multiplier les animaux indispensables aux besoins de la grande culture, sinon comme objets de vente, au moins comme agents de travail et producteurs des fumiers à l'aide desquels on peut ensuite demander au sol toutes les plantes utiles à l'homme et à son industrie.

PRAIRIES NATURELLES.

—

DÉFINITION, DIVISION.

La distinction des prairies en naturelles et en artificielles, exacte autrefois, lorsque les premières n'étaient pas ensemencées, est devenue à peu près arbitraire et a perdu sa véritable signification depuis qu'on a reconnu l'avantage de rompre de temps en temps, les gazons des terres franches et d'y établir ensuite les prés artificiellement; de sorte qu'aujourd'hui elle ne sert plus qu'à faire entendre la différence qui sépare le champ où le gazon est formé d'un grand nombre de plantes, d'avec le champ qui n'en renferme qu'une espèce, deux ou trois au plus.

On appelle *prairies* ou *prés* des terres gazonnées dont les plantes sont fauchées pour être consommées à l'étable. On les divise en *naturelles* et en *artificielles*. Les premières sont celles où l'herbe vient spontanément, et qui restent longtemps en gazon; les autres sont le produit de l'art et sont, en général, de courte durée. Les mots *prés*, *prairies* et *herbages* sont d'ordinaire synonymes. Cependant les deux derniers s'appliquent plus souvent aux prés d'une grande étendue et à ceux qui ont été établis de main d'homme. Ainsi on dit les prairies de la Saône, pour désigner les vastes terres qu'on fauche sur les rives de cette rivière; on dit encore les herbages de la Normandie pour indiquer les immenses pâturages qui font les richesses de ce pays. Les prés sont *permanents*, c'est-à-dire d'une durée illimitée, ou *temporaires*, c'est-à-dire d'une durée limitée par la nature des assolements dont ils font partie.

PRODUCTION DES FOURRAGES NATURELS.

Autrefois, on ne savait nourrir le bétail qu'avec des prés et des pâturages; mais la diminution de ces natures de terrain a forcé à recourir aux prairies artificielles. Celles-ci n'ôtent cependant pas toute importance aux premiers. Le petit nombre de prés et de pâturages, et la nécessité de tenir aujourd'hui plus de bétail pour l'étendue plus grande des terres, rendent même plus avantageux que jamais les soins qui peuvent leur faire produire davantage. Il y a souvent des profits à rompre un pré ou un pâturage, surtout lorsqu'ils demandent du fumier pour donner un produit suffisant; mais avant de le faire, il faut examiner si, par des soins et des améliorations faciles, on ne pourrait pas les rendre plus productifs; et lorsqu'enfin on se décide à les mettre en culture, il faut bien éviter d'épuiser un terrain précieux en y mettant grain sur grain; il faut, au contraire, profiter de leur richesse pour leur faire produire, en fourrages artificiels, une quantité de nourriture plus abondante qu'auparavant.

PRAIRIES.

Les prairies dont le produit est employé en sec, sous le nom de foin, à la nourriture d'hiver du bétail, varient selon leurs situations et selon la qualité et la quantité du foin qu'elles donnent. Les prairies élevées ou sèches donnent un excellent foin, mais en petite quantité, excepté dans les années humides et dans les terrains frais. Il en est de même des prairies de plaines situées entre les champs. Les prairies marécageuses rendent beaucoup plus; leur produit est de mauvaise qualité.

Les meilleures prairies sont celles des vallées, au bord des rivières ou des ruisseaux qui les entretiennent dans une humidité convenable. Elles se fauchent une ou deux, et même trois fois dans l'année.

Les prairies demandent plus d'humidité que les champs, et celles qui sont dans des situations sèches sont, en général, plus propres à la culture qu'à la production de l'herbe. On ne saurait, au contraire, tirer un meilleur parti des terrains bas, humides, situés au bord des eaux et sujets à être inondés, qu'en les laissant en prairies; mais ces mêmes prairies, qui peuvent être les meilleures, deviennent les plus mauvaises lorsqu'elles sont délaissées.

DES PATURAGES PERMANENTS.

On a réservé généralement le nom de pâturages aux herbages destinés à être consommés sur place.

Les pâturages permanents peuvent être communaux ou appartenir à des particuliers. Les premiers sont partout les terrains les plus mal employés; aussi trouverait-on de l'avantage à les partager entre les habitants de la commune. Les seconds donnent plus de profit, parce qu'ils sont mieux soignés. Il y a même certains pâturages, dans les montagnes ou sur les bords des rivières, qui, étant propres à l'engraissement du bétail, donnent de grands bénéfices. Néanmoins, les pâturages ordinaires offrent en général peu d'avantages, et, à moins d'un sol par trop mauvais ou d'une position trop difficile, il vaut mieux les changer en terres arables ou en prés, si on peut les arroser. Ainsi, on ne réservera en pâturages permanents que ceux des montagnes ou des pentes raides, inaccessibles à la charrue, et par conséquent impropres à toute autre culture qu'à celle des arbres ou des herbes vivaces; ceux qui, grâce à leur heureuse situation et à une fécondité qui ne s'altère jamais, peuvent à volonté rester prairies, c'est-à-dire être fauchés et récoltés, ou demeurer en pâturages; ceux enfin que leur position rend accessibles aux inondations, et dont la destruction pourrait être dommageable au sol qu'ils protègent contre l'effort des courants. Les herbes qui croissent sur les hautes montagnes fournissent presque toujours une nourriture aromatique substantielle, recherchée de tous les herbivores.

En général les hauteurs sont consacrées au pâturage des troupeaux, et quand l'herbe y est abondante, on y envoie les bœufs qu'on se propose d'engraisser et ceux destinés au trait.

Les pâturages communaux sont les plus mauvais de tous, parce que, quoique chacun veuille en profiter, nul ne songe le moins du monde à les améliorer, parce qu'on les charge d'animaux de toutes sortes, qui s'affament et se nuisent réciproquement; parce qu'on les fait pacager de tout temps, quels que soient d'ailleurs la nature et l'état du sol; parce qu'enfin ils s'opposent à la multiplication des bestiaux en diminuant la masse des engrais, en empêchant, d'une part, leur plus grande production, et en occasionnant, de l'autre, une perte énorme de fumiers.

Nous pensons que dans les localités où les pâturages communaux ne sont pas assez étendus, ni d'assez bonne qualité pour fournir une alimentation suffisante aux bestiaux, il serait préférable de les rompre et d'assigner à chaque famille pauvre une portion en rapport avec ses besoins. Nous emprunterons à ce sujet les idées émises par M. le comte de Renneville sur la petite culture.

Le petite culture est celle qui ne s'applique qu'à des exploitations de un à deux hectares.

Cette culture est la planche de salut pour les classes ouvrières dans les départements comme celui de la Somme, par exemple, où les manufactures ont accumulé la population, et qui possèdent un sol assez fertile pour entretenir le double des habitants qu'ils contiennent.

M. de Renneville a prouvé qu'une exploitation de 120 ares, soumise aux procédés de la culture jardinière, serait portée, grâce à la puissance de l'association entre le propriétaire du sol et les travailleurs, à un degré de perfection inconnue jusqu'à présent dans la plupart de nos communes, bannirait la misère du sein de toutes les familles laborieuses. Or, la moyenne de la population des communes du département de la Somme n'excédant pas 100 familles, il ne faudrait que 120 hectares de terre de première et de deuxième classe, divisés entre elles à titre de fermage, pour assurer leur bien-être.

Le reste des terres labourables laisserait encore une large part à la grande et à la moyenne culture.

C'est déjà, dans nos contrées, un usage qui se perd dans la nuit des temps que la location des terres en détail, c'est-à-dire par lots de trois à six arpents, 1 à 2 hectares; cette classe de tenanciers, que l'on appelle *ménagers*, exerce des métiers ou professions dont le produit sert à solder les fermages et les labours.

L'intérêt le plus positif de cette classe de cultivateurs est de ne plus compter sur les laboureurs de leurs communes pour cultiver leurs terres. C'est à l'aide de la bêche qu'ils doivent leur donner la principale préparation. Les animaux ne doivent plus y intervenir que pour exécuter mieux et plus rapidement ce que les bras de l'homme ne peuvent faire ni assez vite, ni aussi parfaitement.

Ce système, appliqué à une famille de prolétaires, sans solvabilité aucune, peut être modifié sur la base suivante.

La commune fournirait la terre, avancerait les semences, ferait exécuter les charriages de terre, engrais et récolte, et livrerait les ustensiles pour les travaux. La famille exécuterait tous les travaux à bras, fouissage et défoncements, binage, sarclages, récolte et butage, la manutention des composts. Le partage de toutes récoltes se fait par égales portions, après le prélèvement des semences.

On trouve dans les bulletins du comice agricole d'Amiens l'exposé et les résultats de l'application du système de M. de Renneville, sur l'extinction de la mendicité et l'organisation du travail.

PRAIRIES GRASSES.

Il est des terrains presque toujours très-fertiles, parceque les eaux, qui les couvrent à des intervalles plus ou moins rapprochés, déposent à leur surface un limon très-riche en matières végéto-animales. Trois causes principales s'opposent cependant à leur mise en cultures alternes : la crainte de les voir promptement minés ou entraînés par les courants, si on détruit sur quelques points seulement, la masse gazonneuse qui les protège; en effet, les herbes, non seulement consolident puissamment les terres qu'elles recouvrent, en liant leurs molécules par de nombreuses racines et en présentant une surface unie sur laquelle l'eau coule sans occasionner de dégâts; — l'incertitude des récoltes économiques qu'on pourrait leur demander dans l'intervalle présumable d'une inondation à l'autre; — enfin, la qualité et l'abondance des fourrages qu'ils produisent annuellement.

Parfois dans les parties basses du voisinage de certains fleuves, à la place du limon précieux qui fertilise, le courant roule et accumule à une certaine épaisseur des sables presque sans mélange de terre végétale et détruit pour longtemps tout l'espoir du cultivateur. Dans cette fâcheuse circonstance, c'est encore aux herbages qu'on demandera les premiers produits et le retour progressif du sol à la fertilité, car dès que la couche gazonneuse aura pu s'établir au milieu des peupliers ou des saules qu'on aura préalablement plantés, la surface s'élèvera, se pénétrera de sucs nutritifs, et le sable se trouvera resserré entre deux épaisseurs de bonne terre dont, en dépit des obstacles, la persévérance humaine aura su profiter, puisque tandis que les racines des arbres iront chercher la nourriture et la fraîcheur jusque dans la première, à l'ombre de leurs feuillages, les *graminées* prospéreront sur la seconde.

Dans les vallées dont les terres arables sont situées sur les hauteurs, les pâturages et les prairies submersibles deviennent, avec raison, la base du système de culture qu'on y suit; plus ils sont abondants, moins on devra consacrer d'autres terres aux herbages dits artificiels et aux récoltes de racines. Chacun sait que dans le voisinage de la mer, jusqu'aux dernières limites des eaux saumâtres, on trouve des pâturages, à la valeur nutritive desquels paraît ajouter beaucoup la petite quantité de sels dont ils sont si accidentellement imprégnés.

Les *pâturages alternes* sont des terrains qu'on met alternativement en culture et en pâturage, pour profiter de temps en temps des couches de terreau que forment à la longue les racines, les tiges et les feuilles des herbes des prés rompus. Les gazons peuvent pendant plusieurs années, donner des récoltes magnifiques, d'une valeur de beaucoup supérieure à celle des fourrages, sans que le sol devienne moins propre à donner du foin plus tard; car, remis en prés après plusieurs cultures, il serait moins exposé à se couvrir de mousses et de sauges et beaucoup plus productif qu'auparavant. L'essentiel est de ne pas épuiser la terre, de jouir sans en abuser de l'engrais puissant que recèle le gazon. « Si on laisse, en effet, arriver le moment de l'épuisement, *on a tué la poule aux œufs d'or*, comme dit M. Mathieu de Dombasle; il ne reste qu'un terrain qu'on ne peut plus mettre en prés, ni cultiver avec profit à la charrue. »

En général, les assolements avec pâturages de quelque durée sont moins profitables; mais ils entraînent moins de frais de toutes sortes que ceux dans lesquels on fait entrer les fourrages légumineux annuels et les racines sarclées; ils peuvent être partiellement suivis sur les parties de la ferme où la nature des terres rendrait les autres impossibles ou peu productifs. Ils conviennent donc particulièrement aux contrées pauvres, peu peuplées, et aux fonds mauvais ou d'une grande médiocrité. Les assolements avec prairies artificielles et racines fourragères de courte durée sont ordinairement beaucoup plus productifs; mais nécessitent plus d'avances et de travail. Ils ne se prêtent pas à toutes les localités; ils sont donc particulièrement appropriés aux cantons déjà riches en habitants et en terrains bons ou de qualité moyenne. Quant aux prairies artificielles d'une existence durable, telles que les luzernes, il est certain que, là où elles réussissent, elles donnent sans frais ou presque sans frais d'entretien des produits bien supérieurs à toutes les herbes de pâturages et de prairies graminées; mais outre qu'elles ne réussissent pas à beaucoup près partout, nous savons encore qu'il n'est pas sans inconvénient d'user avec irréflexion des avantages nombreux qu'elles présentent dans les localités où on peut les cultiver.

FORMATION DES HERBAGES.

Les terrains considérés comme les plus propres à établir des herbages permanents, sont de plusieurs sortes. Les terres fortes, tenaces et froides, d'un travail difficile à l'excès, impropres à la culture de la plupart des racines et des fourrages artificiels, tels que le trèfle, la luzerne, etc., donnent généralement, par compensation à tant de défauts, d'assez bons pâturages, une fois que des plantes graminées, d'un bon choix, s'en sont emparées; elles s'y maintiennent longtemps, y donnent des foins peu précoces à la vérité, mais abondants et de bonne qualité : elles y résistent mieux que dans les terrains plus légers, aux sécheresses estivales, et se recommandent dans l'arrière saison, par une nouvelle herbe plus longue, plus verte et plus succulente. Les terres de cette sorte s'améliorent d'ailleurs tellement à l'état de prairies, qu'elles changent, pour ainsi dire, à la longue de nature, et qu'elles deviennent très-propres à d'autres cultures.

Les terres argilo-sableuses conviennent également à l'établissement des herbages, lorsqu'elles reposent à une faible profondeur sur un sous-sol imperméable, et qu'elles sont situées de manière à recevoir l'égout des terres environnantes : l'humidité fréquente, qui les rendrait impropres aux récoltes de céréales, les rend au contraire très-propres à la production des graminées vivaces.

Par la même raison, les sols de toute nature situés dans les vallées parcourues par des cours d'eau dont les infiltrations ou les débordements accidentels entretiennent une fraîcheur plus ou moins constante, sont encore on ne peut mieux disposés pour se couvrir de bons et beaux herbages, sans nuire à d'autres productions, car il est remarquable que, dans les trois circonstances dont je viens de parler, les terres et les localités qui se prêtent le mieux à la végétation des herbes fourragères sont justement celles qui conviendraient le moins aux cultures économiques; le choix du cultivateur est peu limité, puisque presque toutes les plantes graminées, celles même qui résistent à la sécheresse, aiment une fraîcheur modérée, et, tandis que beaucoup ne peuvent s'en passer, il en est un certain nombre qui ne réussissent jamais mieux qu'à l'aide d'une humidité stagnante. De l'une à l'autre de ces limites on peut cultiver, à peu près dans l'ordre de leur moindre besoin d'eau, les ivraies vivaces et d'Italie, la houque laineuse, le paturin des prés, le vulpin des prés, la fétuque élevée et celle des prés, l'agrostic fiorin, et l'agrostic d'Amérique, la fléole des prés, le phalaris roseau, et beaucoup d'autres plantes d'un produit non moins avantageux, auxquelles il est facile d'adjoindre diverses légumineuses du genre des trèfles, des gesses, des lotiers, des luzernes, etc.

Sur les fonds sablonneux, où les petits trèfles croissent à côté de la lupuline, de la gesse chiche, du losier caniculé, etc., se placent, au premier rang, le fromental, la flouve odorante, la fétuque ovine et la fétuque traçante; puis, le dactyle pelotonné, le ray-grass, l'avoine jaunâtre, le paturin des prés, la cretelle, le brome (*bromos*) des prés, etc., etc.

14

Dans les sols plus arides, une partie de ces mêmes plantes vient encore avec la canche flexueuse, la fétuque rougeâtre, la mélique ciliée, la brize tremblante, l'élyme des sables, la petite pimprenelle, etc.

Enfin dans les terres calcaires à l'excès, de toutes les plus difficiles à féconder, pour remplacer les chardons, les euphorbes et quelques graminées à feuilles coriaces que les moutons même repoussent, et qui croissent parfois seules, spontanément. En de semblables localités les espèces qui réussissent le mieux, sont : le brome des prés, les fétuques ovine et traçante, la fétuque rouge, le dactyle pelotonné, le fromental, le ray-grass, le paturin des prés, celui à feuilles étroites.

Quelque limité que soit le nombre des plantes cultivables sur un terrain donné, n'y en eût-il que 3 ou 4, il peut y avoir comparaison entre elles, et il est bien probable que les unes devront l'emporter sur les autres. On devra donc avoir égard aux diverses circonstances suivantes : le goût plus ou moins marqué que montre le bétail pour telles ou telles herbes ; — leur précocité ; — l'abondance de leurs produits ; — leur permanence ; — et les propriétés nutritives propres à chaque espèce.

Le goût plus ou moins marqué que montrent les bestiaux pour telles ou telles herbes, est un indice qui trompe peu : cependant les animaux rejettent parfois au premier abord des plantes favorables à leur santé, et auxquelles on les habitue à la longue, au point même de les leur faire rechercher avec une sorte d'avidité, tandis qu'on les voit assez souvent manger spontanément d'autres plantes nuisibles, soit à leur existence, soit à la qualité de leurs produits. On remarque à l'égard des espèces de bestiaux entre elles une grande différence sous ce rapport ; ainsi les bêtes à cornes repoussent les plantes aromatiques telles que le thym, la sauge, la véronique qui sont pour les moutons une nourriture saine et agréable; les chevaux ne mangent qu'avec répugnance les choux, les raves, etc., dont sont avides les bêtes à cornes.

Le cheval fait usage, sans inconvénient, du mille-pertuis crépu qui est un poison violent pour le mouton; on trouve des familles entières de plantes dont les feuilles et les tiges sont rejetées par tous les animaux, telles sont les solanées; enfin il en est d'autres, telles sont les graminées dont toutes les espèces sont mangées par tous les animaux domestiques.

La précocité des herbages, pour les animaux qui ont été nourris pendant tout l'hiver au foin et aux racines, est une qualité précieuse qui peut tenir à la nature du terrain comme aux choix des espèces végétales. Dans les terrains argileux, humides et froids, le développement fourrageux des plantes est souvent plus tardif de 15 jours que sur des sables facilement échauffés par les premiers rayons du soleil de printemps, l'époque de la plus forte végétation des plantes réunies naturellement dans un même lieu est rarement le même; le vulpin des prés, la flouve odorante, le dactyle pelotonné, l'ivraie vivace, le poa des prés, l'avoine des prés, etc.; devancent les autres dans leur croissance printanière, et fournissent un abondant fanage pendant la première partie de l'été. Dans le cours de cette saison, ce sont : l'avoine jaunâtre, la crételle, la fétuque des prés, divers paturins, la houque laineuse, le trèfle des prés, le trèfle rampant, la gesse des prés, etc. Enfin, pendant l'automne : la fétuque élevée, l'agrostic stolonifère, le chiendent, la mille-feuille, etc. Un tel mélange et de telles dispositions présentent, entre autres avantages, celui de régulariser, pour ainsi dire, la production du fourrage sur les pâturages pendant presque toute l'année. Dans les prairies, au contraire, si l'on n'a eu la précaution de réunir des espèces d'une végétation à peu près uniforme quant à son développement et à sa durée, il arrivera ou qu'on récoltera des herbes précoces lorsqu'elles auront perdu la plus grande partie de leurs sucs nutritifs par suite de la dessication sur pied, ou que les herbes tardives seront loin encore d'être arrivées au point de maturité qui constitue les bons foins. Aussi, en pareil cas, surtout lorsque les prairies ne doivent occuper la place qu'on leur destine que pendant un nombre limité d'années, préfère-t-on assez souvent des semis, et de même nature.

Les plantes qui s'élèvent et grossissent beaucoup, telles que les panis, le sorgho, l'alpiste, etc., ne sont propres qu'à être mangées en vert, parce qu'elles durcissent en se desséchant, de manière à rebuter les animaux. D'autres, comme le fromental, la fétuque élevée, les bromes, etc., doivent au moins être fauchées de fort bonne heure. Mais il en est aussi, et de ce nombre on pourrait citer la fléole des prés, ou *thimothy* des Anglais, et l'ivraie d'Italie, dont l'élévation des fanes ne diminue en rien la qualité du foin.

Assez souvent, des herbes dont les tiges s'élèvent beaucoup tallent et gazonnent fort peu; celles-là peuvent faire quelquefois partie des prairies, mélangées à d'autres espèces; mais elles sont peu propres à entrer dans la formation des pâturages, tandis que d'autres herbes, moins élevées et plus gazonneuses, conviennent beaucoup mieux à cette dernière destination. Dans les herbages fauchables, elles deviendraient inutiles, parce qu'elles échappent en grande partie à la faulx, et nuisibles, parce qu'elles occupent la place de meilleurs produits; tandis que sur les pacages, celles mêmes qui ne sont qu'effleurées par la dent des chevaux ou des bêtes bovines sont atteintes rez-terre par les moutons, auxquels elles procurent une bonne nourriture.

La rusticité pour chaque espèce consiste à résister aux variations de l'atmosphère et des saisons, à pousser avec assez de vigueur pour ne rien craindre du voisinage d'autres plantes plus voraces et moins utiles; et, pour les plantes étrangères, à bien supporter les froids de nos climats et à mûrir leurs graines avant l'atteinte des gelées. Les graminées les plus rustiques sont : l'agrostie fiorin, le brome des prés, le dactyle pelotonné, la fétuque ovine, etc.; celles qui repoussent le plus promptement après le passage de la faulx ou des animaux : le fiorin, le dactyle pelotonné, le ray-grass, le vulpin des prés.

Plus la durée d'un végétal est longue, moins son premier développement est rapide. Une plante annuelle, semée au printemps, parcourt les périodes de sa courte existence dans la même année, tandis qu'une plante bisannuelle ou vivace s'empare, pour ainsi dire, seulement du terrain, ne pousse ses tiges florales que la seconde année, et n'atteint son développement que plus ou moins tard. Beaucoup de plantes vivaces sont dans le même cas; la luzerne augmente annuellement de produit jusqu'à ce que ses puissantes racines se soient suffisamment emparées du sol; il en est de même des graminées vivaces, qui ne végètent vigoureusement que la seconde année.

Les *fourrages annuels* jouent un rôle important pour remplacer la jachère morte et préparer le sol à d'autres cultures. On les utilise momentanément dans la formation des herbages de longue durée, pour obvier à la lente croissance des plantes qui les composent, et obtenir, dès la première année, une récolte; c'est ainsi qu'on peut semer en automne la luzerne avec de l'escourgeon ou du seigle, mêler le brome au sainfoin. Il faut donc être fixé sur la durée que devra avoir un herbage avant de faire choix des plantes qui doivent concourir à sa formation, afin qu'elles aient donné leur maximum de produit au moment de leur remplacement par d'autres cultures. Pour les pâturages permanents, la longue durée des espèces qui les composent est une condition de succès, ou bien en mélangeant diverses espèces entre lesquelles il s'établit une sorte de rotation telle, que ce sont toujours ceux qui se trouvent dans les circonstances pour eux les plus favorables, qui dominent alternativement les autres.

On se procure les graines qu'on désire propager dans les prairies de trois manières : 1° en les récoltant à la main sur pied, ce qui est trop long; 2° en ramassant la fleur de foin dans les greniers ou dans les ateliers; 3° en les achetant sur les marchés, ce qui est possible pour les principales espèces.

On se servira des graines de la dernière récolte et on essaiera en petit celles qu'on aura achetées sur les marchés.

PRÉPARATION DU SOL.

Les herbes qui font la base des meilleures prairies-pâturages redoutent, par-dessus tout, une humidité stagnante; il est essentiel, partout où cette humidité existe, d'en faciliter l'écoulement, comme aussi de favoriser l'irrigation des herbages voisins d'eaux courantes. On débarrassera le sol, le plus exactement possible, des graines et des racines des mauvaises herbes vivaces par des labours plus ou moins nombreux donnés pendant une culture sarclée; une terre qui n'est pas trop épuisée par les cultures antérieures se trouve ainsi préparée de la manière la plus profitable à recevoir les semences fourragères. Un parcage ou une récolte enfouie, l'écobuage dans les terres froides et tourbeuses, sont de bonnes préparations pour la création d'un herbage; on sème aussi les pâturages sur les céréales, après un seul hersage de printemps, quand les terres sont propres et en bon état.

Les labours ne sauraient être trop profonds sur les bons fonds, car ils conservent la fraîcheur pendant l'été, et permettent l'absorption des eaux surabondantes pendant l'hiver. On sèmera sur vieux labour quand le sol sera rassi. Indépendamment de la fumure enterrée, il sera avantageux de répandre sur le guérêt, tout prêt à recevoir la semence, un engrais ou un compost pulvérulent, qu'un seul hersage recouvrira en même temps que la semence. Cet engrais pourrait être, par exemple, un mélange de chaux, de terre végétale, de cendres lessivées et de fumier d'étable.

On ne devra établir en prairies que la quantité de terrain qu'on pourra amplement fumer et sarcler pendant le temps que les plantes l'occuperont.

ÉPOQUE DES SEMIS.

Toutes les fois que les semis d'automne peuvent réussir, ils sont préférables à ceux de printemps, par la raison qu'ils donnent généralement des produits plus abondants ou plus prompts; tel est le cas des pays chauds, sur les terres légères, élevées et arides, où l'on a surtout à redouter les effets de la sécheresse printanière. Au contraire, dans les pays bas et les terres argileuses où l'on a à craindre la surabondance des pluies et la rigueur des gelées, l'ensemencement ne devra avoir lieu qu'au printemps. L'époque du semis peut être déterminée par la précocité de la culture qui le précède. Quand on sème sur une céréale, il faut choisir le printemps, parce que les graminées fourragères pourraient dominer ou affamer les blés.

On sème à la volée, en une seule fois, quand les graines sont à peu près de même grosseur, ou en deux fois quand il en est autrement, en commençant par les plus grosses qu'on recouvre d'abord par un hersage, d'autant plus énergique, qu'on croit utile de les enfoncer plus profondément : on sème ensuite sur ce hersage les semences les plus fines après les avoir également mêlées, et on les enterre par un léger hersage, ou par un plombage.

Quand on sème au printemps sur un froment d'automne, on donne d'abord un hersage approprié à la ténacité du sol et on recouvre par un second hersage, ou par un roulage dans les terres légères. La quantité de semence à employer ne peut être rigoureusement déterminée ; mais elle doit être d'autant plus grande qu'il y a moins de conditions favorables au semis.

ENTRETIEN DES HERBAGES.

Les soins à donner aux prairies ont pour but de leur faire produire un fourrage meilleur et plus abondant. A cet effet, il faut détruire les mauvaises plantes, favoriser la croissance des bonnes, amener de l'humidité dans les places et aux époques où elle manque, et l'éloigner là où il y en a de trop.

Il y a beaucoup de plantes nuisibles dans les prairies : le cultivateur doit les connaître afin de les détruire. De ce nombre sont les *laiche-roseaux*, le *colchique*, les *renoncules*, la *ciguë,* etc. On est souvent obligé de les faire arracher pour s'en débarrasser. Quelquefois ces plantes disparaissent d'elles-mêmes, lorsqu'on égoutte le terrain; l'*arrête-bœuf* (*ononis*) et la *fougère,* sont au contraire expulsés par l'arrosement. La *mousse* peut être détruite par de forts hersages et par l'assainissement, suivi de l'emploi des cendres, de la chaux, de la marne, de la suie et surtout du purin, de même que par le ternage.

Des prairies trop remplies de ces mauvaises herbes, doivent être rompues, cultivées pendant quelque temps, et ensuite ressemées de nouveau.

Le cultivateur doit s'attacher à connaître aussi les bonnes plantes de sa localité, celles qui rendent le plus et qui, en même temps, sont le plus recherchées du bétail, afin de les propager. Presque toutes les *graminées* sont excellentes; cependant ce ne sont pas les seules bonnes des prairies. Les légumineuses sont, en quelque sorte, préférables encore; du moins faut il le mélange de ces deux espèces pour que la prairie soit parfaite. Il est nécessaire aussi pour cela que les plantes qui composent la prairie murissent à peu près en même temps, pour n'avoir pas à s'occuper de la fanaison des herbes déjà sèches, tandis que d'autres commencent à croître.

Il y a néanmoins une exception à faire pour quelques plantes (par exemple la *jacée*) qui ne poussent que dans le regain, augmentent et améliorent son produit sans nuire à celui du foin.

Les *trèfles rouges, blancs* et *jaunes,* le *lotier,* le *ray-grass* l'ivraie vivace) le *paturin,* les *fétuques,* les *avoines vivaces,* etc, sont les meilleures plantes de ces deux familles et celles qui conviennent le mieux dans les prairies. On favorise la croissance des légumineuses en répendant du plâtre, des cendres, de la chaux, des décombres de bâtisses sur les prairies. Les graminées mentionnées peuvent se semer dans les places où l'on a enlevé de la mousse, répandu de la terre: cette dernière opération est excellente; aussi les taupinières, loin de nuire aux prairies, leur sont-elles avantageuses, pourvu qu'on ait soin de les répandre au printemps et après chaque coupe. Il faut aussi enlever les pierres trop grosses qui pourraient endommager les instruments lors de la fauchaison; dans les prairies sujettes au déchaussement, il sera bon d'y faire passer le rouleau.

Tout ce qui peut ameublir la surface du sol est également profitable à la pousse de l'herbe, et de forts hersages en automne ou au printemps out un bon effet sur les prairies; mais les opérations les plus importantes, celles qui tendent le plus à améliorer et à augmenter le produit, ce sont: l'assainissement des prairies humides, et l'irrigation ou l'arrosement des prairies de toute espèce.

On fume souvent les prés avec du fumier long, qu'on répand en automne ou au printemps. Cette pratique, qui est bonne pour le pré, est mauvaise pour la culture, en retenant le fumier aux champs. Les seuls engrais qu'on doive employer, outre l'eau, sont: le purin, la colombine, le guano, la poudrette, en un mot, les engrais pulvérulents. Le purin qui est le meilleur, peut être mis en toute saison dans le canal de dérivation, lorsqu'on arrose les prés, ou bien on le répandra sur le gazon en automne ou au printemps; on peut encore faire parquer les prairies.

Il y a dans beaucoup de fermes des prairies mal situées, ou remplies de mauvaises plantes, et d'un autre côté des champs placés dans des situations humides, ou même, propres à l'irrigation : il est avantageux, dans ce cas, de rompre les mauvais gazons, et de changer en prés les champs situés ainsi.

MOYEN D'UTILISER LES HERBAGES.

Il y a trois manières de récolter les produits des herbages : 1° paturage proprement dit ; 2° le fauchage et la consommation en vert, au parc et à l'étable ; 3° le fauchage à l'époque de la maturité des herbes et la transformation en foin.

On fait pâturer les prairies dans deux cas : d'abord lorsque les regains ne sont pas assez abondants pour procurer une coupe de quelque importance, c'est aux bêtes à corne qu'on les abandonne en automne : en second lieu, on ne met sur les herbages fauchables des bêtes à laine que pendant une partie de l'hiver et du printemps. Au printemps, la consommation sur place par les moutons, est une bonne pratique, parce que ces animaux tassent les sols légers et poreux, égalisent la croissance des herbes en broutant les espèces les plus précoces, et que leurs excréments contribuent à améliorer les fenaisons suivantes ; mais ce pâturage ne doit avoir lieu que quand le sol est bien ressuyé, et sur des terrains non argileux ; sa durée ne doit pas dépasser l'époque des dernières gelées un peu fortes, c'est-à-dire vers le 25 mars.

Dans les pays où l'on n'élève pas de bêtes à laine, le pâturage au printemps par le gros bétail n'offre pas les mêmes avantages, parceque leur pesant piétinement nuit à la production du foin en retardant la croissance des herbes et que leurs excréments sont moins profitables que ceux des moutons ; mais en automne, les bêtes bovines trouvent une excellente nourriture jusqu'à la fin de novembre sur ces pâturages que leurs excréments fertilisent lorsqu'on a soin de les faire répandre convenablement, travail léger qui doit être imposé à leurs gardiens; leur piétinement est sans inconvénient, car ses traces disparaissent par l'effet des gelées, c'est encore aux bêtes bovines qu'on doit abandonner le regain des prairies basses, parce que les moutons seraient exposés à contracter la pourriture dans de tels pâturages.

Un pâturage de courte durée donne évidemment plus qu'il n'enlève en fertilité ; tandis que sur les terrains constamment pâturés, l'herbe s'épaissit mais ne s'élève plus autant.

Dans tous les pâturages, on doit avoir soin de couper, avant qu'elles ne viennent à graine, les plantes auxquelles le bétail ne touche pas; d'entretenir des sillons d'écoulement et d'étendre les taupières et les fourmilières. On doit aussi éviter d'y mettre le gros bétail lorsque la terre est trempée. Enfin, on a soin de diviser le pâturage en plusieurs parties égales, par des clôtures en tétards, ou des fossés.

Lorsqu'on a des bêtes bovines (bœufs, vaches), des chevaux et des moutons, on fait pâturer le terrain d'abord par les premiers, qui aiment l'herbe la plus haute, ensuite par les chevaux, et enfin par les moutons qui broutent ras. Les oies et les porcs doivent avoir des pâturages à part.

Quant au pâturage temporaire ou pâture dans les jachères et dans les éteules, il est presque nul lorsque le sol est bien cultivé, car on ne doit pas donner à l'herbe le temps de pousser. Lorsque néanmoins on commence les cultures tard, on peut entretenir quelque bétail par ce moyen ; mais c'est ordinairement aux dépens de la propreté du sol et des récoltes, de sorte que c'est souvent une nourriture chère.

On doit réserver aux bêtes bovines les pâturages les plus féconds et de meilleure qualité, parceque broutant les herbes à une certaine hauteur, elles ne les arrachent jamais, et par conséquent, endommagent peu les herbages.

Les herbages nouveaux conviennent mieux que les autres aux jeunes animaux qu'ils développent et nourrissent plus qu'ils ne les engraissent: par contre les pâturages anciens procurent promptement aux animaux adultes, la graisse dont ils ont besoin, parce que les sucs de leur herbe sont moins aqueux, plus élaborés et plus propres à l'assimilation.

Les pâturages bas et humides sont moins propres à engraisser les bœufs, qu'à augmenter la quantité du lait des vaches.

Les herbages élevés, couverts, et très-exposés à l'action des vents, conviennent moins, aussi, pour la production du lait, comme pour l'engraissement que ceux qui sont bas, clos et abrités. Le beurre est plus abondant et de meilleure qualité sur les herbages anciens, sains et fertiles, que sur les herbages nouveaux, marécageux, à herbes grossières, ou des herbages alternés avec des engrais et surtout des amendements calcaires.

Les herbages qui conviennent au cheval ne sont pas ceux dont l'aridité exclut les engrais chauds, ni ceux que leur humidité rendrait plus difficiles à défoncer par le piétinement dont les effets sont très-marqués par suite de la forme de son pied.

Les bêtes à laine préfèrent les herbages élevés, arides, même; néanmoins ils se trouvent fort bien des pârcages riches, lorsqu'ils sont sains. Les moutons arrachent l'herbe par un mouvement de tête caractéristique, on se garde bien de les mettre dans des prairies ou pâturages nouvellement formés.

Les chèvres se contentent des herbages les plus escarpés,

et le plus souvent de broussailles. Il est essentiel de garantir les haies et les plantations de leurs atteintes.

Les animaux d'espèces différentes mis pêle-mêle dans les pâturages, se gênent et se privent mutuellement de la nourriture qui leur convient le mieux ; il est donc très-profitable, lorsque le terrain est divisé par des clôtures ou des fossés, de les répartir successivement sur chacun de ces enclos, en faisant d'abord passer les bœufs et les vaches, puis les chevaux si l'état et la nature du sol le permettent, après eux les moutons, enfin parfois, les porcs, qui déterrent et détruisent les racines charnues ou tuberculeuses des mauvaises herbes. Après ces animaux il est nécessaire de rateler çà et là la surface du sol qu'ils ont fouillé, puis, bien entendu, de donner aux graminées le temps de repousser.

Les herbages devront être ouverts au printemps aussitôt que l'état du sol le permettra ; de cette façon on n'aura pas à craindre les effets d'une nourriture verte trop succulente et prise, tout d'un coup, en trop grande quantité.

Un excellent moyen d'éviter les inconvénients d'hiver qui résultent de la dispersion des animaux en trop petit ou en trop grand nombre sur les pâturages ou les prairies, c'est de faire la part à chacun, et de limiter l'étendue qu'il peut parcourir, en l'attachant par une corde, d'autant plus longue que le pâturage est moins abondant, et fixée à un piquet qu'on déplace chaque jour pour rapprocher l'animal de la partie non broutée ; néanmoins la longueur de cette corde ne doit pas être trop considérable parce que l'animal peut s'enchevêtrer et se blesser grièvement.

DES PRAIRIES ARTIFICIELLES.

Les fourrages artificiels sont pour l'agriculture une source inépuisable de richesse et de prospérité. Ce n'est que depuis l'époque où ils ont été connus et introduits, que les améliorations ont commencé. Aujourd'hui, dans les contrées les plus riches de la France, la culture repose entièrement sur les fourrages artificiels, car ces contrées manquent, la plupart, de prés et de pâturages naturels. C'est la culture des légumineuses qui fournit aux cultivateurs le moyen d'augmenter le nombre des bestiaux et celui des fourrages, sans étendre les prairies aux dépens des terres labourables en se mariant sur les terres arables, avec le plus grand avantage, aux cultures économiques ou industrielles.

Les principaux avantages des prairies artificielles en elles-mêmes, sont: 1° de demander pour la nourriture d'un même nombre de bestiaux une étendue beaucoup moins considérable de terrain, que les pâturages et la plupart des bonnes prairies de graminées; 2° de disposer, en général, très-bien la terre à recevoir les plantes économiques les plus habituellement cultivées, et du plus haut produit; ou de faciliter, conjointement avec les racines fourragères, l'adoption du système de culture qui a pour base la nourriture du gros bétail, et même des troupeaux à l'étable pendant la plus grande partie de l'année, parfois même pendant toute l'année.

On évalue généralement à la moitié, et même aux deux tiers,

la différence en faveur des prairies artificielles et des cultures-racines, sur les herbages d'une autre nature; en effet, les légumineuses sont plus fourrageuses et plus nourrissantes, à poids égal, que les graminées; de plus, on donne aux champs destinés à recevoir les premières une préparation et des soins de culture, tout différents de ceux que l'on n'accorde que parfois, et presque toujours trop négligemment aux dernières.

Les cultures herbagères, couvrant complètement le terrain, comme les principales légumineuses qu'on ne réserve pas pour graines et qu'on enfouit après la dernière coupe, loin d'enlever quelque chose, ajoutent au contraire à l'ancienne fécondité du sol pour les récoltes suivantes, par l'absorption continuelle de sucs nutritifs qu'elles font dans l'atmosphère, au profit de la terre, et par la décomposition graduelle des détritus qu'elles laissent dans la couche labourable; d'ailleurs, ces récoltes fourragères, permettent d'équilibrer, selon les exigences des assolements et les besoins de la consommation, la production des denrées indispensables à la nourriture de l'homme et à l'entretien de la vie des animaux, et qui le plus souvent sans ajouter aux frais de culture, augmentent considérablement les profits de toutes sortes.

On ne doit faire pâturer les prairies artificielles que dans le seul cas où, étant arrivées au terme de leur existence, ou manquées au semis, elles ne sont point garnies pour être profitablement fauchées, en ayant soin de fixer la ration du gros bétail en le mettant au piquet, et lorsque la terre est sèche, afin d'éviter les indigestions et les météorisations qui résultent souvent de l'abus de ces plantes. C'est à l'étable, ou dans tout autre lieu convenablement disposé, qu'il est préférable de faire consommer en vert, ou en sec, les fourrages légumineux.

Les avantages les plus marqués que présente la consommation à l'étable, du produit des prairies légumineuses et des racines fourragères, sont les suivants : 1° la diminution d'étendue du terrain réservé pour la nourriture du bétail ;

2° L'économie de nourriture, où tout se consomme et rien n'est perdu ;

3° L'abondance de cette même nourriture pendant toute l'année, lorsque l'assolement est bien entendu ; la convenance des fourrages verts à l'époque des sécheresses, et des racines aqueuses alliées au foin pendant l'hiver ; enfin, la possibilité de réserver pour une année moins féconde, l'excédant de nourriture d'été que le bétail n'a pas consommé ;

4° La moindre déperdition d'engrais, parce que, sans nier que ceux qui sont disséminés sur les pâturages lorsqu'on prend le soin de les répandre, soient véritablement profitables, il est bien certain qu'ils le sont infiniment moins dans ce cas que si on les utilisait à la culture des champs, ou à la formation de composts propres à être répandus sur les herbages ;

5° L'amélioration du bétail, en ce sens qu'avec les soins convenables, qui consistent à le mener à l'abreuvoir, à le faire baigner et lui faire prendre de temps en temps l'exercice qui convient à son espèce, à son âge et à sa destination ultérieure, on peut non seulement le conserver en parfaite santé dans les cas ordinaires, mais le préserver de la plupart des maladies les plus dangereuses qui l'atteignent au pâturage, telles que l'inflammation de la rate, la météorisation, la pourriture, etc. ;

6° Enfin, la plus grande facilité de faire succéder les récoltes fourragères et celles de grains dans un court espace de temps, et l'accroissement de valeur des produits du sol.

CULTURE GÉNÉRALE DES LÉGUMINEUSES.

On sème généralement les légumineuses au printemps pour qu'elles n'aient pas à souffrir des alternatives de gelées et de dégels d'un premier hiver; mais dans les climats qui manquent de pluies printanières, les semis d'automne sont très-avantageux. La quantité de semences ne peut être exactement indiquée; dans la plupart des cas on ne doit pas l'épargner. Seulement les plantes vivaces doivent être moins serrées que les plantes annuelles. La préparation du sol ne diffère en rien de celle usitée pour les autres plantes, si ce n'est que l'épaisseur de la couche végétale doit être d'autant plus grande, que les fourragères sont plus vivaces, et que leurs racines pivotent plus profondément, telles sont le sainfoin et la luzerne.

Il est de fait qu'un terrain défoncé de 30 à 40 centimètres, donne naissance à des herbages d'une végétation plus belle, plus productive dès les premières années, et plus durable qu'un champ labouré à 15, à 18 centimètres, seulement.

Les semis des légumineuses fourragères se font en même temps que les céréales. Les semis d'automne ou de printemps faits immédiatement sur une céréale de même saison n'exigent qu'un léger hersage, parfois suivi d'un roulage selon les circonstances. Il en est de même des semis du printemps sur un blé d'automne; il est prudent de ne répandre les semences herbagères que lorsque la céréale est levée, et déjà un peu forte. On assure la réussite des prairies légumineuses, tant dans les céréales de printemps que dans celles d'automne, en les plâtrant au moment de la semaille; un hectolitre de plâtre suffit pour un hectare.

Les engrais qui conviennent aux prairies naturelles ou permanentes, sont également bons pour les prairies artificielles. La surface du sol doit être aplanie et épierrée, autant que possible, afin que la faulx puisse bien fonctionner. Les prairies légumineuses ont rarement besoin de sarclages, ou de binages. Quand on veut conserver encore quelques années une prairie dont les produits diminuent, on la herse énergiquement, ou on la scarifie, en y ajoutant un riche compost. Les espèces un peu considérables dont la semence aura manquée, seront semées de nouveau.

DU TRÈFLE.

Le trèfle commun ou trèfle rouge est le plus important fourrage, celui qui remplace principalement les prés et les pâturages naturels. Le trèfle aime les terrains frais et profonds, de nature sablo-argileuse, les terres franches ou un peu calcaires à fond argileux; mais les sols légers ne lui conviennent que dans les années humides.

On sème le trèfle au printemps, dans une céréale, dans du lin, du colza, etc. On sème à la volée 15 à 20 kilog. de graines par hectare, depuis février jusqu'en mai. Quand on sème avec un marsage, on répand et on recouvre d'abord celui-ci. Quand le trèfle a manqué, on peut le ressemer aussitôt que la céréale est enlevée et après avoir cultivé le terrain.

Partout où les frais de transport n'ajoutent pas extraordinairement à la valeur du plâtre, on répand ce stimulant aussitôt après la cessation des gelées, en mettant un demi hectolitre par hectare, de suite après la semaille et la même quantité au printemps suivant. Le trèfle ne peut revenir que tous les six ou huit ans sur le même terrain. On rompt le trèfle à la fin de la seconde année, et on enfouit la dernière coupe. Le trèfle destiné à être séché, se fauche au commencement de la floraison et donne alors une deuxième et quelquefois une troisième coupe. Pour la consommation en vert, on commence à le faucher lorsqu'il a 16 centimètres de hauteur. Passé la fleur, le bétail ne le mange plus vert.

La dessication du trèfle se fait de manière à ce que les tiges conservent leurs feuilles, qui sont la meilleure partie. Le produit du trèfle dans les pays de bonne culture est de six à sept mille kilog. par hectares, — 50 kilog. de trèfle vert font onze à douze kilog. de sec. Pour avoir de la graine, on laisse mûrir la deuxième coupe dans les terrains les plus secs; on la fauche lorsque les têtes s'enlèvent facilement à la main : on la laisse en andains, qu'on retourne jusqu'à ce qu'elle soit sèche : on profite d'un jour de sécheresse, pour battre. La récolte est de trois à quatre cents kilog. de graines par hectare.

Le *grand trèfle normand*, du pays de Caux, est plus élevé et plus tardif que le trèfle commun : il ne donne ordinairement qu'une coupe qui équivaut à deux de celui-ci :

Le *trèfle d'Argovie*, autre variété de trèfle rouge paraît plus précoce et plus durable que celui-ci. Comme il est vigoureux, il a une disposition prononcée à monter en tiges.

Le *trèfle intermédiaire*, qui se distingue du trèfle commun par la disposition moins serrée et allongée de ses fleurs, la longueur de ses folioles, est préférable comme plante de pâturage au trèfle rouge, parcequ'il est plus vivace, plus rustique que ce dernier, qu'il végète dans les terrains arides et de toute nature, une fois qu'il est parvenu à s'y établir, mais dans la culture alterne, ses produits sont inférieurs à ceux du trèfle ordinaire.

Le *trèfle blanc* est vivace, s'élève moins; mais croît plus touffu que le trèfle rouge. Il résiste très-bien à la sécheresse, comme à l'humidité, dans toute espèce de terre, et pousse dans les argiles comme dans les sables, quelque soit l'épaisseur de la couche végétale. Il ne donne qu'une seule coupe et convient parfaitement au pâturage. On répand par hectare treize kilog. de graines; les amendements calcaires sont très-favorables à cette culture.

Le *trèfle incarnat* est très-important parce qu'il donne dans le courant d'avril une coupe abondante et qu'il vient dans tous les terrains, s'ils ne sont pas calcaires à l'excès. On sème après la moisson, sur des chaumes retournés ou seulement hersés, 30 à 40 kilog. de graines non nettoyées, par hectare. Ce trèfle ne donne qu'une coupe et son fourrage est moins bon que celui des autres espèces. On peut ensuite repiquer des betteraves; la rapide végétation du trèfle incarnat pourrait le faire utiliser comme culture-engrais.

Trèfle-Joër. (*trifolium spadiceum* de Linnée). — Ce trèfle croît spontanément sur les rideaux, dans les prés, les champs. M. Joër, cultivateur à Vaqueries, commune de l'arrondissement de Doullens, le premier a eu en 1840 l'idée de récolter peu à peu cette plante.

Sa tige est grêle, solide, d'apparence ligneuse, ses feuilles sont petites et glacées, sa fleur est jaune; il ressemble un peu à la lupuline ou minette; il est plus rustique que les autres trèfles, aussi manque-t-il rarement.

Son fourrage est excellent et très-recherché par les chevaux, les vaches et surtout les moutons. Il ne donne qu'une coupe et peut être facilement récolté en 48 heures. Il produit jusqu'à 7,000 kilog. de foin par hectare et peut donner 700 kilog. de graines aussi par hectare. Sa tige fanée reste verte, contenant peu d'eau de végétation, se dessèche facilement et en raison de sa solidité permet à l'air de circuler dans les bottes malgré le tassement, de sorte que le *fourrage se conserve très-bien sans devenir poudreux.*

Il se cultive comme le trèfle ordinaire et la minette.

Il faut 20 kilog. de graines pour ensemencer un hectare. Il en faut un peu plus pour les semis de mars et avril et ceux d'août et de septembre. On le sème en mars ou au commencement d'avril; il peut être récolté au mois de septembre de la même année.

Semé dans les jeunes avoines ou le blé, en mai, juin et juillet comme le trèfle ordinaire, ou sur les éteules en août ou septembre, il se récolte en juin et juillet de l'année suivante, comme tous les autres foins.

DE LA LUZERNE.

La luzerne est pour beaucoup de localités le fourrage le plus important. Elle le serait par tout, à cause de son haut produit, si elle n'était pas aussi difficile sur le terrain. Elle veut de la chaleur, et craint plus l'humidité que la sécheresse. Elle demande une terre riche, meuble, exempte d'humidité, et surtout profonde. La nature du sous-sol es surtout très-importante pour sa réussite, parce que ses racines s'enfoncent beaucoup. Elle préfère les terres franches, les sables gras, les dépôts limoneux et bien égouttés, et les terres argilo-sablo-marneuses; par contre, elle redoute les sols arides et les fonds compactes, froids et calcaires à l'excès. — On sème trente à quarante kilog. de luzerne, depuis avril jusqu'en mai sur de l'orge ou l'avoine. — La luzerne dure de six à sept ans et plus, on la rompt lorsqu'elle s'éclaircit et se salit. Le terrain doit rester le même espace de temps, avant d'en porter de nouvelle. On ne prend de la graine que sur la récolte qu'on veut rompre: elle donne un peu plus que le trèfle.

Pour conserver aussi longtemps et en aussi bon état que possible une luzernière, il est souvent nécessaire de la recouvrir d'engrais ou de composts pulvérulents, ou bien encore de la plâtrer tous les deux ans, sur les jeunes pousses déjà développées de la première coupe; et quelquefois on emploie alternativement les uns et les autres. On peut aussi fumer une fois à la fin de l'hiver ou au commencement du printemps, vers la moitié de la durée de la prairie. La luzerne, en bon terrain et fauchée avant la fleur, peut donner, terme moyen, trois et quatre coupes, et par hectare un produit de 7 à 8,000 kilog. de fourrage sec, meilleur que le trèfle, et elle se dessèche plus facilement que celui-ci.

La *luzerne rustique* diffère de la luzerne ordinaire par la disposition de sa tige à s'étaler plutôt qu'à se dresser, et par sa végétation un peu plus tardive. Elle parait être plus vigoureuse et moins difficile sur le choix du terrain que la luzerne cultivée.

La *luzerne lupuline*, *trèfle jaune*, *minette*, ne dure que deux ans. Elle vient dans les sols légers et médiocres; elle offre en vert moins de danger pour le pâturage que le trèfle, et son produit en sec est inférieur à celui-ci.

On sème la minette avec les céréales de printemps, à raison de 15 kilog. environ par hectare.

DU SAINFOIN.

Le sainfoin est une plante précieuse qui fournit le meilleur de tous les fourrages; il réussit dans presque tous les climats, et dans les sols les plus pierreux et les plus arides, lorsqu'ils sont exempts d'humidité stagnante, et les améliore sensiblement. Le sainfoin demande la même préparation de terrain que le trèfle, et veut surtout des labours profonds; mais il craint peu la terre motteuse. On le sème pendant toute la belle saison, seul ou dans une céréale, à raison de 5 à 6 hectolitres de graines dans son enveloppe par hectare. Le sainfoin demande les mêmes soins que la luzerne; il dure quatre à cinq ans, et ne peut reparaître qu'après un intervalle au moins aussi long. On le fauche deux fois, mais le regain rend peu. On récolte environ 3,000 kilog. de fourrage sec par hectare. On récolte la graine quand la floraison est prête à finir. On fauche le sainfoin de graine avec la rosée, afin qu'il s'égrène moins; un hectare en produit 10 à 14 hectolitres. Le sainfoin ne supporte pas le pâturage des moutons.

La floraison durant près de trois semaines, la maturité des graines arrive très-inégalement; et quand on veut avoir de bonne graine, on récolte lorsque la floraison est prête à finir. Quand il y a des arbres dans la prairie, il faut avoir soin de ne semer qu'à une certaine distance de leur pied.

DU MÉLILOT.

Il existe plusieurs espèces de mélilot qui se distinguent par la couleur de leur fleur, qui est blanche, jaune ou bleue. Ce sont des plantes bisannuelles, à racines pivotantes et fibreuses, qui s'accommodent des sols les plus médiocres, sont vertes et fourrageuses pendant la plus grande partie de l'année, et que les animaux mangent avec plaisir. Mais leur fourrage perd beaucoup en se desséchant, et devient trop dur, trop ligneux. D'ailleurs, on peut leur substituer avec avantage la minette, qui prospère dans les sols sablonneux et chauds, ou le sainfoin, qui réussit sur les fonds calcaires.

Les abeilles recherchent les fleurs des mélilots.

DU LUPIN.

Le lupin blanc est une légumineuse annuelle qui croît dans les sols les plus pauvres, sur les graviers et les sables ferrugineux, comme sur les plus maigres argiles, mais craint l'humidité et le froid; il forme en vert un bon pâturage pour les moutons. Ses tiges sèches sont rejetées par le gros bétail, qui se trouve bien des graines de lupin macérées dans l'eau. On sème un hectolitre ou un peu plus de graines par hectare, depuis avril jusqu'en mai. On enfouit le lupin au moment de la floraison pour culture-engrais.

DE L'IVRAIE VIVACE OU RAY-GRASS ANGLAIS.

Le ray-grass anglais vient dans de pauvres terrains et se sème souvent avec du trèfle blanc ou rouge; seul, il lui faut 25 à

30 kilog. de graines par hectare. C'est surtout dans les prairies à fonds bas et humides que cette plante donne un excellent fourrage, si elle est associée à d'autres gramens d'une végétation aussi rapide que la sienne.

Le ray-grass d'Italie donne beaucoup, mais veut un terrain très-riche et humide.

Après les graminées et les légumineuses, on cultive ou on peut cultiver comme fourrages diverses plantes appartenant à d'autres familles et dont nous allons dire quelques mots.

DE LA SPARGOULE OU SPERGULE DES CHAMPS.

La spergule, caryophyllée annuelle, donne un produit minime; mais elle vient dans les terres les plus arides, fournit le meilleur fourrage après le sainfoin, et donne une coupe au bout de deux mois; de sorte qu'on peut, dans le même terrain, la semer et la récolter trois fois dans l'année, en commençant en février ou mars. Avant chaque semaille on donne un labour et un hersage. On la sème souvent aussi après une céréale d'hiver. On répand, par hectare, 80 à 100 litres de graine qu'on recouvre à la herse. On peut faucher ou faire pâturer la récolte. Pour avoir la graine, on laisse la spergule la première semée jusqu'en juin; on la bat au fléau. Le lait et le beurre des vaches nourries de spergule, est de qualité supérieure.

Les nombreuses espèces de la famille des graminées sont partout la base des pâturages et des prairies naturelles; nous ne parlerons ici que de celles qui concourent à la formation des prairies artificielles.

DU VULPIN DES CHAMPS.

Le vulpin des champs réussit dans les terrains élevés et de médiocre qualité : on le mêle quelquefois à des trèfles et à d'autres légumineuses.

DE LA FLÉOLE.

La fléole est une plante vivace dont les fanes sont très-abondantes et le fourrage excellent pour tous les bestiaux. Elle préfère les terrains humides, quelle que soit d'ailleurs leur composition : argileuse, sableuse ou même tourbeuse. La fléole est très-tardive. On sème 7 à 8 kilog. de graine en septembre et octobre, ou en mars et avril; elle donne 5 à 6 mille kilog. de fourrages par hectare. On peut l'utiliser avantageusement en pâture pour les moutons, sur les terrains médiocres et frais.

DU FROMENTAL.

Le fromental ou avoine élevée, vivace, se cultive souvent comme fourrage, soit seul, soit en mélange avec de la luzerne, du trèfle et autres plantes, à cause de son haut produit. Il veut un bon terrain, se sème seul assez dru ou dans une céréale, à raison de 10 kilogrammes de graine, par hectare, et peut se récolter 5 fois dans l'année. Il dure 6 à 8 ans.

DE LA LAITUE.

La laitue cultivée, est une composée semi-flosculeuse, que les porcs recherchent avidement, et qui contribue à les entretenir en bonne santé pendant l'été. Lorsqu'on élève beaucoup de ces animaux, il est donc avantageux d'en semer quelques ares en plusieurs fois, en mars, avril et mai; un peu plus d'un demi-kilog. de graine suffit pour 10 ares. Si on sème en lignes, celles-ci seront espacées de 35 à 40 centimètres; on enterre peu la semence. La laitue veut un sol meuble, très-riche, fortement amendé, et des sarclages et binages soignés.

DE LA CHICORÉE.

La chicorée, de la même famille que la laitue, est un fourrage très-productif, précoce, salutaire, qui plait à tous les bestiaux, même aux porcs, lorsqu'une fois ils y sont habitués. La chicorée vient partout, pourvu que le sol soit bien préparé et fumé. On la sème au printemps, à raison de 12 kilog. de graine par hectare, seule ou dans une céréale. On peut la mêler au trèfle et au sainfoin. Elle donne 3 et 4 coupes, et dure 4 à 5 ans. Elle souffre peu des sécheresses. On ne la donne qu'en vert. — On en cultive une variété pour sa racine qui est plus grosse, et qui, séchée, brulée et moulue comme le café, remplace en partie celui-ci.

La centaurée jacée, de la même famille que la chicorée, est une plante des sols arides et élevés. Les bestiaux la man-

gent avec plaisir. On pourrait l'essayer seule à raison de 8
à 10 kilogrammes par hectare.

DU PISSENLIT.

Le pissenlit forme pour les ruminants une excellente nourriture, en raison de la quantité de sel et de suc laiteux amer
qu'il contient. Il appartient aux plantes qui paraissent des
premières au printemps, et lorsqu'il est pâturé ou fauché,
il continue de végéter pendant tout l'été et l'automne.

Le pissenlit contient à l'état vert 12,53 pour 100, et à
l'état sec 82 pour 100 de parties nutritives. Cette plante est
donc une des plus nourrissantes que nous possédions. Le pissenlit croit à peu-près partout, il est vivace et les froids les
plus vifs ne peuvent le détruire; il en est de même de l'humidité et de la sécheresse, qui n'influent que peu sur sa végétation, à cause de sa racine qui pénètre jusqu'à 65 centimètres
de profondeur, ce qui explique comment non seulement
le pissenlit vient dans les terrains les plus maigres, mais encore les bonifie tellement que, lorsqu'il les a occupés quelque temps, on y voit croître des graminées et autres plantes
traçantes qui exigent un sol fertile; mais il préfère une terre
riche en alcalis : ces substances sont par conséquent un bon
engrais pour lui. Il se sème pardessus des céréales d'hiver,
avec du trèfle, des graminées et autres plantes fourragères; en
peu de jours il lève, lorsque la température est assez élevée
et que le sol contient assez d'humidité. Ainsi semé avec d'autres plantes, comme cela doit toujours se faire, on emploie
4 à 6 kilog. par hectare; de cette manière on fait un pâturage
excellent, soit pour les moutons, soit pour le gros bétail ou
pour les chevaux qui, tous, le mangent avec plaisir.

La semence est assez grosse, on la fait cueillir par des enfants aussitôt qu'elle est devenue un peu brune. On fait sécher les têtes pendant une quinzaine de jours dans un grenier, après quoi on les bat au fléau.

DU CHOUX.

Les choux appartiennent à la famille des crucifères : on en possède plusieurs variétés qu'on cultive en grand, pour la nourriture du bétail ; ce sont : le *chou cavalier*, le *chou branchu* ou *de Poitou*, le *chou frisé*, *vert* ou *rouge*. Dans les lieux convenables les choux donnent un produit énorme, très-recherché du bétail, et qui est d'une grande ressource dans l'arrière saison. Ils craignent la sécheresse et les grands froids ; néanmoins, les choux frisés du nord résistent mieux à l'hiver. Les choux veulent un sol argileux, propre, meuble, et surtout bien fumé. Comme récolte sarclée, ils tiennent quelquefois la place de la jachère ; mais on peut les faire suivre d'une céréale[1] d'hiver, parce qu'ils restent en terre pendant toute cette saison. On les sème en pépinière en août, pour repiquer en octobre ou novembre ; ou en mars, pour repiquer en mai. 250 grammes de graines donnent du plant pour repiquer un hectare. On bine et on éclaircit à temps. Le repiquage se fait au plantoir, par un temps humide, sur un labour frais, en lignes de 65 à 90 centimètres de distance. On tient la terre nette et meuble par des sarclages entre les lignes. On récolte les feuilles en automne et pendant hiver, en commençant par celles du bas, jusqu'au printemps de la seconde année, époque à laquelle ils montent à graine. On coupe alors la tige, qui se donne également au bétail.

Le *chou-navet* a de grosses racines charnues, analogues à celles des navets, qui se conservent intactes dans le sol, même pendant les fortes gelées, de sorte qu'on peut ne les extraire qu'au fur et à mesure des besoins de la consommation. Sa culture est la même que pour les précédents: seulement on espace moins les pieds, ou on les sème en place, de la fin d'avril à la mi-juin.

Le *chou-rutabaga*, dont la racine est jaune, et la saveur préférable à celle du chou-navet, se forme plus vite, se sème plus tard, et demande les mêmes soins que celui-ci. Les choux à racines maigres donnent, dans les terres argilo-sableuses et même sablo-argileuses, un produit d'autant plus important que l'emploi des racines n'exclut pas celui des feuilles.

Le *chou-navette* se sème à raison de 7 à 8 litres par hectare, jusqu'en septembre, et on l'éclaircit par des binages. Il se contente d'un terrain moins riche que les précédents.

La *moutarde blanche*, de la même famille que les choux, se sème comme eux sur le chaume à raison d'un hectogramme par hectare: elle fournit aux vaches une excellente nourriture jusqu'aux gelées.

La *pimprenelle*, de la famille des rosacées, se sème en mars ou septembre à raison de 50 kilog. environ par hectare, fournit dans les terrains les plus pauvres, sablonneux ou calcaires, un bon pâturage pour les moutons.

La *sanguisorbe*, ou grande pimprenelle, est plus fourrageuse que la précédente.

Le *jonc de Botnie*, famille des joncées, dont les bestiaux sont très-avides à cause du sel commun qu'il contient, pourrait venir partout.

La *bistorbe*, famille des polygonées, cultivée en prairie artificielle dans le Jura, plaît aux moutons et aux vaches et paraît préférer les sols humides.

La *petite marguerite* et la *mille-feuilles*, de la famille des radiées, sont fort recherchées des moutons dans les pâturages où ces plantes se rencontrent.

Des arbres et des arbrisseaux formant des clôtures, sont quelquefois utilisés comme fourrages dans des terrains qui ne conviennent qu'à leur végétation : tels sont les *bruyères*, les *genêts*, les *ajoncs*, les *pins*, les *cytises*, qui fournissent aux abeilles un aliment de prédilection ; l'*orme*, le *frêne*, etc.

———

RÉCOLTE DES FOURRAGES.

———

FOURRAGES VERTS.

Lorsqu'un champ aura quelque étendue, on commencera à faucher un peu avant la floraison afin d'avoir toujours des tiges vertes et succulentes, et de manière que le fauchage soit toujours régulier en suivant la direction des sillons pour les fourrages annuels tels que le trèfle, etc.; il est profitable d'enfouir les chaumes aussitôt qu'un espace raisonnable est débarrassé.

DU FANAGE OU DE LA FENAISON.

La récolte des fourrages convertis en foin ou fenaison, varie suivant les saisons et la nature des plantes et l'espèce des bestiaux auxquels le fourrage est destiné. La récolte des prairies artificielles se fait généralement la première ; c'est à l'époque où les fleurs commencent à tomber, alors que le fourrage est le plus abondant et le meilleur, qu'on le coupe. On attendra quelques jours si ce foin doit servir à la nourriture des chevaux qui aiment un foin sec et fibreux; on fauchera au contraire un peu sur le vert, si on le destine aux bêtes à cornes. On fauche également de bonne heure quand on veut empêcher de mauvaises herbes de grainer et de se reproduire. On fauche aussi bas que possible; car l'herbe la plus touffue et la plus nourrissante se trouve le plus près de terre; ce travail se fait mieux quand on peut profiter de la rosée. On commence par les points les plus élevés, en réservant les parties basses pour le milieu de la journée.

Tout ce qui est fauché le matin et par un beau temps, est laissé en javelles ou andains, tels que les a faits le fauchage, qu'on retourne vers midi sans les éparpiller, pour les faire également ressuyer des deux côtés. Ce qui est fauché le soir est laissé intact : le lendemain matin, aussitôt après l'évaporation de la rosée, on met en petits tas tout ce qui a été fauché la veille indistinctement; on les soulève de manière que le soleil et le vent les pénètrent dans tous les sens : on les retourne en les ouvrant un peu le jour même et les suivant jusqu'à ce qu'ils soient secs. Aussitôt qu'on s'aperçoit que la dessication est terminée, on met le foin en gros tas qui peuvent supporter sans dommages les pluies qui surviendraient tout-à-coup, et qui permettent en outre de ne faire opérer le bottelage que lorsqu'on a le temps; si pendant l'opération il arrive des ondées, on retourne de temps à autre les petits tas, pour empêcher le dessous de jaunir, jusqu'à ce que le temps devienne plus favorable.

RÉCOLTE DES FOURRAGES NATURELS.

La fenaison se fait lorsque la plupart des fleurs jaunissent. Cela a lieu en mai pour les prairies à 3 coupes, et en juin pour celles à 2 coupes. Le fauchage y demande les mêmes soins que dans les prairies artificielles. Tout ce qui est fauché le matin et par un beau temps, est répandu avec les mains, des rateaux, ou des fourches, vers midi. Ce qui est fauché après-midi reste en javelles ou andains, toute la journée. On ramasse en petits tas ou monceaux ce qui a été répandu : le lendemain après la rosée on étend ces andains et l'herbe fauchée le jour même, ainsi que les petits tas formés la veille; on met trois ou quatre de ces derniers, les uns auprès des autres, afin d'en former des moyens tas vers le soir, ou s'il venait de la pluie. Le troisième jour, on étend ces moyens tas, on les retourne comme le jour précédent 3 ou 4 fois dans la journée, et le soir on les met en gros tas, d'autant plus gros que le foin est plus sec, et en ayant soin de disposer le foin par couches aussi régulières que possible. Le foin s'y échauffe un peu, sue, et acquiert ainsi plus de qualité. On le rentre quelques jours après.

On évite de rentrer le foin humide; mais il faut aussi éviter de le rentrer trop sec, parce qu'alors il a perdu de sa qualité. Le mauvais foin de prairies humides gagne à être mis en gros tas avant qu'il ne soit sec. On le laisse aussi s'échauffer un peu.

Lorsqu'il vient du mauvais temps, on laisse les andains sans les étendre, et les tas de même; mais on profite de chaque moment favorable pour remuer ces derniers.

Le fourrage, aussi longtemps qu'il est en andains, souffre peu de la pluie; et lorsque les tas sont bien faits, l'humidité ne doit pas pénétrer; si toutefois le mauvais temps ne laissait pas d'espoir de sécher parfaitement le foin, on pourrait le rentrer à moitié sec, l'entasser fortement (en le mêlant avec de la paille) sous un hangard, ou en meule; il s'échauffera beaucoup, diminuera de volume et deviendra noir intérieurement; si l'air n'y pénètre pas, il ne moisira pas, et le bétail le mangera, surtout si l'on a soin de le saler.

Quant au foin qui a été vasé (couvert de vase par l'eau), on doit, avant de l'employer, le faire battre au fléau.

FAUCHAISON ET EMPLOI DES FOINS VASÉS.

Les inondations rendent le foin difficile à faucher, en émoussant les faulx. Il suffit pour écarter cette difficulté de verser trois ou quatre gouttes d'acide hydrochlorique dans l'eau où trempe la pierre à aiguiser, lorsque le fil donné par le battage est un peu amorti.

Le foin à moitié décomposé sera converti en fumier, en plaçant l'herbe en tas et par lits de 50 centimètres, saupoudrés alternativement de un à deux centimètres de chaux, le tout recouvert de 6 à 12 centimètres de terre.

DE LA VAINE PATURE.

On appelle vaine pâture la dépaissance des bestiaux autorisée par une coutume presque générale en France sur les jachères, sur les chaumes après la récolte des céréales, ou sur les prés, après que le foin ou le regain a été enlevé. Dans les lieux où cet usage existe, ce droit de dépaissance appartient à tous les propriétaires de bestiaux, sur toutes les terres de la commune, excepté celles qui en sont affranchies par une clôture. Dans certains lieux, les troupeaux sont conduits sous la garde d'un berger commun; dans d'autres, ils sont livrés à la garde de chacun.

Depuis longtemps les agronomes les plus éclairés se sont élevés contre les inconvénients de cette pratique, nuisible à l'agriculture, et qui en retarde les progrès.

Cet usage force chaque cultivateur à se soumettre à un ordre d'assolement presque invariable, qui, pour rendre la vaine pâture plus facile, est nuisible à son exploitation particulière. Il ne peut ni établir entre les différentes parcelles qu'il possède sur la commune, un ordre d'assolement régulier et égal, ni introduire des cultures nouvelles; il est forcé de subir l'empire de la routine, sans pouvoir jamais s'en dégager; il ne peut, par exemple, jeter au milieu de la portion de terre livrée à la vaine pâture, ni colza, ni betteraves, ni maïs, ou tous autres produits qui, couvrant le sol à une époque où les champs voisins sont dépouillés et appartiennent à la vaine pâture, seraient exposés aux dégats de toutes sortes, occasionnés par le parcours des bestiaux. Dans les prés, le pâturage des bestiaux en automne, quand le sol est humide, détériore la prairie par le piétinement des animaux, comble et détruit les rigoles de desséchement et d'irrigation.

DU PARCOURS.

Quelquefois synonyme de pâturage, le mot parcours exprime le droit qu'ont les habitants d'une commune d'envoyer leurs troupeaux sur les terres incultes des communes voisines. Il peut résulter d'une simple tolérance, ou être établi sur un titre écrit. Réglé par les lois qui traitent de la vaine pâture, il ne peut, dans aucun cas, ni dans aucun temps, être exercé sur les prairies artificielles, ni sur les terres ensemencées ou couvertes de quelque production que ce soit, qu'après la récolte. On peut, par des clôtures, affranchir les terres, même du parcours établi par un titre. Le parcours présente les inconvénients de la vaine pâture.

CHAPITRE IV.

DES RÉCOLTES-RACINES.

Les plantes cultivées en grand pour leurs racines servent principalement à la nourriture de l'homme et des animaux. Étant toutes des récoltes sarclées, elles tiennent lieu de la jachère, se mettent entre deux récoltes de grains pour ameublir et nettoyer le sol. Elles donnent la plus grande masse d'aliments que l'on puisse tirer de la terre, permettent ainsi de multiplier en grand nombre le bétail, et par suite une production plus abondante d'engrais qui influe si puissamment sur les autres récoltes, favorise l'extension de cultures industrielles qui sont les plus productives; elles ont en outre dans les arts une foule d'applications diverses, et leurs usages peuvent se substituer sans inconvénient les uns aux autres selon le besoin.

DE LA POMME DE TERRE.

—

Les Indiens du Pérou et du Chili, misérables restes échappés à la destruction presque entière de ces peuples victimes de l'avarice et de la cruauté des Espagnols, font encore aujourd'hui leur principale nourriture d'une plante appelée *aponanck* ou *papas*, cultivée dans ces pays bien avant l'arrivée de leurs oppresseurs.

Cet aponanck, c'est la pomme-terre... c'est la *parmentière*, plutôt; car c'est à Parmentier, dont toutes les études, toute l'activité furent consacrées au service de l'humanité, que nous devons la propagation de ce précieux végétal. C'est Parmentier qui en a généralisé la culture et l'usage, après avoir triomphé de tous les obstacles, de tous les préjugés, par la plus courageuse opiniâtreté. Et cependant, le peuple dont il assurait la subsistance l'accusa d'abord d'avoir *inventé la pomme de terre pour le priver de pain!*

Répondant, en 1781, à ces attaques déraisonnables, Parmentier écrivait : « Quoique les hommes pour qui on s'occupe « le plus utilement ne soient pas toujours les plus reconnais- « sants, il faut être assez courageux pour braver leur injustice « et leur ingratitude. Ces racines, que vous voulez proscrire, « le pauvre les bénira un jour, parce qu'elles lui procureront, « à peu de frais, pour les impérieux besoins de l'hiver, une « nourriture saine, substantielle et abondante. » Le temps a justifié cette prédiction.

La pomme de terre forme le type de la famille des solanées, originaire de l'Amérique méridionale; elle a été importée en

Espagne au commencement du XVIe siècle, de là s'est répandue dans les autres parties de l'Europe; mais il a fallu deux siècles pour que son usage devînt général; et l'on se serait épargné les disettes de 1770-71 et 1816-17, si on avait cultivé autant qu'aujourd'hui ce pain tout fait et providentiel qui réussit presque partout.

Les usages alimentaires de la pomme de terre pour l'homme, la nourriture et l'engraissement du bétail, sont connus de tout le monde. C'est avec elle que l'on fabrique de la fécule, de la dextrine, de la bière, de l'eau-de-vie, etc.

Très-nombreuses et caractérisées par la couleur, la consistance, la forme, la précocité, la saveur des tubercules, ses variétés sont peu fixes et mal déterminées. La plupart se modifient même, changent continuellement, tandis qu'il s'en produit sans cesse de nouvelles, soit par l'effet du climat et de la culture ordinaire, soit par l'effet de la multiplication par graines.

Dans le choix de la pomme de terre, il faut avoir égard au climat, à la nature du sol, aux besoins de la localité, etc. Pour une terre légère, on recherchera une variété qui s'enfonce profondément dans le sol et ne craigne pas la sécheresse, et pour un terrain argileux, une variété dont les tubercules hâtifs se forment près de la naissance des parties aériennes et soient faciles à arracher.

Il n'est pas toujours avantageux de cultiver celle qui donne la plus grande quantité de produits bruts. Près des villes, les variétés hâtives, quoique peu abondantes en produits, rapportent en général les plus grands bénéfices; dans les fermes où l'on veut consommer les tubercules, on donnera la préférence à celle qui rendra la plus grande quantité de matière nourrissante, eu égard aux frais qu'elle coûte; sous ce rapport, les espèces les plus grosses ne sont pas toujours les meilleures.

Le climat favorable aux pommes de terre est celui qui est plutôt humide que sec, tempéré ou frais que chaud; néanmoins, les espèces hâtives viennent encore dans les contrées très-froides, et à l'exception de l'argile compacte et des marais, tout terrain leur convient; mais un sol meuble, un peu calcaire, fertile, est celui qu'elles préfèrent. Dans les années ordinaires, elles sont de meilleure qualité dans des terres de sable que dans de grosses terres; le contraire a lieu dans les années très-sèches.

Les pommes de terre réussissent après toute espèce de récolte et après elles-mêmes; mais il vaut mieux les mettre dans la saison des marsages et les faire suivre de colza ou de pois, de vesces, de féveroles, de lin, etc., à moins qu'on les ait récoltées de bonne heure. Les pommes de terre viennent très-bien après une récolte de printemps commencée de bonne heure, telle que le trèfle incarnat, les vesces, etc. C'est par les pommes de terre que doivent toujours commencer les nouvelles rotations des défriches écobuées ou chaulées, parce que l'écobuage rend soluble un forte proportion d'éléments de fécondité que les céréales représentent en paille en donnant peu de grains.

La pomme de terre veut une forte fumure : on applique aux terres chaudes et légères le fumier décomposé, et on réserve pour les sols argileux et froids le fumier long. Dans un sol sec et très-léger, il serait bon de conduire et de répandre le fumier pendant l'hiver, pour éviter au printemps l'évaporation de l'humidité que ces sols retiennent faiblement. Quand le sol est argileux, on agit d'une manière plus conforme aux principes établis au chapitre des engrais, en enfouissant le fumier pendant l'hiver; car alors la terre se trouvera ameublie et allégée, et les façons ultérieures s'exécuteront plus facilement. On enfouit ordinairement le fumier en même temps qu'on plante les tubercules. Cette méthode est excellente, mais on pourrait s'en écarter quand les pommes de terre sont destinées à la nourriture de l'homme, parce qu'elles contractent par ce moyen une saveur désagréable. Le fumier se place dans le sillon qui reçoit les tubercules, ou dans chaque rive ouverte par la charrue, en ayant le soin, dans les sols humides, de mettre les tubercules sur le fumier même, afin que celui-ci attire l'humidité de la couche inférieure, rendant ainsi la surface plus sèche et plus facile à travailler. Dans les sols légers, au contraire, on place les tubercules d'abord et le fumier ensuite, afin que ce dernier tienne les racines toujours fraîches. On emploie la fumure en couverture dans les sols très-secs; le fumier se charrie lorsque les premières pousses sortent de terre, et après le hersage qu'on leur donne à cette époque, ce qui permet de planter les pommes de terre quand même on n'aurait pas pour le moment de fumier à sa disposition. Le chiffon de laine forme un engrais très-puissant; si on pouvait s'en procurer à très-bon compte, on obtiendrait de beaux résultats en entourant d'un de ces lambeaux chaque tubercule au moment de la plantation.

La nature et la forme des pommes de terre exigent un sol profondément ameubli. Que cet ameublissement provienne de la composition même de la terre ou des préparations qu'on lui fait subir, toujours est-il indispensable. Suivant la nature du sol, on donne un ou deux labours profonds de 25 à 40 centimètres, avant ou après l'hiver; mais celui qui couvre les tubercules de semences et des engrais ne doit pas dépasser 10 à 12 centimètres. On plante les pommes de terre du 1er avril au

15 mai, 25 à 30 hectolitres par hectare, en choisissant pour cela les plus saines et les plus belles. Celles qui sont très-grosses peuvent être coupées en plusieurs morceaux à chacun desquels on doit conserver au moins un œil. La plantation avec des instruments à mains ne s'exécute que dans la petite culture et le jardinage, soit avec la houe, soit avec la bêche. Lorsqu'on veut obtenir des primeurs, on laisse auparavant les tubercules dans un lieu éclairé et à l'abri du froid; aussitôt que les yeux se tuméfient et annoncent un commencement de végétation, on plante dans un champ abrité; au lieu de recouvrir totalement les trous à mesure qu'on ouvre la seconde rangée, on ne les recouvre que partiellement en dirigeant avec la bêche la plus grande partie de la terre vers le nord.

De cette manière, les vents froids, les gelées qui peuvent survenir à une époque rapprochée de l'hiver, n'ont aucune prise sur la plante qui pousse ses jeunes feuilles dans la cavité, et qui est d'ailleurs abritée par le monticule qu'on a formé. Pour la grande culture, on se sert de la charrue ou du binot; on plante derrière ces instruments chaque troisième raie, en plaçant les pommes de terre sur la bande retournée, si c'est une terre forte ou humide, et au fond de la raie, si c'est une terre sableuse, en les espaçant de 35 à 50 centimètres. On dirige les sillons du nord au sud. Pour faciliter les cultures d'entretien, on pourrait faire marcher un rayonneur dont les pieds seraient espacés de 50 centimètres, de façon à couper à angle droit les raies de charrue, et dans chaque troisième raie ouverte par cette dernière on déposerait un tubercule au point de rencontre des lignes du labour avec celles du rayonneur. Les plantes se trouvant ainsi parfaitement disposées en quinconce, le butoir et la houe à cheval peuvent fonctionner dans les deux sens.

La plantation de pelures, d'yeux ou de germes réussit dans de riches terrains et de bonnes années, mais ne donne jamais qu'un petit produit.

Les soins d'entretien qu'on donne aux pommes de terre ont pour objet de détruire les mauvaises herbes, d'ameublir la terre et de multiplier les tubercules. Dès que les plantes se montrent, on leur donne un ou deux forts hersages, qui, outre le nettoiement et l'ameublissement du sol, ont aussi pour effet d'écarter les bourgeons qui croissent par touffes et de les forcer à chercher leur nourriture en des points différents. Plus tard on les sarcle à la houe à main ou avec la houe à cheval aussi souvent que le demandent la terre ou les plantes. Deux buttages par un temps sec, donnés à quinze jours d'intervalle, suffisent ordinairement. Cette opération deviendrait inutile si on attendait que les plantes fussent assez développées pour couvrir le terrain de leur ombrage.

L'époque de la récolte dépend de la variété cultivée; elle a lieu, en général, lorsque la fane est jaune et sèche; ou bien, à défaut de cet indice, aussitôt qu'une gelée a bruni les tiges.

L'arrachage se fait à la bêche, au crochet ou au trident (fourche à fumier à trois dents); ou, lorsque les pommes de terre sont en ligne, au butoir ou à la charrue à double versoir. Aussitôt que les tiges ont éprouvé un commencement de dessication, ou, qu'étant vertes encore, on les a coupées ou fait pâturer, ce qui est essentiel afin qu'elles n'entravent point l'instrument dans sa marche, on conduit le butoir dans le champ de pommes de terre, on place les deux chevaux de front, de sorte que l'ados où se trouvent les tiges soit précisément entre les deux animaux; on fait piquer l'instrument à une moyenne profondeur, et on lui imprime une direction telle que dans son mouvement de progression il fende toujours en deux parties égales la butte qui est devant lui, et que le double versoir éparpille de chaque côté la terre et les tubercules; on a soin de laisser alternativement une rangée sans y toucher, en sorte que cette première opération n'arrache que la moitié des plantes; on met immédiatement des ouvriers à amasser les tubercules découverts et amenés à la surface par l'instrument; la charrue revient derrière les ouvriers et arrache les rangées qui étaient demeurées intactes; avec ces précautions, on n'a pas à craindre que la terre remuée recouvre les tubercules arrachés dans la ligne qui précède. Lorsque tous les tubercules sont ramassés, on fait passer la herse en long et en travers pour découvrir les tubercules qui seraient restés cachés.

Un grand avantage de l'arrachage opéré à la charrue, c'est que la terre se trouve labourée et préparée sans frais pour un ensemencement de céréales d'automne, et que deux chevaux conduits par un homme et un enfant pour débourrer, font autant de besogne que vingt-cinq arracheurs exercés.

Le produit moyen par hectare est de 200 à 300 hectolitres pesant chacun 75 kilog. Les pommes de terre se conservent très-facilement dans des celliers ou des silos à l'abri de la gelée, pourvu qu'elles n'aient pas été rentrées humides, gelées ou par un temps chaud. La conservation dans des silos est la plus convenable. A cet effet, dans un sol sec, on creuse une fosse qu'il serait profitable de revêtir d'un mur de soutènement en briques. On place d'abord un lit de sable fin et parfaitement desséché, puis une couche de tubercules, une couche de sable et un lit de tubercules, en alternant ainsi jusqu'à ce qu'on soit arrivé au niveau du sol; on recouvre la dernière couche de paille et de terre. On a vu des pommes de terre ainsi traitées se conserver deux ans sans perdre leur propriété germinative ni leur saveur première.

Si, nonobstant toutes ces précautions, les pommes de terre sont atteintes de gelée, on peut encore en tirer parti en les trempant, avant qu'elles ne soient dégelées, dans l'eau froide et en les râpant quelques heures après. On en obtient autant de fécule que des tubercules ordinaires; à défaut de râpe, on les fait dégeler dans un endroit chaud, puis, à l'aide d'une presse, on les épuise d'eau de végétation; et quand elles sont ainsi séchées, on les donne au bétail, ou on les fait moudre pour mélanger leur farine avec environ cinq fois autant de farine de froment.

Il faut se hâter, dans les années très-pluvieuses, de récolter les pommes de terre et de les sécher avant de les serrer en cave; car c'est alors seulement qu'on voit facilement celles qui sont atteintes de pourriture et qu'on peut les trier avec soin. La décomposition, d'ailleurs, est souvent arrêtée quand la pellicule du fruit a perdu l'humidité. Il faut encore tirer parti le plus tôt possible des tubercules gâtés, en coupant pour l'employer ce qui reste de sain. En Allemagne, on plante les tubercules d'hiver en août; leur développement se fait jusqu'à la fin de novembre au plus tard, suivant la température. On fauche alors les tiges et on recouvre les lignes plantées de fumier; au printemps suivant, on récolte les tubercules, dont la quantité, à la vérité, est peu considérable.

Les pommes de terre contiennent 75 à 77 pour 100 d'eau de végétation, et 23 à 25 pour 100 de substance solide; celle-ci se compose de 18 à 19 parties d'amidon, et de 3 à 4 parties de fibre sèche amylacée. Il est facile de voir que les deux réunies pèsent presque autant que les pommes de terre sèches elles-mêmes. Les deux centièmes qui manquent sont formés de sels et de la substance sulfuro-azotée connue sous le nom d'albumine. Or, on retrouve les mêmes principes chimiques dans les semences des céréales propres à la panification; aussi fait-on du pain avec la farine des pommes de terre, soit seule, soit mélangée avec celle des céréales. On sait que trois kilog. de pommes de terre équivalent à un kilog. de blé, de sorte qu'en supposant qu'un hectare de froment produise 18 hecto-litres de blé, ou en poids 1440 kilog. de grains, et que le produit moyen d'un hectare de pommes de terre s'élève en poids à 17,500 kilogr., on trouvera, en divisant ce dernier chiffre par trois pour obtenir la valeur du froment, 5,833 kilog., c'est-à-dire qu'une étendue donnée de pommes de terre nourrira quatre fois autant d'individus que pareille surface cultivée en froment. Le même rapport existe entre le foin et les pommes de terre, c'est-à-dire qu'un hectare de ces dernières vaut pour la nourriture du bétail trois hectares des meilleurs prés. Mais si l'on compare la valeur du foin à celle du froment, on voit qu'il y a une disproportion absolue entre la valeur des pommes de terre employées à la nourriture du bétail et le même produit employé à la nourriture de l'homme.

La pomme de terre est sujette à deux maladies : la *rouille* et la *frisolée*. La première se reconnaît à des taches roussâtres sur la tige et les feuilles qui dépérissent sans cause appréciable. Dans la seconde, les feuilles se frisent et le produit est nul. Dans le premier cas, on coupe les tiges avant la floraison, et on peut encore récolter les pommes de terre. Mais pour faire disparaître ces deux maladies, il faut alors renouveler l'espèce ou en créer de nouvelles par des semis; à cet effet, on sème la graine et on replante chaque année les tubercules, d'abord très-petits, qu'on en obtient. On multiplie celles qui réunissent le plus de qualités. La meilleure manière de cuire les pommes de terre c'est au four ou à la vapeur, dans une marmite qui n'a d'eau que jusqu'au quart, et dans laquelle on met un plateau criblé de trous ou un tamis d'osier reposant à une petite distance au-dessus de l'eau. Les pommes de terre placées sur le plateau cuisent au moyen de la vapeur seule.

EMPLOI DE LA POMME DE TERRE COMME ALIMENT.

Tous les animaux ne mangent les pommes de terre crues qu'avec répugnance et avec d'autres aliments.

Cuite et mêlée avec d'autres substances alimentaires, tous les herbivores peuvent s'en nourrir, même le vieux cheval quand il ne fait rien. Au jeune cheval qui travaille, elle ne peut jamais convenir que comme ration supplémentaire.

La pomme de terre est à l'avoine comme 1 est à 6 en fait de matière nutritive pour le cheval.

DU TOPINAMBOUR.

—

Le topinambour appartient au genre soleil de la famille des radiées. Il nous vient de l'Amérique, comme la pomme de terre, se cultive et se récolte de même. Il réussit mieux que celles-ci dans des terrains arides et pauvres, ou bien encore froids, argilo-siliceux, et dans tous les lieux ombragés, impropres à d'autres cultures, tels que : les espaces vagues des bois pourvus d'un peu de terre végétale, le revers des fossés, le bord des haies. Il craint moins les gelées et peut rester tout l'hiver en terre, d'où on ne l'extrait qu'au fur et à mesure des besoins. Enfin, ses tiges hautes, à feuilles larges, qui, coupées en automne, forment une bonne nourriture pour les moutons et les autres bestiaux, pourraient encore le faire utiliser dans le midi en le plantant en rangées plus ou moins écartées et dirigées du levant au couchant, pour fournir des abris contre le soleil à tous les semis qui redoutent la sécheresse. En revanche, le topinambour rend moins de substance nutritive que la pomme de terre, étant moins nourrissant; il est en outre difficile à expulser d'un terrain lorsqu'une fois il s'en est emparé, parce que le plus petit bout de racine repousse des jets et des tubercules. Aussi est-on obligé de le cultiver plusieurs années de suite dans le même terrain, et de mettre après une récolte à faucher qui le détruit. Les tiges sèches des topinambours sont employées au chauffage des fours; vertes, elles peuvent servir à ramer d'autres récoltes.

DE LA PATATE.

La patate appartient à la famille des liserons. C'est une plante tubéreuse qui croît naturellement dans les régions les plus chaudes de l'Inde et de l'Amérique, et fournit un aliment excellent à l'homme et aux animaux. On a conseillé sa culture en grand pour nos départements les plus méridionaux, dans des terres abritées du vent du nord, légères, s'échauffant aisément, fertiles par elles-mêmes ou par engrais consommé qui y aura été préalablement mêlé, et rendues très-meubles par des labours.

Des essais tentés par des agronomes d'un haut mérite ont démontré que la culture de la patate serait très-productive dans les contrées et les conditions ci-dessus indiquées. Parmi les variétés connues de la patate, la jaune est plus grosse, plus farineuse, sa chair plus ferme est probablement plus nutritive que celle des autres, ses tubercules pèsent jusqu'à 4 kilogrammes, et elle paraît mériter la préférence pour la France.

Aux colonies on mange la patate cuite à la façon des pommes de terre, les jeunes tiges et la sommité des anciennes comme les asperges ou les petits pois, et les feuilles à la manière des épinards. Les animaux sont friands des tiges et des feuilles.

DES BETTERAVES.

La betterave appartient au *genre bette* de la famille des *aroches* ou *chenopodées*. Cette plante rend à l'homme d'immenses services pour la fabrication du sucre, ou la nourriture du bétail. Sa culture offre le triple avantage de s'intercaller très-heureusement dans les assolements, de permettre l'éducation et l'engraissement d'un grand nombre de bestiaux, enfin, d'alimenter une branche d'industrie nationale née en France, qui se lie intimement à l'exploitation agricole et qui vient adjoindre ses bénéfices aux siens.

De toutes les racines que l'on cultive pour la nourriture du bétail, il n'en est aucune dont la culture puisse se généraliser avec plus d'avantage dans les exploitations rurales, que la betterave, qui favorise éminemment la formation de la chair et de la graisse dans les animaux. Sous le rapport de la faculté nutritive, les bonnes variétés sont peu inférieures, à poids égal, aux pommes de terre, et très-supérieures aux carottes et aux navets.

Les betteraves contiennent 88 à 90 pour cent d'eau; 25 parties de betteraves sèches renferment, à très-peu de chose près, les mêmes éléments que 25 parties de pommes de terre sèches. On y a trouvé 18 à 19 parties de sucre et 3 à 4 parties de tissu cellulaire: la moitié des deux centièmes qui manquent est formée de sels. Le reste est de l'albumine.

Il y a plusieurs variétés de betteraves, qui diffèrent par la couleur, la consistance, le volume, la saveur et la forme; les plus cultivées sont: la *disette* ou *betterave rose*, sortant de terre; et la *betterave blanche* ou *betterave à sucre*. La première est la plus grosse et donne un produit plus considérable; mais elle est moins nutritive, moins sucrée, souffre plus des gelées hâtives d'automne, et se conserve moins bien que la betterave à sucre. Cependant, comme elle paraît meilleure que cette dernière pour les bêtes à lait, il est bon d'en cultiver un peu pour la faire consommer en premier lieu. D'ailleurs, croissant en partie hors de terre, on devra la choisir pour les terrains peu profonds.

La betterave réussit très-bien en France, et supporte la sécheresse mieux que les autres récoltes-racines. Les gelées tardives et hâtives lui font peu de tort. Une terre franche, profonde, meuble et riche en humus, est celle qui lui convient le mieux; mais elle prospère encore dans des sols sablonneux

ou argileux, pourvu qu'ils soient riches ou bien fumés. En général, les terres à froment qui ne sont pas trop argileuses, et
la plupart des terres à seigle qui ne sont pas trop crayeuses ni
trop maigres, peuvent avantageusement être cultivées en betteraves, qui sont les seules racines qui puissent réellement
remplacer, en Provence, les prairies artificielles, dont l'insuffisance et la casualité sont trop grandes sous ce climat ardent.

La betterave peut remplacer la jachère dans l'assolement
triennal; dans l'assolement quadriennal, sa place est après l'a-
voine qui suit le défrichement des trèfles, luzernes, etc. On répand, en automne ou avant janvier, autant de fumier consommé que si l'on voulait immédiatement ensemencer un froment; on préférera le fumier frais des bêtes à cornes, et les récoltes enfouies en vert. L'emploi d'une fumure pour les betteraves destinées à l'extraction du sucre a des inconvénients
qu'on évitera en les faisant succéder à un blé bien fumé.

Quelle que soit la récolte à laquelle la betterave doit succéder, aussitôt qu'elle est fauchée on la réunit sur des bandes de
terre étroites et parallèles, et on met la charrue dans le champ
dans les trois ou quatre jours après la fauchaison. Pour ce labour, on se sert du binot. Il résulte de cette pratique que le
sol, auquel on n'a pas laissé le temps de se dessécher, n'offre
pas de difficulté au labourage; un coup de herse, donné quelque temps après, achève la destruction des mauvaises herbes,
commencée par le premier labour. Un second binotage et un
second hersage complètent le nettoiement du sol. Alors on laboure à la charrue ordinaire; cette manière assure l'ameublissement complet du sol, qui est essentiel sous tous les rapports,
et spécialement utile en ce qu'il permet à la betterave de pi-
voter et de ne point ramifier. Au printemps, on donne un

nouveau labour à la terre; on la travaille encore quelquefois au binot, puis l'on herse, l'on roule ou l'on a recours au ploutrage, qui a pour effet de briser toutes les mottes de terre en les saisissant entre les barres qui servent de traverses à la herse. Dans les terres sablonneuses et blanches, on préfère binoter plusieurs fois avant l'hiver et ne labourer qu'au printemps.

Dans le midi, la culture de la betterave se pratique de la manière suivante : le sol est toujours défoncé à deux traits de charrue, bien ameubli et préparé à recevoir la semence par un grand rouleau cannelé qu'on promène sur le sol fraîchement labouré, et qui y dessine des ados sur le sommet desquels on place la graine. Cette graine est mise en place à la cheville, et pour obvier à l'inconvénient qui résulte des pluies battantes et des vents violents qui durcissent le sol au point de rendre presque impossible la sortie des graines hors de terre, on recouvre les graines avec du sable (un semoir approprié pourrait exécuter ces deux opérations). Les plantes ne sont espacées que de 35 centimètres.

La betterave se sème en place ou se repique; par la première méthode, on sème du 1er avril au 15 mai, et plus tôt si on a à craindre les sécheresses d'été. Comme il est difficile de se procurer sur les marchés de la graine pure et choisie, le cultivateur doit récolter lui-même sa semence; à cet effet, il conservera quelques belles racines non ramifiées, auxquelles il enlèvera les feuilles sans toucher au collet; il les conservera placées debout dans du sable et dans un cellier sec et frais, pour les planter à un mètre de distance dans un bon terrain, en ne laissant sortir que le collet; et au printemps, lorsqu'il n'y a plus de gelées à redouter, on les sarcle; et lorsque les jets

sont grands, on les attache à des échalas ou rames placés autour. La graine se recueille en septembre, à mesure qu'elle
mûrit. On ne prend que la meilleure et celle qui est très-
mûre ; on rejette celle dont les qualités sont incertaines. On
peut obtenir d'un demi-hectogramme à trois hectogrammes de
semence par chaque pied. On met en lignes de 30 à 70 centimètres quand on cultive à la houe à cheval, et de 50 centimètres quand on bine à la main. Cela se fait au rayonneur et
au semoir dans la grande culture, au cordeau ou en suivant
les raies de charrue dans la petite culture. On met trois à quatre
graines par 35 centimètres de longueur, et il faut cinq à sept
kilog. de graine par hectare. On la recouvre fort peu. Quand
on n'a pas de semoir, on tend un cordeau au moyen de deux
piquets pour guider un ouvrier qui trace, avec un des angles
d'une houe, des raies profondes d'environ 5 centimètres, et
dans lesquelles une autre personne répartit les graines aussi
également que possible en faisant jouer le pouce sur les doigts
et en marchant en sens contraire de la première, pour pouvoir
tirer et replacer ensemble les piquets du cordeau. Une troisième personne recouvre les graines en promenant alternativement et légèrement les deux pieds sur la raie.

On repique en mai ou en juin lorsque le plant a environ la
grosseur du petit doigt. Il faut en pépinière environ le quinzième du terrain à repiquer. On sème en rayons de 5 à 8 centimètres de distance, et à raison de 6 à 8 graines par 33 centimètres de longueur. Le repiquage permet de bien préparer le
sol et même d'en tirer auparavant une récolte de trèfle incarnat, de seigle-fourrage ou de vesces d'hiver. Les betteraves repiquées ont une végétation plus égale que les betteraves semées, mais leur produit est moins grand que par le semis en

place, elles demandent moins de sarclages, enfin les récoltes qui les suivent sont plus belles. Les betteraves reprennent facilement; elles se mettent à 20 ou 25 centimètres de distance dans les lignes. Les sarclages et les binages doivent être assez nombreux pour empêcher la terre de se salir et de se durcir. On n'emploie la houe à cheval que lorsque les lignes sont visibles, et on cesse son usage lorsque les feuilles sont assez développées pour gêner sa marche et arrêter la croissance des mauvaises herbes. L'enlèvement inconsidéré des feuilles, durant la végétation, altère les qualités de la plante et surtout diminue la proportion du principe sucré. On doit donc s'abstenir d'effeuiller les betteraves, surtout celles destinées à la fabrication du sucre, si ce n'est au moment de l'arrachage. L'arrachage des betteraves se fait depuis septembre jusqu'en octobre ou novembre par un temps sec, avec la bêche, le trident ou la charrue dépourvue de versoir pour les récoltes en lignes, et que l'on fait piquer à gauche et bien avant par dessous les racines qui se trouvent ainsi soulevées. Immédiatement après l'extraction, on coupe les feuilles avec un couteau ou une serpette. A mesure que les plantes sont décoletées, on les jette en petits monceaux si elles sont bien sèches, ou bien, avant de les entasser; on les laisse ressuyer sur la terre si elles sont humides. La terre adhérente s'en détache alors par la moindre secousse; la besogne marche plus vite, et la conservation court moins de chances.

De toutes les racines, ce sont les betteraves blanches qui se conservent le mieux; dans les silos bien faits on peut en garder jusqu'en juin. Le produit est, en moyenne, de 20 à 30 mille kilog. par hectare; il peut s'élever jusqu'à 60,000 kilog.

La betterave est salubre, engraissante, et favorise la production du lait chez les ruminants. 250 kilog. de betteraves blanches équivalent à 100 kilog. de bon foin.

DES NAVETS.

Les navets forment deux variétés, que l'on confond souvent ensemble, du genre chou de la famille des crucifères : 1° le *navet* proprement dit, *rave, rabioule turneps;* 2° le *rutabaga* ou *navet de Suède.* Les navets ordinaires sont blancs, jaunes, noirs ou rouges. Les rutabagas forment une variété sans fixité qui a une grande tendance à dégénérer; ils sont plus pesants, moins aqueux, plus fermes, plus rustiques et plus nourrissants que les navets ordinaires, quoique moins productifs en volume.

Pour se procurer de la bonne graine de navets de Suède, il faut prendre des racines jaunes, bien nourries, ni trop grasses ni trop précoces, d'un sol fertile, que l'on plante sur une bonne terre, à l'abri des intempéries, et éloignées des autres plantes en fleurs du genre chou.

La faculté que possède le rutabaga de bien résister à l'humidité, le rend précieux pour les sols imperméables des landes et préférable à la betterave dans les contrées où il pleut souvent.

Les navets sont destinés à éloigner le retour trop fréquent de certaines plantes, ou à préparer la terre aux céréales. L'in troduction en grand des navets est avantageuse, parce qu'ils épuisent peu la terre; ils sont en outre, pour les bestiaux, et principalement ceux à l'engrais, une nourriture d'hiver excellente, qui remplace presque les fourrages verts d'été, empêche les animaux de souffrir du passage du régime de cette saison au régime d'hiver; ils les entretiennent en bon état, les rendent vigoureux, et augmentent beaucoup chez les femelles la production du lait; et, comme la betterave, ils fournissent une quantité immense d'aliments. Les navets demandent un climat humide et des hivers peu rigoureux; aussi leur culture ne saurait-elle être profitable que dans le nord, l'est et l'ouest de la France; et pour le midi, dans les terrains frais et meubles des vallées ou au bord des rivières et des bois; tandis qu'en Angleterre, où le climat général remplit ces conditions, les navets réussissent parfaitement et occupent une large place dans l'agriculture de ce pays.

Les navets sont très-sujets à manquer par les puces de terre ou par la sécheresse lors de leur levée.

Les navets préfèrent un sol léger, frais et un peu profond, mais réussissent peu dans les terres compactes et argileuses. On fait revenir les navets pour remettre le sol en état de donner des céréales après des récoltes non fumées et lorsque la terre est salie de mauvaises herbes, et on les fait suivre, selon que la récolte a été plus ou moins avancée, de blé d'automne ou de mars, d'orge ou d'avoine. Dans les sols légers, les navets ameublissent tellement la terre, qu'il est nécessaire de les faire consommer sur place par des moutons, ou d'y faire passer le rouleau pour la raffermir. On donne au sol plusieurs cultures et une forte fumure. On sème à la volée ou en lignes en plaçant les navets à environ 20 centimètres en tout sens, depuis le commencement de juin jusque vers la mi-août. Le rutabaga peut se semer quinze jours plus tôt que les autres variétés. Les premiers semés se nomment *navets de jachère* ou *d'été*; les derniers, *navets d'automne*, se mettent ordinairement après une céréale; c'est la meilleure méthode de les cultiver en France, parce que, s'ils ne viennent pas, il n'y a de perdu que la semence, et que d'ailleurs ils sont plus rustiques et de meilleure qualité que ceux d'été. Aussitôt après la moisson, on laboure profondément; on répand du fumier et on l'enterre par un labour superficiel; on sème à la volée, à raison de 3 kilog. environ de graine par hectare, puis on recouvre par un double hersage, en décrochant les dents en arrière. Dès que leurs feuilles sont développées, on donne trois forts hersages à huit jours d'intervalle chaque fois; ils remplacent les sarclages et ne font point de tort quoique arrachant beaucoup de plantes; celles qui restent n'en sont que plus belles. L'époque de la récolte varie suivant celle de l'ensemencement et selon que le temps a favorisé la végétation, de sorte qu'elle a lieu à la fin de l'été, en automne ou en hiver. Lorsqu'on peut laisser les navets en terre, on fait consommer les feuilles sur place par les bestiaux, et pour ne les extraire qu'au fur et à mesure des besoins, ou on les conserve sous des halliers, en petits tas couverts de paille, et on les fait consommer de suite.

Le produit est de 10, 15 à 75 mille kilog. par hectare; 5 kilog. de navets ordinaires ou 3 de rutabagas équivalent à 1 kilog. de foin.

DE LA CAROTTE.

———

La carotte est une plante bisannuelle de la famille des ombellifères, à racine pivotante de couleur variée, plus ou moins grosse et sucrée, dans laquelle l'homme et les animaux trouvent une alimentation aussi nourrissante que saine. La carotte communique au beurre des vaches qui en mangent un excellent goût et une belle nuance jaune. Les variétés cultivées en grand sont : 1° la *carotte jaune commune*, à racine courte et large; 2° la *carotte blanche*; 3° la *carotte jaune dorée*, excellente, mais petite; 4° la *carotte rouge*, longue et grosse, prospérant dans les sols argileux; 5° la *carotte hollandaise* ou *printanière*; 6° la *carotte blanche à collet vert*, productive, dont la racine sort un peu de terre, et propre pour cette raison aux sols peu profonds. Les *carottes d'Achicourt* et de *Breteuil*, si estimées dans les jardins, sont des carottes rouges qui doivent leurs qualités aux soins dont elles sont l'objet dans ces pays.

La carotte veut un sol meuble, propre, profond, fertile, argilo-sableux ou marneux. On la cultive souvent comme récolte dérobée, c'est-à-dire dans un terrain qui a déjà donné un produit la même année; ainsi on la place après des pommes de terre ou des betteraves. La carotte est une bonne préparation pour toutes les récoltes qui la suivent, excepté le colza et l'orge d'hiver. On associe la carotte avec du lin, des navettes, du seigle, qui lui procurent un ombrage salutaire sans l'étouffer, et mûrissent assez tôt pour lui permettre d'atteindre ultérieurement tout le développement dont elle est susceptible. On fume abondamment la récolte qui précède la carotte, afin que celle-ci ne se trouve pas en contact avec un engrais non décomposé; ou bien, si on n'a pu en agir ainsi, on n'appliquera à la carotte que des engrais actifs, tels que la colombine, les tourteaux d'huile, le noir animalisé, qu'on répandra dans les rayons même où se dépose la semence.

On prépare le sol en hersant et ameublissant sa surface, pour que les labours profonds, qui devront suivre, n'enfouissent pas au fond de la raie une terre durcie et resserrée. On sème à la volée 4 à 5 kilog. de graines par hectare, depuis la fin de février jusqu'au 15 mars. En récolte unique, les carottes se sèment en lignes, à raison de 2 à 3 kilog. par hectare, à 50 ou 60 centimètres de distance. On les recouvre peu. Dès qu'elles paraissent, on leur donne, dans les lignes seulement, plusieurs binages soignés, à la main et à reculons, et on les éclaircit en les espaçant de 20 à 25 centimètres les uns des autres; plus tard on peut employer la houe à cheval. Pour les carottes semées au milieu d'une autre récolte, immédiatement après l'enlèvement de cette dernière, on donne plusieurs hersages répétés dans tous les sens, afin d'enlever le plus de chaumes possible; ensuite on éclaircit et on enlève les débris ramassés par les hersages. On bine autant de fois qu'on le juge à propos, en laissant les carottes un peu plus drues que lorsqu'elles sont en lignes.

On récolte les carottes cultivées comme récolte principale vers la fin de septembre, et les autres vers le milieu d'octobre; mais ces plantes craignant peu la gelée, on peut en retarder la récolte, à moins qu'on n'ait besoin de préparer la terre pour une semaille d'hiver. Les carottes semées en lignes peuvent s'arracher à la charrue; pour les autres, on emploie la bêche. Après l'extraction, on procède au décolletage en coupant dans le vif un peu au-dessous du collet, pour que la plante ne puisse germer, et on emmagasine de suite si le temps est sec. Dans un sol humide et par un temps de pluie, on laisse les carottes sur la terre sans les entasser, jusqu'à ce qu'elles soient bien lavées ou ressuyées par le soleil, puis on les conserve par les mêmes procédés que les autres racines. Si les feuilles sont abondantes, on les rassemble pour les faire consommer sur place ou à l'étable.

En récolte secondaire, les carottes donnent un produit moyen de 23,000 kilog., et de 59,000 kilog., en récolte principale. Le produit en fanes est de 5 à 6 mille kilog. par hectare. 153 kilog. de racines équivalent à 50 kilog. de foin; 10 kilog. de feuilles représentent 1 kilog. de foin.

DU PANAIS.

Le panais, de la famille des ombellifères, est une plante bisannuelle dont la racine, fusiforme, pivotante, a une saveur sucrée et aromatique; il est cultivé en grand dans certains pays pour la nourriture des animaux domestiques. On connaît deux espèces de panais : le *panais rond*, très-sucré, variété potagère; le *panais long*, cultivé principalement pour les bestiaux dans la Bretagne.

Le panais demande un sol meuble, profond et très-fertile. Il se met en culture dérobée après le lin, le chanvre, le colza, le seigle, et surtout après une récolte d'orge. On forme des planches auxquelles on donne une légère inclinaison sur le côté; dans la grande culture, on peut exécuter cette opération avec le rouleau et la herse. On sème clair 5 à 6 kilog. de graines par hectare, depuis la fin de février jusqu'en mars, et on recouvre d'environ 3 à 4 centimètres de terre; on sarcle, on bine avec soin, ensuite on éclaircit s'il y a lieu. On récolte en octobre ou en novembre. On tient les racines serrées l'une contre l'autre dans un endroit sec. On peut le laisser dans le sol jusqu'au printemps, car il ne craint pas les fortes gelées.

Le panais est égal en valeur nutritive aux carottes, son feuillage abondant est d'excellente qualité; aussi a-t-on conseillé de cultiver le panais en prairie artificielle. On le sème en septembre, et on le fauche avant qu'il fleurisse; il peut donner ainsi plusieurs bonnes coupes.

Les bestiaux se dégoûtent quelquefois de manger le panais cru; alors on le fait cuire; dans cet état ils en sont toujours avides.

DE LA CHICORÉE A CAFÉ.

Cette plante, de la famille des composés, est une variété de la chicorée sauvage, moins amère que celle-ci, à racines plus grosses et à feuilles plus larges, cultivée dans le nord de la France pour ses racines, lesquelles, après avoir été séchées et torréfiées, sont réduites en une poudre qui remplace celle du café, ou du moins est mêlée avec elle chez les pauvres gens et

chez ceux dont le goût n'est pas difficile. On choisit une bonne
terre, profonde, fraîche, qu'on prépare par des labours profonds. On sème la graine assez clair en mars; on sarcle et bine
ce plant quand il en a besoin, afin que les racines prennent un
grand développement dans la même année, car elles devront
être arrachées et livrées à la manipulation à la fin de l'automne
et pendant l'hiver suivant, tandis qu'elles sont pleines de suc.

LIVRE CINQUIÈME.

CULTURES INDUSTRIELLES.

CHAPITRE Ier.

PLANTES OLÉAGINEUSES.

Les plantes industrielles sont celles qui n'entrent pas indispensablement dans la grande culture; ce sont celles qui fournissent les matières premières dont les arts agricoles s'emparent pour les modifier, les transformer en de nouveaux produits qui iront ensuite alimenter l'industrie manufacturière et commerciale. Les cultures industrielles sont pour la plupart trèslucratives; mais elles exigent toutes beaucoup d'engrais sans en produire, de sorte que leur choix est subordonné à des circonstances autres que celles qui portent à cultiver les plantes à graine farineuse et celles à racines nourrissantes ou à fourrages. D'ailleurs leur culture s'écarte des principes généraux dont les végétaux ordinaires, qui nous ont précédemment occupés, offrent une continuelle application.

DU COLZA.

Le colza, espèce de chou, de la famille des crucifères, porte des graines dont on retire une huile abondante; ses feuilles sont mangées par le bétail. Les tourteaux, ou marc, obtenus du résidu de ses graines, sont un aliment pour l'espèce bovine et un engrais puissant. Ses tiges sèches peuvent être utilisées à défaut d'autres litières, ou comme moyen de chauffage.

Il existe deux variétés de colza, l'une d'hiver, l'autre de printemps.

Le colza veut une terre riche, profonde, meuble, propre et fortement fumée. Le colza d'hiver ou froid est facilement détruit par les hivers rigoureux dans les localités humides ou mal égoutées; aussi sa récolte dans le nord est-elle plus certaine sur des terres médiocres, mais naturellement sèches, que sur des sols plus substantiels et plus féconds. En Flandre, cette variété réussit dans des sols crayeux ou graveleux, richement fumés, tandis que pour la variété de printemps on choisit ri-

goureusement les terres fortes, franches et de meilleure qualité.

La culture du colza s'accommode fort bien des meilleurs
systèmes d'assolement; elle forme une excellente préparation
pour le blé. Le colza vient après toute récolte et après lui-
même. Comme toutes les plantes à graines abondantes, qui
mûrissent entièrement sur le sol, le colza doit être considéré
comme une culture épuisante. On cultive en grand le colza
par le moyen des semis à demeure ou du repiquage. Le semis
en place n'est souvent possible que sur jachère, parce que la
terre exige plusieurs façons préparatoires, et que les semailles
réussissent incomparablement mieux dans nos climats, année
commune, lorsqu'elles sont faites dès la fin de juillet, ou au
plus tard dans le courant d'août. On charge ainsi le compte
de la récolte de deux années de loyer, en même temps qu'on
épuise davantage la terre que par la transplantation, attendu
que tout l'accroissement du colza se fait sur le même sol.
Quand le colza succède à une récolte précoce, celle d'avoine
par exemple, on dispose, au moment de la récolte, cette céréale par rangées, de manière à n'occuper qu'une faible partie
de la surface du champ; on donne un premier labour et un
hersage entre les lignes. Aussitôt après l'enlèvement de l'a-
voine, on répand 30 à 40 voitures de fumier par hectare; on
laboure la pièce en entier, on herse de nouveau, puis on donne
le labour qui doit précéder immédiatement le semis. On sème
4 à 5 kilog. de graines par hectare., et on couvre ensuite par
deux dents, c'est-à-dire en passant deux fois une herse légère
sur le semis; enfin on roule en long et en travers. On tire à la
charrue, dans le sens de la pente, des rayons espacés de 2
mètres 1|2; puis, en octobre ou novembre, on creuse ces
mêmes rayons en jetant la terre entre les plants de colza pour

les abriter; le fossé qui résulte de cette opération a environ 35 centimètres carrés. Ce travail est le dernier jusqu'à la récolte. D'autres fois on éclaircit le plant et on le bine une ou deux fois, au lieu de le buter. On sème aussi, dans des terres riches, en lignes espacées de 50 centimètres environ, en mettant une douzaine de graines par 35 centimètres de longueur. On éclaircit et on bine de bonne heure en automne; on renouvelle les binages en mars ou avril; on sème dans le courant de juillet le colza destiné à la transplantation, et on extrait de la pépinière, en septembre, les plantes qui ont 3 à 4 centimètres de tour, et 21 à 27 centimètres de hauteur, pour les repiquer au plantoir ou à la charrue. La distance des lignes de plantation varie de 35 à 50 centimètres, selon que les binages devront avoir lieu ultérieurement à la binette ou à la houe à cheval. Sur des sols d'une fertilité moyenne, on peut planter dans toutes les raies de charrue, ce qui espace les lignes de 20 à 25 centimètres, et de deux raies l'une dans les terrains riches. On bine ou on rechausse les pièces repiquées, de même que celles semées en place, au moins une fois vers la fin de l'hiver. On sème le colza en pépinière, soit à la volée, soit en rayons espacés de 25 centimètres les uns des autres, de manière qu'en enlevant une ligne entre deux, pour subvenir aux besoins de la transplantation, et en éclaircissant celles qui restent, on puisse les conserver et les traiter ultérieurement comme tout autre semis en rayons.

Le colza de printemps, moins productif que celui d'hiver, se cultive moins communément que celui-ci; sa culture présente néanmoins de grands avantages lorsque les semis d'automne ont manqué ou que la terre n'a pu être préparée plus tôt. Un terrain très-fécond, frais et profond est la condition de sa réussite.

Le semis à la volée, seul mode pratiqué pour le colza de printemps, s'effectue en mai en répandant 6 à 8 kilog. de graines par hectare. Pour approprier à ce mode de semis une partie des avantages que procurent les instruments à sarcler, lorsque le plant se trouve assez fort pour être éclairci, on y fait passer un extirpateur auquel on n'a laissé que ses pieds de derrière, écartés plus ou moins, selon que l'on veut détruire une plus ou moins grande proportion du plant.

Les colzas redoutent les gelées et les puces de terre, insectes dont on ne prévient les ravages que par des semis faits de bonne heure qui favorisent la prompte croissance des jeunes plantes, ou par la fumée pénétrante d'un brûlis de végétaux encore verts.

On récolte le colza d'hiver de la fin de juin à la mi-juillet, lorsque ses parties extérieures prennent une couleur jaunâtre et ses racines une teinte brune. Quand il est avancé, on ne faucille que le soir et le matin à la rosée pour éviter l'égrenage. On laisse un peu en javelle, puis on met en meulons coniques d'un mètre et demi à deux mètres de hauteur, où le colza achève de mûrir sans s'égrener. Pour défaire ces meulons, on les enlève avec deux perches que l'on passe dessous, et on les renverse sur une bâche pour les rentrer dans des voitures garnies de toile, ou mieux encore les battre de suite au champ. On vanne la graine sur le lieu même, ou bien on ne la nettoie complétement que lorsqu'elle est parfaitement sèche, ou même lorsqu'on veut la vendre, parce qu'elle se conserve mieux mêlée d'un peu de paille. Dans l'un ou l'autre cas, comme elle est sujette à s'échauffer, on l'étendra au grenier en couches minces, et on la remuera fréquemment à la pelle ou au rateau pendant les premiers temps. Le colza de printemps se récolte en septembre.

Le produit du colza d'hiver est, en moyenne, de 18 à 25 hectolitres par hectare. Le poids d'un hectolitre est de 72 kilogrammes.

Le produit moyen du colza de printemps est de 14 hectolitres par hectare. 50 kilog. de graines de colza d'hiver donnent 17 à 19 kilog. d'huile, tandis qu'une même quantité de colza de mars n'en produit que de 13 à 15 kilogrammes. 960 kilog. de graines rendent 520 kilog. de tourteaux.

DE LA NAVETTE.

—

La navette, de la même famille que le colza, est d'hiver et d'été; elle donne un produit généralement moins élevé que le colza, mais elle est moins exigeante sur le choix du terrain et les soins de culture.

La variété d'hiver se sème à la volée, de la fin de juillet au courant de septembre; on éclaircit et on bine. La récolte a lieu un peu plus tôt que celle du colza, et se fait de la même manière.

La navette d'été se plait dans les terres légères, sablonneuses et surtout calcaires. Dans les pays de calcaire-argileux très-élevés, elle donne un meilleur produit que la variété hivernale. La navette d'été ne se sème que pour remplacer une récolte qui a manqué, et cela à la fin de juin pour récolter environ deux mois après. La quantité de semence est de 7 à 8 litres par hectare, et un peu moins pour la navette d'hiver.

Le produit moyen de la navette est de 16 hectolitres par hectare pour la variété d'hiver, et de 12 pour celle d'été. La graine fournit environ un dixième moins d'huile que celle du colza.

DE LA CAMELINE.

La cameline est une plante crucifère annuelle dont les graines produisent de l'huile; ses tiges sont employées pour couvrir les habitations, faire des balais du papier, ou comme moyen de chauffage. Quoique la cameline préfère les sols légers, elle réussit bien partout, pourvu qu'on lui accorde les soins de culture et les engrais nécessaires, car elle est très-rustique. N'occupant le sol que peu de temps, elle peut avantageusement remplacer les récoltes d'automne et de printemps qui ont été détruites, telles que le lin, le colza, l'œillette, ou même les blés qui ont péri par les gelées, la grêle ou les inondations. Cette plante n'est attaquée par aucun insecte. On peut obtenir après elle une récolte dérobée de carottes ou un fort beau trèfle. La terre se prépare par des labours et des hersages. On sème à la volée 4 à 5 kilog. de graines par hectare, en avril, mai ou juin, suivant que le fond s'échauffe plus ou moins facilement. Quand la cameline est levée, on l'éclaircit de façon que les plants se trouvent à 15 ou 16 centimètres les uns des autres, et on détruit les mauvaises herbes qui pourraient se développer. La récolte se fait à l'époque où les capsules commencent à jaunir, et de la même manière que celle du colza. Le produit varie de 8 à 20 hectolitres par hectare. Le poids de l'hectolitre est de 70 kilog. donnant 16 à 21 kilog. d'une huile meilleure que celle du colza; mais les tourteaux sont de qualité inférieure.

DE LA MOUTARDE.

Cette crucifère présente deux variétés, l'une blanche et l'autre noire. La première se cultive de même que la cameline, avec laquelle on la sème souvent, ce qui donne un produit plus considérable que si chaque récolte eût été semée à part. On répand à la volée, par hectare, 6 ou 7 kilog. de graines, ou 4 à 5 kilog. si l'on sème en lignes; on recouvre à la herse.

La moutarde donne approchant le même produit que la cameline; ses tourteaux sont moindres encore. On la cultive aussi pour fourrage d'automne; elle se sème alors en août ou septembre.

La moutarde noire est peu cultivée; elle ne vient que dans un sol fort riche, et s'égrène de façon à empoisonner le terrain,

DU PAVOT OU ŒILLETTE.

—

L'œillette, de la famille des papavéracées, est à graines grises ou blanches. Le suc qui découle des incisions faites aux capsules du pavot somnifère constitue l'opium. On préfère généralement, pour la production de l'huile, les variétés à graines grises. Un terrain doux, léger, très-riche et substantiel, profondément ameubli par les labours, les hersages et ploutrages, et fumé à peu près comme nous l'avons dit pour le colza, convient particulièrement au pavot. Dans les terres médiocres, sa culture est rarement productive; on peut en dire autant des terres argileuses, où la multiplicité des façons absorbe le plus souvent presque tout le bénéfice.

Le pavot vient moins bien après une céréale qu'après un trèfle ou une luzerne, et dans ce dernier cas on a le temps nécessaire de préparer convenablement la terre. La préparation du sol consiste en un ou plusieurs labours d'automne, et en hersages et ploutrages qu'on multiplie au moment de la semaille. On répand à la volée, en février ou mars, 2 kilog. à 2 kilog. 1|2 de graines par hectare; on recouvre à la herse retournée ou au rouleau. La culture d'entretien de cette plante consiste en plusieurs façons à la binette : la première dès que les jeunes pavots ont quatre à cinq feuilles, et la dernière quand ils commencent à monter en tiges. Assez communément, deux binages suffisent; quelquefois on en donne trois, ce qui augmente sensiblement la dépense, quoiqu'un troisième binage ne soit jamais aussi dispendieux qu'un premier et même un second. Au second binage, on éclaircit les pieds de manière à les espacer de 16 à 18 centimètres, et même plus selon la fécondité du sol. Dans les pays où la culture de l'œillette est la plus parfaite, on donne à cette plante quatre binages : le premier dans le sens de la longueur du champ, le second dans celui de la largeur, le troisième en diagonale de gauche à droite, et le quatrième en diagonale de droite à gauche; de sorte que chaque pied se trouve à peu près placé au milieu d'un losange.

Le pavot n'est attaqué par aucun insecte. Les sarclages et les binages qu'on est obligé d'opérer à la main sur les cultures à la volée, élèvent considérablement la dépense. La culture par rangées la diminuerait certainement et augmenterait les produits; mais la récolte serait plus exposée aux coups de vent qui lui nuisent en la renversant.

La récolte a lieu lorsque les têtes prennent une couleur grisâtre. On arrache les plantes et on les lie par poignées, sans les incliner; on réunit ces poignées en faisceaux assez considérables pour que le vent ne puisse les culbuter, en ayant soin d'entourer chaque faisceau, à la hauteur des têtes, par un lien de paille. On laisse ainsi sécher les œillettes jusqu'à ce que la graine remue librement dans les têtes ou capsules. Ensuite, par un temps sec, on les bat aux champs en renversant chaque faisceau sur une toile, puis on prend deux têtes que l'on bat l'une contre l'autre au-dessus de mannes en paille placées sur une bâche ou sur la bâche même. Les poignées battues sont remises en faisceaux ou en chaines, pour les rebattre une seconde fois quelques jours après, afin d'obtenir la graine qui ne se serait pas détachée des capsules déjà ouvertes, ou celles de têtes non encore mûres. La graine rentrée se traite comme celle du colza.

Le produit moyen est de 15 hectolitres par hectare, pesant chacun 70 kilog. et fournissant 25 à 26 kilog. d'une huile qui est la meilleure après celle d'olive. On obtient par hectare 1,500 à 2,000 kilog. de tiges sèches qui servent pour le chauffage; les cendres qui en résultent sont particulièrement estimées des lessiveuses.

DU SÉSAME.

Le sésame, de la famille des bignones, originaire de l'Inde et de l'Égypte, se cultive dans cette dernière contrée et dans l'Orient pour l'huile qu'on retire de ses graines, qui, en Italie, sont mangées comme celles du maïs, du millet et du sarrasin; l'huile du sésame y remplace le beurre.

La culture du sésame ne serait possible en France que dans nos pays les plus méridionaux.

DU RICIN ET DE LA PISTACHE DE TERRE.

Le ricin, de la famille des euphorbiacées, originaire de l'Afrique, est une plante dont la culture a pris une assez grande extension dans le département du Gard; elle fournit une huile très-employée en médecine.

La pistache de terre, de la famille des légumineuses, croît en Afrique, en Asie et en Amérique. La semence de cette plante donne une huile de qualité presque égale à celle de l'olive.

La pistache demande une bonne terre légère, bien labourée et bien fumée. Elle se sème au printemps, à la volée ou une à une, à 33 centimètres d'intervalle; on trempe préalablement la graine dans l'eau pendant 48 à 72 heures. Mise en terre en mai, elle fleurit en août et on la récolte en novembre. On bine plusieurs fois la terre avant la floraison, afin de la tenir très-meuble, parce que la pistache offre la singulière particularité d'enterrer ses gousses pour les faire mûrir; c'est à 3 ou 4 centimètres de profondeur qu'il faut les aller chercher. La culture de la pistache pourrait offrir de grands avantages pour le midi de la France.

CHAPITRE II.

PLANTES TEXTILES OU FILAMENTEUSES.

DU LIN.

Le lin, de la famille des cariophillées, est cultivé depuis un temps immémorial, dans le nord de l'Europe, pour ses tiges, dont les fibres convenablement préparées servent à fabriquer des tissus extrêmement recherchés, et pour sa graine, qui fournit une huile employée dans la peinture, à cause de sa propriété siccative, et pour l'éclairage.

On connaît plusieurs variétés locales de lin qui dégénèrent promptement en changeant de climat et de terrain.

Le *lin de Riga*, grand lin, lin froid, est un de ceux qui s'élèvent le plus ; sa graine est fort estimée dans le commerce.

Le *lin de Flandre*, originaire de Riga, est moins haut que le précédent ; sa semence se renouvelle fréquemment en Russie ou en Zélande ; il est préféré au lin de Riga à cause de la finesse de sa filasse.

Le *lin de Chalonne-sur-Loire*, moins élevé que celui de Flandre, est souvent recherché pour la qualité de son brin ; il fournit plus de semence que les deux précédents.

Il y a des lins d'été et d'hiver ; ces derniers se distinguent par leur rusticité plus grande, la rudesse de leurs filaments, la grosseur plus considérable, la forme arrondie, la couleur foncée et l'aspect général de leurs graines. Le lin est assez délicat, mais il est loin de donner partout de bons produits. Il n'y a d'avantages à cultiver les lins d'été que dans les terres très-meubles et très-fertiles. Les sols de consistance moyenne, doux, profonds, propres, sablo-argileux, substantiels et frais, les défriches de vieilles prairies, les trèfles rompus, enfin toutes les terres franches, grasses et humides, facilement divisibles, profondément ameublies et richement fumées pour les récoltes précédentes, sont propres à la culture du lin. Dans certaines terres, les lins dégénèrent promptement ; ils ne peuvent revenir avec profit sur le même sol avant 6 ou 7 ans et même beaucoup plus, même avec la précaution de renouveler la graine. Dans des cas exceptionnels, le lin a réussi et réussit encore sur les mêmes sols, à des époques très-rapprochées. Le lin d'hiver est moins difficile que celui d'été ; la variété de Flandre résiste mieux à la sécheresse et peut donner des récoltes plus assurées dans les sols légers et brûlants et dans les contrées où les pluies printanières sont rares. On met le lin sur jachères, ou après des récoltes sarclées ; on prépare la terre par des façons aussi nombreuses que l'exigent l'état et la nature du sol, afin de lui donner le plus parfait ameublissement possible.

Le lin s'accommode de tous les engrais; mais ceux qui lui conviennent particulièrement sont les engrais pulvérulents, tels que la poudrette, la colombine; ou liquides, comme le purin, dont l'action est plus uniforme et la répartition plus égale. Quand on emploie le fumier, on a soin de le répandre et de l'enterrer avant l'hiver. Le lin d'hiver se sème au commencement de l'automne, et celui d'été de la fin de mars à la première quinzaine de mai, et de façon à éviter les effets des gelées ou de la sécheresse. On reconnaît la bonté des graines à leur grosseur, à leur pesanteur relative et à leur état luisant. Si leur maturité n'était pas complète, elles seraient à la fois moins luisantes, moins pleines, conséquemment moins dures er d'une couleur brune nuancée de verdâtre. Si elles avaient mûri prématurément sur des pieds d'une faible végétation, elles seraient plus petites que de coutume. Quoique ces graines conservent assez longtemps leur propriété germinative, les plus fraîches doivent être préférées comme les meilleures. On sème à la volée, après un hersage très-léger ou un roulage, 3 à quatre hectolitres de graines par hectare, et de 2 à 2 hectolitres et demie quand c'est pour la graine qu'on le cultive. On recouvre avec un rouleau léger traîné par des hommes, ou une herse faite de branchages enlacés en manière de claie, afin que la graine soit plus également enterrée, ce qui est nécessaire à l'égalité de la croissance, condition importante pour cette plante. Si on veut semer avec des carottes ou des trèfles, on attend huit jours après la semaille du lin, on gratte le terrain ensemencé avec une herse légère de branchages ou d'épines.

puis on répand les carottes ou les trèfles sans les recouvrir. Les soins d'entretien consistent en des sarclages répétés selon le besoin. Pour empêcher le lin de verser, on sème quelquefois des fèves avec, ou on le rame au moyen de petites branches d'arbres ou de perches attachées à des piquets placés de distance en distance dans le champ.

Le lin est attaqué par un ver blanc, ou infesté par la cuscule.

Si on ne visait qu'à la récolte, on aurait grand soin de le laisser mûrir complètement sur pied; mais alors la filasse serait de moins bonne qualité; en acquérant de la force, elle perdrait de son moelleux. Il faut donc choisir avec discernement le moment où les tiges prennent une teinte jaune dorée, et où les semences, brunissant dans la plupart des capsules, sont déjà mûres complètement dans celles qui ont paru les premières.

On arrache le lin par poignées, on en forme des bottes d'environ 33 centimètres de circonférence; on les laisse ainsi sécher quelques jours, et on en forme ensuite une espèce de muraille en posant alternativement chaque botte en sens inverse, c'est-à-dire la graine ou les racines en dehors. Quelque temps après, on procède au battage. En Flandre, on enlève les têtes à l'aide d'un peigne de 33 centimètres de long, à deux ou trois rangs de dents de fer, et qui peut se fixer sur un chevalet : l'ouvrier prend une poignée de lin du côté des racines, il en fait pénétrer les tiges entre les dents, et les retire ensuite vers lui jusqu'à ce que toutes les graines soient tombées. Il ne reste plus qu'à les battre sur des draps et à les vanner. En d'autres endroits, on bat, sans séparer la graine de la tige, au moyen d'un battoir ordinaire et d'un billot sur lequel repose la partie grenue de la poignée ou de la botte de lin. Après cela, on fait rouir le lin, soit en le laissant dans des fosses remplies d'eau, ou pendant plusieurs semaines sur l'herbe, jusqu'à ce qu'il se brise facilement et que la filasse se détache parfaitement. La première méthode est expéditive et donne une filasse blanche, mais on risque de tout perdre lorsqu'on dépasse le moment convenable de retirer le lin; la seconde est sûre et ne donne point de peine, mais elle est longue et fournit une filasse grise. Le mieux est de commencer le rouissage à l'eau et de le finir à la rosée. Lorsque le rouissage est terminé, on fait sécher la plante, après quoi on la taille pour en séparer la filasse, que l'on peigne ensuite. Le lin d'hiver mûrit de la fin de juin à la mi-juillet, et celui d'été quinze jours plus tard.

Le produit par hectare varie de 300 à 800 kilog. de filasse nettoyée, celui en graine de 6 à 8 hectolitres pour le lin à filasse, et de 10 à 15 hectolitres pour le lin de semence.

DU CHANVRE.

Le chanvre, de la famille des articées, originaire d'Orient, est cultivé pour ses tiges, dont les fibres fournissent la filasse dont on fabrique les cordages, la toile à voile, ainsi que d'autres tissus, et pour sa graine dont on exprime une huile propre à l'éclairage.

On connaît deux variétés de chanvre : l'espèce commune et le chanvre de Bologne ou du Piémont, qui s'élève quelquefois jusqu'à 3 mètres et plus de hauteur. Cette plante est dioïque, c'est-à-dire que les deux sexes sont sur des individus différents; par conséquent, les pieds femelles portent seuls la graine.

Le chanvre veut un climat humide et tempéré, un sol profond, argilo-sableux, et d'une haute fertilité. Les étangs desséchés, les bas-fonds assainis, et tous les terrains trop riches pour d'autres récoltes lui conviennent, et au moyen de fortes fumures il peut y revenir chaque année, car il réussit mieux après lui-même qu'après toute autre plante; aussi a-t-on d'ordinaire des terrains qui lui sont consacrés, qu'on défonce à la bêche et qu'on fume abondamment pour donner de la fraîcheur et de la compacité à un sol calcaire ou sablonneux. On emploie des fumiers très-fermentés et consommés, composés de feuilles et de fiente de bêtes à cornes, de boue d'étangs, de substances végétales et animales très-putréfiées, du muriate de soude et de plantes marines. On donne des labours profonds et fréquents pour arriver à un parfait ameublissement de la terre, et on enfouit le fumier avec un des premiers.

On sème à la volée 5 à 6 hectolitres de graine par hectare; on choisit la graine de la dernière récolte, la seule qui puisse germer; il faut qu'elle soit nette, d'un gris foncé, luisante, pesante et bien nourrie. Il faut souvent renouveler la semence, car elle dégénère promptement. Pour avoir de la bonne semence, on sème clair et on éclaircit plus tard de façon à laisser les pieds à 20 ou 25 centimètres les uns des autres. On sème très-épais quand on veut avoir une bonne filasse, blonde et douce. La semaille se fait du 15 mars au 1er juin, après les premières gelées que le chanvre redoute beaucoup; on recouvre très-légèrement avec des rateaux ou une herse garnie d'épines. Il serait bon de répandre sur le semis des débris de chenevotte, de la fougère, de la vieille paille, qui tiennent la surface de la terre fraiche et meuble, en protégeant le jeune plant. On peut obtenir de la graine de pieds isolés, semés çà et là dans des champs de pommes de terre ou de maïs. On ne donne des binages et des sarclages au chanvre que lorsqu'il est clair; car quand il a été semé dru, il étouffe les mauvaises herbes. Il faudrait arroser si la sécheresse était trop grande et trop prolongée; les irrigations, si on pouvait y recourir, seraient dans ce cas, comme pour le lin, un excellent moyen. Lorsque le plant est médiocrement espacé, il donne plus de filasse de meilleure qualité; la graine est plus abondante et mûrit mieux.

Les oiseaux sont très-avides de la semence; il faut donc veiller sur eux comme sur les mulots et les campagnols. La cuscute et l'orobanche nuisent aux chenevières; il faut donc les arracher avant leur floraison, dût-on même enlever avec elles quelques pieds de chanvre.

On arrache les plantes mâles dès qu'elles ont cessé de fleurir et que leurs sommités jaunissent; c'est vers le 15 juillet. On pratique dans ce but des sentiers à environ 3 mètres de distance, afin de ne pas faire tort au chanvre femelle qui reste. Celui-ci s'enlève en septembre, lorsque ses feuilles jaunissent et tombent, que ses sommités se fanent et s'inclinent, et que la graine commence à brunir. Après l'arrachage, on coupe les racines sur un billot, on dresse le chanvre en bottes dont on écarte le pied et qu'on lie vers la tête; et lorsqu'il est sec, ce qui arrive plus tôt pour le mâle que pour la femelle, qui doit rester plus longtemps exposée au soleil pour que la graine achève ainsi de mûrir, on le fait rouir. On extrait la graine par un des moyens indiqués pour le lin, et on la conserve deux ou trois mois avant de la livrer à la fabrication.

Le rouissage a pour objet de détruire une gomme-résine qui maintient l'adhérence des fibres de l'écorce entre elles et à la partie ligneuse de la plante, s'oppose à leur subdivision en fébriles plus ténues, ainsi qu'à la blancheur et à la durée des tissus. Le plus important et le plus difficile est d'obtenir la dissolution de la gomme avant que les fibres soient endommagées par la macération.

On submerge ordinairement le chanvre après que le soleil l'a séché quelques jours. Le mâle séjourne dans les routoirs de huit à douze jours, et la femelle quinze jours au moins, parce que sa tige est plus dure eu égard à sa plus longue maturité. Au sortir du routoir, ou d'une eau courante, on délie les bottes et on les met sécher sur un pré; si le vent est favorable, c'est l'affaire de sept à huit jours. Ensuite on lie le chanvre par grosses bottes bien séchées qu'on entasse dans les granges.

Le produit d'un hectare de chanvre en filasse prête à mettre en œuvre varie de 300 à 1,400 kilog.; et en graine, de 10 à 25 hectolitres. Cette graine fournit une bonne huile, mais des tourteaux médiocres.

DU COTONNIER.

Le cotonnier est un arbrisseau ou herbe de la famille des malvacées, à tige ligneuse et racines pivotantes, dont les graines sont entourées d'un duvet fort épais, susceptible d'être tissé, et que l'on connaît généralement sous le nom de coton.

Le cotonnier croît spontanément dans les contrées les plus chaudes de l'Asie, de l'Afrique et de l'Amérique. Il pourrait être cultivé dans nos départements les plus méridionaux, la Corse et nos colonies d'Afrique.

CHAPITRE III.

❖

PLANTES TINCTORIALES.

___

DE LA GARANCE.

___

Jean Althen, Pisan d'origine, introduisit dans le comtat venaissin, sous Louis XIV, la culture de la garance, dont il avait rapporté les graines de la Perse; cette introduction augmenta de 25 millions le revenu annuel du département du Vaucluse.

La garance est une plante à tiges annuelles, de la famille des rubiacées, et dont la racine vivace contient une belle couleur rouge. La garance n'est pas très-difficile sur le choix du climat, mais il est telle nature de terrain qui lui convient si spécialement, qu'il aura toujours pour sa production un avantage marqué sur ceux qui ont des qualités différentes. La garance veut un sol profond, léger, poreux, sablonneux, sans gravier, très-riche en humus, frais et abondamment fumé.

On prépare la terre en la défonçant dans la fin de l'automne ou en mars, à un demi mètre de profondeur; on étend 22 voitures de fumier pesant 2,000 kilog. chaque. Quand le fumier est répandu, on passe deux raies croisées pour l'enterrer légèrement; ensuite on herse pour égaliser le sol.

On sème en place, en mars ou avril, 85 kilog. de graines par hectare, ou on sème d'abord très-dru en pépinière pour transplanter ensuite en novembre ou décembre, ou au printemps suivant sur un terrain préparé comme pour les semis à demeure; on met les pieds repiqués, de même que les semis, en lignes de 50 à 55 centimètres les uns des autres. Ce terrain est divisé en planches d'à peu près trois mètres de largeur, séparées par un intervalle d'un mètre dont on enlève la terre pour en exhausser les planches et en buter la garance. A mesure qu'elle croît, les sarclages doivent être très-minutieux, surtout la première année. Quand on veut récolter la graine, on attend qu'elle soit d'un violet foncé; on fauche alors la tige rez-sol, on la transporte sur l'aire où elle se sèche; on en sépare la semence en la remuant avec une fourche ou au moyen d'un léger battage au fléau. On obtient, produit moyen, 500 kilog. par hectare.

Le fourrage est presque aussi estimé que la luzerne.

En août ou septembre de la troisième année, après le fauchage des tiges, on arrache les racines à la bêche lorsqu'on a chargé les planches, ou à la charrue lorsqu'on a seulement buté les lignes. On fait sécher ces racines de suite sous un hallier; on les nettoie de la terre qui y est adhérente, puis on les met au four après en avoir retiré le pain, ou seulement sur les aires des granges dans les climats chauds.

Le produit d'un hectare en racines sèches varie entre 2,000 à 4,000 kilogrammes.

DE LA GAUDE.

La gaude est une plante de la famille des capparidées, qui croît spontanément en France, dont les fleurs et les tiges fournissent une belle couleur jaune.

La culture a donné naissance à deux variétés de gaude, l'une d'automne et l'autre de printemps.

La gaude peut végéter dans tous les terrains; mais ceux qui lui conviennent le mieux sont des terres fertiles, de consistance moyenne, fraiches, meubles et propres. Le sol n'a pas besoin d'être nouvellement préparé ni fumé pour la culture de la gaude, quoiqu'elle soit assez épuisante. On peut donc semer, dans une récolte de fèves, de haricots, de maïs, au moment où l'on donne un dernier binage, en juillet ou août, la variété d'automne, pour récolter l'année suivante en juin ou juillet; soit en mars, en se procurant de la graine de la variété de printemps, pour récolter dans la même année, en septembre.

On peut encore semer la gaude en mars, avec du trèfle, de la minette, de la luzerne, ce qui n'exige d'autres frais que ceux de la récolte; dans ce cas il suffit de mélanger un litre et demie de semence de gaude avec les autres graines; ou bien encore on peut répandre la semence, en avril ou mai, dans des céréales pour récolter l'année suivante, en ayant soin de sarcler et de biner aussitôt après la moisson. On pourrait également semer la gaude l'été dans des taillis coupés l'hiver précédent, en ouvrant le sol au moyen d'un rateau de fer et d'un instrument analogue, en binant et sarclant ensuite, ce qui profite en outre au taillis lui-même.

On sème la gaude seule à la volée, à raison de 6 à 8 kilog. par hectare, après avoir fait préalablement tremper la graine pendant plusieurs jours dans l'eau; on recouvre au rouleau et en y faisant passer un troupeau de moutons. Si on sème en lignes, on les espace de 35 centimètres, et les graines de 15 centimètres les unes des autres. On sarcle et on éclaircit la variété d'automne en mars; pour les semis du printemps, on bine en avril et on répète l'opération s'il est nécessaire.

On récolte lorsque toute la tige est en fleurs, en arrachant la plante entière qu'on dépose en javelles peu épaisses sur le sol ; le dessus en est promptement jauni par le soleil et les rosées: on retourne alors les javelles pour laisser sécher et jaunir pareillement le dessous. La dessication complète est ordinairement l'affaire d'une semaine. Quand on a à craindre le mauvais temps, on réunit la gaude en petites bottes qu'on fait sécher le mieux qu'il est possible. La gaude peut se conserver sans altération, dans un grenier sec, pendant plusieurs années.

Pour obtenir la gaude nécessaire aux semailles, on laisse mûrir quelques-uns des plus beaux pieds. La graine est abondante et on peut en retirer de l'huile. Le produit varie selon la saison, le terrain et les besoins du commerce.

DU PASTEL.

—

Le pastel bisannuel, de la famille des crucifères, contient dans ses feuilles et sa tige une belle couleur bleue qui est employée avec l'indigo et dans un genre de peinture auquel il a donné son nom. Il forme en outre un fourrage dont les animaux sont très-avides.

Le pastel, ayant une racine charnue et pivotante, exige un sol profond, bien ameubli, propre, calcaire, exposé au soleil et riche en fumier de gros bétail.

On met le pastel après des cultures sarclées peu épuisantes. Après le pastel, on peut faire porter au sol toutes les plantes que l'on veut, pourvu qu'on ne l'ait pas laissé venir en graine, car alors il est assez épuisant. On prépare soigneusement le sol et on enterre le fumier avec le premier labour. On sème à la volée 12 à 15 kilog. de graines par hectare, ou en lignes espacées de 40 à 50 centimètres. La semaille se fait généralement en automne, quoiqu'elle puisse également avoir lieu au printemps.

Aussitôt que le pastel est levé, on le bine, on le sarcle, et on éclaircit les places trop épaisses; plus tard on réitère ces façons s'il en est besoin. On fait une première récolte de feuilles vers le mois de juin, lorsque les feuilles perdent leur teinte vert bleuâtre et tirent au jaune. On coupe alors avec une faucille toutes celles qu'on juge être parvenues au degré convenable; on les étend à l'ombre, afin qu'elles perdent leur eau de végétation, sans se crisper ni se dessécher par trop. Ensuite on écrase les feuilles dans une auge ou sous une meule semblable à celles dont on se sert pour pulvériser le plâtre; on les réduit en une pâte onctueuse sans grumeaux; qu'on met en monceau dans un endroit sec et à l'abri du soleil. Ces masses fermentent bientôt; on a soin de fermer les crevasses qui se forment sur les tas, afin que l'air ne pénètre pas à l'intérieur, où il favoriserait le développement de vers nuisibles à la pâte du pastel. La fermentation arrive au point convenable au bout de huit à douze jours, selon la température; alors on fait des boules de la grosseur d'un œuf, qu'on fait sécher et qui se vendent sous le nom de *pastel en coque*. On fait ainsi deux ou trois récoltes par an sur les mêmes pieds, et on les traite de même; mais les récoltes de l'arrière-saison ont une moindre valeur que la première.

Le produit du pastel est assez variable; on l'évalue, en moyenne, de 2,000 à 3,000 kilog. par hectare.

Les feuilles du pastel paraissent des premières au printemps et donnent une grande masse de nourriture, même dans les sécheresses, excellente pour les moutons.

DU SAFRAN.

Le safran est une plante bulbeuse de la famille des iridées, dont les stigmates, d'un rouge orangé, sont employés en médecine et dans les arts, et dont les feuilles et les bulbes sont recherchées par les bestiaux.

Le safran veut un climat chaud, une terre légère, argilo-calcaire, très-propre, bien meuble et fertile. Le safran occupe le sol pendant plusieurs années, et ne peut, par conséquent, entrer dans un assolement régulier. Il vient bien surtout après le trèfle, le sainfoin, les fèves et les récoltes binées. Après le safran, on peut cultiver toute espèce de plantes. On prépare le sol par des labours profonds suivis de la herse et de l'extirpateur. On choisit des bulbes saines, qu'on dépouille de leur peau, et de l'oignon-mère qu'on plante de juin en août, à 8 centimètres environ les uns des autres, dans des rigoles profondes de 16 centimètres et distantes de 10 à 12 centimètres. On évalue à 600,000 le nombre des tubercules nécessaires par hectare.

A l'apparition des jeunes pousses, on donne un binage léger, en ayant soin de ménager les plantes, et on laisse la plantation en cet état jusqu'à la récolte, en veillant sur les animaux qui pourraient la détruire. La seconde et la troisième année on donne les binages et les sarclages nécessités par l'état du sol. On détruit la safranière après cette troisième année. Les fleurs de safran se recueillent en octobre; mais, ne paraissant pas toutes en même temps, la récolte peut durer, selon l'état de la température, depuis cinq jusqu'à quinze et vingt jours. On prend les fleurs épanouies le matin seulement, puis on les porte à la maison; on les étend sur un drap pour les éplucher; on coupe les stigmates un peu au-dessous de leur point d'insertion sur le style. On fait sécher au feu le safran placé sur une feuille de papier reposant elle-même sur un tamis. On dépose ensuite le safran séché, par couches séparées par du papier, dans des boîtes que l'on ferme ensuite.

Le produit est évalué, pour les trois années, à 35 ou 40 kilogrammes, et une moitié en sus d'oignons de ce que l'on a planté.

DU CARTHAME.

—

Le carthame, plante annuelle de la famille des cynarocéphales, est cultivé pour les deux substances colorantes, l'une jaune et l'autre rouge, qu'on extrait de ses fleurons et de ses fleurs. Les graines, recherchées pour les perroquets, fournissent le quart de leur poids d'une huile bonne à brûler et à manger. Les feuilles peuvent être utilisées pour la nourriture des animaux; les tiges peuvent servir de litière et de combustible; enfin les fleurs de cette plante remplacent souvent le safran.

Le carthame veut un climat chaud, une terre légère, profonde, et la plus exposée aux ardeurs du soleil; à moins qu'elle ne soit trop maigre, on peut se dispenser de la fumer.

On laboure et on bêche profondément la terre avant l'hiver. On sème en mars ou avril, par un temps chaud et humide, après avoir fait tremper la graine vingt-quatre heures dans un mélange de cendres et de purin. Le semis se fait très-clair, à la volée ou en lignes espacées de 40 à 50 centimètres, en éloignant les plantes de 20 à 25 centimètres les unes des autres. On sarcle, on bine et on éclaircit soigneusement les jeunes plantes. La floraison a lieu depuis juillet jusqu'en septembre; aussi ne fait-on la cueillette qu'au fur et à mesure que les fleurs acquièrent successivement la couleur rouge-brune qu'on désire, et par un temps sec, l'humidité faisant noircir le carthame.

On arrache, chaque matin, les pétales ou fleurons épanouis, sans couper les têtes des fleurs; on les étale à l'ombre et à un air chaud, sur des claies ou des nattes; et lorsqu'ils sont desséchés, on les met dans des sacs pour les conserver à l'abri de l'humidité, afin que les principes colorants ne s'altèrent pas.

Après la cueillette des pétales, on laisse les plantes sécher sur pied pendant quelques jours; on arrache alors les tiges dont on retire la graine en les frappant avec des bâtons.

LIVRE SIXIÈME.

CULTURES DIVERSES.

CHAPITRE Ier.

PLANTES POTAGÈRES.

ARTICHAUTS.

L'artichaut, originaire de l'Éthiopie, forme un genre de la famille des flosculeuses; c'est une plante vivace cultivée pour les réceptacles de ses fleurs ou têtes.

Parmi les diverses espèces d'artichauts, on distingue :

L'*artichaut vert*, remarquable par la grosseur et la bonté de son fruit; c'est le plus ordinairement cultivé;

Le *gros artichaut blanc*, ou gros artichaut de Bretagne, qui a les feuilles d'un vert pâle; il donne son fruit plus tôt que l'artichaut vert, et il est d'un goût plus fin ;

L'*artichaut camus*, cultivé dans l'ouest de la France, qui a le fond très-large, souvent de 18 à 20 centimètres de diamètre; il donne son fruit avant l'artichaut vert, mais après le gros blanc;

L'*artichaut blanc*, fort petit, dont les écailles blanchâtres sont armées de pointes dures et piquantes; les poils dont il est garni à l'intérieur sont tellement petits, qu'ils paraissent à peine; il est délicat et sensible au froid, et cependant on le récolte de bonne heure; c'est surtout dans les départements méridionaux qu'il est cultivé;

L'*artichaut violet*, un peu plus gros que le précédent, et muni d'épines plus faibles; il s'accommode fort bien des climats dont l'excessive chaleur nuirait à la culture de l'artichaut vert.

On multiplie les artichauts de préférence par les œilletons ou drageons (petites tiges qui s'élèvent autour de la tige-mère), quand on veut s'assurer la conservation de la même espèce. On détache les œilletons de la tige-mère communément vers le milieu ou la fin du mois d'avril et dès qu'ils paraissent assez forts. Cette opération doit se faire avec précaution : on met d'abord la souche à découvert avec la bêche ou avec une forte truelle; puis, avec le pouce ou la main entière, qu'on descend jusqu'au point où l'œilleton tient à la souche, on éclate l'œilleton sur le gros de la souche, afin d'en conserver le nœud ou la noix.

C'est ce nœud qui forme le tronc de la nouvelle plante; c'est de lui que partent les nouvelles racines. On rejette les œilletons dont les nœuds ne sont pas formés, parce qu'ils ne produiraient qu'une seule racine pivotante, et l'on plante les autres en place, à la distance d'environ un mètre, dans une terre profondément labourée avant l'hiver et bien fumée. Les jeunes plants demandent, pour bien réussir, de fréquents arrosements, et quand la chaleur est trop vive, on les protége, jusqu'à ce qu'ils soient bien repris, en jetant dessus quelque peu de paille ou de litière. Dans le mois de septembre suivant les œilletons commencent à donner des fruits, quand ils ont été bien soignés et arrosés. Si on veut retarder leur croissance pour avoir au printemps suivant une récolte plus précoce, on ne les arrose qu'autant qu'il faut pour les empêcher de périr.

Pendant leur croissance, les artichauts demandent seulement à être sarclés et binés; aux approches de l'hiver il faut songer à les abriter contre les froids qui leur sont funestes. A cet effet, on coupe la tige à 12 ou 15 centimètres de terre, puis on forme autour de chaque pied une petite butte que l'on recouvre de fumier de cheval très-pailleux, ou à son défaut de feuilles, de roseaux, de menue-paille, etc.

Au printemps, on dégage les artichauts, peu à peu et à mesure que le temps s'adoucit, de la couverture par laquelle on les a abrités; puis on donne un bon labour, enterrant avec la bêche une partie des matières pourries par l'humidité de l'hiver dont ils ont été entourés.

Un plant d'artichauts ne dure que trois à quatre ans; il doit être détruit alors, et l'on met le plant nouveau dans un autre terrain. On peut, avec le vieux plant, se procurer des cardes pour l'hiver. Pour cela, on le laisse profiter jusqu'au mois d'octobre; alors on le lie, puis on l'empaille; on le garde ainsi jusqu'aux grandes gelées, époque à laquelle on l'emporte dans une serre où il achève de blanchir, le pied dans le sable.

On conserve pour l'hiver les fruits surpris sur la tige par l'approche des gelées, en coupant la tige près du collet, la portant dans la serre où on l'enterre dans le sable frais à la hauteur de 18 à 20 centimètres, et lui donnant le plus d'air que la terre le permet.

On conserve les artichauds pour l'hiver en détachant la pomme de sa tige sans employer le couteau, et en faisant cuire ensuite l'artichaut à demi dans l'eau bouillante; puis on sépare les feuilles et le foin, on coupe le cul en dessous et on le jette de suite dans l'eau froide; après l'avoir retiré, on le fait sécher sur des claies, au soleil ou dans le four.

Quand on veut conserver l'artichaut avec ses feuilles, après l'avoir fait cuire comme on vient de le dire, on ote le foin avec une cuillère sans déranger les feuilles, puis on jette l'artichaut dans l'eau froide pendant une heure ou deux, et après l'avoir retiré, on le jette dans une seconde eau fortement salée sur la surface de laquelle on verse un doigt d'huile d'olive ou de pavot; on conserve ainsi des artichauts toute l'année, en ayant soin de les changer deux ou trois fois d'eau.

DES ASPERGES.

L'asperge est une plante à racines vivaces, qui forme le type de la famille des asparaginées, et qui est indigène en France.

De la racine, qu'on nomme griffe ou patte, naissent chaque année de nouvelles tiges qui périssent à la fin de l'été. La consommation de ces tiges, lorsqu'elles sont jeunes et tendres et sortant de terre de quelques centimètres seulement, est énorme dans les villes.

Une seule espèce est cultivée pour la nourriture de l'homme et suivant le changement des terrains, des engrais qu'elle a reçus ou de la température, elle prend les noms d'asperge de Hollande, de Marchienne, de Strasbourg, etc.

Les racines d'asperges ne durent que trois ans; de sorte que la plante périrait au bout de ce temps si elle n'était alors recouverte d'une nouvelle couche de terre au sein de laquelle elle pousse chaque année un nouvel étage de racines, remontant ainsi annuellement jusqu'à ce qu'elle soit au niveau du terrain.

On multiplie les asperges par des semis ou par leurs griffes ou pattes. Les jeunes sont semées sur place ou plus ordinairement en pépinière pour repiquer en avril les jeunes griffes d'un an qui n'ont qu'un ou deux œillets.

Pour la transplantation, on arrache les asperges, soit au printemps, soit à l'automne, avec des fourches à dents plates, soulevant la terre avec attention, séparant soigneusement les pieds qui se trouvent mêlés et prenant garde de rompre les racines.

C'est une chose importante que la préparation du terrain qui doit recevoir les pattes d'asperges, car il faut le disposer de manière qu'il puisse être exhaussé par les nouvelles couches de terre qui devront prolonger la durée du plant. On creuse d'abord des fossés ou planches à 50 centimètres de profondeur; si même la terre est froide et humide, on creuse plus profondément encore, et l'on remplit le fossé à la hauteur de 35 centimètres environ avec une terre de plâtras et de décombres, ou avec des débris de bois de fagots recouverts d'une terre légère et sablonneuse. Cela fait, on met une poignée de terreau dans l'endroit où on veut placer ses pattes; on en pose le collet sur l'élévation formée par le terreau, et on étend les racines en ouvrant la terre pour les y enfoncer; puis on couvre les pattes d'environ 8 centimètres de terre qui a été bien fumée avant l'hiver ou amendée par un terreau bien consommé, et de 2 centimètres 1{2 de terreau ou de fumier court.

Tous les fumiers sont bons pour les asperges; mais ceux qu'il faut préférer sont ceux qui se consomment le plus lentement, comme les os, les débris de corne, la tannée, etc.

Les pattes étant en place, les soins à donner à l'aspergerie consistent en sarclages, arrosements, binages. Au mois d'avril de la première année, après avoir biné, on étend une couche de terre de 5 centimètres d'épaisseur que l'on dresse avec le râteau; au mois d'avril de la troisième année, on ajoute 8 centimètres de terre après le binage. Dès ce moment, on donne un labour au printemps, un à l'automne, deux binages dans l'été, et de temps à autre on recharge le terrain d'une couche de terre nouvelle, de terreau ou de fumier.

On récolte les asperges quand elles commencent à montrer hors de terre leurs pousses jeunes et vertes, à l'aide d'un couteau qui s'enfonce dans la terre à environ 8 centimètres, en ayant soin de ne pas blesser les racines.

Pour ne pas nuire à la durée du plant et à la grosseur des asperges, on ne commence à les récolter qu'après la troisième année.

DES CHOUX.

Nous avons déjà parlé des choux verts ou non pommés; nous nous occuperons ici des choux pommés, spécialement consacrés à la nourriture de l'homme.

On cultive un très-grand nombre de variétés de choux pommés qu'on peut ramener à deux principales :

1° Les *choux cabus*, parmi lesquels on distingue le *chou d'York*, le plus précoce; le *chou pain de sucre*, le *chou cœur de bœuf*, les *choux gros cabus blancs*, d'Alsace, d'Allemagne, de Quintal, de Hollande, etc., très-volumineux, les plus productifs; le *chou pommé rouge*, très-estimé en Belgique et en Hollande.

2° Les *choux de Milan* ou *pommés-frisés* dont les principales sous-variétés sont : le *chou Milan hâtif d'Ulm*, le *chou Pancalier de Touraine*, le *chou Milan ordinaire* ou *gros chou Milan*, le *chou Milan des vertus* ou *pommé-frisé d'Allemagne*, le *chou de Bruxelles*, à jets ou à rosettes.

Les choux en général, et particulièrement les gros choux pommés, demandent, pour atteindre un fort volume, une terre riche et fraîche. Les berges des fossés et canaux, les marais desséchés, les terrains nouvellement défrichés, conviennent parfaitement pour cette culture.

On sème les choux cabus : 1° avant l'hiver, dans la dernière quinzaine d'août; 2° en février, sur couche; 3° au commencement de mars, sur plate-bande bien terreautée; 4° en pleine terre, à la fin du même mois.

Ceux semés à la première époque sont plantés en place en octobre ou en février, et donnent leur récolte, savoir : les espèces hâtives dès la fin d'avril, et les autres depuis le mois de juin jusqu'au mois d'août. Ceux semés aux différentes époques de février et de mars sont plantés en place à la fin de mars et dans le cours du mois d'avril, et leur récolte succède à celle des semis d'automne et se prolonge jusqu'en novembre et décembre. Les choux de Milan sont préférés, en général, pour les semis faits au printemps.

On choisit, pour planter les choux, un temps sombre et même pluvieux; autrement ils demandent des arrosements au commencement de leur plantation. Les grosses espèces sont plantées à la distance de 70 centimètres entre chaque tige; les petites, à celle de 35 à 50 centimètres. Pendant la durée de la croissance de la plante, on lui donne plusieurs binages et on bute chaque fois.

Les choux peuvent se conserver tout l'hiver jusqu'en mars; ceux à demi faits, particulièrement les pancarliers et milans ordinaires, peuvent rester dehors; pour tous les autres, on peut en prolonger la jouissance en les couchant avant le froid, ce qui se fait en enlevant un peu de terre au nord, inclinant le chou de ce côté, et mettant la terre sur les racines de l'autre côté. On peut encore les enjauger par lignes les uns sur les autres, et les couvrir de feuilles, s'il gèle fort.

DES COURGES, CITROUILLES, POTIRONS, ETC.

—

Tous ces végétaux, employés à la nourriture de l'homme et des animaux, appartiennent à la famille des cucurbitacées; ils produisent les plus gros fruits du règne végétal et se cultivent de la même manière.

La citrouille demande un sol léger, sablonneux, mais frais; cette culture épuise peu le sol, et elle peut entrer dans les assolements avant les céréales d'automne. La terre étant labourée et bien fumée, on place trois graines environ dans des fossettes, à un mètre ou deux de distance, suivant la qualité du terrain, et quand le sol est favorable on obtient une récolte abondante et des fruits du poids de 10 à 50 kilog. Récoltés à l'entrée de l'hiver, ils se conservent dans un lieu sain et à l'abri de la gelée.

Les potirons ont des fruits qui pèsent jusqu'à 150 kilog. On en compte plusieurs variétés, le *potiron jaune commun*, le *potiron vert*, le *potiron jaune panaché de vert*, le *petit potiron jaune hâtif*.

On sème les potirons ou sous cloches à la fin de mars, ou à la fin d'avril sur couche, à l'air ou en place, suivant la nature du climat. Dans les départements méridionaux, on peut même semer sans abri dès le mois de février. De bonne heure on relève la terre sur laquelle le fruit repose, afin d'éviter l'humidité. On aide à sa maturité en coupant les feuilles qui l'entourent, et avant de le rentrer, après la récolte, on le fait bien sécher au soleil, pendant un mois et demie, sur un terrain parfaitement sec.

Les feuilles de ces végétaux, quoique peu nourrissantes, peuvent être utiles quand la sécheresse fait languir les pâturages. Les fruits, également peu substantiels, sont néanmoins favorables comme nourriture d'hiver pour les animaux soumis au régime sec.

Si d'un côté les fruits des cucurbitacées craignent le froid, de l'autre ils pourrissent rapidement lorsqu'ils ont été cueillis avant d'être mûrs; de sorte que si le temps n'est pas très-rigoureux, on fera bien de les laisser sur pied jusqu'à leur complète maturité. On doit, pour les conserver, les mettre en couches peu épaisses dans un lieu sec, et les visiter souvent pour faire consommer d'abord ceux qui commencent à s'altérer.

On distribue au bétail les fruits coupés crûs ou cuits, seuls ou mélangés. D'ordinaire, on a soin d'en tirer les graines, qui fournissent une huile très-bonne, et qui, cuites avec la pulpe et très-nourrissantes par elles-mêmes, engraissent rapidement les porcs.

DES OIGNONS.

Les oignons sont des plantes du genre ail de la famille des liliacées. On en connaît de nombreuses variétés de formes, de grosseurs et de saveurs : *l'oignon blanc gros, l'oignon blanc hâtif,* d'une saveur douce et de bonne qualité; l'*oignon jaune* ou *blond des Vertus*, près Paris, gros et se gardant bien; l'*oignon rouge pâle*, le plus répandu en France; l'*oignon rouge foncé*, large et plat; l'*oignon poire* ou *pyriforme*, rougeâtre, d'une saveur forte et d'excellente garde; l'*oignon d'Égypte* ou *bulbifère*, ou *rocambole*, dont la tête porte, à côté de quelques bonnes graines, plusieurs petites bulbes qui servent à le multiplier; enfin l'*oignon patate* ou *sous-terre*, ne donnant ni graines, ni rocamboles, mais des cayeux qui croissent autour de l'oignon principal.

Les oignons se plaisent dans une bonne terre substantielle, mais plutôt légère que forte, fumée autant que possible une année d'avance, ou avec de l'engrais bien consommé; celui de mouton et le marc de raisin conviennent le mieux. Les fumiers récents leur communiquent, dit-on, une âcreté et une saveur désagréables.

Dans le midi de la France, les semis se font avant l'hiver, dans des lieux bien abrités, et on les garantit du froid en les couvrant de longue paille. Plus au nord, si l'on sème avant l'hiver, ce doit être dans le mois de juillet, afin que le jeune plant ait déjà, quand l'hiver arrive, assez de force pour en braver la rigueur. Plus communément, c'est au commencement de février, si le temps est favorable, que l'on fait les grands semis d'oignons, et au plus tard dans le mois de mars. La graine est répandue à la volée, sur un sol bien ameubli; elle doit ensuite recevoir souvent de légers arrosements; puis, par des sarclages et de légers binages au besoin, on facilite la croissance et le développement du jeune plant.

Cette manière de cultiver l'oignon est la plus ordinaire, mais elle n'est pas la seule.

En beaucoup d'endroits, dans la culture des jardins comme

dans celle en plein champ, on repique les oignons. Pour cela, on prépare la terre qui doit les recevoir par une fumure abondante et de bons labours; et quand le plant d'oignons a la grosseur d'une petite plume à écrire, on le repique à 11, 15, 20, 28 centimètres de distance, suivant la grosseur que l'on veut obtenir, soit au plantoir, soit dans des sillons faits à la houe.

Une autre méthode consiste à semer excessivement épais au mois de mars ou d'avril, et à arroser une seule fois après les semis. On obtient par ce moyen une multitude de bulbilles qui, semées et pressées l'une contre l'autre, ne peuvent grossir et restent aussi petites que des pois. On les récolte dans cet état, on les conserve pendant l'hiver dans un lieu sain, et après l'hiver on les plante en bon terrain, en rayons espacés de 16 à 20 centimètres, les bulbilles étant elles-mêmes espacées de 8 à 10 centimètres. Chacune d'elles devient un gros et bon oignon, et par ce genre de culture on évite tous les risques et les accidents auxquels sont sujets les semis en place.

Le changement de la couleur des feuilles annonce la maturité de l'oignon. Lorsqu'elles sont entièrement desséchées, on arrache les oignons, on les expose pendant quelques jours au soleil pour leur faire perdre leur eau surabondante, on les nettoie du reste de leurs racines et de leurs pellicules, et on les conserve dans un lieu sec et à l'abri des variations de l'atmosphère, soit en les suspendant au moyen de leurs fanes et de liens de paille, soit en les étendant sur le plancher ou sur des claies.

CHAPITRE II.

CULTURE DE LA CARDÈRE.

La cardère est une plante de la famille des dipsacées, que l'on connait encore sous les noms de *cardère à foulon*, *chardon à foulon*, *chardon à carder*, etc. Elle est employée pour l'usage des fabriques de draperie et de bonneterie, et est cultivée avec avantage dans les pays voisins des manufactures auxquelles elle est utile.

Une terre fraîche, profonde et bien meuble, mais médiocrement fumée, est celle qui convient à la cardère.

La cardère se sème seule ou sur une céréale; dans ce dernier cas, le produit des cardères est grevé de moins de frais. On sème de bonne heure au printemps sur guéret d'hiver. L'année du semis, on n'obtient rien; c'est pour la seconde année si le sol est bon, et pour la troisième s'il est médiocre. Quand on le peut, il y a avantage à semer en automne; avec des soins, on assure alors sa récolte pour la seconde année, la cardère supportant bien l'hiver.

On sème en raies très-superficielles; on sème à la main et l'on recouvre avec le pied, ou on trace les raies avec un rayonneur dont les pieds sont espacés de 50 centimètres. La cardère lève promptement. Quand elle est semée seule, on donne un premier binage quand les raies sont distinctes, un second un peu plus tard, et on éclaircit. On sème épais. On peut, si l'on veut, détruire la faculté germinative d'une partie des graines en les plongeant dans l'eau bouillante, et on les mêle avec celles restées pures; on évite ainsi un plant trop dru, qui serait long à éclaircir, ce qui se fait à la bêche et à la main en laissant les plantes les plus vigoureuses à distance de 25 à 35 centimètres les unes des autres. A l'approche des froids, on donne un léger buttage. Lorsque la cardère est semée dans une céréale, elle ne se développe qu'après la moisson. Aussitôt que la dureté du sol est moins forte, on donne une légère façon, on éclaircit en automne, et on bute.

Une plantation en bon état a pour signe la teinte violacée des feuilles dès les premières gelées. On juge que la cardère se dispose à monter en tige lorsque les plants en automne sont bien assis, leurs feuilles nombreuses et celles du centre bien dressées. La seule bonne époque pour monter en tige est au printemps; dans un terrain trop riche, la cardère monte en tige de bonne heure, et pendant toute l'année, sans pouvoir arriver à maturité; elles sont alors perdues pour le produit.

Dans l'année où la cardère fait sa tige, on donne un seul binage en mars. Les têtes de cardère que le commerce demande ne doivent pas être trop grosses, parce que les épines sont trop écartées, avoir 50 à 70 centimètres de longueur, être régulièrement cylindriques, droites et plutôt un peu renflées vers le centre, avoir l'épine raide, élastique, recourbée en bas, et celles du sommet raides et bien dressées. Toutes les têtes n'ont pas les qualités désirables pour atteindre ce but; on supprime celles qu'on juge inutiles. Il faut couper la première tête qui paraît de bonne heure sur la tige perpendiculaire, dès qu'on peut la saisir avec les ongles. Dans des terrains fertiles et lorsqu'il y a apparence d'une végétation soutenue, il faut encore supprimer les premières têtes des branches secondaires et surtout des plus haut placées. Il arrive quelquefois qu'on est obligé de tout faucher afin d'obtenir un regain qui apporte des têtes plus nombreuses et sur lesquelles la sève se répartit plus également. Les produits sont plus nombreux sur des sols légers, secs. Dans les années peu favorables, on retranche seulement les têtes de la tige et des deux branches principales. Quand la cardère monte tard et que la tige est faible, on conserve la première tête.

Quand les cardères sont attaquées par les vers, on coupe les tiges au-dessous du point où ces animaux se logent; on les coupe aussi lorsqu'elles sont trop grosses et d'une mauvaise venue. La maturité arrive en juillet. On récolte avant que la graine s'échappe seule des tiges; on laisse à celles-ci une longueur de 15 à 20 centimètres. On coupe prestement toutes les bonnes têtes, qu'on dépose ensuite sur des toiles. On étend ensuite les têtes sur le sol ou sur une aire pavée, en ayant soin de ne pas les salir. On les expose ainsi au soleil et à la rosée, et on les retourne quelquefois. Deux ou trois jours suffisent pour leur donner la couleur blonde qu'on recherche et les sécher. Ensuite on les empile dans un lieu sec, à l'abri des vents et de la chaleur. On a soin de ménager les épines et les queues des cardères; on les approprie le mieux possible pour

la vente. Les tiges servent à chauffer le four. Les graines, ne
donnant que 6 pour 100 d'huile, sont mieux employées à former un engrais par leur mélange avec de la terre humide, et
donnent du terreau.

CHAPITRE III.

DU TABAC.

Le tabac, découvert en Amérique par les Espagnols que commandait Christophe Colomb, fut importé en Europe en 1518, et mis en vogue quarante ans plus tard par Catherine de Médicis, à qui Nicot, de retour de son ambassade en Portugal, l'avait présenté comme une plante douée d'excellentes propriétés. C'est en souvenir du patronage de Nicot que les botanistes ont appelé le tabac *Nicotiane*.

L'usage du tabac s'est répandu avec la rapidité de l'éclair, tandis que la pomme de terre a si peu attiré l'attention des cultivateurs qu'on ignore le nom de l'homme qui l'a importée en Europe. En effet, quoique connue sur notre continent dès le milieu du XVIᵉ siècle, la pomme de terre n'a été cultivée en grand que vers 1790, et presque tous ceux qui se nourrissent de ce précieux végétal ne savent pas que c'est à Parmentier qu'en est due la propagation.

Le tabac, qu'on cultive maintenant dans toute l'Europe pour ses feuilles, dont il se fait une consommation immense, soit pour priser, soit pour fumer, soit pour mâcher, appartient à la famille des solanées, qui renferme tant de plantes vénéneuses.

Le tabac, pris à petite dose, n'est pas à la vérité un violent poison. Son usage est pourtant plutôt dangereux que bienfaisant : deux jeunes gens qui s'étaient défiés à qui fumerait le plus, périrent, l'un à la dix-septième pipe, l'autre à la dix-huitième. Pris en infusion, il peut causer la mort, et l'huile qu'on retire de ses feuilles par la distillation est si virulente, qu'une seule goutte placée sur la langue d'un chien suffit pour le faire périr en quelques minutes. Outre ces dangers, le tabac affaiblit l'odorat, émousse le goût, endort les forces de l'intelligence. Les peuples de l'Orient, autrefois si puissants, aujourd'hui mortellement engourdis, doivent peut-être une partie de leur dégradation à ce vice que l'on met tant en honneur parmi nous.

Le tabac procure un stupide enivrement, et fait passer le temps dans l'oubli des ennuis qui assiègent tout homme, souvent dans l'oubli du devoir. Ne voyons-nous pas les fumeurs déterminés vivre sans causer, sans penser, heureux d'être plongés dans une fumée épaisse, qui, avec la boisson qu'ils consomment toujours en quantité, leur tient lieu des joies intimes de la famille ?

On compte un grand nombre d'espèces de tabac qu'on distingue par la forme et la grandeur des feuilles. La tige, haute de plus d'un mètre, est ornée de feuilles très-grandes, et présentant aux extrémités des rameaux de grandes fleurs roses, vertes, bleuâtres ou jaunes, selon les espèces.

La culture du tabac n'est autorisée que dans quelques cantons des départements du Nord, du Pas-de-Calais, du Bas-Rhin, du Lot, du Lot-et-Garonne et d'Ille-et-Vilaine; et le privilége de planter du tabac n'est accordé qu'aux propriétaires des terrains et sous le contrôle incessant des employés de la régie.

Le tabac veut un terrain fort meuble, profond, frais, sans humidité, neuf, très-substantiel, richement fumé, exposé au soleil, à surface plane, et abrité des vents du nord et nord-ouest.

La préparation du tabac exige à peu près quinze mois de soins assidus. D'abord le tabac est élevé en plants, dont le semis se fait dans la première quinzaine de février. Le tabac est ensuite repiqué en espaçant les pieds d'un mètre en tous sens, et la récolte se fait en août et septembre. On procède ensuite à la dessication sous des hangards, et ce n'est que dans le mois de mai suivant que le tabac est livré à la régie.

Pour préparer les terres, il ne faut pas moins de trois labours à la charrue, et après la plantation il faut labourer à la bêche, rapprocher la terre des pieds, sarcler les herbes parasites, abattre les feuilles inférieures, feuilles de terre, écimer les plants et abattre les rejets. On procède ensuite à la récolte qui se fait le matin, après l'évaporation de la rosée, en coupant les tiges à 5 centimètres au-dessus du sol. On les laisse sur les lieux, on les retourne deux ou trois fois dans la journée, afin que l'air et le soleil les frappent partout et qu'elles fanent également, et le soir même on les transporte au séchoir.

Le tabac, épuisant le sol, n'est en réalité profitable que dans un assolement quinquennal, et la méthode de sa culture varie suivant les diverses contrées où elle est autorisée; car les différents sols ne sont pas partout également fertiles, les engrais ne sont pas partout également abondants et de même nature. L'espèce de tabac cultivé n'est pas non plus partout la même; sur certains points, la graine qu'on emploie donne des plantes d'une très-grande dimension; sur d'autres points, les plants prennent une croissance beaucoup moindre, et par conséquent ont besoin de moins de place. Le Pas-de-Calais et le Bas-Rhin produisant des tabacs légers, propres à la fabrication du tabac à fumer, on doit donc s'abstenir d'amender fortement les terres et d'espacer beaucoup les plants. Les quatre autres départements produisent des tabacs bons pour la poudre et qui prennent une grande végétation. C'est pour cette raison que la régie permet la plantation de 40,000 pieds à 15 feuilles par hectare dans les uns, tandis que dans les autres elle n'en accorde, par hectare, que 10,000 pieds à 8 feuilles.

Le produit du tabac ne peut être évalué rigoureusement, et dans chaque localité le cultivateur n'a d'autres moyens d'appréciation qu'en comparant un assolement de cinq ans, avec tabac, avec un autre de même durée, sans tabac. De plus, cette récolte est sujette à manquer par la grêle, la sécheresse et la gelée.

CHAPITRE IV.

DU MÛRIER.

Le mûrier forme un genre de plantes de la famille des urti-
cées, qui comprend des arbres de moyenne grandeur dont les
feuilles servent de nourriture aux vers à soie.

Les mûriers sont originaires de la Chine et autres pays de
l'Orient. La culture en fut introduite en France sous le règne
de Charles VII.

On en compte différentes espèces, qui sont :

Le *mûrier blanc*, à feuilles luisantes en dessus, donnant un
fruit de couleur blanche; c'est l'espèce la plus répandue en
Provence; dans ses variétés on distingue le *mûrier à feuilles
roses*, la *colombacette* et la *colombasse verte* ;

Le *mûrier d'Italie*, dont le bois est rose clair sous l'écorce;

Le *mûrier de Constantinople*, dont le tronc noueux se divise en branches ne poussant que des rameaux gros et courts, et peu fournis de feuilles;

Le *mûrier noir*, à feuilles cordiformes, rudes au toucher en dessus, et à fruits pourpres noirâtres, d'une saveur agréable; les vers à soie en mangent aussi les feuilles, mais elles procurent des cocons peu gros et peu pesants;

Le *mûrier rouge*, originaire de l'Amérique septentrionale; sa feuille nuit à la santé des vers à soie;

Le *mûrier multicaule* importé en 1821 de Manille en France par M. Perrot; il se multiplie facilement de boutures, a de grandes feuilles crenelées et boursoufflées, et une pousse rapide; ses fruits sont pendants, oblongs, noirs et bons à manger;

Enfin le *mûrier à papier*, dont les feuilles sont tout à fait impropres à la nourriture des vers à soie.

Le mûrier se multiplie de graines, de boutures et de marcottes; mais l'espèce multicaule est la seule qui réussisse parfaitement au moyen de boutures. C'est donc par des semis qu'on propage les autres espèces. La graine se recueille sur des sujets sains, vigoureux, de l'âge de 40 ans environ. Pour l'extraire, on presse doucement les fruits dans un vase contenant une petite quantité d'eau, puis on les débarrasse de la pulpe qui y adhère par plusieurs lavages, jusqu'à ce qu'elle soit bien nette; on les fait ensuite égoutter, puis on les étend sur un linge pour les faire sécher à l'ombre ou à l'air, et on les enferme dans des sacs ou des boîtes pour les conserver dans un lieu sec.

Dans le midi, on doit semer aussitôt que la récolte est faite; il reste encore assez de temps pour que le jeune plant ait acquis avant l'hiver la force nécessaire pour en braver la rigueur. Dans le centre et le nord de la France, au contraire, on ne sème qu'à la fin d'avril et même au mois de mai suivant, lorsque les gelées ne sont plus à craindre. Comme la graine est très-petite, on la mêle, pour la semer, avec de la terre ou du sable, et on la répand à la volée.

Le mûrier aime une terre légère, plutôt sablonneuse que forte. De profonds défoncements assurent le succès de la plantation. Pour semer, on ameublit le sol, autant que possible, par de bons labours; on l'amende avec de vieux terreaux de couche, et on le dispose en planches ayant environ quatre pieds de largeur, afin qu'il soit possible de donner avec facilité au jeune plant les soins qu'il exige. La graine ne doit pas être très-enterrée; il suffit qu'elle soit recouverte d'environ deux à trois centimètres de terre ou de terreau.

Au bout de quinze à vingt jours, la graine commence à lever, et dès que le semis a quatre feuilles, on le débarrasse par des sarclages des plantes qui pourraient nuire à sa végétation. Plus tard, cinq ou six semaines après, on lui donne un binage avec beaucoup de précaution, prenant garde d'ébranler ou de déraciner la jeune plante, qui prend alors le nom de *pourrette*.

A la fin de l'automne de la première année, ou pendant l'hiver qui suit, on arrache la pourrette qui a acquis assez de force pour supporter la transplantation, c'est-à-dire celle qui est parvenue à environ 33 centimètres de hauteur, soulevant la terre avec précaution, à l'aide de la bêche ou de la fourche, pour ne pas briser ou endommager les racines, et de manière à leur conserver tout leur chevelu. Celle qui est trop faible pour être transplantée est laissée dans les plates-bandes où elle a été semée, et à la fin de l'hiver on la coupe ras de terre, afin qu'elle produise un plus beau jet dans le courant de la belle saison.

De ce moment, tout le soin du cultivateur doit être de veiller à ce que la pourrette pousse un seul jet vigoureux. A cet effet, il retranche les jeunes rameaux qui croissent latéralement avant qu'ils aient acquis trop de force, et il ne laisse qu'un bourgeon à la pourrette récépée.

L'expérience a appris que par la greffe on faisait porter aux mûriers des feuilles plus grandes et plus épaisses, et que par conséquent on le rendait plus propre à donner aux vers à soie une nourriture quatre, cinq et même huit fois plus abondante que celle recueillie sur des mûriers non greffés. Ainsi, on a obtenu d'un sauvageon à petites feuilles 714 grammes de feuilles; d'un sauvageon à feuilles larges, 1 kilog. 984 gr.; tandis qu'on a obtenu d'un mûrier romain greffé, 2 kilog. 560 gr.; d'un mûrier grosse reine greffé, 3 kilog. 360 gr.; d'un mûrier morette, 3 kilog. 450 gr.; et d'un mûrier multicaule, 6 kilog. 400 gr. On voit donc quelle est l'importance de la greffe et du choix des espèces, puisqu'il peut en résulter une différence aussi grande dans la récolte.

Des diverses manières de greffer, celle en flûte paraît préférable, pourvu qu'elle soit faite avec le soin convenable.

A cet effet, dès le 15 avril, ou un peu plus tard, lorsque la sève monte dans les mûriers, on coupe les rameaux destinés à fournir les greffes, et on les couche aussitôt les uns à côté des autres, sous un hangar, à l'abri de la pluie et du soleil. Lorsqu'on en a formé un lit de 66 centimètres à un mètre de largeur, on les couvre d'une couche de 5 centimètres de sable ou de terre fraîche sans être humide, puis par dessus ce sable on dispose un second lit de rameaux, puis une nouvelle couche de sable, et ainsi de suite jusqu'à ce que le tas s'élève à 66 centimètres environ de hauteur.

Le moment de greffer arrivé, c'est-à-dire du 15 mars aux premiers jours d'avril, le greffeur prend sur ce tas ce qu'il peut employer de rameaux pendant trois ou quatre heures, puis il se livre à une opération qui a pour objet de détacher l'écorce de chaque rameau de bois qu'elle renferme. Pour y parvenir, il maintient et serre le rameau dans sa main gauche, puis de la main droite il lui imprime un mouvement de torsion qui détache peu à peu l'écorce du bois, de manière à ce que bientôt elle n'y adhère plus et peut être tirée tout entière comme un fourreau. Il ne reste plus alors pour préparer chaque greffe qu'à faire une incision annulaire au dessus et au dessous de chaque œil, de manière à ce que cet œil se trouve au milieu d'un anneau d'écorce de la largeur de 18 à 22 millimètres. A mesure que chaque anneau est détaché du bois, l'ouvrier le met dans un pot au fond duquel est un linge mouillé, dont il enveloppe les greffes pour les protéger par cette humidité. Arrivant alors à la tige sur laquelle il veut greffer, l'ouvrier, avec sa serpette, en retranche la partie supérieure, pratiquant la coupe aussi horizontalement qu'il le peut; puis avec l'ongle du pouce droit il en détache l'écorce en cinq ou six lanières ou baguettes qu'il rabat en dehors, mettant ainsi à nu 18 à 22 millimètres de bois. Cela fait, il choisit un anneau d'écorce s'adaptant le plus exactement possible à la portion de bois mise à nu, il en enveloppe le sujet, descendant l'anneau jusquà ce que tout le bois dénudé soit recouvert, puis il relève doucement les baguettes d'écorce autour de l'anneau, et la greffe est terminée sans qu'il soit besoin d'appliquer aucune ligature ni mastic. Il faut observer que l'anneau d'écorce doit être aussi juste que possible, plutôt trop étroit que trop lâche; il n'y a pas même de danger à ce qu'il se fende dans une partie de sa hauteur, pourvu que ce soit du côté opposé à l'œil.

Pour abriter la jeune greffe de la pluie ou même de l'ardeur du soleil, il ne reste plus qu'à la couvrir ou coiffer avec une coquille vide d'escargot d'une grosseur convenable. En moins de vingt-quatre heures, la greffe est déjà parfaitement soudée sur le sujet. Quelques jours après, les yeux commencent à se gonfler, et au bout de huit jours déjà certaines greffes ont développé deux à trois feuilles.

On greffe les mûriers ou en tête, lorsqu'ils sont déjà plantés en place, ou près du collet de la racine lorsque les sujets ont acquis 4 à 5 centimètres de tour à leur base. Cette dernière méthode est de beaucoup préférable, et la greffe reprend ainsi beaucoup plus facilement.

Lorsque l'arbre est ainsi formé, il est bon de ne pas l'abandonner à lui-même comme on le fait dans quelques cantons, parce qu'alors il donne des feuilles plus petites, en moindre quantité et plus difficiles à cueillir. La taille, au contraire, rend les feuilles plus grandes, plus abondantes et plus faciles à récolter. A cet effet, chaque année, après que les muriers ont été effeuillés pour la nourriture des vers à soie, on les décharge des branches mortes et de celles qui ont pu être cassées ou endommagées par le cueilleur; on retranche les branches d'une végétation trop faible ou celles qui, placées dans l'intérieur de l'arbre, nuiraient à l'évasement des rameaux; on raccourcit les branches qui paraissent vouloir s'étendre horizontalement; on supprime celles qui sont pendantes, et on arrête celles qui poussent trop vigoureusement.

Lorsque la cueillette des feuilles a lieu, il est fort important de ne pas laisser la moindre feuille sur les arbres; en effet, celles qui restent sur quelques branches altèrent la sève au préjudice des branches dépouillées. On commence par dépouiller les mûriers les plus jeunes pour qu'ils aient plus de temps pour repousser leurs feuilles nouvelles. La taille suit immédiatement la cueillette.

Il est facile de conserver pendant trois à quatre jours les feuilles récoltées avec soin; pour cela, on les amasse en tas peu pressés dans des lieux bas, secs et privés de lumière, et on a la précaution d'y enfoncer la main plusieurs fois par jour afin de s'assurer qu'elles ne s'échauffent pas. Si l'on s'apercevait qu'il s'y développe de la chaleur, et par conséquent de la fermentation, on s'empresserait de les remuer.

On cultive aussi les mûriers en basses tiges, en prairies, en haies, en taillis.

Les mûriers en basses tiges, appelés mûriers nains, paraissent présenter des avantages réels. La culture en est plus facile; ils sont en valeur au bout de cinq à six ans, tandis que les mûriers à haute tige attendent dix ans et plus; la cueillette des feuilles est surtout beaucoup moins embarrassante et moins dispendieuse, car les arbres ne s'élèvent pas à plus de 3 mètres de haut. Chaque année, après la récolte, on les ravale à 66 centimètres environ, sur 4 à 5 branches principales. Chaque arbre, à l'âge de sept ans, peut fournir 12 à 15 kilog. de feuilles, les arbres étant plantés en quinconce, à 2 mètres l'un de l'autre, ce qui permet de faire une récolte considérable, s'élevant à plus de 50,000 kilog. par hectare.

Les mûriers cultivés pour faucher en prairies en repiquant de jeunes pourettes à 8 ou 10 centimètres les unes des autres, ne poussent que de faibles bourgeons et des tiges rabougries; ils exigent des façons d'entretien très dispendieuses, et n'offrent par conséquent aucun avantage.

Il n'en est pas de même des plantations en haies pour servir de clôture aux héritages; on les laisse s'élever de 1 mètre 60 centimètres à 2 mètres de hauteur, et on les taille à la manière des charmilles. La culture en est facile, et la cueillette des feuilles se fait d'une manière économique aux ciseaux ou au croissant.

Quant à la culture du mûrier en taillis, elle paraît peu favorable à la nature de cet arbre. Abandonné ainsi à lui-même, il forme des buissons épais, hérissés d'une multitude de feuilles secondaires. S'il est mêlé avec d'autres bois, il est bientôt dominé par eux, et il ne donne que de chétifs produits.

Mûrier multicaule. — C'est par bouture surtout que se multiplie le mûrier multicaule. La nature particulière de cet arbre le rend propre, non pas à former des arbres de plein vent, mais des ba-ses tiges plantées en quinconce à 2 mètres environ les unes des autres, et ravalées tous les ans de 52 ou 66 centimètres de terre. Ainsi recépé, il donne ensuite, et jusqu'à la belle saison, de nouvelles pousses de 1 mètre 70 centimètres à 2 mètres de hauteur. On peut en former plus facilement des haies et des espèces de taillis serrés donnant une énorme récolte de feuilles. Le mûrier multicaule se plaît dans les terres meubles et légères, plutôt humides que sèches et un peu substantielles. On peut en faire des boutures à un seul œil, au printemps; elles réussissent très-bien, même dans les années sèches, et peuvent dans la même année donner de jeunes rameaux s'élevant de 1 mètre à 1 mètre 30 centimètres de hauteur. La soie que procure ses feuilles est d'une excellente qualité, sous le rapport de la force et de la finesse; elle se blanchit parfaitement et prend très-bien la teinture. La santé des vers qui en sont nourris est bonne, et les cocons égalent en poids ceux que peuvent donner les meilleures éducations. Le mûrier multicaule craint plus les gelées que le mûrier blanc; il redoute surtout les grands vents qui lacèrent et flétrissent ses feuilles et brisent ses branches. Il paraît exiger un meilleur terrain qui conserve toujours de la fraîcheur. Sa feuille, mise en tas, s'échauffe et fermente plus facilement; mais la plupart de ces inconvénients sont moins sensibles dans le nord que dans le midi.

Le bois du mûrier est susceptible d'un beau poli et propre à l'ébénisterie. Une espèce de ce genre fournit au Japon une écorce filandreuse dont on fait des étoffes de différentes sortes et qui, moyennant certaines préparations, sert de papier en Chine et dans plusieurs îles de la mer du Sud. Les fruits du mûrier engraissent les porcs et les volailles. Les feuilles, après leur chute, peuvent être rassemblées et mises à sécher; les troupeaux en sont très-avides. Employé à la fabrication des douves de tonneaux, le bois communique aux vins blancs un goût agréable.

CHAPITRE V.

DES OLIVIERS.

L'olivier est un des végétaux les plus utiles; il appartient à la famille des jasminées. C'est le premier arbre qui soit nommé dans la *Genèse* : après le déluge, la colombe rapporte un rameau d'olivier à Noë, encore renfermé dans l'arche. Originaire des pays chauds de l'Asie, il a été introduit en Europe depuis un temps si reculé, qu'on en attribue la découverte à Minerve; c'est pour cela qu'il fut consacré à cette déesse, et qu'il devint l'emblème de la paix chez presque tous les peuples de l'antiquité. La Grèce est le premier pays de l'Europe où on le cultiva, et ce fut de là que les Phocéens l'apportèrent en France, en venant fonder Marseille. Quoiqu'il en soit de cette origine fabuleuse, l'olivier est si ancien dans nos pays, qu'il porte le nom spécifique d'olivier d'Europe. Il y croît en effet avec facilité et y porte des fruits en abondance. Ces fruits, qui sont généralement connus sous le nom d'olives, se mangent confits;

mais leur principal mérite est de nous fournir l'huile qui porte leur nom.

On compte de nombreuses variétés d'olivier; les principales sont :

L'*olivier franc*, ou olivier sauvage, perfectionné par la culture, plus vigoureux que les autres, craignant moins les gelées et la sécheresse;

L'*olivière* ou *laurine*, à fruits gros, rougeâtres et tiquetés, craignant moins les gelées que la plupart des autres variétés, mais fournissant une huile peu délicate;

L'*amandier* ou *amelou*, cultivé abondamment à Grignac et à Saint-Chamas, à cause de l'excellence de son huile;

Le *Cournaud*, aussi appelé *olivier de Grasse*, *Cayanne*, etc., remarquable par la vigueur de sa végétation et par l'huile délicate que donnent ses petits fruits arqués et allongés;

La *Cayanne de Marseille* à fruits plus gros et arrondis, qui deviennent blancs avant de se colorer, et fournissent une grande partie de l'huile connue sous le nom d'huile d'Aix;

Le *Cayon*, à feuilles étroites, à fruits petits, arrondis et peu colorés, craignant la gelée à cause de la précocité de ses pousses;

L'*ampoulleau*, très-multiplié en Languedoc et en Provence;

Le *rouget*, qui donne une huile des plus fines et qu'on cultive beaucoup à Aix et à Marseille;

La *picholine*, dont le fruit est surtout réservé pour être confit en vert;

La *verdale*, riche en huile des plus estimées, et enrichissant les environs de Beziers et de Montpellier;

Le *moureau*, à noyau très-petit, donnant deux récoltes, qui

ournit la meilleure huile et qu'on cultive le plus généralement;

Le *redouan de Cotignac*, le plus petit des Oliviers, donnant
es fruits très-bons à confire;

Le *bouteillan*, remarquable par la grosseur de ses fruits;

L'*ognimèse*, dont l'huile est délicieuse et qui, fleurissant
epuis le mois d'avril jusqu'au mois de septembre, est presque
oute l'année chargé de fleurs et de fruits, et donne cinq ré-
oltes par an;

La *sayerne* ou *sagerne*, à fruits d'un violet noir et couverts
'une poussière farineuse;

L'*Espagnole*, qui donne des fruits plus gros que toutes les
utres espèces cultivées en France, mais qui fournit une huile
mère et n'est employée que pour confire;

Le *pruneau de Cotignac*, aussi cultivé à cause de la grosseur
le son fruit, dont le noyau se détache aisément;

La *rougette bâtarde*, dont l'huile est bonne et d'une belle
ouleur dorée;

La *blancane*, à fruits très-petits, couleur de cire blanche
usqu'au moment de leur maturité;

Le *caillet rouge*, qui donne une huile abondante et d'un
oût agréable;

Le *raymet*, dont les fruits allongés donnent aussi avec abon-
ance une huile fine, etc.

Tous les climats ne conviennent pas à l'olivier; il lui faut
une terre échauffée par les rayons du soleil; il ne croît pas au-
delà du 45° degré de latitude. Il y a plus, il semble qu'il soit
cantonné sur les bords de la Méditerrannée, de la mer Noire et
de la mer Caspienne; là où les Alpes, les Pyrénées, les Cé-

.ennes, le Caucase, lui procurent leur abri au levant et au couchant, et il ne croît guère à plus de 120 kilomètres des côtes de ces mers. Les froids de l'hiver lui sont funestes, son tronc même périt lorsqu'il est atteint par plus de dix degrés au dessous de zéro.

Toute espèce de terre convient à l'olivier, excepté celles qui sont marécageuses; dans les terrains fertiles, il donne souvent plus de bois que de fruits, et c'est dans les lieux caillouteux, sablonneux, sur les coteaux les plus arides exposés au midi et au levant, qu'on le plante le plus généralement. Son tronc peut atteindre jusqu'à 7 mètres; mais il n'y a pas d'avantage à le laisser ainsi s'élever, parce que la récolte de ses fruits devient plus difficile, et que d'ailleurs ils reçoivent moins l'influence de la chaleur du sol. Rien de plus incertain que la récolte : tantôt les gelées de l'hiver détruisent jusqu'à son tronc, tantôt celles du printemps font périr, avec les jeunes pousses, l'espoir de plus d'une année; tantôt les pluies ou les vents froids au moment où les fleurs sont épanouies, tantôt la sécheresse, les grands coups de vent ou les insectes destructeurs pendant l'été, rendent les travaux du cultivateur stériles. Cette récolte, cependant, est assez précieuse pour que l'on s'expose à ce danger; l'olivier, d'ailleurs, occupe souvent des terrains qui, sans lui, seraient restés infertiles.

Cet arbre se multiplie de toutes les manières : par rejetons poussés naturellement de racines, par boutures, par marcottes, par ses racines, par ses semences.

La multiplication par semences est celle à laquelle on a le moins souvent recours; les pieds qu'on obtient ainsi ne sont propres à donner des produits qu'au bout de douze ou quinze années, tandis que ceux provenant de rejetons, de marcottes ou de boutures, en peuvent donner dès la cinquième ou sixième. Cependant on obtient ainsi des arbres dont la végétation est plus vigoureuse, et l'on renouvelle les espèces.

Pour multiplier par rejeton, il suffit de laisser se fortifier pendant deux ou trois ans les rejetons toujours très-nombreux qui poussent des racines. S'ils ne sortent pas naturellement, on détermine la production en blessant ou en coupant ces racines; ou bien l'on coupe un vieux pied et l'on entoure de terre les nombreux bourgeons qui bientôt s'élèvent autour de la souche. On enlève ensuite ces rejetons pour les transplanter dans un sol convenable, en s'assurant auparavant que la tige dont ils sont sortis n'était pas celle d'un sauvageon.

Les boutures réussissent presque toujours, de quelque manière qu'on les fasse, et quelque gros que soient les rameaux que l'on y consacre; on les met en terre avant la fin de l'hiver ou pendant l'interruption de la séve d'août, et l'on doit préférer pour les faire un gourmand de deux ans dont on enterre plus ou moins profondément le gros bout, selon que le sol est plus ou moins sec.

C'est pendant l'hiver que l'on fait les marcottes, en couchant en terre des branches de la grosseur du bras. Le plus souvent elles prennent racine dès la première année, et dès l'année suivante on peut les lever pour les planter en pépinière.

Il est également facile de multiplier l'olivier par ses racines; il suffit pour cela, quand on arrache un vieux pied, d'en prendre les racines secondaires, de les couper par tronçons et de les mettre en terre de 10 à 12 centimètres de profondeur, un peu inclinées sur leur gros bout. Chacun de ces tronçons devient un bourgeon dans la même année, pourvu que le sol ne soit ni trop sec ni trop humide.

La transplantation de l'olivier se fait pendant l'hiver, plus tôt dans les terrains secs, et plus tard dans ceux qui le sont moins. Les arbres déjà vieux peuvent eux-mêmes être transplantés, en ayant soin de ménager le plus possible les racines, de décharger la tête de la plus grande partie de ses branches, et d'arroser fréquemment dans le cours de la première année.

Une fois en terre et repris, les oliviers demandent peu de soins : il est bon de labourer au moins une fois par an le pied de chaque arbre, et de le fumer en automne tous les quatre à cinq ans. On choisit pour cela du fumier bien consommé, et on proportionne la quantité qu'on en répand à la grosseur de l'arbre et à la nature du sol. Des fumiers trop récents ou trop abondants altèrent souvent le goût de l'huile.

La taille de l'arbre n'est pas indispensable : abandonné à lui-même, il donne des fruits plus petits, mais plus abondants; soumis à la taille, il donne des fruits moins nombreux mais plus gros. Il est bon de choisir entre deux excès, et de se borner à une taille sagement réglée qui a seulement pour but de débarrasser l'arbre de ses branches mortes et de celles dont la végétation est trop faible, d'arrêter au contraire les branches gourmandes dont la végétation est trop forte, d'empêcher l'arbre de s'élever ou de s'étendre hors de mesure, et de diminuer la trop grande quantité de ses rameaux. C'est un pernicieux usage que celui où l'on est dans beaucoup de cantons d'abandonner aux ouvriers les branches provenant des émondages, car alors il n'arrive que trop souvent qu'en taillant ils songent plus à leur intérêt qu'à celui du maître. On doit prendre pour règle que tant que l'arbre donne annuellement et de lui-même de nouveaux rameaux, la taille est presque inutile; mais il faut l'y soumettre avec plus ou moins de rigueur dès que sa végétation commence à se ralentir et qu'il ne donne plus que de faibles pousses; alors on rapproche les branches et on rajeunit l'arbre.

Il est un moyen d'assurer la production du fruit, moyen qui n'est pas employé pour l'olivier seulement : c'est d'enlever un anneau circulaire à l'écorce d'une branche un peu avant la floraison. On peut encore, dans le même but, ou courber les branches, ou découvrir les racines de l'arbre à la même époque, ou l'affaiblir de quelque manière que ce soit.

Le froid est le plus grand ennemi de l'olivier : il en fait périr les feuilles, les branches, le tronc même, et dans ces deux derniers cas il n'y a d'autre ressource que de couper les branches jusqu'au tronc, ou le tronc ras de terre. D'autres maux sont encore à craindre pour lui : le *moufle*, espèce de chancre, se manifeste au collet des racines, et l'on n'en arrête les ravages qu'en découvrant les racines, en enlevant à la hache toute la partie morte, en mettant des cendres et de la nouvelle terre autour de la plaie, et en déchargeant la tête d'une partie de ses rameaux, en proportion de l'étendue de racines dont l'arbre se trouve privé.

Plusieurs insectes lui font la guerre : la *cochenille adonide*, qui se répand sur ses feuilles et ses pousses les plus tendres, et dont on ne se débarrasse qu'en frottant les branches qui en sont chargées avec une toile rude ou un morceau de bois tranchant; la *psylle de l'olivier*, qui en suce la séve, et contre laquelle on ne peut guère qu'implorer le secours du vent de nord-ouest, lorsque les oliviers sont en fleurs; la *teigne de l'olivier*, qui s'introduit dans l'épaisseur des feuilles et en marge le parenchyme; et enfin la *mouche de l'olivier*, qui dépose son œuf dans chaque olive, en faisant un trou avec la pointe de son abdomen, et donne ainsi naissance à une larve qui se nourrit de la chair de l'olive. On ne peut guère arrêter les ravages de ce dernier insecte qu'en cueillant les olives dès le mois de novembre, époque à laquelle la larve ne s'est pas encore transformée en insecte parfait; elle périt ainsi sans pouvoir se multiplier.

La récolte des olives se fait plus ou moins tard, suivant l'usage auquel on les destine : si l'on veut en obtenir de l'huile fine et qui sente son fruit, on les cueille avant leur maturité complète; quand on veut en faire de l'huile commune, on a un mois pour faire la cueille. La maturité dépend d'ailleurs du climat, de l'état de l'atmosphère et de la variété. Dans les climats froids, elles tombent naturellement à l'époque de leur maturité; dans les climats plus doux, elles se dessèchent sur l'arbre si les grands vents ne les jettent à terre; il faut donc les cueillir. Dans beaucoup de cantons, on les gaule, c'est-à-dire qu'on les fait tomber en frappant les branches de l'arbre avec de longues perches; mais ainsi on brise et on mutile les branches, et beaucoup d'olives sont écrasées. Il vaut donc beaucoup mieux faire la récolte à la main, en employant à ce soin des femmes et des enfants.

Avant de commencer cette récolte, on ramasse sous les arbres les olives naturellement tombées, dont l'huile est toujours mauvaise, et on les met à part; on choisit ensuite un beau temps, et on emploie le plus grand nombre de bras possible, parce qu'on obtient une huile plus parfaite avec des fruits récoltés dans le même temps. On porte les olives à la maison, on les amoncèle dans des greniers ou des hangars, dans les lieux les plus secs et les plus aérés possible, de préférence sur des claies un peu élevées, et au bout de trois ou quatre jours on les porte au moulin. Pendant ce temps, elles se perfectionnent en perdant une partie de leur eau de végétation. Si on les gardait plus longtemps, elles s'échaufferaient, tourneraient et prendraient un goût détestable.

La meilleure huile est celle qu'on obtient sans pression du brou qu'on a préalablement fendu. Celle qu'on en retire en le soumettant au pressoir est encore excellente ; c'est l'huile vierge. Les qualités inférieures s'obtiennent en mêlant le brou déjà pressé avec une certaine quantité d'eau bouillante avant de le soumettre de nouveau au pressoir.

CHAPITRE VI.

DES NOYERS.

Les noyers sont de la famille des inglandées, dont le nom scientifique est formé, par corruption, du latin *jovis glans*, gland de Jupiter, parce que les anciens donnaient le nom de gland à tous les fruits à amende dont l'enveloppe était dure.

Les noyers sont des arbres d'une taille élevée et d'un port majestueux, qui étalent au loin leurs rameaux et leurs feuilles nombreuses et d'un vert foncé. Ils sont tous originaires des pays chauds et surtout de l'Amérique méridionale; sur douze espèces, 10 appartiennent au nouveau continent. Aucune ne croît spontanément en Europe; mais l'espèce que l'on y cultive y a été transplantée depuis si longtemps, que l'époque de son introduction se perd dans l'obscurité des siècles. Les plus anciens auteurs parlent des noix soit comme de joujoux de l'enfance, soit comme de fruits propres à donner de l'huile. Cette huile, quoique bien inférieure à celle de l'olivier, est employée dans l'Anjou, l'Agénois, le Languedoc, le Dauphiné, l'Auvergne, en place de beurre ou de graisse pour assaisonner les aliments; elle est en outre très-estimée pour la peinture. On fait aussi avec le brou de noix, c'est-à-dire avec la première écorce, une liqueur tonique; et les qualités du bois de noyer, précieuses pour l'ébénisterie, rendent sa culture fort utile.

On multiplie le noyer par les semis et on l'améliore par la greffe. Le semis se fait à demeure ou en pépinière. Semé à demeure, l'arbre enfonce plus profondément son pivot, et la pousse de sa tige gagne plus de dix ans sur la noix semée en pépinière et dont l'arbre a été ensuite replanté. Le tronc s'élève beaucoup plus haut, plus droit, et le bois en est plus précieux pour la menuiserie ou la construction des machines. On peut ainsi peupler des masses de chaînes de rochers, car pourvu que la racine de l'arbre trouve des fissures pour se glisser, elle y pénètre et sait y trouver la nourriture qui lui est nécessaire.

Quand le semis a eu lieu en pépinière, l'arbre est moins actif dans sa végétation, il produit moins de bois, mais sa récolte de fruits est plus précoce. Plus il est replanté souvent, plus tôt il donne ses fruits; et ses racines latérales se multipliant, augmentent le nombre des canaux à l'aide desquels il puise dans le sol un aliment convenable à la production des fruits.

On choisit, pour faire les semis, les amendes les plus grosses, celles qui remplissent le mieux la coquille, celles aussi qui sont connues pour donner une huile plus abondante. On les cueille au moment de leur parfaite maturité, et on les met en terre soit à l'instant même avant l'hiver, soit au printemps seulement, quand les gelées ne sont plus à craindre. Dans le

remier cas, après avoir défoncé le terrain, on y enterre les
noix à 5 centimètres de profondeur, à 66 centimètres l'une de
l'autre, les laissant entourées de leur brou, afin que l'amer-
ume de cette enveloppe en éloigne les rats et les mulots. Dans
e second cas, on prépare, dans une cave ou dans un lieu cou-
ert et à l'abri des gelées, une couche de sable dans laquelle
n place les noix à 16 centimètres de distance les unes des
utres, puis on les recouvre de 5 centimètres de terre fine, et
n les arrose de temps en temps, quand il en est besoin. Elles
erment ainsi pendant l'hiver, et dès que les gelées ne sont
lus à craindre on les tire de cette couche pour les transporter
ans la pépinière. Des binages, des sarclages sont ensuite né-
essaires quand le jeune plant sort de terre; on éclaircit les
ieds trop rapprochés, et l'on donne au moins deux bons la-
ours par an.

Un soin important pour les noyers cultivés en pépinière,
est de déterminer les racines à pousser un nombreux che-
elu, qui en rend la transplantation plus facile. Pour cela, on
n supprime le pivot en le déplantant fort jeune encore, ou,
e qui vaut mieux, on découvre le pied de l'arbre par l'un de
es côtés, on le déchausse ainsi jusqu'à 40 ou 50 centimètres,
n ménageant soigneusement tous les chevelus trouvés jusqu'à
ette profondeur, puis on coupe le pivot, on remet à leur place
es racines dérangées, et l'on comble la fosse. On peut aussi,
orsqu'on ne sème la noix qu'après l'avoir fait germer dans le
able, supprimer dès ce moment le bas du pivot, et l'on est
ûr d'avoir ainsi un grand nombre de belles racines latérales,
ien pourvues de chevelu.

Dès la troisième année, on commence à élaguer l'arbre par
e bas, et l'on continue de même chaque année, laissant quel-

ques branches basses qui servent à retenir la séve et à fortifier le tronc.

La transplantation se fait après la chute des feuilles, environ du 15 novembre au 15 décembre; longtemps à l'avance on doit avoir eu le soin de faire creuser une fosse ayant environ 1 mètre de profondeur, et on plante l'arbre sans retrancher aucune de ses branches, dans la crainte qu'elles ne souffrent de l'atteinte des gelées. Ce n'est qu'au printemps, lorsqu'il entre en séve, qu'on l'étête à la hauteur que l'on désire, ayant soin de recouvrir la plaie que fait la serpette avec l'onguent de Saint-Fiacre.

Il est peu de sols où le noyer ne puisse croître, mais il en est qu'il préfère. Il végète bien sur un sol élevé et un peu sec, mais il est surtout l'arbre des terres douces, un peu fraîches et qui ont beaucoup de suc. Il se plaît dans les vallons, sur les lieux un peu élevés; il aime les grands courants d'air. Au contraire, il réussit mal dans les terres trop argileuses et trop crayeuses; celles qui sont graveleuses et sablonneuses, et dans lesquelles il peut profondément enfoncer ses racines, conviennent mieux à sa nature.

Abandonné à lui-même, et suivant sa direction naturelle, il dispose ses branches et sa tête en forme ronde. La taille, quelque rigoureuse qu'elle soit, pourrait difficilement et ne doit pas contrarier cet instinct; seulement on peut diriger sa croissance.

On en émonde les bois morts, on lui laisse un tronc élevé afin que son bois ait plus de force; on supprime les branches les plus basses, afin que l'arbre ait plus d'air dans l'intérieur, que les branches du sommet s'élèvent davantage, et qu'il ne répande pas autant d'ombrage autour de lui; on retranche les branches qui se disposent mal et les rameaux trop pendants.

C'est pendant les vingt premières années de la croissance de l'arbre qu'on s'occupe ainsi de le plier à la taille; il ne faut pas craindre pour cela de retarder le moment où il donne des fruits, car le bois gagne d'autant plus que les récoltes de fruits sont plus tardives; après cela on l'abandonne à lui-même.

Ainsi que nous l'avons dit, on peut greffer le noyer. On le greffe sur lui-même, mais cette opération est en général d'un succès difficile. Elle se pratique en sifflet ou en écusson. Pour cela, on lève l'écusson dès que la séve commence à être établie, et on le conserve dans l'eau en l'y faisant tremper à la hauteur de 5 centimètres. Le moment de la pleine séve est celui que l'on choisit pour opérer la greffe. On greffe ainsi non seulement de jeunes noyers, mais encore de très-gros, la seconde ou la première année après qu'ils ont été couronnés. Dans ce cas, quand c'est en écusson que l'on veut greffer, on couronne l'arbre à 20 ou 25 centimètres au dessus du tronc, au mois d'octobre ou de mai; il jette dans l'année des pousses considérables; et au printemps suivant on place les greffes sur les nouveaux jets.

On récolte les noix à l'époque de leur complète maturité, c'est-à-dire lorsque le brou qui les enveloppe se crevasse et se détache. On s'arme de longues perches minces dont le bout est flexible, et on frappe de branche en branche jusqu'à ce que tous les rameaux soient dépouillés.

On met les noix dans des sacs et on les transporte ensuite dans des greniers, où l'on doit les étendre sur 5 à 8 centimètres d'épaisseur. Chaque jour on les remue avec des pelles de bois pendant environ un mois et demie, afin de dissiper leur humidité. Chaque fois qu'on les remue ainsi, on a soin d'en tirer le brou qui s'en est détaché. Quand elles se trouvent ainsi complètement desséchées, on les renferme dans un endroit qui ne soit ni trop sec ni trop humide, à l'abri des vicissitudes de l'atmosphère, et elles peuvent se conserver bonnes à manger d'une année sur l'autre.

Pour en faire de l'huile, on doit attendre le moment où la pellicule de l'amande y devient entièrement adhérente et ne peut en être détachée. Jusque-là, elle ne contient qu'une petite quantité de parties huileuses. Une masse de fruits bien conservés en donne beaucoup plus à la fin de l'année que trois mois après la récolte. On casse les noix, on sépare le fruit de la coquille, et on les envoie au moulin.

CHAPITRE VII.

DES CHATAIGNIERS.

Le châtaignier est un arbre de la famille des amentacées;
ses fruits, crûs, cuits et préparés de diverses manières, forment la principale nourriture des habitants d'une partie de la
France : le Limousin, la Corse, les Cévennes, etc. Son bois
est aussi fort utile.

Cultivé pour ses fruits, le châtaignier présente plusieurs variétés : la *châtaigne ordinaire*, la *châtaigne commune,* à *gros
fruits,* la *verte du Limousin,* la *châtaigne exalade,* dont le goût
est le plus savoureux, etc.; et enfin le *marron,* remarquable
par sa grosseur plus considérable et par son fruit, qui presque
toujours se trouve seul dans le brou ou hérisson qui l'enveloppe, et qui conserve une forme presque ronde et peu
aplatie.

Les terrains les plus ingrats conviennent au châtaignier; cependant il ne peut être cultivé avec succès dans les sols calcaires. Il se multiplie de marcottes ou de drageons, mais surtout par des semis faits soit à demeure, soit en pépinière.

Pour s'assurer la possession de bonnes espèces, on greffe les châtaigniers. Cette opération se fait après deux ans de plantation. On a soin, un mois après, de visiter chaque greffe et d'enlever à la main les pousses du sauvageon qui l'affament et l'étouffent.

Le bois du châtaignier est peu propre à brûler et à faire de fortes charpentes; aussi, dans les forêts, c'est le plus souvent comme taillis qu'on l'exploite. On le coupe depuis huit ans jusqu'à quinze pour faire des échalas, du treillage, etc., et à vingt-cinq ans pour faire de la charpente légère.

On cueille les châtaignes lorsque leur maturité est complète, soit qu'on attende le moment où elles tombent naturellement, soit qu'on les abatte en les frappant avec de grandes perches. Pendant un mois environ, on les conserve enveloppées dans le hérisson, entassées en plein air ou sous un hangar; ainsi, au lieu de s'altérer, elles se perfectionnent; mais après ce temps, il est prudent de les séparer du hérisson et de les conserver dans des endroits secs, en tas assez peu épais pour qu'elles ne s'échauffent pas. On les conserve fraîches jusqu'au milieu de l'été en les stratifiant avec du sable.

Pour conserver les châtaignes année sur autre, il faut opérer leur dessication complète en les mettant au four; ou, ce qui est préférable, en les exposant à la fumée sur des claies, dans une chambre disposée exprès. Quand les châtaignes ont perdu leur eau surabondante par l'action de la chaleur et qu'elles sont entièrement sèches, on les met dans un grand sac et on les bat avec un battoir sur une table forte, afin de les dépouiller de leur double enveloppe; on les vanne ensuite pour séparer la châtaigne des débris des enveloppes. Elle sort du vannage presque blanche et pouvant désormais se conserver d'une année sur l'autre. La poussière du vannage, qui contient de nombreux débris de châtaignes, sert à la nourriture des bestiaux. Dans quelques provinces, la châtaigne séchée est portée au moulin et réduite en farine; on en fait des galettes excellentes, notamment la *polenta* des habitants de la Corse.

CHAPITRE VIII.

DES POMMIERS ET DES POIRIERS.

DES POMMIERS.

Le pommier est un arbre de la famille des rosacées. Il en existe un grand nombre de variétés différentes par la forme, le volume et la saveur de leurs fruits, et qui, cultivé dans un jardin ou dans les champs, est une des productions les plus utiles à l'homme.

Le pommier sauvage croît en abondance dans les bois naturels de la France dont le sol est profond et humide; son fruit d'une âpreté acide, sert de nourriture aux animaux sauvages; les cochons et les vaches en mangent avec plaisir, et il leur est fort salutaire lorsqu'on ne leur en donne qu'en petite quantité. Mais son âpreté est telle que les hommes ne peuvent le manger ni cru ni cuit. Son bois donne un feu vif et durable et un excellent charbon; il est recherché par les menuisiers, les ébénistes et les tourneurs; on en fabrique des planches d'impression pour les étoffes. Sa croissance est rapide; tous les bestiaux, et surtout les chèvres, sont avides de ses feuilles.

Les pommiers cultivés se partagent en deux grandes classes : les *pommiers à cidre* et les *pommiers à couteau* ou *à fruits comestibles.*

On distingue parmi les pommiers à cidre les pommiers précoces ou de première saison, ceux de seconde saison, et enfin les tardifs ou d'arrière-saison.

Il serait difficile d'en faire connaître les variétés infinies, désignées d'ailleurs par différents noms dans les différentes contrées où elles croissent. Nous en indiquerons seulement quelques-unes dont la culture peut paraître plus avantageuse. Telles sont, parmi les pommes de première saison : la *girard amère*, bonne espèce très-productive; la *relet*, la *doux veret*, douce, très-bonne et très-féconde; le *blanc doux*, la *haze douce*, qui donnent un cidre excellent; et l'*amer doux blanc.*

Parmi les pommes de seconde saison : la *fréquin amère*, l'une des meilleures et des plus productives espèces; le *doux évêque*, l'*amer doux*, la *d'avoine*, qui produit beaucoup; l'*ozanne*, très-bonne espèce donnant un cidre coloré; la *moussette* et la *rouget*, très-productives; l'*épice*, dont le cidre est excellent.

Et enfin, parmi les pommiers de troisième saison : la *ger-*

maine, la *reboi*, la *marin onfroi*, la *peau de vache*, la *chéne-vière*, la *massue*, toutes espèces très-bonnes et très-productives.

Le nombre des espèces comestibles cultivées dans les jardins pour la nourriture des hommes n'est pas moins considérable : les *calviles*, les *reinettes*, les *rambours*, les *verdins*, les *pigeons*, les *pommes d'api*, etc.

Les pommiers croissent dans les pays tempérés; ils préfèrent un sol profond, léger et un peu humide; ils redoutent les argiles et les craies. On les multiplie surtout par le semis des graines, les marcottes et les greffes. C'est à la greffe qu'on a le plus souvent recours. On greffe sur sauvageon, c'est-à-dire sur un arbre venu des espèces sauvages; sur franc, c'est-à-dire sur un sujet venu des espèces cultivées, ou sur paradis.

En greffant sur sauvageon, on obtient des arbres qui donnent plus tard leurs fruits, mais qui durent plus longtemps et qui, arrivés à l'époque de leur vigueur, produisent une récolte plus abondante.

La greffe sur franc donne des arbres de peu de durée, mais qui se couvrent plus tôt d'une récolte de fruits d'une saveur plus délicate.

Par la greffe sur paradis, on obtient des sujets de petite taille pour faire des nains ou des quenouilles. Les greffes sur paradis donnent des fruits au bout de deux ou trois ans; les greffes sur franc en donnent au bout de dix ou douze; les greffes sur sauvageon se font attendre encore plus longtemps.

Quand on cultive des pommiers, il est bon de remarquer que toutes les variétés ne demandent pas toujours les mêmes soins : les unes veulent plus de chaleur, les autres moins; les unes demandent des abris, les autres le plein vent. La nature du sol, le climat, exercent en outre des influences diverses; l'art du cultivateur sur ce point se compose donc d'un nombre infini d'observations qui ne doivent pas lui échapper.

En général, on plante les arbres, et surtout les pommiers, trop près les uns des autres; ils se nuisent par leurs racines et par leurs branches. Il leur faut de l'air et de l'espace pour réussir. On obtient plus de fruits sur deux arbres placés à des distances convenables l'un de l'autre que sur quatre trop serrés. Dans les terres de moyenne qualité, il ne faut pas moins de 10 mètres entre les pommiers en plein vent, et 5 mètres entre les quenouilles et les arbres nains.

Il ne faut pas tourmenter par la taille les pommiers en plein vent; supprimer les brances mortes, les branches chiffonnées et les gourmandes, voilà tout ce que doit faire le cultivateur, à moins qu'il ne soit nécessaire de retrancher quelques branches au centre de l'arbre pour donner de l'air aux branches latérales.

Quelquefois cependant un arbre épuisé par sa propre fécondité se couvre de fleurs et ne pousse plus de branches à bois; en peu d'années il périt ainsi, à moins qu'on ne le secoure; dans ce cas, il faut couper les grosses branches à 33 ou 66 centimètres du tronc; il pousse alors de nouvelles branches et semble rajeunir.

Au contraire, les pommiers en buissons ou quenouilles et les pommiers nains peuvent être dirigés par la taille; mais autant une taille intelligente leur est utile, autant elle devient fatale quand elle est dirigée par une main maladroite. Un grand nombre de variétés ne se mettent pas à fruit et ne poussent que du bois quand elles sont taillées trop court. Il faut, pour dompter leur végétation vigoureuse, différer la taille jusqu'au moment où elles entrent en fleur, et alors pincer seulement l'extrémité de leurs branches et les rapprocher autant que possible de la ligne horizontale. Dès l'année suivante, on est le plus souvent récompensé de ce soin par des fleurs et des fruits en abondance. La première année, on taille court pour former l'arbre; on allonge les années suivantes; on retarde l'ébourgeonnement le plus possible, c'est-à-dire environ jusqu'au mois de juillet. Dans la taille des arbres nains, il n'y a rien à faire en général que de couper les bourgeons à deux yeux, à moins qu'il n'y ait à corriger quelque difformité de l'arbre ou à substituer une branche de bois à des lambourdes.

Lorsque les pommiers vieillissent, souvent le tronc et les branches principales se couvrent d'une grosse écorce remplie de crevasses sous laquelle les insectes malfaisants trouvent un asile et se multiplient, et où croissent les mousses et les lichens. On peut y remédier soit en frottant les arbres au commencement du printemps, avec un gros pinceau trempé dans du lait de chaux, soit en faisant enlever toutes les vieilles écorces au moyen d'un outil appelé plane dont on a soin que le tranchant soit émoussé.

Les arbres à cidre demandent les mêmes soins que les pommiers à fruits comestibles, et doivent être dirigés de même. Il ne faut pas négliger d'en faire labourer le pied une fois par an, et quelquefois d'y faire enterrer du fumier; on obtient ainsi des récoltes beaucoup plus abondantes qui paient bien du soin apporté à cette culture, et les arbres conservent plus longtemps leur force et leur vigueur.

Il faut proscrire des vergers et des plantations destinées à la production du cidre toute espèce à fruits d'une saveur acide;

ils donnent toujours une liqueur beaucoup inférieure à celle des fruits à saveur douce ou à saveur amère.

Au nombre des ennemis du pommier est le puceron lanigère; il cause souvent des ravages considérables; et l'on a cherché divers moyens de le détruire; il paraît qu'on a réussi en employant celui-ci : on frotte l'arbre qui en est attaqué avec un pinceau trempé dans l'huile non siccative. Mais comme cette opération, qui est faite dans l'intention de boucher les trachées du puceron, pourrait aussi boucher les pores de l'arbre et le faire périr lui-même, on enduit ensuite l'arbre ainsi frotté d'huile avec de l'argile ou de la terre jaune dissoute, jusqu'à consistance d'un lait très-épais, dans de l'eau seconde étendue d'eau par égal volume.

DES POIRIERS.

Le poirier est un genre de plantes de la famille des rosacées, qui croît dans nos forêts à l'état sauvage et s'élève en forme pyramidale jusqu'à 17 et 20 mètres, et qui, transplanté dans nos jardins, amélioré par la culture, donne des fruits excellents recherchés de tout le monde.

Les fruits du poirier sauvage sont bons non seulement à fabriquer du poiré, mais encore à nourrir les cochons et les vaches qui les aiment beaucoup. Cependant il ne faut pas laisser ces animaux en manger avec abondance, car ils leur font éprouver par leur âpreté et leur vertu astringente des accidents semblables à ceux qu'on nomme *mal de bois* ou *mal de front*. Le bois en est dur, d'un grain fin, d'une couleur rouge; il prend si bien la teinture noire qu'alors il se distingue difficilement de l'ébène.

Les poiriers cultivés se multiplient par la greffe sur des poiriers sauvages; et jusqu'à une époque très-récente on était convaincu que les semis, même des fruits cultivés, ne pouvaient que reproduire des espèces sauvages. Les expériences patientes faites dans des temps plus modernes ont fait connaître que des espèces délicates et d'un goût excellent pouvaient au contraire être produites par le semis de nos espèces cultivées; mais il faut attendre de longues années, dix, douze et quinze ans pour en obtenir des fruits.

Les espèces cultivées pour la fabrication du poiré sont en nombre infini; il en est de même de celles dont on recherche les fruits pour la table.

On obtient par la greffe des résultats différents, suivant le sujet sur lequel elle est opérée.

Si l'on greffe sur sauvageon, on obtient des arbres qui se mettent tard à fruits, et qui donnent des fruits perfectionnés, mais plus vigoureux et d'une durée beaucoup plus longue. Si au contraire on greffe sur le cognassier, on a des arbres faibles et de peu de durée, mais qui produisent de bonne heure des fruits plus perfectionnés. Enfin, en greffant sur le franc, c'est-à-dire sur un sujet produit par le semis, non pas d'espèces sauvages, mais d'espèces cultivées, on a un arbre qui tient le milieu entre ces deux extrêmes, c'est-à-dire ayant plus de durée et de grandeur que celui qui a été greffé sur cognassier, mais moins de durée et une taille moins élevée que celui qui a été greffé sur sauvageon.

Dans les pépinières, on greffe en écusson à œil donnant sur le cognassier et sur le franc, quand ce dernier n'est âgé que de deux à trois ans; on greffe en fente sur le franc de quatre à cinq ans et sur le sauvageon.

Le poirier aime une terre profonde, fertile, légère et un peu humide; il s'accommode de toutes les expositions; cependant ses fruits sont rarement bons à celle du nord. Greffé sur cognassier, il demande un sol plus humide et une exposition plus chaude. Dans tous les cas, il redoute les printemps froids et pluvieux qui empêchent ses fruits de venir, les étés pluvieux qui leur donnent un goût fade, et les automnes pluvieux qui les empêchent de mûrir. Il lui faut un été ni trop sec, ni trop humide.

La taille du poirier demande la main d'un habile jardinier; on taille court les arbres très-fertiles, comme le doyenné et le beurré; on taille plus longs ceux qui se mettent difficilement à fruit. Pour que le bouton à fruit se forme, il faut que le bois soit au moins de deux ans; il faut donc lui donner le temps de se former, et savoir étendre les branches sans les rogner.

Les poiriers en espalier doivent être labourés tous les ans à l'automne, sarclés et binés plusieurs fois dans le courant de l'été. Tous les quatre à cinq ans, on enterre au pied une couche de fumier bien consommée. Plus les terres sont sablonneuses et brûlantes, plus on évite l'exposition du midi; plus on la recherche, au contraire, quand les terres sont fortes et humides. Dans tous les cas, le levant vaut mieux que le couchant.

Il est assez d'usage de ne faire aucune distinction pour la greffe entre les plants épineux et ceux qui ne le sont pas; on doit observer cependant que les derniers, se rapprochant davantage des arbres cultivés, sont plus propres pour la greffe des espèces délicates et à fruits succulents, tandis que les autres conviennent mieux aux espèces fortes, vigoureuses et destinées à la fabrication du poiré ou du cidre.

On appelle égrains des plants venus de semis qu'on laisse monter depuis un mètre soixante-dix centimètres jusqu'à deux mètres, et qu'on réserve pour les greffer en plein vent.

CHAPITRE IX.

DU HOUBLON.

Le houblon est une plante sarmento   ....nes vivaces, à
tige longue et grimpante, de la famille des articées, dont les
fleurs femelles, naissant sur des pieds séparés des fleurs mâles,
présentent une espèce de tête globuleuse, ovaîré, plus ou moins
allongée, composée d'écailles foliacées minces et consistantes,
à l'aisselle desquelles naissent des graines environnées d'une
poussière jaune, ayant une odeur et une saveur amères. Son
principal usage est l'emploi de ses cônes, ou fleurs femelles,
pour donner à la bière le goût amer aromatique qui caractérise
cette boisson.

La culture du houblon est généralement très-répandue dans
tous les pays où le vin ne vient pas; celui qu'on récolte en
France ne suffit pas aux besoins de nos brasseries, et on en

tire une quantité considérable de l'Allemagne, de la Belgique et de l'Angleterre.

Les jeunes pousses du houblon se mangent au printemps comme nos asperges, et s'emploient en médecine à cause de leurs propriétés toniques. Presque tous les animaux recherchent les feuilles de cette plante, qui est unique dans son genre.

Le climat et une grande partie du sol de la France conviennent à la culture du houblon; il veut une terre légère, sablonneuse plutôt que forte; il aime surtout un sol calcaire et des terres blanches, franches, de consistance moyenne. Il lui faut, pour le développement de ses racines, une profondeur de terre végétale de 60 centimètres au moins.

L'exposition la plus avantageuse serait celle du sud et du sud-est, protégée contre les vents du nord et de l'ouest. Mais une semblable position ne se rencontre pas à volonté. On plante donc le houblon dans des localités bien ouvertes, abritées autant que possible contre les vents précités, soit par des forêts, soit par des haies, soit par des constructions, mais surtout excepté... ombrages, car une plante dont la végétation atteint une hauteur si extraordinaire réclame indispensablement un accès libre à la chaleur du soleil et à l'action de l'air.

Le houblon se reproduit par plants ou pousses enlevés à d'anciens pieds, et qui sont toujours choisis dans des houblonnières en bon état d'engrais et de culture, et qui présentent de belles espèces de houblon. Ces houblonnières ne doivent avoir ni moins de trois ans ni au-delà de six.

Le plant le plus estimé est celui qui vient d'Alsace ou du Palatinat; il doit avoir la grosseur du doigt, de 20 à 25 centimètres de longueur, et trois à quatre yeux au moins.

On plante au printemps, depuis le mois de mars jusqu'au

milieu d'avril, et à l'automne, au mois d'octobre. Mais comme il est bien plus facile de se procurer des plants dans la première de ces saisons, on lui accorde ordinairement la préférence, d'autant plus que l'hiver qui précède la plantation donne une grande latitude pour l'exécution des travaux préparatoires, ce qui dispense de laisser chômer la terre pendant une année.

Ainsi dès l'automne on prépare le sol par un bon défonçage, s'il n'a pas encore été profondément travaillé; autrement on se contente d'un bon labour, après lequel on répand en abondance de l'engrais bien consommé, 40 chariots par hectare; on répète le labour pour enfouir cet engrais, et le champ, ainsi ouvert à larges sillons, reste exposé pendant l'hiver entier à l'action des gelées.

Au printemps, dès que la terre n'est plus humide, on donne un labour de profondeur ordinaire précédé de hersages, puis on répand 25 à 30 chariots d'engrais que l'on enterre immédiatement en prenant des sillons moins larges et moins profonds que ceux des labours précédents. Le moment de planter étant venu, c'est-à-dire au commencement d'avril, on dispose le champ en buttes de 1 mètre 50 centimètres de diamètre à la base, et dans un écartement de 2 mètres 50 centimètres du sommet d'une butte à celui de l'autre.

Autour de ces buttes, disposées en quinconce afin d'offrir plus d'accès à l'action du soleil et de l'air, on trace un petit fossé de 15 centimètres environ de largeur sur 8 de profondeur, pour retenir les eaux pluviales et les fournir aux racines. La terre provenant de cette excavation sert à rehausser les buttes au centre desquelles on plante un jalon qui indique la place que devra occuper la perche ou tuteur.

A 50 centimètres environ de ces jalons, on creuse une petite fosse de 22 à 27 centimètres de profondeur sur autant de largeur, dans laquelle on place, un peu en biais et les yeux tournés vers le haut, deux plants ou un seul s'il est parfaitement sain et bien vigoureux. On comble alors les petites fosses, soit avec de la terre provenant de leur excavation, soit avec du compost de gazon ou de fumier bien décomposé, et de manière que les plants ne présentent plus que deux ou trois yeux au-dessus du sol que l'on a soigneusement tassé.

Pour ne point être arrêté quand le temps est favorable, on se munit à l'avance des plants nécessaires que l'on tient dans de l'eau fraîche pendant quelques heures après les avoir coupés, et que l'on enterre alors dans du sable en un lieu frais pour pouvoir s'en servir dans le moment opportun.

Pendant la première année, le houblon n'étant d'aucun rapport, on peut, dans une terre parfaitement amendée, utiliser les espaces vides en y plantant des choux frisés ou autres produits analogues, en observant toutefois de ne point trop rapprocher ces légumes des plants de houblon auxquels ils enlèveraient la nourriture.

Ces produits accidentels sont soumis à la culture qu'on leur donne habituellement; et si le houblon reste seul possesseur de la terre, cette dernière reçoit deux ou trois sarclages destinés à la tenir meuble et à opérer la destruction complète des mauvaises herbes.

Vers la fin de septembre, les pieds de houblon sont coupés presque à ras du collet quand ils sont vigoureux, et à deux yeux au-dessus de ce point lorsqu'ils ne sont point tels. On place alors un peu de fumier de bêtes à cornes bien gros, bien décomposé autour des pieds, sans cependant qu'il soit en contact avec eux, et l'on recouvre cet engrais avec de la terre.

Au commencement de mars de la seconde année, les pieds

poussent leurs jets, semblables en quelque sorte à des asperges. On donne un bon labour avec la pioche à deux dents; puis, lorsque les tiges sont hautes de 50 centimètres, on place les perches après lesquelles le houblon doit grimper. On se sert pour cette opération d'un pieu en fer de 1 mètre 50 centimètres à 2 mètres de profondeur, ayant à l'un de ses bouts une forte tête; on fait, à la place marquée par chaque jalon, un trou de 2 mètres environ. Un ouvrier, tenant la perche perpendiculairement au-dessus du trou, l'y chasse de toute sa force, jusqu'à ce qu'il sente que la perche porte à fond; on la consolide en tassant fortement la terre tout autour. Il faut avoir soin de faire une bonne pointe au gros bout de la perche, de la brûler extérieurement et de la goudronner à chaud à la hauteur de 1 mètre, afin qu'elle se conserve plus longtemps dans le sol. Les perches sont en bouleau, en frêne, en sapin, en peuplier ou en châtaignier; elles doivent avoir 12 à 15 mètres de hauteur. On les dépouille de leur écorce afin de faciliter l'enlèvement du houblon, et on leur laisse vers leur sommet quelques nœuds naturels ou artificiels qui serviront à fixer cette masse de verdure et l'empêcheront de glisser vers la terre.

Des perches plus courtes auraient un grave inconvénient, car le houblon, qui atteint souvent une hauteur de 17 mètres, ne trouvant plus d'appui à une certaine élévation, se replierait sur lui-même et couvrirait ainsi sa végétation inférieure. Les grappes privées de soleil et d'air par cette superposition de verdure ne fleuriraient qu'imparfaitement, et ne parviendraient jamais à parfaite maturité.

Nous avons vu que les jets sont plantés à 50 centimètres environ du centre que doit occuper la perche. Quelques cultivateurs enterrent ces jets à quelques centimètres de profondeur, depuis le collet jusqu'à la perche, et provoquent ainsi la nais-

sance d'un grand nombre de racines qui contribuent puissamment au développement de la plante. Dès que ces jets ont
un mètre 30 centimètres de longueur, on les tourne autour
des perches auxquelles on les lie lâchement avec des liens de
paille; pour les empêcher de ramper à terre et les forcer à s'en-
tortiller d'eux-mêmes autour de leurs tuteurs, on a soin de
tourner les tiges autour de leur appui dans le sens du cours du
soleil, c'est-à-dire de gauche à droite.

Trois semaines après, on reprend cette opération pour les
individus qui auraient continué leur croissance sans se fixer
aux perches, ou qui retomberaient sur eux-mêmes, et on ne
laisse à chaque pied que deux ou trois jets au plus, en enlevant le surplus qui ne ferait qu'épuiser la plante; car des jets
vigoureux et en petit nombre, et non des masses de verdure,
produisent le beau houblon, et désormais on détruit exactement tous les rejetons qui viendraient à se montrer.

Ce travail terminé, on donne un sarclage à la terre que l'on
ramène constamment vers le sommet des buttes, en approchant avec précaution des endroits où sont plantés les jets
pour ne point en endommager les racines.

Ces sarclages ne doivent être exécutés que dans une terre
fraîche et non humide; pratiqués quelques jours avant une
bonne pluie, ils produisent un effet remarquable.

On parcourt de temps à autre la houblonnière pour enlever
les mauvaises herbes et les jets gourmands que pousseraient
encore les pieds ou les racines.

Le second sarclage, exécuté comme le premier, se donne
peu de temps avant la floraison, pendant laquelle aucun travail ne doit être entrepris dans une houblonnière.

Enfin, au mois de juillet, on procède à l'effeuillement, qui
s'effectue en coupant avec des ciseaux, et aussi haut que l'on

peut atteindre, toutes les feuilles jaunes et tous les jets venus au bas des tiges et des feuilles. Cette opération se renouvelle tant qu'il se montre de ces jets, auxquels il ne faut laisser prendre aucun développement. Il en sera de même pour les gourmands que pourraient encore pousser les racines; et l'on continue aussi la destruction des mauvaises herbes.

Le houblon arrive ordinairement à sa maturité dans la seconde quinzaine d'août ou dans la première de septembre. Cette maturité s'annonce par les indices suivants :

1° Les grappes prennent une nuance brun doré, de vert pâle qu'elles étaient;

2° Elles répandent un parfum aromatique ;

3° Elles se pelotonnent et se collent ensemble, quand on en presse quelques-unes dans la main;

4° Elles renferment une poussière jaune entre les feuilles ou espèces d'écailles dont elles sont formées;

5° Les grains de semences durcissent et deviennent bruns.

Il n'est point de produit agricole dont la récolte exige plus de ponctualité et une attention plus minutieuse.

Le houblon, cueilli avant sa parfaite maturité, n'acquiert jamais la belle nuance lustrée et le parfum sur lesquels l'acheteur règle son prix; et la bière provenant d'un tel houblon contracte un goût désagréable. De même le moindre retard, lorsque la plante a atteint ce degré de perfection, peut entraîner des conséquences fâcheuses, puisque ce parfum qui contribue puissamment à la bonne qualité du houblon s'évapore promptement, et qu'un vent violent détruit parfois dans une seule nuit l'espoir de deux ans de labeur.

Aussi, dès que cet indice de maturité commence à se montrer, on profite avec empressement des premiers beaux jours pour opérer le dépouillement du houblon, que l'on n'entreprend tous les matins que lorsque la rosée est dissipée, afin que le houblon rentre bien sec.

On coupe alors les ceps à 50 centimètres de hauteur, soit à l'aide d'un levier en fer ayant au bout une forte pince, soit avec un instrument appelé arrache-houblon, en forme de tenailles fortes et tranchantes; puis on enlève les perches de terre, et avec le houblon dont elles sont chargées on les étend sur des chevalets hauts d'un mètre 30 centimètres, restés dans la houblonnière à 4 mètres de distance; on évite ainsi que les grappes se salissent en traînant à terre. On coupe alors toutes les branches auxquelles il y a des fleurs, et on les pose dans des paniers que l'on transporte au lieu où l'on en doit détacher les cônes.

Ce sont des femmes et des enfants qui s'occupent de la cueillette de ces cônes. On doit avoir soin que chaque fleur conserve un petit bout de sa tige, afin qu'elle ne s'effeuille pas; puis on met la récolte dans des paniers sans la tasser. Il faut éviter de mêler au houblon qu'on récolte des feuilles, bouts de tiges et grappes viciées ou non mûres, qui en diminueraient beaucoup le prix. Les déchets provenant de cette opération sont donnés aux vaches.

Les grappes choisies et bien nettes sont transportées et étalées à une hauteur de 25 à 30 centimètres, dans un lieu sec, bien aéré, dans lequel on peut, par le beau temps, établir un courant d'air assez vif; et l'on active encore la dessication en retournant journellement cet amas de houblon. Dès qu'il est sec, on l'entasse dans de grands sacs de toile d'emballage, afin qu'une dessication poussée à l'excès ne lui fasse pas perdre son arome et la poussière jaune qui se trouve entre les feuilles ou espèces d'écailles.

La troisième année et les suivantes, au commencement de
ars et par un temps sec, on taille les racines; cette opération
fait en écartant la terre avec précaution pour ne pas bles-
r le chevelu, et en mettant ainsi les racines à découvert; on
ille alors les racines des tiges qui ont porté des fruits, de
anière à ne leur laisser que deux ou trois yeux qui doivent
urnir de nouveaux rejetons. Au contraire, on taille à 30 cen-
nètres de longueur les racines jeunes encore qui doivent ser-
r de replant pour remplacer les anciennes quand elles vien-
ont à périr. On rapporte alors du fumier qu'on enterre en
alisant le terrain. Tous les deux ans la houblonnière doit être
nsi fertilisée par un engrais consommé et court; autrement
e s'épuiserait bientôt et donnerait de chétifs produits. Enfin,
mme les années précédentes, on entretient la terre meuble,
empte de mauvaises herbes, et l'on exécute les mêmes tra-
ux. On donne les labours à la mi-mars et en juin, et vers
tte dernière époque, après les pluies qu'elle amène ordinai-
ment, on butte la plante en accumulant contre le pied la
re voisine et celle des allées.

Une houblonnière ainsi traitée peut rester en bon état de
pport pendant dix à douze ans, et ne doit point être renou-
lée sur le même emplacement.

Après chaque récolte, on débarrasse les perches des tiges du
ublon, puis on en rassemble cinq ou six par leur bout à
ide d'un lien lâche formé avec quelques fortes tiges de hou-
on; ainsi réunies, on les place debout sur le sol, en écartant
rs pieds autant qu'il le faut pour maintenir leur équilibre;
les forment de cette manière un point d'appui contre lequel
range debout et circulairement jusqu'à une centaine de
ches. Ainsi conservées, elles peuvent servir de sept à dix
, suivant la nature du bois.

Les tiges du houblon servent pour le chauffage, ou on le suspend autour des hangars auxquels elles forment des parois laissant un libre accès à l'air, tout en les garantissant de la pluie et de la neige.

L'emballage du houblon est ensuite un soin indispensable, soit pour le conserver, soit même pour augmenter sa saveur; pour cela, après qu'il a été séché, on l'ensache en le pressant aussi fortement que possible. Dans quelques pays, et notamment en Angleterre, on soumet les sacs à l'action graduée d'une forte presse, et on obtient ainsi du houblon d'une qualité supérieure, en empêchant l'évaporation de ses produits volatils. On peut ainsi le garder pendant plusieurs années sans qu'il s'altère, et attendre le moment favorable pour la vente, en mettant les ballots dans un lieu sec, à l'abri de l'air, du soleil, et surtout de la vermine.

CHAPITRE X.

DE LA VIGNE.

Les vignes forment le type de la famille des ampélidées; ce sont des arbrisseaux sarmenteux et flexibles qui grimpent le long des troncs solides en les embrassant au moyen de longues vrilles dont elles sont armées. Ces vrilles sont placées vis-à-vis les feuilles qui sont alternes et profondément échancrées. Les fleurs de ces végétaux sont toujours très-petites et sans éclat.

La vigne est un arbrisseau ayant ordinairement 66 centimètres à 1 mètre de hauteur, mais qui, en se soutenant sur quelqu'arbre élevé, peut atteindre une hauteur de 8 à 10 mètres. Dans ce cas, son tronc devient très-souvent plus gros que la cuisse et aussi gros que le corps. Il est mort à Alençon, en 1705, un pied dont le tronc avait un mètre 8 décimètres de diamètre. Un seul peut produire plus de 150 kilog. de raisin.

Ce fruit, mangé frais, est un des meilleurs qui viennent naturellement en France; écrasé, il fournit un jus abondant qui se transforme par la fermentation en vin; et celui-ci distillé forme les diverses espèces d'eaux-de-vie et l'alcool ou esprit-de-vin, dont les usages sont si répandus. Le dépôt qu'il laisse soit dans les tonneaux où on le conserve, soit dans les alambics où on le distille, constitue le tartre, qu'on emploie fréquemment en médecine.

Les anciens regardaient le bois de la vigne comme indestructible, et l'employaient à sculpter les statues de leurs dieux. Les portes de la cathédrale de Ravenne sont construites de bois de vigne dont les planches ont plus de 4 mètres 70 centimètres de largeur.

On nomme *cep* ou *souche* un pied de vigne, et *sarments*, après la vendange, les bourgeons aoûtés. Un sarment courbé en terre est un *provin*; la portion de sarment laissée sur la tige après la taille s'appelle *courson* ou *sifflet*; un sarment réservé dans une certaine longueur pour obtenir une plus grande quantité de raisin, prend le nom de *sauterelle axe courbant*; les diverses variétés de vignes se désignent sous le nom de *plants, cépages, cépéages*.

La vigne est une des plantes les plus utiles à l'homme et en même temps l'une des plus riches productions du sol français; nous devons la considérer non seulement comme fournissant à la consommation intérieure, mais aussi comme l'un des objets les plus importants de notre commerce avec l'étranger.

La vigne, originaire de l'Asie, ainsi que la plupart de nos meilleurs arbres fruitiers, a vu ses produits, comme les leurs, se modifier d'une manière avantageuse par un climat différent et une culture appropriée.

Dans les climats qui sont trop froids, le raisin n'arrive pas à maturité; dans ceux qui sont trop chauds, elle est dévorée par l'ardeur des rayons du soleil. Les climats tempérés, et particulièrement notre belle France, sont les plus favorables à la production des bons vins. Sans doute des contrées plus méridionales produisent quelques vins exquis, mais ce sont généralement des vins de liqueur, égalés par ceux de nos départements méridionaux. La France est en effet le pays qui produit la plus grande variété d'excellents vins, toutefois il y a de nombreuses exceptions dans la zone septentrionale, qui forme au moins le quart du territoire.

Bien que la vigne préfère les terrains secs et légers, et que là elle donne des fruits plus abondants en principes sucrés, elle s'accommode de toute espèce de sol pourvu qu'il ne soit pas impénétrable à ses racines.

Après le sol, elle demande le bienfait d'une exposition favorable; celle du midi est préférable, et la vigne se plaît surtout sur les terrains en pente et sur les collines. Cependant on récolte quelquefois du vin de bonne qualité à l'exposition du nord, comme les vins d'Épernay et de Verzenay, dans la montagne de Reims; quelquefois aussi on en récolte dans la plaine, comme le vin de Médoc et celui de Saint-Denis, dans le cru d'Orléans; mais ce sont là des exceptions, et l'on n'obtient ce succès que dans quelques lieux favorisés. Ce sont des efforts de la nature dus souvent à quelques causes particulières et sur lesquelles il ne faut pas compter.

On aurait tort de conclure de ce que la vigne se plaît sur les sols inclinés, qu'elle peut prospérer sur les hautes montagnes; on sait que plus on s'élève, plus la température devient froide; aussi les vignes plantées sur les hautes montagnes des pays chauds ne sont pas dans une situation plus favorable que celles qui sont en plaine dans les pays tempérés.

De ces indications résultent les règles suivantes :

1° Les bois et les eaux refroidissent la température de l'air, il faut donc autant que possible en éloigner les vignes ;

2° Une terre plutôt riche qu'humide convient à la vigne, lorsqu'on tient à la qualité de ses produits;

3° Plus les coteaux sont inclinés, plus ils reçoivent directement les rayons du soleil; les pentes les plus rapides sont donc celles qui donneront de meilleur vin;

4° La chaleur s'accumulant dans le sol ou étant produite par la réverbération, plus les raisins seront près de la terre, plus ils profiteront de cette chaleur;

5° Les terres qui jouissent davantage de la faculté d'absorber les rayons du soleil, comme les terres noires, sont plus favorables à la culture de la vigne.

Cependant, avec quelque exactitude que l'on puisse apprécier ces causes extérieures, il en est souvent de cachées qui influent sur la qualité du raisin, et l'on ne peut pas toujours se rendre compte du motif qui fait que tel vignoble ou telle partie de vignoble donne un vin plus recherché et plus délicat que le vignoble voisin ou même qu'une autre partie du même vignoble. Les abris, l'âge du plant, la disposition des couches inférieures ou du sous-sol, exercent une influence qu'il n'est pas toujours possible d'apprécier.

La culture de la vigne varie dans différents pays; le climat, sous ce rapport, exerce une certaine influence, et cette plante ne doit pas être gouvernée de même dans les pays chauds, où on peut la laisser s'élancer sur les grands arbres et marier ses branches avec les leurs, et dans les pays tempérés, où l'on est obligé de tenir les ceps à peu de distance du sol pour qu'ils ne perdent rien de la chaleur terrestre. Nous indiquerons d'une manière générale les soins qu'il convient de lui donner.

Les meilleurs vignobles de France sont dans une terre argilo-calcaire; ceux de Grave, de Bordeaux, des environs de Nimes, de Montpellier, sont dans un gravier argileux; les meilleurs vins de l'Anjou croissent dans des schistes; ceux du Rhin sont récoltés sur des sols volcaniques. En général, les terres légères, celles-là même qui, par leur nature ou par leur position, sont moins propres à s'enrichir par la culture des céréales, sont celles qu'il convient mieux de consacrer à la culture de la vigne. Là où la charrue ne peut arriver, la main de l'homme plante des vignes dont les racines pénètrent au milieu des pierres et des rochers, et qui semblent ne demander pour croître que les rayons du soleil.

CHOIX DU PLANT.

La plupart des cultivateurs apportent dans le choix du plant une extrême négligence; ils s'inquiètent peu si à quelque distance, si dans le même canton il n'est pas des espèces plus productives, d'un goût meilleur, d'une récolte plus certaine. Presque partout on sacrifie la qualité à l'abondance, double avantage dont la réunion a été démontrée incompatible. Il est peu de plantes qui, plus que la vigne, offrent des variétés plus nombreuses, et par conséquent il en est peu parmi lesquelles il y ait plus de choix. Des espèces différentes conviennent à des sols divers; il faut donc approprier celles qu'on cultive au terrain, au climat, à l'exposition; et parmi celles qui conviennent au même terrain, au même climat, à la même exposition, il faut choisir les meilleures et les plus productives.

Il serait bien difficile de dresser une liste exacte des variétés de vignes cultivées en France, soit en raison de leur multipli-

cité, soit parce que la même variété est, dans des pays différents, désignée sous des noms divers, et qu'en même temps il
est des noms qu'on applique par ignorance à cinq ou six variétés différentes entre elles.

Avec quelque étude on parvient à saisir les différences qui
distinguent ces variétés : les nuances dans la couleur du fruit,
les différences dans sa forme ou dans sa grosseur, les feuilles
hérissées, cotonneuses ou glabres, plus ou moins divisées,
épaisses ou minces, unies ou bulbées, plus ou moins longues
ou larges, leur couleur ou la couleur de leur pétiole.

Dans la Bourgogne, les variétés les plus estimées sont : le
pineau noir et le *pineau blanc*, qui donnent le meilleur vin; le
verreau, le *ronciun*, le *plant vert*, qui donnent après le pineau
blanc le meilleur vin de Chablis.

Dans la Champagne, le *rouge doré* et le *plant doré*, qui se
rapprochent beaucoup des pineaux de Bourgogne; le *meunier*,
plant robuste, mais de peu de qualité; le *petit plant doré*, qui
est le vrai pineau de Bourgogne; le *gros plant doré noir*, le
gros plant gris, le *petit plant*, le *chasselas blanc*, le *muscat
blanc*, le *muscat noir*, et le *gros plant vert*, tous raisins qui
sont la base des vignobles d'Aï, de Reims et d'Épernay.

Dans la Lorraine, le *gros noir* ou *coulard*, le *petit noir*, qui
diffère peu du *pineau franc*; le *gros pineau*, le *petit pineau*, le
marengo noir, le *noir de Lorraine*, l'*éricée noir* ou *liverdun*
précoce, donnant un produit égal en quantité et bien supérieur
en qualité à celui de la *grosse race*; l'*éricée blanc*, le *gamme*,
le *facan*, et la *grosse race*.

Dans l'Alsace, le *chasselas*, le *muscat rouge*, le *klelel*, le
riesling blanc, le *burger*, le *gros riesling*, le *tokai*.

Dans la Franche-Comté, le *raisin perlé* ou *pandouleau*, qui
se plaît dans les terres grasses et humides; le *pineau morillon*

ou *savagnon*, qui produit un vin excellent; le *petit baclau* ou *dureau*, dont le vin est abondant et de bonne qualité.

Dans les vignobles du midi de la France, on trouve encore une bien plus grande variété de cépéages. Au milieu de cette multitude de plants on peut regarder comme les plus estimables :

Dans la Guyenne, le *garminot*, le *petit verdet*, le *mancin*, le *malhec*, qui fournissent le meilleur vin du Médoc; la *vuidure*, l'*estrangez*, l'*enrageat noir*, le *fer*, le *navarre*, le *côte rouje*.

Dans le Languedoc, la *grosse sirrah*, la *petite sirrah*, la *grosse* et la *petite roussette* (ces deux dernières fournissent le vin blanc de St-Péray); la *carignant*, la *riberine*, le *terret*, le *pique-poule* et le *grenache*.

Dans le Roussillon, le *grenache rouge*, le *mataro*, le *pique-poule*, la *blanquelle*, le *muscat rond blanc*, le *muscat alexandrin*, et le *muscat de St-Jacques*.

Dans le Lyonnais, la *serine noire* et le *vionnier blanc*, qui forment exclusivement les vignobles de la Côte-Rôtie.

MULTIPLICATION DE LA VIGNE.

La vigne se multiplie par semences, par marcottes ou provins, par boutures et par crossettes.

La multiplication par marcottes s'appelle provinage quand elle s'applique à la vigne. Le provinage se fait lorsque la séve commençant à monter dans les sarments, les rend plus flexibles et plus faciles à être courbés sans se rompre. On déchausse alors les ceps tout autour de leur souche, à la profondeur d'environ 30 à 35 centimètres sur environ le double en diamètre; puis, choisissant les sarments les plus sains et les plus robustes, on les couche horizontalement ou en anse de panier dans la fosse ainsi formée autour des ceps; on les assujétit au moyen d'un crochet de bois, et enfin on redresse presque perpendiculairement sur le bord extérieur de la fosse l'extrémité des sarments que l'on rogne à un ou deux yeux au dessus du niveau du sol. Il ne reste plus qu'à recouvrir les branches ainsi couchées de 15 à 30 centimètres d'une terre meuble et riche en humus. On donne de fréquents binages à la terre des augets; on dresse les provins de la mère lorsqu'ils sont suffisamment enracinés.

Pour faire des boutures, on coupe les rameaux qu'on y destine avant que la sève commence à se mettre en mouvement, sur des ceps dans la vigueur de l'âge et en plein rapport; on les rogne par le bas au dessus d'un nœud, et par le haut au dessus d'un bon œil; on leur laisse de 25 à 40 centimètres de longueur, puis on les conserve jusqu'au moment de les planter, soit en les enfonçant par le gros bout, aux deux tiers environ de leur longueur, dans de la terre ou du sable un peu humide et à l'abri des gelées, soit en les enterrant par lits avec de la terre plus sèche qu'humide, dans une fosse en plein air que l'on garantit des atteintes de la gelée. Au printemps, la plantation s'effectue dans une terre bien ameublie par des défonçages ou par des labours, en place ou en pépinière, à l'aide du plantoir ou de la bêche, en ayant soin de ne laisser hors de terre qu'un œil ou tout au plus deux.

Les boutures en crossettes se font de la même manière, avec cette différence qu'elles sont tirées du bois de deux ans, au lieu que les boutures simples sont tirées de l'année précédente. Leur réussite est plus certaine que celle des boutures; on les enlève de la vigne au moment de la taille; on les conserve dans une terre fraîche, et on les plante vers la fin d'avril ou au commencement de mai.

On greffe aussi la vigne, et la greffe se fait en fente, parce que la plante n'a pas de *liber*. On la pratique, lorsque la séve commence à entrer en mouvement, avec des sarments qu'on a coupés quinze jours d'avance et qu'on a conservés enterrés à moitié dans un lieu frais. Rarement elle manque, surtout lorsqu'on l'exécute en terre.

PLANTATION ET CULTURE.

Le sol destiné à recevoir une vigne doit d'abord être ameubli, préparé non seulement par des défoncements et des labours, mais surtout par des cultures préparatoires qui nettoient la terre des mauvaises herbes, la divisent et l'enrichissent. Il est fort avantageux de le féconder par des engrais, si cela est possible. Le sol le meilleur est celui que les racines des arbres pénètrent plus facilement sans que leur direction naturelle soit contrariée, et où elles trouvent des principes nutritifs plus abondants.

La plantation peut se faire pendant tout l'hiver, un peu plus tôt dans les terrains secs, plus tard dans ceux qui le sont moins. Autant que possible, il faut planter avant les gelées.

Dans quelques pays, on se contente, pour planter la vigne, d'un plantoir de fer que l'on fait entrer à force de bras dans une terre plutôt binée que labourée, c'est dans le trou fait par cet instrument que l'on met le jeune cep. Ailleurs, on emploie un instrument appelé paradelle; c'est une espèce de tarière qui creuse la terre même au travers des couches de pierres. Rien de tout cela, comme on le pense bien, ne vaut un travail à la bêche, qui met autour des racines des plantes une terre bien remuée qu'elles pénètrent facilement. Si le sol, hérissé de rochers, ne permet pas d'ouvrir des tranchées, on pratique d'espace en espace des feuilles de 30 à 40 centimètres de profondeur; on jette au fond la terre la plus meuble de la surface, sur laquelle on pose le jeune cep, puis on recouvre, en ayant toujours soin de mettre au fond la terre la meilleure, et à la surface la terre retirée du fond.

Quand au contraire le sol le permet, que le terrain est en pente douce, on plante dans des tranchées ou rayons ouverts d'un bout à l'autre de la pièce, de préférence du levant au couchant; et si la terre retirée des tranchées n'est pas assez mûre ni assez divisée, on les remplit de terreau pour faciliter la pousse des jeunes racines.

Il est difficile de donner une règle certaine relativement à la distance à laquelle les ceps doivent être placés l'un de l'autre; cela dépend du climat, de la nature du terrain, du mode de culture. Quand on tient les ceps élevés, on plante à plus de distance que lorsque les vignes doivent rester basses. Dans les terres maigres, qui donnent moins de nourriture à la plante, les ceps plus éloignés les uns des autres prospèreront davantage. Dans les pays méridionaux, on met jusqu'à 2 et 3 mètres d'intervalle entre chaque cep, et l'on obtient ainsi d'abondantes récoltes sans épuiser les ceps; on doit suivre pour principe que plus le climat est chaud, plus les vignes doivent être écartées.

La moindre distance est celle que l'on met dans les vignobles des environs de Paris, où les ceps sont éloignés l'un de l'autre de 65 centimètres.

La vigne demande les rayons du soleil ; on ne doit donc pas planter dans les vignobles des arbres qui y porteraient de l'ombre et qui y entretiendraient de l'humidité; on en proscrit même les haies; cependant, outre qu'elles sont une défense contre la main des voleurs, elles forment des abris plus utiles que leurs ombres ne sont nuisibles, et influent ainsi sur la maturité des raisins qu'elles avancent ordinairement; on aurait donc tort de les proscrire absolument.

Dans certaines contrées, les vignobles n'admettent pas d'autre végétation que celle de la vigne; d'autres pays consacrent les intervalles entre les rangées des ceps de vignes à des céréales de toute espèce, à des plantes légumineuses, à des pommes de terre, etc.

Les vignerons ont remarqué que s'ils sèment dans leurs vignes, deux années consécutives, du froment ou du seigle, elles deviennent tellement languissantes qu'il est très-difficile de les rétablir. Semer seulement à quelque distance des rangées de vignes, c'est diminuer un peu le mal, mais non y porter entièrement remède. Mais le dommage est plus sensible dans les sols argileux que dans les terrains calcaires et siliceux.

Dans les vignobles où, toutes circonstances égales d'ailleurs, on a cultivé le maïs, la vigne développe dans toutes ses parties la plus riche végétation.

L'observation démontre que c'est uniquement par sa transpiration, par ses émanations aqueuses que le froment fait tort aux vignes, surtout quand elles sont jeunes et peu élevées, et que toute plante herbacée produit le même effet.

Le maïs se semant en avril, sa végétation ne saurait nuire à la vigne, dont il n'égale la hauteur que pendant les mois de juillet et d'août, époque à laquelle le sol est desséché par les ardeurs de l'été. Les plantes de maïs, en tempérant par leur ombrage l'action des rayons du soleil, entretiennent une certaine fraîcheur autour des ceps de vignes; la transpiration et l'absorption se trouvent équilibrées l'une par l'autre, il en résulte la plus riche végétation.

Pour diminuer l'influence pernicieuse du froment sur la vigne, il faut donner aux eaux un prompt écoulement et faire alterner la culture du maïs avec celle des autres céréales dans les vignobles; ou, ce qui est préférable, on sèmera chaque année les espaces entre les rangs de ceps de vigne moitié en froment, moitié en maïs, alternativement, afin que les vignes soient préservées au moins d'un côté de l'influence des émanations aqueuses du blé, et qu'elles profitent des avantages de l'ombre protectrice du maïs.

Le provinage ne se fait pas seulement pour obtenir de nouveaux sujets par la séparation du provin d'avec sa mère, il est des lieux où on laisse le provin uni à la tige dont il est sorti; cela se fait principalement en Bourgogne. Ainsi, le sarment étant couché, le bourgeon qui en sort donne plus de fruits et de meilleurs; en prenant de nouvelles racines, il tire plus de séve de la terre; enfin les raisins peuvent être facilement tenus à une petite distance de la terre dans les pays où cela est nécessaire.

Des labours sont indispensables à la vigne. En général, il faut donner un labour profond pendant l'hiver, et deux ou trois binages dans le cours de l'été : un avant la floraison, le second quand les grains sont à moitié de leur grosseur, le troisième lorsqu'ils commencent à entrer en maturité. Les derniers binages sont forts légers, on se borne à gratter la terre pour faire périr les mauvaises herbes. On laboure à la houe, à la pioche, à la bêche. La houe à fer carré convient aux terres compactes et dépourvues de pierres, la houe à deux fourches à celles qui sont légères et caillouteuses. Dans les pays où les ceps sont plantés à de grands intervalles, on laboure à la charrue. Dans les vignobles en pente, il faut chercher par les labours à remonter toujours la terre au lieu de la faire descendre; et dans ce but, l'ouvrier, bien que son travail en soit plus pénible, doit aller de haut en bas.

Tous les engrais ne conviennent pas à la vigne; ainsi il est certain que les engrais animaux ôtent à la qualité du raisin tout en augmentant son abondance. Ils produisent partout cet effet quand ils sont nouveaux encore et lorsqu'on n'en a pas d'autres à sa disposition, il faut ne les employer que parfaitement consommés. C'est donc aux engrais végétaux qu'il faut avoir recours.

Le trèfle incarnat et le sarrasin, semés immédiatement après la vendange et enterrés par un labour au printemps suivant, sont d'autant plus avantageux qu'ils peuvent aussi être employés sur les côtes escarpées où le transfert des engrais ordinaires est impossible. On peut aussi utiliser les curures des fossés, des rivières et des étangs, les boues des routes et des cours, les nouvelles terres prises dans les champs cultivés ou dans les bois, enfin les composts faits avec la terre de la vigne et des feuilles, des herbes, des gazons, etc.

Parmi les engrais animaux, on peut encore faire usage des ongles, des poils, des cornes, qui se décomposent lentement et n'ont pas l'inconvénient d'altérer la saveur des fruits. Enfin, dans les vignobles en pente, on remonte à dos d'homme ou de cheval les terres que les pluies ont entraînées.

De la culture de la vigne dans les jardins. — On cultive la vigne dans les jardins, pour la nourriture de l'homme, en profitant des expositions avantageuses que présente le jardin, en étalant les rameaux de la vigne à des espaliers ou à des treilles, de manière à ce qu'ils profitent de l'augmentation de chaleur que produit la réverbération des rayons du soleil. On ne cultive pas dans les jardins les mêmes espèces de vignes que sur les coteaux; et, par une conséquence naturelle du soin que l'on prend de choisir une exposition convenable, un mur frappé directement des rayons du soleil, la culture de la vigne dans les jardins peut s'étendre, quant au climat, au-delà du rayon dans lequel est circonscrite la culture de la vigne en plein champ.

Les variétés de raisin recherchées dans les jardins sont, parmi les raisins blancs :

Le *chasselas de Fontainebleau* ou *raisin de Champagne*, à grosses grappes à grains ronds, un peu ombré du côté du soleil;

Le *chasselas de Bar-sur-Aube*, mûrissant quinze jours plus tôt que le précédent;

Le *chasselas musqué*, à grappes plus serrées, à grains moins gros, ayant une légère saveur musquée;

Le *muscat blanc* ou *raisin de Frontignac*, à grains très-serrés, à saveur très-musquée, mûrissant difficilement dans les environs de Paris;

Le *corinthe blanc*, à grosses grappes, à petits grains ronds d'un blanc jaunâtre, d'un goût agréable;

Le *mornain blanc*, assez semblable au chasselas de Fontainebleau et mûrissant bien, même au nord de Paris;

Le *meunier*, à grappes courtes, épaisses, serrées, et à gros grains ronds d'un jaune très pâle.

Parmi les raisins noirs :

Le *précoce de la Madeleine* ou *raisin de juillet*, d'un violet très-couvert de poussière glauque, et mûrissant en juillet et août ;

Le *chasselas rouge*, différant de celui de Fontainebleau par la couleur de ses grains, qui sont rouges aussitôt que formés ;

Le *muscat rouge*, à grains arrondis d'un rouge de brique ou pâle dans l'ombre, et d'un violet pourpre du côté du soleil ;

Le *pineau fleuri de la Côte-d'Or*, à grappes moyennes, grains ovales noirs, un peu serrés, couverts d'une poussière glauque, d'un goût sucré, doux et parfumé.

Enfin, parmi les raisins panachés :

Le *raisin d'Alep*, à grains blancs, noirs, et panachés de ces deux couleurs sur la même grappe ;

Et le *chasselas panaché*, à grappes longues, petits grains blanchâtres et panachés de rouge.

De toutes les expositions, ce sont celles du midi, du sud-est ou du sud-ouest, qu'on doit préférer ; au nord, le raisin ne mûrit presque jamais ; au levant, il est trop exposé aux gelées ; il ne jouit pas assez longtemps, au couchant, des rayons bienfaisants du soleil.

Si le mur contre lequel la vigne est attachée n'est pas construit en terre ou en briques bien jointes, il faut qu'il soit revêtu d'un enduit en plâtre ou crépi de mortier à chaux et plâtre. Les trous et crevasses sont funestes en offrant une retraite aux insectes.

C'est une mauvaise pratique que d'adosser au même mur des arbres en espalier que surmonte un cordon de vigne. En effet, la vigne, par son ombrage et par l'épaisseur de son feuillage, nuit à l'accroissement des arbres qu'elle domine, les prive des rayons du soleil, des bienfaisantes pluies et des rosées, de l'air, qui leur donne la vie. Il vaut beaucoup mieux que la vigne s'étale seule sur un mur qu'elle couvre en entier et où il est plus facile de diriger ses rameaux.

Pour planter la vigne, on ne doit pas se contenter de faire un trou au pied du mur, parce que la vigne est d'autant plus fertile, elle a d'autant plus de durée que ses racines occupent plus d'espace dans la terre, et qu'elles vont prendre leur nourriture à plus de distance du mur. En conséquence, on ouvre une tranchée profonde de 50 centimètres, de la largeur de 65 centimètres, parallèle au mur, mais séparée de ce mur par une plate-bande de la largeur d'un mètre.

On couche le cep qu'il s'agit de planter, les racines vers le bord le plus éloigné du mur, le bout supérieur dirigé au contraire vers le mur et relevé sur le bord de la tranchée de ce côté, dans une direction verticale, avec quelques yeux hors de terre. On recouvre alors le cep de quinze centimètres de bonne terre, on plombe avec le pied, on remplit ensuite la tranchée jusqu'aux deux tiers, puis on la recouvre de 8 à 10 centimètres de bon fumier. Au mois de mars, on rabat le plant sur deux bons yeux; quand les bourgeons sont développés, on ne conserve que le plus fort, on attache l'autre à un échalas, favorisant autant que possible son développement et celui des racines.

Tel est le travail de la première année; le cep n'est encore qu'à un mètre du mur.

L'année suivante, pendant l'hiver, entre le mois de novembre et le mois de mars, on ouvre une seconde tranchée, contiguë à la première du côté du mur, et de la même largeur; puis on y couche le jeune cep de l'année précédente, on le couvre de terre et de fumier comme on a fait dans la première tranchée; et cette fois le bout supérieur relevé du côté du mur n'en est plus qu'à 35 centimètres de distance; il a franchi la plus grande partie de l'espace qui le séparait de cet appui vers lequel il se dirige. En mars, on le taille à deux yeux, et déjà ses bourgeons vigoureux donnent quelques grappes; mais on ne laisse encore sur chaque pied qu'un bourgeon que l'on attache de même à un échalas.

Une troisième tranchée et un second couchage sont l'ouvrage de la troisième année. L'extrémité du cep touche alors le mur contre lequel on commence à l'attacher.

La distance à laquelle les ceps attachés contre un mur sont placés l'un de l'autre dépend de la hauteur du mur, et elle doit être calculée sur ce principe, que chaque cep n'ayant que deux rameaux latéraux de la longueur de 1 mètre 50 centimètres chacun, longueur qui est celle que l'expérience fait regarder comme la plus convenable pour que la vigne porte abondamment des fruits, et les cordons de vigne étant superposés dans la hauteur du mur à un intervalle de 50 centimètres l'un de l'autre, le mur se trouve entièrement couvert par la vigne.

Soit donc un mur de 2 mètres 70 centimètres de hauteur; il comportera cinq cordons de vigne : le premier à 20 centimètres du sol, les quatre autres à 50 centimètres l'un de l'autre. Dans ce cas, pour que les ceps de vigne le couvrent entièrement en étendant leurs rameaux à 1 mètre 50 centimètres de chaque côté, il faudra qu'ils soient plantés à la distance de 60 centimètres l'un de l'autre.

Si c'est au contraire un mur de 2 mètres 20 centimètres de hauteur, il ne comportera que quatre cordons de vigne; pour que l'espace entier soit couvert, les ceps de vigne devront être plantés à la distance de 75 centimètres l'un de l'autre. C'est-à-dire que dans la longueur de 3 mètres que couvrent d'un bout à l'autre les deux bras étendus d'un seul cep, on plantera, à égale distance l'un de l'autre, autant de ceps de vigne que le mur comporte de cordons.

Cela une fois fixé, et les ceps étant plantés à leur distance, il ne reste plus qu'à faire monter chacun à la hauteur à laquelle il doit former un cordon; et comme l'intervalle est différent à franchir, ceux du bas y arriveront plus tôt, ceux du haut y arriveront plus tard. Il convient, à cet égard, de n'allonger chaque année la tige principale que de 45 à 50 centimètres, en lui conservant les bourgeons latéraux que l'on taille en coursons pour les faire grossir et obtenir du raisin.

Le cep étant arrivé à la hauteur où il doit former cordon, on le taille juste à cette hauteur s'il a un œil double en cet endroit, autrement on le taille sur l'œil qui est immédiatement au dessus, et ces deux yeux donnent naissance aux deux branches qui forment, l'une à droite, l'autre à gauche, les deux bras du cep. Dès que ces deux bras ont reçu leur première taille, on supprime scrupuleusement tous les coursons qu'on avait jusque-là conservés sur la tige principale.

Il ne reste plus qu'à diriger la taille de ces deux bras s'étendant de chaque côté des ceps, jusqu'à ce qu'ils aient acquis chacun 1 mètre 50 centimètres de longueur. Pour cela, à la taille de la première année, on coupe chaque branche de manière à obtenir trois bourgeons placés à 15 centimètres environ l'un de l'autre; deux de ces bourgeons, qu'on attache verticalement sur le treillage, sont destinés à être taillés en coursons l'année suivante; le troisième, qui est le plus éloigné de la tige, est étendu horizontalement et destiné à allonger le cordon. À la seconde taille, les deux coursons sont taillés à deux yeux, et le bourgeon terminal coupé à son tour, de manière à laisser deux bourgeons disposés pour former des coursons, et un bourgeon qui continue le cordon.

On procède ainsi d'année en année, jusqu'à ce que chaque bras ait la longueur de 1 mètre 35 centimètres, et alors la pousse terminale se taille elle-même en courson. Chaque bras doit alors présenter dix coursons, tous placés, autant que possible, du côté supérieur.

La taille sur les coursons doit être dirigée par cette observation, que les yeux du bas des bourgeons de la vigne sont très-rapprochés et très-petits; il y en a au moins six sur une largeur de 6 millimètres. Si l'on taille le bourgeon long, ces petits yeux s'effacent et ne poussent pas; mais quand on taille dessus, ils se développent et donnent des fruits. On doit donc tailler les coursons à 2 ou trois millimètres au plus, ce qui fait que les branches ne s'allongent jamais et que l'arbre semble rester stationnaire.

Vignes vierges. — Les vignes vierges sont des plantes du genre cissus, de la famille des ampélidées, que l'on cultive à cause de l'élégance de leur feuillage pour orner les habitations et les jardins.

— La *conduite* et la *taille* de la vigne se font de la manière suivante :

Dans la Provence et le Languedoc, dans une partie du Dauphiné, dans le Bigorre, la Navarre et le Béarn, on laisse la vigne s'élever et s'entrelacer avec les branches des grands arbres; alors la culture est simple : il suffit de déranger un peu ses rameaux et d'en retrancher quelques-uns pour que l'arbre protecteur ne soit pas étouffé dans les étreintes de la plante qu'il soutient. Mais il faut le dire, autant cette richesse de végétation est agréable aux regards, autant elle est peu propre à produire de bon vin, et les fruits qu'on obtient ainsi ne parviennent jamais au même degré de maturité que ceux des vignes basses.

Parmi les vignes que l'on assujétit à rester à la surface du sol, on distingue les vignes rampantes et les vignes basses. Les premières, s'élevant au plus à 70 centimètres, se soutiennent sans appui, et leurs rameaux trainent en quelque sorte jusqu'à terre. Les autres sont hautes seulement de 15 à 60 centimètres, mais leurs rameaux sont soutenus par un échalas après lequel on les attache; c'est suivant ce dernier mode que sont cultivées les vignes de la Bourgogne et de presque tous les vignobles septentrionaux de la France.

Ces deux méthodes offrent cet avantage que le raisin, plus rapproché de la terre, en reçoit une réverbération plus sensible et une chaleur plus forte.

La taille de la vigne a pour but d'obtenir des fruits plus gros et plus hâtifs en s'opposant à leur trop grande multiplication; elle est plus facile que sur les autres arbres, à cause de cette circonstance particulière à la vigne que le fruit naît sur les bourgeons de l'année, il suffit de savoir que les boutons inférieurs sont ceux qui donnent des boutons à fruits, et en conséquence de couper les sarments de l'année précédente au dessus du premier œil dans les ceps les plus faibles, et au dessus du second dans les ceps vigoureux. Quand on veut obtenir une récolte plus abondante, on coupe à cinq, six ou huit boutons de la souche. Dans la culture des vignes basses ou rampantes, comme il est nécessaire de les contenir à la hauteur voulue, on taille toujours sur les sarments inférieurs, et on supprime les autres; on conserve seulement deux mères-branches aux vignes basses.

La taille peut se faire pendant tout l'hiver. Il est plus avantageux, dans les pays septentrionaux, d'attendre que l'hiver ne fasse plus redouter ses rigueurs Au contraire, dans les climats où l'on ne craint pas l'effet des gelées, il vaut mieux tailler immédiatement après la chute des feuilles.

Le cultivateur doit calculer avec intelligence la force de la plante, et lui laisser le nombre de bourgeons et de grappes qu'elle peut nourrir. Il en laissera donc plus aux vignes vigoureuses et plantées dans un sol riche; il en laissera moins aux vignes faibles, que nourrit un sol pauvre. Si on *taille à vin*, c'est-à-dire si on laisse de nombreux bourgeons, on obtient une récolte plus abondante, mais la vigne s'épuise bientôt et donne un vin de qualité inférieure; si au contraire on ne taille que sur un seul œil, quand celui-ci vient à périr, le cep est menacé de mourir avec lui.

L'ébourgeonnement vient après la taille. Cette opération a pour objet de soulager l'arbre des bourgeons ou rameaux secondaires qui se développent à côté des rameaux principaux et sortent du même bouton; ou de ceux qui naissent souvent sur les bords de la plaie que la taille a faite. L'ébourgeonnement doit être l'objet des soins attentifs du cultivateur, car il influe non seulement sur les produits des années suivantes, mais encore sur la durée du cep lui-même : si on laisse une trop grande quantité de bourgeons stériles, ils altèrent et épuisent la sève qui aurait dû servir à nourrir la grappe ou les bourgeons principaux; si on laisse trop de ceux-ci, ils épuisent le cep lui-même. Il faut donc éviter également ces deux extrêmes. La nature des lieux et le climat influent d'ailleurs sur cette opération : sur les coteaux secs et exposés au midi, on laisse plus de feuilles et de bourgeons, afin de favoriser le grossissement des raisins; on en laisse moins dans les fonds ombragés, pour que les raisins ne deviennent pas trop aqueux.

Dans un grand nombre de vignobles du nord, on arrête ou

pince les bourgeons, c'est-à-dire qu'on en retranche l'extré-mité pour arrêter la pousse en longueur et faire grossir la tige et les fruits. Mais il faut apporter beaucoup de soin à cette opération; faite trop tôt ou faite avec excès, elle amène des résultats contraires, détermine la pousse de nouveaux bour-geons qui fatiguent la plante et retardent la maturité.

Quant à l'effeuillage, auquel on a recours quelquefois pour faire mûrir le raisin plus tôt en l'exposant aux rayons du so-leil, il est souvent plus nuisible qu'utile, surtout si on le fait trop tôt et avec excès. Les feuilles arrêtent les vapeurs chaudes qui s'élèvent de la terre pendant la nuit, elles protègent la grappe contre les vents-froids.

C'est aussi dans les vignobles septentrionaux, principale-ment, que l'on donne à la vigne l'appui d'un soutien en bois appelé échalas, auquel on attache les bourgeons au moyen de joncs, de paille ou d'osier. Ils permettent de placer un plus grand nombre de ceps sur le même espace de terrain, et de mieux exposer les grappes aux rayons du soleil; mais ils aug-mentent les dépenses de la culture, et, en favorisant l'exten-sion directe de la séve, ils retardent la maturité du fruit et peuvent amener l'avortement des boutons fertiles. C'est au printemps, avant le commencement de la pousse des bourgeons, que le plus communément on met les échalas en terre.

Les gelées sont fatales à la vigne, mais on a remarqué que celles du printemps ne manifestaient leurs effets que lorsque les rayons du soleil venaient frapper les bourgeons avant qu'ils fussent dégelés.

La grêle occasionne souvent des dégats considérables dans les vignobles. Tout ce qu'on peut faire, c'est de ne point ébourgeonner si la grêle est tombée au milieu de l'été, afin que les nouvelles pousses fournissent aux racines la séve qui leur est nécessaire; et à quelque époque qu'elle ait exercé ses ravages, de tailler plus court ou de laisser moins de coursons, pour que le cep se sépare plus promptement l'année sui-vante.

VENDANGE.

L'époque de la cueillette des raisins destinés à faire le vin a une grande influence sur la qualité de ce produit; en général, on ne doit la faire que quand le raisin est le plus mûr possible; ce n'est qu'alors que le principe sucré est complètement déve-loppé, et c'est ce principe qui rend la fermentation du marc plus active et la liqueur plus riche en alcool.

Quand les vignobles renferment plusieurs espèces de vignes, il est bien entendu qu'on doit faire la récolte à des époques différentes.

Dans les pays où le raisin ne parvient pas à une maturité complète, il faut néanmoins vendanger avant les pluies d'au-tomne, qui gâtent le fruit et augmentent la mauvaise qualité du vin.

FIN DE LA PREMIÈRE PARTIE.

DEUXIÈME PARTIE.

LIVRE PREMIER.

ANIMAUX DOMESTIQUES. — APERÇUS ZOOLOGIQUES.

Utilité des animaux. — On appelle zoologie la science qui traite des animaux et de leurs qualités diverses. Cette science, convenablement interrogée, peut rendre à l'agriculture des services incontestables.

Les animaux sont utiles ou nuisibles à plusieurs titres divers ; mais, chose remarquable, ils ne sont jamais nuisibles qu'en vertu de leur organisation spéciale. Les faits sont tous en faveur de cette loi naturelle. Les animaux sont utiles vivants ou morts, soit que, pendant leur vie, ils satisfassent de quelque manière que ce soit, et sous la dépendance plus ou moins directe de l'homme, un ou plusieurs des besoins qui l'assiègent ; soit qu'après leur mort leur chair devienne pour nous un aliment recherché ; soit enfin que les arts leur empruntent différents produits qu'ils transforment pour une multitude d'usages : tels sont la graisse, les os, la peau, les poils, etc., etc. Plusieurs espèces utiles pendant leur vie le sont encore après qu'elles ont cessé d'exister : le bœuf passe du labour champêtre à l'étal sanglant du boucher. Le cheval vivant se plie à toutes nos exigences ; il partage avec nous les dangers de la guerre ; il porte des fardeaux qui le surchargent ; il s'épuise à faire tourner la roue centrale d'une mécanique. Quand il est vieux, on l'assomme, on le dépouille, et sa peau échoit au tanneur.

Les animaux, envisagés dans les relations plus ou moins intimes qui les unissent à l'homme, ont été rapportés à trois groupes principaux : les animaux domestiques, les animaux demi-domestiques et les animaux sauvages. Au premier groupe appartiennent les animaux que l'homme a pliés à son joug ; tels sont le cheval, le bœuf, le mouton, le chien, etc. Les animaux demi-sauvages sont ceux qui reçoivent jusqu'à un certain point la direction de l'homme, sans accepter la servitude ; telles sont les abeilles. Les animaux sauvages sont ceux que l'homme n'a pu soumettre. Les grandes espèces domestiques sont les auxiliaires les plus essentiels du cultivateur dans les travaux des champs. En effet, les bestiaux forment une des bases de la prospérité de l'agriculture et deviennent ainsi une des principales sources de la richesse publique comme de la fortune des propriétaires ruraux. La reproduction des animaux domestiques, leur élève, leur emploi, leur entretien constituent donc une partie importante de la science agricole, car la liaison qui unit l'agriculture à l'éducation des animaux est des plus étroites. En effet, avant de multiplier, d'élever, de pouvoir entretenir de nombreux animaux, il faut, d'après les règles de la prudence la plus vulgaire, s'assurer la possession des moyens d'y réussir, et par conséquent produire les aliments nécessaires à leur nourriture pendant leur éducation, durant le temps qu'ils travaillent ou qu'ils produisent, comme à leur engraissement pour la boucherie au terme de leur carrière d'utilité pour l'homme. De plus, dans la multiplication des bestiaux, on trouve tout à la fois la possibilité, sans les accabler de travaux trop fatigants, de soumettre les terres en culture à ces façons profondes et répétées qui contribuent si efficacement à leur fécondité relative, et de leur fournir en abondance les engrais animaux, les plus puissants de tous.

COMPOSITION GÉNÉRALE DU CORPS DES ANIMAUX.

—

Les animaux sont formés de parties constituantes que les zoologistes nomment éléments anatomiques, et que la dissection met en évidence. Les corps animaux, comme les végétaux, sont composés de solides et de liquides, dont la proportion respective n'est pas égale et varie suivant l'espèce, l'âge, le sexe et la constitution. Ces parties sont dans une dépendance mutuelle et se changent continuellement les unes en les autres par un double mouvement de composition et de décomposition. Les éléments solides reçoivent le nom de tissus lorsqu'ils sont simples, et de parenchymes quand ils sont complexes. Les tissus qu'on retrouve avec leurs caractères fondamentaux dans un certain nombre d'organes différents sont les suivants : le *tissu cellulaire*, le plus important de tous, se rencontre à tous les âges et dans toutes les parties des animaux ; aussi, l'appelle-t-on élément générateur. C'est lui qui forme, en se modifiant, la base principale des tissus dermeux, représentés par la peau ; du *tissu scléreux*, comprenant les membranes fibreuses, les ligaments, les cartilages et les os ; le *tissu séro-muqueux*, ou membranes synoviales, le tissu muqueux formant les membranes muqueuses. La graisse est une substance jaunâtre ou blanche, qui se trouve dans certaines régions du tissu cellulaire sous la forme de masses de configurations diverses, composées elles mêmes de vésicules arrondies et serrées en espèces de grappes plus ou moins condensées. Le *tissu sarceux* ou *musculaire* est constitué par l'assemblage de fibres contractiles, qui, réunies en faisceaux plus ou moins distincts, plus ou moins exactement circonscrits, forment les muscles. Le *tissu nerveux* est constitué par des masses présentant deux nuances distinctes, *blanche et grisâtre*; ou bien ce tissu est étendu en cordons renfermés dans un étui ou gaine élastique nommé névrilème.

Parenchymes. — Les parenchymes sont plus difficiles à caractériser que les tissus; les principaux sont : le parenchyme vasculaire. Il est de tous les tissus complexes le plus profondément caché dans le tissu celluleux interne. On le distingue en système érectile et en système circulatoire. Le système circulatoire est de deux sortes : l'un, forme des artères, est centrifuge ou sortant, c'est-à-dire qu'il conduit le sang à la circonférence du corps et le distribue à toutes les parties; l'autre, composé par les veines et les lymphatiques, est centripète ou rentrant, c'est-à-dire qu'il ramène le sang de la circonférence vers un point central, le *cœur*. Le système érectile reçoit le sang dans quelques circonstances spéciales comme un dépôt momentané destiné à produire la turgescence de certains organes. Le *parenchyme tégumentaire* sert de limite commune à toutes les autres parties du corps. La peau, tégument externe, présente un certain nombre d'ouvertures qui établissent une communication entre l'intérieur et l'extérieur du corps; mais ces ouvertures ne consistent pas dans une perforation réelle, semblable à celle que ferait un emporte-pièce. Sur le rebord de ces ouvertures, la peau se replie et se transforme, sans s'interrompre, en un tégument interne constituant les membranes muqueuses. Le *parenchyme pulmonaire* est composé d'une grande proportion de tissu celluleux, d'une immense quantité de branches artérielles et veineuses qui représentent un lacis inextricable, confus. Le *parenchyme cérébro-spinal*, composé du cerveau et de la moëlle épinière. Le *parenchyme pseudo-glandeux* est peu connu; il forme le thymus, si développé dans le veau. Il a reçu chez cet animal le nom de ris. Le *parenchyme glandeux* est formé de petits corps destinés à séparer du sang, à sécréter certains fluides que des canaux excréteurs, tantôt distincts et tantôt réunis en un seul, versent, soit à la surface des membranes muqueuses, soit à la surface de l'enveloppe cutanée, comme les mamelles, ou glandes mammaires, le foie.

Les parties constituantes des animaux ne s'enchaînent pas toutes matériellement; elles reçoivent alors le nom de produits. Ceux-ci sont internes ou externes. Les premiers sont des fluides plus ou moins vivants et circulants, qui ne se répandent jamais à l'extérieur sans rupture; tels sont: le sang, le chyle, la lymphe, la graisse. Les seconds sont des substances de dépôt, fluides ou solides, mortes ou pourvues d'une vitalité extrêmement obscure, et qui se montrent toujours à l'extérieur; tels sont: le pigmentum, matière colorante de la peau, à laquelle les nègres doivent leur teinte, les poils, les plumes, les ongles, les sabots.

Les parenchymes et les tissus donnent naissance, par leurs combinaisons variées, à des agents, à des instruments capables d'exercer une fonction particulière et de remplir un but physiologique spécial, c'est-à-dire destiné à concourir au maintien de la vie. Ces instruments sont les organes: ainsi, l'œil est l'organe de la vision. — La réunion de plusieurs organes concourant à l'accomplissement d'une même fonction est un appareil. Les organes président à des actes simples, tandis que les appareils exercent des fonctions multiples; ainsi l'on dit: l'appareil de la digestion. — Les organes et les appareils réagissent les uns sur les autres et s'enchaînent par des relations inconnues qui ont reçu le nom de sympathies. C'est par sympathie que, dans les inflammations oculaires, les deux yeux deviennent malades quand l'un d'eux était seul primitivement irrité.

Les appareils se rattachent à deux grandes classes : ceux qui sont nécessaires à la conservation de l'individu, et ceux qui sont nécessaires à la conservation de l'espèce. Les appareils qui ont pour objet la conservation de l'individu se divisent en deux groupes : au premier appartiennent les appareils qui établissent les relations des animaux avec les objets extérieurs ; au second ceux qui accomplissent au sein même de l'individu le grand œuvre de la nutrition. — Les appareils de relation se divisent eux-mêmes en deux classes : 1° appareils de sensation ; 2° appareils de mouvement ou de locomotion.

FONCTION ET ORGANES DE NUTRITION.

De tous les phénomènes qui constituent la vie, la nutrition est le seul qui ne s'interrompe jamais depuis la naissance jusqu'à la mort. C'est un acte *complexe*, à la manifestation duquel concourent trois actes secondaires : la respiration, la digestion et la circulation. La nutrition a pour but de remplacer les matériaux devenus impropres à l'entretien de la vie et d'introduire sans cesse au milieu du tourbillon organique des molécules nouvelles en échange des molécules anciennes qui s'en échappent sous des états divers. La nutrition s'exerce donc en vertu de l'absorption et de l'exhalation, qui déterminent le mouvement croisé des molécules entrantes et sortantes.

Circulation. — La circulation n'est pas autre chose que le mouvement régulier d'un liquide spécial nommé sang, que les

veines et les artères renferment, que le cœur répartit. Déterminée, entretenue pas la vie, la circulation commence et finit
avec elle, et ne peut être que momentanément suspendue sous
peine de donner la mort. Le sang est un liquide rougeâtre,
plus ou moins visqueux, odorant et présentant la propriété de
se coaguler aussitôt qu'il est extrait des vaisseaux qui le contiennent. Examiné au microscope, quand il n'a pas encore subi
le modification de la part de l'air atmosphérique, on voit qu'il
tient en suspension un nombre considérable de globules dont
la forme est circulaire chez l'homme et les mammifères, et
ovalaire chez les oiseaux et les reptiles. Lorsqu'on abandonne
le sang à lui-même, on voit qu'au bout d'un certain temps, il
se divise en deux parties, l'une solide, qu'on appelle caillot,
l'autre liquide, que l'on nomme sérum, et qui a beaucoup d'a-
nalogie avec le petit lait. Les mammifères et les oiseaux ont
un sang dont la température est à la fois élevée et constante de
34° à 55° centigr. pour les premiers, et de 37° à 40° pour
les seconds. Les reptiles, les poissons et ceux des types inférieurs ont un sang dont la température varie proportionnellement à celle du milieu qu'ils habitent : ainsi, les *animaux à
sang chaud* sont ceux qui conservent un excès sensible de chaleur sur les corps environnants, et les *animaux à sang froid*
sont ceux chez lesquels cet excès est si faible qu'il devient
difficile ou impossible à observer. La chaleur animale est entièrement due à la combustion qui se passe dans le sang à la
faveur de la respiration. Les jeunes animaux perdent bien
plus facilement une partie de leur chaleur que les adultes :
aussi ressentent-ils plus vivement les effets du froid. Le sang
est le principal agent de la nutrition. Ce fluide, qui contient les
éléments de tous les organes, est continuellement apporté par
les vaisseaux dans toutes les parties du corps, pour fournir à

chacune d'elles les matériaux nécessaires à leur développement, à leur entretien. Il leur enlève en même temps les débris que l'usure en a détachés, pour les amener au dehors. On conçoit qu'il doit y avoir une grande différence de composition entre le sang qui doit servir à la nutrition et celui qui a déjà servi à cet usage. Le premier contient des principes que n'a pas le second, et ce dernier est chargé de débris qui ne se trouvent pas dans l'autre. Aussi, leur a-t-on donné, dans ces deux états, deux noms différents, celui de sang artériel dans le premier, et celui de sang veineux dans le second. Ce dernier ayant fourni aux organes les principes vivifiants et s'étant chargé de leurs matériaux usés, ne peut plus servir à la nutrition avant d'avoir réparé les uns et s'être débarrassé des autres ; tel est le but de la respiration.

La circulation a pour agents principaux le cœur, les artères et les veines. Le cœur est un muscle creux dont l'usage est de communiquer au sang l'impulsion nécessaire pour qu'il circule. Cet organe est situé dans la poitrine et contenu dans une membrane fibreuse nommée péricarde et tapissée d'une membrane séreuse qui revêt le cœur sans le contenir. Le cœur est composé de deux parties symétriques ; chaque partie a deux cavités nommées *ventricule* et *oreillette*. Du ventricule gauche s'échappe le sang qui coule dans les artères et va traverser toutes les parties du corps. Il revient ensuite par les veines, se rend dans l'oreillette droite, d'où il passe dans le ventricule droit. Du ventricule droit, le sang est chassé dans les poumons, où il reçoit l'oxygène de l'air que la respiration met en contact avec ces organes. Renouvelé ainsi par sa combinaison avec l'oxygène, le sang retourne des poumons à la partie gauche du cœur, et de là aussi dans le ventricule d'où il est parti, ayant ainsi accompli une double circulation à travers le corps et à travers les poumons. Les artères, ainsi nommées par les anciens, qui les croyaient destinées à renfermer de l'air, ne renferment jamais que du sang revivifié, d'un beau rouge vermeil, à l'exception de l'artère pulmonaire, qui contient du sang noir incapable d'entretenir le mouvement vital. Leurs parois sont épaisses, élastiques et restent béantes quand elles ont été coupées. Les veines, au contraire, ne contiennent jamais que du sang rouge brun, presque noir, impropre à l'entretien de la vie. Il faut néanmoins excepter les veines pulmonaires, qui versent dans l'oreillette gauche le sang revivifié par l'influence de la respiration. Leurs parois sont minces, faibles, extensibles et s'affaissent lorsqu'elles ne renferment plus de sang.

Respiration. — La respiration est une fonction dans laquelle l'air, agissant sur le sang, lui rend les éléments nutritifs et lui enlève ses débris organiques. Pour que la respiration s'accomplisse, il faut que le sang veineux soit mis en contact avec l'air dans un organe spécial nommé poumon, qui communique, d'une part, avec le cœur, d'où il reçoit le sang, et de l'autre avec l'air atmosphérique au moyen de conduits appelés trachée-artère et bronches, de manière que cet air puisse agir sur le fluide nourricier, lui rendre les propriétés qu'il a perdues, lui enlever les principes inutiles qu'il charrie, en un mot, le transformer en un sang *artériel*. L'homme, les quadrupèdes, les oiseaux respirent l'air en nature par les poumons. Les poissons, les mollusques ont pour organes respiratoires les branchies, au moyen desquelles ils peuvent extraire de l'eau le peu d'air qu'elle contient. De chaque côté de la tête des poissons se trouve une ouverture que l'animal ouvre ou ferme à volonté au moyen d'une partie mobile qu'on appelle un *opercule*. Sous chaque opercule, on aperçoit intérieurement des houppes d'un beau rouge appelées *branchies*, qui sont formées d'un grand nombre de petites lamelles semblables à des barbes de plumes. Chaque lamelle est parcourue, dans sa longueur par une petite artère et une petite veine. Quand le poisson est dans l'eau, l'eau tient mécaniquement les petites lamelles écartées les unes des autres, de sorte que les vaisseaux sanguins reçoivent l'action de l'air contenu dans le liquide, que le sang peut se combiner avec l'oxygène de cet air et que le poisson respire par le moyen de ses branchies, qui lui tiennent lieu de poumons. Le sang communique sa couleur rouge aux branchies. Si l'on sort le poisson de l'eau, les lamelles s'affaissent les unes sur les autres ; les vaisseaux des branchies ne peuvent plus communiquer avec l'air ; le sang ne s'oxygène plus ; l'animal ne respire plus, et il meurt. Le sang qui noircit donne sa couleur noire aux branchies. La respiration se compose de deux actes secondaires : l'inspiration, constituée par l'accès de l'air dans les poumons et la dilatation de la poitrine, et l'expiration, qui chasse de la poitrine l'air dont elle était remplie. Le sang veineux et le sang artériel se transforment sans cesse l'un en l'autre ; mais comme ils ne doivent pas se mêler ensemble, le sang veineux, à mesure qu'il arrive des différentes parties du corps, est versé dans la cavité droite du cœur, qui le lance dans l'organe respiratoire. Le sang artériel, qui vient de subir dans les poumons l'influence de l'air, se décharge dans les cavités gauches du cœur, qui l'envoient aux divers organes qu'il doit nourrir. Il y a donc, en réalité, deux sortes de circulation : la circulation pulmonaire ou branchiale, qui a pour centre le côté droit du cœur et envoie le sang veineux à l'organe de la respiration, et la circulation générale, qui reçoit son impulsion du côté gauche du cœur et distribue le sang régénéré dans toutes les parties du corps. Mais si la respiration redonne au sang les propriétés qu'il avait perdues, elle ne peut le faire que pendant un certain temps. A force de réparer les organes, ce liquide finit par s'épuiser et ne reprend plus les qualités nutritives par un simple contact avec l'air ; il faut qu'il reçoive des aliments plus substantiels. C'est par la digestion que s'opère cette seconde espèce de réparation.

DIGESTION. — La digestion est une fonction qui s'accomplit dans une cavité intérieure dans laquelle l'animal tient toujours de la nourriture en réserve pour les moments où il n'en a pas à sa portée. Cette cavité porte le nom de canal alimentaire ou digestif, parce qu'elle sert de réservoir aux aliments et qu'en même temps elle les digère, c'est-à-dire qu'elle leur fait subir les altérations convenables pour les rendre propres à être mêlés au sang.

Appareil de la digestion. — Parmi les organes qui composent cet appareil, les uns forment un long canal étendu de la *bouche*, qui en constitue l'entrée, à l'*anus*, qui en est l'ouverture postérieure ou la terminaison. Les autres annexés à certaines parties de ce canal versent dans son intérieur différents fluides. L'appareil digestif reçoit donc les aliments et en extrait la partie essentiellement réparatrice. Sa longueur est d'autant plus considérable qu'il existe une plus grande différence entre la composition chimique des substances dont l'animal se nourrit et celle de ses organes; elle a son maximum d'étendue dans les herbivores, moindre chez les omnivores, et beaucoup moindre encore chez les carnivores. Cet appareil est essentiellement constitué par un long canal non interrompu, qui, en raison des différences d'organisation qu'il présente, prend successivement les noms de cavité buccale, de pharynx, arrière-bouche, gosier, œsophage, estomac, intestin grêle et gros intestin. Tous ces noms ne désignent pas des conduits particuliers, mais seulement des portions distinctes d'un seul et même organe, dont le calibre, inégal dans toute son étendue, offre ici des rétrécissements, là des renflements. La digestion se compose des actes secondaires suivants :

1° *Préhension des aliments.* — La préhension des aliments est exécutée chez l'homme par la main, très rarement par les mâchoires. Le contraire a lieu chez les animaux, excepté chez le singe, l'éléphant.

2° *Mastication.* — La mastication, est le broiement en parties plus ou moins fines des aliments arrivés dans la bouche. Cette opération les rend propres à se mêler plus ou moins intimement avec la *salive.* La mastication est opérée chez les mammifères par des organes appelés dents. Les dents sont des espèces de petits os implantés dans des cavités particulières qu'on appelle alvéoles. Les dents se composent de la *racine*, par laquelle elles tiennent à l'os, et de la *couronne*, qui en est la partie visible. Cette dernière, de forme très variable, est constamment garantie des influences de l'air par l'émail. Les dents qui existent au moment de la naissance ou peu de temps après sont dites dents de lait. Celles-ci tombent à un âge différent dans chaque espèce et sont alors remplacées ; mais celles qui leur succèdent, une fois tombées, ne repoussent plus. On distingue trois sortes de dents : les incisives, qui ont la couronne aplatie, sont en avant ; les canines ou laniaires, qui sont coniques et situées sur les côtés ; enfin, les molaires, qui sont larges et placées au fond de la bouche. La forme des dents varie essentiellement dans les mammifères, et toujours suivant le mode particulier d'alimentation. Les espèces carnassières ont les dents tranchantes, les espèces insectivores des dents hérissées de pointes coniques, et les espèces herbivores des dents mousses. Les oiseaux manquent de dents. Les reptiles et les poissons offrent quelques modifications en harmonie avec leur genre de nourriture. Les mâchoires sont au nombre de deux chez les animaux vertébrés ; chez les carnassiers leurs mouvements ne peuvent s'exécuter que de haut en bas ; chez les rongeurs, la mâchoire ne peut se mouvoir que d'arrière en avant ; chez les herbivores, et surtout chez les ruminants, la mâchoire vacille et n'exécute aucun mouvememeut précis dans telle ou telle direction.

3° *Insalivation.* — La salive imbibe et ramollit les aliments. C'est un liquide alcalin que secrètent trois glandes : la parotide, la maxillaire, la sublinguale.

4° *Déglutition.* — La langue ramasse les aliments broyés et insalivés sous la forme d'une masse ovoïde appelée bol alimentaire, qu'elle pousse dans l'arrière-bouche, et que les mouvements contractiles du pharynx et de l'œsophage introduisent dans l'estomac.

5° *Arymification.* — Les aliments séjournent quelque temps dans l'estomac, dont les deux orifices se ferment alors pour les retenir. Ils y subissent certaines modifications sous l'influence d'une liqueur acide nommée suc gastrique, secrétée par une multitude de petites glandes que contiennent les parois de l'estomac. Ils en sortent essentiellement modifiés, sous la forme d'une pâte épaisse, que l'on désigne par le nom de chyme. Au-delà de l'estomac se rencontrent le foie et le pancréas, autres glandes qui produisent la bile et le suc pancréatique, lesquels, mêlés au chyme, le séparent en deux portions bien distinctes : les excréments, qui sont rejetés au-dehors par l'anus, et le chyle, qui est un liquide laiteux renfermant la partie nutritive réparatrice des aliments.

6° *Chylification.* — Le chyle, une fois formé, est pompé par une multitude innombrable de petits canaux (vaisseaux chylifères) qui ont leur orifice dans l'intérieur même du canal alimentaire et vont le porter dans un réservoir appelé canal thoracique; celui-ci le verse dans une veine, où il se mêle avec le sang, et qui va le décharger dans la cavité droite du cœur, pour qu'il aille à l'organe respiratoire subir l'action vivifiante de l'air. C'est alors seulement qu'il peut servir à la nutrition de l'animal.

7° *Absorption.* — Toutes les fois qu'un liquide ou un gaz est en contact avec un point quelconque des différentes surfaces du corps, il s'y imbibe et s'introduit dans les pores physiques qui s'y trouvent. On dit alors qu'il y a absorption, fonction qui ne s'exerce que sur des substances fluides, et la matière absorbée est transportée dans toutes les parties du corps par les veines et les lymphatiques, où une action organique et vitale la convertit de suite en une substance particulière, ce qui constitue le premier temps de l'assimilation, acte dans lequel chaque tissu, chaque organe s'empare des matériaux que lui apporte le sang, et il les travaille pour les transformer en sa substance propre, les identifier à sa nature.

Les carnivores exigent, en général, pour leur conservation, la moindre quantité de nourriture. Leur peau étant dépourvue de pores de transpiration, ils perdent moins de chaleur, à volume égal, que les herbivores. Chez ces derniers, les organes digestifs possèdent la faculté d'assimiler bien plus de nourriture qu'il n'en faut pour la réparation des pertes, et tout le sang produit en sus donne de nouveaux tissus, de la chair et de la graisse.

8° *Sécrétion urinaire.* — La nutrition étant constituée par un double mouvement qui, d'un côté apporte dans l'économie des substances qui n'en avaient point encore fait partie, et qui, d'un autre côté, en emporte des substances qui s'y trou-

…aient depuis un temps plus ou moins long, on trouve, comme …gent fondamental de cette élimination ou de cette exporta-…ion, un système d'organes auquel on donne le nom d'appa-…eil urinaire, et qui se compose des reins, organes de la sécré-…ion ou de l'élimination ; des urétères, qui transmettent l'urine …à la vessie, réservoir membraneux ; d'où elle s'échappe à tra-…vers l'urètre.

9° *Exhalation ou transpiration*. — La peau présente, de …même que les membranes muqueuses, une exhalation séreuse …dont le produit s'évapore ordinairement au moment de son …apparition à la surface libre de cette enveloppe. Cette vapeur …constitue la perspiration cutanée, sécrétion perpétuelle dont …on acquiert la certitude en approchant très près de la peau un …morceau bien froid de glace ou d'acier poli, sur lequel on voit …la sérosité se condenser en gouttelettes. Cette exhalation, lors-…qu'elle est humide, constitue la sueur ou humeur de la trans-…piration, qui répand une odeur spéciale à chaque animal, à …chaque individu, et à laquelle le chien reconnaît et suit ses tra-…ces, ou découvre le gîte du lièvre.

FONCTION ET ORGANES DE REPRODUCTION.

La nature a doué tous les êtres organisés de la faculté de se …perpétuer en se multipliant. La multiplication des animaux …est, en général, d'autant moindre que leur volume est plus …considérable et qu'ils ont moins d'ennemis à redouter : c'est …ainsi que le cheval ne produit ordinairement qu'un seul petit, …tandis que les insectes en produisent plusieurs milliers à la …fois. Il est vrai que les grandes espèces ont plusieurs portées …pendant leur vie, et souvent même dans le cours d'une année, …tandis que les espèces qui pullulent beaucoup n'en ont qu'une seule fois pendant toute la durée de leur existence. Toutes les fonctions animales s'exécutent et doivent s'exécuter jusqu'à la mort; mais la génération se distingue des autres fonctions par une durée circonscrite: elle ne peut avoir lieu dans la première jeunesse; elle s'éveille à la puberté, se continue dans l'âge mûr et disparaît dans la vieillesse. La nature intime, la raison vitale de la génération, nous échappe comme celle des autres fonctions. Tout ce que l'on sait de positif à ce sujet, c'est que les animaux les plus simples se reproduisent par la séparation de parties qui se détachent indifféremment vers tous les points de la surface, et qui deviennent autant d'individus semblables au tout dont ils faisaient partie (les polypes, par exemple): c'est la génération scissipare. D'autres assurent la durée de leur espèce au moyen de petites excroissances qui se forment avec lenteur vers certaines régions de leur corps, surfaces qui, par suite d'un développement normal et régulier, tendent à s'isoler de plus en plus et à s'emparer d'une vie propre, indépendante. On les dit gemmipares. Un grand nombre perpétuent leur race par des œufs, et, pour cela, sont nommés ovipares. L'œuf a pour élément forcé un ovule, qui, séparé sous l'influence de la fécondation et d'un organe producteur que l'on appelle ovaire, chemine dans certains conduits naturels, s'y revêt de certaines couches successives de matières spéciales, plus ou moins solidifiables, ne contient jamais aucune adhérence secondaire avec les parois des cavités génératrices, et quitte enfin le sujet qui l'a formé pour accomplir extérieurement, lorsqu'il rencontre des circonstances favorables, les phases diverses que la nature souveraine lui a marquées (oiseaux, reptiles, etc.). Les espèces qui rejettent des œufs entiers sans que le germe du jeune animal ait subi aucun développement notable, et dont les couches plus ou moins solides qui entourent l'ovule seront rompues plus tard, constituent les ovipares proprement dits. Les espèces qui mettent au jour des petits nus sans aucune des membranes primitives, et qui rejettent plus tard ces membranes déchirées, forment les ovovivipares. Chez quelques uns, la fécondation a pour résultat la séparation d'un ou de plusieurs ovules, qui, d'abord reçus et guidés par un canal étroit, tombent dans une cavité spéciale nommée utérus, matrice, y déterminent un organe physiologique particulier, se fixent à ses parois au moyen d'adhérences vasculaires intimes, s'accroissent et se développent enfin couverts de membranes adventives, et sous l'influence immédiate et nécessaire de la vie maternelle jusqu'au moment où l'être nouvellement formé peut et doit être indépendant. Les *membranes fœtales* se rompent alors, et le *fœtus* s'échappe lui-même en vertu des contractions utérines, qui se manifestent simultanément. Tout lien organique entre lui et sa mère est détruit désormais; l'union qui existait entre l'utérus et les membranes adventives cesse bientôt, et celles-ci ne tardent pas à être rejetées. Les animaux dont la reproduction se termine par un phénomène semblable sont appelés vivipares (homme, cheval). Considérée dans la série animale, la génération se compose de quatre fonctions partielles, subordonnées en importance et en généralité : 1° la *production du germe*, qui a toujours lieu ; 2° la *fécondation*, qui n'a lieu que dans les générations sexuelles; 3° l'*accouplement*, qui n'a lieu que dans les générations sexuelles, où la fécondation se fait dans le corps; 4° enfin, la *grossesse* ou *gestation*, qui n'a lieu que dans la génération vivipare. Les organes se divisent naturellement d'après celles de ces fonctions partielles auxquelles ils sont affectés. La génération sexuelle exige un organe particulier pour la production des germes ovaires, et un autre pour celle de la liqueur fécon-

dante, testicule. L'accouplement suppose des moyens d'union,
pénis chez les mâles, vagin chez les femelles. Enfin , la gestation a besoin d'un réceptacle convenable au séjour du fœtus
(matrice, mamelles).

ORGANES ET FONCTIONS DE RELATION.

Les organes et fonctions de relation ont pour but spécial de
mettre les animaux en rapport avec le monde extérieur. Deux
facultés inhérentes à l'animalité , et qui ne sauraient exister
l'une sans l'autre, la sensibilité et la locomotilité , président à
la vie de relation ; aussi ces deux facultés sont-elles toujours
développées au même degré dans le même animal, et ont-elles
un centre commun, le cerveau, qui est en même temps chargé
d'apprécier les impressions que les objets extérieurs produisent à la surface du corps, et de diriger les organes du mouvement dans l'exercice de leurs fonctions. Pour que le cerveau
puisse atteindre ce double but, il communique avec la surface
du corps et avec les organes du mouvement par le moyen de
petits cordons appelés nerfs, dont la fonction est de lui transmettre les impressions de la première et de porter ses ordres
au second ; mais ce ne sont pas les nerfs qui sont chargés de
recevoir ces impressions ni d'exécuter ces mouvements : il y a
pour ces deux fonctions des organes particuliers, ceux des sens
et de l'innervation pour la première, et ceux de la locomotion
pour la seconde.

Les organes des sens, chez l'homme et les animaux les plus
voisins de l'espèce humaine, sont au nombre de cinq : le toucher, le goût, l'odorat , la vision et l'audition. L'organe du
toucher est la peau, enveloppe générale déterminant les limites
du corps. Sa structure la rend également propre à défendre les

organes intérieurs et à recevoir les impressions du dehors. A cet effet, elle est composée de plusieurs couches superposées et presque entièrement confondues, dont les principales sont le derme et les papilles nerveuses. Le premier est épais et formé de tissu cellulaire feutré. C'est le derme qui rend la peau des grands animaux si solide et qui permet de la transformer en cuir par le tannage. Les secondes ne sont autre chose que l'extrémité des nerfs qui viennent du cerveau, et qui doivent lui transmettre la sensation produite par le contact des corps sur la peau. Outre ces deux parties essentielles, l'enveloppe cutanée est garnie de muscles qui lui impriment les mouvements nécessaires, de vaisseaux qui lui apportent la nourriture, de glandes qui secrètent divers produits destinés à défendre les papilles nerveuses du contact trop immédiat des corps, qui serait douloureux, et de l'*épiderme*, composé de petites plaques minces et transparentes, recouvrant toutes les parties du corps, et dont les poils, les plumes, les écailles, les coquilles sont des dépendances. La peau n'est pas également sensible dans toutes ses parties lorsqu'elle est recouverte, par exemple, de plaques cornées ou d'une épaisse toison susceptible de modifier les impressions perçues. Alors le toucher se localise dans un organe spécial et produit une sensation plus parfaite que l'on nomme tact : telles sont les lèvres des chevaux, des moutons, les doigts de l'homme, etc. Le goût, espèce particulière de tact, est placé à l'entrée du canal digestif, pour faire le choix des aliments ; mais, dans tous ces cas, l'animal ne connaît les propriétés des corps que par le contact immédiat. Les autres sens n'ont pas besoin d'éprouver le contact direct des influences susceptibles de les impressionner, mais seulement de recevoir à distance, et par l'intermédiaire d'un fluide étranger spécial, l'action des influences capables de les exciter. Quant à l'organe de l'odorat, s'il reçoit des impressions efficaces dont la source est éloignée, elles sont, en réalité, dues au contact des particules odorantes avec la membrane olfactive. Les sens sont constamment placés à la surface de la peau, et il est à remarquer que le toucher, existant à la face comme sur tous les autres points de la surface du corps, et la face étant, d'une autre part, le siége exclusif des autres organes des sens, il en résulte que tous les sens sont réunis à la face. C'est donc dans un espace extrêmement circonscrit, et occupant à peine quelques centimètres carrés, que se trouvent rassemblés chez l'homme tous les moyens de connaître tout ce qui se passe autour de lui. Le toucher est le seul sens indispensable; les autres peuvent exister ou ne pas exister, sans que la vie de l'animal soit compromise. Certaines espèces zoologiques n'ont pour tout sens que le toucher général; il n'y a que les animaux les plus parfaits qui les possèdent tous.

Du système nerveux. — Le système nerveux est le premier principe de l'organisation animale. C'est en partant de cette dernière grande vérité que l'illustre Cuvier a classé tout le règne animal dans quatre grands types, parce qu'il a reconnu qu'il y a quatre plans différents de systèmes nerveux. Le système nerveux préside à la sensibilité générale et spéciale, et conséquemment domine tous les autres systèmes; c'est chez l'homme qu'il est le plus développé. On le divise en deux parties, jointes entre elles par des liens irrécusables : le système nerveux cérébro-spinal et le système nerveux ganglionnaire. Le premier se compose de l'encéphale et de la moelle épinière, axe nerveux logé dans la cavité du crâne et de la colonne vertébrale, et recouvert de trois enveloppes membraneuses, qui sont la pie-mère, l'arachnoïde et la dure-mère. La moelle épinière a une face postérieure, qui est l'origine des nerfs de la sensibilité, et une face antérieure, qui est l'origine des nerfs du mouvement ; elle a une troisième face, latérale, d'où partent les nerfs des mouvements respiratoires, les nerfs qui sont aux narines, au larynx, au diaphragme, etc. La moëlle épinière commande tout ce qui se fait dans l'animal hors de la tête : sensibilité, mouvement, respiration ; mais elle-même ne fait que transmettre ce qui vient de l'*encéphale*, par lequel elle se termine dans la boîte osseuse de la tête.

On distingue quatre parties principales dans la masse nerveuse de la tête, appelée *encéphale* : la *moëlle allongée*, prolongement supérieur de la moëlle épinière, qu'elle réunit avec la masse nerveuse de la tête ; les *tubercules quadrijumeaux*, protubérances au nombre de quatre, placées sur la moëlle allongée, entre le cervelet et le cerveau ; le *cervelet*, placé au-dessus de la moëlle allongée et en arrière des tubercules quadrijumeaux, est composé d'un certain nombre de feuillets. La substance de chaque feuillet est formée d'une partie blanche intérieure et d'une substance grise externe. La matière blanche envoie les prolongements dans la masse grise, d'où résulte une ramification remarquable qu'on nomme *arbre de vie*. Le *cerveau* proprement dit est composé de deux lobes symétriques. Ces lobes, ou hémisphères cérébraux, sont joints par une commissure appelée le corps calleux. Chaque lobe cérébral est encore composé de replis plus ou moins nombreux, appelés circonvolutions, et leur substance a une partie grise extérieure et une partie blanche interne, comme le cervelet.

Chacune des parties que nous venons d'indiquer a une structure particulière et des fonctions spéciales. Elles sont en même temps liées entre elles par des fibres qui font de leur ensemble un tout unique, mécanisme nécessaire pour que la volonté puisse se manifester dans tout le système nerveux, et, par lui, dans toutes les parties de l'organisation.

On a démontré par l'expérience : 1° que la moelle allongée est le siége du principe de tous les mouvements respiratoires, et il s'y trouve un point qui est le nœud vital de tout le système nerveux ; 2° que les tubercules quadrijumeaux sont le siége du principe de la vue ; 3° que le cervelet est le siége de la coordonation des mouvements de locomotion ; 4° que le cerveau est le siége de la perception, de la volonté, en un seul mot, de l'intelligence. — Si l'on enlève successivement des tranches minces de la substance cérébrale, en commençant par la surface externe et pénétrant de plus en plus vers le centre, tant que la plaie n'est pas arrivée à une certaine profondeur, rien ne change dans les facultés intellectuelles de l'animal ; l'intelligence reste normale et entière. Puis, en continuant à tailler, il arrive un moment où cette intelligence est altérée, mais en disparaissant tout-à-coup et tout entière, pour ne plus revenir. Néanmoins, après cette opération, les sens restent intacts ; la perception seule a disparu.

De même, si on fait une incision profonde et longitudinale dans le cerveau, l'animal perd instantanément toute intelligence. Cette blessure peut guérir, et il vient un moment où l'animal recouvre son intelligence, mais tout entière, tout à la fois, comme il l'avait perdue. Il est donc expérimentalement prouvé que l'organe de l'intelligence est distinct de celui de la sensation, et que le siége de l'intelligence, dans son organe, est indivisible et *un* comme elle. Le système de la phrénologie, qui consiste à prétendre qu'il y a, les uns disent vingt-cinq, d'autres disent trente-six facultés, c'est-à-dire autant de moi ayant chacun sa perception, sa volonté, son imagination, sa mémoire et son siége spécial dans le cerveau, la phrénologie est donc démontrée fausse physiquement, autant qu'elle est absurde en philosophie et funeste à la morale, car ce système détruit la responsabilité des actes.

Le cerveau est chez l'homme la partie la plus considérable de l'encéphale. Au fur et à mesure qu'on descend l'échelle animale, ces parties changent de forme et de volume, et tendent de plus en plus à se mettre à la suite les unes des autres.

Le système *nerveux ganglionnaire* est tout différent, par sa structure et son mode d'agir, du système *cérébro-spinal*. Il est formé, en effet, d'une série de ganglions blanchâtres, réunis entre eux par des filaments très grêles, dont quelques uns se continuent avec les branches du système cérébro-spinal. Ces ganglions paraissent être autant de centres nerveux, qui recèlent une portion de sensibilité indépendante, en quelque sorte, de la sensibilité contenue dans les autres ganglions. Le système nerveux cérébro-spinal et le système nerveux ganglionnaire existent réunis chez l'homme et les animaux vertébrés. Les êtres placés aux degrés inférieurs de la série zoologique, ainsi que les plantes, ne possèdent qu'une sorte de système nerveux, le ganglionnaire.

DE LA LOCOMOTION.

Les *muscles*, organes du mouvement, sont des faisceaux de fibres ou filaments charnus dont la *contractibilité* est la propriété essentielle. Fixés par leurs deux extrémités à deux points opposés, les muscles, quand ils se contractent, c'est-à-dire se raccourcissent, rapprochent ces deux points éloignés et y produisent un déplacement plus ou moins considérable, selon la force de leur contraction ; mais, une fois le déplacement opéré, il faut un nouveau muscle pour ramener les organes à leur position naturelle : de là la nécessité de deux muscles au moins pour l'exécution du mouvement le plus simple , et ces deux muscles sont dits antagonistes l'un par rapport à l'autre, parce qu'ils agissent en sens inverse. Si , par exemple , l'un fléchit le bras, l'autre est destiné à l'étendre : quand le premier l'éloigne du corps, le second l'en rapproche. Les muscles sont donc les agents nécessaires de la locomotion. Pour qu'ils puissent remplir leurs fonctions, l'influence nerveuse leur est indispensable ; mais si le mouvement est impossible sans les muscles , ceux-ci seuls ne peuvent en exécuter que de peu d'étendue : c'est ce qui s'observe dans les vers et tous les animaux privés de parties dures. Pour que les mouvements aient toute la fixité et toute la précision convenables , il est indispensable que l'action musculaire soit secondée par celle de leviers puissants , solides ; ce sont les os , les coquilles , les croûtes, les tests, agents dont l'ensemble forme le squelette, et qui servent en même temps à déterminer la forme du corps de l'animal, et en outre à protéger les organes de la nutrition et de la sensibilité, qui en sont toujours environnés. Ces instruments, ne pouvant servir au mouvement qu'autant qu'ils sont mis en jeu par des muscles, on les appelle organes passifs, et les muscles organes actifs de la locomotion.

Les animaux ont un troisième moyen de communiquer avec le monde extérieur, la voix et les autres bruits qu'ils font entendre. Ce sont toujours les muscles qui en sont les agents, car ces bruits sont constamment produits par le mouvement de certains organes du corps ; c'est quelquefois par le frottement d'une partie dure contre une autre de même nature, comme chez le cricri et la plupart des insectes bruyants ; mais , le plus souvent , c'est par le passage de l'air à travers une ouverture, le larynx, qui, en se rétrécissant ou en s'élargissant, produit un son plus ou moins aigu : l'homme, les quadrupèdes, les oiseaux, sont dans ce dernier cas. La faculté de faire entendre ces bruits permet aux animaux, comme à l'homme, la communication de leurs idées, soit par des sons, ce qui constitue le langage proprement dit, soit par des *gestes*, ou *langage d'action*. Les aboiements du chien qui cherche à lire dans les yeux de son maître une décision, ou qui réclame la préférence de sa femelle, expriment certainement des idées.

Repos, sommeil. — L'exercice des fonctions animales ne saurait être continu. Les organes se fatiguent en agissant et ont, par conséquent, besoin de repos. Cette cessation momentanée de l'action des organes est ce que l'on appelle le *sommeil*, état dans lequel ils réparent leurs forces et se rendent capables d'agir de nouveau lorsqu'ils s'éveilleront. Le sommeil est partiel, quand il consiste dans le repos d'un organe ou d'un certain nombre d'organes seulement, tandis que les autres sont en mouvement. Il est général lorsque la plupart d'entre eux suspendent leurs actions : c'est le sommeil proprement dit. Dans le sommeil général, tous les organes ne reposent pas également : ceux de la respiration, de la circulation et de la nutrition ne participent jamais à ce repos ; le cœur ne cesse jamais de battre, la respiration de s'exécuter, la digestion de s'opérer. Le cerveau agit lui-même quelquefois dans les rêves, de sorte que le sommeil n'a véritablement lieu que pour les organes qui servent à la fonction de relation. Les autres n'ont d'autre repos que des intermittences très courtes et souvent répétées, qui succèdent à des actions également courtes et fréquentes. Nous dirons ici que plus un organe agit, plus il acquiert de force et d'énergie, et que plus il est développé, plus l'exercice de sa fonction devient facile ; qu'au contraire moins un organe agit, plus il reste chétif, plus l'exercice de la fonction qu'il doit remplir devient difficile. C'est ainsi que le cerveau et l'intelligence prennent un grand développement chez les personnes qui travaillent beaucoup de tête. Les ouvriers qui font agir principalement leurs muscles ont ces organes extrêmement robustes.

DU SQUELETTE.

Le squelette des mammifères se divise en trois régions : la tête, le tronc et les membres. La tête se compose du crâne et de la face. Le crâne, formé par sept os, renferme le cerveau. La face est située au-dessous et au-devant du crâne. C'est une région fort compliquée dans laquelle on distingue plusieurs cavités destinées à loger les organes des sens. Au-dessous du front se trouvent les orbites ; au-dessous de ceux-ci, et au-dessus de la cavité buccale, se remarquent les cavités du nez ; inférieurement, les deux mâchoires, dans lesquelles sont implantées les dents ; enfin, vers les côtés, et derrière l'articulation de la mâchoire inférieure, se trouvent les organes de l'audition. La tête est soutenue par une tige ou colonne de pièces osseuses articulées entre elles au moyen de fibro-cartilages puissants. Ces pièces sont nommées vertèbres. Placées bout à bout, à la suite les unes des autres, elles sont creuses et forment, par leur continuité, un canal intérieur qui contient la moelle épinière. On distingue les vertèbres en cervicales, celles du cou ; en dorsales, celles du dos ; en lombaires, celles qui forment la base des reins. La dernière lombaire s'articule avec l'os sacrum, ainsi appelé parce qu'il servait aux anciens de plateau sur lequel on faisait brûler les intestins de la victime.

Au sacrum succèdent de petits os, dont l'ensemble se nomme coccyx ou queue.

Le tronc se divise en deux cavités non fermées : le thorax et le bassin. Le thorax est circonscrit en arrière par les vertèbres dorsales, en avant par le sternum, et de chaque côté par des os en arc appelés côtes. Le thorax, dans sa partie supérieure, renferme sur les côtés les poumons, en avant et à gauche le cœur, l'origine et la terminaison des gros vaisseaux. La partie inférieure que le muscle diaphragme sépare du bas de la supérieure ou antérieure, contribue à former la cavité abdominale. Le bassin se compose de quatre os : du coccyx et du sacrum en arrière, sur les côtés et en avant des os iliaques ou coxaux. Cette cavité renferme une partie du canal intestinal, la vessie et les organes profonds de la génération.

Les membres sont au nombre de quatre : deux thoraciques et deux abdominaux. Les premiers offrent à considérer : l'épaule, qui a pour base osseuse l'*omoplate*, ou scapulum; le bras, formé par l'humérus, dont l'extrémité supérieure est reçue dans la fossette creusée dans l'avant-bras; l'avant-bras, composé de deux os, le radius et le cubitus, dont l'extrémité supérieure prolongée constitue, sous le nom d'olécrane, la partie osseuse du coude. Les extrémités inférieures du radius et du cubitus s'articulent avec les os du carpe ou poignet, au nombre de huit chez l'homme, de sept chez les solipèdes, et de six chez les ruminants : dans ces animaux, ils forment le genou. Le métacarpe, intermédiaire au carpe et à la région digitée, comprend cinq os chez l'homme, trois chez les chevaux et les bœufs, dont le principal se nomme canon, et les deux autres péronés. La région digitée constitue le pied du cheval, formé par l'os du paturon, qui s'articule supérieurement avec le canon, et inférieurement avec l'os de la couronne; celui-ci s'unit à l'os du pied sur lequel est moulé le sabot. Trois autres petits os, appelés sésamoïdes, complètent l'ensemble des phalangiens. Tous les os de la région digitée sont en double dans les animaux didactyles (à deux doigts, comme les ruminants) et en nombre quadruple chez les tétradactyles. Les membres abdominaux ou pelviens offrent à considérer : la hanche, qui a pour base l'os iliaque, dont nous avons déjà parlé à l'occasion du bassin ; la *cuisse*, dont le fémur constitue la base. La *jambe*, région analogue à l'avant-bras, comprend trois os : le tibia, le plus considérable des trois ; le péroné, petit et allongé, manquant dans les didactyles, et très développé chez les tétradactyles ; la rotule, sorte de poulie attachée à l'extrémité supérieure du tibia, et mobile sur l'extrémité inférieure du fémur ; le jarret ou tarse correspond au carpe. Six os forment la partie osseuse de cette région ; ce sont, le calcanéum, constituant le talon chez l'homme ; l'astragale, deux os plats et deux autres os irréguliers. Quant aux os du métatarse ou du canon de derrière, et à ceux de la région digitée, ils sont identiques en tous points à ceux des régions correspondantes des membres antérieurs. Le squelette formant la base solide qui donne insertion aux puissances locomotrices, on conçoit que sa forme générale doit être en harmonie avec les mouvements habituels des animaux. Les muscles ne sont pas entièrement composés de fibres charnues et contractiles ; celles-ci, liées entre elles au moyen d'un tissu cellulaire lâche, ne s'attachent guère directement au système osseux et ont presque toujours pour intermédiaires des fibres blanches résistantes et solides, qui, réunies, constituent les *tendons* quand les muscles sont allongés ou fusiformes, et des aponévroses quand les muscles sont larges et membraneux. Les différentes pièces du squelette, que nous avons énumérées chez le cheval, sont jointes entre elles par des

ligaments et des articulations mobiles ou immobiles. Les pièces osseuses, qui peuvent jouer l'une sur l'autre, reçoivent des
muscles diverses impulsions qui constituent les mouvements.

DE L'EXTÉRIEUR DES ANIMAUX DOMESTIQUES.

Il existe entre les formes du corps des animaux domestiques
et les services auxquels on peut les appliquer de préférence
des rapports qu'il est important de saisir. En effet, les signes
extérieurs témoignent d'une manière plus ou moins saillante,
mais toujours vraie, de la bonne ou mauvaise organisation
interne et des effets qu'on doit en attendre ; mais cette appréciation n'est pas à la portée de tout le monde : elle exige des
notions exactes d'anatomie et de physiologie, car l'étude de
l'extérieur d'un animal ne saurait donner tous les résultats
désirables, quand elle ne s'appuie pas sur la connaissance des
parties que recouvre la peau. On n'arrive, autrement, qu'à
des données empiriques dont il devient impossible d'expliquer
la raison, et qui exposent à des mécomptes les personnes qui
veulent en faire usage. Nous nous bornerons à donner quelques
définitions qu'il est bon de ne pas ignorer.

On donne le nom de beauté à la réunion de toutes les conditions extérieures qui indiquent les qualités que l'on recherche
dans un animal. Il existe dans les animaux deux sortes de
beauté : celle qui résulte des formes gracieuses et celle qui
naît de la conformation la plus parfaite pour l'usage auquel ils
sont destinés. Ainsi, cette dernière beauté est relative : elle
n'est pas la même pour le cheval de selle que pour celui qui
doit traîner au pas de lourds fardeaux ; elle n'est pas non plus
la même pour les bêtes à cornes, sous le triple rapport du travail, de la laiterie et de la boucherie. Les animaux qui ont des

formes agréables à l'œil, qui plaisent à la vue même de nos connaisseurs, possèdent généralement d'excellentes qualités. Cependant, il ne faut pas considérer les animaux comme de simples machines dont on puisse calculer avec justesse les effets; on doit toujours tenir compte de l'influence nerveuse variable en intensité dans chaque individu, et qui constitue sa nature, son tempérament, son énergie particulière. On entend par défectuosité l'absence d'une ou plusieurs des conditions qui indiquent la beauté. Les tares sont des cicatrices que porte l'animal; elles proviennent d'opérations, d'accidents dont il importe à l'acheteur d'apprécier rigoureusement l'origine. On appelle vices des défauts qui, dépendant du moral ou du physique de l'animal, ne se manifestent à l'extérieur que par l'expression de la physionomie : tels sont les mouvements des oreilles des chevaux méchants. On donne le nom de robe à l'ensemble des poils et des crins qui recouvrent la peau des animaux domestiques. Les poils courts et nombreux en recouvrent la plus grande surface. Les crins, plus gros et plus longs, n'occupent que les régions de la crinière, du fanon, de la queue et le pourtour des ouvertures naturelles. La couleur générale est très variable, et souvent, dans chaque robe, il existe une infinité de nuances diverses. On donne le nom d'allures aux différents modes de progression des animaux; et, suivant qu'elles sont plus ou moins vives et précipitées, on les distingue en pas, trot, galop. Dans les allures régulières, les membres se succèdent en diagonale, c'est-à-dire que le pied antérieur droit est suivi par le pied postérieur gauche, et que le pied antérieur gauche est suivi par le pied postérieur droit. Les membres antérieur et postérieur du côté opposé forment ce que l'on appelle un bipède diagonal. L'amble est une allure dans laquelle les membres du même côté se lèvent et se posent simultanément bipède latéral). Dans ce cas, l'animal rase la terre, ce qui expose à butter et à faire de fréquentes chutes.

DE L'AGE DES ANIMAUX DOMESTIQUES.

—

Les animaux domestiques n'étant pas également propres à toutes les époques de la vie à nous rendre les services que nous en attendons, il est très important de pouvoir connaître le nombre de leurs années. Les incisives de quelques uns nous en fournissent les moyens, du moins pendant un certain temps.

Age du cheval, de l'ane et du mulet. — Ces solipèdes ont à chaque mâchoire six incisives rangées avec régularité en arcade et creusées d'une petite fossette dans la jeunesse de l'animal. Leurs molaires, au nombre de six de chaque côté, sont carrées et ont la couronne marquée de quatre croissants en saillie qui servent à broyer les graines et les herbes dont ils se nourrissent exclusivement. A l'état de nature, ils n'ont que de petites canines ou crochets, dont les femelles sont même ordinairement privées, et à leur suite se trouve un assez grand espace vide appelé barres, qui correspond à l'angle des lèvres, et dans lequel on place le mors, au moyen duquel l'homme est parvenu à dompter les quadrupèdes. La petite fossette dont est creusée la couronne, ou table dentaire des incisives, est allongée d'un côté à l'autre et remplie d'une matière noirâtre qu'on appelle germe de fève. Tant que cette cavité reste apparente dans quelqu'une des incisives, l'animal *marque* et n'a pas encore sept ans, mais dès qu'elle disparaît par suite de l'usure due au frottement des dents, ce qui a lieu vers le milieu ou la fin de la septième année, l'animal est dit hors d'âge, c'est-à-dire qu'on n'a plus de moyen bien positif de compter ses ans. La cavité dont nous venons de parler laisse après sa disparition une marque blanchâtre, irrégulière, que l'on nomme étoile dentaire. L'éruption des incisives caduques, dents de lait, a lieu depuis la naissance jusqu'à dix mois; l'éruption des incisives de remplacement de deux ans et demi à cinq ans. La forme ovale, puis ronde, que prend ordinairement la table des incisives inférieures et la disparition de la fossette fournissent des indications précises jusqu'à huit ans. Plus tard, l'apparition de l'étoile dentaire, puis la triangularité et la biangularité successives des incisives inférieures et supérieures indiquent au vétérinaire l'âge jusqu'à vingt ans et au-delà. Les marchands de chevaux ayant intérêt à ce que les animaux paraissent toujours plus près de l'âge où leur valeur est la plus grande cherchent, soit à activer l'éruption des dents de remplacement par l'arrachement des caduques, soit à pratiquer une cavité factice pour faire paraître l'animal plus jeune ou plus vieux qu'il n'est en réalité. Ces ruses sont faciles à démasquer; il est d'ailleurs prudent de prendre l'avis d'un vétérinaire quand on veut éviter d'être trompé sur l'âge de l'animal que l'on achète.

AGE DU BŒUF. — L'appareil dentaire et les cornes des bêtes bovines donnent des indications assez constantes sur leur âge. Les dents du bœuf sont au nombre de 56, dont 24 grosses molaires, 4 petites molaires supplémentaires et 8 incisives molaires dans leurs alvéoles, à la mâchoire inférieure seulement. Ces dernières fournissent seules des renseignements sur l'âge, mais, au lieu de présenter une cavité, comme celles du cheval, leur table offre deux cannelures longitudinales, dont l'effacement a lieu par une usure progressive. Avant que ces cannelures aient complètement disparu, on aperçoit une bande transversale, jaunâtre, située vers le bord supérieur, et qui, avec la temps, gagne insensiblement le milieu de la table, s'élargit, devient carrée, puis ronde. La table dentaire des incisives est aplatie d'avant en arrière et va en se rétrécissant vers les gencives; elle se trouve circonscrite par un bord saillant. Les incisives caduques sont plus étroites que celles de remplacement; et dans le veau formé l'arcade incisive se trouve coupée en deux par un intervalle assez grand. L'éruption des incisives caduques a lieu deux ou trois jours avant ou après la naissance. Elle est complète du quinzième au vingtième jour. L'éruption des incisives de remplacement commence à l'âge de dix-neuf à vingt mois; elle se termine de quatre ans et demi à cinq ans. De cinq ans et demi à six ans, la rangée incisive est complète. Plus tard, l'usure de la table, la forme de la bande déjà signalée et l'écartement des incisives sont les signes au moyen desquels on reconnaît l'âge du bœuf. Les cornes que l'on sent sous la peau peu de jours après la naissance apparaissent à nu vers la fin de la troisième semaine. De dix mois à un an, il se forme un sillon peu distinct qui limite le premier cercle représenté par toute la pousse de la corne depuis la naissance. C'est la marque de la première année; chaque année un nouvel anneau vient s'ajouter au premier, de sorte qu'il suffit de compter depuis le sommet des cornes jusqu'à leur base les sillons qui séparent chacun des anneaux; mais les deux premiers sillons ne restant apparents que jusqu'à trois ans, à cet âge le cercle indicateur reste profondément marqué, de sorte que, pour plus d'exactitude, il ne faut réellement compter qu'à partir du sillon triennal jusqu'à huit ans. Plus tard, les cercles, se confondant les uns avec les autres, ils ne peuvent plus servir d'indices certains sur l'âge des bœufs.

Âge du mouton. — L'appareil dentaire du mouton présente peu de différences comparativement à celui du bœuf. L'agneau naît presque toujours sans dents incisives; elles ont terminé leur complète évolution vers le vingt-cinquième jour. Les incisives de remplacement apparaissent de quinze à dix-huit mois; elles sont complètes de quatre ans et demie à cinq ans.

Age du chien. — Le chien adulte porte 42 dents, dont 20 pour la mâchoire supérieure, et 22 pour l'inférieure, 6 incisives et 4 crochets à chaque mâchoire. Le chien naît ordinairement avec toutes ses dents de lait, dont le remplacement s'effectue de cinq à six mois. Les incisives ont le bord supérieur découpé en trois lobes, ce qui leur donne à peu près la forme d'une fleur de lis. C'est l'usure du lobe moyen par le temps qui forme le principal indice de l'âge du chien.

Age du porc. — Les dents du porc, lorsque leur évolution est complète, sont au nombre de 22 à chaque mâchoire: 6 incisives, 2 crochets et 14 molaires. Les incisives présentent une cavité dentaire, comme chez le cheval; c'est par l'effacement de cette cavité par l'usure, le remplacement successif des crochets, des incisives caduques et de remplacement qu'est fondée la connaissance de l'âge du porc.

PHÉNOMÈNES CHIMIQUES DE LA VIE ANIMALE.

Les travaux de M. Dumas ont fait luire sur la chimie organique un jour tout nouveau. Je ne puis résister au désir d'exposer ici, comme je l'ai déjà fait pour les plantes, un aperçu des résultats auxquels est arrivé le célèbre professeur. Les caractères chimiques les plus constants de l'animalité résident dans la combustion du carbone, qui a pour conséquence un développement d'acide carbonique et de chaleur. Il y a également combustion d'hydrogène. C'est un point prouvé par la disparition constante d'oxygène qui a lieu dans leur respiration. En outre, il y a exhalation d'azote libre ou sous forme d'ammoniac, emprunté tout entier aux aliments. Si, dans l'ordre général des choses, nous rendons à l'air l'azote que certains végétaux lui empruntent directement, il devait arriver aussi que nous soyons tenus de lui rendre de l'ammoniac, produit si nécessaire à l'existence, au développement de la plupart des végétaux. Tel est le principal résultat de la sécrétion urinaire ; c'est une émission d'ammoniac sous une forme spéciale, urée, qui retourne au sol ou à l'air : ainsi, par le poumon et la peau, acide carbonique et azote ; par les urines, ammoniac. Tels sont les produits constants et nécessaires qui s'exhalent de l'animal ; ce sont précisément ceux que la végétation réclame et utilise. La digestion est une simple fonction d'absorption ; elle introduit dans le sang des matières organiques toutes faites. L'assimilation utilise celles qui sont azotées ; la respiration brûle les autres. C'est là la source de la chaleur animale, plus ou moins constatable suivant les espèces, mais qui existe néanmoins chez tous les animaux. Les différents principes immédiats, tels que l'albumine, le caséum, la graisse, ne sont pas formés de toutes pièces dans les organes par une élaboration vitale, mais simplement extraits des matières alimentaires dans lesquelles l'animal les trouve tout formés. Après s'être appliqué ces matériaux, il les consomme par une combustion lente et en rend les éléments à l'atmosphère. Là, ils sont de nouveau puisés par les plantes, lesquelles sont, en réalité, douées de la faculté de création que l'on accordait jadis aux animaux.

La création se divise en trois grandes parties : l'air atmosphérique, le règne végétal et le règne animal. Entre ces trois masses, des échanges continuels se passent. La matière descend de l'air dans les plantes, pénètre par cette voie dans les animaux et retourne à l'air à mesure que ceux-ci les mettent à profit. Les végétaux verts avec de l'azote, du carbone, de l'hydrogène, de l'eau et de l'ammoniac, construisent lentement toutes les matières organiques les plus complexes. Ils reçoivent des rayons solaires, sous forme de chaleur, les forces nécessaires à ce travail. Les animaux s'assimilent et absorbent les matières organiques formées par les plantes; ils les détruisent en les altérant peu à peu. Dans leurs tissus ou leurs vaisseaux, des matières organiques nouvelles peuvent naître; mais ce sont toujours des matières plus simples, plus rapprochées de l'état élémentaire que celles qu'ils ont reçu. Ils défont donc peu à peu ces matières organiques, créées par les plantes; ils les ramènent donc peu à peu à l'état d'acide carbonique, d'eau, d'azote, d'ammoniac, état qui leur permet de les restituer à l'air. Enfin, en détruisant ces matières organiques, les animaux produisent toujours de la chaleur, qui, rayonnant de leurs corps dans l'espace, va remplacer celle que les végétaux avaient absorbée. Ainsi, tout ce que l'air donne aux plantes, les plantes le cèdent aux animaux, les animaux le rendent à l'air, cercle éternel dans lequel la vie s'agite et se manifeste, mais où la matière ne fait que changer de place. La matière brute de l'air, organisée par les plantes, vient donc fonctionner sans changement dans les animaux et servir d'instrument à la pensée; puis, vaincue par cet effort et comme brisée, elle retourne, matière brute, au grand réservoir d'où elle était sortie.

FACULTÉS INTELLECTUELLES DES ANIMAUX.

—

On a longtemps refusé aux animaux une puissance intellectuelle qui semblait empiéter sur la royauté de l'espèce humaine; mais, quelle que soit la large part que l'on fasse au raisonnement de la brute, elle ne pourrait nuire essentiellement à la supériorité que l'homme a reçue du Créateur. Et, bien loin qu'il soit irréligieux d'attribuer à l'animal un jugement, une perfectibilité que quelques naturalistes ont la prétention de lui dénier, au contraire, c'est comprendre de la manière la plus convenable les œuvres de Dieu que de leur supposer la plus vaste étendue dans leur action. Nous avons vu précédemment qu'il est démontré par l'expérience que la matière des corps vivants est parfaitement inerte, comme la nature des corps privés de vie; que le siège de l'intelligence, c'est-à-dire de la perception et de la volonté, réside dans le cerveau, et qu'il est un et indivisible comme elle; que la sensation et les mouvements ont leurs organes spéciaux, qui existent en dehors du cerveau, ce qui fait voir aux plus incrédules qu'il est impossible de confondre l'intelligence avec la sensation ou le mouvement.

Inertie absolue de toute matière, unité et spiritualité de l'intelligence, vérités connues de tous les bons esprits, mais dont la physiologie fournit des preuves que ne peuvent récuser ceux qui se disent positifs par excellence et qui détruisent par leur racine les systèmes matérialistes. Ainsi, le cerveau est le siège organique de l'intelligence. Les nerfs qui viennent y converger constituent ce que l'on appelle le sensorium, et du rapport qui s'établit entre les nerfs et les objets extérieurs, proviennent la mémoire, les comparaisons et l'idéalogie, c'est-à-dire toutes les facultés intellectuelles, facultés qui dirigent les animaux dans toutes les circonstances de leur vie; mais le principe dirigeant subit des modifications qui se mettent en harmonie avec les structures diverses et les conditions à part d'existence propres à chaque ordre et à chaque espèce du règne animal. Chez l'homme, la puissance comparative a un plus grand développement que chez les animaux, et sa sensibilité se trouve irritée d'une façon à peu près égale par tous les sens, tandis que, chez l'animal, il y a toujours un sens qui l'emporte sur tous les autres : ainsi l'odorat domine dans le chien. Selon le genre auquel appartient l'animal, l'intelligence se manifeste en lui par les organes qui sont les plus propres à seconder sa conception et sa volonté : l'homme et le singe accomplissent avec la main une foule de choses remarquables. Tout le monde sait combien l'état de domesticité, l'éducation opèrent de changements dans les mœurs de l'animal, et combien il subit les influences sympathiques des habitudes plus ou moins douces ou plus ou moins âpres de son maître, et l'homme qui vit dans une fréquentation habituelle avec une espèce d'animaux prend bientôt les habitudes de cette dernière : ainsi, il est lourd avec le bœuf, dur avec le cheval, sobre avec le chameau.

DE L'INSTINCT ET DE L'INTELLIGENCE.

—

L'intelligence de l'animal et l'instinct sont deux forces propres et parfaitement distinctes. Voici pourquoi :

On remarque que les animaux qui ont le plus d'intelligence sont ceux qui ont le moins d'instinct, et réciproquement que ceux qui ont le plus d'instinct sont ceux qui possèdent le moins d'intelligence. Qu'est-ce que l'instinct, soit dans l'animal, soit même chez l'homme ?

Son premier caractère, c'est qu'il ne croît pas, dans les animaux, comme l'intelligence, mais, au contraire, en raison inverse de l'intelligence. Ces deux faits se disjoignent. L'instinct est très développé dans les insectes, qui n'ont point ou presqu point d'intelligence. Ce n'est que par habitude qu'on dit l'*intelligence des insectes*. L'araignée, l'abeille, la fourmi, le ver à soie font, sans l'avoir appris, des choses qu'on ne pourrait apprendre à un chien, que l'homme même ne pourrait parvenir à exécuter.

Ces insectes produisent des œuvres qui sont d'une intelligence supérieure, qui n'est point en eux, et dont ils n'ont pas conscience.

L'homme seul conçoit et comprend ce qu'il y a de merveilleux dans leur ouvrage.

Ainsi, faire une chose non apprise, la faire fatalement, voilà deux caractères de l'instinct.

En résumé, l'instinct est une faculté accordée à tous les êtres. Chaque organe de l'animal a la conscience de sa destination : la plante elle-même ne s'approprie que les éléments qui lui sont utiles. L'instinct est donc une impulsion des organes, un entraînement commandé par une destination absolue, fatale : les poulets qui viennent de naître se dirigent spontanément vers les grains qu'on a mis à leur portée ; les canards qui sortent de l'œuf vont, sans plus tarder, à la recherche de l'eau.

Toutes les fois que les sens agissent sans la participation de la pensée, c'est de l'instinct : tels sont, chez l'homme et les animaux, la recherche de la mamelle par le petit qui vient de naître. L'instinct se perfectionne par l'intelligence. L'instinct et l'intelligence ne peuvent être isolés chez les animaux ; tous deux sont des nécessités de leur existence. Les habitudes deviennent des instincts chez l'homme comme chez les animaux. La domesticité trop étroite émousse les instincts de ces derniers.

DE L'INTELLIGENCE.

—

L'intelligence a aussi trois caractères, mais directement opposés à ceux de l'instinct.

L'intelligence des animaux n'agit que par instruction, par expérience.

Elle est un acte de leur volonté.

Enfin, c'est un phénomène d'un ordre général.

Un animal intelligent peut apprendre plus ou moins à faire des choses diverses.

Donc l'intelligence est le résultat d'une force propre, et l'instinct le produit d'une autre force propre.

On trouve de l'instinct jusque dans les animaux les plus intelligents.

L'homme lui-même n'a-t-il pas, comme les animaux, les instincts de conservation : manger, fuir, se défendre, s'abriter, propager son espèce, etc. ?

De plus, il arrive souvent qu'on finit par faire par instinct ce qu'on a d'abord appris par l'intelligence : par exemple, quand on lit, quand on écrit, on ne pense plus aux lettres, aux mots que les yeux parcourent ou que la plume trace instinctivement.

Les conditions d'où résulte l'intelligence se trouvent aussi rigoureusement combinées chez l'animal que chez l'homme. L'intelligence est une nécessité pour l'entretien de la vie, et le Créateur a donné à tous les êtres qu'il a formés la faculté de vivre. L'instinct naît avec l'individu ; l'intelligence provient de l'usage de la vie ; elle émane de la mémoire du passé, des comparaisons dont s'entoure le présent, et ces circonstances étant variables, imprévues, l'animal devait donc être, comme l'homme, doué de l'intelligence, pour se conserver au milieu des événements et subvenir aux besoins qui l'assiégent. Pour agir d'une manière opportune dans chaque occasion, il est indispensable d'avoir la conscience de ses actes ; cette conscience s'établit par la comparaison ou la pensée. Tout acte motivé par des idées acquises et au moyen des organes des sens est donc de l'intelligence. L'animal ne réfléchit peut-être pas par anticipation, comme l'homme, pour obvier à des chances éloignées ; mais sa détermination est peut-être plus prompte en présence des ennemis. Puisque la pensée et la réflexion sont les signes caractéristiques de l'intelligence, il est impossible de refuser cette faculté aux animaux. Le chien de berger, sans y être excité par son maître, et même en l'absence de celui-ci, maintient un troupeau dans les limites qu'il ne doit pas franchir et exerce une surveillance telle que l'homme ne saurait la surpasser. Cette conduite ne peut être attribuée à l'instinct, car si le raisonnement ne déterminait pas seul l'activité de ce fidèle gardien, au lieu de s'astreindre à une sorte d'esclavage et de travailler, il se reposerait ou prendrait la fuite. Il reste à son poste parce qu'il a conscience de la mission qui lui est confiée et qu'il apprécie ce qui résulterait pour lui de l'abandon de ce poste. Un cheval réfléchit incontestablement lorsque, traînant une voiture, il s'arrête à un chemin bifurqué et attend son conducteur, qui doit lui indiquer la bonne direction, dans la crainte qu'il a de s'engager dans la mauvaise.

Les animaux sont doués à un puissant degré de la faculté de s'orienter : tel est le chien, qui est merveilleusement servi en cela par son odorat ; tels sont encore les pigeons, et particulièrement les espèces émigrantes. Le cheval sait retrouver son logis, lors même qu'il a une très grande distance à franchir et qu'il doit se diriger par des chemins qui lui sont inconnus.

Les animaux savent mesurer le temps, puisqu'ils ont des

heures fixes pour aller chercher leur nourriture, des époques régulières et des jours marqués pour quitter une contrée ou pour y arriver, les hirondelles, par exemple. Les chevaux habitués à recevoir leurs aliments à une heure déterminée hennissent lorsque cette heure est arrivée. La même chose a lieu chez le bœuf, la vache, etc. Pendant la révolution française, les semaines ou décades se composaient de dix jours, de sorte que le dimanche de notre calendrier ordinaire n'était plus un jour férié : alors les animaux de travail refusaient obstinément de se rendre aux champs le jour du calendrier républicain correspondant au dimanche du calendrier grégorien.

L'intelligence se développe chez les animaux avec un notable progrès lorsqu'ils vivent en société : les mœurs, les travaux des abeilles, des fourmis, des castors, offrent des particularités qui excitent constamment notre admiration; et, certes, tant d'industrie et de génie n'est pas le résultat de simples machines, il est impossible de le croire.

L'amour du père et de la mère pour leurs petits et surtout le sentiment qui se manifeste avec le plus de vivacité chez les animaux, et les preuves qu'ils en donnent sont quelquefois un véritable héroïsme ; ils n'abandonnent jamais leurs petits que lorsque l'éducation qu'ils doivent recevoir est complète et qu'ils peuvent se suffire à eux-mêmes.

Les animaux qui s'attachent à l'homme le font avec une vivacité, une passion bien supérieure à celle que les individus éprouvent les uns pour les autres dans l'espèce humaine; car l'animal est constant dans son amour, il lui consacre une abnégation complète, et souvent il ne survit pas à la perte de l'objet aimé. Le chien offre surtout les exemples les plus nombreux de ce dévouement ; le cheval de l'arabe, élevé sous la tente, joue avec les enfants, se prête à leurs fantaisies et évite soigneusement de leur faire mal, et quand cet intelligent animal a commis quelque faute, la plus sévère punition que son maître puisse lui infliger consiste à le priver momentanément de ses caresses.

On rencontre chez les animaux, comme cela a lieu chez l'homme, des antipathies qui échappent à l'appréciation du raisonnement. Ces antipathies peuvent être fort nombreuses, mais peu sont connues : la couleur rouge met en fureur le dindon et le bœuf ; celui-ci est l'ennemi né du bison ; le chien du loup ; la souris fuit la menthe ; le contact du frêne fait reculer le serpent à sonnettes.

Les animaux d'espèces différentes s'entr'aident quelquefois pour leurs besoins et pour leur défense ; il existe une telle sympathie entre les brebis et les chèvres, que pour éviter les dégâts que commettent celles-ci dans les champs cultivés, il suffit de les joindre à un troupeau de moutons : en effet les chèvres, qui seules s'éparpilleraint au loin, restent avec le troupeau des bêtes ovines, et en écartant celles-ci des lieux dé fendus on en éloigne les autres.

Les animaux pressentent aussi d'une manière fort remar- quable les moindres variations de l'atmosphère, et les signes constants qu'ils donnent de ces variations ont fourni une foule de pronostics aux agriculteurs. Les orages sont annoncés par les mugissements, l'inquiétude et les plaintes des animaux domestiques.

Le besoin de vivre en société se fait ressentir chez un grand nombre d'espèces d'animaux ; ce sentiment de sociabilité détermine chez eux un notable changement dans le caractère et dans les mœurs : les vaches ordinairement si douces dans les étables prennent un caractère fier et courageux sur les mon- tagnes, s'avancent avec une intrépidité vers le danger; lorsque celui-ci a été signalé par le cri de l'une d'elles, toutes se précipitent du côté où est l'ennemi, elles forment un cercle autour de lui et il est rare qu'il ne succombe pas sous leurs coups réunis.

La nourriture, le climat, les habitudes, les bons ou mauvais traitemens et la nature des relations changent, modifient, perfectionnent ou altèrent le développement corporel et l'intelligence des animaux. Telle ou telle espèce avait à l'état sauvage des mœurs que la domesticité a totalement changées ; car plus l'animal a de rapports avec l'homme, plus son intelligence se perfectionne.

Le dévouement, la fidélité, l'oubli des injures et la générosité, sont les principales qualités des animaux, qualités qui se manifestent surtout d'une manière admirable chez le chien, le cheval, le bœuf, etc.

NATURE DE L'INTELLIGENCE DE L'HOMME.

L'intelligence de l'animal, c'est de percevoir des sensations, de s'en souvenir, de les comparer ; mais jamais l'animal ne passe au métaphysique.

Vous n'agissez sur lui que par le physique, par des caresses, par des coups, par des friandises. Il n'entend que le son de nos paroles, il associe à ce son le souvenir des caresses, ou des coups, ou des friandises. Il n'a que des sensations, pour lui il n'y a rien au-delà.

Tout homme possède en lui-même l'idée claire de son être moral, idée beaucoup plus nette que la connaissance de notre être physique lui-même.

L'animal ne se connaît pas, ne se rend pas compte de son intelligence.

L'homme se connait pour un être moral, parfaitement indépendant de la matière.

Ma mémoire, mon imagination, mon jugement, sont imparfaits; mais aucun être moral ne peut imposer à ma liberté morale.

Le moindre obstacle impose à mon physique, mais quand je veux, j'immole cette matière à ma volonté.

C'est la source de l'héroïsme, du sacrifice.

Le suicide n'est qu'un horrible abus de la liberté.

En résumé, l'homme se connait *être moral* et *seul* être moral.

Il sait qu'il connaît les lois du juste, et qu'il est libre.

Il a par conséquent la notion claire de la responsabilité de ses actes, et il sait qu'il y a un être suprême à qui un jour il rendra compte.

Ainsi l'idée de l'infini, l'idée de Dieu, sont la limite éternelle que le créateur a posée entre l'homme et la bête : L'homme seul possède le physique et le métaphysique. Comment agissent ils l'un sur l'autre ? C'est ce que nul ne sait, n'a su, ni ne saura jamais.

INFLUENCE DES BONS OU MAUVAIS TRAITEMENTS SUR LES ANIMAUX.

La vie des animaux domestiques pourrait se prolonger bien au-delà du terme ordinaire, et par conséquent les services qu'ils rendent seraient plus nombreux, si l'on n'abusait pas, et trop souvent avec cruauté, de ces précieux serviteurs : succombant de fatigue et de faim, leurs derniers efforts sont cependant encore des services qu'ils cherchent à rendre à leurs bourreaux. On voit donc combien est coupable et nuisible à leurs véritables intérêts la brutalité de ceux, qui par ignorance ou par méchanceté, maltraitent presque continuellement les animaux confiés à leurs soins; certes, les animaux ont vie, sentiment comme nous, il ont des affections, de la joie, de la douleur, de la tristesse, de la sensibilité, des chagrins, de l'intelligence, en un mot ils partagent tant de choses avec l'homme, qu'il serait plus conforme à la raison et à l'humanité de traiter avec douceur des êtres que le créateur a doués des plus heureuses facultés. L'habitude, l'exemple ont une grande influence sur nos penchants, ils peuvent les réprimer ou les développer; celui qui s'accoutume à tenir une conduite brutale envers des êtres inférieurs, qui voit traiter et qui traite les animaux avec brutalité, ne peut conserver des sentiments doux, humains pour sa femme, pour ses enfans, pour tous ceux avec qui il est en relation. L'homme qui réprime ses mouvements de vivacité, de colère, qui est juste, raisonnable envers son chien, son cheval, ne pourrait être méchant envers ses semblables. Les animaux menés avec douceur sont vifs, ardents, dociles; ils travaillent à leur aise, emploient leurs forces d'une manière régulière, continues, et font beaucoup de travail sans fatigue, sans efforts. Les chevaux de l'Orient doivent leurs qualités et l'attachement dont ils donnent tant de preuves à leurs maîtres, aux soins avec lesquels ils sont élevés sous les tentes de la tribu. Les animaux mal menés sont toujours de mauvaises bêtes; ils sont stupides, méfiants, indociles et méchants. Il existe en Angleterre et en Prusse des lois contre ceux qui maltraitent grossièrement les animaux; en Allemagne il s'est formé des sociétés ayant pour objet de veiller à ce que les animaux soient traités avec douceur. La France, plus que tout autre pays, aurait besoin d'institutions et d'une législation semblables, car la brutalité du charretier français est devenue

proverbiale en Europe; voici le portrait, malheureusement trop vrai, qu'un journal en a tracé : « Son cheval tombe sous le
» faix, il l'écrase et le bat; son cheval a des coliques, il lui
» administre des coups de pieds sous le ventre; son cheval
» porte un fardeau mal fixé, que le mouvement fait tomber,
» vite il saisit la bride d'une main dure, accule le malheureux
» animal sur les jarrets et lui brise le manche de son fouet sur
» la tête; son cheval est couvert de sueur, il l'arrête de sa
» voix rauque et menaçante devant la porte d'un cabaret où il
» va boire tandis que la pauvre bête reste exposée aux injures
» de l'air, aux piqures des insectes, aux tracasseries des enfants;
» en otant le harnais de son cheval s'aperçoit il qu'il l'a
» blessé, c'est alors un redoublement de vociférations, de ju-
» rements à faire trembler le diable lui-même; mais le collier
» mal fait et déformé ne sera pas réparé. On a vu des charre-
» tiers mettre le feu sous le ventre d'un cheval pour le faire
» relever ! et il n'y a point de châtiment pour tant de cruauté. »

DE LA VIE, DU PRINCIPE VITAL ET DE L'AME.

La vie est un phénomène temporaire qui consiste dans la formation, l'accroissement, le décroissement et la dissolution d'un agrégat mixte.

Il y a dans les êtres vivants deux éléments : l'un est substance matérielle, c'est-à-dire palpable, impénétrable, soumis aux lois de la composition et de la décomposition chimique; l'autre, qui n'a nul rapport appréciable avec les phénomènes de la physique, est immatériel : c'est le principe vital connu seulement par ses effets; c'est lui qui donne aux organes l'impulsion indispensable à l'exécution de leurs fonctions, force vitale qui anime à divers degrés tout être organisé toutes les fois que les conditions acquises s'y trouvent, et c'est cette animation qui constitue la vie. Ainsi, quand on compare la structure d'un être bien organisé qui vient de mourir à la structure d'un être de même nature qui vit et remplit ses fonctions, l'examen le plus minutieux les montre parfaitement semblables; et cependant, quelle immense différence! L'un est immobile, insensible. Tout chez lui est en stagnation pour éprouver bientôt la séparation de ses éléments et rentrer dans la matière brute. L'autre agit seul et exécute toutes ces fonctions, dont chacune serait une merveille, si nous n'avions pas l'habitude de les voir tous les jours. Le corps vivant possède-t-il quelque chose? Oui, sans doute, ce quelque chose qui, en dehors de nos organes, vient leur imprimer l'activité indispensable à l'accomplissement de leurs fonctions: c'est le principe vital.

L'agrégat matériel et la puissance vitale qui l'anime commencent par un infiniment petit à peine distinct du néant; ils croissent progressivement ensemble jusqu'à un certain terme, variable suivant les espèces, et qui est l'âge de quarante ans pour l'homme. Passé ce terme, la force vitale commence à s'affaiblir; elle décroît par degrés à peu près égaux à ceux qui avaient marqué son accroissement, jusqu'à ce que le composé ou agrégat matériel soustrait à l'influence de la vie se disloque après la mort. Ses différentes pièces se séparent, se décomposent, changent de forme et de propriété, et leurs éléments, recueillis dans le grand laboratoire de la nature, y sont employés à d'autres combinaisons. On le voit dans tout corps vivant, la matière change et se renouvelle sans cesse, tandis que la forme et la force vitale restent constantes. La forme et la force vitale sont donc indépendantes et dominatrices de la matière, qui est inerte. Elles sont donc immatérielles; c'est un fait prouvé par l'expérience physiologique. C'est par les sensations que le principe vital manifeste son influence sur les êtres organisés, et le nerfs en sont à la fois le siége et les agents. Tous les tissus vivants sont parcourus par d'innombrables vaisseaux, qui reçoivent des filets nerveux qui les accompagnent toujours avec la faculté de sentir, et qui tiennent de leur structure la propriété de se contracter. C'est cette double faculté, sentir et se contracter, qui, en dernière analyse, forme le caractère distinctif de la vitalité. La sensibilité appartient à tous les êtres vivants, mais se modifie suivant leur organisation spéciale. Le principe vital, cet agent incitateur de l'économie, commun à tous les corps organisés, diffère de l'âme, être indépendant, essence spirituelle, immortelle, émanée de la divinité, et qui n'appartient qu'à l'espèce humaine, qu'elle élève bien haut par dessus les autres classes d'êtres vivants.

NATURE DE L'HOMME. — Il y a donc dans l'homme trois éléments de nature différente, savoir : un agrégat matériel, une force vitale et une âme, principe de l'intelligence et de la pensée. Ce dernier principe ne parcourt pas, comme la vie purement organique, deux périodes à peu près égales, l'une croissante et l'autre décroissante. En premier lieu, ce principe ne se révèle par aucun signe appréciable, ni dans le fœtus, ni dans l'enfant nouveau-né, et il ne paraît pas commencer à croître et à se développer en même temps que la force vitale. En effet, celle-ci, dans tout son cours naturel et régulier, parcourt invariablement deux périodes, l'une ascendante et l'autre descendante, celle de l'accroissement et celle du décroissement, tandis que l'âme ou le sens intime continue, au contraire, à se développer pendant le décroissement de la puissance ou force vitale, ou tout au moins elle conserve son énergie souvent jusqu'à l'extrême vieillesse, jusqu'à la mort. En un mot, le principe moteur des fonctions organiques s'use, s'affaiblit et s'éteint ; mais le sens intime, l'âme pensante, le maintient dans sa force et ne vieillit jamais. Presque tous les hommes de génie qui se sont illustrés par des inventions, des découvertes et des chefs-d'œuvre, étaient depuis longtemps dans la seconde période de leur existence, lorsqu'ils composèrent leurs plus beaux ouvrages. Chez tous les peuples civilisés ou non civilisés, ce sont, en général, les vieillards qui délibèrent et des hommes encore jeunes qui agissent. Ainsi, le corps de l'homme a une forme constante : cette forme est immatérielle. Donc cette forme se renouvelle sans cesse. La matière prise aux éléments qui nous environnent est mue par une force vitale immatérielle et permanente comme la forme. Cette union sans cesse renouvelée de la forme et de la matière est un fait mystérieux, puisqu'elles n'ont aucun rapport naturel ; mais c'est un fait : voilà le corps. L'homme a, de plus, une intelligence innée à ce corps : cette intelligence voit très clairement qu'elle est bornée ; mais elle ne voit pas moins clairement qu'elle possède la notion de l'infini, de Dieu. Comment donc se fait-il qu'elle soit emprisonnée dans ce corps? Est-ce la matière qui est plus puissante que notre esprit ? Évidemment non. Mais la forme de notre corps, nous l'avons vu, est immatérielle. Cette forme est donc conçue par Dieu, c'est-à-dire qu'elle est une pensée divine, plus puissante que la pensée humaine.

On a donc pu dire avec vérité : l'image ou la forme du corps de l'homme et du corps de chaque homme contient l'esprit, le souffle divin enfermé dans ce corps. Ce n'est pas la matière dont ce corps est composé qui emprisonne l'esprit (la matière n'aurait pas cette puissance) : c'est la substance spirituelle et divine de l'image et de la forme, lesquelles étant des conceptions arrêtées du Créateur, ont la puissance d'isoler l'esprit au sein de ce petit monde fini qu'il est chargé d'animer et de mouvoir. L'homme est une intelligence enfermée dans une pensée de Dieu.

DIVISION DES ANIMAUX.

—

Lorsqu'on cherche à classer les animaux d'après les modifications qu'on remarque dans les appareils les plus importants de la vie, et d'après l'ensemble de leur organisation, on voit qu'ils peuvent tous se diviser en quatre types principaux nommés embranchements, savoir : les vertébrés, les articulés, les mollusques et les rayonnés. Le premier embranchement renferme tous les animaux dont la structure est la plus compliquée, et dont les facultés sont les plus variées et les plus parfaites; il comprend l'homme, les quadrupèdes, les oiseaux, les reptiles et les poissons. Les plus grands rapports dans la forme des principaux organes les unissent tous d'une manière si intime, qu'il est impossible de ne pas reconnaître qu'ils ont été créés sur le même plan et d'après le même modèle. La nature de leur squelette donne à toutes leurs parties une forme rigoureusement déterminée, et la manière solide dont les pièces qui le composent sont unies entre elles leur permet d'atteindre à une taille généralement très supérieure à celle des autres animaux. Cet embranchement se subdivise en quatre classes :

1° Les MAMMIFÈRES. — On appelle ainsi les animaux portant des mamelles, glandes destinées à produire le lait, première nourriture du jeune animal. Ils sont vivipares, ont la respiration pulmonaire simple, le sang chaud, la bouche armée de dents, le corps couvert de poils et tous les membres propres à la marche, au saut ou à la nage.

2° Les OISEAUX. — Ils sont ovipares, ont la respiration pulmonaire double, le sang chaud, la bouche prolongée en bec, et les membres antérieurs organisés pour le vol.

3° Les REPTILES. — Ils sont ovipares, ont la respiration

incomplète, le sang froid, le corps nu ou écailleux , les membres généralement conformés pour la marche.

4° LES POISSONS. — Ils sont ovipares , ont la respiration branchiale, le sang froid , le corps nu ou écailleux, les membres aplatis en nageoires.

Le deuxième embranchement est formé par les mollusques, animaux sans squelette ni forme bien déterminée. Leurs organes importants sont protégés par une peau molle et solide, garnie intérieurement de muscles pour la locomotion et encroûtée, dans beaucoup d'espèces , d'une matière calcaire qui la transforme en coquille : les limaçons, les huîtres , les moules, etc. Le troisième embranchement se compose des articulés , qui ont leur enveloppe composée d'une série d'anneaux transverses, mobiles les uns sur les autres et formant un squelette extérieur pour protéger les organes de la sensibilité et de la nutrition, et pour servir de point d'appui aux membres toujours articulés et au nombre de six au moins les abeilles, les guêpes. Le quatrième embranchement, ou rayonnés , au lieu d'avoir les organes de relation disposés symétriquement et par paires, comme les précédents, ont toutes leurs parties extérieures placées autour d'un point central, ce qui donne à leur corps la forme d'une étoile.

Dans la classification générale du règne animal, les animaux domestiques appartiennent à deux grandes classes , celle des mammifères et celle des oiseaux. Les mammifères réduits à l'état de domesticité ont été rangés en quatre ordres : les carnassiers, les pachydermes, les rongeurs et les ruminants. Les carnassiers domestiques sont le chien et le chat ; les rongeurs, le lapin et le lièvre ; les pachydermes à pieds fourchus, le cochon ; et ceux à un seul sabot, le cheval, l'âne, le mulet. Les ruminants forment trois genres qui se distinguent à l'état de nature par la direction des cornes frontales : ce sont les bœufs, les moutons et les chèvres. Les oiseaux domestiques sont classés en deux ordres par les naturalistes : les gallinacés et les palmipèdes. Les premiers sont les coqs, les poules, les dindons et les pigeons ; les palmipèdes comprennent les oies et les canards. Dans l'économie rurale, on ne tient pas compte des classifications scientifiques, et les animaux domestiques sont rangés en bêtes de trait ou de travail, en bêtes de vente ou de produit. Les premières, appliquées aux travaux de l'agriculture, sont : le cheval, l'âne, le mulet, le bœuf et la vache. Les bêtes de vente ou de produit sont les animaux qu'on élève seulement pour le bénéfice que procure leur éducation ; tels sont d'abord les précédents, qui, étant susceptibles de donner des profits, deviennent alors des bêtes de vente ; puis le mouton, la chèvre, le porc, le lapin, les volailles. Le chien et le chat, qui ne rendent que des services, forment une classe à part. Parmi les animaux domestiques, les chevaux, les bœufs, les moutons jouent le principal rôle dans l'économie rurale. On désigne souvent les premiers, le cheval, l'âne et le mulet par le nom collectif de bêtes chevalines ; les seconds par ceux de gros bétail, de bêtes ou bétail à cornes, de bêtes bovines, et les troisièmes par ceux de menu bétail, de bêtes blanches à laine ou ovines. Quant aux *volatiles*, les coqs, dindons, oies et canards, forment les oiseaux de basse-cour, et les pigeons les oiseaux de colombier.

LIVRE SECOND.

HYGIÈNE OU PRINCIPES GÉNÉRAUX DE L'ÉDUCATION DES ANIMAUX DOMESTIQUES.

CONSIDÉRATIONS PRÉLIMINAIRES.

En agriculture, on tient, on élève du bétail pour l'exécution des travaux, pour la production d'articles nécessaires à l'homme, tels que le lait, le beurre, le fromage, la chair, la graisse, la peau, la laine, etc., enfin, pour la production du fumier, dont l'abondance est la base d'une culture florissante. Les principes de l'économie du bétail sont généraux, c'est-à-dire applicables à tous les genres de bestiaux, ou sont spéciaux, particuliers à chaque genre. Les premiers sont déduits des lois générales de la vie des animaux ; les seconds indiquent l'application de ces règles générales à chaque genre de bétail, selon sa nature particulière et les circonstances dans lesquelles nous le plaçons.

Le mot hygiène comprend tout ce qui se rapporte à l'art de loger, de nourrir, de soigner les espèces soumises à la domesticité, quel que soit le but que l'on se propose. Cette science ainsi entendue se divise en plusieurs branches, selon que l'on veut spécialement multiplier, élever, dresser, entretenir les animaux. Ainsi, nous appelons multiplication la partie qui traite de la propagation des espèces. Le mot élève, élevage a quelquefois la même signification; cependant, il s'applique plus particulièrement à l'art de nourrir, d'élever les jeunes animaux. L'éducation, ou dressage, a pour but la manière de gouverner les élèves, de les diriger, de les dresser, de leur donner un bon caractère et de développer leur intelligence. Les diverses branches de l'hygiène ont entre elles de nombreux rapports et sont souvent pratiquées simultanément. Néanmoins, en théorie, il est facile de saisir les différences qui les distinguent, et même dans la pratique on les voit fréquemment exercées isolément. Ainsi, les poulains du Boulonnais, du Vimeux, sont vendus et conduits près des rives de la Seine, où ils sont élevés jusqu'à l'âge où ils peuvent travailler, et revendus alors ou dressés par des cultivateurs, qui en complètent l'éducation. Il y a dans la Bretagne certains cantons où l'on ne fait que produire, et d'autres où l'on ne fait qu'élever. L'élevage et l'engraissement des porcs et des bêtes à laine ont souvent lieu chez des cultivateurs qui ne s'occupent pas de la multiplication de ces animaux. Dans la production des animaux, la multiplication, l'élevage, l'éducation, l'entretien, doivent également être l'objet d'une grande attention, car il ne suffit pas de renouveler les individus ou même de les multiplier; il faut aussi les soigner pour conserver en eux les améliorations que possède la race, et pour leur communiquer les qualités qu'ils peuvent encore acquérir. Lorsque la multiplication, l'élève, l'éducation, l'entretien des animaux se correspondent et sont bien dirigés, on opère, sans frais, sans perte de temps, sans courir des chances malheureuses, des améliorations toujours lucratives et le plus souvent durables.

CHAPITRE Ier.

DE L'HYGIÈNE PROPREMENT DITE.

DÉFINITION. — L'hygiène a pour objet l'animal en santé et la connaissance des influences à l'action desquelles il est exposé, ainsi que l'usage qu'on en peut faire pour sa conservation.

Tout ce qui entoure les animaux, les soins qu'on leur donne, les harnais qu'on leur met, l'air qu'ils respirent, les travaux auxquels on les soumet, les substances qui servent à les nourrir, leur logement, leur ferrure sont les points essentiels de l'hygiène.

DES TEMPÉRAMENTS.

Les différentes dispositions dans lesquelles peuvent se trouver les animaux en état de santé, relativement aux influences auxquelles ils sont exposés, portent le nom de tempéraments ou de constitutions. On reconnaît quatre sortes de tempéraments : le sanguin, le lymphatique, le nerveux et le musculeux.

1° Chez l'animal à tempérament sanguin, le ventre est peu développé, la poitrine ample, et partant la respiration étendue. Le sang est riche en principes nutritifs, excitants, ce qui facilite la digestion et l'exécution des autres fonctions. L'animal sanguin n'acquiert pas souvent un volume considérable ni un excès d'embonpoint; mais, en revanche, il a une grande force et des mouvements très-libres. L'animal pléthorique est celui qui possède une surabondance de sang veineux, tandis que le tempérament sanguin exprime une quantité de sang alibile.

2° Le tempérament lymphatique ou mou est caractérisé par un grand développement des viscères abdominaux, par des formes empâtées, par le besoin d'ingérer une grande masse d'aliments, la poitrine peu spacieuse et la respiration moins complète que chez les animaux sanguins, le tissu cellulaire abondant et les fluides blancs prédominants, ce qui est dû à l'usage d'aliments peu substantiels, qui, sous un grand volume, contiennent peu de principes nourrissants. On rencontre particulièrement ce tempérament chez les animaux des pays froids et humides (ceux de la Flandre, par exemple).

3° Parlant du tempérament nerveux, nous dirons que son influence a des effets peu constatables chez les animaux, de sorte que ce tempérament est difficile à caractériser, d'autant plus qu'il se confond souvent avec le suivant. Les animaux nerveux ont les formes sèches, arrêtées, sont irritables et d'une rare énergie. Ils ont de l'âme, comme on le dit vulgairement.

4° Le tempérament musculeux se remarque chez les animaux dont le système musculaire est bien dessiné. L'énergie musculaire peut produire deux effets différents, suivant que les fibres des muscles sont multipliées et courtes, ou qu'elles sont longues. Dans le premier cas, il y a *intensité de contraction*, dans le deuxième *étendue de contraction*. Dans le premier cas, les muscles sont gros, courts et forts; dans le second, les organes sont longs, également bien développés et les mouvements très-étendus. Le tempérament musculeux s'allie avec le sanguin , car les animaux ne peuvent être très-forts , s'ils n'ont pas un sang riche et abondant.

Si l'on examine comparativement le tempérament des principales espèces domestiques , on voit que le cheval naît naturellement sanguin ; mais il lui faut , pour le maintenir dans cette constitution originelle , des aliments de bonne qualité. Son appareil masticateur, plus complet que celui des autres herbivores , paraît disposé favorablement pour écraser les grains, et surtout pour se nourrir de plantes petites et succulentes ; aussi, le cheval sauvage fait-il sa nourriture habituelle de l'herbe la plus fine et la plus substantielle. Il est vrai qu'en domesticité on peut lui donner des aliments autres que ceux qu'il recherche à l'état de liberté, tels que des pommes de terre cuites, par exemple ; mais on ne doit en agir ainsi qu'avec des animaux de races très-communes.

L'âne diffère du cheval par un tempérament bien plus nerveux , beaucoup plus robuste que ce dernier, toutes proportions gardées. Il est aussi plus sanguin , plus sobre et peut se nourrir de substances moins délicates. Sa peau transpire peu, et ses matières fécales sont plus dures que celles du cheval ; cependant, il est moins propre à la course, ce qui dépend sans doute de la conformation de ses membres antérieurs , des épaules surtout.

Le bœuf a l'abdomen très-développé, la poitrine peu ample, le poumon composé en grande partie du tissu cellulaire. Chez lui, l'hématose se fait moins complètement que chez le cheval. Son sang est en plus grande quantité, mais moins riche que chez ce dernier animal ; aussi, le tempérament du bœuf est-il lymphatique. La disposition de son appareil dentaire ne lui permet pas de couper l'herbe courte ; il utilise avec avantage les prairies basses à plantes élevées. L'appareil gastro-intestinal des ruminants est organisé de manière à rendre la digestion la plus complète possible, tandis que, chez le cheval, les aliments fibreux ne sont presque pas altérés par les forces digestives; mais chez l'âne la digestion est plus parfaite. Les ruminants ont besoin d'une grande masse d'aliments, en sorte que la qualité de ceux-ci n'est qu'une condition secondaire et subordonnée à la quantité pour leur nutrition.

Le mouton se fait remarquer par l'empâtement des formes, l'abondance et la laxité du tissu cellulaire. Il est toujours plus lymphatique que le bœuf. Il ne peut, comme celui-ci, habiter les contrées basses et humides sans être affecté plus ou moins promptement de la pourriture: il ne peut donc vivre que sur des paturages élevés. Il n'y a aucune exception à cette règle, quoique l'on ait avancé que les moutons anglais en étaient exempts, l'expérience ayant détruit cette erreur, qui reposait sur ce que l'on n'avait pas remarqué que les Anglais n'y mettaient leurs races à laine longue et fine que pendant la trèsbelle saison, et qu'en outre la durée de la vie de ces animaux n'est pas assez longue pour que ces influences produisent leur effet, parce qu'ordinairement on les sacrifie dans leur troisième année, âge avant lequel la pourriture se manifeste rarement.

La chèvre est d'une constitution nerveuse qui la rapproche de l'âne; elle est peu sensible aux influences des localités.

Le porc a une constitution en rapport avec son genre de vie, qui est si différent de celui des autres animaux domestiques, et qui a beaucoup d'analogie avec celui des amphibies. En effet, le porc ne recherche-t-il pas, comme ces animaux, l'eau, sous laquelle il peut, comme eux, rester quelque temps sans s'asphyxier. Un tissu cellulaire graisseux, le lard, forme sous la peau des couches épaisses, comme chez les cétacés. Le porc a la peau et en général tous les tissus peu sensibles, à tel point qu'on a vu des souris se nicher sous la peau, en lui faisant des plaies, sans qu'il parût souffrir. Il se plaît de préférence dans les lieux humides et marécageux, où d'autres animaux ne pourraient rester longtemps sans être incommodés.

Les tempéraments que nous avons rencontrés chez des espèces différentes peuvent subir des modifications sous diverses influences, et particulièrement par l'alimentation : ainsi le cheval, qui est sanguin, peut devenir lymphatique si on le nourrit avec des aliments peu substantiels. Le bœuf, qui est pléthorique, devient plus sanguin quand il habite les pays méridionaux, secs et boisés, à cause de l'air qu'il y respire et de l'herbe de bonne qualité qui sert à son alimentation.

INFLUENCE DE L'AIR SUR LES ANIMAUX.

L'air introduit dans les poumons y transforme le sang veineux ou sang non nutritif en sang artériel ou sang nutritif. Touchant la surface des corps, il s'empare des matériaux excrémentiels qui s'échappent de la peau. Par sa pression il maintient l'équilibre des fluides circulatoires et assure la résistance des solides. Sa température et son hygrométricité varient selon une foule de circonstances; enfin, la vapeur d'eau qu'il contient peut tenir en dissolution différents produits gazeux. Les corps des animaux placés au milieu de l'atmosphère non seulement en reçoivent des impressions physiques; mais il se fait encore dans leur intérieur de véritables combinaisons chimiques entre leurs principes et ceux de l'air. En effet, comme corps organisés, comme assemblage de plusieurs systèmes différemment excitables soumis à des lois qui leur sont propres, très différentes de celles qui régissent les autres corps de la nature, ils reçoivent des modifications particulières de la part de l'atmosphère, et en modifient eux-mêmes les qualités.

Les effets de l'air sur l'économie animale dépendent : 1° des propriétés physiques ou essentielles de ce fluide ; 2° de ses combinaisons dans le corps animal et des changements qu'il y éprouve ; 3° de ses qualités accidentelles.

Nous dirons d'abord que les influences extérieures auxquelles les corps animaux sont exposés, lorsqu'elles sont constantes et habituelles, n'agissent pas d'une manière sensible sur leur organisation ; qu'en conséquence les conditions atmosphériques dans lesquelles ils vivent ne les affectent que dans leurs variations, et que les variations lentes et progressives de l'air sont beaucoup moins marquées dans leurs effets que les variations brusques ou les véritables vicissitudes. Les propriétés physiques de l'air variant beaucoup moins que ses qualités accidentelles, il en résulte que les effets des premières sont peu importants à observer.

Les changements que l'air éprouve dans la respiration consistent : 1° dans la disparition d'une portion de l'oxygène de l'air ; 2° dans la formation de l'acide carbonique ; 3° dans les variations qu'éprouve l'azote dans ses proportions ; 4° dans le dégagement d'une certaine quantité d'eau en vapeur qui accompagne l'air expiré.

L'air atmosphérique ne servant à la respiration que par l'oxygène qu'il contient, il cesse d'être respirable à mesure que l'oxygène se consume. Les changements que les combinaisons de l'air respiré produisent dans les corps vivants s'observent spécialement sur le sang et la chaleur animale. La respiration est une des principales causes, sinon l'unique, de la chaleur animale, et la température des animaux est en raison de l'étendue de leur système respiratoire. Par la respiration d'un air frais, il y a un rafraîchissement momentané des poumons, et bientôt après un développement de chaleur plus ou moins forte, suivant le degré de pureté de l'air. La fraîcheur de l'air semble faciliter les changements utiles qu'il éprouve dans la respiration, et en même temps augmenter l'énergie des forces vitales. Les effets de la chaleur animale augmentée sont l'accélération du mouvement du cœur et une augmentation sensible d'activité dans tous les organes. Ces effets deviennent sensibles lorsqu'on passe d'un air moins pur, plus stagnant, plus échauffé, dans un air plus pur, plus renouvelé, plus frais. Ils deviennent sensibles lorsqu'on augmente dans l'air la proportion d'oxygène; ils sont encore plus sensibles par la respiration de l'oxygène pur dans les sujets épuisés. Ainsi, la pureté de l'air, la chaleur vitale et l'activité des organes sont trois choses qui, dans l'état naturel, se correspondent nécessairement.

Les changements chimiques que subit l'air au contact de la surface du corps des animaux sont analogues à ceux qu'on observe dans les poumons. L'air introduit dans les voies digestives avec les aliments et les boissons y subit diverses combinaisons et participe sans doute à la production des gaz qui s'y développent.

Les propriétés accidentelles de l'air dépendent de la chaleur, de l'humidité, de la lumière, des différents degrés de froid de l'atmosphère, des combinaisons de la chaleur et du froid avec l'humidité et la sécheresse, et de l'état électrique de l'air. Quoique plusieurs des qualités de l'air s'allient constamment ensemble; qu'il n'existe, par exemple, nulle part un air chaud sans le concours de l'humidité ou de la sécheresse, ni un air humide sans le concours de la chaleur ou du froid, cependant, comme dans ces combinaisons une des qualités de l'air prédomine souvent, il est utile d'étudier isolément chacune des propriétés de l'air dans ces différents états pour pouvoir apprécier ses effets sur l'économie animale.

La chaleur seule, celle surtout qui, à l'ombre, fait monter le thermomètre à 30° environ, produit le relâchement des solides, l'expansion des fluides, une transpiration plus abondante, et chez les animaux mous des sueurs spontanées qui s'augmentent encore par le mouvement. La quantité des urines diminue, et les animaux ont généralement moins d'appétit que de soif.

L'action de la lumière et de la chaleur réunies augmente la solidité et la tension de la fibre musculaire, dépouille par les grandes transpirations auxquelles elles donnent lieu le sang de ses principes aqueux, le rendent plus épais et plus excitant, ce qui tient à ce que les plantes dont les animaux se nourrissent dans les lieux chauds et secs, renferment peu de principes aqueux et beaucoup de principes excitants. La lumière, jointe à la chaleur, est un tonique et un stimulant; elle corrige, quand elle est modérée, le relâchement que produit la seule chaleur. Mais l'action rapide d'une lumière vive et concentrée, telle que celle que le soleil darde pendant l'été, peut produire des irritations funestes sur les organes intérieurs, et principalement sur le cerveau. C'est pour cette raison qu'il est nécessaire d'abriter les animaux aux pâturages pendant les heures de la journée où on aurait à craindre, pour ceux surtout qui y sont peu habitués, les ardeurs des rayons solaires.

L'air froid et sec est pur et excitant. Ses effets, lorsque le froid est modéré, sont de diminuer le volume des corps et l'évaporation cutanée, sans la supprimer, d'activer les fonctions intérieures, d'augmenter la force de la fibre musculaire; mais un froid rigoureux resserre et concentre vivement les fibres organiques, gêne la circulation du sang, qu'il refoule à l'intérieur, arrête la transpiration, ôte la souplesse et l'agilité du corps et empêche son accroissement. Les animaux qui agissent et travaillent supportent avec facilité un froid excessif pour ceux qui sont au repos; mais les animaux faibles, malades ou très-jeunes ne sauraient être frappés, sans inconvénient, d'un froid vif.

L'humidité accroit les effets des différentes températures sur les organes, rend l'air froid plus glacial et l'air chaud plus étouffant, relâche les fibres organiques, les amollit, diminue la transpiration, augmente la faculté absorbante de la peau. La sanguification est incomplète et fournit un sang peu nutritif. Partout, en général, l'humidité accélère les décompositions spontanées et devient la cause de ces altérations humorales qu'on attribue à des miasmes dont elle paraît être le véhicule. En effet, l'air chaud et humide des lieux marécageux est souvent chargé d'émanations putrides qui sont introduites dans l'économie par l'air que respirent les animaux, par les aliments dont ils se nourrissent, par les liquides dont ils s'abreuvent; il prédispose les animaux aux maladies typhoïdes ou charbonneuses. C'est ainsi que les bêtes bovines de la Hongrie, de la Dalmatie, de la Romagne, élevées dans les marais de ces contrées, ont, à différentes époques, porté le typhus dans les divers États de l'Europe. L'air chaud et humide des écuries, des étables, des bergeries, dans lesquelles se trouvent entassés les animaux, soit pendant l'hivernage, soit dans toute autre saison de l'année, peut être la cause d'une foule de maladies, et surtout des altérations du sang.

L'air froid et humide est celui qui s'oppose le plus aux transpirations; il fait prédominer dans tous les tissus les fluides blancs et aqueux. Les plantes qui croissent dans des localités froides et humides contiennent très peu de principes réparateurs; les animaux ont les mouvements faibles et lents, la constitution lymphatique. L'air humide est toujours plus ou

moins malsain, tandis que l'air sec est presque toujours salubre : il resserre les fibres, augmente l'évaporation cutanée. Il est
moins accablant, quand il est chaud, que l'air humide, et
moins pénétrant quand il est froid. Il accroît la force et l'activité des organes.

Si l'on excepte les températures excessives, qui blessent
toujours parce qu'elles sont destructives de l'organisation, les
températures de l'air ne nuisent réellement, ainsi que nous l'a-
vons déjà dit, que par leurs vicissitudes. Ainsi, le passage subit du chaud au froid produit des irritations organiques, refoule à l'intérieur l'humeur de la transpiration ; de même la
variation instantanée du froid au chaud excessif occasionne la
distension des vaisseaux par les fluides organiques, trouble la
digestion si l'estomac est chargé d'aliments, et peut déterminer
de graves accidents. L'électricité qui se développe en si grande
abondance pendant les orages peut amener des effets funestes
pour les animaux placés au milieu d'un courant électrique.

Les qualités de l'air ne nuisant, le plus souvent, que par
leurs vicissitudes, et ne devenant dangereuses que parce
qu'elles agissent sur des corps qui n'y sont pas habitués, ou
parce qu'elles sont bientôt remplacées par des qualités contraires, il faut que les animaux soient accoutumés par degrés
à l'impression des températures dont ils doivent subir le plus
fréquemment les influences : ainsi il est contraire aux règles
d'une sage hygiène, dans un pays ou dans une saison froide,
de renfermer les animaux dans des logements bien clos et peu
spacieux. La température à laquelle il est plus nécessaire
d'habituer les animaux est le froid, parce que, de toutes les
vicissitudes, la froide est la plus dangereuse, et que le froid, à
la longue, fortifie la fibre, l'affermit et donne au corps une solidité et une constitution plus durables et plus capables de ré-

sister aux autres vicissitudes; c'est par cette raison que les animaux qui vivent en liberté sont plus robustes que ceux qui sont soumis à une domesticité complète. Les substances étrangères qui peuvent se mêler à l'air et en altérer la pureté sont des gaz de nature différente, des émanations odorantes des végétaux, des animaux ou des métaux volatils, ou des miasmes contagieux.

Les moyens que l'on emploie pour modifier les propriétés de l'atmosphère d'une manière avantageuse à la santé des animaux consistent dans le choix des lieux que les animaux doivent habiter, dans la construction raisonnée de leur logement, dans la distribution des eaux, dans l'établissement de courants d'air, etc.

DE LA NOURRITURE.

On entend par aliments, nourriture, substances alimentaires, tous les corps que les animaux soumettent à l'action de l'appareil digestif, qui peuvent être assimilés à la propre substance des organes, concourir à leur accroissement et à la réparation des pertes qu'entraîne l'exercice des fonctions animales. Cette faculté assimilatrice suppose aux aliments une certaine altérabilité ou fermentescibilité plus ou moins aisée. Toute substance qui n'est pas altérable par les forces digestives est un poison ou un médicament: ainsi, le caractère distinctif de l'aliment est de pouvoir être transformé, sans causer de trouble dans l'économie animale, quand il est justement proportionné aux forces et aux besoins.

INFLUENCE DE L'ALIMENTATION. — Les aliments exercent sur les animaux une influence de la plus haute importance sous le rapport de l'hygiène, à cause de la faculté que nous avons, en

changeant leur nature et en variant leur quantité, de modifier
leur action. Ils n'agissent pas seulement sur la santé et sur la
constitution des animaux : ils contribuent à produire les caractères des espèces, déterminent le volume des individus et
ont une très-grande part à la conservation, au perfectionnement
ou à la dégénération des races. Mieux nourrir les animaux,
c'est le meilleur moyen de les améliorer, celui par lequel on
doit toujours commencer. En effet, avec une nourriture bien
choisie, avec des soins, on pourrait, avec le temps, imprimer
aux espèces zoologiques la plupart des modifications qu'elles
sont susceptibles d'éprouver, tandis que, sans un régime alimentaire convenable, tous les autres moyens d'amélioration
des races sont inefficaces ou ne donnent que des résultats pas-
sagers.

ALIMENTS EN GÉNÉRAL.

Les aliments durs, coriaces, difficiles à broyer, résistent à
l'action des dents et traversent le tube digestif sans fournir
aucun principe nutritif; ils peuvent même irriter les organes
qu'ils parcourent. On ne doit les donner qu'à des animaux vigoureux, pourvus de bonnes dents; les ruminants sont les
herbivores qui les digèrent avec le plus de facilité. D'ailleurs,
il est prouvé que les graines, les grains moulus et ramollis,
les pailles et les foins hachés et macérés sont plus alibiles que
si on les fait consommer entiers et durs. Les aliments poreux,
solubles dans l'eau ou dans une liqueur alcaline sont de facile
digestion et assez nutritifs.

L'impression exercée sur les sens par les aliments, a une
grande influence sur la digestion. En général, la nourriture
qui plaît au goût et à l'odorat nuit très-rarement, quelles

qu'en soient les propriétés ; les animaux la prennent avec plaisir, la digèrent facilement et avec profit, tandis que celle qui est ordinairement considérée comme de bonne qualité, résiste souvent à la digestion quand elle est prise avec répugnance.

Les plantes qui ont une odeur forte, aromatique, sont peu nutritives, elles sont plus médicinales qu'alimentaires et doivent être mêlées à des aliments fades, à titre de condiments. Celles qui ont une odeur vireuse, repoussante, sont plus ou moins vénéneuses. On considère comme mauvais pour l'alimentation, les végétaux qui, comme l'ail, ont une odeur spéciale pénétrante.

Les principes sucrés, doux, sont faciles à digérer, nourrissants et propres à engraisser. Ceux qui sont amers fortifient, et forment, lorsqu'ils sont mêlés à des corps riches en fécule ou en sucre, une bonne nourriture pour les animaux d'un tempérament mou, lymphatique. La saveur acide indique des aliments rafraîchissants, peu nutritifs, propres à la nourriture des animaux pléthoriques. Les végétaux aqueux, fades, doivent leur saveur à beaucoup d'eau, à du mucilage ; ils sont peu nutritifs, débilitants et peu recherchés des animaux qu'ils disposent à la cachexie aqueuse, ou pourriture. Il faut aussi considérer comme de médiocre qualité, les plantes insipides qui n'ont aucune saveur : elles sont en général ligneuses, pauvres en principes solubles et renferment très-peu de matière alibile. Enfin, on doit rejeter toutes les substances qui ont une saveur irritante, comme les végétaux âcres, moisis.

RÈGLES GÉNÉRALES DE L'ADMINISTRATION OU DISTRIBUTION DES ALIMENTS.

Chaque espèce d'animal doit recevoir la nourriture qui lui

est la plus propre, et qui convient le mieux à sa nature et au parti qu'on en tire ; si on ne peut lui procurer entièrement les aliments qu'elle préfère à l'état de liberté, on doit tâcher de lui en donner qui s'en rapprochent.

Il faut à chaque bête, pour être complètement nourrie et rassasiée : aux plus grandes, plus ; aux plus petites, moins ; une quantité de nourriture proportionnée à sa masse, c'est-à-dire au poids de la bête vivante.

L'alimentation ne peut être complète que si les aliments contiennent une quantité suffisante de principes nutritifs.

Pour qu'un animal soit complètement rassasié, il faut que les aliments contiennent un volume en rapport avec le développement de l'appareil digestif, et suffisant pour remplir au point convenable les organes de la digestion.

Il est nécessaire qu'un animal soit entièrement repu pour que les principes nourrissants contenus dans les aliments lui profitent autant que possible. Si l'estomac n'est pas suffisamment lesté, les aliments ne peuvent être convenablement digérés, et le corps ne s'assimile pas la totalité des principes nutritifs qu'ils contiennent.

On obtient la démonstration que les animaux sont suffisamment nourris, par le fait qu'ils sont dans l'état le plus prospère et remplissent entièrement le but de leur destination. La preuve qu'ils sont rassasiés résulte de ce qu'ils ne veulent plus manger. L'animal régulièrement et complètement nourri, ne mange pas plus qu'il ne convient à son bien-être ; il n'y a que les bestiaux qui souffrent de la faim, qui se donnent des indigestions. Une partie des principes nutritifs contenus dans les aliments est, avant tout, nécessaire à l'entretien de la vie.

L'entretien de la vie, ou pour parler plus exactement, le

maintien de l'animal au même poids, exige une quantité de principes nutritifs proportionnée à ce poids de l'animal vivant; et si les sucs nourriciers renfermés dans les aliments ne sont pas suffisants pour cet entretien, la bête diminue de poids ; si, au contraire, il y a excédant de principes nutritifs, la bête augmente de poids, elle grandit, engraisse, ou elle fournit d'autres produits par le travail, le lait, ou bien, elle les emploie à l'accroissement du fœtus, etc.

On a évalué la ration d'entretien à deux kilog. de bon foin, ou l'équivalent en une autre nourriture égale en faculté nutritive et en volume, pour cent kilog. de l'animal en vie ; si l'on tire de l'animal un parti quelconque, il faut au moins trois kilog. Ainsi donc, en donnant, par exemple, six kilog. de foin par jour à une vache pesant trois cents kilog. en vie, elle ne maigrira pas ni n'engraissera, mais ne donnera pas non plus de lait; les six kilog. de foin n'auront produit qu'un peu de fumier. Si, au contraire, elle en reçoit neuf ou dix, elle donnera sept à huit litres de bon lait qui, à dix centimes le litre, paieront largement le surcroît de nourriture. Il doit y avoir dans la nourriture un rapport convenable entre les substances solides et l'eau. La nourriture ne doit pas être tellement aqueuse que l'animal n'ait plus besoin de boire; par cette raison, les racines ne doivent jamais former plus de la moitié du régime alimentaire.

L'État particulier de chaque animal doit aussi amener une différence dans l'alimentation; les bêtes qui sont pleines veulent des aliments légers, nutritifs et de facile digestion : celles qui nourrissent demandent des substances qui favorisent la sécrétion du lait. Le passage d'une nourriture à une autre ne doit s'effectuer que par degrés; il en est de même du passage d'une forte ration à une ration plus faible et réciproquement.

Dans aucun cas, ces derniers changements ne doivent être très sensibles; faire passer l'animal sans précaution, d'une grande abondance à la pénurie ou de la disette à l'abondance, est ce qu'il y a de plus pernicieux. Le bon effet et la valeur nutritive des aliments se trouvent augmentés par un emploi convenable, par des mélanges appropriés, par la variété, par une bonne préparation. Tel fourrage propre à l'engraissement ne convient pas aux vaches laitières : tel autre, qui seul ou sans préparation nourrit peu, devient fort bon lorsqu'il est bien préparé, ou mélangé avec un aliment de nature différente. C'est par des mélanges semblables que l'on peut faire consommer avec avantage les fourrages trop ou trop peu substantiels, trop aqueux ou trop secs et ligneux.

Les heures du repas, de même que la ration doivent être fixées avec la plus exacte régularité, et pour cela les fourrages et la paille doivent être bottelés, les racines mesurées et les grains pesés. Lorsqu'on le peut, on tâche de donner toute l'année une ration uniforme, eu égard aux besoins de l'animal et aux services qu'il rend. Si pendant l'hiver on diminue la ration que l'on donnait aux animaux à l'époque des travaux, ou si l'on pense qu'il y a avantage à peu nourrir les vaches laitières en s'abstenant de les traire, il est indispensable, dans tous les cas, de ne pas réduire la ration au-dessous d'un bon entretien, comme aussi il faut éviter la profusion pour tout autre bête que pour celles à l'engrais. Les variations trop grandes et surtout brusques dans la quantité, comme dans la qualité, sont toujours nuisibles. On doit bien se garder de faire manger et surtout boire les animaux immédiatement après une course ou tout autre mouvement violent, continu et lorsqu'ils sont en sueur. Il est bon de donner à chaque repas plusieurs espèces d'aliments, en commençant par ceux de moindre qualité et réserver pour la fin ceux dont le bétail est le plus avide. Il faut faire consommer, avant de boire, les substances aqueuses et donner ensuite tout ou partie des meilleurs aliments composant le repas, pour le terminer par de la paille. Enfin on ne doit présenter à l'animal qu'une petite quantité de nourriture à la fois.

DES DIVERSES ESPÈCES D'ALIMENTS.

FOURRAGES.

On appelle fourrages, les parties fibreuses, tiges et feuilles des végétaux qui servent à affourager, à nourrir les herbivores. *Foin* est un nom générique par lequel on désigne les plantes herbacées, coupées et desséchées, pour la nourriture des animaux.

Foin des prairies naturelles. — Les qualités du foin dépendent de la nature, et de l'exposition des terres qui l'ont produit; des soins qu'on a donnés aux prairies; des plantes qui le composent et de leur état; enfin, de la manière dont il a été récolté et conservé. Pour être bon, le foin doit être fauché au moment convenable, et fané à propos; s'il a été trop desséché, il est friable, poudreux, et dépourvu des qualités que les animaux recherchent; s'il a été trop fortement secoué, il est brisé et a perdu une partie de ses feuilles et de ses fleurs; s'il a été entassé humide, il répand une odeur de fumier désagréable, et présente souvent une teinte brune et une couche de moisissure. Enfin, il doit avoir été conservé en lieu sec et peu aéré.

Le foin sert de terme de comparaison pour la valeur nutritive des autres aliments; on en distingue ordinairement trois qualités. Celui de la première est formé de plantes alimentaires et d'assaisonnantes, mais celles-ci en petite quantité; les unes et les autres sont entières, feuillées et souples, d'une belle couleur verdâtre et uniforme, excepté dans le foin brun; leur ensemble a une odeur légèrement aromatique, sans rien de désagréable; elles sont insipides ou sucrées; les graminées y prédominent, mais on y trouve des légumineuses à tiges feuillées, fines et succulentes. Le foin de deuxième qualité est celui qui, récolté sur un bon terrain et formé de bonnes plantes, a été mal préparé ou mal conservé, ou celui qui provient d'un pré humide ou mal composé. On le reconnaît en ce qu'il est délavé, pâle, inodore, poudreux, sec, cassant. Celui de la troisième qualité, le mauvais foin, est formé de plantes vasées ou nutritives, dures, piquantes, vénéneuses; ou il a été mal préparé, mal conservé; d'une odeur plus ou moins désagréable, il est blanchâtre et bleuâtre, poudreux et présente diverses altérations. Il est bien difficile d'apprécier les foins à leurs caractères apparents; on ne peut les juger avec certitude que par les effets qu'ils produisent sur les animaux qui les consomment. Il faut considérer comme de bonne qualité celui que les bestiaux recherchent avec avidité et mangent sans le trier, celui qui entretient en bon état les bêtes de travail, celui qui produit beaucoup de lait et pousse à l'engrais.

Les animaux mangent avec répugnance les fourrages médiocres et les mauvais; ils les trient, en refusant une partie, et ne les ingèrent que lorsqu'ils sont pressés par la faim : ils en sont mal nourris, en remplissent leur abdomen sans être rassasiés; ils s'entretiennent mal et contractent souvent des maladies. Le foin de bonne qualité convient surtout aux chevaux, aux moutons et aux bêtes à l'engrais. Celui très-médiocre et mauvais doit être donné, mais avec ménagement aux bœufs en bon état, dans le moment où l'on n'a pas de travaux à faire.

Regain. — Le regain ou foin de deuxième et troisième coupe, est généralement plus vert que ce dernier; son odeur est aussi moins forte; il est plus souple et exempt d'altération, dans les prairies grasses ou précoces, il diffère peu du foin. Les regains sont beaucoup plus aqueux, moins nourrissants et d'une mastication plus facile que les foins; ils conviennent très-bien par conséquent pour la nourriture des vaches laitières et des bêtes d'engrais.

Fourrages artificiels. — Le foin de première qualité des prairies artificielles a une couleur qui varie; mais il doit répandre une bonne odeur, n'être ni poudreux, ni fragile, et présenter toutes les parties qu'avait la plante au moment de la fauchaison. Il faut donc rechercher celui dont les brins sont minces, qui conserve encore ses feuilles; qui porte les sommités fleuries, et qui est bien sec sans être trop fragile. Le regain des légumineuses doit avoir les qualités attribuées au bon foin; on doit le réserver pour les vaches qui ont du lait, et pour les jeunes élèves. Il est moins propre que le bon foin à l'entretien des animaux qui font de pénibles travaux.

Altérations des foins. — Le foin vasé est celui dont l'herbe a été exposée aux débordements d'une rivière; couvert de terre de limon et de débris de végétaux, il est sec, ligneux, cassant, poudreux; il répand un nuage de poussière quand on le remue, a une mauvaise odeur et est quelquefois moisi. Le degré d'altération peut varier beaucoup suivant la quantité de vase déposée. Ce fourrage ne doit pas être donné aux animaux s'il est fortement altéré; dans tous les cas avant de l'employer, il faut le secouer, le battre à l'air, le laver, ne le donner qu'en petite quantité, le mêler préalablement à de l'herbe, à des pulpes, à des racines cuites; le hacher, l'arroser avec de l'eau salée.

Les foins rouillés, moisis, pourris, sont les plus nuisibles; si les altérations qu'ils présentent sont très marquées, ils peuvent occasionner de graves irritations des voies digestives, ou des maladies typhoïdes. Le foin trop mûr est inodore, délavé, cassant; il nourrit mal les ruminants et peut convenir plutôt aux solipèdes. Le foin nouveau est échauffant, on ne doit le donner qu'en mélange avec du foin vieux. Le foin dur agit comme le foin nouveau; mais il doit être mêlé à des aliments d'une plus facile mastication, ou bien hâchés, arrosés d'eau salée; donné sans précaution il cause des maladies intestinales.

Valeur nutritive des foins. — Le foin fournit une nourriture moyenne considérée sous le rapport des facultés nutritives : il est plus alibile que les pailles, que les racines et les choux; mais il l'est moins que les grains et les graines des légumineuses, et que le fruit du sarrazin. De tous les aliments, c'est celui qui convient le mieux aux herbivores; c'est même le seul qui administré exclusivement, peut les entretenir en bonne santé : il ne suffirait cependant qu'à des animaux qui ne font pas des déperditions extraordinaires, et ne serait assez alibile ni pour les nourrices, ni pour les bêtes qui travaillent beaucoup, ou qui sont à l'engrais. On fait consommer le foin presque exclusivement à l'état naturel; cependant il y a souvent avantage à le hâcher et même à le faire cuire ou macérer. Quand il a subi ces préparations, il est plus alibile, et peut suffire, sans grains, pour les vaches à lait, et même pour les bêtes à l'engrais.

GRAINS ET GRAINES.

—

Les grains et les graines se ressemblent complètement par leurs propriétés nourrissantes et peuvent être remplacés les uns par les autres; mais ils diffèrent en ce que les grains sont formés par tout le fruit, tandis que les graines sont des fruits renfermés dans un péricarpe. Ordinairement on appelle grains les fruits des céréales. Le poids des grains et graines, indique assez exactement leur valeur nutritive, et, comme celle-ci, il varie beaucoup. On devrait peser les grains, les graines et les tubercules, au lieu de les mesurer, soit qu'on achète ces denrées, soit qu'on rationne les animaux; car, en pesant on connaît mieux la valeur des produits qu'en employant les mesures de capacité, attendu qu'il n'y a jamais entre 200 kilog. d'une qualité d'avoine, par exemple, et un poids égal d'une autre qualité quelconque du même grain, la différence, en faculté nutritive, qu'il peut y avoir entre deux qualités du même aliment.

Froment. — Le prix élevé du grain de froment ne permet pas ordinairement de l'employer à l'alimentation de nos animaux domestiques, si ce n'est pour ceux qui se nourrissent mal; encore faut-il apporter une grande modération dans son usage, parce que sa haute puissance nutritive peut donner lieu à des indigestions, à des congestions. On donne le froment cuit, concassé, moulu, gonflé par l'eau froide ou bouillante, écrasé et délayé dans l'eau bouillante; pris en barbottage, il produit beaucoup de lait. Les résidus de battage ou hautons, que l'on donne quelquefois, ne sont autre chose que des grains que le fléau n'a pu débarrasser de leur enveloppe. Dans le nord de la France on fait battre le blé sans délier les bottes, de sorte qu'une certaine quantité d'épis conserve encore ces grains, et ces bottes éhouppés, c'est-à-dire à demi battues, sont consommées l'hiver par les animaux; cette nourriture fort excitante a les inconvénients signalés pour les grains seuls. Du reste, elle engraisse et donne de la vigueur.

La petite épeautre ingrate, dont on mélange les grains avec de la paille hachée, convient aussi à la nourriture des chevaux et paraît ne pas les exposer aux accidents dont nous avons parlé plus haut.

Seigle. — Le grain du seigle convient aux juments poulinières, aux animaux qu'on veut remettre; engraisse bien les herbivores et le porc : sa farine est rafraichissante. On donne le seigle gonflé, trempé, cuit ou mélangé avec des fourrages peu nutritifs. Il y a avantage à remplacer l'avoine par du seigle mêlé à de la paille hâchée, car le seigle produit trois fois autant de parties nutritives que l'avoine; mangé en trop grande quantité, son emploi offre le mêmes inconvénients que celui du blé.

Orge. — Le grain d'orge contient une grande proportion de substance nutritive; sa farine est rafraichissante. Le grain moulu et fermenté engraisse rapidement les animaux. A l'état naturel, l'orge trop alibile pour les solipèdes, leur occasionne fréquemment la fourbure.

Avoine. — L'avoine est le grain par excellence pour les chevaux; on leur en donne chaque jour, et après qu'ils ont bu, de 8 à 25 litres en 2 ou 3 rations. Une petite ration de ce grain donnée aux bœufs de travail les fortifie, abrège le temps des repas et économise beaucoup les autres fourrages.

L'avoine convient à tous les herbivores, favorise l'accroissement des élèves, la production du lait, l'engraissement de tous les animaux et la ponte des volailles. Difficiles à écraser, les grains d'avoine échappent souvent à la mastication et aux forces digestives, en traversant le tube intestinal, sans contribuer à la nutrition. Pour éviter cet inconvénient, on doit les mêler à de la paille hachée, les faire ramollir dans l'eau. On peut aussi les concasser, les moudre grossièrement. Après ces préparations, ils sont beaucoup plus alimenteux, engraissent davantage. On les donnera moulus ou macérés aux bêtes à l'engrais, aux poulinières, aux poulains, aux vieux animaux.

On ne doit employer l'avoine que trois ou quatre mois après la récolte, et quand on est forcé d'en donner de la nouvelle, on ne la fait pas battre; il est alors prudent de l'arroser d'eau salée. L'avoine de bonne qualité doit être lourde, sèche, exempte de poussière, sans mauvaise odeur, luisante, glisser facilement entre les doigts, l'écorce mince et l'intérieur blanc, d'une saveur d'amande, enfin sans mélange.

Maïs. — Le grain de maïs, quoique fort nourrissant, convient peu pour le cheval, car il est moins excitant que l'avoine; mais on l'emploie avec avantage pour la nourriture du porc, et surtout l'engraissement des bêtes bovines et des volailles. On donne le maïs égrainé, macéré dans l'eau, cuit, concassé ou germé. Pour rendre sa digestion plus facile, on le donne seul ou mêlé à des balles de blé, à de la paille hachée, et même à d'autres grains.

Sarrasin. — Le grain de sarrasin, seul ou mêlé à l'avoine, convient très-bien aux chevaux, engraisse les porcs et excite la ponte de volailles. Sa farine, délayée dans l'eau et salée, convient pour engraisser les bœufs, les moutons et les cochons.

Millet et sorgho. — Ces grains servent à l'engraissement de la volaille.

Nous allons maintenant parler des graines.

Fèves. — Les fèves sont très-échauffantes : elles servent souvent à la nourriture des chevaux; mais lorsque ceux-ci ont trop jeunes ou trop vieux, il est utile de les concasser. On es donne alors en les mélangeant avec de la paille ou du foin haché. Leur valeur nutritive est à peu près double de celle de l'avoine, avec laquelle on la donne souvent aux solipèdes. Trempées, réduites en farine et délayées dans l'eau, elles forment une très-bonne nourriture pour les vaches laitières et pour les veaux à l'engrais. Elles engraissent également bien les bœufs, les porcs et les moutons, et sont très-propres à entretenir ces derniers en bon état pendant l'hiver.

Pois. — Ils forment des aliments très-substantiels, estimés pour la nourriture, l'entretien et l'engraissement des herbivores et du porc. On les fait consommer entiers, secs ou ramollis par l'eau. On mêle quelquefois leur farine à celle d'orge, et on fait fermenter le mélange.

Vesces. — Elles égalent les pois en valeur nutritive, mais sont considérées comme plus échauffantes que ces derniers.

Gesces. — Les gesces sont recherchées de tous les animaux, qu'elles nourrissent et engraissent très-bien. On les donne seules ou mêlées à l'orge, à laquelle elles sont supérieures comme nourriture.

Lentille. — Graine très-nutritive, qui entretient bien et engraisse les animaux ; mais elle est échauffante et veut être administrée avec précaution ou en mélange avec d'autres aliments.

Fenugrec. — Très-nutritif, mais d'une odeur et d'une saveur peu agréables. Il est excitant et fortifiant ; il entretient engraisse les bestiaux, auxquels on le donne en farine ou en pâte, à la dose de 10 kilog. par jour et par tête.

ADMINISTRATION DES GRAINES. — Commençons par dire que les grains ne forment jamais qu'une portion minime de la nourriture, excepté chez les chevaux. Ces animaux, ainsi que les moutons, peuvent seuls les recevoir, sans aucune préparation ou mélange. Pour les autres espèces, les grains doivent être concassés ou moulus grossièrement ; cependant, il ne faut pas qu'ils soient complétement réduits en farine, car il paraît certain qu'ainsi préparés ils perdent de leurs propriétés stimulantes et sont plus propres à développer de la graisse.

Altérations des grains. — Les altérations des grains agissent, soit en diminuant leurs propriétés nourrissantes, soit en les rendant nuisibles. Pour prévenir les mauvais effets des premières, on augmente la ration des animaux, en tenant compte, non seulement du poids du grain, mais encore de sa valeur alimentaire. Les grains ne doivent être consommés que deux ou trois mois après leur récolte. Si l'on était obligé de les faire manger plus tôt, il faudrait y mettre un peu de sel, les donner en gerbées, les mêler à de la paille hachée ; enfin, les grains noirs, cariés, moisis ou ergotés ne doivent pas être présentés aux animaux. Quant à ceux qui sont mêlés à de la terre, à de la poussière on ne doit les distribuer qu'après les avoir vannés, lavés avec soin. Il faut toujours les cribler avant de les déposer dans la mangeoire.

Son. — Le son, écorce du grain moulu, et privé de la farine, avec laquelle il était mêlé, contribue toujours à nourrir, mais il est indigeste. Sa qualité dépend donc de la quantité plus ou moins grande de farine que lui a laissée une mouture plus ou moins bien faite. On distribue le son seul, sec ou mêlé à d'autres aliments. Le plus souvent on l'humecte, on le mouille. Dans cet état, il se digère mieux ; il rafraîchit les animaux, qu'il appète aussi davantage. Le son est donné aux bêtes à laine, aux chèvres et aux lapins, mêlé à des grains secs ou mouillés, et réuni à des substances herbacées. Par le son, on fait prendre des herbes, des feuilles sèches, aigries, que les animaux refuseraient; enfin, on le donne mêlé à des plantes herbacées, à des tubercules cuits, pour élever, engraisser la volaille et les porcs.

GRAINES OLÉAGINEUSES ET TOURTEAUX. — On a reconnu que la composition chimique de ces graines a de l'analogie avec celle du lait. Par la pression, on enlève leur principe gras, et l'on obtient un résidu qui, formé des matières azotées, est très nourrissant. On n'emploie ordinairement ces graines qu'après qu'elles ont été privées de leur huile : elles forment alors les tourteaux.

Lin. — La farine de lin est très-nourrissante; elle convient beaucoup à l'engraissement de tous les ruminants, même des veaux, qu'elle entretient très-bien, et auxquels elle donne de la bonne viande. Elle peut être utile pour nourrir les herbivores au moment du sévrage. Les tourteaux de lin pur possèdent une très-grande valeur nutritive pour l'engraissement; mais, pour éviter la saveur désagréable qu'ils communiquent à la viande des bestiaux qui en sont exclusivement nourris, il faut qu'ils ne composent que la moitié de la ration, l'autre moitié étant formée de bon foin, et même de paille. On y ajoute aussi chaque semaine une certaine quantité de sel. Les tourteaux présentent les mêmes avantages que la farine, pour l'élevage et le sevrage des bestiaux.

Chenevis. — La graine du chanvre est nutritive, mais échauffante; elle excite les animaux à la copulation et fait pondre les poules. Elle donne aux animaux d'engrais une chair de mauvais goût. On doit donc en cesser l'usage quelque temps avant de les abattre. Les tourteaux de chenevis ont moins de valeur que ceux de lin; cependant, ils pourraient être fort utiles. Il en est de même de ceux de colza, de navette. Les tourteaux de faîne paraissent plutôt nuisibles qu'utiles. On administre les tourteaux réduits en poudre et délayés dans l'eau, ou l'on en fait au moyen de l'eau bouillante des bouillies qu'on mêle avec avantage à des fourrages durs et peu recherchés des animaux. Les moutons préfèrent les tourteaux à l'état pulvérulent. Les bestiaux ne prennent pas les tourteaux avec plaisir, quand on leur en donne pour la première fois ; mais tous s'habituent facilement à cette nourriture et en sont bientôt friands. On les y habitue en les saupoudrant de farine ou de sel les premières fois. On en forme aussi des pâtes molles, et on en saupoudre quelquefois le marc de raisin. Les tourteaux, donnés en grande quantité, sont échauffants ; ils activent la sécrétion du lait, mais fournissent un beurre médiocre.

RÉSIDUS ALIMENTAIRES DES FABRIQUES.

Ces résidus varient par leur composition, leur consistance et leur valeur nutritive ; mais tous peuvent être délayés dans l'eau et employés pour ramollir les foins et les pailles.

Féculeries. — On extrait la fécule de pomme de terre en rapant celle-ci. En délayant la rapure dans l'eau, on sépare la fécule au moyen d'un filtre, sur lequel reste un résidu formé du parenchyme celluleux des tubercules et d'un peu de fécule. Ce résidu, donné tel qu'on l'obtient sur le tamis, nourrit très peu, tandis que, fortement égoutté, il est plus nourrissant, à poids égal, que les matières d'où il revient, et s'il a été desséché, passé au four, il équivaut au bon foin en qualité nourrissante et peut se conserver longtemps. Il convient aux herbivores et aux porcs. A l'état frais, et en petite quantité, il est favorable à la sécrétion du lait, tandis que, par fortes rations, il occasionne des diarrhées.

Brasseries. — Le résidu de la fabrication de la bière, *marc, drèche, son de bière,* entretient assez bien les vaches laitières, qui fournissent, sous son influence, un lait abondant, mais médiocre. Il pourrait être utilisé pour les chevaux, mêlé à de la paille hachée. On donne 30 à 40 litres de drèche, par jour et par vache, et à l'état frais.

Amidonneries. — Ce résidu est formé de l'écorce des céréales, dont on retire l'amidon. Ses facultés nutritives sont variables. On l'emploie à l'entretien du porc et à l'engraissement du bœuf.

Fabriques de sucre. — Le résidu de la fabrication du sucre de betterave est formé du parenchyme des racines, de sucre et d'un peu d'albumine. Les sucreries en sont encombrées au moment de la fabrication, et, pour le faire consommer, on est souvent obligé de le donner en excès aux animaux. Privé d'eau, ce résidu se conserve facilement. Pour cela, on brise le marc au sortir de la presse, et on l'étend sur la plateforme d'une touraille semblable à celle des brasseurs; ensuite, pour l'administrer, on l'émiette et on le mêle à des fourrages secs, hachés. Ce résidu est alibile et propre à nourrir tous les animaux; mais cru et non desséché, il relâche le ventre et convient plutôt aux vaches à lait, aux bestiaux à l'engrais qu'aux bêtes de travail. La mélasse, mêlée à de la paille hachée, fournit une nourriture économique, pouvant soutenir des bêtes qui font d'assez pénibles travaux.

Distilleries. — Les résidus de la distillerie de pomme de terre, pour en obtenir de l'eau-de-vie, conviennent parfaitement au porc et aux ruminants. Les résidus sont plus ou moins étendus d'eau, selon les procédés de distillation. On les donne chauds, quelquefois sortant de l'alambic. Tant que les bêtes sont nourries ainsi, elles ne boivent pas d'eau, et lorsqu'au printemps elles passent à une autre nourriture, elles ont, pendant plusieurs jours, de la peine à se décider à boire de l'eau froide. On délaie des tourteaux dans ces résidus, ou bien on trempe avec les fourrages hachés. On en porte la quantité de 80 à 100 litres par tête. Les résidus des distilleries de grains sont plus nutritifs que ceux de la pomme de terre. Cette nourriture entretient très-bien les grands ruminants et pourrait avec avantage servir à les engraisser.

Marc de raisin. — Ce résidu contient la rafle, la pellicule et les pépins, qui sont oléagineux, et renferme du sucre qui n'a pas été décomposé, ainsi que les diverses substances qui forment le vin. Ces marcs sont assez nutritifs pour entretenir, pour engraisser même les moutons et les bœufs. Il faut distinguer ceux qui ont été distillés, ceux qu'on a simplement pressés, et ceux qu'on a lavés pour préparer de la piquette. Ces derniers ont peu de valeur et sont abandonnés aux poules en hiver. Ceux qui n'ont pas été distillés sont chargés d'alcool; ils excitent l'appétit des chevaux, dont ils stimulent l'ardeur, et produisent sur les animaux à l'engrais un commencement de stupeur favorable à l'engraissement. Dans le midi, on les donne mêlés à de la paille hachée. Dans le département de Saone-et-Loire, on mêle au son les pellicules, les pépins séparés des rafles pour nourrir les porcs. On conserve ces marcs dans des fosses, dans des cuves, où on les couvre de terre après les avoir tassés, et toutes les fois qu'on en prend, il faut avoir soin de refermer l'ouverture. Aux environs de Lyon, on place le marc dans des cuves avec des feuilles de vigne, et l'on donne le mélange aux chèvres. Il est bon de faire sécher le marc en le remuant souvent.

Marc de pommes et de poires. — Ces résidus, qu'on n'utilise ordinairement pas, pourraient contribuer à la nourriture des cochons, en les mêlant à d'autres substances et à des eaux de vaisselle.

ALIMENTS CUITS.

Quand on fait cuire des aliments dans l'eau et qu'on donne au bétail les fourrages et le liquide qui a servi pour la cuisson, on dit qu'on administre des soupes. Si la nourriture est fluide ou délayée dans beaucoup d'eau, on l'appelle buvée, bouillie, barbotage. Les soupes se composent de fourrages coupés ou hachés, que l'on fait cuire ou seulement tremper dans l'eau bouillante, pour les ramollir et les rendre plus nourrissants. Ceux que l'on emploie le plus souvent à cet usage sont les balles de grains et les siliques de colza (deux aliments qui, en bon état, ont presque la valeur du foin), puis de la paille et du foin hachés. On y joint des pommes de terre cuites, des tourteaux, du grain concassé, du son, etc. Les soupes conviennent seulement aux vaches laitières et aux bêtes à l'engrais, et encore faut-il toujours que la moitié ou le tiers de la nourriture soit en foin ou paille entiers et secs. L'usage des bouillies et des buvées est très-utile pour le sevrage des animaux et pour l'engraissement des veaux. On les prépare en délayant dans l'eau ou dans le lait des farines, des grains concassés, des racines cuites. Les bouillies de sarrasin, de maïs, sont meilleures que le pain préparé avec la farine de ces grains.

Panification. — On fait d'abord moudre et ensuite fermenter les substances que l'on veut transformer en pain. Dans la confection du pain destiné aux animaux, on fait entrer des matières diverses, mais en général de peu de valeur; elles se modifient, se mélangent intimement et acquièrent des qualités. C'est ordinairement avec les graines moulues, les farines avariées et les pommes de terre écrasées qu'on fabrique le pain. On a recommandé celui formé d'un tiers de farine de froment, un tiers de farine de féverolles, un tiers de farine d'orge. On en a fait aussi avec du seigle et des pommes de terre. On a encore confectionné des pains avec : avoine moulue, son, seigle moulu, paille hachée et moulue, de chaque trois parties, mélasse une partie. On a aussi proposé de former une pâte avec : farine d'avoine, farine de seigle, de chaque dix parties; bouillie de pommes de terre, trois parties; on ajoute à la pâte un peu de levain. Enfin, on fait cuire au four, pendant quinze à vingt heures, un mélange de pommes de terre cuites à la vapeur et écrasées, auquel on ajoute de la farine d'orge pour faire pâte.

Par ces divers modes de préparation, on obtient, avec des substances médiocres, un bon aliment pouvant donner, selon les années, sur le foin et sur le grain, une notable économie. Les pains sont faciles à transporter et à conserver. Les domestiques ne cherchent pas à les vendre comme l'avoine. Cet aliment convient particulièrement aux chevaux, pour remplacer l'avoine. On en donne de 2 à 3 kilog. par jour; mais le pain ne doit pas entrer en trop forte proportion dans l'alimentation habituelle, parce qu'il possède une grande valeur nutritive sous un très-petit volume, et que, par conséquent, il ne remplit pas convenablement les organes digestifs. Les chevaux vieux et convalescents se trouvent bien de l'usage du pain.

DES PAILLES.

La paille, ou fane desséchée des plantes herbacées cultivées pour leur fruit, est, en agriculture, un objet de première nécessité, et, entre autres usages, elle sert à la nourriture des bestiaux. Les pailles diffèrent beaucoup plus les unes des autres que les foins, car, ayant parcouru toute leur végétation, elles présentent les grandes variétés de composition, de volume, de consistance, de saveur et d'odeur qui distinguent les tiges des divers végétaux. La paille nourrit beaucoup moins que le foin, et ses qualités nutritives varient suivant un grand nombre de circonstances. La paille la plus fraîche est toujours à préférer pour la nourriture des animaux. On doit donc la faire consommer immédiatement après le battage. Toutes choses égales, d'ailleurs, la paille provenant des endroits humides est d'une qualité bien inférieure à celles qui sont venues sur des endroits secs. La paille, pour être de bonne qualité, doit avoir été bien récoltée, de couleur jaune dorée, fine, conserver encore ses feuilles et ses épis, contenir au bas des bottes quelques plantes de la famille des légumineuses, ainsi que quelques graminées à tige fine, qui la rendent fourragère et plus nourrissante.

Paille du froment. — Les pailles de froment sont en général bonnes pour les solipèdes. On les place en première ligne parmi celles des autres céréales, ce qui s'explique, jusqu'à un certain point, par les soins que l'on a de les cultiver dans les terres les plus riches en principes minéraux solubles.

Paille d'avoine. — Molle, ordinairement pourvue de ses feuilles, la paille d'avoine fournit une bonne nourriture qu'on réserve pour les ruminants. Les solipèdes sont, dit-on, très-avides de la paille de l'avoine patate.

Paille d'orge. — Cette paille est généralement peu estimée à cause de sa dureté; mais elle peut fournir une bonne nourriture aux ruminants, si, avant de leur donner, on la fait ramollir.

Paille de seigle. — Cette paille, dure, luisante, est peu recherchée des animaux, difficile à digérer et peu alimenteuse. Il y a plus de profit à la vendre pour faire des toitures, des liens, etc., que de la faire consommer dans les fermes.

Paille de millet. — Cette paille est très-nutritive, peut être

employée avec un grand avantage à la nourriture des vaches.
Il en est de même de celle du sorgho et de la phalaride.

Paille de maïs. — La paille de maïs, lorsqu'elle est entière,
est dure, dédaignée par les bestiaux ; mais si on l'écrase, qu'on
la hache bien, ils la recherchent. D'ailleurs, elle est très-su-
crée et très-substantielle.

PAILLES DES LÉGUMINEUSES.

Les pailles des légumineuses sont plus nutritives que celles
des graminées. Pleines, charnues, poreuses, parenchymateuses,
elles renferment plus de principes nutritifs ; succulentes, tendres, elles ne sont jamais complétement épuisées par les graines, parce que, dans la plupart des espèces, les fruits de la
base des tiges sont mûrs, que celles-ci poussent et fleurissent
toujours au sommet, de sorte qu'il faut les faucher pendant
qu'elles sont encore tendres.

La paille des fèves est alibile et forme, surtout si elle a été
récoltée avant la maturité, une excellente nourriture pour les
herbivores. On la donne seule ou mêlée avec celle de pois et
de vesces, ou le plus souvent hachée et mélangée à des grains ;
il serait même utile de la ramollir dans l'eau : les moutons et
les chevaux s'en trouvent très-bien.

La paille des lentilles et celle de l'ers sont flexibles, succulentes et recherchées par les herbivores.

La paille de vesces est douce, molle, n'est avantageuse à
consommer qu'avec son grain. On la donne de préférence aux
chevaux et aux moutons.

La paille des pois de champs forme un très-bon fourrage.
Celle des pois à rames de jardins parvenue à maturité est un
aliment médiocre ; il en est de même de celle des haricots.

La paille des gesces forme une bonne nourriture pour les
vaches et les bêtes à laine.

Les fèves, les gesces, etc., non battues sont souvent données pour fourrage aux chevaux. On mélange ordinairement deux espèces de légumineuses; on les nomme alors waras, et dravière quand c'est une légumineuse et une céréale qui forment le fourrage. Ces aliments sont très-nutritifs et échauffent, donnés en trop forte ration ; ils exposent les animaux au tétanos, au vertige abdominal, etc.

Les pailles des trèfles, des luzernes, du sain-foin dont on a récolté les graines sont très-nutritives; elles peuvent, étant hachées, être mêlées aux racines crues, dont elles absorbent l'humidité et facilitent la digestion. On les donne alors aux grands animaux.

Altérations des pailles. — La paille peut devenir vasée, rouillée, cariée, charbonnée avant la récolte, et moisie, pourrie, poudreuse, frisée après qu'elle a été mise en magasin. On ne doit pas chercher à remédier aux altérations de la paille. Il faut employer, pour faire la litière, celle qui est vasée, vieille, imprégnée de corps fétides, d'excréments. Si cependant on était obligé de s'en servir comme fourrage, on chercherait à en diminuer les inconvénients, en employant les moyens que nous avons indiqués à l'occasion du foin. Quant à la paille moisie, rouillée, il faut la mettre dans la fosse à fumier, ne pas la répandre même dans les étables, de crainte que les animaux n'en mangent.

VALEUR NUTRITIVE DES PAILLES.

Les pailles, données exclusivement, ne sauraient suffire à l'entretien des animaux de travail ; mais elles peuvent fournir un excellent supplément de nourriture pour les solipèdes. Une quantité modérée de paille, donnée aux bêtes à cornes avec des turneps, ou une autre nourriture remplie de sucs, contribue beaucoup à leur santé. Les aliments très-substantiels donnés en trop grande quantité deviendraient nuisibles aux bestiaux, si on n'y mêlait pas quelque nourriture moins riche en sucs nutritifs. De plus, il est nécessaire que les viscères soient convenablement distendus, pour que la digestion se fasse de la manière la plus parfaite. Sans cela, les aliments les plus riches ne nourrissent pas bien les animaux. Sous ce double rapport, les pailles sont d'une grande utilité. En outre, il est généralement avantageux de faire passer par le ratelier la paille qui doit servir de litière, afin que les animaux profitent des grains, des épis et des herbes nutritives. En traversant le tube digestif, elles perdent peu de leurs propriétés fertilisantes. La partie qui reste s'imprègne de matières animales, devient plus améliorante, et ce qui a disparu par l'absorption est payé par les produits formés (lait, chair, etc.). On administre les pailles entières, hachées, écrasées ou coupées, seules ou mélangées à d'autres fourrages, crues, cuites, fermentées, ou du moins ramollies par la macération. Une préparation préalable est utile pour toutes les pailles ; elle permet leur consommation, sans perte aucune ; elle est surtout nécessaire pour les éteules. Pour augmenter beaucoup la valeur de ces fourrages, il suffit de les arroser avec des liquides salés, avec l'eau dans laquelle on a fait cuire des racines, des tubercules.

Toutes les pailles ne conviennent pas également pour faire la litière : les plus molles, les plus souples, celles qui ont été écrasées et brisées, sont en général celles sur lesquelles les animaux se reposent le mieux ; mais les plus souples ne sont pas celles qui contiennent le plus de matières fertilisantes. Considérées sous ce dernier rapport, elles ont été classées comme il suit :

1° paille de colza.	3° partie de pois.
2° — vesces.	4° — orge.

5°	—	sarrasin.	9°	—	froment.
6°	—	fèves.	10°	—	seigle.
7°	—	lentilles.	11°	—	maïs.
8°	—	millet.	12°	—	avoine.

Courtes et fines, lorsqu'elles ont été un peu foulées, les siliques des crucifères, du colza, conviennent parfaitement pour faire la litière des truies qui mettent bas; elles n'ont pas, comme la paille un peu longue, l'inconvénient d'entraver les porcelets et de les faire écraser par la mère.

Menues pailles, ottons, cosses des fruits. — On appelle ainsi les enveloppes florales des graminées et les gousses des légumineuses que le vannage a séparées des graines. Elles sont nourrissantes par elles-mêmes et contiennent, en outre, des grains et des graines; mais elles s'imprègnent facilement de poussière. Quelques unes (l'orge, par exemple) sont pourvues de pointes ou barbillons qui incommodent les animaux. Les menues pailles, les cosses, qu'on laisse perdre si souvent, peuvent être données à tous les animaux; mais, pour en tirer un parti avantageux, on aura soin, avant de les administrer, de les faire macérer dans l'eau pure ou infuser dans l'eau bouillante, ou mieux de les ramollir au moyen d'un liquide sapide et nourrissant par lui-même, ou en les mêlant à des pulpes, à des tourteaux délayés, à des pommes de terre écrasées ou au résidu des féculeries. Ainsi préparées, elles conviennent pour tous les animaux, surtout pour les vaches à lait.

Feuilles. — Nos principaux arbres fruitiers ou sylvestres produisent une nourriture à peu de frais, au moyen de leur feuille, qu'on peut utiliser pour les moutons et les chèvres surtout. On les donne en petite quantité à la fois, pour éviter les irritations des voies digestives et de l'appareil génito-urinaire, qu'elles occasionnent, prises en grandes masses. Les feuilles et

les jeunes pousses du pin maritime sont très-favorables à la
santé des bêtes à laine, qui les mangent avec avidité. Par la
dessication, les feuilles perdent leur saveur plus ou moins irritante. Elles peuvent alors être données à tous les ruminants;
mais il serait fort utile de les mêler avec des aliments aqueux,
car seules elles sont difficilement digérées. On fait souvent consommer aux herbivores les jeunes branches de nos plantes
légumineuses. Celles de l'ajonc épineux, des bruyères, du genêt à balais sont le plus souvent usitées, principalement par
les bêtes à laine, quand les herbes manquent dans les paturages; mais les parties végétales ligneuses sont dures, d'une digestion difficile, nourrissent peu et ne doivent être données
que comme supplément de nourriture, à des animaux forts et
robustes.

DES FRUITS SECS.

Dans quelques contrées pauvres, les châtaignes et les glands
sont donnés aux animaux, à la place de l'avoine, du seigle,
des fèves, etc., pour compléter le repas de foin, de paille
ou de feuilles, mais ils sont loin de posséder les qualités nourrissantes de ces grains et graines.

Châtaignes. — Les fruits du châtaignier sont administrés
cuits ou crus, entiers ou débarrassés de leur enveloppe, au
porc, au cheval, aux ruminans et aux oiseaux. Elles nourrissent bien tous ces animaux, les engraissent même, surtout
si, préalablement, on les a débarrassés de l'écorce brune, et
mieux encore si on les a fait cuire.

Glands. — Les fruits du chêne entretiennent bien tous les
animaux; on les administre entiers ou concassés, cuits ou
crus, germés, macérés, torréfiés, enfin écrasés et délayés dans
l'eau.

Après la récolte le gland, écrasé, mêlé à des nourritures fades, farineuses, aux racines cuites, agit comme condiment tonique. On conseille de le mêler à la pomme de terre, pour combattre les effets relâchants de ce tubercule donné en grande quantité. On le conserve comme la chataigne en le faisant sécher dans des greniers, sur des séchoirs, ou en le passant au four. On peut aussi le conserver plusieurs années dans l'eau pourvu qu'il soit toujours submergé.

Marron. — Le marron d'Inde ressemble beaucoup à la chataigne; mais il est âpre et astringent dans toutes ses parties. La plupart des animaux le refusent d'abord, mais s'habituent ensuite à le manger. Ce fruit est tonique, et comme le gland il pourrait assaisonner la nourriture fade, relâchante, les tubercules et les racines; il est d'ailleurs nourrissant par lui-même, et serait favorable aux ruminants dans les années pluvieuses. On l'administre entier ou écrasé, cru ou cuit.

Fruit du hêtre. — La faîne se récolte ordinairement pour en retirer une huile douce, bonne pour la cuisine, et se conservant très-bien. La faîne ne sert donc qu'à la nourriture des animaux qui la prennent dans les bois; elle est nourrissante, peut même engraisser, mais elle donne une mauvaise viande et nuit quelquefois à leur santé; cependant elle rend bien rarement malades les ruminants qui la prennent dans les bois parcequ'ils mangent en même temps des glands, dont le principe tonique corrige peut-être les effets de la graine oléagineuse.

DE LA NOURRITURE VERTE.

On soumet temporairement les animaux à la nourriture verte, soit comme principale alimentation en été, soit comme régime rafraîchissant, soit pour prévenir ou guérir certaines maladies, soit enfin pour redonner de l'embonpoint aux animaux qui l'avaient perdu sans cause apparente ou par suite de travaux excessifs. L'époque à laquelle on met les animaux au vert est déterminée par la nature des pâturages, les besoins des bestiaux, l'état de l'atmosphère, la rareté ou la mauvaise qualité du fourrage d'hiver. Les animaux prennent le vert en liberté ou à l'étable, ou partie dans les pâturages et partie à l'écurie; mais la manière qu'il faut préparer dépend des indications, et surtout des conditions économiques dans lesquelles on se trouve. Il faut ménager avec soin le passage du sec au vert, et *vice versa*, donner d'abord une petite quantité d'herbe dans la ration et supprimer graduellement le fourrage sec. Si l'herbe dont on dispose n'est pas toute de même qualité, on gardera la meilleure pour la fin. Pendant le régime du vert, un peu de nourriture sèche est souvent favorable, surtout lorsque le vert paraît surprendre les animaux. Il y a des chevaux qui ne peuvent pas supporter l'herbe seule, et qui reçoivent avec avantage un mélange de fourrage sec et d'herbe. Les animaux qui pâturent en liberté doivent trouver des abris quand le temps est trop chaud, et quand il pleut. Les pansages doivent être fréquents et les soins de propreté minutieux. Quand on donne le vert à l'étable, il faut en faire de petites provisions à la fois, surtout si l'on récolte des plantes qui, comme les graminées, se dessèchent rapidement. S'il pleut, que l'herbe soit mouillée, on doit la laisser un peu se sécher et la remuer de temps en temps avant de l'administrer. On donnera de très-petites rations, et on les répétera souvent.

La quantité d'herbe nécessaire à chaque animal, varie en raison des circonstances variables qui peuvent augmenter ou diminuer la proportion de l'eau de végétation qu'elle contient.

Or, 4 kilog. d'herbe fraiche fournissent 1 kilog. de foin; si donc on nourrit un animal avec 10 kilog. de foin, il en faudra 40 d'herbe à l'état vert. Mais il est reconnu que les animaux dont les viscères digestifs sont très-spacieux sont les seuls qui puissent manger en vert une quantité d'herbe correspondante à celle qui à l'état sec est nécessaire à leur nourriture. On doit donner à chaque bête ce qui lui est nécessaire, d'après la promptitude avec laquelle elle mange ses rations et les effets que celles-ci produisent. Pour prévenir les effets relâchants du vert on donne aux animaux de faibles rations de fourrages secs et de grains. On peut continuer de faire travailler les animaux soumis au vert; mais comme ce régime est affaiblissant, on diminuera le travail et on administrera de l'avoine. Le vert ne doit pas être donné aux animaux toutes les fois qu'il est inutile. Il est presque toujours nuisible aux vieux chevaux qui ont été constamment habitués à une nourriture sèche et substantielle. Ses effets débilitants l'ont de tout temps fait bannir des postes, des messageries et de tous les établissements qni ont à faire de pénibles travaux. Il rend, en effet, les animaux plus mous, plus faibles que lorsqu'ils sont nourris au sec, et il serait au moins inutile aux chevaux qui font de très-rudes services, si l'on ne voulait pas cesser les travaux; mais la nourriture verte est avantageuse, même longtemps continuée, pour toutes les bêtes de travail employées dans les fermes.

Effets à craindre de l'usage du vert. — Cette nourriture presque toujours bienfaisante lorsqu'elle est donnée à propos et avec discernement, principalement quand elle provient de prairies naturelles de bonne qualité, devient parfois dangereuse pour les ruminants quand elle est fournie par les prairies artificielles, telles que luzerne et trèfle, plantes qui n'occasionnent que trop souvent des indigestions et des développements de gaz dans la panse, qui déterminent un gonflement connu sous les noms de météorisation, de tympanite. Avec la précaution de donner ces fourrages artificiels par petites portions, et de prolonger ainsi les repas, les bêtes peuvent manger à satiété, même lorsqu'elles sont encore jeunes. Il serait imprudent de faire boire les bestiaux lorsqu'ils sont encore remplis de trèfles et de luzernes, on les conduit à l'abreuvoir deux heures avant ou après les repas. Les ruminants ne doivent être menés dans les champs de trèfle ou de luzerne, que par des temps secs, après l'évaporation de la rosée du matin, et en être retirés avant la formation de celle du soir. A la vérité, ce n'est pas lorsque ces plantes sont mouillées, lavées par une forte pluie que la météorisation se manifeste, mais c'est lorsqu'après les pluies le soleil les a flétries, sans avoir séché le sol et les parties inférieures des tiges, qui conservent bien longtemps leur humidité, l'air ne pouvant y arriver facilement, ces plantes étant ordinairement trop touffues. Les bergers picards font passer leur troupeau au galop sur le trèfle qu'il doit pâturer; l'humidité que les feuilles pourraient retenir se trouve ainsi brusquement secouée et les moutons paissent sans danger. Les trèfles fauchés secs et qu'on laisse s'échauffer en tas, produisent fréquemment la météorisation; il faut alors les arroser d'eau salée. La météorisation fait promptement périr les animaux, si des soins raisonnés ne leur sont prodigués à temps. Ceux qui sont à la portée des cultivateurs et qui sont peu coûteux, consistent à faire prendre à l'animal des breuvages composés de 1° 65 grammes de cendres de bois, dans cinq décilitres, ou une demi-bouteille d'eau salée, 2° Deux litres d'eau de lessive de cendres; 3°. 4,8 ou 16 grammes d'ammoniac liquide (alcali volatil), dans une demi-bouteille d'eau ordinaire; 4°. 8 à 12 grammes d'eau de javelle dans un demi-litre d'eau; 5° enfin, 2 ou 3 litres d'eau de savon ou d'eau de chaux. Ces breuvages doivent être donnés à grandes gorgées aux vaches malades; ces doses seront réduites pour les moutons au quart ou au tiers, selon la force et la taille de ces animaux. Les frictions sèches sous le ventre, les lavements savonneux et les promenades, doivent seconder l'action des breuvages. Toutefois, si après une demi-heure de l'administration du premier breuvage, la météorisation persiste, il faut donner un deuxième breuvage, puis si une heure après, l'affaissement du flanc n'a pas lieu, que le malade respire avec peine, il devient nécessaire de faire la ponction du rumen, de crever le flanc. Cette opération, qui doit être le dernier moyen à mettre en usage, se pratique au centre du flanc gauche, avec un trocar muni de sa canule, en l'enfonçant verticalement pour le faire pénétrer dans la panse. A défaut d'un trocar, on se sert d'un couteau à longue lame, ou encore d'un long poinçon; mais il faut toujours placer dans la plaie une canule quelconque, un bout de sureau, par exemple, pour faciliter la sortie des gaz.

DES RACINES ET TUBERCULES.

Les racines et les tubercules quoique jouissant de propriétés différentes, peuvent être administrés aux animaux dans les mêmes circonstances. Leurs qualités alimentaires varient selon les circonstances qui les ont produits et les plantes qui les fournissent. Les meilleurs viennent sur les sols sains, plutôt secs qu'humides. Dans les années pluvieuses, ils sont de médiocre valeur pour la nourriture du bétail. La sécheresse extrême leur est aussi défavorable: elle en arrête l'accroissement et les rend durs. Si l'on achète des betteraves et des pommes-de-terre, on accordera la préférence à celles de grosseur moyenne : volumineuses, elles sont en général fades, aqueuses, peu nutritives, souvent creuses dans le milieu et celles qui sont petites ayant presque toujours manqué d'humidité, sont dures, ligneuses, et pauvres aussi en principes alimentaires. Elles doivent être fermes, saines à l'intérieur, la peau lisse et tendue au moment de la récolte, mais souvent un peu ridée à la fin de l'hiver, par suite de la disparition de leur eau de végétation. Celles qui ont germé, quoique très-fraiches, sont moins nourrissantes. La germination développe des principes aqueux, peut-être plus nuisibles qu'alimenteux.

Par les aliments sains, nutritifs, de facile digestion que fournissent les racines et les tubercules, ces produits préservent les animaux de diverses maladies ; ils rafraichissent les bêtes échauffées par la nourriture sèche ; le bœuf, le cheval qui reçoivent de bonnes rations de turneps, de carottes, ne sont jamais portés à prendre à la fois de ces grandes quantités d'eau qui occasionnent si souvent des indigestions de boissons sur les bestiaux altérés par l'usage du foin et de la paille ; les racines tiennent le ventre libre ; elles activent l'engraissement des ruminants et poussent le développement des élèves, en agissant et sur les jeunes animaux et sur les nourrices dont elles augmentent la sécrétion du lait. Ainsi quand on veut avoir beaucoup de lait en hiver, on règle les rations, de manière à pouvoir donner des racines jusqu'à l'arrivée du fourrage du printemps. Dans les contrées où les maladies de sang sont communes, ces affections sont plus rares chez les bestiaux qui consomment des aliments aqueux en hiver. On les donne entières ou coupées, crus ou cuites, seules ou mêlées à d'autres fourrages. Les animaux saisissent plus facilement les racines et les tubercules qu'on a coupés, les avalent sans difficulté et ne sont pas exposés à les garder dans l'œsophage. Si on fait cuire ces aliments, on peut en donner de plus fortes doses, ils nourrissent mieux les animaux et les engraissent plus rapidement; mais en général ils sont moins favorables à la sécrétion du lait. Crus, on les donne seuls ou unis à des corps farineux, à des tourteaux pulvérisés; mais, cuits, on les mêle quelquefois à des substances dures, ligneuses qu'ils amollissent. Le mélange de racines cuites et bouillantes avec des foins, des pailles hachées, forme une excellente nourriture. La ration qu'il convient d'en distribuer doit varier selon les racines, et leur état après la récolte; car leurs facultés nutritives diffèrent beaucoup d'une année à l'autre. On doit encore se guider d'après les effets qu'elles produisent sur les animaux, car sous le rapport de l'économie, il y a toujours avantage à donner de fortes rations, et à diminuer la dose des autres fourrages, la culture de ceux-ci étant moins productive.

SUBSTANCES ANIMALES.

Les aliments les plus nourrissants sont fournis par le règne animal; les arabes donnent à leurs chevaux de la chair et du lait de chameaux, lorsqu'ils veulent entreprendre un de ces voyages, de 80 à 100 lieues, que leurs coursiers font en 2 ou 3 jours sans presque ni boire ni manger. Les Islandais nourrissent avec du poisson leurs vaches et leurs chevaux qui s'en trouvent bien. En France, dans les établissements où l'on abat beaucoup de chevaux, leur chair est employée pour la nourriture des porcs qui la mangent crue ou cuite; mais crue et donnée en grande quantité, elle n'est pas toujours bien digérée et leur cause quelquefois la diarrhée. Cuite, surtout avec des pommes de terre, des betteraves, elle est meilleure, et le bouillon qui résulte de sa cuisson peut être fort utile pour assaisonner toutes les substances végétales; on peut également mêler avec avantage la viande cuite avec le son, ou des farines. Les volailles sont très avides de viande; cette nourriture augmente la ponte; pour elles, comme pour tous les animaux, on ne doit tirer parti que de la chair de bestiaux abattus par suite d'accidents, ou qui ont succombé à des maladies courtes et non contagieuses. Les bouillons gras, les eaux de vaisselle, peuvent avantageusement servir à arroser des fourrages, des racines, des tubercules.

ASSAISONNEMENTS OU CONDIMENTS.

On nomme assaisonnements certaines substances que les animaux mangent d'eux-mêmes, et qui ne sont nullement nutritives, mais qui jouissent de la propriété d'exciter les forces digestives et toute l'économie, par suite de leur absorption. On emploie les condiments pour réveiller ou augmenter l'appétit des animaux en rendant les aliments plus propres à flatter leurs sens, soit pour corriger les effets des substances altérées, soit enfin pour remplir des indications curatives.

Sel marin. — Le sel marin est le seul condiment dont on fasse généralement usage, c'est aussi celui que les animaux recherchent le plus; il agit sur eux comme agent tonique fortifiant, excitant, et comme élément chimique entrant dans la composition des organes; il excite et entretient l'appétit des animaux à l'engrais, il leur fait contracter de l'embonpoint, ce qui diminue les dépenses qu'entraîne cette opération, il rend la chair ferme belle et très-savoureuse. Le sel marin tend les fonctions régulières; il améliore, stimule, fortifie la constitution générale des animaux; c'est pourquoi on le mêle à l'avoine des chevaux fatigués. Il est indispensable pour les animaux lymphatiques, pour les bestiaux qui ont fait un séjour plus ou moins prolongé dans des pâturages bas et humides, pour prévenir la pourriture chez les moutons, pour les jeunes chevaux exposés à la fluxion périodique des yeux, enfin pour tous les fourrages, racines, tubercules, etc., mal récoltés. Il faut toujours bien écraser le sel avant de le mêler aux aliments, parcequ'il se divise mieux dans la masse, et ne crie pas sous la dent des animaux. On en saupoudre les racines hachées; on le mêle au son, aux grains qu'on donne aux bestiaux ou bien encore on le fait dissoudre dans l'eau pour asperger le foin. L'eau salée donnée comme boisson produit des effets plutôt nuisibles qu'utiles; il est donc préférable d'en arroser les aliments. Le sel ne doit être distribué qu'en petite quantité à la fois et souvent, surtout aux animaux qui n'y sont pas habitués. Quand cela est possible, il est avantageux de placer à la portée des herbivores des morceaux de sel gemme, ou des sachets contenant un demi-kilog. de sel ordinaire; c'est principalement dans les bergeries qu'il est utile de suspendre des nouets ou sachets de linges à de petits bâtons fixés aux poutres : au-dessous d'eux on place des baquets d'eau dans laquelle on a jeté du fer rouillé. Pour engager les moutons à lécher les nouets, on trempe ceux-ci dans l'eau des baquets, avant de les attacher aux bâtons. Le baquet reçoit ce qui goutte du sachet, rien n'est perdu, et l'eau ferrugineuse devient salée; ce moyen est un excellent préservatif de la pourriture dans les années très-humides.

Baies de genièvre. — On fait quelquefois usage comme condiment des baies de genièvre, dans le but de prévenir la pourriture chez les moutons; on en donne 32 grammes par chaque animal, en les unissant au seigle, aux racines et aux tubercules cuits, etc.

Feuilles et écorces. — Les feuilles et l'écorce du chêne, du saule, la racine de gentiane, ainsi que toutes les substances amères, peuvent être employées comme condiments toniques; on en fait des décoctions que l'on mêle aux boissons, ou on les administre en pâtes, en poudre, mêlées à la farine, aux pommes de terre cuite, et aux aliments mous et aqueux.

Ferrugineux. — Les composés de fer exercent une action tonique sur le corps animal; ils sont des agents précieux, pour empêcher les altérations du sang quand les temps sont trop pluvieux et le fourrage mauvais. Les préparations ferrugineuses les plus usitées et les moins coûteuses sont celles-ci. L'eau ferrée, qui se prépare en plongeant un fer rouge dans un vase rempli d'eau, ou en mettant dans l'eau des morceaux de fer rouillé, ferraille, tels que des vieux clous. Le sulfate de fer dissous à la dose de 5 à 6 grammes par 8 ou 10 litres d'eau produit un excellent tonique.

Vinaigre. — Le vinaigre mêlé aux boissons est rafraîchissant; il produit de très-bons effets, quand les animaux travaillent à la chaleur, qu'ils sont fatigués par la poussière et un soleil ardent. L'eau vinaigrée est surtout favorable aux porcs, en été; avec ce liquide on arrose aussi les fourrages avariés, altérés.

Spiritueux. — Les spiritueux ou alcooliques, tels que l'eau-de-vie, le vin, le cidre, la bière, sont toniques et excitants; on ne doit les donner qu'à de très-petites doses et dans des circonstances exceptionnelles, au moment du part, par exemple.

DES BOISSONS.

Les boissons sont des liquides destinés à étancher la soif et à rendre le sang plus fluide. L'eau est la boisson naturelle des animaux; pour être bonne, elle ne doit contenir aucun corps étranger en fermentation, ou susceptible de se décomposer; elle doit être limpide, inodore, sans couleur, fraîche, doit cuire les légumes et dissoudre facilement le savon sans former de grumeaux; lorsque ce dernier cas se présente on la dit séléniteuse, et si l'on est obligé de s'en servir faute de meilleure, il faut, pour atténuer ses effets malfaisants, l'exposer à l'air, surtout au soleil, en la battant ou en la faisant tomber en cascade contre une planche à demi dressée; puis y mélanger du son, un peu de farine, et même un peu de vinaigre. Les réservoirs destinés à contenir la provision d'eau nécessaire aux bestiaux d'une ferme, doivent être l'objet d'une sérieuse attention: ainsi les citernes seront grandes, imperméables, profondes, placées au nord et à l'ombre, dans un lieu frais, propre, et le fond sera garni de graviers, de sable, ou de charbon. L'eau des citernes est fournie par la pluie qui tombe sur les toitures des bâtiments. Il faut se garder de recueillir celle qui coule la première après une longue sécheresse, parcequ'elle est alors chargée de divers principes qui en déterminent la corruption. L'eau des lacs, des étangs vastes et profonds dans toute leur étendue, est ordinairement bonne. L'eau des marais, des tourbières, est aigre, fétide, chargée de gaz et de matières organiques; elle ne doit donc pas être employée pour boisson, car elle peut causer de graves maladies. Celle des flaques ou petits réservoirs alimentés par la pluie, par les débordements des fossés, est infecte et nuisible, surtout quand elle n'a pas été renouvelée depuis longtemps et qu'elle est peu abondante. L'eau des mares provient de la pluie, des puits, des fontaines, des étables et du fumier; elle est colorée et sapide. Elle ne nuit généralement pas aux animaux; mais vers la fin de l'été, elle devient insalubre surtout lorsqu'elle est peu abondante, chargée de matières putrescibles, et qu'elle recouvre imparfaitement la vase du fond. Il est prudent de dessécher ces réservoirs ou d'en rendre les bords profonds, de les disposer de manière que l'eau y soit toujours au même niveau, et que sans cesse elle se renouvelle au moyen de pompes, de fontaines. Les abreuvoirs doivent être à proximité des habitations, placés au nord, la surface de l'eau bien exposée au vent; les bords de l'abreuvoir seront d'un abord facile, et l'eau s'y renouvellera sans cesse; mais elle y arrivera pure. Il faut en détourner celle qui a lavé les rues, les étables ou qui coule du fumier. Les oiseaux aquatiques troublent l'eau des réservoirs, y déposent leurs excréments, y perdent leurs plumes. Si les arbres sont utiles en été pour donner de l'ombre, ils nuisent en automne par leurs feuilles et par leurs fruits; les frênes, les lilas ont de plus l'inconvénient d'attirer les cantharides. Des auges, de petits réservoirs, sont utiles à côté des puits, des sources; on y laisse séjourner l'eau, et ce liquide se sature d'air, s'échauffe ou se refroidit selon la température du jour; mais on doit en hiver avoir soin, si ces auges sont exposées à l'air, de ne les emplir qu'au moment d'abreuver les animaux; car l'eau des puits, conservant dans toutes les saisons une température égale, est moins froide à la sortie du puits, que si on la laissait longtemps au contact de l'air avant de l'employer.

Distribution de boissons. — Les animaux doivent toujours avoir de l'eau à leur disposition; s'ils peuvent boire à volonté, elle ne leur nuit jamais, car ils la prennent à mesure

u'elle leur est nécessaire. Les boissons doivent être données
n petite quantité à la fois et souvent, surtout aux animaux
ui ont longtemps enduré la soif, à ceux qui sont en sueur;
orsqu'ils viennent de travailler, on doit même avant de les
ire boire leur distribuer quelques aliments, et on ne les
issera boire à satiété qu'après qu'ils seront complètement
froidis. En été, les sources trop froides; les ruisseaux, alimentés par la fonte des neiges et des glaces des hautes montagnes, occasionnent un refroidissement subit du corps, des
arrêts de transpiration chez les animaux qui en sont abreuvés
et déterminent plusieurs maladies. En hiver, l'eau glacée prise
à sortir des étables donne lieu aux mêmes accidents. On
remédie à la crudité de l'eau en hiver, en la battant dans un
seau, et en y ajoutant du son. En été on l'expose au soleil.
Les eaux chaudes sont lourdes et de difficile digestion, et
rendent les animaux faibles malades. Les eaux altérées par
des matières organiques doivent être filtrées; à cet effet on se
sert d'un tonneau dont le fond, percé de trous, est recouvert
de plusieurs couches alternatives de sable et de charbon pilé.

DES LOCALITÉS.

L'homme est quelquefois le maître de choisir pour son habitation et ses travaux les lieux les plus convenables à l'entretien de sa santé et de celle des animaux qu'il emploie: ainsi il
peut s'établir sur une hauteur où l'on respire un air sec et vif,
ou dans un lieu bas, dont l'air jouit d'une activité moindre à
raison des obstacles qui bornent ses mouvements et de l'humi-
té qui l'imprègne.

Les localités influent tellement sur l'existence des animaux
qu'on peut, à la simple inspection topographique du pays, ju-

ger quelles espèces de bestiaux doivent y prospérer, ainsi que la nature des aliments qui leur sont le plus convenables. On sait, par exemple, que, dans les cantons bas et humides, le régime doit être tonique et excitant, aqueux et doux dans les lieux secs et élevés. D'après ces principes, un propriétaire qui a son domaine entre deux collines doit de préférence élever des bêtes à cornes ; sur les plaines d'une certaine étendue, on peut élever diverses espèces, telles que chevaux, bêtes à cornes et à laine; mais, sur les côteaux secs et arides, il faut préférer les dernières.

Dans le choix des lieux, le voisinage des eaux, soit stagnantes, soit courantes, n'est pas une chose indifférente. La proximité des eaux marécageuses est toujours insalubre, à cause des émanations qui s'en dégagent. Il faut aussi avoir égard à la direction et aux qualités des vents les plus dominants, aux accidents atmosphériques les plus fréquents, suivant les saisons, les climats.

Le choix des animaux est donc subordonné à la nature des prés et des terres, à la qualité des fourrages, à la disposition du sol à produire des grains ou des racines, enfin aux débouchés qu'offre l'exposition du cultivateur.

Les bêtes d'engrais demandant une nourriture substantielle, abondante, le cultivateur qui, avec de bons prés, possède des terres fortes produisant l'avoine, les féverolles, le sain-foin, la luzerne, celui-là a tout ce qu'il faut pour réussir dans l'engraissement. Les vaches laitières devant recevoir leurs aliments plus délayés, les racines leur conviennent aussi très-bien. Celui, enfin, qui n'a que des prés médiocres, des terres légères, dont on n'obtient de produits qu'à force d'industrie et de travail, celui-là doit élever pour ses besoins et pour la vente. On achètera volontiers chez lui, parce qu'on peut avoir la certiude que les animaux élevés sur un tel sol réussiront partout.

DES LOGEMENTS.

—

Les logements, les habitations défendent les animaux contre les vicissitudes de l'atmosphère, les mettent à l'abri des vents qui l'agitent, des pluies, des impressions d'une forte chaleur, comme de celles d'un froid rigoureux, suivant leur position, la nature des matériaux dont elles sont construites, la manière dont sont ménagés les courants d'air, le soin avec lequel elles sont entretenues, etc.

A l'état sauvage, les animaux, habitués à tous les changements de l'atmosphère qui peuvent survenir, les supporten sans incommodité, tandis qu'à l'état de domesticité, leur instinct étant d'autant plus borné qu'ils se sont mieux accoutumés au joug de l'esclavage, ils sont beaucoup plus influencés par les variations atmosphériques : de là la nécessité de les abriter pendant certaines saisons de l'année, et cette nécessité des logements est d'autant plus impérieuse que ces variations sont plus fréquentes et plus brusques. C'est ainsi que les animaux qui habitent le nord et l'est de la France ont, beaucoup plus que ceux qui habitent l'ouest et le sud, où le climat est plus régulier, besoin d'être logés. Dans ces dernières contrées, les animaux, surtout les bêtes bovines et ovines, peuvent, sans inconvénient, vivre à l'air libre une grande partie de l'année.

Les logements des animaux sont généralement malsains, car la plupart sont très-mal aérés : 1° parce que, pour l'ordinaire, il n'y a pas de conduit par où puissent s'échapper les vapeurs échauffées, produits de la respiration; 2° parce que des matières excrétées séjournent dans les habitations et s'y putréfient;

3° enfin, parce que l'on renferme presque toujours un nombre trop considérable d'animaux dans une même habitation. S'il est vrai que les constructions nouvelles sont plus élevées au-dessus du sol et plus aérées, il en est encore beaucoup où l'humidité se conserve indéfiniment, et où l'air ne circule qu'avec peine. Sans doute tous les cultivateurs ne peuvent jeter à bas ces logements pour en bâtir de plus convenables; mais tous peuvent percer des ouvertures qui permettent un libre accès à l'air, en ayant toujours soin d'en ménager au moins une du côté opposé à la porte d'entrée.

Un air pur et la lumière étant indispensables à la santé des animaux, on les fera jouir du premier nuit et jour pendant une grande partie de l'année. Si parfois le froid exige que l'on ferme les portes et les fenêtres, ce qui n'est que rarement nécessaire, pour les bergeries surtout, on ne doit le faire que pendant la nuit. Néanmoins, l'expérience prouve qu'une chaleur douce et modérée facilite une plus grande sécrétion de lait chez les vaches laitières; mais elle démontre aussi que cet air chaud et impur nuit à leur santé.

Les portes et les fenêtres, une fois fermées, ne seront réouvertes que lorsque les animaux seront calmes et secs, pour qu'ils puissent recevoir avantageusement l'impression de l'air extérieur, dont on facilitera l'introduction en ouvrant les issues opposées au vent plus d'une demi-heure avant les autres. Les portes et fenêtres seront ouvertes toutes en même temps, aussitôt les animaux sortis. S'il y en a de malades, on les placera dans le coin le plus éloigné du courant d'air. L'extrême propreté des logements des animaux est aussi indispensable à leur santé que la lumière et un air pur.

Auges. — Les auges ou mangeoires, surtout celles en bois, doivent être soigneusement entretenues et nettoyées. La fernentation, au fond des auges , de substances vieillies altère et corrompt la nourriture ou la boisson qu'on y dépose, et leur malpropreté peut occasionner ou communiquer certaines maladies.

Rateliers. — Les rateliers destinés à recevoir le fourrage ou à paille diffèrent de formes et de grandeur suivant les animaux auxquels ils doivent servir. Ceux pour les chevaux et les bœufs ont des barreaux hauts de 80 centimètres , espacés de 10 à 12. La traverse supérieure est éloignée du mur de 50 à 60 centimètres. La traverse du bas doit en être écartée d'au moins 55, de sorte que les rateliers sont presque verticaux , afin que les graines et la poussière des fourrages ne tombent pas sur la crinière des animaux. L'auge est toujours placée au-dessous du ratelier et reçoit ainsi les menus débris qui s'en échappent. La base du ratelier doit descendre vis-à-vis la bouche des animaux, afin qu'ils ne soient pas obligés de trop lever la tête en mangeant. Les barreaux doivent être à égale distance les uns des autres , lisses et bien arrondis , pour que les animaux ne se blessent pas aux lèvres. Quelquefois on les dispose de manière à ce qu'ils tournent dans le trou qui les reçoit , ce qui fait que le fourrage est tiré avec plus de facilité.

Les rateliers des bergeries doivent être garnis d'augets qui en sont inséparables. La position des barreaux doit être à peu près verticale, et la saillie des mangeoires doit être assez grande pour que les brins de fourrages ne puissent salir leur tête ou leur toison.

Capacité des logements. — La grandeur des écuries et des étables doit être en rapport avec la taille et le nombre des animaux qu'on y renferme : une hauteur de 3 à 4 mètres sous plancher, une longueur de 1 mètre 35 centimètres au ratelier, pour chaque cheval ou bœuf, et de 4 mètres à 4 mètres 50 centimètres dans la longueur du corps, sont des dimensions convenables. L'ouverture doit être de préférence au nord ou au levant, si on est maître d'en choisir l'exposition. Le sol doit être de 33 centimètres plus élevé que celui environnant le bâtiment, et disposé de manière à ce que les urines s'écoulent par une pente douce pour se rendre, soit dans le trou au fumier, soit dans un réservoir particulier. Il faut que la porte d'entrée ait au moins 1 mètre 50 centimètres de largeur, afin que les animaux ne soient pas gênés au passage. On la coupe ordinairement en deux, de manière que la partie supérieure puisse rester ouverte en été. Dans la même saison, on garnit les fenêtres, surtout celles au midi, d'un canevas, pour défendre l'entrée aux mouches. Les volailles doivent être chassées des écuries, parce qu'elles se familiarisent et vont chercher des grains dans les mangeoires, où elles déposent des ordures et des plumes que les animaux sont exposés à avaler. Un moyen facile d'entretenir un courant d'air dans les écuries ou étables consiste à établir au niveau du plancher supérieur l'ouverture d'une cheminée d'appel en planches s'élevant jusqu'au toit, dont l'ouverture inférieure est fermée au moyen d'une coulisse s'ouvrant à volonté.

De la bergerie. — Dans nos fermes, la bergerie est ordinairement le bâtiment le plus mal soigné : quelque vieille grange qui ne reçoit d'air et de jour que par la porte, des écuries abandonnées, quelque réduit enfoncé et humide, tel n'est que trop souvent le logement des moutons, et les propriétaires s'étonnent encore que des maladies se déclarent, que le troupeau dépérit.

Pour conserver la santé et la laine des moutons, il leur faut des bergeries spacieuses, dont le sol soit sec, élevé, un peu excavé, pour retenir l'urine, car le fumier du mouton demande à en être bien imprégné; un plancher élevé de 3 à 4 mètres au-dessus du sol; des fenêtres nombreuses et un espace de 2 mè-tres carrés pour chaque bête à laine, des portes très-larges et sans saillies anguleuses, pour que les moutons qui s'y pressent violemment à leur entrée et à la sortie ne se blessent pas.

Logements des cochons. — Les toits à porcs doivent avoir beaucoup d'air, de lumière et de propreté, un espace assez étendu pour qu'ils puissent déposer leurs excréments dans un coin. Cette étendue doit être de 4 mètres carrés pour chaque animal, et la hauteur du toit de 2 mètres. On choisit, lorsqu'on le peut, l'exposition du midi, afin d'éviter l'humidité et de te-nir le cochon chaudement.

Autant que possible, chaque cochon doit avoir son auge particulière; autrement ils se disputent la nourriture, et le plus fort dévore la part du plus faible. Pour éviter cet inconvénient, on a une seule auge d'une certaine longueur et assez étroite, dont on forme le dessus avec un couvercle très-solide dans le-quel sont percés des trous d'une grandeur proportionnée à la tête de l'animal, et suffisamment espacés l'un de l'autre: cha-que porc a ainsi sa place.

Le toit à porc doit être très-solide et le sol pavé, car cet ani-mal est sans cesse occupé à détruire.

***

LA LITIÈRE.

—

La litière se compose de substances végétales étendues dans les habitations des animaux, pour qu'ils soient mieux couchés et pour recevoir leurs excréments. Les pailles, les feuilles, les bruyères, les gazons peuvent s'imprégner d'urine et fournir, par leur décomposition, des matières susceptibles de contri-buer à la nutrition des plantes. Les pailles des céréales, surtout quand elles sont écrasées, sont celles qui donnent la plus grande quantité d'engrais. Les fougères sèches forment de bonnes litières pour tous les animaux, les moutons exceptés, car elles se brisent facilement et altèrent leurs toisons. Les feuilles des arbres forment un assez bon fumier ; mais celles du chêne et du hêtre sont très-peu favorables, si ce n'est nuisibles, à la végétation. La bruyère donne un fumier d'une décomposition fort lente. Le gazon s'emploie concurremment avec la litière. On en met sur le sol des écuries et des étables une couche de 20 à 50 centimètres. On place la litière sur cette couche, et après une quinzaine de jours on enlève le fumier. On remet une seconde couche de gazon, plus tard une troisième, et ainsi de suite, autant que la profondeur du sol le permet. On obtient ainsi un excellent engrais.

Quantité de litière. — Il faut employer la quantité de litière nécessaire pour absorber les excrétions, pour tenir les étables sèches et pour préserver les animaux du froid et de l'humidité.

On ne doit laisser la litière sous les bestiaux ni trop ni trop peu de temps. La santé des animaux exigerait qu'on l'enlevât exactement tous les jours ; mais cette pratique procure un fumier moins riche en principes fertilisants que s'il séjournait davantage dans l'écurie ou l'étable. Dans ce cas, on étend tous les jours une litière nouvelle sur l'ancienne. On enlève le tout tous les trois ou quatre jours en été, et tous les huit jours en hiver.

Il faut assez éloigner des logements les fumiers et les immondices, que par négligence on accumule près des portes ; et s'il était impossible d'écarter les tas de fumier des habitations, on atténuerait cette cause d'insalubrité en mélangeant ce fumier lit par lit avec de la terre et un peu de chaux à mesure qu'ole tire de l'étable ou de l'écurie, ce qui augmente d'ailleurs la masse des engrais.

DÉSINFECTION DES LOGEMENTS.

L'air des logements peut être vicié par des gaz, par des émanations des corps vivants, par des miasmes et des virus répandus par des animaux atteints de maladies contagieuses, et qui y ont séjourné plus ou moins longtemps. Les moyens employés pour le purifier constituent la désinfection. Ils consistent dans l'établissement de courants d'air, dans le lavage à grande eau, à l'eau de chaux, de soude, de potasse, à l'eau chlorurée, dans le blanchiment à la chaux, le grattage des ustensiles, des auges, etc.

Les fumigations aromatiques consistent à jeter sur des charbons ardents ou sur des morceaux de fer rouge des baies de genièvre, des résines ou du vinaigre. Les fumigations de chlore, dues à Guyton de Morveau, se pratiquent après avoir fait sortir les animaux du lieu à désinfecter et en avoir fermé toutes les ouvertures. A cet effet, on place sur un réchaud allumé un vase vernissé contenant 70 grammes de peroxyde de manganèse et 250 grammes de sel marin. Ces deux substances étant bien mélangées sont ensuite arrosées avec 125 grammes d'acide sulfurique étendu d'une égale quantité d'eau. On remue le tout et on quitte le local en fermant soigneusement la porte. On comprend que ces proportions, indiquées pour un espace de 110 mètres carrés, doivent varier suivant l'étendue du logement. Quand on juge que le mélange ne laisse plus dégager de chlore, on ouvre les portes, les fenêtres des lieux désinfectés, pour chasser le gaz avant de faire rentrer les animaux.

Le chlorure de chaux est le désinfectant le moins coûteux.

Pour s'en servir, on en met 500 grammes dans 20 ou 30 litres d'eau. On remue ce mélange ; ensuite on le laisse reposer, et on le décante. Après la décantation, on remet quelques litres d'eau sur le dépôt, et on emploie ces eaux en lavage. On fait aussi usage du chlorure de chaux, au lieu de la chaux ordinaire, pour blanchir les crèches et les rateliers. A cet effet, on prépare une solution épaisse, que l'on applique à la manière du lait de chaux.

MAGASINS A FOURRAGES.

Les magasins à fourrages doivent être à côté des écuries, des étables, et ces bâtiments doivent communiquer par un passage à l'abri de la pluie ; mais, à moins de voûtes ou de plafonds, le foin, la paille ne doivent pas être placés au-dessus de l'étable, ni même à côté, afin que la poussière du fenil n'arrive pas jusqu'aux animaux, ni que les émanations qui s'élèvent des bestiaux et de leurs excréments ne pénètrent pas jusqu'aux fourrages, qu'elles altéreraient.

DU PANSAGE.

Les soins de propreté appliqués à la surface du corps des animaux contribuent puissamment à les entretenir dans un parfait état de santé. Les animaux, surtout ceux de travail, doivent être pansés chaque matin à l'écurie, si le temps est trop froid ou pluvieux, et préférablement au dehors, si la saison le permet.

Les instruments de pansage sont : l'étrille, les brosses, le peigne, l'éponge, l'époussette. L'étrille doit être promenée dans tous les sens, avec rapidité et vigueur, sur toutes les ré-

gions du corps où la peau n'est pas trop fine pour ressentir
douloureusement son contact ; puis viennent l'époussette, la
brosse et le bouchonnement. Les crins sont peignés et lissés
avec l'éponge humectée ; ensuite, les ouvertures naturelles, la
bouche , les yeux , etc., seront épongées. On enlèvera ainsi
très-exactement la poussière , la boue dont le corps des animaux pourra être couvert. On détachera de la face plantaire
des sabots, des onglons, les matières qui peuvent y être inter-
posées.

A la rentrée du travail , les animaux seront frottés , séchés,
essuyés s'ils sont mouillés par la sueur et la boue, après , toutefois , les avoir débarrassés de leurs harnais. La couverture
seule si elle est sèche, avec de la paille interposée si elle ne
l'est pas, sera mise sur les plus mouillés ; ensuite on les abri-
tera des courants d'air, et on leur fera une bonne litière.

Des bains. — Les bains nettoient le corps et favorisent les
fonctions sécrétoires de la peau ; si l'eau est fraîche, ils raffer-
missent les tissus, les fortifient, et facilitent l'exécution de
toutes les fonctions. L'usage des bains est très-salutaire en
été aux chevaux, bœufs, porcs, chiens et même aux bêtes à
laines ; c'est un moyen de les préserver des maladies que
causent les grandes chaleurs. On ne doit les donner que lorsque la terre et l'eau ont été échauffées par le soleil, après que
les animaux en sueur se sont reposés, et 2 à 3 heures après
les repas. On laissera les animaux 15 à 20 minutes dans une
eau claire, plutôt stagnante que courante. Après le bain, on
les bouchonnera pour les essuyer, et on les promènera dans
un lieu à l'abri des courants d'air et de la poussière.

DU TRAVAIL.

—

Les travaux auxquels on soumet les animaux, doivent toujours être proportionnés à leur âge, à leur force, au genre de nourriture; il faut aussi avoir égard aux saisons et particulièrement à l'état atmosphérique, car on ne voit que trop souvent des cultivateur, exiger de leurs animaux le même travail pendant les grandes chaleurs, qu'a une autre époque de l'année, ce qui est contraire à une bonne hygiène et nuisible à la santé des animaux.

Il est de la première importance avant d'user des animaux, de s'attacher à former leur tempérament; et si le travail doit être suffisant pour les tenir en haleine, il ne faut les habituer à la fatigue que par une sage progression. C'est en ne pas excédant les forces des jeunes animaux, c'est surtout en les dressant avec patience et douceur, qu'on retirera d'eux les meilleurs et les plus longs services. Le matin au réveil, on donne aux animaux la moitié de leur ration de grain, puis on les fait boire, ensuite on leur donnera l'autre moitié. Pendant qu'on procèdera au pansage, l'acte digestif commencera et ils pourront alors être conduits sans inconvénient à leurs travaux. Il faut que le passage du repos à l'exercice, soit gradué de manière à exiger des animaux l'emploi de toutes leurs forces, sans cependant les surmener. Pendant les heures de travail, il faut de temps en temps laisser reposer les animaux, leur permettre de rendre les excréments, les urines, de prendre haleine; mais s'ils sont essouflés, en sueur, le repos doit durer très-peu de temps si l'air est froid et humide. Quand on veut faire cesser le travail, il faut ralentir graduellement le pas, afin que les animaux se refroidissent insensiblement. En arrivant à l'étable, ils ne doivent pas être en sueur, ni agités; on les placera sur une bonne litière et on les pansera selon les cas.

On tiendra beaucoup à ce que les animaux qui doivent travailler ensemble, aient la même taille, le même volume, la même allure, et la même énergie, car si l'un est plus fort, il rejette la plus grande partie du fardeau sur son compagnon et l'écrase. Les quadrupèdes sont mieux conformés pour tirer que pour porter, et un cheval tirerait plus aisément six, sept fois le poids de son corps, qu'il n'en porterait la moitié; aussi faut-il placer la charge un peu en avant pour cet animal, en ayant soin cependant que les membres antérieurs ne soient pas surchargés. Les ânes, les mulets dont l'épine dorsale est convexe, souffrent moins du service du bat que les chevaux, et chez eux leur charge se place un peu arrière pour soulager le garrot qui est souvent blessé par les harnais. Les animaux éprouvent beaucoup de difficultés et de grandes fatigues à reculer, aussi ne doit-on leur faire exécuter ce mouvement qu'avec beaucoup de précaution et sans brusquerie.

Du repos. — Le repos est une condition essentielle pour les animaux de travail, et pour être suffisamment réparateur, il doit avoir une durée au moins égale à celle des travaux. Cependant un repos trop prolongé serait nuisible à ceux accoutumés à de rudes labeurs; aussi lorsqu'on est contraint de les laisser sans exercice pendant un certain temps, doit-on les promener autant que possible. Dans les instants de repos accordés pendant le travail, le conducteur devra, autant que faire se peut, placer son attelage à l'abri des ardeurs du soleil, des mouches, de la pluie, etc. Quand les animaux se sont longtemps reposés, on ne fera, dans les premiers temps du travail, que de petites journées divisées en plusieurs courtes attelées.

DES HARNAIS.

Les harnais sont divers appareils que l'on adapte sur le

corps des animaux domestiques, soit pour les gouverner, soit pour le tirage, soit pour le transport à dos : quelques-unes de leurs parties accessoires servent à les préserver de la piqûre des insectes et des effets de la température. Les conditions essentielles que doivent remplir les harnais bien confectionnés sont celles-ci : 1° s'adapter parfaitement sur toutes les parties du corps avec lesquelles ils sont en contact, afin d'éviter des frottements qui pourraient occasionner des plaies ; 2° présenter de larges et nombreux points d'appui et disposés de façon que les parties saillantes du corps ne souffrent d'aucune compression ; 3° réunir la légéreté à la solidité, afin qu'ils ne soient pas eux-mêmes des fardeaux pour les animaux, dont ils doivent toujours tendre à favoriser les efforts. Quand les animaux sont de même volume, les harnais des uns peuvent sans produire de blessures, être adaptés aux autres. Mais on ne doit pas mettre le collier d'un cheval à un autre, quand il n'est pas ajusté aux deux animaux.

DE LA FERRURE.

La ferrure est une opération qu'on pratique sous le pied de quelques animaux domestiques ; elle est tout à la fois un moyen de les conserver et de les rendre le plus utiles possible : par la ferrure on conserve l'intégrité des pieds, la rectitude des aplombs, on détruit les effets de leurs mauvaises conformations, enfin on guérit quelque maladies. Les règles de cet art sont fondées sur la connaissance de la structure et de l'élasticité du pied des animaux. Pour éviter plusieurs inconvénients de cette pratique, les cultivateurs ne devraient pas permettre l'application du fer chaud sur les pieds des animaux. L'effrayante énergie du fer brûlant sur le pied, a porté à proscrire la ferrure à chaud. Frappés des accidents résultant d'un pareil système, beaucoup de propriétaires et de cultivateurs font ferrer à froid et à l'écurie; mais rarement les fers façonnés à la forge se trouvent en rapport parfait avec le pied. La ferrure réclame toute l'attention du maréchal afin de respecter la forme naturelle du pied, et les parties organiques que renferme le sabot. Il est malheureusement trop vrai que la maréchalerie, qui exerce une influence marquée sur l'espèce chevaline n'est qu'une branche d'industrie, aussi mal comprise que mal exécutée par ceux qui l'exercent et dont l'apprentissage se fait par pure imitation, ce qui explique comment se perpétuent ces pratiques vicieuses de ferrure, dont les chevaux souffrent et dont les propriétaires sont victimes. M. Berger-Perrière a inventé un instrument qu'il a nommé podomètre et qui permet : 1° d'apprécier sur nature, avant comme après la première ferrure, la quantité de corne dont le pied doit être débarrassé pour être à l'état normal; 2° de mesurer avec une précision extrême, et de reproduire à volonté les dimensions du pied, en saisissant la configuration de son bord plantaire; 3° de s'assurer du degré d'inclinaison et de niveau qu'il doit donner au bord de cette face plantaire, en pince, en mamelle et en talons; 4° enfin, de ménager la facilité de comparer, sans sortir de l'atelier, jusqu'à parfaite confection, le fer qu'il prépare à l'aide du patron, tout en s'abstenant de conduire le cheval à la forge. Le podomètre est formé par une série de petites pièces métalliques ovales, et d'égales dimensions; soit en fer, cuivre ou acier. Ces pièces sont graduées et articulées à la suite les unes des autres; de telle sorte que, posé à plat sur la face plantaire du sabot, le podomètre se plie facilement et avec précision au contour et à la tournure du pied des animaux domestiques qu'on est dans la nécessité de ferrer. Non

seulement le podomètre reproduit exactement les dimensions
et la tournure naturelle du pied, mais son usage donne le
moyen de conserver sur un registre les dimensions métriques,
ou le tracé du bord plantaire des pieds qui ont été mesurés une
seule fois, et permet d'établir à l'avance plusieurs ferrures
pour le même animal.

MOYENS DE DOMPTER LES ANIMAUX.

Les animaux doivent toujours dans leur jeunesse, être
traités avec douceur; on doit gagner leur affection par des
caresses, et par des friandises, du pain, du sucre et du sel;
bien dressés, ils peuvent plus tard être conduits et dirigés sans
brutalité et sans punitions. Les punitions ne doivent être
infligées qu'avec discernement, en leur faisant comprendre
qu'ils sont coupables; et immédiatement après qu'ils ont mérité d'être punis; afin que le souvenir de leur faute leur rappelle la correction qui en a été la suite. Il faut employer rarement les menaces, afin qu'elles soient efficaces quand on est
obligé d'y avoir recours. La privation du sommeil, la diète
sont de bons moyens de dompter les animaux rebelles aux
corrections ordinaires. Si tous ces moyens sont inefficaces, les
instruments dont nous allons parler seront mis en usage; mais
on ne doit y recourir que dans des cas extrêmes, en donnant
la préférence à ceux qui ne produisent ni plaie, ni contusion,
et à ceux qui n'occasionnent qu'une douleur de courte
durée.

Entraves. — Les entraves sont des liens destinés à embras-
ser les paturons; elles sont en cuir, rembourrées et pourvues
d'anneaux dans lesquels passe un lien qui sert à les réunir.

Les entraves ne doivent être employées que pour les animaux auxquels on veut faire des opérations.

Morailles. — Elles sont formées de deux tiges en bois ou en fer formant compas. Pour s'en servir, on fait former aux deux branches un angle où on place la lèvre supérieure ou l'oreille que l'on veut presser, on rapproche les deux branches et l'on fixe leur extrémité libre avec un anneau en fer. On doit employer rarement les morailles et avec précaution, car à la longue elles émoussent la sensibilité, et peuvent occasionner la gangrène de la partie comprimée.

Serre-nez ou *tord-nez*. — C'est un bâton long de 3 à 4 décimètres, dont une extrémité est pourvue d'un trou dans lequel passe une grosse ficelle formant une anse de deux décimètres environ; on place le bout du nez ou l'oreille à comprimer dans l'anse, et l'on presse en tordant au moyen du bâton. Cet instrument produit beaucoup de douleur; il faut en user avec précaution.

Lunettes. — Les lunettes sont des instruments destinés à empêcher les animaux de voir : elles sont en tissus opaques. A la place des lunettes, on peut se servir de la capote, espèce de couverture matelassée dont on enveloppe leur tête. Si après avoir privé les animaux de la vue, on leur fait faire un ou deux tours sur eux-mêmes, on peut les ferrer, les opérer sans qu'ils se défendent.

Anneau des taureaux. — Pour contenir les taureaux dont on redoute la fureur, on emploie à cet effet un anneau de fer passé à travers la cloison du nez, cannelé dans toute son étendue, rivé par le moyen d'une goupille, et soutenu au-dessus du mufle de l'animal, par une têtière en cuir avec son montant.

INSPECTION DES ANIMAUX.

—

La plus grande surveillance doit être exercée, pour s'assurer si les soins à donner aux animaux sont administrés et que les animaux qui auraient quelques signes maladifs, comme, par exemple, diminution ou perte de l'appétit, de la gaîté, de la fraîcheur ou de leurs forces ordinaires, un tremblement général, en un mot que tous ceux qui présenteraient quelques changements dans leur manière d'être habituelle, soient immédiatement séparés des autres, si le local le permet, pour être soumis à la visite du vétérinaire.

———

MALADIES DES ANIMAUX.

—

On distingue en médecine les différents genres de maladies, par des noms dont il est bon de connaître les définitions.

La maladie épizootique est celle qui, par suite de l'influence de causes générales, extérieures, passagères, attaque à la fois un grand nombre d'individus, chez lesquels elle présente à peu près les mêmes symptômes. Si ces causes dépendent de quelques influences locales, les maladies sont dites enzootiques. Les mots épidémie et endémie sont synonimes chez l'homme, de ceux d'épizootie et d'enzootie. La maladie sporadique, ou maladie particulière, est celle qui ne se présente que sur des individus isolés, qui se sont trouvés spécialement et accidentellement soumis à l'influence des causes de la maladie. Une maladie peut affecter plusieurs individus, même un troupeau entier, sans pour cela être une épizootie.

Une épizootie suppose une ou plusieurs causes de maladies

qui agissent de la même manière sur les individus atteints sans qu'ils puissent y être soustraits, et déterminent chez eux à peu près les mêmes symptômes. Les causes les plus ordinaires des épizooties existent dans les influences atmosphériques ou dans les aliments détériorés par suite d'accidents de la température; le plus souvent ces deux causes agissent à la fois. Les maladies épizootiques sont un des plus puissants arguments en faveur de la nourriture du bétail à l'étable; si les circonstances sont telles que les animaux ne puissent trouver leur nourriture qu'à la pâture, alors ils sont nécessairement soumis à tous les accidents de la température, aux longues sécheresses comme aux longues pluies et à tous les maux qui peuvent résulter de ces deux extrêmes. Les bêtes nourries à l'étable ne sont pas exposées à l'influence de ces causes de maladie; dans des cas extraordinaires elles peuvent souffrir, la disette du fourrage peut forcer à en réduire le nombre; mais il est presque impossible qu'une épizootie en soit le résultat. Les bêtes nourries à l'étable peuvent aussi être mises à l'abri de la contagion, à laquelle il est bien difficile de soustraire celles qui pâturent.

La maladie contagieuse est celle qui donne naissance à un principe qui étant mis en contact avec d'autres animaux sains, détermine chez eux la même maladie. La matière contagieuse s'échappant du corps malade, se répand quelquefois en miasmes, ou matières aériformes volatiles; l'air s'en charge et les dépose sur d'autres corps qui reçoivent ainsi le principe de la maladie: tels sont le claveau, le typhus. D'autres fois cette matière est fixe et prend le nom de virus; c'est par le contact immédiat qu'elle s'introduit dans l'économie animale. Les virus peuvent être transportés par les débris cadavériques, les fourrages, les harnais, les animaux, les insectes ailés, etc.,

etc., c'est ainsi que se communique la morve. Malgré le nombre des animaux affectés dans les épizooties, celles-ci ne sont pas toujours contagieuses.

La première précaution à prendre lorsqu'on s'aperçoit qu'un animal est malade, c'est de le séparer des autres et de lui retrancher les aliments solides, jusqu'à ce qu'un vétérinaire soit appelé. Dès qu'un cultivateur est informé qu'une maladie contagieuse s'est manifestée dans le voisinage de sa demeure ou du pâturage de ses troupeaux, il doit employer toute sa surveillance pour empêcher la contagion, éloigner ses bestiaux du pâturage ou de l'abreuvoir commun, renfermer ses chiens dans la crainte qu'ils ne reçoivent et ne rapportent quelques émanations infectées, défendre toutes communications avec les bergers, les maquignons, les ouvriers qui pourraient s'être trouvés en rapport avec les animaux atteints. Lorsque ses propres animaux sont malades, il doit les isoler sur le champ, les confier à une garde particulière. Les lois ont dû, par des mesures diverses, chercher autant que possible à arrêter les ravages des maladies épizootiques : aux termes du code pénal (article 459), tout détenteur ou gardien d'animaux ou de bestiaux soupçonnés d'être infectés de maladie contagieuse, doit sur le champ avertir le maire de la commune où il se trouve, et, même avant que le maire ait répondu à l'avertissement, il doit tenir ces animaux renfermés. Faute par lui d'avoir fait cette déclaration, il est puni d'une amende et d'un emprisonnement de six jours à deux mois. Avertie par ces déclarations diverses, l'administration prend alors toutes les mesures nécessaires pour arrêter les progrès du mal, et les ordres qu'elle donne doivent être fidèlement exécutés.

DU VÉTÉRINAIRE.

Le vétérinaire est l'homme qui, après avoir étudié pendant quatre années au moins la médecine vétérinaire et tout ce qui s'y rattache, est autorisé à l'exercer. Par leurs études spéciales sur le bœuf, le cheval et le mouton, et celle des sciences physiques et naturelles, par les connaissances qu'ils possèdent en agriculture et en économie rurale, les vétérinaires sont les hommes les plus capables de s'occuper de l'amélioration des espèces domestiques; appelés par leur profession à vivre dans les campagnes, à visiter les fermes pour y faire l'application de celles de leurs connaissances qui ont pour but le traitement des maladies, ils peuvent apprécier nos divers animaux, indiquer les modifications qu'il conviendrait de leur faire subir, et dans quelles circonstances il est avantageux, ou d'améliorer les races indigènes par elles-mêmes, par le régime, ou de les croiser, ou d'en acclimater d'étrangères.

Une foule de guérisseurs, de maréchaux de toute espèce, se donnent pour habiles dans une partie où ils n'ont aucune connaissance réelle, se livrent à des pratiques ridicules ou barbares, saignent à tort et à travers, et administrent souvent des remèdes qui emportent le mal et le malade, ou tout au moins compromettent l'existence de celui-ci. Il est déplorable de voir de pareils hommes capter la confiance d'un grand nombre d'habitants de la campagne, que leur défaut d'instruction ne met pas à même d'apprécier à leur juste valeur le mérite des vétérinaires qui sortent aujourd'hui de nos écoles.

Le ministre du commerce et de l'agriculture n'accorde des indemnités aux cultivateurs qui ont perdu leurs animaux par suite d'épizooties, qu'autant qu'ils les ont fait soigner par un des vétérinaires diplomés dans une des écoles d'Alfort, de Lyon ou de Toulouse.

CHAPITRE II.

ANIMAUX DOMESTIQUES.

OBJET DE LA MULTIPLICATION.

L'accouplement étant à la disposition du cultivateur, il peut
à volonté multiplier ses bestiaux, en conserver ou en changer
les races, et même en créer de nouvelles, soit que, d'après sa
position particulière, il trouve préférable de n'avoir que les
animaux nécessaires pour produire le fumier indispensable à
son exploitation, soit qu'il donne la première place au bétail
et la seconde à la production des engrais. Dans le premier cas,
la règle est qu'il faut produire du fumier en abondance. Le plus
habile est celui qui produit ce fumier au meilleur marché,
c'est-à-dire en faisant consommer ses fourrages de la manière
la plus avantageuse possible. En effet, en nourrissant des animaux pour obtenir du fumier, en les considérant comme des
machines à engrais, on obtient d'abord le produit immédiat
des récoltes, puis celui accessoire que peuvent donner les bestiaux; car, en admettant que ces bêtes ne paient pas à leur
valeur les fourrages qu'elles mangent, elles en paient cependant un prix quelconque et produisent des recettes.

Le second cas est celui qui offre plus d'avantages, parce que
si les bêtes ne sont considérées que comme machines à fumier,
on s'en inquiétera peu, tandis que si elles occupent la première
place, les produits qu'on peut en tirer sont, plus que dans au-

cune autre branche, en rapport avec les soins qu'on leur donne. En effet, le cultivateur qui attachera la plus grande importance au bétail, qui entretiendra les animaux des meilleures races, qui les entourera de plus de soins, celui-là en retirera certainement le profit immédiat le plus considérable, et sans que la culture des terres en souffre en aucune façon. Bien au contraire, celui qui a de beau et bon bétail, objet de toute son attention, en augmente le nombre autant que possible; la production du fumier suit la même progression; la fertilité des terres est toujours croissante, et l'augmentation des récoltes de grains en est la conséquence et le résultat infaillible. Que ceux qui douteraient de ces vérités sortent de chez eux, qu'ils ouvrent les yeux : ils verront que partout où est le bétail le meilleur, le mieux soigné, le plus nombreux, là est l'agriculture la plus prospère, et que partout où des vues courtes ont poussé les cultivateurs à se restreindre au bétail qui leur était strictement indispensable pour les travaux de culture et l'usage de la maison, le peu de fertilité du sol diminue constamment la fortune des exploitants, ce qui fait dire avec raison qu'il n'y a point d'agriculture lucrative sans un bétail nombreux et bien nourri.

CHOIX D'UNE RACE.

On considère d'abord, dans le choix des individus que l'on destine à la propagation, la race. Les animaux de même espèce peuvent différer beaucoup entre eux sous les rapports de la taille, des formes, des dispositions, etc. Ces différences sont l'effet du climat, du traitement, de la nourriture et de leur genre de vie. Lorsqu'elles sont héréditaires, c'est-à-dire se transmettant de père en fils, elles constituent ce que l'on appelle une race et se nomment caractéres ou attributs de la race.

Toutes les espèces ont un type primitif, une race première,

possédant au plus haut degré les caractères particuliers, les qualités originelles de l'espèce, et vivant sous l'influence des circonstances les plus favorables à sa nature. Les modifications qu'a subies l'espèce primitive sont naturelles ou artificielles. Les premières sont dues au climat et à la nature des contrées où des individus de la souche première ont été transportés, ainsi qu'à la qualité et à la quantité des aliments. Les secondes sont : le genre spécial de services auxquels les animaux ont été assujettis pendant toute une série de générations, ainsi que le choix des individus reproducteurs ; l'éducation et le régime, tous trois dirigés dans le but de rendre la race plus apte à certain usage.

Si, au point de vue de la nature, les races primitives sont les plus parfaites, il n'en est pas de même lorsqu'on les envisage sous le rapport de notre utilité. En effet, l'emploi varié que nous faisons des diverses espèces d'animaux domestiques n'a pu avoir lieu qu'en exagérant certaines dispositions naturelles ou en en faisant naître de nouvelles, par conséquent en s'éloignant de la nature. La perfection d'une race consiste dans sa plus grande aptitude aux divers genres de services auxquels nous employons l'espèce.

L'éleveur doit donc créer pour chaque genre de service une race type possédant au plus haut degré l'aptitude à cet emploi spécial. Toutefois, lorsqu'on peut rendre une race parfaitement propre à deux genres d'emploi, elle acquiert un double degré d'utilité. Chez les races à deux fins, le double but est atteint moins complétement que chez les races spéciales. Néanmoins, si on sacrifie un peu de la perfection, sous un autre rapport, il y a presque toujours avantage à tirer parti de deux qualités importantes, et qui se favorisent mutuellement.

Plus une race est ancienne et pure de tout mélange avec

l'autres races, plus l'action des circonstances qui lui ont donné les caractères particuliers était énergique et prolongée, et plus es caractères qui la distinguent sont tranchés, durables et susceptibles de se transmettre aux descendants. C'est ce que l'on appelle la *constance d'une race*, qualité précieuse et recherchée pour les croisements.

AMÉLIORATION DES RACES.

Il y a trois manières de se procurer une race plus parfaite et plus avantageuse que celle que l'on possède déjà : 1° en important chez soi des individus mâles et femelles d'une race étrangère possédant spécialement les qualités que l'on recherche, et en la conservant dans sa pureté ; 2° en croisant la race indigène avec la race étrangère, ou deux races étrangères ensemble ; 3° en améliorant la race du pays par elle-même.

INTRODUCTION D'UNE RACE ETRANGÈRE.

Lorsqu'une race indigène ne nous convient pas, on la remplace par l'introduction d'une espèce étrangère remplissant mieux les conditions qu'on exige. Cette méthode, source de bénéfices dans un pays, peut être ailleurs une cause évidente de pertes, car la reproduction des êtres organisés est soumise à deux grandes influences : l'origine et le régime. Le mobile et le germe de l'organisation résident dans l'origine. Le développement du volume du corps, et même à divers degrés celui des qualités les plus héréditaires, est subordonné aux conditions hygiéniques. Les individus transplantés n'importent que leur origine, ne lèguent à leur descendants, d'une façon durable, que leurs caractères originels, et ces attributs mêmes s'affaiblissent à divers degrés, quand les circonstances locales contrarient leur développement.

Avant de proscrire les germes indigènes, on doit donc s'assurer si le volume et les divers caractères qu'on envie sont en rapport avec le degré de développement que comportent les conditions hygiéniques qu'on lui réserve dans une localité déterminée. Par une comparaison mûrement réfléchie, on se convaincra souvent que, grâce à une qualité peu importante ailleurs, mais essentielle dans les circonstances locales, comme la facilité d'entretien par exemple, la chétive et médiocre race indigène doit laisser, en somme, plus de profit qu'aucune des variétés qui arrivent en d'autres pays au plus haut degré de valeur vénale : ainsi, les étalons anglais sont vendus trois ou cinq fois autant que nos chevaux ordinaires ; mais un poulain anglais des plus précieux, qui naîtrait chez nous et qu'on traiterait exactement comme nos chevaux de pays, sans plus ni moins de nourriture, ne serait certainement pas vendu autant, à l'âge de quatre ans, que nos poulains du pays.

Nous le répétons : il faut un rapport normal entre l'organisation d'une race et les conditions hygiéniques qu'elle trouvera ; si par exemple, le rapport n'existait pas entre le volume des moutons et les productions du sol sur lequel ils devront longtemps glaner leur unique nourriture, quelque soit l'espace accordé à chacun d'eux, les animaux développés périront, les autres s'étioleront.

Le régime mesure donc le développement, d'où il suit que pour rapetisser une race d'une façon normale, c'est-à-dire pour qu'elle demeure identique sur une plus petite échelle, il est indispensable que la réduction du régime soit progressivement ménagée de génération en génération. De même pour l'agrandissement d'une race, il faut que l'augmentation de la quantité d'aliments soit progressive. C'est en s'écartant de ces principes absolus, que l'on a créé ces animaux batards prématurément appauvris, et qui ont fait naître chez beaucoup de cultivateurs, tant de préventions erronées.

Pour importer avec profit, il faut, on le voit, adapter le régime aux besoins de la race transplantée; car toutes les races ne conviennent pas également à toutes localités, à tous systèmes culturaux. Il est donc important de choisir les races d'animaux qui conviennent le mieux aux conditions culturales qui, dans chaque exploitation, dépendent du terrain, du climat, de la facilité du débouché, mesuré souvent par des habitudes établies, des préjugés, ou des circonstances exceptionnelles.

Si le choix est bien fait, on peut espérer du bétail la plus grande somme de profits; si au contraire le choix est mal fait, les pertes et les revers sont presque certains. Cela tient à ce que les organes des animaux étant constamment influencés par les diverses circonstances hygiéniques qui résultent du climat, du sol, de la culture et des soins, ne peuvent manquer d'être profondément modifiés quand ces influences viennent à changer : tels animaux conviennent particulièrement aux climats froids et humides, ils sont couverts d'un poil long et serré; les autres, au contraire, sont faits pour vivre dans les pays chauds. Les uns peuvent se contenter de maigres pâtures, ils parcourent sans peine de grandes distances pour recueillir leur chétif repas; les autres, au contraire, ne marchent que difficilement et doivent trouver sur une petite étendue de sol une ample provision d'aliments succulents.

Il faut donc, quand on veut introduire une race nouvelle, la demander à des pays moins favorisés sous le rapport du climat et du terrain. Tout au plus faut-il l'aller chercher dans des contrées qui se trouvent placées dans des conditions analogues sous le rapport de la fécondité. Ce n'est donc pas une bonne spéculation, en général, que d'aller chercher des bestiaux dans des pays parfaitement cultivés pour les amener dans des contrées où la culture est relativement moins avancée, surtout quand celles-ci ont un climat et un terrain moins favorables à la végétation.

Cette règle n'est cependant pas absolue, et quand on trouve des races qui, par suite des soins qu'on leur a prodigués depuis nombre de générations, ont acquis des avantages réels, on peut certainement les importer; mais il faut bien se garder, dans ce cas, de perdre de vue les obligations qu'on s'impose. Il faut suppléer à la qualité insuffisante du sol par une meilleure culture et atténuer les effets de la rigueur du climat (c'est-à-dire le chaud comme le froid, la sécheresse comme l'humidité) par des soins continuels. Cette compensation est indispensable; si elle vient à manquer, le nouveau bétail ne s'acclimate pas, il perd au lieu de gagner.

Jusqu'à ce qu'on soit bien pénétré des principes que nous venons d'exposer, et qui seuls ont conduit et conduisent journellement les éleveurs étrangers aux résultats que nous envions, la prudence veut qu'on s'en tienne aux types nationaux extrêmement précieux, en ce sens qu'ils sont parfaitement appropriés à notre climat, à notre sol et à l'état de notre agriculture, ou à ceux dont l'importation a déjà été tentée avec succès. Mais, qu'il s'agisse de germes indigènes ou étrangers, on doit toujours viser à reproduire l'élite des meilleures variétés que comporte l'exploitation. En effet, lorsqu'elle résulte de qualités héréditaires, la plus grande valeur marchande des producteurs règle celle de leurs produits, et s'augmente conséquemment par le nombre de ces derniers en se proportionnant au degré de développement qu'obtiennent leurs divers attributs. Une femelle peut imprimer le sceau de sa supériorité

1 8, 10, 15 nourrissons; un mâle à 30 ou 50 produits annuels c'est-à-dire, au bout de 10 ou 14 montes, à 500 ou à 800. Le prix exceptionnel des producteurs, on ne l'a déboursé qu'une seule fois quand on s'est procuré la souche, et on en perçoit le remboursement à peu près chaque fois qu'on vend un rejeton réussi. Lésiner dans le choix, c'est jusqu'à la réforme de la race, admettre dans ses revenus un déficit annuel à peu près égal à la somme que l'on n'a épargné qu'une fois. Il vaut donc incontestablement mieux payer la qualité des premiers germes des mâles surtout, même le double ou le triple de ce qu'elle vaut couramment.

CONSERVATION DES RACES IMPORTÉES.

Pour éviter toute modification ou dégénération d'une race étrangère introduite dans un pays, on rafraîchit le sang, c'est-à-dire on importe de temps à autre des individus mâles et femelles de la race pure, élevés dans leur patrie. Ce moyen n'est, du reste, nécessaire que lorsqu'on a croisé la race étrangère avec celle du pays, ou lorsque les circonstances locales sont de nature à favoriser certains défauts que l'on veut éviter : sans ces motifs il est souvent mauvais de rafraîchir le sang, surtout quand par des soins on est parvenu à développer dans la race importée, certaines qualités essentielles, plus qu'elles ne le sont dans la race primive.

DU CROISEMENT DES RACES.

L'amélioration par le croisement, consiste à accoupler avec la race du pays des individus d'une race étrangère. Si le père et la mère sont d'espèces différentes, le produit se nomme mulet, et presque toujours il est inapte à la reproduction. S'ils sont seulement de races différentes, le produit est dit « métis-croisé. » Les femelles premières métisses, couvertes par un mâle de la race pure d'où elles proviennent, donnent naissance à des deuxièmes métis plus rapprochés de la race du père qu'elles ne le sont elles-mêmes. Les femelles deuxièmes métisses, accouplées à leur tour, en persévérant dans le même système, avec un mâle de la race avec laquelle on a commencé l'opération donnent des troisièmes métis. En continuant encore on forme des quatrièmes, cinquièmes et des sixièmes métis; alors les produits que l'on obtient, sont tellement rapprochés de la race pure du père, qu'on ne peut plus les en distinguer. La dénomination de pur sang est fréquemment employée au lieu de pure race, et celles de demi-sang, trois-quarts de sang, équivalent à celles de premier et de deuxième métis. Le premier mode de croisement s'emploie pour obtenir les mulets et les bardeaux. Le second pour transformer et fondre une race commune en une race supérieure.

Attributs légués aux produits par les parents. — L'expérience a prouvé que le produit tient ordinairement du père pour toute la partie antérieure du corps, pour le poil, la laine, les cornes, la voix, pour la durée, la sobriété, la solidité de jambe et du corps, l'aptitude aux travaux et de la mère pour la partie postérieur pour la force, l'énergie, la vivacité, le caractère et surtout pour la taille. Les femelles tiennent généralement plus du père, et les mâles de la mère, et celui des parents qui appartient à la race la plus constante, prédomine ordinairement dans le croisement.

Un mâle étant suffisant pour 30 ou 40 femelles, il est donc évident que l'intérêt de l'éleveur est de n'employer au perfectionnement d'une race commune que des mâles étrangers. Pour fondre une race dans une autre, on accouple de nouveau les métis femelles produits par le premier croisement avec un mâle de la même race que le père, et on continue ainsi jusqu'à ce qu'après une série de générations, il n'existe plus aucune

différence entre la race améliorée et son type améliorateur.
c'est alors seulement, et lorsque la nouvelle race est devenue
constante, c'est-à-dire après la dixième ou douzième génération,
qu'on peut la multiplier par elle-même. Si on cesse l'emploi
des mâles étrangers après les premières générations, on obtient
une race qui tiendra de cette dernière et de celle du pays; souvent on peut de cette manière détruire les défauts d'une race
par les défauts opposés d'une autre; néanmoins on doit éviter
d'accoupler ensemble deux individus de races par trop différentes sous le rapport de la taille, des formes et des caractères
particuliers, car les produits en sont presque toujours dé-
fectueux.

Il ne faut jamais donner à des petites femelles des mâles de
grande taille. Le principal objet de l'élevage, quelle que soit
la méthode que l'on suive, est l'amélioration des formes des
animaux, et l'expérience a prouvé que l'on n'y arrive que
lorsque les femelles sont plus grandes que les mâles, dans un
rapport plus fort que celui qui est ordinaire. L'expérience a démontré, au contraire, que ce but n'a pas généralement été atteint quand les mâles sont plus grands que les femelles.
Lorsque le mâle est plus grand que la femelle, le produit est
généralement d'une conformation défectueuse, tandis qu'il est
d'une conformation améliorée si la femelle est proportionnellement plus grande que le mâle. Les plus grands animaux ne
sont pas les meilleurs ni les plus avantageux, pour l'éleveur
comme pour l'engraisseur. Il est évident que les grands animaux osseux exigent plus et proportionnellement de meilleurs
fourrages pour se nourrir que les animaux de moyenne taille
et à petits os. Parmi les bêtes à cornes et à laine, on trouve
généralement que les plus grandes sont les plus délicates, les
plus sujettes aux maladies, qu'elles s'engraissent plus lente-

ment et qu'elles fournissent une viande de boucherie de moindre qualité quand elles sont grasses, enfin qu'elles supportent l'hiver et les saisons rigoureuses beaucoup moins bien que les bêtes mieux proportionnées. Il en est de même pour les chevaux de trait ou de selle : les meilleurs sont ceux qui sont les mieux proportionnés et de moyenne taille.

C'est un fait bien connu, que nos meilleures, que nos plus utiles races se trouvent sur les sols de moyenne et de médiocre qualité. La raison en est toute simple : les éleveurs qui occupent des terrains médiocres sont dans la nécessité de produire une race vigoureuse et industrieuse d'animaux, car une espèce grande et délicate ne pourrait vivre sur leur exploitation, tandis qu'un bon terrain compense toutes sortes de défauts, d'où il suit que si, à la vérité, les animaux de petite taille sont d'un entretien facile, il ne faut cependant pas que la race soit inférieure à la qualité du paturage ; en d'autres termes, il y aurait perte à mettre une petite race sur un sol riche. Il faut donc laisser à l'amélioration de la culture, et par suite à celle de la nourriture, le soin d'augmenter la taille, plutôt que de l'obtenir en faisant venir une race étrangère.

Amélioration d'une race par elle-même. — Cette amélioration se fait en choisissant dans le pays, pour les accoupler ensemble, les animaux qui possèdent à un degré plus haut que les autres les qualités que l'on désire, et qui, en général, conviennent à l'usage auquel on les destine. Veut-on, par exemple, créer une race de vaches bonnes laitières ? On choisit pour taureau le fils de la meilleure laitière, et l'on n'élève que les veaux provenant de vaches ayant la même qualité. On peut ainsi créer, selon le bétail, des races particulièrement propres au travail, à l'engraissement, au lait et à la production de la laine. Il est entendu que l'on aidera à ce résultat par un régime approprié. La plupart des races les plus distinguées doivent leur origine à ce mode d'amélioration. Cette méthode est moins chanceuse que le croisement et l'introduction d'une race étrangère ; bien suivie, son succès n'est presque jamais douteux. Néanmoins, l'éleveur, avant de se décider pour ce procédé de perfectionnement, doit s'assurer si la race qu'il possède ne s'éloigne pas trop du type qu'il a en vue de créer, et si les dispositions et les caractères qu'on veut faire naître ou supprimer sont du nombre de ceux que la nourriture, le traitement, les soins, le genre de service peuvent modifier promptement, car s'il en était autrement, le temps nécessaire pour atteindre le but serait tellement long qu'il y aurait avantage évident à préférer l'importation d'une race étrangère ou le croisement.

DE LA CONSANGUINITÉ DES PRODUCTEURS.

Le système de reproduction connu en Angleterre sous le nom de *in and in* (en dedans) est quelquefois annexé au précédent ; il consiste à accoupler entre eux des animaux qui appartiennent non seulement à la même race ou tribu, mais à la même famille, à la même parenté.

L'expérience a démontré que cette méthode, adoptée par Backwell pour la création de la race ovine de Dishley, entraîne dans un temps plus ou moins rapproché une diminution de vigueur et une altération de tempérament, de la progéniture qui est plus délicate et plus exigeante de soin, et plus sujette aux maladies, une diminution dans les facultés reproductives chez les mâles, un affaiblissement dans la fécondité chez les femelles. C'est surtout chez les porcs que ces faits ont été observés et que la production a considérablement diminué en quantité et en qualité, par la consanguinéité des producteurs.

CHOIX DES REPRODUCTEURS.

Pour qu'une race puisse être employée avec avantage comme

type améliorateur, il faut que les qualités qui la distinguent ne soient pas le résultat de circonstances exceptionnelles et puissent persévérer sous l'influence du régime, des soins et du genre de service que la grande majorité des éleveurs peut lui appliquer. Il faut, en outre, que les animaux reproducteurs jouissent d'une constitution robuste, d'une parfaite santé, et qu'indépendamment des caractères de la race ils possèdent des qualités individuelles qui les distinguent dans leurs races mêmes. Pour obtenir de beaux produits d'un mâle, on ne doit lui donner qu'un petit nombre de femelles à saillir.

L'âge le plus convenable pour la propagation est depuis l'époque où le désir d'accouplement commence à se manifester fortement, et d'une manière réitérée, jusqu'à celle où il faiblit. C'est la période où l'animal est dans toute sa force. Trop jeunes, on obtiendrait de faibles produits, et on arrêterait la croissance des parents; trop vieux, les rejetons sont chétifs, rabougris. De plus, les vieux mâles ne peuvent saillir qu'à de longs intervalles, et les vieilles femelles ne conçoivent que rarement. Les petites races sont généralement plus précoces, sous le rapport générateur, que les grandes, et cessent aussi plutôt que celles-ci.

Les animaux manifestent leurs désirs de propagation à certaines époques de l'année, ordinairement au printemps. L'éleveur peut hâter ce moment en améliorant le régime alimentaire, ou le retarder en ne satisfaisant pas les premières manifestations. Toutefois, la femelle ne conçoit pas aussi facilement lorsque plusieurs chaleurs sont restées non satisfaites. Les animaux trop gras, de même que ceux maigres et débiles, procréent plus rarement que ceux en bon état de chair et de vigueur.

CHAPITRE III.

DE L'ÉLÈVE.

Il y a trois périodes distinctes : la première, pendant laquelle l'animal se trouve dans le sein de sa mère; la deuxième, pendant laquelle il tète; la troisième comprend l'intervalle depuis le sevrage jusqu'à l'accouplement.

Première période. — Avant que l'animal ne soit au monde, nous pouvons influer sur son état futur, sa venue, sa taille, etc., par le traitement auquel nous soumettons la mère. Celle-ci doit être mieux nourrie, principalement pendant la seconde moitié de la gestation (de la portée) que dans l'état ordinaire. On doit aussi éviter avec soin, dès cette époque, de lui faire faire des travaux pénibles et de la mettre dans le cas de recevoir de mauvais traitements, surtout des coups sur le ventre, si l'on ne veut pas risquer de la faire avorter. Le danger est d'autant plus grand que le moment du part approche davantage. On observe, du reste, de ne donner à l'animal, immédiatement avant et après le part, qu'une nourriture légère, en quantité modérée, et composée d'aliments d'une facile digestion.

Deuxième période. — Chez tous les animaux, la mise bas doit être abandonnée à la nature, et toutes les fois qu'elle parait offrir des difficultés ou des dangers, le plus prudent est de recourir aux lumières d'un vétérinaire. Dès que le petit est né, on l'abandonne aux soins de sa mère, qui sait déjà le traiter de la manière la plus convenable. Chez les chevaux, les moutons et les porcs, cette méthode ne souffre aucune exception ; ce n'est que chez les bêtes à cornes qu'on sépare quelquefois le nouveau-né. Tous les mammifères cherchent instinctivement leur nourriture aux mamelles de leur mère jusqu'à ce que leurs organes de mastication et de digestion soient assez développés pour qu'ils puissent faire usage d'autres aliments. Pendant l'allaitement, la mère doit recevoir une nourriture saine et abondante, et surtout des aliments qui favorisent la sécrétion du lait. Enfin, on doit lui éviter les fatigues et les mouvements violents, et la laisser, autant que possible, avec son petit. A mesure que ce dernier croît, ses besoins augmentent en même temps que le lait de la mère diminue. Il se trouve bientôt forcé d'y suppléer par d'autres aliments, et enfin d'en former son unique nourriture, parce que la mère le laisse tous les jours téter moins volontiers. Mais si l'on veut sevrer le petit avant cette époque pour utiliser le lait de la mère, ou si celle-ci est malade ou morte, on doit donner au jeune sujet du lait tiède ou un mélange de lait ou de décoctions mucilagineuses faites avec de la farine, jusqu'à ce qu'il puisse manger et digérer des aliments solides. Chez les animaux dont on n'utilise pas le lait, on laissera téter les jeunes jusqu'à ce qu'ils soient assez forts. Alors le sevrage n'éprouve aucune difficulté et n'a aucun danger ; mais lorsque le sevrage a lieu avant l'époque indiquée par la nature, on doit s'y prendre progressivement et avec précaution, pour que le petit et la mère n'en souffrent pas.

Troisième période. — Après le sevrage, les jeunes animaux doivent être soumis à un régime approprié à leur nature, et qui favorise le développement de leurs forces et de leurs bonnes dispositions. Le paturage est nécessaire aux jeunes animaux pendant l'été, non seulement pour s'y nourrir, mais encore pour y prendre de l'exercice et y jouir de l'air et de la lumière. Si on les renferme dans la mauvaise saison, il faut, autant que possible, leur procurer de vastes logements où ils soient libres. Les jeunes bêtes demandent toutes proportionnellement une meilleure nourriture que les bêtes adultes.

C'est dans la jeunesse de l'animal que, par une bonne nourriture et un traitement convenable, on pose la base de la taille, de la force et de la beauté qu'il doit acquérir plus tard. Si le bétail, en général, est si chétif et si misérable, c'est principalement pendant la première année que l'accroissement a lieu : il est alors triple, quadruple de ce qu'il est dans la seconde année, et décuple de ce qu'il est dans la troisième, considération qui n'est pas à négliger quand on veut augmenter la taille des bestiaux.

DE L'ENGRAISSEMENT DES BESTIAUX.

L'engraissement consiste à soumettre les animaux destinés à la nourriture de l'homme à un régime et à des soins propres à augmenter la quantité de leur chair et de leur graisse, à la rendre plus tendre et plus savoureuse. L'emploi des différentes graisses animales dans les arts et l'économie domestique ayant pris aujourd'hui une extension considérable, il est donc essentiel pour le cultivateur de chercher les moyens les plus prompts et les moins dispendieux pour parvenir à engraisser les bestiaux qui doivent être livrés à la consommation.

Les animaux que l'on engraisse sont : le bœuf, le mouton, le porc, le lapin, quelquefois la chèvre et la volaille. L'engraissement est avantageux presque partout, et on peut s'en convaincre par le profit qu'en tirent les bouchers dans les villes où ils achètent cependant les fourrages ; mais il est surtout convenable dans les localités éloignées des marchés, parce qu'il procure l'emploi avantageux des fourrages sur le lieu même et que les bêtes grasses sont faciles à conduire au loin. D'ailleurs, on en retire aussi le fumier le meilleur et le plus abondant. En France, on engraisse trop peu : aussi, sommes-nous tributaires de l'étranger pour les animaux de boucherie. Les pays où l'on engraisse un grand nombre de bestiaux sont ceux qui consomment le plus de viande et où l'agriculture atteint un haut degré de prospérité; car, pour obtenir cet engraissement, il a fallu étendre la culture des fourrages; de là plus d'alternances des récoltes, des meilleurs assolements, et les terres emblayées, recevant plus d'engrais, donnent 12 pour 1, au lieu de 6, comme elles le font en France. Il est certaines localités qui doivent s'abstenir de se livrer à l'engraissement du bétail : ce sont celles où le prix des fourrages est très-élevé et où la consommation du lait est grande. Les environs des grandes villes sont dans ce cas.

Lorsque, tout calcul fait, on ne juge pas qu'il soit avantageux de faire de l'engraissement la base de l'économie du bétail, cette opération pourra cependant être utile comme branche accessoire. Si une fois on a appris à connaître et à organiser toute l'économie de l'engraissement, on pourra toujours disposer avec facilité la quantité de bêtes que l'on doit engraisser, d'après la quantité de fourrages que l'on récolte. On ne devrait jamais étendre la quantité de bêtes que l'on entretient au delà de celle que l'on est parfaitement certain de pouvoir nourrir, même dans les mauvaises années. Lorsque de bonnes années ont produit un excédant de fourrage, il est toujours facile de se procurer au dehors des bestiaux prêts à mettre à l'engrais.

Le choix du bétail et son évaluation exigent un certain coup d'œil et un tact qui ne peuvent être acquis que par une longue pratique. Les animaux qui sont le mieux disposés à l'engraissement sont ceux dont le système osseux est peu massif, d'une nature calme et tranquille, le corps allongé, la tête petite, l'encolure courte, le dos large, la côte ronde, le flanc plein, la poitrine bien développée, la hanche, la croupe, la fesse volumineuse; ces parties offrant la meilleure viande de boucherie doivent prédominer, les membres aussi courts et aussi minces que possible, la peau souple, fine, le poil brillant, l'appétit facile et enfin, une bonne constitution. C'est en fixant ces caractères par voie de génération, que les Anglais ont créé ces belles races de bestiaux destinés spécialement à la boucherie.

Le moment de la plus grande capacité des animaux à prendre la graisse, est lorsqu'ils cessent de croître. Les substances les plus nourrissantes sont les plus propres à les engraisser sûrement et promptement, et il ne faut pas en épargner la quantité. On doit employer tous les moyens possibles pour diminuer les pertes, en les châtrant, afin de les empêcher de travailler à la propagation de l'espèce; en les tenant au repos et en évitant ce qui pourrait les tourmenter.

Sous le rapport du volume, les animaux de petite ou moyenne taille, sont d'un entretien facile, leur viande a plus de sucs, souvent une meilleure saveur, et elle est mieux marbrée, c'est-à-dire mélangée de graisse; ils conviennent mieux à la consommation générale; ils pétrissent moins le sol des pâturages que les gros bestiaux; ils sont moins difficiles sur le choix de la nourriture, on a plus de facilité à se procurer des animaux de choix, dans les petites races; le capital d'achat et d'entretien, ainsi que les chances, sont moindres; les bêtes de petites races se vendent mieux, car les bouchers savent bien qu'il y a proportionnellement plus de parties qui se vendent un prix élevé dans un petit bœuf, que dans un grand, et ils achètent plus cher deux bœufs de 60 kilog. par quartier, qu'un seul de 120 kilog. Mais, comme la taille des bestiaux que l'on veut engraisser doit-être en rapport avec la richesse des pâturages dans lesquels on les met à l'engrais, ou avec la quantité d'aliments qu'on peut leur donner à l'étable, et, toutes choses égales d'ailleurs, partout où l'on aura à sa disposition de gras herbages ou bien une abondante nourriture, l'on devra donc préférer les plus fortes races.

On recherche aussi dans les bêtes d'engrais la promptitude de la croissance, jointe à la longueur du corps; la faculté d'engraisser jeune est un objet d'une très-grande importance pour le cultivateur, parceque ses profits dépendent en partie de la légèreté relative des issues, et surtout, du fréquent renouvellement du bétail de ses étables, par suite des ventes successives qu'il peut en faire.

Les conditions qui assurent le succès de l'engraissement, sont: un bon choix des animaux à engraisser; une bonne méthode; de bons fourrages; le talent de bien acheter et de bien vendre. Pour engraisser avec profit, la première condition est donc de travailler sur une bonne race et de ne mettre en graisse que des animaux déjà en bon état. En trois mois, on engraisse complétement un bœuf qui est déjà en bon état, et il faudra peut-être six mois pour mettre en chair un bœuf qui a la peau collée sur les os. Lorsque l'urgence des travaux, les chaleurs excessives de l'été, la non réussite des prairies artificielles ont amené à une grande maigreur les animaux qu'on avait l'intention d'engraisser, on ne doit pas les mettre immédiatement en graisse, parce que l'époque la plus longue de l'engraissement, le temps pendant lequel les bestiaux consomment le plus et acquièrent proportionnellement moins en pesanteur, l'emploi le moins avantageux du fourrage est la consommation faite par l'animal jusqu'à ce qu'il ait pris de la chair.

Il faut placer les sujets destinés à l'engrais dans une étable un peu sombre, chaude, propre, dans laquelle personne ne doit entrer hors les moments de repas.

Les petits cultivateurs qui engraissent un petit nombre d'animaux à la fois et qui les nourrissent eux-mêmes peuvent leur faire faire cinq ou six repas chaque jour; mais ceux qui ont une exploitation étendue, et qui ne peuvent exercer sur leurs serviteurs une surveillance de tous les instants, ne doivent faire faire que deux repas en hiver à toutes les bêtes Le long intervalle qui sépare chaque repas permet à l'estomac de se vider complétement. On court ainsi beaucoup moins de risques de dégoût et d'indigestion, et s'il arrive qu'une bête ait mal digéré, il est facile de s'en apercevoir.

Quant à la méthode d'engraissement, quelle que soit celle qu'on adopte, l'ordre et l'exactitude sont toujours deux conditions de rigueur. Les heures du repas étant une fois déterminées, il faut les observer régulièrement, et les animaux doivent recevoir avec la même régularité la quantité de nourriture qui leur est nécessaire. Le pansage et le nettoyage doivent avoir lieu aussi régulièrement. Le défaut d'exactitude a un double inconvénient. Les animaux étant irrégulièrement nourris, les progrès de l'engraissement sont beaucoup plus lents; ensuite, l'engraisseur ne peut savoir ce que les bêtes consomment, et par conséquent il ne peut se rendre compte des résultats de la spéculation. Il faut établir une progression raisonnée dans la quantité et la qualité des aliments, et les varier, afin de réveiller et d'entretenir constamment l'appétit des animaux. Il faut également entretenir une grande propreté dans la préparation des aliments, ainsi que dans les rateliers et mangeoires, pour les empêcher de prendre une mauvaise odeur. Dans l'engrais au pâturage, il suffit de laisser les animaux dans des enclos abondants en herbe, et où ils ne soient troublés par rien. Cette méthode rend la chair plus délicate ; mais elle est la plus longue et la plus incomplète. On a pour règle de commencer l'engraissement avec des aliments de qualité ordinaire et de donner ensuite, à mesure que l'animal prend graisse et devient plus difficile, des aliments plus substantiels, dont on augmente de même la quantité. Lorsqu'on est une fois arrivé à la pleine ration, on distribue à l'animal autant de nourriture qu'il en peut manger, mais jamais trop à la fois, de manière à ce qu'il s'en dégoûte et en laisse. On évalue la ration d'engraissement au double de la ration ordinaire. Lorsque l'engraissement a lieu au pâturage, on divise celui-ci en plusieurs parties, ce qui favorise la pousse de l'herbe. On a reconnu que l'herbe des prés élevés, quoique moins abondante, est plus favorable à l'engraissement que celle des prés bas et humides. En outre, la chair des animaux qui y sont engraissés est plus succulente. La distribution de la nourriture des animaux à l'engrais doit être très-régulière et la ration aussi égale que possible.

Le premier effet de l'engraissement est l'embonpoint, état dans lequel le volume du corps augmentant, les saillies osseuses et les interstices musculaires s'effacent. Alors toutes les fonctions s'exécutent avec régularité. Plus tard, la gaîté de l'animal disparaît ; il devient lourd, sa démarche chancelante ; sa sensibilité s'émousse. Cet état est le terme de l'engraissement, point qu'il est essentiel de saisir avec précision, car il n'est jamais avantageux de pousser les bestiaux à l'engrais au-delà d'un certain point d'obésité. L'excès de poids que l'on obtient alors à l'aide d'une nourriture en quelque sorte exagérée ne compense plus les dépenses ; c'est alors que se forme la graisse intérieure, le suif, dont la quantité peut varier dans une proportion très-considérable. En général, le fin gras n'est pas assez payé, et il y a plus de profit à engraisser deux animaux l'un après l'autre, chacun pendant trois mois, qu'un seul pendant six mois. Il arrive quelquefois que l'excès d'embonpoint fait périr les animaux, notamment les porcs et les volailles.

Pendant l'été, l'engraissement a peu de succès à cause des grandes chaleurs et de l'agitation qu'occasionnent aux animaux les insectes. Il faut choisir une saison tempérée.

Lorsqu'on n'engraisse qu'en petit et qu'on n'achète pas le bétail à l'engrais, on prend aussi en considération l'époque la plus favorable pour réformer les bêtes de vente et de travail que l'on destine à l'engraissement ; mais souvent le moment où l'on peut réformer ces animaux de travail n'est pas celui où l'on peut engraisser et vendre avec profit.

POIDS DES BÊTES GRASSES.

La viande de boucherie que fournit une bête grasse est désignée sous la dénomination de quatre quartiers, parce que le boucher divise réellement en quatre la bête dépouillée. Les quartiers de derrière fournissent la meilleure viande. Ils pèsent ordinairement un peu moins que ceux de devant ; cependant, plus la conformation d'une bête est parfaite, moins il existe de différence entre les quartiers de derrière et ceux de devant.

On peut admettre dans le poids des diverses parties d'une bête grasse à peu près les proportions suivantes : la viande, la graisse, le suif, la langue, les rognons, 60 pour 100 ; la peau, 6 1|2 ; la tête, les pieds, la rate, le foie, les poumons, 15 1|2 ; les issues ou intestins, avec les matières qu'ils contiennent, le cœur, le sang, 18 pour 100.

Ces indications ne sont qu'approximatives, selon le degré de graisse, la race, etc. Il y a des animaux qui ne donnent en viande nette que la moitié de leur poids, tandis que d'autres fournissent jusqu'à deux tiers. Le poids de la peau varie aussi dans une proportion considérable.

En résumé, pour se former une idée exacte de la dépense qu'entraîne la nourriture du bétail, et par suite sur la valeur des produits créés par le moyen de la consommation d'une quantité déterminée de substances, il faut tenir compte de la valeur relative des aliments, de l'accroissement produit dans un temps donné et l'accroissement en poids des animaux aux différentes époques de leur existence, problème qu'il serait important de résoudre pour l'agriculture, et qu'on a formulé ainsi : dans une race donnée et dans un temps donné, les mêmes quantités d'aliments peuvent-elles produire des accroissements égaux ?

SYSTÈME CHIMIQUE DE L'ENGRAISSEMENT.

Dans ces derniers temps, la chimie organique s'est occupée de plusieurs questions dont la solution intéresse à un haut degré l'agriculture, surtout celle qui a pour objet la valeur nutritive et engraissante des aliments. Les recherches de MM. Dumas, Boussingault et Payen prouvent que, sans exception, toutes les substances reconnues propres à l'engraissement contiennent des principes analogues aux graisses, et cela dans la proportion de leur plus grande valeur pour l'engraissement. Ainsi, les substances suivantes contiennent en matières grasses, sur 100 parties :

Maïs.	8
Tourteaux.	9
Son.	4 à 5
Avoine.	4
Haricots.	3
Lentilles, féverolles, pois, blé.	2
Seigle.	1

Paille d'avoine. 5
— de blé. 2
Trèfle sec. 4
Foin de prairie, luzerne sèche. 5
Carottes. 0,17
Betteraves. 0,10
Pommes de terre 0,08

On a aussi essayé de déterminer le rapport qui existe entre la matière grasse contenue dans le lait des vaches et celle des fourrages consommés. On a trouvé que les aliments renferment plus de ces matières que n'en contiennent le lait et les excréments, et que la quantité de lait et de crême n'est pas en rapport avec la proportion des matières grasses contenues dans les aliments.

Il paraît exister la plus grande coïncidence entre le pouvoir nutritif des aliments et leur pouvoir engraissant. Les mêmes auteurs ont proposé de fixer cette valeur par la détermination de l'azote, et beaucoup des résultats qu'ils ont obtenus s'accordent avec la pratique, en comparant les quantités des divers principes immédiats contenus dans les aliments employés pour produire une même augmentation de poids, et si l'expérience a démenti quelques uns de ces résultats, la majeure partie n'en reste pas moins acquise à la pratique.

DE LA CASTRATION.

La castration est une opération que l'on pratique sur les animaux qu'on veut priver de leurs facultés génératrices. On l'exécute dans les mâles en enlevant les testicules ou en interceptant leur communication avec les centres nutritifs, dans la femelle en extirpant les ovaires.

La castration est souvent une opération de convenance, c'est-à-dire qu'on la pratique dans le but de mieux approprier un animal à sa destination. Quelquefois on la met en usage pour remédier à divers accidents. Les vétérinaires seuls peuvent alors apprécier son opportunité : tantôt c'est pour rendre les animaux plus dociles, d'autres fois pour hâter leur engraissement, pour enlever à la chair de certains mâles une saveur particulière et désagréable, pour la rendre plus tendre et plus délicate.

La castration exerce sur les animaux qu'on y soumet une influence des plus remarquables, et dont il faut tenir compte avant de se décider à la leur faire subir. Cette influence varie suivant les espèces, et selon qu'on châtre les animaux jeunes ou vieux.

Un effet général de cette opération, c'est de rapprocher la conformation des mâles de celle des femelles de leur espèce. Ce rapprochement est surtout appréciable chez le taureau, dont la tête est grosse, la nuque large, l'encolure épaisse et forte, les poils touffus, longs, gros, le dos et les reins larges, les membres épais, les cornes courtes, la voix forte, tandis que dans le bœuf la tête est comparativement petite, l'encolure effilée, le poil luisant, ras et fin, le dos et les reins étroits, le ventre flasque et gros, les cornes allongées et grêles, les mugissements rares et faibles, caractères, comme on le voit, qui tous s'observent sur la vache. Des modifications analogues se reproduisent dans les animaux des autres espèces.

L'animal châtré est donc généralement plus faible et moins propre à de grandes fatigues que celui qui n'a pas été opéré ; cependant, ce serait une erreur de croire qu'on peut conserver une plus grande force à ces animaux en ne les châtrant que lorsqu'ils sont adultes, que lorsque leurs formes ont pris leur développement complet. Non seulement ces formes, si développées soient-elles, se modifient après la castration, alors à un moindre degré, il est vrai, et les animaux deviennent plus sujets aux maladies; mais encore, en châtrant à une époque où les organes génitaux sont en pleine activité fonctionnelle, on expose davantage les animaux aux suites fâcheuses que peut avoir l'opération. En effet, il est d'observation que quelle que soit l'espèce à laquelle ils appartiennent, il est toujours moins dangereux de les châtrer dans le jeune âge que lorsqu'ils sont adultes ou vieux.

Les saisons les plus favorables à cette opération sont celles dans lesquelles la température est douce et moins sujette à de brusques variations. Le printemps est donc, de toutes les époques de l'année, celle que l'on doit préférer.

LIVRE TROISIÈME.

DES SOLIPÈDES.

CHAPITRE Ier.

Les *solipèdes* ou mieux *monodactyles*, tirent leur nom de la forme de leurs pieds renfermés dans un sabot unique, ces mammifères sont d'une taille élevée, ont toutes leurs parties bien proportionnées, unissent la vigueur à l'élégance et la grâce à l'agilité, leur tête de moyenne grandeur présente des yeux expressifs, ils ont des oreilles droites et mobiles qui annoncent la délicatesse de leur ouïe, leurs jambes sont fines et nerveuses en même temps, leurs jarrets souples et robustes, leur croupe gracieusement arrondie, leur poitrail fort et large, tout leur extérieur en un mot, forme l'assemblage le plus heureux et le plus propre à faire de ces animaux le type de la force unie à la beauté.

Les habitudes des solipèdes à l'état sauvage sont très-curieuses; doués de penchants éminemment sociables, ils se réunissent en troupes composées de plusieurs milliers d'individus, dirigées par le plus expérimenté et le plus habile de la bande et séparées par sociétés plus petites, commandées par des chefs particuliers. Toujours unies par le besoin de se défendre mutuellement et jamais divisées par des querelles individuelles, ils paissent tranquillement au milieu des immenses plaines de la Tartarie et de l'Amérique méridionale, où on les trouve avec leurs caractères primitifs. Quand on ennemi vient les troubler dans leur solitude, ils cherchent à l'effrayer par des démonstrations menaçantes, s'ils ne peuvent l'éloigner, ils s'assurent de sa force; et selon qu'ils se croient en état de lui résister ou dans l'impossibilité de se défendre, ils fondent sur lui avec impétuosité, ou s'enfuient avec la rapidité du vent.

L'ordre des solipèdes, comprend le genre cheval, quoutre l'animal de ce nom est formé de cinq autres espèces, l'âne, le dziggnétai, le zèbre, le couagg et le donw.

DU CHEVAL.

Le cheval se distingue des autres espèces du même genre, en ce qu'il a la queue partout garnie de longs crins, et le pelage uniforme et sans rayures; ses couleurs les plus ordinaires sont l'Isabelle en Asie, et le bai-chatain, en Amérique.

Le cheval est à la fois remarquable par ses formes, par la grâce de ses allures, la vivacité de son regard, son brillant courage, son existence laborieuse, et enfin par son dévouement et son intelligence; doué de toutes les facultés physiques qui peuvent le mettre à même de résister au despotisme de l'homme, non seulement il se courbe sous la volonté de ce maître exigeant, mais encore il se sacrifie avec ardeur pour lui faire conquérir des richesses et de la gloire; le cheval toujours fier, toujours impatient d'aller vers le danger, partage, sans hésiter, toute la témérité, tout l'héroïsme dont veut faire preuve celui qui le guide. Docile à la voix, au moindre geste, il sait comprimer néanmoins tout le feu dont il est animé. Enfin lorsque déchu des honneurs, lorsque victime de l'ingratitude, il lui faut aller achever ses derniers jours au sein de l'obscurité et des travaux les plus abjects et les plus pénibles, il se pénètre encore de patience et de zèle, pour payer la nourriture qui lui est jetée.

La durée de la vie du cheval est de 20 à 30 ans, il commence à devenir invalide à 12 ou 15 ans, il est très-rare d'en rencontrer qui ait encore quelque vigueur de 20 à 25 ans, néanmoins cet animal est susceptible de vivre bien au-delà du terme ordinaire.

Il ne faut pas juger le cheval d'après ce que l'homme l'a fait, en le rendant esclave, car dans l'état de nature et dans sa pureté d'origine, ses formes ne sont pas aussi flatteuses à l'œil que celles de nos chevaux domestiques; son poil est moins uni et tout crépu, sa taille moins élevée, sa tête plus grosse, son sabot moins régulier. Mais aussi ses membres sont plus déliés et plus robustes, ses jarrets ont plus de moelleux et plus de vigueur, son encolure est plus forte, son regard a plus de vivacité et de fierté, ses oreilles plus fixes et plus droites sont toujours dirigées en avant.

On trouve peu de chevaux à l'état sauvage; encore il paraît que ce sont des individus ayant vécu jadis en domesticité auxquels on a donné la liberté, et qui conservent quelques traces de leur ancien esclavage; quoiqu'il soit, ces animaux sont singulièrement enclins à débaucher les individus domestiques qu'ils invitent par leurs hennissements aigus et répétés à venir se joindre à eux; cependant quand ils se voient pris, ils se laissent dompter avec une remarquable facilité. En quelques jours ils deviennent aussi dociles que ceux qui sont nés dans la servitude. Mais l'amour de la liberté subsiste toujours chez ces animaux qui dès que l'occasion se présente de rejoindre leurs frères qui en jouissent, ne manquent jamais d'en profiter.

L'agriculture, l'armée, le commerce, l'industrie et tous les arts en général, retirent du cheval dressé les avantages les plus importants et les plus multipliés. Aussi est-ce de tous les animaux domestiques, celui dont l'éducation est la plus soignée, et dont on entretient la race avec plus de précaution. C'est dans ce but qu'on a formé chez presque toutes les nations civilisées de vastes établissements appelés *haras*, dans lesquels on cherche, en croisant les races, à leur donner les qualités dont elles ont particulièrement besoin pour les emplois auxquels on les destine.

DES RACES DES CHEVAUX.

On distingue un grand nombre de variétés de chevaux, et chacune d'elles est plus propre à un genre particulier de travaux. L'avantage que l'homme peut avoir à créer certaines races et le perfectionnement de l'agriculture permettent à la volonté de s'exercer dans des latitudes assez étendues. Le climat, la nature du sol sur lequel nous élevons nos animaux, la quantité et les qualités diverses de fourrages, les soins, le choix des animaux employés à la reproduction, sont autant de causes qui contribuent à la formation des races. En France, les variétés de chevaux sont beaucoup plus nombreuses qu'il ne serait à désirer, et la plupart n'ont pas de *race*, dans ce sens qu'ils proviennent de mélanges faits sans suite et sans but. Toutes les variétés de l'espèce ont été rapportées à deux grandes catégories. La première comprend les chevaux légers, qui ont pour types les arabes, les anglais pur sang et les andalous; la seconde les chevaux communs, qui ont pour types les boulonais, les bretons et les percherons.

Première catégorie. — Le cheval *anglais* est construit pour courir avec rapidité en ligne droite. Il a peu de souplesse et de grâce dans ses allures. Il ne peut s'arrêter ou tourner sur lui-même sans beaucoup d'efforts : aussi forme-t-il un mauvais cheval de guerre que le cavalier ne peut maîtriser et diriger pour exécuter les évolutions qui lui sont commandées. La race anglaise est le résultat du croisement d'étalons arabes avec les plus belles juments du pays , et dont la conservation est due à une persévérance aussi éclairée que patiente.

La race *andalouse* est la plus brillante au manége ; elle offre les plus beaux modèles du cheval de selle. La croupe et l'é-paule du cheval andalou ne sont pas aussi longues que dans le cheval anglais ; les jarrets sont plus coudés , les paturons plus longs ; la croupe ressemble à celle du mulet. Avec des allures plus courtes , le type andalou a des mouvements plus caden-cés, plus relevés. La liberté dans les épaules, la hauteur dans les mouvements, la souplesse et la sûreté des allures devien-nent des traits distinctifs du type andalou qu'on retrouve parmi les races françaises , du Limousin , de la Navarre , de l'Auver-gne ; mais les chevaux de ces races ne sont formés qu'à sept ou huit ans. On distingue dans les races de luxe les chevaux qui sont élevés dans la partie du département de l'Orne, con-nus sous le nom de Merlerault, de ceux qui appartiennent aux départements de l'Eure, du Calvados et de la Manche. La taille des premiers est moins haute ; ils sont un peu sauvages. Les che-vaux des autres parties de la Normandie ont la taille plus éle-vée et un développement rapide. En général, la race normande, propre aux attelages, à la grosse cavalerie , a de la hauteur et de l'ampleur.

CHEVAUX COMMUNS.

Deuxième catégorie. — Dans les chevaux communs, on

distingue ceux qui sont propres aux travaux les plus lents et ceux qui sont plus convenables pour des services qui réclament beaucoup d'agilité, comme ceux de poste et de diligence.

Dans les races communes les plus lourdes se rangent celles du Boulonnais, du Poitou, de la Franche-Comté et de quelques contrées de la Bourgogne et de la Champagne.

La race *boulonnaise*, type des chevaux communs, est la meilleure pour les travaux agricoles. Cette race n'est pas particulière au Boulonnais : elle s'étend de la Seine à la Belgique. Sans être la plus volumineuse de ce genre, car en Belgique, en Hollande, en Angleterre et en Allemagne se voient des races encore plus massives et plus grandes, les chevaux boulonnais sont en état de suffire aux plus pénibles labeurs, car chez eux la haute taille n'exclut ni une bonne conformation ni un bon tempérament. Hauts de 1 mètre 65 centimètres et au-dessus, larges, courts et trapus, toutes leurs masses musculaires sont bien développées. L'harmonie de leurs parties contribue encore à les rendre plus énergiques et plus agiles qu'on ne le supposerait au premier aperçu.

Les chevaux picards n'ont que rarement la bonté de ceux du pays de Caux et de Vimeux, parce que, moins bien soignés, recevant peu de grains, la race s'altère et ne conserve plus la rigueur du type primitif.

La race *poitevine mulassière*, aussi haute, aussi étoffée que les races de la Picardie et de l'Artois, ne valent pas les dernières sous le rapport des formes et du tempérament. Cette race, dont la valeur est toute relative, n'a de qualités réelles que pour la production du mulet.

La race *franc-comtoise* a les formes moins massives que les précédentes. Les chevaux de la Franche-Comté se rapprochent de ceux de la Suisse et de quelques parties de l'Allemagne. Comme chevaux de trait, les francs-comtois ne valent pas les boulonnais et n'égalent pas, pour les travaux rapides, les bretons et les percherons. Les races *bretonne* et *percheronne* présentent entre elles beaucoup d'analogie. Les animaux de ces races ont la tête courte, carrée, à chanfrein large, droit ou camus, les ganaches très-fortes, les yeux vifs, qui paraissent petits à cause de la grosseur des arcades orbitaires, l'encolure droite, les rains larges, les membres musculeux, les paturons courts, et, au total, des formes ramassées. Ces chevaux sont des modèles parfaits pour le service des voitures publiques, le train des équipages militaires et l'artillerie.

On trouve dans les Ardennes, la Champagne et la Normandie des chevaux propres à tous les usages.

CHEVAUX NORMANDS.

De la production des chevaux en France.

Nous avons esquissé les principales races et sous-races de chevaux français. En examinant avec attention ce qui se passe dans chaque localité, on peut voir descendre de ces variétés toutes les nuances qu'elles présentent dans notre pays.

Le nombre des chevaux s'élève, en France, à environ 3 millions, parmi lesquels bien peu appartiennent aux races légères. En effet, il a été constaté que notre industrie chevaline ne peut fournir que 10,000 chevaux de qualité par an. La consommation annuelle de la France étant de 30,000, il faut en acheter 19 à 20,000 au dehors (relevé des douanes), qui coûtent 13 à 14 millions de francs. Une si grande masse de capitaux, portée chaque année aux cultivateurs étrangers, leur a donné les moyens d'élever un plus grand nombre de bestiaux et de faire fructifier leurs champs, tandis que notre agriculture, en cessant d'élever le nombre de chevaux nécessaires à notre consommation, a manqué d'engrais et a vu diminuer ses récoltes ; et cependant la France a produit de tout temps d'excellents chevaux pour tous les genres de services, et si la majeure partie de nos bonnes races a disparu, cela est dû : 1° à l'insuffisance de bons producteurs ; 2° à la confusion des accouplements, qui a perverti les races ; 3° à ce que la castration des chevaux dans le jeune âge n'est pas généralement pratiquée en France ; 4° à l'irrégularité des achats de chevaux de remonte pour l'armée ; 5° à l'enlèvement constant par les officiers remontistes de nos meilleures poulinières, qui manquent à la production ; 6° à la probabilité de vendre à de bons prix les chevaux communs, à la facilité que présente leur élève, à la ressource qu'ont beaucoup d'agriculteurs de garder pour leur usage les chevaux qu'ils ne pourraient vendre, et enfin au peu de débouchés pour les chevaux de luxe ; 7° au défaut d'un système raisonnable de haras.

Pour affranchir la France de l'indépendance où elle se trouve à l'égard de l'étranger pour la remonte de sa cavalerie et du tribut qu'elle lui paie annuellement, tribut qui pèse de tout son poids sur notre industrie agricole, écartant tous les systèmes de haras et de remonte employés jusqu'à ce jour, M. Lenfant a présenté un projet de remonte dont l'application, aussi facile que peu coûteux, accroîtrait en peu d'années la production des chevaux d'espèce, de manière à mettre leur nombre en rapport avec les besoins du commerce et ceux de l'armée ; mais ce projet, vraiment national, sera repoussé, et cependant d'ignobles trafics ont été dénoncés.

Le cheval paraît se plaire de préférence dans les pays de plaine, à sol et à climat secs, car les races les plus belles et les plus pures sont celles des contrées chaudes de l'Orient, et surtout de l'Arabie ; de même les races françaises du Limousin, de l'Auvergne, qui se rapprochent plus ou moins de celles de l'Orient par leur taille, leur forme, et surtout leur vigueur, croissent sur des terrains secs et légers. Au contraire, les races des sol et climat humides sont généralement lourdes si, selon le sol et le climat, on produit l'une ou l'autre espèce. Nous savons déjà qu'au moyen de la nourriture, des soins et des croisements, on peut modifier l'influence de ces circonstances.

DU CROISEMENT.

Le croisement n'est nécessaire que pour quelques unes de nos races, et croire que cette opération est indispensable pour toutes serait s'engager dans des spéculations qui deviendraient onéreuses à leurs auteurs, si surtout ceux-ci s'y livraient sans calcul comme sans prévision.

Beaucoup de nos chevaux, qui ne manquent pas de vigueur, ni même d'une bonne conformation, pêchent seulement par la taille et leur peu de développement, suites inévitables d'une nourriture insuffisante et d'un travail forcé.

Les moyens les plus sûrs et les plus positifs de les améliorer consistent à bien nourrir et à bien ménager les jeunes chevaux, car il ne faut pas croire que les croisements soient toujours indispensables et qu'un poulain doit immanquablement être bien parce qu'il a pour père un bel et bon étalon, car les soins que l'on donne à une race indigène naturelle au pays que l'on habite sont fort souvent payés d'une manière plus avantageuse que les dépenses que l'on ferait pour une race nouvelle que l'on serait tenté de créer. Toutefois, il serait absurde de négliger d'obtenir des améliorations par des emprunts faits aux races étrangères quand ne se trouvent pas dans les chevaux indigènes les qualités que recherche le commerce.

Nos races françaises de gros chevaux communs doivent, en général, rester pures, car chez nous elles ont un degré de perfection qui se trouve rarement ailleurs.

Dans l'élève de ces races, le cultivateur doit se garder du désir d'en augmenter la taille et la corpulence par l'emploi des plus gros étalons, parce qu'ils courent le risque d'avoir des animaux qui ont besoin de beaucoup d'aliments pour se nourrir et qui n'ont pas généralement un aussi bon tempérament que ceux qui ont pour pères des étalons moins volumineux, mais mieux proportionnés et plus agiles.

Les chevaux de taille moyenne, énergiques, ayant un bon pas, étant aptes à une grande variété de travaux, le cultivateur a presque toujours de l'avantage à se livrer à leur éducation, et si l'on voulait croiser les races de chevaux de trait que nous offre notre pays, il faudrait employer les étalons bretons et percherons préférablement aux boulonnais et picards. Des étalons de choix, croisés avec de belles juments de ces races, produiraient ces chevaux connus sous le nom de demi-fortune, également propres au trait et à la selle.

L'amélioration de nos races de chevaux légers présente quelques difficultés : il serait en effet assez difficile de trouver en France, à de très rares exceptions près, les étalons qui nous seraient nécessaires pour y parvenir. Les chevaux normands sont ceux que l'on recherche le plus en raison de leur taille, de l'ampleur de leurs formes et de leur prompt développement.

Les chevaux anglais de pur sang, bien choisis, le métis, de trois quarts de sang au moins, paraissent devoir convenir à l'amélioration de la race normande de carrosse; mais lorsqu'il est prouvé que des chevaux de demi-sang donnent à leurs produits leurs formes et leur tempérament (transmission souvent incertaine, parce qu'ils sont trop peu de race), ces étalons conviennent mieux aux cultivateurs que les chevaux de peu de sang ou de trois quarts de sang, dont les rejetons sont fréquemment trop fins et trop petits.

Les races limousines, navarroises et auvergnates auraient besoin, pour s'améliorer, de l'introduction d'étalons des races orientales des plus développées, surtout d'une meilleure alimentation.

Un principe dont l'inobservance entraînerait de fâcheuses conséquences, c'est qu'on ne peut former de bonnes races par l'appareillement de mâles volumineux et de femelles beaucoup plus petites, car les produits de ces accouplements ont presque toujours une mauvaise constitution, et c'est par une meilleure nourriture qu'on doit leur donner la taille qu'on pensait leur procurer. D'ailleurs, la gestation et le part ne sont pas sans dangers, et les poulains mal élevés, mal développés constituent ces chevaux bâtards et décousus, dont le nombre est malheureusement trop considérable.

DE L'ÉDUCATION DU CHEVAL.

De l'accouplement. — Pour prévenir la dégénération des races indigènes, comme aussi pour assurer le succès des croisements, il existe plusieurs conditions d'âge, de santé et de conformation à rechercher dans les étalons et juments consacrés à la reproduction.

Les étalons destinés à l'amélioration des races de chevaux doivent avoir une bonne conformation, des allures franches et libres, une santé parfaite, la taille proportionnée à celle des juments qu'ils doivent saillir, l'âge de cinq à dix ans et un type de race très-ancien; ils doivent être exempts de tous vices, tares et maladies héréditaires. Pour qu'ils conservent leur vigueur, leur beauté, leur aptitude à la copulation, et surtout à la reproduction, on ne doit jamais leur faire couvrir plus de trente-cinq à quarante juments pendant l'époque de la monte. Un étalon peut faire deux et même trois sauts par jour, lorsqu'il est bien disposé et bien soigné. On doit avoir soin de laisser cinq à six heures d'intervalle entre chacun d'eux; mais, dans la crainte de l'énerver et de le rendre improductif, il vaut mieux ne le faire saillir qu'une ou deux fois dans les vingt-quatre heures.

Les juments que l'on destine à la reproduction doivent, comme les étalons, jouir d'une bonne santé, être exemptes de tares et maladies héréditaires, et avoir le ventre ample, la croupe évasée, ce qui favorise le développement du poulain et rend la mise bas plus facile.

L'âge le plus convenable pour faire couvrir des juments est de quatre à dix ans. Toutefois, celles qui ont pouliné une ou plusieurs fois peuvent être fécondées dans un âge plus avancé.

Les signes qui annoncent que les juments sont en chaleur sont : le hennissement fréquent, le port de la queue plus élevé, l'émission fréquente des urines. Quelquefois, les juments se campent sans résultat pour uriner; elles se tourmentent et maigrissent. Ces signes ne s'observent que pendant quelque temps, et quoique ce moment soit le plus convenable pour l'accouplement et la fécondation, il n'est pas sans exemple que des juments chez lesquelles ils n'existaient pas aient pu concevoir.

On ne doit employer aucun moyen médicinal pour provoquer la chaleur des juments. Tous ceux préconisés sont plutôt nuisibles qu'utiles. Le plus ordinairement, le retour de la belle saison suffit pour amener la disposition, et si l'on désire la hâter, une augmentation de bonne nourriture et la présence d'un cheval entier, qui sert alors de *boute-en-train*, suffisent presque toujours.

La plupart des juments, quelques jours après leur mise bas, redeviennent en chaleur, de sorte qu'elles peuvent porter une fois tous les ans ; mais, dans l'intérêt des éleveurs, et pour l'amélioration des races, il n'est pas toujours convenable de les faire saillir annuellement, surtout pour les juments en mauvais état, faibles et soumises à des travaux pénibles. Il vaudrait mieux ne les faire couvrir que tous les deux ans ; alors elles seraient moins fatiguées, pourraient donner à leur produit un lait plus abondant et les allaiter plus longtemps.

La monte, ou la saillie, est l'acte de l'accouplement de l'étalon avec la jument ; elle se fait ordinairement vers la fin du printemps et pendant l'été de chaque année. Pour que la monte se fasse d'une manière convenable, la femelle doit être placée sur un terrain doux, même sablonneux, s'il est possible, dans la crainte qu'elle ne glisse, ainsi que l'étalon. Si on craint pour l'étalon les ruades de la jument, on met à celle-ci une bricole ou un collier fait exprès, et au paturon de derrière des entraves dont les longes doivent se croiser sous le ventre, et venir se fixer à la bricole ou au collier. L'étalon amené près d'elle avec un caveçon ou un licol à deux longes, doit en être approché peu à peu, et on ne lui permettra de la monter que lorsqu'il sera en état de la saillir, sans attendre cependant le développement du bourrelet qui se forme à l'extrémité du pénis, ce qui mettrait obstacle à son introduction et fatiguerait inutilement les deux animaux. L'opération terminée, il faut avoir soin de faire descendre l'étalon, sans qu'il recule, dans la rainte de lui fatiguer les jarrets et les boulets de derrière.

Les juments doivent, en outre, être tenus avec un bridon, une bride ou la longe de leur licol passée dans la bouche. L'homme doit leur tenir la tête haute, pour les empêcher de ruer. Un aide doit tenir la queue, en la tirant de côté, pour faciliter la copulation. Quelquefois même, le garde-étalon doit diriger le membre du cheval, de peur qu'il ne prenne une fausse route, car alors, non seulement la fécondation n'aurait pas lieu; mais encore il pourrait en résulter des accidents graves pour la jument.

Divers moyens sont quelquefois employés pour faire retenir les juments qui viennent d'être saillies. Ces moyens, plus ou moins absurdes, doivent toujours être proscrits et remplacés par les précautions suivantes, qui se rapprochent de l'état de nature: ne présenter les juments à la monte que dans un moment de repos; le matin, après le calme de la nuit, paraît être le plus convenable; après la copulation, les laisser tranquilles ou en liberté dans une prairie. Ce repos et cette tranquillité conviennent après l'accouplement, car on sait que les femelles des animaux sauvages et toutes celles en liberté se retirent à l'écart, se couchent même quelquefois après s'y être livrées.

Bien que l'on ait l'habitude, dans les haras, de laisser neuf jours d'intervalle entre chaque saillie, on peut cependant, avec succès, faire couvrir les juments deux fois dans la même journée, matin et soir, et une troisième dès le lendemain matin. Ce mode conviendra surtout pour les étalons des départs de l'administration des haras, lorsque, dans leur tournée, ils se trouveront dans une commune où il n'y aura qu'une, deux ou trois juments à faire saillir. Dans celles, au contraire, où il y en aura un plus grand nombre, elles ne seront saillies qu'une fois par jour d'abord; ensuite l'étalon sera conduit dans une autre commune, où l'on procédera de même, et huit à neuf jours après, il sera ramené dans la première, pour couvrir de nouveau celles qui ne se défendront pas : ainsi de suite pendant trois fois. Là seulement doit se borner le nombre de saillies, à moins de quelque motif d'exception ; et dans ce cas les propriétaires auront la facilité de conduire de nouveau leurs juments à l'étalon, qui restera en station, après la monte, dans une commune qu'on leur fera connaître.

GESTATION OU PLÉNITUDE.

La gestation, ou plénitude, commence sitôt après la fécondation et se termine par la parturition ou la mise-bas. Sa durée, dans la jument, est de onze à douze mois, rarement plus, et jamais moins. Les signes de la plénitude sont très-équivoques dans les premiers temps : la cessation de la chaleur n'en est pas même un bien certain. Ce n'est qu'après cinq ou six mois que le produit se fait remarquer, se fait sentir par des mouvements au flanc droit et vers la région ombilicale de la mère. Ces mouvements sont surtout apparents lorsque la jument boit de l'eau froide. A cette époque aussi, son ventre s'ovale ; ses flancs se creusent un peu ; les muscles de la croupe s'affaissent légèrement. Quelque temps après, la jument devient lourde, lente dans ses mouvements. Une nouvelle manière d'être la force de cesser des efforts qui pourraient nuire au produit qu'elle porte. Donc, à dater de cette époque, on doit la ménager, pour qu'elle puisse amener son poulain à bien ; mais ce n'est que dans les derniers temps, c'est-à-dire vers le dixième mois, lorsque la mise bas approche, que les mamelles se gonflent, que la jument marche avec peine, en écartant les jambes, que son ventre est très-ovalé, que la vulve se gonfle, que les urines sont fréquentes et peu copieuses, qu'il faut se garder de la soumettre à des travaux pénibles, de lui faire faire des efforts, de la frapper surtout, crainte de la faire avorter.

AVORTEMENT.

L'avortement est la mise-bas avant l'époque fixée par la nature. Il y a encore avortement lorsque le poulain vient mort, même après onze mois de plénitude. Les causes les plus appréciables de l'avortement sont les années pluvieuses, parce que le principe aqueux qui surabonde dans l'atmosphère et dans les plantes, agissant sur la constitution des animaux par toutes les surfaces, par toutes les voies, le sang est alors moins excitant. Il ne peut fournir à tous les organes, et surtout à l'utérus, les matériaux nécessaires à la composition du nouvel être qu'il contient.

Une alimentation insuffisante ou de mauvaise qualité, un mâle trop fort pour les femelles, les violences extérieures, les efforts violents, l'introduction d'une boisson trop froide, les indigestions, les maladies, la monte des juments à l'état de plénitude, la peur, une prédisposition particulière; cette dernière cause doit faire rejeter comme impropre à la reproduction les femelles chez lesquelles elle se rencontre.

Il faut éviter avec soin tout ce qui peut produire l'avortement, car non seulement la perte du poulain nuit aux intérêts des éleveurs; mais souvent la mère, par suite de cet accident, reste malade: elle peut même en périr. Cependant, beaucoup de juments avortent sans que cela puisse nuire à leur santé. Quoiqu'il en soit, l'avortement arrivant vers la fin de la gestation, les mamelles de la jument se gonflent, s'emplissent de lait et deviennent douloureuses. Il faut avoir soin de la traire plusieurs jours de suite, de frotter ses mamelles avec du vinaigre tiède et de les couvrir avec de la terre grasse délayée dans ce liquide.

De la mise bas. — Le part, ou la mise bas, termine la gestation. Il s'opère par la sortie du poulain hors de la matrice, en passant par la vulve. La jument fait presque toujours son poulain la nuit, sans secours étrangers; rarement elle a besoin d'aide. C'est à tort que quelques personnes percent les membranes qui enveloppent le fœtus et contiennent les eaux dans lesquelles il est plongé. On ne doit pas non plus tirer le nouvel être avec effort, comme cela n'arrive que trop souvent. Si quelquefois on est obligé de le faire pour faciliter la parturition, cela doit se pratiquer peu à peu, en suivant les efforts de la mère, en dirigeant les mouvements de traction entre ses cuisses. A l'égard des boissons tant préconisées dans les campagnes comme propres à faciliter la mise bas et la sortie du délivre, on doit être très-réservé sur leur administration. Cependant, si la jument est faible et que le poulain reste longtemps au passage, une bouteille de vin tiède, de bière ou de cidre peut faciliter l'accouchement en relevant les forces de la mère; mais on ne doit pas oublier de lui donner en même temps quelques lavements émollients.

Si le cordon ombilical du poulain ne se rompt pas naturellement et que la jument ne le déchire pas en le mâchant, il faut le couper à deux pouces de l'ombilic, au-dessous d'une ligature qu'il est prudent de pratiquer avant la section.

Pendant le travail du part, si le poulain se présente bien, on doit laisser la jument tranquille, ne pas la déranger, et après qu'elle a pouliné lui donner de l'eau blanche tiède, un peu de son frisé, du bon foin ou du vert qui ne soit pas mouillé.

Si le délivre ne suit pas immédiatement le poulain, on ne doit pas se hâter de l'extraire: on peut attendre sept à neuf heures; mais, après ce délai, si l'*arrière-faix* n'est pas expulsé naturellement, la jument doit être délivrée par un vétérinaire. Il en est de même quand le poulain ne se présente pas au moment du part dans l'une des positions naturelles, soit la tête et les pieds de devant ensemble, soit les pieds de derrière avec la queue.

Lorsque le poulain est né, sa mère le lèche ordinairement; si elle ne le fait pas, on doit l'y engager en saupoudrant le nouvel être de son, de farine, de pain émietté et d'un peu de sel de cuisine.

Quelques instants après sa naissance, le poulain essaie de se soutenir sur les pieds, et bientôt il cherche à téter. On doit l'aider en le soutenant et lui mettant dans la bouche un des mamelons. Il faut surtout tenir à lui faire téter le premier lait. C'est un préjugé ridicule de l'en priver, sous prétexte qu'il est mauvais et nuisible à sa santé, car il a des propriétés purgatives qui débarrassent les intestins des nouveaux-nés d'une matière verdâtre ou brunâtre connue sous le nom de *me-conium*.

Si une cause quelconque empêche la jument de nourrir son poulain, on peut l'élever en lui faisant boire du lait de vache. On en a même vu qui tétaient cette dernière, y ayant été habitués dès leur naissance.

La jument qui allaite doit être bien nourrie pour que son lait soit abondant. Les aliments verts sont ceux qui en fournissent le plus. C'est une raison majeure pour que la monte se fasse à une époque telle que la mise-bas arrive au moment où la végétation est en pleine vigueur, car la bonne constitution du poulain dépend beaucoup de la qualité et de la quantité de nourriture que lui donne sa mère. Or, comme c'est cette bonne constitution qu'il faut obtenir pour arriver à l'amélioration de la race, on ne doit pas négliger tout ce qui peut tendre vers ce but, puisqu'il est constaté que, faute de bien les nourrir pendant les premiers mois, et même pendant les premières années, les poulains restent pour la plupart chétifs, rabougris, et n'ont jamais l'énergie que l'on désire rencontrer dans ces précieux animaux.

Quand la plupart des éleveurs font travailler leurs juments poulinières, ils doivent les habituer graduellement à se séparer de leurs poulains, car ces derniers ne pourraient suivre leurs mères dans leurs travaux sans inconvénient. Pendant le premier mois, elles doivent rentrer cinq à six fois par jour pour allaiter ; dans le deuxième mois, trois ou quatre fois suffisent. Toutefois, ce n'est que vers l'âge de cinq à six mois, même plus tard, que le poulain doit être sevré.

Le *sevrage* est la cessation de l'allaitement, remplacé par des aliments plus solides. Cette transition ne doit se faire qu'insensiblement. Le poulain qui se traîne dans de bons pâturages est facile à sevrer ; mais celui qui est dans de mauvais, ou que l'on sèvre à l'écurie, doit avoir de l'eau blanche à sa portée. Il faut lui donner des racines, du grain, sinon cuits, au moins concassés, dans la première quinzaine, et même pendant le premier mois. On ne doit pas tourmenter les jeunes poulains ; cela nuit à leur développement. Il faut, autant que possible, les laisser en liberté. On doit cependant les habituer à l'homme dans le courant de l'hiver qui suit le sevrage. Pour cela, il faut les attacher près de leur mère au moment où on leur donne à manger. Alors, en approchant les juments, il est facile de caresser le poulain.

A un an révolu, les jeunes mâles doivent être séparés des jeunes pouliches, et aussi de leurs mères, car déjà, à cet âge, ils commencent à se sentir et se fatigueraient avec elles en cherchant à les saillir.

Pendant la deuxième année, les poulains méritent tous les soins et la surveillance des éleveurs. La nourriture verte, prise en liberté, est celle qui leur convient le mieux, et lorsqu'on peut y ajouter un peu de grain, on est certain que les jeunes animaux prennent plus de développement et acquèrent plus de taille, qualités d'autant plus nécessaires que, dans le courant de la troisième année, ils sont ordinairement livrés à des travaux pénibles. C'est alors encore qu'ils réclament tous les soins des propriétaires. Ils doivent être conduits d'autant plus doucement qu'ils sont plus vifs et plus ardents ; mais lorsqu'ils ont été bien nourris pendant l'hiver, lorsque les travaux auxquels ils sont soumis sont modérés, que la nourriture est abondante et de bonne qualité, ils continuent de prospérer ; et en payant leur nourriture par le travail, l'accroissement de leur valeur récompense grandement des soins et des frais qu'ils ont nécessités pendant les deux premières années.

Le cheval propre, par sa race et ses formes, aux services de selle peut être, sans préjudice, employé au travail du trait ; mais si on ne veut pas le soumettre à ce service, on doit commencer, dès l'âge de trois ans, à le dresser pour la selle. On l'habituera à se laisser monter, seller et brider par un jeune garçon. Négliger ces soins, c'est faire perdre aux poulains de selle une très-grande valeur. Les acheteurs ne veulent donner qu'un moindre prix d'un animal resté oisif depuis sa naissance, et que son caractère sauvage rendra difficile à maîtriser.

Dans sa quatrième année, le travail du cheval de trait ne doit plus être seulement une compensation des frais de sa nourriture, mais encore une source de bénéfices pour l'éleveur, qui n'abusera pas de son ardeur. Quelque soit le service de trait auquel les jeunes animaux doivent être soumis un jour, ils peuvent tous indistinctement être appliqués au même travail.

Le régime du cheval de quatre ans est le même que celui du cheval de service; seulement il serait peut-être bon de lui donner encore du vert à l'écurie, en même temps que des grains. Par là on facilitera son entier développement. Cependant, les animaux d'une constitution lymphatique ne recevront que des graines et des fourrages secs. On ne commencera l'éducation du cheval de selle, préalablement employé au service de trait, qu'à l'âge de quatre ans et demie.

A l'âge de cinq ans, le cheval est arrivé à son entier développement et peut rendre les services auxquels il est apte par sa conformation; mais son utilisation efficace, et surtout durable, dépend de l'observation des règles hygiéniques que nous avons déjà tracées.

De la castration. — On châtre le cheval pour le rendre plus docile, moins méchant et plus propre aux différents services qu'il peut rendre.

La castration exerce sur le cheval une influence remarquable, et dont il faut tenir compte avant de se décider à l'y soumettre: ainsi, sur les poulains mâles qui n'ont pas acquis leur complet accroissement, elle influe d'une manière spéciale sur certaines parties de leur corps; elle intervertit plus ou moins le développement; elle les rapproche des formes, de l'instinct et des mœurs des femelles. L'encolure est effilée, la crinière moins garnie, moins ondulée. La croupe reste mince ; les poils sont longs, peu brillants, et le regard moins vif.

Le cheval *hongre* n'a plus ce superbe hennissement qui décèle les élans de sa force. Il perd de son ardeur, de sa vitesse, de la sûreté de ses jambes. Il devient plus sujet aux maladies, et les sentiments dont il est susceptible s'émoussent.

La castration, chez le cheval, doit être pratiquée de deux ans et demie à trois ans et demie ; plus tôt, il reste faible et sa conformation défectueuse. En châtrant de bonne heure, on a encore l'avantage d'arrêter la dégradation des races, que provoque trop souvent l'accouplement de jeunes poulains, fréquemment tarés, affectés de maladies héréditaires, avec de trop jeunes pouliches, et même des juments chez lesquelles se retrouvent les mêmes tares et les mêmes maladies.

La castration est souvent abandonnée à une classe d'hommes ignorants connus sous les noms de *châtreurs*, *bistourneurs* ou *affranchisseurs*. Elle produit sous leurs mains une foule d'accidents auxquels ils sont incapables de remédier. Le vétérinaire seul possède les connaissances anatomiques et physiologiques nécessaires pour juger du meilleur procédé à employer dans une opération aussi délicate ; lui seul sait en prévoir et en prévenir les suites et couvrir les fautes des châtreurs de profession, à qui on peut abandonner, si l'on veut, les animaux de vil prix ; mais on ne doit pas permettre à ces hommes la castration sur des animaux précieux ou sur un grand nombre à la fois.

DE L'ANE.

Il ne faut pas juger des qualités physiques et morales de

l'âne par la race appauvrie et dégénérée répandue en France. Autant cet animal a l'air stupide et lourd en domesticité, autant il paraît fin et souple à l'état de nature. Au lieu de ces formes pesantes, de ces grosses jambes, de ces énormes oreilles, de ce port ignoble, qui caractérisent les individus domestiques, l'*onagre*, ou l'*âne sauvage*, a le corps bien proportionné, les jambes fines, les oreilles grandes, mais bien droites, l'air vif et dégagé, en un mot presque toutes les qualités que nous admirons dans un beau coursier.

L'âne se distingue du cheval par sa queue, qui n'a qu'un bouquet de crins courts à son extrémité, et par son pelage, qui présente, sur un fond gris plus ou moins foncé, une raie noire qui s'étend sur le dos et le long des épaules en forme de croix.

Quoique cet animal se fasse bien à la vie domestique, il est moins complétement dompté que le cheval. Il conserve toujours plus de raideur et d'opiniâtreté dans le caractère; aussi il reste dans les grands déserts de l'intérieur de l'Asie beaucoup d'individus qu'on ne peut pas soumettre au joug, et dont les mœurs sont à peu près celles des chevaux sauvages.

L'âne serait le plus utile des animaux domestiques si le cheval n'existait pas; c'est la comparaison qui le dégrade. Sa sobriété, sa patience et son excellent tempérament en font le véritable cheval du pauvre, se contentant de ce que le cheval dédaigne: un peu d'herbes grossières, une poignée de chardons suffisent pour satisfaire ses besoins, et avec une aussi chétive nourriture, il travaille toute la journée, lentement, il est vrai, mais avec persévérance. Il est d'ailleurs doué d'une excellente mémoire et se rappelle parfaitement les chemins qu'il a une fois parcourus. Il a seulement le défaut d'être timide, capricieux et têtu, ce qui le rend quelquefois un peu plus difficile à conduire que le cheval.

La longévité moyenne de ce solipède est de quinze à dix-huit ans ; elle se prolonge jusqu'à trente lorsqu'il est bien soigné. La femelle vit plus longtemps que le mâle. L'âne, qui conserve ses bonnes qualités primitives dans les pays chauds, perd de sa force, de sa vivacité en raison de l'abaissement de la température du pays où il est transporté et du nombre de générations qui existent entre lui et l'animal importé dont il procède. Il a donc dû dégénérer beaucoup dans nos climats depuis son introduction, déjà si ancienne.

DES RACES D'ANES.

Les ânes, petits ou grands, qui se rencontrent dans toutes nos provinces nous viennent, soit de l'Italie, qui les aurait reçus de l'Asie, soit de l'Espagne, où ils avaient été importés par les Arabes. Les deux principales variétés à étudier sont les gros baudets, ou ânes du Poitou, et les grands baudets, ou ânes de Gascogne.

Les ânes du Poitou, issus d'étalons espagnols, taille de 1 mètre 55 centimètres à 1 mètre 60 centimètres, à poils généralement noirs, longs et frisés, sans bande cruciale, sont gros, étoffés, corsés.

Les baudets des races gasconnes, de 1 mètre 45 centimètres à 1 mètre 60 centimètres, plus hauts, plus minces dans toutes leurs proportions, à poil ras, noir, bai ou bai-brun, viennent probablement d'Espagne, comme ceux du Poitou.

DE L'ÉLÈVE DES ANES.

L'âne, tel que l'ont fait notre climat, le temps et notre négligence, est encore un animal précieux, et nul autre ne donne plus, comparativement à ce qu'il coûte. Cependant , comme tous les animaux, les services qu'il rend sont proportionnés à la nourriture et aux soins qu'il reçoit , car les défauts qu'on lui reproche, il les doit , n'en doutons pas, aux mauvais traitements auxquels il est presque toujours en butte ou aux fardeaux dont on l'accable, et si, toute chétive qu'elle est, la race commune des ânes nous rend de grands services comme bêtes de somme et de trait, que ne devrions-nous pas attendre de ces animaux , mieux traités ou plus soigneusement élevés ! De plus, en croisant les plus belles ânesses de la petite race avec les étalons du Poitou, on obtiendrait une espèce mixte préférable à toutes deux et capable de supporter les plus grandes fatigues, sans exiger des soins minutieux.

Il serait donc à désirer de voir se propager l'élève de l'âne dans les localités pauvres en fourrages, et où abondent les chardons et herbes dures. Là , en effet, un mulet se nourrirait mal où vivraient deux ânes, de même la ration à peine suffisante pour un mulet serait tout au plus capable de faire vivre un cheval d'égale force, qui pourtant ne saurait rendre le même service que deux ânes. Enfin, le bœuf, plus difficile, ne pourrait s'accommoder de cette nourriture. C'est au cultivateur à comparer les avantages , à balancer la dépense et le produit absolu et relatif de chaque espèce , et à se déterminer pour celle qui , à consommation égale ou inférieure en valeur, donne un produit supérieur.

On observe pour l'accouplement les mêmes règles que pour celui des chevaux. La *gestation* a la même durée que dans ces derniers animaux. Le sevrage s'opère par l'ânesse elle-même vers les sixième ou septième mois. Tout ce que nous avons dit du cheval s'applique exactement à l'âne. C'est par la rigoureuse observation des précautions que nous avons indiquées dans le chapitre précédent que l'on peut obtenir constamment de beaux produits.

DU MULET.

Les deux espèces précédentes, en s'unissant ensemble, produisent des métis ou bâtards qu'on appelle *mulets* quand ils résultent de l'accouplement de l'âne avec la jument, et *bardeaux* quand ils proviennent de celui du cheval avec l'ânesse.

Le mulet tient de l'âne par la sobriété, la durée, la facilité avec laquelle il va dans des chemins difficiles, et du cheval par sa forme, sa taille et sa vigueur. Le bardeau participe plus de l'âne et est moins grand que le mulet.

Le mulet vit plus longtemps que le cheval. Il dure, dit-on, de quarante à cinquante ans.

Le mulet ne pouvant propager son espèce par lui-même, on ne recherche en lui que la taille, le corsage, la force et la bonne conformation des membres, et comme ces diverses qualités tiennent le plus souvent aux localités, c'est d'après les lieux qui les ont vus naître qu'on les distingue.

Les mulets du Poitou sont très-estimés pour le trait et le bât, comme étoffés et robustes. Pour la selle, on préfère le mulet de Gascogne : il a une taille plus haute, plus élancée et des formes plus gracieuses.

Il faut donc, selon que l'on veut obtenir des mules de somme, de trait, de selle ou de voiture, prendre des poulinières sveltes et légères, ou de grosses et fortes cavales.

La robe la plus ordinaire du mulet est la bai-brun ou la noire mal teinte. On rencontre quelquefois la bande cruciale chez ces animaux quand ils sont de couleur claire. Leur poil est tou-

jours ras ; néanmoins , on estime beaucoup, de même que les
ânes, ceux qui ont les poils longs et pendants dans leur jeunesse.

PROPAGATION ET ÉLÈVE DU MULET.

—

La production des mulets est une branche lucrative de
la culture du Poitou, de l'Auvergne, de la Gascogne. Ces contrées ayant conservé pure ou à peu près la race des baudets
d'Espagne, elles seules se livrent d'une manière fructueuse et
sur une grande échelle à l'élève et au commerce des mulets.

Les mulets peuvent rendre les mêmes services que les chevaux. En Italie, en Espagne, on en forme des attelages dont la
beauté, l'élégance ne le cèdent en rien à ceux des races nobles.
Dans les pays trop accidentés pour permettre le passage des
voitures et des chevaux, le mulet est un animal précieux par
la sûreté de son pied pour le transport des hommes et des mar-
chandises.

Le mulet bien traité , quoique moins délicat que le cheval
sur la nourriture, consomme à peu près autant que celui-ci et
travaille davantage à quantité égale ; mais si, au lieu de le tenir
à l'écurie, on l'envoie paturer et qu'on n'exige de lui qu'un
travail médiocre, on verra une grande différence à lui donner,
car il vivra fort bien où le cheval mourrait de faim. Du reste,
son éducation doit être dirigée d'après les mêmes principes que
ceux des solipèdes précédents.

Le mulet est généralement plus fort, plus agile et vit plus
longtemps que la mule ; mais celle-ci est plus douce, plus docile : aussi, on châtre souvent les mâles vers l'âge de deux ans,
pour les rendre moins dangereux et plus patients.

Le *bardeau* est un métis qui a plus de ressemblance avec

l'âne qu'avec le cheval. Il est assez rare, ce qui tient à la difficulté de l'union du cheval avec un animal d'une autre espèce et au peu de profit qu'on retirerait de cet accouplement, qui ne réussit pas souvent et donne des produits de petite taille, et par conséquent des produits de peu de valeur.

LIVRE QUATRIÈME.

HISTOIRE NATURELLE DES RUMINANTS.

CHAPITRE Ier.

DES BÊTES BOVINES.

Les bêtes bovines appartiennent à la famille des *ruminants*, dont tous les membres ont la plus grande conformité d'organisation et de mœurs, et se distinguent de tous les autres mammifères par des caractères extrêmement tranchés. Ainsi, ils manquent d'incisives supérieures, qui sont remplacées par un bourrelet dur et calleux. Leurs pieds, qui n'ont que deux doigts ou onglons, avec les rudiments plus ou moins marqués de deux autres, ressemblent à un sabot unique qui aurait été accidentellement divisé, disposition qui a fait donner à ces animaux le nom de *bivulque*, *pieds fourchus*. Les ruminants sont les seuls mammifères qui soient pourvus de cornes; mais certaines espèces manquent de ces organes. et chez un grand nombre d'autres, les mâles seuls en portent. C'est à leur mode de digestion que ces animaux doivent leur nom; chez eux il constitue le phénomène de la *rumination*. Leur estomac se trouve divisé en quatre compartiments: le premier, nommé la *panse*, le *rumen* ou l'*herbier*, est celui qui reçoit les herbes à mesure qu'elles sont mâchées et avalées, et lorsque cette cavité est bien remplie, l'animal se couche pour ruminer. Le second estomac, on le *bonnet*, les pénètre d'un liquide secrété par ses parois et en forme de petites pelotes, qui, remontant dans la bouche par les contractions de l'œsophage, y sont soumises à une seconde mastication plus longue et plus parfaite que la première. Le bol alimentaire, après avoir été ainsi remâché, redescend par l'œsophage; mais, au lieu d'entrer dans l'*herbier*, il passe de suite dans le *feuillet*, troisième partie de l'estomac, ainsi nommée parce que ses parois présentent une série de lames longitudinales semblables aux feuillets d'un livre; de là il se rend dans la *caillette*, dont les parois ridées secrètent une liqueur analogue au suc gastrique, et qui fait les fonctions de l'estomac des autres mammifères. Pendant que le jeune ruminant tète, la caillette est celui de ces compartiments qui a le plus de capacité; mais à mesure qu'il grandit, il se met à brouter l'herbe, et c'est alors que le *rumen* se dilate peu à peu et acquiert un développement plus grand que celui des autres divisions de l'estomac. La longueur du canal intestinal des ruminants est au moins onze fois celle du corps entier, et dans quelques espèces elle atteint vingt-huit fois cette mesure.

Les animaux de cet ordre ont le caractère timide et défiant, et se tiennent dans les forêts les plus épaisses et au milieu de vastes déserts, où ils ont peu d'ennemis à craindre et la facilité de les apercevoir de loin et de leur échapper par la fuite. Pour être moins exposés à être surpris, ils se réunissent par troupes considérables, dont les uns font le guet pendant que les autres prennent leur nourriture ou se livrent au repos. Malgré ces précautions, ces mammifères deviennent la proie des carnassiers de toute espèce. L'homme, qui retire de plusieurs d'entre eux des services inappréciables, leur fait une chasse impitoyable, soit pour son plaisir ou pour les soumettre à son joug. Déjà l'*urus*, source de nos bœufs domestiques, a cessé d'exister à l'état sauvage, ou s'il existe sous le nom d'*anrochs*, comme le pensent certains naturalistes, au lieu d'habiter toutes les grandes forêts d'Europe, il se trouve relégué sur des montagnes presque inaccessibles.

L'ordre des ruminants se divise en deux groupes : celui des ruminants sans cornes, comprenant les chameaux, les lamas et les chevrotins, et celui des ruminants à cornes, *caduques*, *persistantes* ou *creuses*, se subdivisant lui-même en trois petites tribus, dont la première est formée par le genre *cerf*; la deuxième renferme le genre *girafe*; enfin, la troisième tribu a les cornes creuses et se compose de quatre genres : les bœufs, les brebis, les chèvres et les antilopes.

CARACTÈRES DU GENRE BOEUF.

—

Les bœufs sont tous de grande taille; leurs formes sont massives et épaisses; leur tête est grosse et terminée par un mufle très-large; leurs jambes sont courtes et très-fortes. A la partie inférieure de l'encolure pend un vaste repli de la peau qu'on appelle *fanon*. Leur queue est terminée par une touffe de longs poils. Enfin, ils ont tous dans leur physionomie quelque chose de sauvage et de farouche, que font ressortir leurs yeux étincelants et leurs cornes menaçantes. Malgré leur apparence terrible, les ruminants sont rarement à craindre; néanmoins, lorsqu'on les attaque, leur timidité se change en un courage furieux : ils se lancent, tête baissée, au milieu des périls et ne cherchent qu'à percer leur ennemi à coups de cornes ou à l'écraser sous leurs pieds. Quand on peut s'emparer de ces animaux dans leur jeune âge, ils perdent bientôt leur humeur sauvage et brutale, et deviennent même assez dociles pour qu'on puisse les atteler à la charrue ou aux voitures lourdes.

Les espèces qui constituent le genre bœuf sont : l'aurochs, bison des anciens ; bison ou buffle d'Amérique ; zébu, bœuf musqué ; gajal ; iack , vache grognante ; bœuf caffre, busle , bœuf commun. Les bœufs , comme les vaches, prennent en deux ans à peu près tout leur accroissement. Leur plus grande force est de cinq à neuf ans ; le terme naturel de leur vie , quinze à dix-huit ans.

L'intelligence du bœuf est moins développée que celle du cheval ; néanmoins, il est susceptible d'éducation. Il obéit à la voix, s'attache à un bon maître, et la patience, la douceur, les caresses sont les meilleurs moyens, sinon les seuls , pour dompter les taureaux et les bœufs, et obtenir le lait de la vache. Dans l'espèce du bœuf commun , nous nommons, selon l'âge, le mâle taureau, taurillon, veau ; et , s'il a subi la castration, bœuf, bouvillon ; la femelle vache, génisse, vèle .Leur cri se nomme mugissement. La vache porte neuf mois ; elle ne fait ordinairement qu'un petit.

DE L'UTILITÉ DES BÊTES BOVINES.

Le bétail à cornes est la base la plus solide de la prospérité agricole. S'il ne peut faire espérer les grands profits que l'on obtient parfois des chevaux et des bêtes à laine, il ne présente pas non plus les mêmes chances de pertes ; il offre des produits réguliers et certains. Combinés avec la nourriture à l'étable , l'élève et l'engraissement du bétail procurent des masses d'engrais qui assurent la fertilité des terres et sont une source certaine de richesse. Les produits que l'on obtient des bêtes à cornes proviennent du lait , de l'engraissement, du travail , de l'élève, et enfin du fumier.

Beaucoup d'exploitations agricoles sont organisées de manière à obtenir simultanément tous ces produits ; dans d'autres, on s'attache spécialement à une seule branche.

Il est quelques localités, surtout dans le voisinage des grandes villes, où la laiterie doit être considérée comme le produit principal des bêtes à cornes. Là, on n'élève pas : on tire un bien meilleur parti du lait en le vendant qu'en le faisant consommer par des veaux. On achète des vaches laitières en plein rapport ; on les nourrit de manière à en obtenir la plus grande quantité de lait possible, et lorsqu'elles cessent d'en donner, on les vend comme on peut. Elles doivent alors s'être déjà payées elles-mêmes. Au contraire, dans les lieux reculés, où l'on ne peut vendre le lait, où le beurre a peu de valeur et où la fabrication du fromage ne paraît pas avantageuse, il peut être convenable d'élever des bêtes uniquement destinées à la boucherie, et qui, avant tout, possèdent à un degré éminent la faculté de prendre la graisse. Mais, en général, les bestiaux sont élevés par de petits cultivateurs, qui veulent que les vaches donnent du lait, que les bœufs travaillent, et qu'enfin les uns et les autres soient faciles à engraisser. Les grands cultivateurs, qui, relativement, élèvent moins, veulent que les vaches donnent le lait nécessaire au ménage et aient en même temps de la valeur pour la boucherie. Ils veulent aussi que les bœufs qu'ils achètent des petits cultivateurs soient d'abord de bons bœufs de travail, et ensuite de bons bœufs à engraisser.

Le cultivateur qui veut se livrer à l'élève des bêtes à cornes doit d'abord choisir une bonne race et la mieux appropriée à la destination qu'il veut lui donner sous le triple rapport de l'aptitude au travail, l'abondance du lait, la facilité et l'économie de l'engraissement ; mais comme on ne trouve pas toujours dans la même bête ces qualités réunies, il faut choisir celle qui est le plus en harmonie avec les localités et qui offre les moyens de changer le plus utilement le fourrage en lait, en fumier, en viande, ou en produits de travail.

DES RACES BOVINES.

—

On a rapporté à deux types principaux toutes les races des bêtes à cornes de l'Europe.

1° La *race hollandaise*, qui a peuplé les riches pâturages des bords de la mer jusqu'au Danemarck, et qui est aussi la souche de la race flamande et selon toute probabilité des races normande et anglaise. Les caractères de la race *hollandaise* sont : des jambes hautes ou de hauteur moyenne, le corps généralement grand et fort, la croupe large, fortement avalée, les os des hanches saillants, le cou mince, la tête étroite, les cornes courtes et dirigées en avant, la robe ordinairement pie, quelquefois toute noire ou toute blanche, ou gris de souris. La peau et les poils sont fins.

2° La *race suisse*, qui des Alpes, comme point central, s'étend tout autour, dans un rayon plus ou moins étendu. Elle forme le gros bétail du Jura, d'une partie des Vosges, du bassin du Rhin jusqu'à Manheim, des provinces allemandes voisines de la Suisse, de la Bavière, de l'Autriche et de l'Italie. Mais par tout, à mesure qu'on s'éloigne de la Suisse, le sang est plus mélangé, les caractères sont moins prononcés, jusqu'à ce qu'on arrive aux bêtes communes. Le type suisse est caractérisé par une charpente osseuse forte, le corps ramassé, la côte ronde, les jambes courtes, la croupe haute, le cou fort, le fanon développé, la tête large et courte, les cornes fines et élevées latéralement. La robe est généralement de nuances foncées et quelquefois pie. Le cuir est épais ; le poil est rude dans certaines bêtes, tandis qu'il est fin dans d'autres. La taille varie beaucoup, car, bien plus que dans les autres espèces, la taille des bœufs dépend de la nourriture qu'ils reçoivent. La France possède des races excellentes, mais trop peu connues. On ne saurait donc répéter assez souvent aux cultivateurs qu'ils doivent bien examiner ce qu'ils ont autour d'eux avant de faire venir de loin des bêtes étrangères qui quelquefois ne valent pas mieux, et qui ont contre elles toutes les chances d'un long voyage et de l'acclimatation.

Nous allons indiquer les qualités que l'on doit rechercher dans les bêtes bovines, suivant l'usage auquel on les destine et les races qui paraissent les posséder.

BEAUTÉ SPÉCIALE DES RACES BOVINES.

1° Le *bœuf de travail* doit être bien ouvert de poitrail et des hanches, bien établi sur ses quatre membres. Ses jambes, de hauteur moyenne, doivent être nerveuses, solides, sans être trop fortes; il doit avoir des jarrets larges, une tête de moyenne grandeur, la côte arrondie, un ventre qui ne soit ni gros ni pendant, un garrot et des reins larges, un dos rectiligne du garrot à la croupe, des hanches peu saillantes, la queue bien attachée et s'élevant un peu au-dessus de la croupe, la cuisse arrondie, les cornes bien contournées. Le bœuf de travail doit être, en outre, de taille et de force appropriées au sol qu'il est destiné à cultiver. Il doit être d'une constitution robuste, docile et peu délicat sur le choix de la nourriture.

Les races travailleuses les plus estimées sont : la race écossaise, sans cornes; la race suisse de Schwitz, la race du Glane (Bavière rhénane), la race auvergnate de Salers et la race chalolase.

2° Les *vaches laitières* n'ont pas de formes qu'on puisse exactement déterminer : elles sont généralement maigres, parce que, chez elles, les aliments servent à la production du lait. Elles sont souvent mal conformées, parce que les éleveurs tirent les races des meilleures laitières, sans avoir égard aux formes. On peut donc rencontrer de bonnes laitières de toutes les formes. Les qualités d'une bonne vache varient encore suivant sa destination, selon que l'on veut obtenir du lait pour être vendu frais, du fromage ou du beurre. Une bonne laitière a ordinairement la peau souple, moelleuse, bien détachée, la charpente osseuse légère, le poil fin, peu de fanon, des veines mammaires grosses et ondulées, qui s'avancent loin sur le ventre, le pis développé et pendant. Une vache bien faite, douce, qui s'entretient bien, qui donne en abondance un lait riche jusque six semaines avant de mettre bas, se trouve rarement à acheter.

Les meilleures laitières sont celles de la race écossaise, sans cornes ; celles à courtes cornes, de la race anglaise de Durham ; celles des races helvétiques de Fribourg, d'Hasli et de Schwitz ; celles de la race du Glane, en Bavière ; celles de la race hollandaise ; celles des races normandes du Cotentin et du pays d'Auge ; celles de la race gasconne ; celles de la race picarde de Nampou ; celles de la Bretagne ; celles de la Lorraine allemande, dite race de Bouquenone.

3° Les races propres à l'engraissement ont le corps long, bas sur jambes, l'épine dorsale droite comme une flèche, le dos large et plat, le cou mince et court, les épaules rondes, la poitrine très-ample et profonde, le ventre et les flancs arrondis et profonds. L'intervalle qui sépare la dernière côte de la hanche doit être très-court. En un mot, le coffre doit ressembler à un tonneau, en tant que la direction parfaitement droite de l'épine peut le comporter ; les hanches peu saillantes et d'une grande largeur ; les cuisses longues, pleines, rapprochées l'une de l'autre et descendant très-bas ; la peau souple, mince, donnant au toucher la sensation que fait éprouver celle de la souris ; les poils fins et brillants, les yeux saillants et d'une grande douceur. La tête et les os doivent être aussi petits que peuvent le permettre la force de l'animal et les autres qualités qu'il doit posséder, car dans les animaux élevés pour la boucherie, les formes doivent être telles que les parties les plus estimées se trouvent dans la plus forte proportion possible relativement aux parties qui ont moins de valeur.

On trouve le type des bœufs d'engrais dans la race anglaise de Durham. Les races laitières que nous avons signalées plus haut possèdent en même temps les qualités que l'on désire pour l'engraissement. Il en est de même des races du Quercy, du Nivernais et de la race cholette de l'Anjou.

AMÉLIORATION DES RACES BOVINES.

Le sol, le climat, les aliments ont une influence telle que, par exemple, la nourriture suffit pour changer ou même faire perdre aux bœufs les attributs de leur race. Il ne faut pas faire venir des vaches de la Suisse, de Glane, etc., pour les entretenir misérablement ; mais avec la nourriture à l'étable, base de toute bonne agriculture, on peut partout entretenir de belles et bonnes vaches, d'une taille proportionnée à la qualité plus ou moins riche du fourrage que l'on a à sa disposition. Ainsi, dans les localités où on ne pourra pas les nourrir abondamment, il faudra renoncer à former ou à introduire de belles races bovines. Si les bêtes de ces races sont presque toujours les principaux agents et les produits les plus précieux de la culture, leur prospérité suppose une culture vigoureuse.

Des races offrant les caractères qu'on désire doivent être maintenues par de bons appareillements dans le sein de la race elle-même, sans introduction de sang étranger.

L'âge auquel il convient d'admettre les taureaux à la reproduction doit varier d'après la destination de la race qu'on veut maintenir, améliorer ou produire : ainsi, s'il s'agit d'une race à lait ou d'engraissement, les taureaux de dix-huit mois à deux ans peuvent suffire, car leurs produits, mous et lymphatiques, s'engraissent facilement et donnent beaucoup de lait ; mais si l'on veut propager une race plus propre à soutenir de rudes travaux qu'à fournir un lait abondant et beaucoup de chair, ce n'est pas avant trois ans qu'il faut employer les taureaux étalons. Les femelles peuvent être accouplées à dix-huit mois ou deux ans.

Un taureau ne doit pas couvrir plus de cinquante vaches si la monte a lieu à une seule époque, et le double de ce nombre si elle a lieu à toutes les époques de l'année. C'est parce que généralement on livre à chaque reproducteur, souvent très-jeune, un trop grand nombre de femelles, que nos races de bêtes à cornes sont dans un état si déplorable de dépérissement et d'abâtardissement. Le taureau transmet à ses produits femelles les qualités de la vache dont il était lui-même le produit, d'où l'on peut conclure qu'avant de choisir un taureau on devrait être assuré de la faculté lactifère de sa mère.

Si tous les animaux domestiques doivent constamment être bien entretenus, il faut redoubler de soins à l'égard de ceux que l'on destine à la reproduction, car l'état de santé, de bien-être dans lequel il se trouve au temps de la monte exerce sur les produits une grande influence. Le paturage n'affaiblit pas les taureaux reproducteurs. On doit les laisser à l'étable le moins possible : ils s'y ennuient, s'irritent et deviennent dangereux dans les moments de liberté qu'on leur laisse, tandis que ceux qu'on laisse paître avec les vaches rentrent tranquillement avec elles, sont en général assez doux. Si leur paturage est bon, on se contentera de leur donner, au moment de la monte, une ration de sel, ou d'augmenter leur ration, s'ils en reçoivent déjà.

On voit fréquemment beaucoup de vaches revenir en chaleur dans le courant de l'année. Il en est qui offrent des signes de cet état tous les mois, même davantage. On les nomme *taurelières* ; elles ne conçoivent presque jamais et sont souvent affectées de maladies de poitrine. La froideur de la vache peut tenir à la faiblesse résultant d'un défaut de nutrition ou à un excès d'embonpoint. On remédie au premier état par des aliments substantiels et au second en augmentant l'exercice. Il ne faut pas laisser passer la chaleur d'une génisse sans la satisfaire, car il arrive souvent qu'ensuite elle ne conçoit plus.

DE LA CHALEUR, SAILLIE, CONCEPTION ET GESTATION.

1° Les vaches deviennent en chaleur dans toutes les saisons de l'année. Cet état est facile à reconnaître lorsqu'elles sont plusieurs ensemble ; mais il ne dure qu'environ vingt-quatre heures : on ne doit pas le laisser passer. La vache en chaleur est agitée ; elle mugit et saute sur les autres. Il ne faut pas laisser saillir une vache avant que deux mois se soient écoulés depuis qu'elle a mis bas. Une saillie trop prompte nuit à sa santé et à la production du lait. Lorsqu'une vache ne conçoit pas, la chaleur reparaît ordinairement au bout de trois semaines.

2° Dans les pays de paturages, où la fabrication du fromage

ou du beurre est un objet de commerce, on trouve de l'avantage à avoir les vaches vélées au printemps, à l'époque où commence la pâture, et l'on règle en conséquence la monte. L'hiver, ces vaches ne donnent pas de lait et sont économiquement nourries; mais si les vaches sont destinées à fournir aux besoins d'un ménage, ou si elles doivent donner du lait ou du beurre qui sont vendus dans une ville, il convient, au contraire, qu'il naisse des veaux à toutes les époques. Nourries abondamment, tenues chaudement en hiver dans de bonnes étables, ces vaches s'aperçoivent à peine de la différence des saisons.

Lorsque les vaches paturent, il y a ordinairement un taureau en liberté avec le troupeau. Il saillit les vaches à mesure qu'elles deviennent en chaleur, et autant de fois que ses forces le lui permettent. Le taureau s'use ainsi beaucoup plus tôt, et si plusieurs vaches sont en chaleur en même temps, il peut arriver qu'une partie d'entre elles ne soient pas satisfaites. Avec la nourriture à l'étable, la saillie a lieu à la main, c'est-à-dire que la vache est tenue, et on la fait couvrir ordinairement deux fois de suite. Il y a quelquefois, de la part des vaches et des taureaux, une antipathie qui amène des difficultés lors de la monte. En général, les vaches craignent l'approche d'un taureau lourd et préfèrent les jeunes. Parmi les moyens employés pour vaincre la répugnance des vaches, le plus dangereux est celui qui consiste à les attacher entre deux poteaux. C'est aussi dans ces circonstances qu'on peut apprécier les avantages d'un anneau passé au nez du taureau, pour le maîtriser au besoin.

3° La vache qui a conçu donne encore quelquefois des signes de chaleur; mais alors elle ne reçoit ordinairement pas le taureau. La disposition à l'engraissement, le gonflement du ventre à mi-terme et les mouvements du fœtus qu'on sent à cette épo-

que en appuyant avec la main fermée sur le flanc droit, sont
des signes non équivoques de conception.

4° La durée de la gestation est de neuf à dix mois, généralement de quarante-deux semaines. Les vaches ont moins besoin d'exercice que la jument et sont plus sujettes à avorter:
celles de trait seront soumises à un travail modéré. On veillera
à ce qu'elles ne franchissent pas les fossés, les haies, à ce
qu'elles puissent entrer et sortir librement de leur étable, dont
le sol, s'il est incliné pour l'écoulement des urines, sera mis
de niveau au moyen de la litière; à ce qu'elles ne soient exposées à aucune violence extérieure, enfin à ce qu'elles soient
traitées avec douceur.

Les aliments de la vache pleine devront être de facile *digestion*, tels que des farines, des racines sous forme de soupe. Il
ne faut pas économiser la nourriture; cependant, si l'on s'a-
percevait que l'embonpoint augmente notablement, il faudrait
la réduire, car, chez la vache trop grasse, le fœtus se développe
mal, et le vêlage est difficile. Si la femelle porte pour la première fois, on lui manie les pis de temps en temps, pour la
disposer à se laisser traire ou téter. On cesse de traire vers le
dernier mois, en éloignant les traites par degré, et de façon à
empêcher l'engorgement du pis.

PART, DÉLIVRE, ÉLÈVE DES VEAUX.

1° Lorsque le terme approche, il est prudent de surveiller
les vaches, parce qu'il arrive qu'elles peuvent mettre bas au
moment où on s'y attend le moins; mais, en général, le part
s'annonce par l'inquiétude des vaches, le gonflement du pis,
qui se remplit de lait, par le gonflement de la vulve, enfin par
la dislocation des os du bassin, qui détermine de chaque côté

de la queue un creux fort prononcé. Alors, on les isole, s'il est possible, et on leur donne une bonne litière.

Le veau, arrivant au monde bien placé, présente d'abord les pieds de devant, puis le museau. On peut aider la vache en tirant le petit peu à peu en bas, si la mère est debout, et dans la direction des jarrets si elle est couchée ; mais cette manœuvre doit coïncider avec les efforts expulsifs de la mère. Il ne faut jamais se presser ; il faut laisser agir la nature. C'est pour cette raison qu'il faut bien se garder d'ouvrir la poche des eaux dès qu'elle apparaît, car elle est destinée à frayer un passage au fœtus, qui lui seul doit la percer.

Si le part est languissant, on administrera un breuvage excitant. Quand le veau se présente mal, le vêlage est souvent impossible si la vache n'est secourue par un homme de l'art. Un vétérinaire instruit tourne un veau qui se présente mal et le place convenablement. Il peut même découper et extraire par morceaux, sans blesser la mère, un veau dont la sortie serait autrement impossible, tandis que bien des vaches périssent entre les mains de paysans ignorants, qui ne connaissent que l'emploi de la force brutale.

2° Peu d'heures après qu'elle a mis bas, la vache se débarrasse ordinairement sans secours du délivre. Si cela n'a pas lieu, on peut le lui ôter, mais lorsqu'on a attendu vingt-quatre heures. Une main exercée est nécessaire, car des manipulations inhabiles pourraient déterminer de graves accidents, l'hémorrhagie, par exemple. Les soins à donner à la vache qui vient de mettre bas se bornent à la préserver des refroidissements et des indigestions. On met devant elle de l'eau blanche tiède, de la paille, et quinze heures après on pourra lui donner des végétaux cuits et du bon foin en petite quantité. Lorsqu'elle est faible, on lui donnera du cidre ou du vin tiède ; puis on la laisse tranquille. Pendant au moins trois semaines, on doit la nourrir avec ménagement, mais ne jamais craindre de lui donner à discrétion une boisson légère et rafraîchissante. Quatre ou cinq jours après qu'elle a mis bas, si le temps est beau, la vache peut être conduite vers le milieu du jour à l'abreuvoir et y boire de l'eau à discrétion.

Les bonnes laitières sont exposées à avoir le pis enflé, rouge et douloureux au moment où elles mettent bas. Ce mal n'est pas dangereux : on le fait disparaître en préservant les bêtes des courants d'air et en lui frottant légèrement le pis avec son propre lait ou avec du saindoux. Immédiatement après le part, la vache est poussée, par un instict maternel, à lécher le nouveau-né. On veillera à ce qu'elle ne produise des excoriations sur le corps de son petit.

3° On laisse téter les veaux ou on les fait boire au baquet. Dans le premier cas, on le met dans un coin de l'étable de sa mère, et on ne lui donne le pis qu'à des heures fixes. Il faut d'abord s'assurer si le petit est bien constitué ; puis, si, quelques instants après sa naissance, il n'a pas encore la force de se soutenir pour téter, on l'aide avec précaution à se relever, et s'il ne trouve pas de suite les mamelles, on lui en place un dans la bouche. Si la mère est chatouilleuse, on la distrait en la caressant et lui donnant quelques friandises. Pendant la durée de l'allaitement, qui doit être d'environ six mois pour les veaux destinés à maintenir ou à relever les races, on peut ne leur laisser prendre qu'une partie du lait et traire le reste pour les usages ordinaires.

Dans tous les pays où l'élève du bétail est le mieux entendu, la seconde méthode est seule suivie, parce qu'en faisant boire les veaux au baquet, ils coûtent beaucoup moins. On peut insensiblement modifier leur nourriture, et on les sèvre

sans accident, et sans qu'il en résulte d'arrêt dans leur croissance.

Aussitôt que le veau est né, on l'éloigne de sa mère sans
qu'elle le voie. On l'essuie alors ; on le sèche ; on le couvre
même, si la température est froide. On le place au milieu d'une
abondante litière, dans un local quelconque, pourvu qu'il
n'ait pas été habité par des porcs, car on a observé que des
veaux bien constitués, mis dans d'anciennes étables à cochons
tenues d'ailleurs fort propres, dépérissaient promptement et
mouraient en quelques jours, sans autre cause appréciable.

Il faut se garder de jeter le premier lait : c'est l'aliment le
plus convenable au nouveau-né ; la nature l'a préparé exprès
pour lui, et il a la propriété de faire évacuer le méconium,
matière excrémentielle qui existe dans les intestins avant la
naissance du veau.

On fait boire le veau au baquet en ne lui donnant que peu
de lait à la fois, immédiatement après qu'il a été trait, dans
un baquet de très-petites dimensions ou dans une casserolle,
de manière que le lait n'ait pas le temps d'y refroidir, et que
le veau puisse toucher au fond avec ses lèvres. On l'aide en
lui mettant le doigt dans la bouche, lorsqu'il ne veut pas
boire seul. Pendant les dix premiers jours, on laisse au veau
tout le lait de sa mère, et on le fait boire trois fois par jour.
Ce temps écoulé le lait a perdu ses propriétés purgatives,
alors on ne donne au veau que le lait écrémé qui a été trait
douze heures auparavant.

On le fait tiédir, et la ration ordinaire d'un veau est d'environ cinq litres le matin et autant le soir ; plus rien à midi,
à moins que les œufs ne soient abondants ; alors on lui en
fait avaler deux.

Le veau est ainsi nourri de lait écrémé et pur, pendant quelques jours. Dès qu'on s'aperçoit que cette nourriture n'est plus assez substantielle, on y ajoute un peu de farine d'orge ou d'avoine, ou de tourteaux de lin en poudre, et à mesure que le veau grandit, on augmente la quantité des farineux, et on le nourrit ainsi pendant environ un mois. Après ce temps il commence à manger; on lui donne un peu de regain en hiver, du vert en été, et si l'avoine n'est pas trop chère, chaque jour, une jointée d'avoine, égrugée et humectée. Il atteint ainsi l'âge de six mois et peut être mis au même régime que les animaux les plus âgés de son espèce.

Il est très-important que le sevrage ait lieu insensiblement, afin que le veau ne dépérisse pas lorsqu'il est privé de lait.

L'ordre et la régularité, si utiles partout, sont tout le secret de la réussite dans l'élève des veaux. On doit leur donner assez, jamais trop, à des heures réglées et leur nourriture soigneusement préparée doit aussi avoir la température convenable.

DE LA NOURRITURE DES BÊTES A CORNES.

—

La nourriture des bêtes bovines peut varier à l'infini. Quelle que soit la destination des animaux, on doit les bien nourrir. Avec des animaux mal nourris, il n'y a que perte à attendre, mais il ne faut pas moins éviter la prodigalité que la parcimonie. Une économie bien entendue consiste à savoir toujours donner ou faire assez, ni trop ni trop peu.

On nourrit les bêtes à cornes, ou à l'étable pendant toute l'année, ou uniquement à la pâture du printemps à l'automne, ou à la pâture et à l'étable.

Le pâturage est la plus naturelle, la plus facile, et dans certaines contrées la plus économique et la plus convenable manière de nourrir le bétail. Aussi quels que soient les avantages de la nourriture à l'étable, on ne doit pas proscrire le pâturage d'une manière absolue. Dans les pays peu peuplés, où la main d'œuvre est chère et le placement des produits ordinairement difficile, le fumier a peu de valeur, et on n'a presque d'autres revenus que ceux qui proviennent immédiatement du bétail. Là il ne doit être nourri à l'étable que pendant le temps où il est impossible qu'il trouve sa nourriture dehors. Tels sont les hautes montagnes et les bords de la mer, où se trouvent de riches pâturages, avec peu ou point de terres arables. La fertilité naturelle du sol, l'abondance des eaux, l'humidité de l'air, déterminent une vigoureuse et presque continuelle végétation d'herbes qu'on ne saurait mieux utiliser que par le pâturage.

Dans d'autres localités, où le sol se prête également à la croissance de l'herbe et à la végétation des céréales on unit la culture au pâturage. La ferme est partagée en autant d'enclos, qu'il y a d'années dans sa rotation de culture et après avoir été soumis à la charrue pendant un certain nombre d'années, chaque enclos ou sole est pâturé pendant plusieurs années. Telle est l'agriculture anglaise, celle du Holstein et du Meklembourg.

Il y a encore une troisième pâture, celle que fournissent les chaumes après la moisson et les prés à l'automne.

La nourriture, partie à l'étable, partie au pâturage, consiste à profiter des ressources momentanées qu'offre la pâture des champs et des prés, et aussi à donner à l'étable un supplément de nourriture lorsque la nourriture n'est pas suffisante.

Nourriture d'été à l'étable ou stabulation. — Ce mode d'alimentation quoique nécessitant des dépenses plus grandes, offre sous le rapport de la production du fumier, un avantage si grand sur les autres méthodes, qu'il a été adopté généralement par tous les bons agriculteurs. Aujourd'hui les localités entières n'ont plus d'autre mode de nourriture du gros bétail et cette adoption a permis d'y tenir un nombre infiniment plus grand d'animaux que celui que permettait d'entretenir la nourriture au pâturage. Cette méthode ne peut effectivement nourrir une tête de bétail sur le plus petit espace de terrain possible; car tandis qu'il faut pendant l'été de 50 à 150 ares de pâturages pour nourrir convenablement une vache d'environ 500 francs, il suffit de 20 à 30 ares de trèfle ou de 12 à 15 ares de luzerne, pour la nourriture à l'étable. Non seulement parce qu'une portion de la nourriture n'est pas gâtée avec les pieds comme dans le pâturage ordinaire, mais encore parce que le surcroît considérable du fumier que l'on obtient par cette méthode, permettant de fumer parfaitement les terres, on augmente le produit dans une très-forte proportion, à l'exception des localités où l'agriculture proprement dite n'est qu'un accessoire, et de celles ou les fourrages artificiels susceptibles d'être fauchés ne réussissent point, la stabulation d'été du gros bétail doit devenir partie intégrante de toute bonne culture, et les pâturages naturels ou artificiels, si l'on trouve de l'avantage à en conserver, seront abandonnés aux moutons.

Il est des localités privilégiées qui ont de vastes et riches pâturages où l'on n'a pour ainsi dire qu'à lâcher le bétail au printemps. Ces positions sont hors de la règle commune, mais l'immense majorité des cultivateurs n'a qu'une étendue bornée de prairies et avec une culture perfectionnée doit tirer de ses champs la nourriture du bétail pendant environ cinq mois.

Le sain-foin est un si excellent fourrage sec qu'on ne le donne pas ordinairement en vert; la luzerne, comme le sain-foin, ne réussit pas pourtant. Le trèfle est la nourriture verte la plus habituelle. Un peu avant le trèfle rouge, on peut faucher le trèfle incarnat; enfin comme supplément au trèfle, on sème de l'escourgeon, du seigle, des vesces d'hiver, des vesces mêlées d'avoine et aussi d'autres grains, pois, maïs, sarrazin.

Les bêtes se font très-bien à la stabulation et s'y entretiennent bien. Mais pour pouvoir employer cette méthode avec succès, il faut des étables propres, vastes et aérés et une production non interrompue de fourrages artificiels, surtout de trèfle, ou de luzerne, ou de tous deux à la fois. On doit commencer de bonne heure à faucher les fourrages qui, tels que la luzerne, se coupent plusieurs fois, afin que la dernière coupe soit déjà assez avancée lorsqu'on aura terminé la première, sans quoi, on devrait avoir recours à d'autres fourrages qui viennent dans cet intervalle, car le point important est de ne jamais manquer de fourrage, qui ne soit ni trop jeune, ni trop dur. Afin d'éviter les accidents on ne donnera les fourrages qu'en petite quantité à la fois. On évitera de les rentrer humides et de les entasser dans un lieu où ils pourraient s'échauffer; on aura soin également de ne les employer que frais, du jour même ou tout au plus de la veille. Dans les commencements et par des temps humides, on y mêlera de la paille, ou du foin, que l'on fera hacher avec le vert. On fera boire les animaux une heure avant le repas et non de suite après, ce qui les exposerait à la météorisation. On donne à manger au gros bétail, deux, trois et même quatre fois par jour, le mieux serait de ne lui faire faire que trois repas, durant chacun deux heures. Il faut à une vache pesant 300 à 400 kilog., 45 à 50 kilog. de fourrage vert par jour. Il est bon, non indispensable dans la nourriture à l'étable, de procurer un peu d'exercice au bétail soit en le conduisant boire à quelque distance, ou en le laissant une partie de la journée dans la cour et le mieux sur le fumier.

Nourriture d'hiver à l'étable. — Cette nourriture se compose de foins, pailles, racines tubercules, résidus de sucrerie, féculeries, etc. On distribue la nourriture d'hiver, de même que celle d'été; en observant de ne la donner que par petites portions à la fois, on fait boire plus ou moins souvent, selon la proportion d'aliments secs; on peut faire boire avant chaque repas et commencer par donner du foin, puis des racines, des résidus et terminer par de la paille. Il est impossible de fixer rigoureusement la ration journalière de chaque bête, car le besoin d'une plus ou moins grande quantité de nourriture varie suivant la race, le tempérament, l'âge; et les services qu'on tire des bêtes sont toujours proportionnés à la nourriture qu'on leur donne, parce que pour l'éleveur, la question n'est pas d'accorder aux animaux ce qui est strictement nécessaire à l'entretien de leur vie, mais de tirer d'elles tout le profit possible.

Il y a beaucoup de ménagers qui n'ont ni terres, ni prés et qui cependant possèdent une vache: car le laitage avec la pomme de terre sont à peu près toute la nourriture du pauvre, qui mange toujours peu, souvent point de pain, presque jamais de viande. Les bois fournissent des feuilles ou de la bruyère pour litière. Des racines de chiendent lavées et essuyées, retirées des champs après les gelées, l'herbe coupée le long des haies, des fossés, ou dans les bois en été, le pâturage communal et celui des champs après la moisson, forment pendant huit mois la nourriture de leurs vaches. Pour les quatre mois d'hiver, ceux qui n'ont pas le moyen d'acheter du foin, font sécher pendant l'été de l'herbe des bois, où vont rateler le chaume des céréales après la récolte. Ils ajoutent à ces précaires ressources des soupes faites avec les pelures de pommes-de-terre et autres légumes, l'eau de vaisselle, un peu de tourteau, de son et des plantes que les bêtes ne mangeraient pas crues, comme les jeunes chardons, les orties, les renoncules des prés. Malgré le peu de valeur de ces aliments, les vaches s'entretiennent en bon état, dans les pays où on les nourrit ainsi.

Nourriture spéciale des vaches. — Les aliments des vaches influent non seulement sur la quantité, mais aussi sur la qualité et le goût du lait. Le beurre des vaches mal nourries est blanc et maigre. Le meilleur lait, en hiver, est produit par de très-bon foin ou regain, du trèfle ou de la luzerne, avec des pommes-de-terre cuites, des carottes, des tourteaux d'huile, du grain égrugé; les racines de persil, les feuilles de céleri que l'on conserve dans des tonneaux et que l'on donne par petites portions dans les boissons, donnent au lait un goût agréable. Il en est de même de la sauge, du thym, du carvi ou cumin, du fenouil, des baies du genièvre, séchées et réduites en poudre, dont une poignée suffit pour cinq vaches.

Pour les vaches laitières, la nourriture doit être délayée. Le lait, substance liquide, est surtout produit par les aliments liquides : 50 kilog. de trèfle vert produisent plus de lait que ces 50 kilog. réduits à 11 hilog. de trèfle sec; mais les aliments solides doivent toujours former le tiers de la ration, c'est-à-dire qu'une vache qui consomme par jour 15 kilog. d'aliments en recevra 10 kilog. délayés et 5 en foin ou regain. Une vache de moyenne taille doit vider à chaque repas deux seaux de vingt litres chacun.

Nourriture des bœufs de travail. — Pendant l'hiver, les bœufs de travail sont généralement mal nourris, attendu qu'on les occupe rarement dans cette saison, et leur nourriture consiste principalement en paille d'avoine ou d'orge. Quand on peut disposer des résidus d'une distillerie, on leur fait consommer les plus mauvais fourrages après qu'ils ont été trempés. Avec cette nourriture liquide et de la paille, ils produisent beaucoup plus de fumier ; ils arrivent en bon état au printemps, et l'on a ménagé les meilleurs fourrages pour l'époque des travaux. Alors leur nourriture doit être en rapport avec le travail qu'on exige d'eux. Si ce travail est pénible, il faut ou que le foin soit de première qualité, ou qu'on y ajoute des racines et même un peu d'avoine. La nourriture avec le foin seul n'est pas toujours la meilleure ni la plus économique. Ainsi, lorsque le foin est abondant, on le donne sans ménagement aux bêtes de travail. Dans ce cas, il serait plus avantageux d'en vendre une partie pour acheter de l'avoine. Le cultivateur y gagnerait, et les bêtes s'en trouveraient mieux. Le prix des denrées doit être pris en considération et faire varier la nourriture du bétail.

DE LA LAITERIE.

Dans beaucoup de positions, la vente du lait et du beurre offre des profits importants, et bien des villageoises entretiennent avec les produits de la laiterie leurs enfants et leur ménage.

Le produit des vaches varie à l'infini, selon qu'elles possèdent à un plus ou moins haut degré la faculté de convertir en lait les aliments, selon leur nourriture, leur taille, l'âge, la race, les soins dont elle ont été l'objet dans leur jeunesse, et surtout depuis leur premier veau. Dans l'estimation de ce produit, il faut toujours avoir égard à la quantité de nourriture, de même qu'à la nature du lait.

La vache, après le part, donne le lait le plus abondant,

mais le plus aqueux. Il augmente en qualité et diminue en quantité à mesure qu'elle s'éloigne de cette époque. Avant le troisième veau, la vache donne moins de lait et un lait plus aqueux qu'après. Passé le septième ou huitième, le lait diminue, de sorte qu'à cause des accidents et des maladies, on peut compter que, sur six à huit vaches, il faut en réformer une chaque année, de manière que si on élève les remplaçantes, on tiendra sur ce nombre trois à quatre génisses de un à trois ans. Le plus haut produit du lait a généralement lieu dans les saisons et les climats tempérés et humides. Dans les contrées très-froides ou très-chaudes, le produit est minime; mais le lait y est plus gras.

De la traite. — Bien traire une vache n'est pas une chose si facile qu'on pourrait le croire, et bien des bonnes vaches ont été gâtées par la négligence et le mauvais vouloir des personnes chargées de les traire. Il faut, pour cela, d'abord la volonté de bien faire, puis de l'habitude et de la force. Les vaches ont la faculté de retenir leur lait. Beaucoup le retiennent, lorsqu'on leur a enlevé leur veau, jusqu'à ce que son abondance et la douleur qui doit en résulter les forcent à le laisser aller. Il faut donc que les vaches soient traitées avec beaucoup de douceur, qu'elles aiment celui ou celle qui les soigne, au lieu de trembler devant lui, comme il arrive trop souvent. La traite a lieu deux ou trois fois par jour et doit être faite avec adresse, avec soin et régularité. On trait ordinairement à chaque repas. On prend d'un main un trajon du côté droit, et de l'autre un trajon du côté gauche. On les saisit en même temps et assez haut pour comprimer une portion de la glande du pis, en employant la force de traction et de pression suffisante pour faire couler le lait. En opérant régulièrement et alternativement le mouvement de monter et de descendre de chaque main, le lait coule sans interruption, de manière qu'on distingue à peine qu'il provient de deux sources. Ainsi, les mouvements, outre qu'ils sont réguliers, ne doivent pas être trop précipités. Pour traire, on s'assied sur une petite chaise ou une sellette en bois; on se place au côté droit de la vache; on tient un seau entre les jambes, de manière que les mains soient libres. Il est important de traire à fond, car le lait le plus gras ne vient qu'en dernier. Le pis doit être complétement vidé, et il est alors petit. Les vaches qui ont un pis charnu, qui reste gros lors même qu'il est vide, ne sont pas bonnes laitières.

Aussitôt après la traite, on passe le lait à travers un couloir, afin d'en enlever toutes les substances étrangères, et on le porte, sans secousses, à la laiterie, en l'exposant le moins possible au contact de l'air pendant le trajet.

Local de la laiterie. — Un objet essentiel et trop négligé dans les fermes, c'est le local dans lequel on conserve le lait. Non seulement le lait, et par suite le beurre, contractent très-facilement un mauvais goût; mais aussi on éprouve une perte sensible de beurre si la température est trop basse ou trop élevée pour la complète séparation de la crème.

La disposition du local varie selon qu'on vend tout ou partie du lait frais, selon qu'on fabrique du beurre ou du fromage. Une bonne laiterie devrait être une cave voûtée où l'on puisse à volonté établir un courant d'air, qu'il soit facile de chauffer en hiver, où l'on ait à sa disposition de l'eau dont l'écoulement soit facile, où le sol et les murs soient disposés de manière à ce que l'on puisse entretenir une rigoureuse propreté. Une laiterie complète doit contenir: cuve à lait, chambre à faire le beurre, cuisine.

Dans les pays où cette industrie est traitée en grand, on fait d'abord refroidir le lait, au moment où il arrive dans la laiterie, en plongeant dans l'eau froide les vases qui le contiennent, et ce n'est que lorsqu'il est refroidi qu'on le fait passer dans les vases où il doit crémer. On obtient d'autant plus de crème que le lait s'est refroidi plus promptement et que la séparation de la crème s'est opérée avec plus de lenteur. La température la plus convenable à la séparation de la crème est celle de 12 à 15 degrés centigrades. On doit donc chercher à procurer à la laiterie cette température, en hiver comme en été.

La laiterie, tous les ustensiles qui en dépendent et la personne qui soigne le lait doivent être d'une minutieuse propreté. Les vases qui reçoivent le lait seront échaudés, rincés, essuyés et exposés à l'air pour les laisser sécher. Un soin important est de faire ces opérations aussitôt que les vases sont vides. On se sert de brosses, de goupillons, de morceaux de bois pointus, pour nettoyer partout où la main ne peut atteindre. La crème se sépare du lait avec d'autant plus de facilité que les vases présentent plus de surface au contact de l'air; c'est pour cette raison qu'on emploie généralement pour couler le lait des vases peu profonds et présentant beaucoup de surface : telles sont les jattes en terre commune dans lesquelles on obtient aussi plus de crème que dans celles en grès ou en faïence. Avant de remplir de nouveau ces vases, il faut les exposer à une forte chaleur, en les mettant dans un four ou autour du foyer. Mais quels que soient les vases dont on fasse usage, il faut se garder de laisser séjourner la crème ou le lait jusqu'à ce qu'il soit aigre. On écrème ordinairement au bout de douze ou vingt-quatre heures en été, et de soixante-douze heures en hiver. En été, le lait tourne et aigrit fréquemment : il s'y développe alors un acide. Pour corriger ce défaut et saturer l'acide à mesure qu'il se développe, il suffit d'ajouter par litre de lait un gramme de bicarbonate de soude; l'addition de cette substance n'est pas nuisible au goût du lait, et elle en favorise singulièrement la digestion.

Du beurre. — Quoique le beurre le plus parfait doive être obtenu de la crème séparée du lait avant qu'il soit caillé, cependant on fabrique de très-bon beurre dans bien des pays où on laisse cailler le lait; mais, en ceci, tout ou presque tout dépend de la nourriture des vaches, de la propreté et des soins apportés à la fabrication du beurre.

Ainsi, il faut, pour obtenir de bon beurre, bien nourrir les vaches, entretenir dans la laiterie et dans tout ce qui en dépend une rigoureuse propreté, et si on laisse cailler le lait, il ne faut pas le laisser aigrir, encore moins laisser aigrir la crème. Dans les contrées où on laisse cailler le lait, on n'écrème pas pour battre la crème séparément; mais on jette tout à la fois dans la baratte lait caillé et crème. C'est ainsi qu'en Flandre on fait une grande consommation de lait de beurre. La proportion du beurre au lait peut varier considérablement, selon la nature des vaches, leur alimentation, selon qu'elles sont plus ou moins avancées dans la gestation. Le lait d'une vache grasse est plus riche en beurre que celui d'une vache maigre et bien nourrie. Le lait qui séjourne le plus longtemps dans les mamelles est plus riche que celui qu'on extrait à mesure qu'il se forme : ainsi on croit que si on trait une vache trois fois par jour au lieu de deux fois, on aura plus de lait, mais non plus de beurre.

Baratte. — Il y en a de beaucoup de formes. La plus généralement employée est de forme cylindrique, un peu plus large en bas qu'en haut; elle est placée debout, et le battage s'opère en frappant et agitant la crème du haut en bas au moyen d'une planchette ronde fixée au bout d'un long manche. Cette manière de battre est longue, malpropre et fatigante : on ne peut battre que peu à la fois. La crème jaillit au dehors; une partie atteint les mains de la personne qui bat et coule de nouveau dans la baratte. La meilleure baratte est celle qui, à peu près cylindrique, facile à mouvoir, tourne tout entière. On la construit en sapin, et on y met deux cercles en fer. Une planchette mobile en hêtre traverse la baratte; elle sert à diviser la crème lorsqu'elle tombe d'un côté à l'autre dans le mouvement de rotation. Cette planchette, percée de trous pour augmenter son effet, a 16 centimètres de largeur sur 7 d'épaisseur, et a la longueur du diamètre intérieur de la baratte; elle traverse l'axe de la manivelle et se trouve ainsi maintenue dans sa position.

La porte de la baratte, ovale, mobile, se détache complétement de cette dernière, après laquelle il ne reste que deux petits tenons en fer. Cette porte est garnie d'une bande de fer épaisse de 5 centimètres, large de 3, qui fait ressort. Une extrémité de cette bande de fer est recourbée: on l'accroche dans un tenon; on place la porte; on appuie et on arrête au moyen du crochet qui se trouve fixé à l'autre extrémité de la bande de fer. Cette fermeture, simple et solide, ne peut s'ouvrir par le mouvement de la baratte. Avec une baratte de 65 centimètres de hauteur et 25 de largeur, on peut battre 6 à 8 kilog. de beurre. Au côté opposé à la porte est un trou fermé d'une broche en bois, qui sert à faire sortir le lait de beurre lorsque le beurre est pris, et qui établit un courant d'air pour sécher ultérieurement la baratte lorsqu'elle est vide. On la place sur un support auquel on donne la forme qu'on juge convenable. On met sous la baratte un baquet destiné à recevoir le lait de beurre. On emplit la baratte aux deux tiers au plus, et l'on ne doit pas tourner trop rapidement, le battage devant durer au moins une demi-heure pour qu'il n'y ait pas de perte sur la quantité de beurre obtenue. Dans les grandes chaleurs, comme dans les grands froids, le beurre prend difficilement. On y remédie d'abord en plaçant la crème dans un endroit qui a la température convenable, 10 à 12 degrés centigrades, ensuite en rafraîchissant ou échauffant la baratte avec de l'eau. Pour colorer le beurre, on verse dans la baratte, au moment où il est près de prendre, environ deux cuillerées de jus de carottes par kilogramme de beurre : on râpe les carottes, et on exprime le jus à travers un linge. Lorsque le beurre est formé, on le tire de la baratte, et on le sepáre du lait de beurre en le pétrissant dans de l'eau fraîche, puis en le plaçant sur un plateau en bois. L'expression parfaite du lait de beurre est une condition indispensable pour obtenir du beurre qui se conserve. Le beurre frais qui doit être consommé immédiatement a un goût plus agréable lorsqu'il y reste un peu de lait de beurre.

Salaison du beurre. — Après avoir exprimé le lait de beurre, on couvre le beurre de sel et on le laisse s'en pénétrer pendant un espace de douze à vingt-quatre heures. Alors on le pétrit et on le bat. On le laisse de nouveau pendant vingt-quatre heures. On y ajoute encore quelques poignées de sel, et l'on recommence le pétrissage et le battage.

Le beurre est travaillé jusqu'à ce qu'on en ait extrait la dernière goutte de lait et qu'il soit sec et semblable à de la cire. Il est alors mis dans les vases destinés à la contenir. Si l'on emploie des barils, ils sont en bois de hêtre.

Avant d'employer le sel, on le sèche et on le broie. Si, au bout de sept à huit jours, on s'aperçoit que le beurre s'est tassé et qu'il s'est formé du vide entre lui et les parois des vases, on prépare une forte saumure en saturant de sel épuré une certaine quantité d'eau, et on la verse froide et peu à peu sur le beurre, jusqu'à ce qu'il en soit bien recouvert. Les pots ou barils contenant le beurre salé sont placés dans un lieu frais. Le beurre de mai est d'une belle couleur et d'un goût délicat, mais ne se conserve pas. Le meilleur à saler et à conserver est le beurre d'automne. Le beurre que l'on fond pour les provisions de ménage doit être fondu au bain-marie. On peut se servir de lait au lieu d'eau pour faire le pain. On obtient ainsi un pain plus agréable, plus nourrissant, et qui se conserve plus longtemps frais.

Altération du lait et du beurre. — Quelquefois le lait se caille très-promptement et ne donne que peu de crème. Cet effet est dû aux vapeurs acides qui, s'accumulant dans les laiteries, sont absorbées par le lait. Les orages produisent ordinairement cet effet. Nous avons indiqué plus haut le moyen de prévenir cette altération. Le lait amer, d'un mauvais goût, provient des aliments; tels sont : la paille d'orge, les navets fourragés avec leurs feuilles, les tourteaux, les résidus de distillerie. Les genêts en fleur, employés pour litière, jouissent aussi de cette propriété. Le lait peut être légèrement coloré en rouge, et le beurre conserver sa couleur naturelle. Alors cet état est dû à un peu de sang qui provient d'une petite plaie, d'une piqûre de mouche, etc., au pis de la vache. Le lait peut encore être rouge lorsque l'animal a fait usage de la garance et en cas de pissement de sang. Le lait prend quelquefois une teinte bleuâtre qui peut être due à la malpropreté des vases, et quand on les dépose dans un endroit qui renferme un air fort humide. On l'attribue aussi à la nourriture des vaches et à une maladie particulière. En général, les altérations qu'éprouve le lait dans le pis de la vache sont dues à un état maladif de cette dernière, tandis que celles qu'il subit après la traite sont causées par les aliments ou par le défaut de propreté. Le *beurre rance* est celui qui, bon étant frais, prend un mauvais goût au bout de quelques jours. Si le lait de beurre n'est pas parfaitement extrait, le beurre prend en peu de temps de la rancidité.

Beurre-fromage. — Quelquefois, on est dans l'impossibilité de séparer parfaitement du beurre les parties séreuses et caséeuses qui s'y trouvent mêlées. Cela a lieu lorsqu'on laisse trop longtemps séjourner la crème sur le lait caillé, lorsque la température de la laiterie est trop élevée, mais surtout pendant les chaleurs de l'été et par un temps orageux. Alors le beurre a une apparence de fromage : il est blanc, sans cohésion. A force de le travailler dans l'eau fraîche, on peut, jusqu'à un certain point, le ramener à l'état ordinaire ; mais, en général, il n'est alors bon qu'à être fondu. Les personnes qui voudraient se livrer à la fabrication spéciale du beurre et du fromage trouveront dans la *Maison rustique du dix-neuvième siècle* des renseignements étendus sur ces industries.

EMPLOI DES BŒUFS ET DES VACHES POUR LE TRAVAIL.

On emploie principalement les bœufs, quelquefois les vaches, et plus rarement les taureaux, qui, lorsqu'on sait les maîtriser, conviennent mieux au travail que les bœufs, à cause de leur force. Dans tous les pays où l'on fait travailler les bœufs au joug, on les élève par paires. On commencera à les faire travailler de deux à trois ans, et ils continuent de faire un bon service jusqu'à leur huitième et neuvième année. Plus tard, ils deviennent paresseux et perdent de plus en plus pour l'engraissement. On attelle les bêtes bovines au collier et au joug. Le premier convient mieux là où le travail est la principale destination des bœufs. Le second est préférable dans un pays où l'on élève, où l'on engraisse, et où le but principal n'est pas une grande masse de travail à obtenir des animaux. Avec le collier, les bœufs sont plus libres et vont d'un meilleur pas qu'avec le joug ; mais il faut qu'il soit bien fait et retenu par une sous-ventrière serrée , de manière à ce qu'il ne puisse pas remonter.

Le joug est double ou simple. Il a l'avantage d'être peu coûteux, surtout le premier, qui, attachant deux bœufs ensemble, permet d'épargner les traits ; mais les bêtes marchent très-lentement et sont gênées : mieux vaut, sous ce rapport, le joug simple. Un bon joug doit être cintré de manière que le point de tirage corresponde au milieu du front de l'animal. Avec ce joug, chaque bœuf n'a besoin que d'un petit coussin large de 15 centimètres, long de 36, qui garantit le front. La partie supérieure du joug est évidée de manière qu'il n'existe aucune pression sur la nuque. A chaque extrémité du joug sont fixés les traits maintenus par une courroie passant sur le dos du bœuf. Au moyen du joug, le bœuf pousse par le front, et les cornes ne servent qu'à maintenir les courroies.

Pour conduire un taureau ou un bœuf attelé seul , on se sert d'un caveçon dont la muzerolle est formée d'une bande de tôle large d'environ 4 centimètres, placée en gouttière de manière que les deux bords, limés en dents de scie , portent sur le nez de l'animal. Deux anneaux fixés à cette muzerolle reçoivent les rênes.

Le joug demande , comme le collier, des traits et des avaloirs. On doit ferrer les bœufs aux pieds, surtout si on veut les faire travailler en hiver. Il n'existe de supériorité absolue ni pour les chevaux, ni pour les bœufs, sous les rapports du travail, du nombre, de la nourriture, de la qualité du fumier et de son abondance; mais les uns ou les autres ont une supériorité relative déterminée par la position et les circonstances où se trouve chaque cultivateur.

Les bœufs ne travaillent pas bien par la chaleur. Ils ont besoin de plus de temps, pour manger, que les chevaux , et ne veulent pas être pressés dans leur allure. Néanmoins, avec une bonne nourriture, surtout avec un peu de grains, ils font les trois quarts ou les quatre cinquièmes du travail des chevaux de force égale. Les chevaux sont préférables pour les sols pierreux, pour les terres fortes, partout où il y a des transports à exécuter.

Les bœufs conviennent particulièrement pour les terres légères, pour la charrue et pour tous les travaux qui ne leur font pas dépasser les limites de la ferme qu'ils cultivent.

L'emploi bien entendu des bœufs et des chevaux réunis pour une même exploitation présente les plus grands avantages. La proportion numérique des uns et des autres est toujours déterminée par la nature des travaux à accomplir et les circonstances particulières.

Tous les cultivateurs tâchent toujours d'avoir des bœufs au delà du nombre nécessaire, afin de les ménager et de les maintenir en bon état jusqu'au moment où ils seront engraissés.

Les bœufs produisent plus de fumier que les chevaux : 10 kilog. de paille donnés pour litière à un bœuf à l'engrais fournissent par jour 75 kilog de fumier.

Un cheval de travail, avec 15 kilog. de paille par jour, ne produira pas, par année, plus de huit voitures de fumier de 1,000 kilog. l'une.

2° Les vaches peuvent être dressées au travail aussi bien que les bœufs, et lorsqu'on ne les fatigue pas et qu'on leur donne une nourriture abondante, la diminution du lait est à peine sensible, ou du moins largement compensée par le travail. Les vaches ont sur les bœufs et les chevaux l'avantage de ne jamais rester improductives, car lorsqu'elles ne travaillent pas elles donnent du lait et en donnent en plus grande abondance, ce qui compense en partie l'absence de travail. Elles vont, en outre, plus vite que les bœufs; mais elles tirent moins fort et demandent, en général, à être traitées avec plus de ménagements, surtout pendant la gestation. Néanmoins, ce n'est que dans des terres légères, faciles à labourer, qu'on trouve avantageux de cultiver avec des vaches.

Méthode pour dresser les bœufs et les vaches au travail. — On harnache l'animal. On l'attache à la crèche à l'aide d'une chaîne qui coule dans un anneau. Au bout de la chaîne se trouve un poids, de manière que la bête a la faculté de s'approcher ou de s'éloigner.

Un autre poids, de la pesanteur de 50 kilog. ou plus (selon la force de l'animal) est attaché à une corde qui passe derrière lui, par dessus un bois arrondi disposé transversalement entre deux poteaux. L'autre bout de la corde est attaché au trait. Le poids repose à terre lorsque le bœuf se trouve éloigné de la crèche de toute la longueur de sa chaîne d'attache.

Lorsqu'on remplit le ratelier de fourrage, le bœuf, pour satisfaire sa faim, s'avance pour manger, et par conséquent est obligé de tirer après lui le poids suspendu à la corde. Lorsqu'il a fini son repas et qu'il veut se coucher pour ruminer, il ne le peut qu'en rebroussant chemin, jusqu'à ce que le poids se retrouve à terre. Après avoir ruminé, il se relève. On lui apporte de nouveau sa nourriture au ratelier, ce qui l'oblige à faire la même manœuvre, et ainsi de suite. Au bout de trois jours, il sera tellement accoutumé à tirer qu'on pourra l'atteler à la voiture ou à la charrue, et il ira bien. Pendant le temps de son apprentissage, on lui laissera le harnachement nuit et jour sur le corps.

Dans les fermes à bœufs, on dresse les jeunes en les attelant au chariot entre deux paires de vieux.

ENGRAISSEMENT DES BÊTES BOVINES.

On engraisse les bœufs de trois manières : ou seulement dans les paturages, ce qu'on appelle *engrais ou graisse d'herbe*; ou partie dans les paturages et partie à l'étable ; ou bien enfin à l'étable seulement : c'est l'engrais de *ponture* ou *engrais au sec*.

L'engraissement au paturage ne peut avoir lieu que sur des paturages très-riches, que l'on nomme, pour cette raison, *paturages d'embouches* ou *herbages*.

C'est principalement en Normandie que l'engraissement au paturage est usité. Les bœufs sont placés dans les herbages à deux époques différentes de l'année. Les uns y entrent en novembre, pour en sortir en juin : ils sont dits *bœufs d'hiver*. Les autres y viennent en mai, et quatre mois seulement leur suffisent pour s'engraisser.

Les bœufs d'hiver s'achètent maigres ordinairement, aux foires d'automne. On les met aussitôt dans les herbages, où ils passent l'hiver avec le secours de quelques bottes de foin qu'on leur donne dehors pendant les gelées. On les retire cependant à l'étable quand la terre est couverte de neige. On ne met que douze bœufs, en hiver, dans un herbage qui, en été, en engraisserait cinquante, parce qu'ils n'y trouvent qu'une herbe vieille et rare.

Selon les cantons et les fonds, l'herbe de mai ou celle de septembre est la meilleure. On préfère les herbages qui donnent le plus de bonne herbe en mai, parce que les bœufs dont l'engrais finit après ce mois ont plus de valeur. On proportionne le nombre des bœufs à l'étendue et à la bonté de l'herbage. Les bœufs maigres, à leur arrivée, sont mis dans les herbages les moins gras d'abord. Au bout de quelque temps, on les fait passer dans un second herbage qui est meilleur, et quelquefois enfin dans un troisième dont l'herbe est exquise. Les vaches sont mises dans des herbages séparés de ceux des bœufs, toujours avec un taureau, tant pour les défendre des loups que pour couvrir celles qui deviendraient en chaleur, car, dans cet état, elles n'engraissent pas bien.

Les soins que l'on donne aux bœufs dans les herbages se réduisent à leur procurer des abris pendant le mauvais temps, éviter tout ce qui peut les distraire ou les troubler, diviser les paturages en parties séparées, dans chacune desquelles on ne doit pas mettre plus de six à dix bêtes, fournir au bétail l'occasion de se frotter, car l'excitation qui en résulte à la peau est très-favorable à la formation du tissu graisseux; de là aussi le bon effet des frictions et du pansage à la main dans l'engraissement du bétail.

Engraissement mixte. — Cette méthode est en usage dans les pays où l'on fait travailler les bœufs; elle dure d'un an à dix-huit mois. On les achète de février à juin, pour les appliquer pendant quelques mois, avec ménagement, à la culture, afin de les habituer insensiblement à une forte nourriture. On les nourrit au foin sec jusqu'à ce que l'herbe soit assez avancée dans les paturages pour qu'ils puissent y trouver une nourriture abondante. Après le mois de mai, on cesse de les faire travailler, et on les laisse nuit et jour dans les paturages, où quelques uns sont complétement gras lorsqu'ils en sortent; mais c'est ordinairement au mois d'août qu'on commence à mettre les bœufs dans les regains, où ils restent nuit et jour, jusqu'aux fortes gelées. Alors on les rentre à l'étable, où l'on termine l'engraissement avec des fourrages secs, des racines, des grains et des farineux. On peut donner à un bœuf de 350 à 400 kilog., poids vivant, 6 kilog. de regain et 12 à 15 kilog. de pommes de terre cuites, ou 18 à 20 kilog. de betteraves.

Plus tard, on augmente d'un tiers racines et foin, et on y ajoute du grain et du tourteau, dont on porte la ration de 1 à 2 kilog. jusqu'à 5 ou 6. La boisson est de l'eau tiède dans laquelle on a délayé de la farine ou du tourteau. L'on donne aussi, quand on le juge à propos, du sel pour engraissement à l'étable. Cette méthode ne diffère de la précédente qu'en ce qu'on ne commence pas par l'engraissement au pâturage. On débute d'abord par laisser reposer les bœufs et par les mieux nourrir. A cet effet, on les place deux à deux dans des stalles disposées dans une étable séparée, qui ordinairement communique avec la grange, afin que l'on ait moins de chemin à parcourir pour leur porter du fourrage. Quand on n'a pas d'étable séparée, on dispose convenablement un coin dans le fond de l'étable que l'on possède. On met toujours dans chaque stalle ceux qui ont porté le même joug. Ils se connaissent, se sentent et s'excitent mutuellement à manger.

Un grand nombre de substances sont employées à l'engraissement. De très-bon foin, de très-bon regain, de la luzerne ou du trèfle secs font une excellente base de la nourriture des bœufs en graisse. Très-peu de prés naturels fournissent un fourrage aussi nourrissant que la luzerne ou le trèfle secs, qui offrent encore l'avantage d'exciter les bêtes à boire beaucoup. Cependant, si on voulait employer ces fourrages seuls, l'engraissement serait long et coûteux, et l'on doit toujours les mélanger avec d'autres aliments, racines, tourteaux ou grains. Selon les circonstances, on se décidera pour la nourriture froide ou chaude. Si les racines n'y entrent que pour une quantité peu considérable, il vaut mieux les faire cuire et les donner en boissons. Si elles devaient former la moitié de la nourriture, on les donnerait crues. Les racines qui engraissent le mieux sont les betteraves, et si on y ajoute des pommes de terre, ce ne devrait pas être dans la proportion de plus d'un tiers de pommes de terre pour deux huitièmes de betteraves. Si les pommes de terre doivent faire la base de l'engraissement, on ne doit pas hésiter à les faire cuire, lors même que le combustible serait cher. Crues, elles sont dangereuses: elles contiennent un principe vénéneux; cuites à la vapeur, elles sont excellentes.

Engraissement des vaches. — Elles s'engraissent de la même manière que les bœufs. Elles s'engraissent mieux lorsqu'elles sont pleines: aussi, est-ce une grande erreur que de leur refuser le taureau. La vache dont la chaleur n'est pas satisfaite ne jouit pas de la tranquillité nécessaire pour un bon engraissement. On doit chercher à faire en sorte que la vache soit peu avancée dans la gestation lorsqu'elle sera livrée à la boucherie. Plus elle sera près de son terme, moins elle aura de suif. Une vache en graisse ne doit pas être traite : les aliments ne peuvent servir à la fois à la production du lait et de la graisse. On doit donc la faire tarir. Pour cela, toutes les fois que l'on a trait, on asperge le pis d'eau froide ou avec un lait de chaux. On trait ensuite une fois seulement en vingt-quatre heures ; puis on éloigne de plus en plus les traites à mesure que le lait diminue. Ces précautions sont nécessaires pour prévenir des engorgements qui feraient souffrir la vache et pourraient occasionner des abcès.

Les boucheries d'une grande partie de la France ne sont approvisionnées que par des vaches dans un déplorable état de maigreur, et souvent atteintes de pommelière, dont la viande est malsaine. Il serait bien à désirer que les cultivateurs, qui vendent ces animaux à vil prix, puissent comprendre qu'il serait de leur intérêt de mettre les vaches réformées à l'engrais. Il y aurait assurément grand profit pour eux, puisque les vaches acquerraient une valeur triple de celle qu'ils en retirent, et il y aurait un avantage immense pour les populations, qui recevraient une nourriture bienfaisante.

Durée de l'engraissement. — La durée de l'engraissement et l'époque à laquelle il est le plus convenable de le terminer dépendent d'abord de l'état dans lequel se trouvait le bétail au commencement de l'opération, de sa disposition à prendre graisse, de la méthode d'engraissement employée, et enfin de l'occasion de vendre avec profit. Avec une bonne nourriture et des soins, on peut compter sur une augmentation de 7 à 11 kilog. par semaine chez une bête de 5 à 400 kilog., poids vivant. On cesse l'engraissement lorsque l'animal cesse d'augmenter sensiblement, c'est-à-dire au bout de trois à six mois et plus. L'estimation du poids des bœufs gras est très-difficile. Les bouchers eux-mêmes se trompent souvent, et cependant, après avoir estimé une bête vivante, ils la tuent, la pèsent et forment ainsi leur jugement, tandis que l'engraisseur, après avoir vendu, n'entend ordinairement plus parler de ses bœufs et ne peut savoir s'il les a bien ou mal estimés. Les proportions du poids de l'animal vivant à celui de la viande nette varient suivant la race, la taille et le degré de l'engraissement. La balance, très-utile pour évaluer les progrès de l'engraissement, n'offre que des données incertaines pour le poids. L'évaluation du poids par la mesure de circonférence est un moyen très-simple, mais qui n'est pas non plus d'une exactitude parfaite. Cette mesure doit se prendre à l'avant-main, en passant par dessus le point le plus élevé du garrot et entre les jambes, en avant de l'un des avant-bras et en arrière de l'autre. On prend la mesure en deux fois, en passant la seconde fois derrière l'avant-bras, en avant duquel on avait passé la première fois. On prend le terme entre les deux mesures.

Un bœuf de 175 kilog. (viande nette) a 1 mètre 81
	200	1	89
	250	2	04
	300	2	17
	400	2	38
	450	2	48
	500	2	57
	550	2	65
	600	2	78

Pour prendre cette mesure, il faut que l'animal soit placé bien droit, les pieds de devant sur la même ligne, le cou dans une direction horizontale. Lorsque les bœufs sont amenés à un haut point de graisse, la mesure indique un poids inférieur au poids réel. La mesure ne peut non plus indiquer la quantité de suif que contient un bœuf, et cette quantité, qui peut varier beaucoup, augmente ou diminue la valeur de la bête. Il est donc indispensable à tout engraisseur de savoir apprécier par les maniements les qualités d'un bœuf à engraisser et d'un bœuf gras, et d'être en état d'évaluer le poids au moins approximativement. Ce talent ne peut s'acquérir que par la pratique. La balance peut servir à faire des expériences comparatives sur la faculté engraissante des divers fourrages et sur la plus ou moins grande disposition à engraisser de différents animaux nourris de la même manière. Elle fait aussi connaître, et ceci est d'une grande importance pour l'engraisseur, quand l'animal n'augmente plus en poids de manière à payer la nourriture.

ENGRAISSEMENT DES VEAUX. — L'engraissement des veaux au delà d'un mois est une spéculation qui ne peut être profitable que dans le voisinage des grandes villes. Dans les premières semaines, il s'effectue en les nourrissant avec abondance de lait et de boissons farineuses. Plus tard, on donne alternativement du lait et des buvées composées de farine de froment et d'œufs mélangés et bien battus ensemble dans des baquets d'eau tiède. Cette nourriture, continuée environ deux mois, rend leur chair aussi délicate que savoureuse. Les veaux consomment, en moyenne, 10 litres de lait par jour, en deux repas, et produisent 7 à 9 hectogrammes de viande. Au delà de six à huit semaines, les veaux consomment plus et profitent moins. Un veau de 50 kilog., poids vivant, donne 30 à 35 kilog. de chair nette, y compris la tête, et 5 à 6 kilog. de peau.

CASTRATION DES TAUREAUX. — Lorsqu'on élève des bœufs dans l'unique but de les faire travailler, il est avantageux de ne les châtrer qu'à l'âge de dix-huit mois ou deux ans; mais si l'on veut élever des bœufs qui, après avoir travaillé, soient bons à prendre la graisse, on doit les châtrer tout jeunes, dès l'âge de six semaines, si cela est possible, mais, dans tous les cas, avant qu'ils aient six mois. L'opération à cet âge est très-simple. Trois modes de castration sont généralement mis en usage pour les taureaux; ce sont: la castration *par les canaux*, celle *par le bistournage*, celle *par le martelage*, ou écrasement des cordons. De ces trois procédés, le premier est à préférer sous tous les rapports.

ÉLÈVE ET ACHAT DES BÊTES À CORNES. — On élève pour soi ou pour vendre. Quand on a de bonnes vaches laitières, il y a presque toujours du profit à élever, lors même qu'une génisse élevée chez soi devrait coûter davantage qu'achetée au moment de mettre bas; mais lorsqu'on veut des bêtes pour le travail ou l'engraissement, il est souvent plus avantageux de les acheter que de les élever, car une jeune bête, à trois ans, a coûté tout autant qu'un animal fait pendant deux ans. On achète les bœufs d'une force proportionnée aux travaux qu'on a à faire, et on les vend au bout de l'année avec un profit plus ou moins grand. Ainsi, le plus grand nombre de bœufs a successivement plusieurs maîtres et ne passe pas l'âge de six ou sept ans , car ils sont renouvelés tous les ans et mis en graisse lorsque les travaux d'automne sont terminés. On voit que, par ce système, les fourrages sont convertis en fumier ; l'ouvrage est fait, et le bétail donne chaque année un profit net , qui n'est pas bien considérable, mais qui est certain. De plus , avec cette manière de faire travailler les bœufs , et par leur fréquent renouvellement, on en livre à la boucherie une quantité presque aussi grande que s'ils ne travaillaient pas du tout et n'étaient élevés que pour l'engraissement. On conçoit que la vigueur des bœufs pour le travail n'est pas la qualité la plus recherchée : on s'attache à élever des bœufs qui, bien construits comme bœufs de travail, possèdent les qualités indiquant la disposition à prendre la graisse. Les éleveurs, comme les engraisseurs, les ménagent extrêmement , les premiers pour qu'ils prennent tout le développement possible, les seconds pour qu'ils soient dans le meilleur état au moment où ils doivent être mis en graisse.

MALADIES DES BÊTES BOVINES. — Les bêtes bovines sont sujettes à plusieurs maladies. Lorsqu'on s'aperçoit qu'une bête ne mange plus bien , ne rumine pas, fiente plus rarement ou plus souvent et rend des matières plus sèches ou plus liquides que de coutume, marche difficilement, a l'œil terne et abattu, on doit consulter un vétérinaire, et en attendant cesser la nourriture ou ne donner que des eaux blanches (des barbottages).

CHAPITRE II.

DES BÊTES OVINES.

DU MOUTON.

Le *mouton*, que tout le monde connait, tire son origine du *mouflon*, ruminant qui existe encore aujourd'hui à l'état sauvage dans les îles de Corse, de Sardaigne, de Chypre, dans les bois de la Russie et de la Sibérie. Cet animal vigoureux, couvert de poils plus ou moins épais, habite également dans les climats chauds, froids et tempérés, et jouit de toute la force qu'ont les animaux restés entre les mains de la nature. Le mouflon, qui, à l'état de domesticité, s'est répandu du nord au midi, a dégénéré : son poil s'est changé en laine dans les régions tempérées. Les nouvelles habitudes du corps se sont perpétuées par les générations et ont formé notre brebis domestique et toutes les autres races de brebis que l'on voit sur le continent.

Dans l'espèce du mouton, on nomme, selon l'âge, le mâle *bélier*, *agneau*, et s'il a subi la castration, *mouton* ; la femelle *brebis*, *agnelle*. On appelle encore *anténois*, *anténoise* l'animal qui est à la seconde année de sa vie. Leur cri se nomme *bêlement*.

DES RACES OVINES.

De nombreuses races sont répandues dans les diverses parties du globe, les unes remarquables par leur taille élevée, les autres par la finesse ou la longueur de leur toison. Celles qui sont les plus utiles à connaître pour nous sont parmi les races françaises : 1° La *race flamande*, la plus grande et la plus forte, fournit des moutons gras dont le poids va de 40 à 60 kilog. , et qui demandent des pâturages gras et frais de la première qualité; 2° La *race picarde*, n'atteignant guère qu'un mètre 12 centimètres de longueur, et propre aux plaines de la Picardie, de la Brie et de la Beauce. 3° La *race bocagère*, ou *mouton bisquin*, la plus petite de toutes, du poids de 10 kilog. environ, et répandue dans les pays de landes, dans la Sologne et le Berry; 4° La *race provençale*, dans laquelle se distinguent les troupeaux transhumants des Bouches-du-Rhône, dont la laine égale, tassée, est précieuse par sa force pour la fabrication des draps de soldat; 5° Les *races du Berry*, qui se divisent, sous le rapport de leur laine, en *gros fin* et *demi-fin*, dont les laines étaient autrefois réputées les plus belles et les plus fines dans nos fabriques françaises; 6° Les *races de Sologne*, qui présentent cela de remarquable que leur laine est plus fine et moins pesante à mesure que les animaux qui la portent diminuent de poids et de taille, et dont les plus petits moutons, nourris dans les terres les plus mal cultivées, les moins fertiles, ont une laine de qualité plus fine que celle des animaux les mieux entretenus, élevés dans les cantons les mieux cultivés; 7° La *race du Roussillon*, longue d'environ 80 à 85 centimètres, à toison fine, tassée, dont les mèches frisées ont de 3 à 4 centimètres. Ces moutons sont habitués à voyager comme les moutons espagnols. C'est la plus fine de nos races anciennes. On croit qu'elle s'était alliée avec les mérinos.

Parmi les races étrangères, les plus importantes sont :

1° Les *races espagnoles*, connues sous le nom de *mérinos*. On les distingue en deux classes : les *transhumantes* , ou races voyageuses, et les *estantes*, ou races sédentaires. Les premières, appartenant au roi et aux plus riches familles d'Espagne, sont réunies en immenses troupeaux de 20 à 30,000 bêtes, et confiées à la garde de plusieurs bergers. Elles voyagent sans cesse du nord au midi et du midi au nord, de la plaine à la montagne, suivant la saison et la température. Pendant l'hiver, elles habitent les plaines des contrées méridionales. Pendant l'été, elles arrivent dans les provinces du nord et paissent sur les montagnes, faisant ainsi quatre à cinq lieues par jour, et parcourant dans leur voyage des espaces de plus de cinquante lieues. La taille des mérinos varie, selon les races et le régime, de 40 à 55 centimètres de hauteur au-dessus de l'épaule, et de 82 centimètres à 1 mètre 15 centimètres de longueur entre tête et queue. Leur laine, très-fine, est longue de 5 à 8 centimètres, frisée, douce, élastique. Les filaments en sont contournés en spirale et imprégnés d'un suint abondant. La toison, sale et noirâtre à l'extérieur, semble n'être composée que d'une seule pièce ; elle ne s'ouvre pas quand l'animal marche. Le mérinos est court, trapu, bas sur pattes, a le dos plat, la face large et non busquée, a la charpente osseuse moins forte que dans nos espèces communes. Il pèse de 30 à 40 kilog. En 1750, M. d'Etigny, intendant du Béarn, eut le premier la pensée d'améliorer nos races françaises par leur croisement avec des moutons de race espagnole. Plus tard, d'Aubenton croisa des béliers espagnols avec des brebis du Roussillon. En 1785, on conseilla à Louis XVI de peupler la ferme de Rambouillet avec des mérinos que l'on tirerait d'Espagne. Enfin, plus tard encore, en vertu de traités faits avec l'Espagne, il fut permis d'importer en France 4,000 brebis et 1,000 béliers, dont on plaça une grande partie dans une bergerie nationale établie à Perpignan.

L'entretien du troupeau arrivé à Rambouillet, en 1786, fut si habilement dirigé qu'on parvint à identifier tellement le mérinos avec le sol, qu'après quelques années de soins les productions devinrent supérieures aux bêtes nées en Espagne même; qu'actuellement encore les cultivateurs vont chaque année acheter des béliers de race plus parfaite que les béliers espagnols. Les mérinos produisent des toisons moitié plus pesantes que les moutons indigènes. Ils exigent une nourriture plutôt de bonne qualité qu'abondante, et seulement un peu plus de soins. Leur tempérament est très-rustique, leur santé robuste, ce qui rend leur multiplication facile et prompte. Le produit en viande est au moins égal en qualité à celui des races indigènes. Leur laine, incomparablement plus moelleuse et plus fine, est celle qui se vend le plus cher. On a trouvé presque partout un grand avantage à remplacer les races grossières par des mérinos. Ce changement peut avoir lieu de deux manières : on achète un nombre plus ou moins grand de mérinos purs, mâles et femelles, et on les multiplie sans mélange; ou bien on se procure seulement des béliers mérinos, que l'on accouple avec les brebis du pays. Les femelles qui en résultent sont de nouveau accouplées avec des béliers mérinos, et on continue ainsi jusqu'à ce qu'à la cinquième ou sixième génération, tout le troupeau soit déjà parvenu à la finesse de la race pure et puisse se propager par lui-même. Cette dernière méthode, que l'on nomme *métissage*, est la plus longue, mais la moins chanceuse et la moins chère. Le choix de la race mérinos devient avantageux partout où les pâturages, ne donnant pas lieu à la cachexie, suffisent pour nourrir, sans la laisser dépérir, une brebis mérinos du poids

de la brebis commune, l'une et l'autre pesées avant la tonte, et
où la nourriture supplémentaire est suffisante pour les temps
de l'allaitement et de l'été, et ne revient pas à plus de 2 fr. 50
les 50 kilog., la laine étant à 150 fr. Mais quelque précieuse
que soit cette race, nous sommes loin de conseiller de dédaigner entièrement nos races françaises. Il nous faut des qualités
de laine différentes pour alimenter nos fabriques diverses, et
toutes les races ne peuvent d'ailleurs également prospérer sous
tous les climats et avec tous les régimes.

2° *Race barbarine.* — L'élève du mouton offre dans le midi
de la France de sérieuses difficultés en raison de la sécheresse
du climat, de l'imperfection des moyens d'irrigation, et surtout
de la fréquence de la maladie connue sous le nom de *sang de
rate,* qui enlève chaque année une grande partie des troupeaux. Il était donc important de se procurer une race qui fût
à l'abri de cette terrible maladie, résultat auquel on est arrivé
dans le département du Gard par l'introduction de la race de
moutons à large queue que l'on trouve dans tout l'Orient, et qui,
tirés des côtes de Barbarie, où elle coexiste avec une race dont
la laine est très-inférieure, a pris le nom de *race barbarine.*
M. Briac, de Nîmes, a perfectionné les premières importations
en choisissant pour étalons les agneaux que la nature avait
pourvu exceptionnellement de laine au fenon et au ventre. Les
moutons de M. Briac sont de la race qui vient de Barbarie et
qu'on nourrit à Alger. Le poids d'une brebis barbarine grasse
varie de 20 à 50 kilog. Les moutons gras pèsent de 30 à 40 kilog. Les agneaux de lait pèsent de 11 à 12 kilog. et se vendent
9 fr. à l'âge de trente ou quarante jours. Le poids de la toison
de chaque bête est de 5 kilog. et demi à 6 kilog. en suint; elle
est plutôt à carde qu'à peigne, n'est pas aussi fine que celle des
métis d'Arles; mais elle est préférable aux communes en tous

points. Les brebis donnent ordinairement trois agneaux pour deux ; cent mères peuvent nourrir cinquante agneaux. Elles sont très-bonnes nourrices et engraissent très-bien leurs nourrissons. M. Briac pense que les moutons de Barbarie s'engraissent aussi bien que ceux des autres races, puisqu'ils sont moins délicats et qu'ils mangent le fourrage le plus grossier. Dans la saison des vendanges, M. Briac nourrit son troupeau dans les vignes jusqu'au retour de la luzerne ; en novembre, décembre et janvier, en autres herbages qu'il a ou qu'il achète après les pampres des vignes. Il le fait coucher dans la bergerie jusqu'en avril ou mai. A cette époque, il ne le laisse sortir qu'après la rosée du matin. Il lui donne de la paille ou du fourrage grossier, ou du marc de raisin distillé, et le soir, autant que possible, on le rassasie d'herbes fraîches. Pour le nourrir à la bergerie, il faudrait aux béliers ou aux mères nourrices dans les 24 heures 2 kil. et demi de fourrages, dont 1 kil. et demi de luzerne et 1 kilog. de foin grossier, et aux brebis adultes 1 kil. et demi de luzerne et trois quarts de kil. de foin, en tout 2 kil. En les nourrissant avec du marc de raisin, du foin ou de bon roseau, sans les faire sortir, elles seraient en bon point ; mais elles ne donneraient pas autant de lait et seraient beaucoup plus faibles qu'en sortant. En été, elles mangent dans les chaumes et ne coûtent pas grand'chose, puisque, depuis le 1er mai jusqu'au 1er septembre, on peut les mettre à l'estivage chez les propriétaires pour 1 fr. par tête.

Les barbarines sont rarement malades lorsqu'elles sont bien soignées. Les agneaux sont sujets aux tournis et sont attaqués, en automne et en hiver, par un insecte connu dans le Gard sous le nom de *résade* ou *rèse*.

Il serait à désirer que de nouvelles importations fussent faites d'Algérie, en choisissant les béliers les plus beaux et les plus laineux, ayant les formes de pure race, de 70 à 80 centimètres de hauteur. La laine devrait les couvrir jusque sur les yeux, le fanon pendant jusqu'à terre et se prolongeant jusqu'aux dents de la mâchoire inférieure, les jambes pas trop longues, l'encolure très-courte, le front large, sans cornes, et le nez très-court, les épaules fortes, les reins très-larges, peu de ventre, la queue tombant, comme un tablier, sur les cuisses et se terminant brusquement par une petite pointe. Les brebis ne seront pas trop hautes, de 54 à 66 centimètres, les reins très-larges, mêmes formes et mêmes conditions que les béliers.

3° *Races anglaises.* — C'est en Angleterre qu'on trouve ces belles races à longue laine, qui donnent pour le peigne des produits fort recherchés dans les fabriques, et seuls propres à faire les tissus légers maintenant fort en usage. La race de Dishsley ou New-Leicester est remarquable par sa forte taille, ses reins droits et en forme de table, son ventre rond et en baril, sa petite tête effilée, ses oreilles droites, son cou court et mince, son flanc court, son train de derrière très-volumineux, par sa douceur, sa belle conformation, qui la dispose en même temps à prendre graisse de bonne heure. La mèche de la laine, dans un animal de trois ans, est longue de 16 centimètres environ; elle est brillante. La tonte peut avoir lieu deux fois chaque année et peut produire jusqu'à 5 kilog. à la première tonte, et 4 kilog. à la seconde; mais, en même temps, il faut à ces animaux des pâturages gras, abondants et humides. Cette race est aussi la meilleure pour la boucherie. La chair en est excellente. L'animal abattu pèse 12 kilog. par quartier. La race Dishsley exige pour son acclimatation plus de soins que les autres races anglaises. Elle a servi au croisement d'une race à laine courte, nommée race de Southdown. On obtient ainsi une laine plus fine et plus courte que celle de la race pure Dishsley.

La *race New-Kent*, du comté de ce nom, se rapproche beaucoup de la race Dishsley par ses formes ; elle est plus rustique et s'acclimate plus facilement. Sa laine, remarquable par son peu de suint, son brillant et sa force, est très-recherchée. Cette race aime les fourrages aqueux, les navets et autres racines alternées avec les regains de luzerne et autres fourrages secs. La ration se compose, pour chaque bête, d'un kilog. de fourrages secs et d'un kilog. à 1 kilog. et demi de racines ; elle suffit pour entretenir ces animaux dans le meilleur état de santé. La race New-Kent convient pour croiser les races indigènes à laine longue, surtout avec celle de la Picardie, de la Flandre, de l'Artois et de la Normandie. Leur toison, dont la laine sera un peu plus fine, mais moins longue que celle de moutons de pure race anglaise, sera plus tassée, plus pesante. Le gouvernement français a créé dans ces dernières années une ferme modèle à Mont-Cavrel, près de Montreuil-sur-Mer, dans le but de naturaliser la race New-Kent, comme la plus propre à améliorer nos moutons indigènes, et il s'y fait annuellement des ventes de béliers qui, croisés avec des brebis picardes, ont déjà donné des résultats satisfaisants. En effet, nous avons vu des premières métisses, âgées de dix mois seulement, se vendre couramment de 25 à 40 fr., tandis qu'on ne donne que 30 fr. d'un mouton du pays de l'âge de deux ans. Dans l'arrondissement de Doullens, les New-Kent appartenant au comice agricole, croisés avec les brebis du pays, ont donné les produits suivants : vingt premiers métis pesaient, à l'âge de deux mois, 17 à 24 kilog. chacun ; à l'âge de quatre mois, ils ont donné une première toison du poids de 7 hectogrammes ; de huit à dix mois, ils ont donné des toisons de 4 à 7 kilog. et demi, et dans toutes le suint était en minime proportion, comparé surtout à celui qu'on rencontre dans toutes les petites toisons du pays. Les cultivateurs qui se sont occupés des croisements de cette race trouvent que les produits descendant de la race pure donnent des rejetons qui valent mieux qu'eux sous les rapports d'entretien et de taille. Des résultats identiques ont été constatés dans plusieurs fermes. On espère encore mieux des produits de béliers New Kent nés et élevés à Mont-Cavrel. La *race Shetland* est fort intéressante. Bien que de petite taille et ne dépouillant à la tonte qu'un kilog. et demi de laine environ, mais d'une laine longue de 15 à 19 centimètres, très-fine et d'une blancheur éblouissante ; elle se nourrit avec avidité, pendant l'hiver, d'herbes de mer, et peut ainsi utiliser certains cantons maritimes.

4° *Races hollandaises.* — Parmi ces races, on distingue les moutons du Texel, qui portent de 5 à 7 kilog. et demi d'une laine longue, fine, soyeuse, rivalisant avec les laines anglaises les plus belles, et qui produisent beaucoup de chair quand ils sont nourris sur des pâturages gras et frais. Les brebis peuvent porter à la fois jusqu'à quatre petits agneaux, qu'elles élèvent avec facilité lorsqu'elles sont bien soignées et nourries, ce qui rend la multiplication de cette race extrêmement prompte.

CHOIX D'UNE RACE DE MOUTONS.

—

Un sol sain, sec et fertile peut se prêter à l'entretien de quelque race que ce soit, quand le système agricole ne s'y oppose point. Dans les contrées humides, malsaines, produisant en abondance des herbes très-aqueuses, il faut une race qui s'engraisse facilement, et que l'on puisse placer avantageusement chez le boucher après quelques mois de pâturage. Les pays de landes, à terres incultes et arides, veulent de petites espèces, sobres et vigoureuses, qui puissent résister aux longues marches nécessaires pour ramasser leur nourriture. Plusieurs de nos races indigènes conviennent fort bien à cet emploi, car, sans elles, de vastes parties de la France resteraient sans valeur; mais elles ne pourront être remplacées par une race meilleure que quand la culture sera plus soignée et l'éducation mieux dirigée. La race la plus avantageuse sera toujours celle qui, à la bonne qualité de la laine, joindra l'aptitude à l'engraissement. Toutes les races ovines peuvent être rapportées à deux types principaux : les moutons à *laine frisée* et ceux à *laine lisse*. Les premiers ont une taille moyenne, une toison tassée, à mèches très-ondulées, à brins très-fins. Ils exigent des terrains bien sains; les contrées humides leur sont fatales. Ils n'utiliseraient pas convenablement de gras paturages. Les seconds ont une toison non tassée, à mèches longues pendantes, pointues, dont le brin, généralement grossier, peut devenir très-fin dans des variétés perfectionnées. Ils arrivent à une taille élevée. Ils sont essentiellement propres à la boucherie. Ils supportent très-bien l'humidité constante de certains climats et ne peuvent prospérer sans une nourriture très-abondante. Ces deux types existent dans notre patrie. On les rencontre aux deux extrémités du territoire, en Roussillon et en Flandre. Le territoire intermédiaire est peuplé d'une foule de variétés, qui réunissent plus ou moins les qualités de la race de montagne ou de la race de plaine. Les deux variétés extrêmes du Roussillon et de Flandre, convenablement dirigées, auraient pu par elles-mêmes produire chez nous des types parfaits de moutons à longue laine lisse et de moutons à laine frisée, superfine; mais ce but était atteint depuis des siècles en Espagne (quant à la laine frisée); et comme il était plus sim-

ple d'introduire une race toute faite que d'en créer une à force
de temps, on acheta des mérinos, que l'on multiplia. Malheureusement, on négligea de pousser les variétés françaises dans
une route progressive, ce qui eût été cependant fort utile pour
obtenir des laines lisses. Aussi, les Anglais, mieux avisés, di-
rigèrent tous leurs efforts vers ce but important, qu'ils attei-
gnirent bientôt, de sorte qu'aujourd'hui il ne nous reste plus
qu'à suivre, pour les races de plaine, la voie suivie pour la
race de montagne, c'est-à-dire à nous approprier les moutons
de l'Angleterre, comme nous nous sommes approprié ceux de
l'Espagne, car quand on s'est décidé à donner à des bêtes à
laines tous les soins que réclame ce genre d'animaux, il n'y a
pas plus de difficultés à entretenir des bêtes riches que de médiocres ; et, dans tous les cas, avec des soins bien entendus,
avec une intelligente prévoyance, on peut parvenir, sinon à
neutraliser entièrement, du moins à diminuer beaucoup quelques uns des inconvénients qui se trouvent dans certaines localités.

Dans l'introduction des races anglaises, il ne faut pas perdre
de vue que c'est dans les contrées les plus fertiles et les mieux
cultivées de la Grande-Bretagne que se trouvent ces races, bien
supérieures aux nôtres par leur toison, la forme et le volume
du corps, et surtout par leur disposition très-marquée à engraisser ; que les moutons anglais ne sauraient prospérer dans
une bergerie fermée, parce que, dans leur pays, on les laisse
en tout temps et en toutes saisons en plein air ; qu'on ne doit
leur donner pour abri que des hangars ouverts, sans fenil au-
dessus, dont les rateliers soient à rayons verticaux, pour qu'il
n'en puisse tomber ni foin ni poussière, qui s'introduisent facilement dans les mèches longues et peu tassées de leur toison, et
en diminuent sensiblement la valeur ; que la litière doit être

fréquemment renouvelée; qu'employant dans leur alimentation des racines telles que la betterave, le topinambour, la carotte, le navet, le rutabaga et autres substances fraîches très-économiques, on peut faire en France des laines longues, bien supérieures à celles que nous produisons, et donner en même temps aux animaux de la propension à engraisser dans un âge peu avancé; que les moutons doivent être lavés à dos avant de les tondre; il en tirera d'ailleurs un meilleur parti, car les laines sont peu chargées de suint, et elles offrent peu de déchet au lavage à dos; que cette opération étant faite en avril ou mai, on doit attendre, pour tondre les bêtes, que la laine soit bien sèche et que le suint même ait un peu remonté, pour lui donner de la souplesse; il faut ordinairement quatre à huit jours d'intervalle entre le lavage à dos et le moment de la tonte; qu'en somme le grand avantage, il ne faut pas l'oublier, des races anglaises sera d'améliorer les nôtres sous le rapport de la chair, de les rendre plus précoces et de diminuer ainsi la durée du temps pendant lequel un mouton est nourri avant d'être consacré à la boucherie. Le coût de la viande se répartit sur un moins grand nombre d'années, et il est rare que ces races hâtives ne donnent pas le moyen de faire de la viande au meilleur marché possible.

DE L'ÉLÈVE DES MOUTONS.

DE L'ACCOUPLEMENT.

La santé, caractérisée par un œil vif bien ouvert, la tête haute, le museau sec, l'haleine sans odeur, la bouche nette et vermeille, la peau et la membrane de l'œil noires, la vigueur, la finesse et le poids de la toison, telles sont les qualités que doivent réunir, autant que possible, les animaux reproducteurs. La brebis est apte à se reproduire à dix-huit mois, et le bélier à trois ans, car ce n'est qu'à cet âge que ce dernier a acquis toute sa force et qu'il peut suffire à trente ou soixante brebis pendant la monte, qui ne doit durer qu'un mois et commencer aussitôt les premières chaleurs des brebis, ce qui a ordinairement lieu en juillet. Les béliers doivent être tenus séparés des brebis pendant la monte et soumis à un régime fortifiant composé d'avoine, de pois, d'orge concassé, de son farineux et de quelques rations de sel. Quand il existe plusieurs béliers pour un troupeau assez considérable, on divise la bergerie ou le parc en plusieurs compartiments, dans lesquels on distribue les brebis en nombre égal; puis, dans chacune de ces divisions, on introduit un bélier, qu'on y laisse un jour seulement. Alors on le remplace par un autre, qui est remplacé à son tour, après avoir fait sa journée. De cette façon, les brebis trouvent toujours près d'elles un mâle plein d'ardeur; la santé des béliers se conserve, et on évite ainsi les luttes souvent dangereuses qu'ils se livrent entre eux. Quand l'époque des chaleurs est passée, on laisse les béliers se mêler aux brebis. On a seulement la précaution de leur mettre un tablier, qui suffit alors pour empêcher l'accouplement. On ne conserve guère de bêtes ovines au-delà de leur septième année, quoiqu'elles vivent douze à quinze ans.

DE LA GESTATION, DE L'AGNELLEMENT ET DU SEVRAGE.

La gestation dure quatre mois. Pendant cette période, on évitera tout ce qui peut épouvanter les brebis. Le troupeau sera conduit avec lenteur, de manière à ce que les bêtes ne se poussent, ne se serrent les unes contre les autres, soit à la sortie, soit à la rentrée de la bergerie. Le berger ne laissera aucune brebis en arrière, afin qu'elle ne coure pas avec rapidité pour rejoindre les autres. Il modérera l'ardeur de ses chiens. Les béliers seront séparés des brebis pleines. De bons paturages ou une nourriture choisie à l'étable pendant le mauvais temps leur seront réservés. Les prairies humides, toujours défavorables aux bêtes à laine, deviennent dangereuses pour celles en état de gestation. On ne doit pas apporter de négligence dans les soins que demandent les brebis pendant la gestation, si l'on veut obtenir des agneaux en bon état et préparer les mères à l'allaitement. L'approche de l'agnellement s'annonce plusieurs jours à l'avance par un écoulement d'abord peu sensible, et qui devient de plus en plus abondant, par le gonflement des parties sexuelles, par la formation du pis. A l'apparition de ce dernier signe, il est prudent de ne plus mener la brebis aux champs, de peur qu'elle ne mette bas hors de la bergerie, ce qui pourrait devenir fatal à la mère ou au petit, en les exposant à des changements subits de température ou à raison des accidents qui accompagnent quelquefois le part. Les portées doubles ne sont pas rares dans l'espèce ovine: leur proportion est d'un quinzième ou d'un vingtième sur les agnellements simples. L'agneau nouveau-né doit être placé près de sa mère, pour qu'elle l'essuie en le léchant. Lorsqu'elle ne peut s'occuper de ce soin, le berger s'en acquittera avec tout le ménagement que réclame la faiblesse du jeune animal, que l'on essaiera à faire téter quelques heures après sa naissance. Si la mère ne pouvait allaiter ou que son lait, de mauvaise qualité, soit refusé par l'agneau, on la remplace par une autre brebis qui a perdu son petit, en substituant à celui-ci, pendant la nuit, l'agneau délaissé, ou bien en le faisant adopter par une chèvre quand il y a possibilité; ou bien enfin, quand on ne possède ni chèvre ni brebis, on fait boire à l'agneau du lait, soit dans une bouteille munie d'un biberon, soit dans un plat sur lequel on abaisse la tête de l'agneau, en lui passant un doigt dans la bouche. On lui retire le doigt peu à peu, et quelques jours après, il prend le lait seul. Comme on emploie ordinairement du lait de vache, il est nécessaire de le couper avec un peu d'eau et de le faire tiédir avant de le présenter à l'agneau. Lorsque celui-ci est atteint de diarrhée, on ajoute au breuvage une infusion de *tormentille*, à la dose de 30 grammes par litre de lait. L'agneau doit être tenu chaudement. La nourriture des brebis mères sera plus substantielle et l'étable tenue plus chaudement qu'à l'ordinaire. Huit ou quinze jours après la mise-bas, on laisse sortir les brebis, qui jusque là sont restées enfermées avec leurs petits, qu'on sépare alors de leurs mères chaque jour un peu, puis davantage, jusqu'à ce qu'enfin on les sèvre, au bout de quatre à cinq mois. A cette époque, on les place dans un lieu assez éloigné de leurs mères pour qu'ils ne puissent s'entendre bêler réciproquement. Cette séparation complète doit durer plus d'un mois. A l'âge de quatre semaines, on leur donne du bon foin, deux poignées d'avoine et de son, provende qu'on double après le sevrage, ou bien on leur ménage un paturage abondant et sec pour les beaux jours. On doit avoir soin de n'étendre les fourrages dans les rateliers que quand les agneaux sont hors de la bergerie, pour qu'il n'en tombe aucune parcelle sur la toison des jeunes animaux, car quelques uns s'amuseraient à ramasser sur leurs voisins des brins de foin et seraient exposés à avaler quelques mèches de laine, qui formeraient dans le canal intestinal des noyaux de corps étrangers nuisibles à leur santé. Lorsque le sevrage est terminé, les agneaux peuvent entrer parmi les bêtes composant le troupeau.

RÉGIME ORDINAIRE DES MOUTONS.

Le paturage est indubitablement le régime le plus convenable à la santé des bêtes ovines. Le propriétaire d'un troupeau trouvera presque toujours du bénéfice à procurer aux moutons un parcours abondant pendant toutes les saisons de l'année. Pour atteindre ce but, il faut créer des prairies qui se succèdent sans interruption, qui bravent les froids de l'hiver et les chaleurs de l'été. C'est une entreprise difficile, mais non impossible, et qui sera très-profitable pour quiconque possède une bergerie de quelque importance. On leur fait manger sur place du trèfle, des vesces, des mélanges, de la spergule, en les parquant sur la récolte lorsqu'elle est en fleur. On évite de les faire sortir lorsque l'herbe est encore mouillée, de même que par la grande chaleur. Le parcours des terres vagues, des landes, des bruyères, des chemins et des bois permet d'entretenir dans les pays pauvres, et durant la belle saison, des moutons communs, qui y prospèrent. On les nourrit encore avec des menues branches de peupliers, de saules, d'ormes, etc., qui résultent de l'élagage, et qui ont encore leurs feuilles. Il faut surtout éviter de donner aux bêtes à laine des fourrages gâtés et le gros foin. Dans les contrées encore soumises à l'assolement triennal, le sol de jachère et les chaumes peuvent suffire à des races très-rustiques et petites, telles que celles du Berry, des Ardennes. Pour les bonnes races, il faut des moyens de subsistance choisis et nombreux. On leur consacre des prairies naturelles ou artificielles, et réserver pour eux des fourrages secs, qu'on leur distribuera à la bergerie les jours où on ne pourra les faire sortir. Un mouton de taille moyenne consomme par jour environ 4 kilog. d'herbe fraîche de prairie naturelle. Cette herbe fanée se réduit à 1 kilog., qui suffit au même mouton nourri au sec, d'où il résulte qu'il faut consacrer par an 10 hectares de prairies à l'entretien d'un troupeau de 100 têtes, un tiers environ étant récolté pour affourager dans les mauvais jours, les deux autres tiers étant mangés sur place. Peut-être aucun assolement ne se prêterait-il à la production d'une si grande quantité de fourrages pour les seules bêtes bovines. C'est pour cela qu'on leur fait consommer d'autres produits du sol : grains, racines, pailles.

A l'approche de l'hiver, le pâturage ou le parcours devenant plus difficile, un supplément de nourriture à la bergerie est alors nécessaire ; mais, quelque bien choisie que soit la nourriture sèche, elle est moins favorable aux moutons que l'herbe verte, qui est mieux appropriée à leur tempérament. La pimprenelle, dont la végétation n'est pas appropriée par les froids et la neige, peut offrir dans cette saison une précieuse ressource, et l'éleveur qui entend bien ses intérêts ne néglige pas de cultiver une quantité suffisante de choux, de navets, betteraves, etc., pour tempérer l'action malfaisante du sec sur son troupeau. La nourriture se compose à parties égales de foin et de racines, ou, à défaut de ces dernières, de l'avoine, des pois cassés, de l'orge, du gland, de graines de genêt, de châtaignes. On cesse de donner du fourrage aux moutons au printemps, lorsqu'ils commencent à trouver dans la campagne une suffisante quantité d'herbes pour leur entretien. La boisson des moutons est de l'eau pure en petite quantité.

DE L'ENGRAISSEMENT DES MOUTONS.

Quoique les bêtes à laine prennent plus facilement la graisse que le gros bétail, leur engraissement n'est considéré en France que comme une branche accessoire de leur éducation.

Il y a une très grande différence entre la disposition à s'engraisser et la bonté de la chair de certaines races de moutons. Sous ce dernier rapport on estime particulièrement les bêtes ovines de la Normandie et de la Picardie, qui paissent des herbes salées sur les bords de la mer, et connus sous le nom de moutons de prés salés; les moutons des Ardennes, ceux du midi qui vivent de plantes aromatiques, sont également fort recherchés. Pour que la chair d'un mouton soit aussi bonne que possible, il faut 1° qu'il n'ait que trois ou quatre ans; 2° qu'il ait été châtré par l'enlèvement des testicules; 3° qu'il ait été bien nourri jusqu'au moment où on l'a mis à l'engrais; 4° qu'il ait été engraissé, ou à l'herbe fine, substantielle et salée de bords de la mer, ou de pouture avec des grains. La chair des brebis est inférieure à celle des moutons, celle du bélier est dure et peu agréable au goût. On peut surtout se livrer avec avantage à l'engraissement des moutons dans les pays pourvus de terrains humides et riches, *où le chaume* des céréales et le regain des prairies leur fournissent une nourriture abondante, mais il faut que l'on puisse acheter à bon marché des bêtes maigres et que le voisinage d'une grande ville en assure la vente à bon prix après leur engraissement. S'il arrive quelquefois que même dans des paturages médiocres, des moutons s'engraissent sans que l'on ait pris d'eux aucun soin partuculier, ce n'est que par exception, car les bêtes ovines réclament généralement pour engraisser quelque chose de plus que la nourriture ordinaire; il y a toujours avantage à accélérer cette opération et à renouveler ainsi fréquemment le troupeau.

Les moutons s'engraissent soit au paturage seul, soit à la bergerie avecs des fourrages secs, soit enfin, dans les herbages en automne et ensuite à la pouture. L'engraissement dans les herbages, ne doit durer que sept ou huit semaines, parce que au delà de ce terme, les moutons sont exposés à mourir de la pourriture dont ils contractent le germe dans les paturages humides, qui sont les plus convenables pour pousser ces animaux à la graisse. Le sainfoin, le fromental, les herbes des prairies basses, celles des bois, sont très propres à l'engraissement du mouton. Dans de bons pâturages on peut faire trois engraissements par an en commençant en mars. L'engrais de pouture se pratique à la bergerie en hiver; La nourriture des moutons se compose alors de bons foins, d'avoine, d'orge, de farineux en grains ou concassés, de pulpes de betteraves, etc., suivant que les productions du pays sont assez bon marché pour permettre d'obtenir un gain raisonnable. L'engrais *mixte* consiste à faire pâturer d'abord les moutons dans les chaumes après la moisson jusqu'en octobre, pour les disposer à l'engraissement, ensuite on les met dans un champ de navets pendant le jour, et le soir on les fait rentrer à la bergerie où on leur donne de l'avoine avec du son, de la farine d'orge, etc. Un mouton ordinaire donne trois kilog. à trois kilog. et demie de suif; ceux de grande taille en donnent jusqu'à sept kilog. et demie; à taille égale un mouton engraissé de pouture fournit plus de suif que le mouton engraissé à l'herbe.

MALADIES DES BÊTES OVINES. — Les principales maladies des bêtes à laine, sont : *La pourriture*, affection générale due à une mauvaise alimentation et à des pâturages humides ; *le tournis*, ainsi nommé parce que les bêtes atteintes tournent; *la gâle*, qu'il est souvent bien difficile d'expulser d'un troupeau, *le claveau*, maladie contagieuse qu'on prévient en l'inoculant comme on le fait chez les hommes pour la petite vérole; *le piétain*, maladie du pied également contagieuse ; *le sang de rate*, maladie de sang ou de sologue; *le muguet ou aphthe* des agneaux ; *la météorisation.*

DE LA GARDE DES MOUTONS ET DU CHOIX DU BERGER. — Le mouton étant le plus faible de nos animaux domestiques, le plus sujet à une foule de maladies, est encore celui qui doit être soumis à la plus active surveillance pour mettre les champs cultivés à l'abri de ses ravages ; aussi dans les pays où l'agriculture est un peu soignée, les bêtes à laine sont toujours conduites par un homme raisonnable, aidé d'un ou de plusieurs chiens bien dressés. *Sans bon berger point de troupeaux productifs*, en effet, aucune phase de l'existence du mouton, depuis sa naissance jusqu'à sa mort, n'est donc en dehors de l'influence du berger, et ce serait une grande imprévoyance de choisir à la légère celui qui doit remplir une fonction de la bonne direction de laquelle dépend la conservation du troupeau. Les qualités à rechercher dans un berger, sont : la patience et la douceur, car les animaux qu'il dirige ont peu d'instinct et retombent souvent dans la même faute ; il lui faut une vigilance soutenue qui s'étende non seulement sur tout son troupeau en masse, mais encore sur chacune de ses bêtes en particulier. L'amour de son troupeau dont il étudie sans cesse les causes de bien-être et de malaise ; son œil qui se promène constamment de l'un à l'autre, ne laisse échapper aucun des signes par lesquels se manifeste l'état de santé et maladie chez les moutons ; il doit savoir reconnaître l'âge des moutons ; il doit pouvoir aider les brebis à mettre bas, quand le port est difficile, et donner aux agneaux les secours que réclame leur faiblesse ; il doit être capable de diriger l'accouplement des mâles et des femelles des races perfectionnées, et de préjuger sainement de l'avenir des jeunes élèves, afin de conserver toujours pour la reproduction ceux qui rempliront le mieux les vues de son maître ; l'activité, surtout dans l'hiver, lui est également indispensable pour préparer les diverses rations de nourriture qu'on distribue plusieurs fois chaque jour dans les bergeries bien entretenues ; le courage pour coucher seul au milieu des champs et la force pour transporter le parc.

PRODUIT DES MOUTONS.

Les produits du mouton consistent en agneaux, laine, bêtes de réformes ou de graisse et en engrais obtenu par le parcage, quelquefois aussi par le lait des brebis. Sur 100 brebis on peut compter 90 agneaux dans un troupeau soigné. Des cultivateurs les vendent à six semaines ou deux mois, pour la boucherie ou l'élève; d'autres en achètent à cet âge et les vendent à un ou deux ans.

De la laine. — Le poil du mouton s'appelle *laine*, il est formé par des brins qui se réunissent en touffes ou mèches plus ou moins considérables et leur ensemble constitue la *toison*. Le *suint* est un enduit gras naturel qui recouvre tous les brins de la laine, telle qu'on la recueille par la tonte sur le dos des moutons : les lavages qu'on fait subir à la laine, ont pour objet de la rendre propre à être travaillée en la débarrassant de cet enduit.

Les qualités qu'on doit rechercher dans toute espèce de laine sont : *la finesse, la longueur, la souplesse, la force, l'élasticité, la douceur et la couleur.* La laine frisée est ordinairement la plus fine et le plus ou moins dans le degré de finesse est en rapport avec le plus ou moins de régularité du frisé. La finesse est presque toujours accompagnée de la souplesse, de la force et de la douceur. La couleur blanche est naturellement la plus appréciée, parce qu'elle est susceptible de prendre toutes les espèces de teinture, ce qui n'arrive pas dans les laines naturellement colorées. Un régime alimentaire en rapport avec la race et la taille de l'animal a une grande influence sur la finesse de la laine, il en est de même de la finesse de la peau. Une peau épaisse donne une laine grosse, une peau fine donne une laine fine et souple. Enfin certaines circonstances influent sur la qualité de la laine. L'humidité résultant de la pluie, de la rosée, des brouillards ou des neiges, grossit le brin en le dilatant, et détruit en partie son caractère. L'humidité provenant de l'urine des écuries a des effets plus pernicieux encore; elle altère la couleur du brin en le teignant d'un jaune plus ou moins foncé. L'ardeur du soleil, par des causes opposées, altère aussi la souplesse et la douceur du brin en desséchant une partie du suint qui se trouve dans la toison. On rapporte les laines à trois classes principales : les laines communes, les laines métis et les laines mérinos. Les laines communes se distinguent en laines lisses et laines crépues, les premières sont les plus grossières et n'ont ni douceur, ni souplesse; les autres sont d'autant plus frisées et ondulées. Les laines métis varient de qualité suivant que par le croisement, elles se rapprochent le plus ou le moins du type primitif. Enfin, les laines mérinos offrent quatre classes : les laines de haute finesse, celles de belle finesse, celles de finesse médiocre et celles de finesse inférieure. La finesse de la laine mérinos se reconnaît à celle des brins et au nombre des ondulations (aux courbures) sur une certaine longueur. Les premières qualités ont 28 à 38 ondulations par 2 centimètres 1[2 de longueur; les secondes 24 à 27; les troisièmes 16 à 23; et les quatrièmes tout au plus 15. La laine ondulée, frisée ou *laine à carder*, est courte et sert à la fabrication du drap; la laine lisse plate ou laine à peigner, sert à fabriquer des étoffes rases. Certaines races comme celles de la Lorraine allemande, donnent une laine commune qui peut servir aux deux usages.

La qualité de la laine varie dans les différentes parties du corps. La partie mitoyenne et inférieure des côtes, l'épaule et le flanc fournissent la laine la plus belle, soit pour la finesse, soit pour l'égalité du brin ; la laine des reins et celle de l'épine du dos se distinguent souvent entre elles par une différence de finesse, à l'avantage de cette dernière ; mais toutes deux sont inférieures à celle de l'épaule et du flanc ; la qualité va en diminuant depuis le garot jusqu'à la croupe, et devient de plus en plus mauvaise à mesurer qu'on s'approche de la queue. Les laines défectueuses sont des laines mêlées, feutrées, couchées et à croissance interrompue, lorsque la laine n'est pas égale dans toute sa longueur, par suite d'un changement dans l'état ou la nourriture de l'animal. Enfin chez les animaux mal nourris la laine est si faible et si maigre qu'elle tombe souvent d'elle-même avant la tonte. Il vaut mieux ne pas avoir de bestiaux que de les tenir ainsi, car tout profit est alors impossible. Les *jarres* sont des poils longs qui s'élèvent au-dessus de la toison et qu'on remarque surtout aux aînés, aux cuisses, à la queue, aux plis du cou formant un des plus grands défauts des toisons dites alors *jarreuses* et qui ne peuvent servir qu'à des ouvrages grossiers. On appelle ronde et unie, une toison qui offre à l'extérieur une surface rase et compacte, et qui, ne s'entrouvrant que par les divers mouvements que fait l'animal en marchant, semble en quelque sorte fermée. Ce signe extérieur indique de la régularité dans la crue de la mèche et dans la longueur des grains ; mais ce n'est que par exception que l'on trouve dans les toisons rondes et fermées une laine d'une haute finesse ; il ne faut donc pas décider du mérite d'une laine sur cette simple apparence. Une toison noueuse est celle dont les mèches offrent à leur extrémité de petits nœuds très serrés ; aux yeux de quelques personnes, ce serait un défaut ; mais au contraire, cette disposition ne se rencontre que sur des bêtes très fines.

On appelle *tassée* de la laine, la réunion du plus grand nombre de brins de laine, croissant sur un espace donné de la peau. Une toison superfine est ainsi plus tassée qu'une toison de médiocre finesse.

D'après ce que nous venons de dire des différentes qualités de la laine, il est facile de reconnaître combien il est important pour un cultivateur, non seulement de savoir apprécier le degré de finesse d'une toison, mais encore de connaître celle de chacune des bêtes de son troupeau, et par suite de n'y introduire ou de n'y conserver que les bêtes qui sous ce rapport offrent plus d'avantage. La nourriture et l'entretien d'un animal à toison fine ne coûtent pas plus, à égalité de la taille, que celle d'un animal dont la toison est inférieure, et cependant entre le produit de l'une et de l'autre de ces toisons, il peut souvent y avoir une différence de trois à cinq, ce qui mérite certainement d'être apprécié. Le cultivateur doit donc y avoir la plus grande attention. Il faut, au moment de la tonte, marquer chaque toison du numéro particulier de la brebis qui l'a donnée ; puis ensuite, en faisant examiner, par des hommes habiles, la toison en particulier, fixer et déterminer la qualité de chacune d'elles, et dès lors ne conserver dans le troupeau que les brebis de première classe et les produits qu'on en obtient. Ainsi, on élève avec la valeur du troupeau celle de son capital et en même temps celle du revenu.

Tonte. — La tonte se fait ordinairement en juin. — Pour approprier la laine, on la lave soit avant, soit après la tonte. La première méthode qui se nomme lavage à dos, ne nettoie pas aussi bien la laine mais est plus expéditive et se fait chez le cultivateur même. Lorsque le temps est beau et qu'on évite la fraîcheur, les bêtes n'en souffrent pas. On lave dans l'eau courante ou stagnante ; cette dernière est la meilleure, surtout lorsqu'elle contient déjà du suint. On tâche de sécher les bêtes aussi promptement que possible. Après quoi on les tond en ayant soin de couper ras, sans écorcher la peau et défaire la toison. Les forces ou ciseaux de petite dimensions sont les meilleurs à cet effet.

Quelques cultivateurs tondent les agneaux plus tard, afin que leur laine ait plus de temps pour croître; d'autres, au contraire, qui calculent sur les avantages du parcage, les tondent plus tôt, afin que déjà leur laine ait eu le temps de pousser, et les protège contre la froideur des nuits lorsque le temps du parc est venu. Ainsi, ils perdent un peu sur la quantité du produit en laine, mais ils fument une plus grande étendue de terre.

On s'est demandé s'il était plus avantageux de faire la tonte deux fois chaque année. Une double tonte peut fournir en général une quantité de laine plus considérable; mais il faut tenir compte soit des frais qu'elle occasionne, soit de la difficulté qu'il y a de trouver dans le cours de l'année deux époques également favorables pour cette opération. Comme elles ont besoin d'être toutes deux également espacées, il y a toujours à craindre que toutes deux, ou au moins l'une d'elles, ne se trouvent rejetées à une époque où la saison, plus froide, pourrait être nuisible à la santé des moutons.

La laine s'allonge d'une année sur l'autre assez pour avoir donné lieu de rechercher s'il ne serait pas plus avantageux de ne tondre que tous les deux ans; mais on a remarqué que la laine en s'allongeant perdait de sa finesse, car, c'est une erreur de penser que si la laine des moutons n'était pas tondue chaque année, elle ne grandirait pas davantage, ou pourrait tomber à l'hiver par une sorte de mue : les bêtes sont, d'ailleurs, beaucoup trop fatiguées, pendant les chaleurs de l'été, par le poids d'une épaisse toison; elles s'épuisent et contractent plus facilement certaines maladies. La tonte, au contraire, contribue à la finesse de la laine, quand le mouton n'a pas été tondu étant agneau et qu'on le tond an enois, sa laine est moins fine que s'il eût été tondu étant agneau. On opère le lavage à dos dans

e eau courante ou dans une eau dormante, ou même simple-
nt dans des baquets remplis d'eau. Dans l'un et l'autre cas,
 fait entrer le mouton dans l'eau jusqu'à mi-corps, et le ber-
 passe la main sur la laine, l'humecte d'eau et la presse à
férentes fois pour la bien nettoyer. Pour que la laine soit
tte et de bon débit, il est nécessaire que les moutons soient
és plusieurs fois, et après le dernier lavage, on les tient dans
 lieux propres jusqu'au moment de la tonte, que l'on ne doit
re qu'après avoir laissé sécher la laine, afin que la toison
 soit pas sujette à se gâter par l'humidité : aussi, pour
re le dernier lavage, il faut choisir un beau temps. Un ton-
ur adroit après avoir attaché les pieds de devant et ceux de
rrière de l'animal, le place ensuite à terre entre ses
mbes : pour agir ainsi, il est obligé de se courber ; mais il
 beaucoup plus libre de tous ses mouvements, et bientôt il
 habitué à tous ses mouvemens, et bientôt il est habitué à
tte position. Il coupe la laine le plus près possible de la peau
ns la blesser et sans laisser de sillons : si, malgré ses soins,
 fait quelque blessure, un peu de poudre de charbon appliquée
ssus la plaie est le meilleur remède à employer. Toute la
son étant coupée, ou la plie, en ayant soin de placer au mi-
u la laine de dernière qualité, c'est-à-dire, celle de la tête,
 ventre, des cuisses et des pattes, puis, on l'attache avec de
 paille, du jonc ou de la ficelle. En attendant le moment de
 vente, la laine est conservée dans un lieu qui ne soit ni à
umidité, ni à la chaleur, ni à la poussière : l'humidité l'al-
re, la chaleur la dessèche et lui fait perdre son poids. On fait
oins de cas de la laine des moutons tondus, étant en pouture,
le a moins de nerf ; elle a d'ailleurs moins de propreté, étant
lie par les débris de fourrage qui tombent du ratelier où ces
imaux sont alors sans cesse retenus. La laine détachée de la

peau du mouton après qu'il est mort est encore d'une qualité inférieure ; elle n'a pas le moëlleux que donne le suint et prend, d'ailleurs, de la dureté par les procédés que l'on emploie pour la détacher de la peau.

La tonte des moutons ne se fait pas partout de la même manière. Dans beaucoup de parties de la France on la coupe après l'avoir lavée à dos; ailleurs on la coupe en suint. Cette dernière méthode paraît la plus avantageuse; les laines se conservent plus longtemps en suint que dégraissées; elles sont moins sujettes à être altérées; elles ne sont pas ou sont beaucoup moins attaquées par les insectes. Si l'on place dans un magasin de laines en suint quelques toisons de laines lavées, c'est toujours sur ces dernières que les papillons toujours font leur ponte de préférence, et c'est même un moyen qu'on emploie pour les détruire ou pour en préserver le magasin. En effet, on brûle ces dernières toisons avant que les chenilles en sortent pour prendre la forme de chrysalides, et l'on empêche ainsi leur reproduction.

ÉDUCATION DE LA CHÈVRE.

Les chèvres et les brebis ont tant de rapports entre elles par leur organisation et par leurs habitudes, qu'un grand nombre de naturalistes les ont réunies en un seul genre, d'autant plus que ces deux sortes de ruminants produisent ensemble des métis féconds. Réunies en troupes plus ou moins considérables, elles habitent les plus hautes montagnes, au milieu des rochers et dans le voisinage des neiges perpétuelles, et se nourrissent des feuilles ou des bourgeons du génépi, du bouleau nain, du saule sauvage et de quelques autres plantes amères, les seules qui croissent dans ces régions élevées. Elles fuient à travers les précipices avec la la rapidité de l'éclair et sautent de rocher en rocher avec un coup d'œil si juste et avec tant d'assurance qu'une surface de 33 centimètres leur suffit pour s'arrêter subitement au milieu de leur course la plus impétueuse.

La chèvre est la vache du pauvre et des montagnes arides; elle diffère de la brebis en ce que sa peau est couverte de poils blancs, noirs, fauves et de plusieurs autres couleurs; elle a communément les cornes longues, noueuses, renversées en arrière, un toupet de barbe sous le menton; le corps maigre et décharné, la taille haute, la voix faible et tremblante; son agilité est caractéristique, sa sobriété extrême.

La chèvre conserve toujours même dans l'esclavage, des traces de son ancien caractère; elle a toujours l'humeur vagabonde et capricieuse et se montre peu docile à la voix de son maître, tandis que la brebis s'identifie tellement avec l'état de domesticité qu'elle y perd presque l'instinct de sa conversation, quoiqu'à l'état sauvage elle ait autant d'activité et d'énergie que la chèvre.

Le mâle de la chèvre s'appelle *bouc*, *cabris*, et leurs petits, *chevreaux*, *chevrotains*. Il existe plusieurs variétés de chèvres: la commune est utile par son lait et sa chair; celles d'Angora, de Cachemire, dont le poil très fin, très précieux sert à la confection de riches étoffes.

L'éducation de la chèvre n'est possible qu'à l'étable, son parcours est tout-à-fait intolérable, si ce n'est dans quelque pays montueux sans bois et sans culture, elle cause aux vignes, aux taillis, aux haies, un dommage considérable en les broutant, elle atteint haut en s'élevant sur ses pieds de derrière. — Elle s'accommode très bien de la nourriture à l'étable, en été, avec des fourrages verts pourvu qu'elle ait une cour ou autre lieu aéré, propre, où elle puisse se tenir. Elle donne ainsi plus de lait, plus d'engrais et sa chair est meilleure. En hiver on lui donne des fourrages secs, ou des feuilles de vigne qu'on a fait fermenter dans du son. Les chèvres entrent en rut à toutes les époques de l'année, lorsquelles y sont excitées par la présence d'un bouc qui peut suffire à 40 femelles; ordinairement on les fait saillir dans le mois de novembre, parceque leur gestation durant 5 mois, elles peuvent commencer à trouver de l'herbe fraiche quelque temps après le part. Elles ont souvent deux petits par portées et le part est fréquemment laborieux; quelques jours avant et après la délivrance il est bon de leur donner une nourriture choisie, et les soins que leur état pourrait alors réclamer. La chèvre ne rebute jamais ses nourrissons, on doit veiller à ce que ceux-ci ne l'épuisent pas surtout quand elle n'a pas atteint sa troisième année. Les chevraux sont sévrés à six semaines deux mois. On coupe les mâles, longtemps avant qu'ils soient engraissés, à cause du goût particulier de leur chair, à moins qu'on ne les livre à la boucherie avant l'âge de six mois. On ne laisse pas devenir les chèvres trop vieilles parce qu'elles tarissent à 7 ou huit ans. Une bonne chèvre peut donner jusqu'à 4 litres de lait par jour, ce lait tient le milieu entre celui de vache et celui d'anesse, il ne convient pas à la fabrication du beurre, mais on en fait de très-bons fromages dans les départements des Bouches-du-Rhône, des Basses-Alpes, de l'Ardèche, de la Lozère, du Gard et de l'Hérault. La peau des chèvres se vend bien. Le cuir de la chèvre d'Angora est converti en maroquin, cette race ainsi que celle de cachemire pourrait sans doute être introduite avec avantage dans nos départements du midi et dans notre colonie d'Alger.

LIVRE CINQUIÈME.

DU COCHON ET DU LAPIN.

Les cochons forment un genre de la famille des *pachydermes*.
Ils ont les doigts en nombre pair. Leur pied représente un sabot unique divisé en deux, comme celui des ruminants ; les
doigts latéraux, placés plus haut que les autres, et presque
derrière la jambe, ne sont pas assez longs pour atteindre le
sol. Mais ce qui distingue les pachydermes de tous les autres
mammifères ongulés, c'est, outre leur extérieur trapu et leur
peau couverte de soies, la conformation de leur museau : cet
organe se termine par un *boutoir* tronqué, dont le bord antérieur, dur et calleux, sert à creuser la terre, et qui est d'autant
plus propre à cet usage, qu'il est soutenu par un os particulier
articulé avec les os de la mâchoire supérieure et mis en mouvement par deux gros muscles placés de chaque côté de cet os.
Cette disposition rend ces animaux essentiellement fouisseurs,
et l'habitude de fouiller la terre est tellement forte chez eux,
que, lors même qu'on leur fournit en abondance tout ce qui
peut satisfaire leurs besoins, ils s'amusent à la remuer, sans
le moindre espoir ni même le désir d'y trouver quelque chose
à manger. Une particularité de leur système dentaire, qui favorise ce penchant, c'est que la plupart d'entre eux ont de fortes
canines, dont les inférieures font hors de leur gueule une saillie assez considérable pour avoir mérité le nom de défense.

Tous ces animaux ont dans leur physionomie quelque chose de farouche. Néanmoins, loin de chercher à attaquer, ils se tiennent presque toute la journée cachés dans leur bauge et dans les fourrés les plus épais. Ce n'est guère que la nuit qu'ils sortent de leur retraite pour chercher les racines dont ils font leur principale nourriture, du moins à l'état sauvage. Ils aiment surtout les lieux humides et marécageux, où ils ont la facilité de se vautrer dans la fange, pour se débarrasser des insectes qui les incommodent. On trouve des cochons dans toutes les parties du globe, excepté dans les contrées les plus septentrionales. Malgré l'épaisseur de leur peau et les soies qui la garnissent, ils paraissent très-sensibles au froid : aussi sont-ils plus communs dans les pays méridonaux que partout ailleurs. A l'exception des vieux mâles, qui demeurent toujours solitaires, ils vivent ordinairement en troupes plus ou moins nombreuses. Leur fécondité est supérieure à celle des autres mammifères de même taille qu'eux. Les femelles produisent ordinairement cinq ou six petits, et quelquefois jusqu'à douze ou quinze. On est parvenu à réduire presque toutes les espèces de ce genre à l'état de domesticité; mais, bien qu'attachés à leur esclavage à cause de la nourriture abondante qu'on leur fournit, quelques individus conservent toujours une partie de leur naturel sauvage et commettent souvent des actes de férocité. On en a vu mutiler des enfants et faire des blessures très-graves avec leurs défenses. On compte sept ou huit espèces du genre cochon, que l'on divise en trois petits sous-genres : *les babiroussas*, les *pécaris* et les *sangliers*.

Le *babiroussa* se distingue des autres espèces de cochons par ses formes plus sveltes, par ses défenses supérieures, qui se recourbent jusqu'au-dessous des yeux, de manière à ressembler à des cornes plutôt qu'à de véritables dents. Enfin, au lieu de soies, il est couvert d'un poil doux comme de la laine. Cet animal vit, à l'état sauvage, dans les îles de la mer du Sud, où on l'élève aussi à l'état domestique pour la bonté de sa chair.

Le *pécari* diffère par le manque de défenses, par l'absence de queue, et il porte sur la croupe, près de la queue, une fente profonde, de laquelle suinte une humeur abondante, d'odeur fétide. Les pécaris sont exclusivement propres à l'Amérique méridionale. Leur viande est assez bonne; mais il faut enlever le réservoir de la croupe aussitôt après les avoir tués; sans cela, leur chair ne serait plus mangeable.

Les *sangliers* se reconnaissent aisément à leurs formes épaisses, à leurs allures pesantes, à la longueur de leur tête, à la raideur de leurs soies et à leurs canines saillantes. Les sangliers sont assez communs dans tous les pays chauds et tempérés de l'ancien continent, excepté en Angleterre; mais ils ne sont abondants nulle part, parce qu'on leur fait partout une chasse active, tant à cause de l'excellence de leur chair et des plaisirs que procure cet exercice, souvent dangereux, que des dégâts considérables qu'ils occasionnent dans les terres cultivées. La femellle du sanglier s'appelle *laie*, et les petits *marcassins*. Ceux-ci, dans leurs premières années, ont la robe irrégulièrement rayée de brun sur un fond blanchâtre; mais plus tard elle devient noire. Le sanglier est la souche du cochon domestique, qui a fourni tant de variétés.

DU PORC.

De tous nos animaux domestiques, le porc est le plus fécond, le plus facile à élever, à nourrir, à acclimater. Toutes les substances animales et végétales sont pour lui des aliments. Il supporte la domesticité la plus étroite et sait pourvoir lui-même à sa subsistance quand on la lui laisse chercher. Libre ou retenu en captivité, il offre un produit assuré, parce que sa chair, sa graisse, son sang, ses entrailles, tout son corps, en un mot, est utilisé pour la nourriture de l'homme. Le porc est facile à apprivoiser. Il est reconnaissant de tous les soins qu'on lui donne. Il aime les caresses et les rend avec familiarité. Le porc mâle s'appelle *vérat*, la femelle *truie*, et les petits *porcelets*. Le porc est grand destructeur de mulots, de souris, auxquels il fait une chasse active quand on le laisse fouiller les champs. L'eau claire, reposant sur un fond bourbeux et fangeux lui plaît beaucoup, parce qu'il s'y vautre et y trouve en abondance des insectes et des vers dont il est très-friand. Lorsque le porc est surpris en pleine campagne par un orage ou une forte pluie, tout le troupeau gagne, en criant et courant à toutes jambes, la porte de l'étable. Le cri du porc se nomme grognement.

On distingue en France trois races principales de cochons. La première est la *race normande*, dont la tête est petite, très-pointue, les oreilles étroites, le corps long et épais, le poil blanc peu abondant, les pattes minces, les os petits. Elle prend rapidement la graisse et parvient au poids de 300 kilog. La deuxième, connue sous le nom de *cochon blanc du Poitou*, a une tête longue et grosse, le front saillant et coupé droit, l'oreille large et pendante, le corps allongé, le poil rude, les pattes larges et fortes, le corps long et de gros os; son poids n'excède jamais 250 kilog. La troisième race est celle *du Périgord*: elle a le poil noir et rude, le cou gros et court, le corps large et ramassé. Du mélange de ces races sont nées des variétés sans nombre, dont l'étude ne présenterait aucun intérêt. On a introduit en France plusieurs races anglaises, qui paraissent offrir une supériorité certaine sous plusieurs rapports: ce sont:

1° le *porc de grande race*, dont les oreilles sont longues et pendantes, le corps très-allongé, les côtes larges, le poil gris-blanc ou jaune-blanc. Les individus de cette race atteignent un poids encore plus considérable que ceux de la race normande; 2° le *porc de Kortright*, de petite stature, ayant les oreilles courtes, petites et dressées, le cou épais et très-allongé par le bas, les jambes courtes, la croupe longue, large et arrondie; sa chair est très-délicate; 3° l'*anglo-chinois*, provenant du croisement de l'espèce européenne avec celle de la mer du Sud, ayant les jambes très-courtes et le corps allongé, le ventre touchant presque à terre, les oreilles petites. Cette race est très-féconde, la chair estimée; 4° le *porc du Hampshire*, à jambes courtes, oreilles droites, le dos large et droit, le corps rond et allongé, très-robuste. On a croisé cette race avec celle du Poitou, et on paraît donner la préférence aux métis provenant d'un vérat blanc et d'une truie anglaise.

ÉDUCATION DU PORC, CHOIX DE LA RACE.

Les mâles et les femelles qu'on veut faire servir à la reproduction doivent avoir une constitution robuste, une disposition à prendre facilement la graisse, une charpente osseuse, petite et moins développée que les parties musculeuses, une poitrine large, les épaules bien écartées et une peau fine. La disposition à prendre graisse est le point le plus important, car de là dépend le bénéfice ou la perte de l'éducation. Il est tel animal qui, avec une égale quantité de nourriture donnée pendant le même temps, produira moitié moins de graisse que tel autre de même âge, d'égale force et soumis au même régime. L'ampleur de la poitrine est ordinairement un des signes indicateurs de cette disposition. En Angleterre, où l'éducation du porc est considérée comme très-lucrative, les cultivateurs préfèrent les petites races, qui, telles que celles de Kortright, l'anglo-chinoise, de Hampshire, sont peu coûteuses à entretenir, et qui, en très-peu de temps (un à deux mois), peuvent être mises au point d'être tuées avec avantage. En France, où on élève généralement les porcs sans prévoyance, on recherche ceux de grande taille, sans réfléchir qu'un gros porc dévore autant de nourriture que deux petits, sans donner un plus grand produit que ceux-ci, sans se préoccuper du temps et de la quantité de nourriture qu'il a fallu pour terminer l'engraissement: calcul erroné, car l'expérience a prouvé que les grosses races sont loin d'être avantageuses et que les aliments qu'elles consomment, quoique sans valeur vénale, seraient mieux utilisés par de plus petites races; que, par exemple, l'anglo-chinoise s'engraisse plus vite, avec moins de nourriture, et qu'au moment de l'abat le déchet est moindre que dans aucune de nos variétés d'Europe.

DE L'ACCOUPLEMENT. — Les porcs, mâles et femelles, ne doivent pas être livrés à la reproduction avant l'âge de huit mois. Il n'est pas avantageux d'employer le vérat mâle et la truie pour la reproduction au-delà de deux ans et demi à trois ans. On les châtre après cela, et on les engraisse encore facilement, ce qui n'a pas lieu plus tard.

Le rut de la truie se manifeste par des mouvements désordonnés: elle saute sur les autres truies et provoque le vérat. Pour assurer la fécondation, il est bon de la faire couvrir plusieurs fois. Le vérat peut saillir quatre femelles par jour lorsqu'on le tient enfermé, précaution utile pour pouvoir constater avec certitude l'époque de l'accouplement des truies, ce qui est indispensable à savoir, attendu qu'elles exigent beaucoup de surveillance quand approche le temps où elles doivent mettre bas. Au moment de la monte, un peu de grain est nécessaire au vérat.

De la gestation. — La durée de la gestation est de 113 à 120 jours. Ordinairement on fait faire à la truie deux portées par an, en mars et en août. On règle ainsi le part de façon que les petits n'arrivent jamais qu'après la fin des grands froids, et toujours assez tôt pour prendre des forces avant l'hiver, car une jeune portée résisterait bien difficilement à un froid un peu intense. On sépare la truie pleine des autres porcs, et on lui donne des aliments qui la maintiennent dans toute sa vigueur et qui lui donnent du lait sans l'engraisser. Une grande propreté est surtout alors indispensable. On la fait baigner fréquemment, si l'on est dans une saison chaude. On la garantit l'hiver du froid excessif. Enfin, on ne la laisse jamais souffrir de la soif. L'approche du part s'annonce par le gonflement des mamelles et par le soin que prend la truie, quand elle est en liberté, de ramasser la paille qu'elle rencontre çà et là, pour la porter sous son toit. Dès lors il faut redoubler de vigilance, pour se trouver près d'elle au moment du part, soit pour l'aider, soit pour l'empêcher de dévorer ses petits. On ne la quittera point qu'elle ne les ait tous accueillis. Dès qu'elle leur a laissé prendre la mamelle, on peut être assuré qu'elle les soignera bien ensuite. Après la délivrance, on fait prendre à la mère un breuvage composé d'eau tiède, de lait et d'un peu d'orge cuit. Les petits doivent être tenus chaudement, et leur habitation garnie de litière couite. On donne à la truie qui a cochonné des racines bouillies, mêlées de son et de lait tiède. On distribue la nourriture peu à la fois et souvent.

Des porcelets ou gorets; sevrage. — Les porcelets tètent leur mère chacun à une mamelle, et ils n'en changent point tant qu'ils sont allaités. Quand il est né plus de petits que la truie n'a de mameilles, on doit, au bout de quelques jours, en sacrifier un certain nombre, que l'on peut vendre comme cochons de lait. En général, c'est un bon calcul de ne laisser à la mère que huit à dix nourrissons ; autrement, les gorets pourraient rester faibles et épuiser la mère. Au bout de quinze jours, on peut commencer à faire boire aux petits un peu de lait tiède mélangé de farine, de son. On augmente peu à peu cette nourriture, en les accoutumant à être séparés de leur mère, d'abord dans les instants où ils boivent, ensuite plus longtemps, et enfin, au bout de deux mois, on les isole complétement. Les cochonnets qu'on ne veut pas élever sont vendus à l'âge de trois ou quatre semaines. A cette époque, on châtre aussi les mâles. Après le sevrage, on nourrit les gorets avec du petit lait mélangé de son, de farines, de légumes et de racines cuites ; les carottes sont surtout préférables. A défaut de petit lait, on donne des eaux grasses, auxquelles on ajoute quelque peu de farine, de temps à autre une poignée de grain cru. Comme supplément à cette nourriture principale, on leur fait consommer des feuilles de chou, de salade, de la chicorée sauvage. Aussitôt après le sevrage, on sépare les mâles des femelles. La séparation est aussi nécessaire entre les plus forts et les plus faibles, parce que ceux-ci pourraient être privés d'une partie de leur nourriture par les plus vigoureux. Leurs étables doivent être spacieuses, bien éclairées, la litière abondante. En été, une petite cour, un enclos, où ils trouvent de l'ombre et de l'eau, sont très-favorables à leur santé.

Des porcs adultes. — A l'âge de six mois, les porcs peuvent être soumis à un régime moins soigné que celui qui leur était nécessaire après le sevrage. Jusqu'au moment où on les mettra à l'engrais, on peut, suivant sa position particulière, les conduire en été dans des bois et des lieux marécageux pour se repaître d'herbes, de racines, de fruits, d'insectes, etc., ou encore les faire parquer sur des prairies artificielles, des champs de racines cultivées dans ce but, en ayant soin de leur fournir de l'eau en abondance et des abris. La nourriture à la cour consiste en fourrages verts, tels que: trèfle, sain-foin, luzerne, vesces, pois et toutes les racines. On emploie utilement les débris de la cuisine, du jardin, de la laiterie. La laitue, la chicorée sauvage sont consommées avec plaisir par les porcs, qui sont également avides de matières animales: aussi est-il avantageux, quand on le peut, de recueillir les tripes de boucherie, les chairs des chevaux abattus, mais non malades, les eaux de vaisselle. Pendant l'hiver, pour entretenir les porcs simplement en bon état, on les nourrit à l'étable, seule méthode praticable dans cette saison. On leur donne alors des racines crues ou cuites, du son, des débris de légumes, des eaux grasses, des résidus de brasserie, féculerie, distillerie, des marcs de raisin, de pommes. Les racines crues devront être coupées par morceaux de moyenne grosseur, en les assaisonnant de sel de temps à autre, pour stimuler l'appétit des animaux. La propreté dans les étables, et surtout dans la préparation des aliments, est indispensable.

DE L'ENGRAISSEMENT. — Le porc, à tout âge, peut être engraissé; mais, pour retirer de cette opération tout le profit qu'elle peut donner, il ne faut pas l'entreprendre sur des individus ayant moins de dix mois et plus de trois ans. La durée de l'engraissement dépend de la race, de l'âge, de la disposition particulière de l'animal et de la qualité des aliments qu'il reçoit; elle est ordinairement de deux à cinq mois.

On emploie pour l'engraissement les divers aliments que nous avons précédemment indiqués; seulement on les donne plus souvent et en plus grande abondance. Les ménagers engraissent leurs porcs avec des pommes de terre cuites, un peu de son délayé en bouillie plus ou moins liquide, avec du petit lait, du lait caillé et des relavures. Ils ajoutent, quand ils le peuvent, à ces aliments de la farine de fèves et des grains. Un mois avant de commencer l'engrais, il faut ne plus laisser sortir les porcs que pour les envoyer à l'eau, varier dès lors la nourriture par des rations fréquentes de carottes, de betteraves ou navets cuits. Une grande propreté dans la tenue des loges et de l'animal même, une tranquillité non interrompue et une exactitude scrupuleuse dans l'heure des repas, dont le nombre sera fixé à trois par jour, sont des conditions qui peuvent assurer la réussite de l'opération. On a recommandé la méthode suivante comme donnant des résultats prompts et très-avantageux. On pétrit d'abord 2 kilog. de beau levain avec 10 litres de farine de fèves ou de farine de ménage, pour obtenir une pâte épaisse que l'on met au chaud dans un vase couvert. Après trois à quatre heures, cette masse, entrée en pleine fermentation, est amincie avec de l'eau tiède et sert à pétrir soigneusement 1 hectolitre des mêmes farines, dont on fait également une pâte épaisse que l'on tient couverte en un lieu dont la température doit être de 26 à 30° centigrades. Quand on s'aperçoit que la fermentation commence à se bien développer dans cette masse, on procède immédiatement à la cuisson des pommes de terre, qui s'opère à la vapeur. Aussitôt qu'elle est terminée, on écrase aussi complétement que possible les pommes de terre, pendant qu'elles sont encore bouillantes, dans une auge ou dans une cuve, et on ramène cette pulpe à la température tiède de 18 à 20° centigrades, afin de ne point échauder la pâte en fumant, dont une chaleur plus élevée neutraliserait totalement l'effet. Pendant cette manipulation, la pâte de farine a acquis un haut degré de fermentation. On la délaie immédiatement avec un peu d'eau tiède, pour la pétrir et l'incorporer plus facilement à la masse de pommes de terre. On assaisonne cette pulpe de 500 grammes de sel par hectolitre de pommes de terre. L'on pétrit de rechef; puis on couvre la cuve, qu'on a eu soin de n'emplir que jusqu'à 13 centimètres du bord , pour activer le développement de la fermentation , qu'on laisse parvenir au goût acide prononcé, goût très-agréable à tous les bestiaux. On voit donc qu'il est très-avantageux de confectionner une certaine quantité de pâte à la fois , afin de lui laisser le temps de vieillir et d'avoir toujours de l'avance, ce qui produit aussi une grande économie de temps. On délaie, avant chaque repas, avec de l'eau, ou, ce qui vaut encore mieux, avec du lait caillé, la quantité de pâte nécessaire, qui d'abord doit être présentée à l'état de boisson liquide , et épaissie graduellement, au fur et à mesure que l'engrais avance. On sera surpris, dit M. Wohlfaet, à qui on doit ce procédé , des prompts résultats, de la beauté et de la délicatesse de la chair, de la masse étonnante de graisse ou saindoux que les bestiaux acquerront par ce régime, qui ne demande, pour être mené à fin, que quatre semaines pour les porcs et trois mois pour les bêtes à cornes.

M. Parant, qui s'est occupé de la question de savoir si, dans une race donnée et dans un temps donné , les mêmes quantités d'aliments peuvent produire des accroissements égaux , a trouvé que, pour obtenir une augmentation de 50 kilog., poids vivant, pendant l'engraissement, il faut : 208 kilog. de seigle cuit, ou 240 d'orge, ou 284 de sarrasin, 410 kil. de son, 1,000 kilog. de pommes de terre, 1,420 kilog. de carottes. D'après les recherches de M. Parant, l'époque de la croissance la plus rapide du porc est de 150 à 250 jours. Il est donc probable qu'en commençant l'engraissement à cet âge, le résultat défi-nitif serait plus avantageux pour l'éleveur; mais , à cet âge, l'engraissement ne serait possible que dans le cas où on aurait de mauvais grains à faire consommer. En effet, pour obtenir un prompt engraissement chez de jeunes animaux, il faut éviter que le volume des aliments soit considérable. Ici les grains seuls peuvent produire le résultat désiré, les organes de la digestion n'étant point assez développés pour recevoir un plus grand volume de nourriture que celui que formerait 1 à 5 kilog. de pommes de terre, quantité nécessaire à cet âge, et dont l'équivalent est représenté par 2 kilog. 55 de son, et par 1 kilog. à 1 kilog. 15 de seigle. Dans ce cas, l'assimilation des principes alimentaires sera proportionnellement moindre que lorsqu'on opère sur des animaux dont l'accroissement est terminé, une partie des aliments devant servir, avant tout, à l'entretien de la vie, tandis que, chez les animaux adultes, les organes digestifs possèdent la faculté d'assimiler bien plus de nourriture qu'il n'en faut pour la réparation des pertes, et tout le sang produit en sus donne de nouveaux tissus, de la chair et de la graisse. Les déchets de boucherie, la chair de cheval, que l'on fait cuire, fournissent une bonne nourriture aux porcs d'engrais. Lorsqu'on leur donne en même temps des graines et des pommes de terre, leur lard en est plus ferme et plus savoureux.

DU LAPIN.

Le lapin est un mammifère de l'ordre des rongeurs et du genre lièvre, qui a pour caractères saillants : la lèvre supérieure fendue ; quatre, et même six incisives, dans le jeune âge, à la mâchoire d'en haut ; ces dents forment deux rangées, situées l'une derrière l'autre, six molaires en haut et cinq en bas. On trouve ce genre dans toutes les parties du globe, et partout leur timidité est devenue proverbiale. Pour goûter un peu de repos, ils sont obligés de s'enfermer dans des terriers inaccessibles ou de se cacher dans leur gîte, au milieu des herbes et des broussailles. Ils y passent presque toute la journée et n'en sortent que le soir, lorsque l'obscurité les dérobe aux regards de leurs nombreux persécuteurs. Les lapins, utiles à l'homme par leur poil, leur peau, leur chair et leur fumier, peuvent donner à l'agriculture des profits qui ne sont pas à dédaigner, parce qu'il est facile de les obtenir sans grands efforts, sans grands capitaux, surtout lorsque leur éducation se lie à une exploitation de basse-cour bien dirigée.

Races des lapins. — Tout le monde connaît le lapin commun, dont le poil est ordinairement gris.

La *race riche* est une autre espèce remarquable par l'ampleur de ses formes et la longueur de ses oreilles. Sa couleur varie du gris argenté au gris ardoisé et au roux de lièvre. Bien engraissés, ces lapins peuvent peser de 5 à 7 kilog., poids vivant. Leur peau est employée pour la fourrure.

La *race angora* a un poil long et touffu, utile dans la bonneterie; la mue seule fournit un bon produit. Pour faire race, il faut garder les plus beaux individus et préférer les femelles nées vers le mois de mars, parce qu'il est possible de vendre leur première portée en hiver.

Élève des lapins. — On peut élever des lapins dans des garennes ou vastes enclos construits à cet effet, ou dans de petites cabanes. Ce dernier système, étant à la portée de tous les cultivateurs, nous occupera seul ici. Ces cabanes, exposées au midi ou au levant, recouvertes d'un toit pour en défendre l'accès aux chats, aux fouines et aux rats, seront placées sous des hangars ou dans une partie de cour réservée exclusivement aux lapins, entourée de murs hauts de 80 centimètres, et surmontés de grillages. Les cabanes destinées aux mères seront divisées en loges de 60 centimètres carrés, et par section de huit. Leur plancher, élevé à 20 centimètres de terre, sera légèrement incliné et percé de trous pour l'écoulement des urines. Les cloisons, hautes d'environ 1 mètre, seront, comme le tout, en forts lateaux ou en planches à joints ouverts de 2 à 3 centimètres, afin que les lapins puissent se voir. Une planche longue de 45 centimètres à peu près, et haute de 25, sera adossée contre l'un des côtés et retenue par deux bouts de cuir, pour l'empêcher de tomber ou de s'écarter, formera un abri où la femelle fera volontiers son nid. Une sebille, pour y déposer la nourriture sèche, et un petit ratelier seront aussi déposés dans la loge. De plus vastes loges seront réservées pour les lapereaux. Les portes, en treillis de fer, doivent s'ouvrir facilement, et l'ensemble des cabanes être arrangé de façon à donner un libre cours à l'air.

Régime des lapins. — La nourriture doit être distribuée aux lapins matin et soir. On la composera d'élagages d'arbres, de sarments verts, d'orge en vert, de plantes légumineuses, de feuilles et racines de carottes, de betteraves, de la pimprenelle, du thim, du serpolet, du persil, de la chicorée sauvage, de son, d'avoine, de grains de toute espèce, de foin, de regain, etc. On variera, autant que possible, les aliments, et on y ajoutera de temps à autre un peu de sel. On évitera de donner des choux, de la salade, et surtout des plantes aqueuses et froides. Il faut veiller à ce que les herbes ne soient jamais mouillées, l'humidité étant particulièrement funeste aux lapins. Si on ne leur présente pas des aliments secs, il est nécessaire de leur tenir à boire, ce qui est inutile et même nuisible lorsqu'ils mangent de l'herbe fraiche. Le mauvais état des litières occasionne la plupart de leurs maladies. La paille qu'on leur donne à cet effet doit être sèche et souvent renouvelée.

Multiplication des lapins. — Les mâles et les femelles ne peuvent être avantageusement employés à la reproduction avant l'âge de six à huit mois, ni après celui de quatre ou cinq ans. A cet âge, on place séparément les femelles, par nombre de huit, dans les loges dont nous avons parlé, un seul mâle étant suffisant pour les servir. On lui fait parcourir les huit compartiments de huit en huit jours, de sorte qu'au bout de deux mois, il est à présumer que toutes les femelles seront pleines. Un mois suffisant pour la portée d'une lapine, la femelle de la première loge aura déjà donné une portée dont les petits auront un mois lorsqu'on enlèvera le mâle de la huitième. Alors on le replacera dans la loge qu'il a premièrement visitée, après toutefois en avoir enlevé les petits, et il continuera à les passer toutes en revue de huit en huit jours. Ainsi isolée, la femelle conçoit promptement, et lorsqu'on lui enlève ses petits, la joie de retrouver le mâle les lui fait oublier. Elle est donc constamment et utilement occupée et ménagée, de manière à ne pas avoir à nourrir des petits dans son sein, tout en étant épuisée par d'autres qui la téteraient encore, tracassée par les mâles et chagrinée par la méchanceté et la jalousie des autres femelles, conséquence inévitable de la communauté. Il faut s'assurer si la mère a déposé ses lapereaux dans un endroit sec, et dans le cas contraire les changer de place avec précaution; et lorsque celle-ci fait périr ses jeunes, on peut la corriger de ce vice en lui donnant abondamment la nourriture qu'elle préfère et en la dérangeant le moins possible. Il faut séparer les jeunes lapins des adultes : ceux-ci s'empareraient de la nourriture des premiers et les fouleraient dans leurs mouvements brusques. On les divise en deux catégories, l'une de un à deux mois, et l'autre de deux à trois et quatre mois.

Produits. — 124 femelles peuvent donner par an cinq portées de 6 petits chacune, ce qui produit 720 lapins, qui, lorsqu'ils ont atteint le poids vivant de 4 kilog., peuvent être vendus 1 fr. 25 c. chaque; soit 900 fr. On peut évaluer les frais
de loyer et d'entretien des loges, de nourriture et de soins à
400 fr.; reste donc 500 fr.

TABLE DES MATIÈRES.

LIVRE IV. Culture spéciale des plantes alimentaires pour l'homme et les animaux.

DEUXIÈME PARTIE.

ANIMAUX DOMESTIQUES.

LIVRE I.

FIN.

Saint-Poi. — Imprimerie de H. ANVRAY.